www.tredition.de

Cord Christian Troebst

Der himmlische Funke

Die abenteuerliche Geschichte der Nachrichtentechnik

www.tredition.de

Verlag und Druck: tredition GmbH, Halenreie 40-44, 22359 Hamburg

ISBN
Paperback: 978-3-347-10828-8
Hardcover: 978-3-347-10829-5
e-Book: 978-3-347-10830-1

Für meine Tochter Yvonne, aufgewachsen in South Wellfleet auf Cape Cod, einem ersten Standort von Marconis Transatlantik-Funkbrücke.

Kapitel-Übersicht

PROLOG

William Henry Gates III aus Seattle im US-Staat Washington war 14 Jahre alt, als er 1969 die Welt der Computer für sich entdeckte. Der Sohn eines Rechtsanwalts schrieb die ersten Programme. Zunächst tat er das für seine Schule, doch schon nach kurzer Zeit auch für städtische und bundesstaatliche Auftraggeber. Dass das in der elterlichen Garage geschah ist allerdings eine Legende. 1976, da war „Bill" gerade 21 Jahre alt, ließ er die von ihm und seinem Freund Paul Allen gegründete Firma *Microsoft* ins Handelsregister des Staates New Mexico eintragen. In den folgenden Jahren stieg er dank seiner Erfolge zum reichsten Mann der USA auf. Im Juni 2017, also 48 Jahre nach seinen ersten Programmierversuchen galt er zum dritten Mal in Folge als reichster Mann der Welt. Sein geschätztes Netto-Privatvermögen: unglaubliche 80 Milliarden US-Dollar.

In diesen 48 Jahren hat es auf dem Gebiet der Nachrichtentechnik und Informatik gewaltigere Fortschritte gegeben als in den letzten 2000 Jahren der Menschheitsgeschichte. Mit Hilfe von PC's, Laptops, Handys, i-phones, i-pads und immer raffinierteren und kleineren Geräten können wir inzwischen fast weltweit kommunizieren. Rund 200 Milliarden Mal pro Tag (!) wird allein das @-Zeichen des E-Mail Erfinders Ray Tommlinson für den Austausch von Nachrichten genutzt. Wir können innerhalb von Sekunden schriftlich Informationen über Kontinente und Meere hinweg übermitteln, miteinander sprechen und uns dabei sogar sehen. Wir mailen, wir simsen, twittern, chatten, posten, skypen, snapchatten, lesen digitale Bücher, hören Musik, streamen Filme, können einkaufen, Spiele spielen oder unsere Elektrogeräte aus der Ferne steuern und unser Haus im Urlaub aus der Ferne überwachen. Per Mausklick können wir virtuelle Wanderungen durch Galerien und Museen oder durch historische Stätten unternehmen, die Hunderte oder auch Tausende Kilometer entfernt liegen. Sportereignisse, Konzerte und andere Großveranstaltungen können zeitgleich weltweit gesehen und gehört werden. Und Raum-

sonden schicken uns Informationen und Fotos von fernen Planeten und Asteroiden, zu denen sie oft viele Jahre und Millionen Kilometer unterwegs waren.

Aber wie war es früher? Wie fing das alles an? Davon handelt
dieses Buch. Es ist die abenteuerliche Geschichte der Nachrichtentechnik und ihrer Sternstunden. Und es ist auch eine Geschichte ihrer teils in Vergessenheit geratenen Pioniere, eine Geschichte von Erfolgen und Niederlagen, von Intrigen und angeblichen Patentdiebstählen und Streitfragen darüber, wer mit einer
bedeutenden Erfindung wirklich „der Erste" war.

****

„DIE WELT IST VOLLENDET"

„Alle Bewohner der Erde
würden zu einer intellektuellen
Gemeinschaft vereint"

*Alonzo Jackmann, Befürworter
eines Transatlantikkabels im Jahr
1846*

Am 7. August 1858 sind die Menschen an der Ostküste Nordamerikas außer Rand und Band. In Buffalo im Staat New York
sprechen sie vom „stolzesten Tag, den die Stadt je erlebt hat."
Buffalo hat damals 70.000 Einwohner. Gut ein Drittel davor sind
Deutsche der erster oder zweiten Generation. Aber Nationalitäten
spielen an diesem Tag keine Rolle. Ein aus Bürgern der Stadt ge-
bildetes Sonderkomitee hat dafür gesorgt, dass die wichtigsten
Gebäude entlang der etwa einen Kilometer langen und 36 Meter
breiten *Mainstreet* in hellstem Licht von Petroleumlampen und
Gaslaternen erstrahlen. Hinter vielen Fenstern brennen Kerzen.
Auch andere breite Straßen der Stadt, die sich fast alle nach New
Yorker Vorbild im rechten Winkel schneiden, sind festlich geschmückt. Vom oberen Teil Buffalos bietet sich ein herrlicher Blick
über den Erie-See, hinüber zum kanadischen Ufer. Dort flackern
zahllose Freudenfeuer. Die Schiffe im Hafen sind illuminiert, alle
haben geflaggt. Von den Feldern am Rand der Außenbezirke
Buffalos sind Kanonen- und Böllerschüsse zu hören, dazu läuten
die Glocken von den Kirchen St. Paul und St. John, von der katholischen Kathedrale und den übrigen 37 Gotteshäusern verschie-
denster Konfessionen. Den ganzen Tag über hatten Blaskapellen
auf den Straßen flotte Märsche gespielt, und die Menschen hatten
sich gegenseitig zugewinkt und auf die Schulter geklopft. Selbst
die Kranken im Stadt- und Marinehospital hatten aus den Fenstern
geschaut, soweit sie nicht bettlägerig waren. Und im *American Hotel* hatte die politische Prominenz, vom Bürgermeister bis zum
Gouverneur, Jubelreden gehalten. *„What a day!"* „Was für ein
Tag!" hieß es immer wieder. Das *Chicago Journal* jubelte: „Die
Welt ist vollendet, ihr Rückgrat ist gelegt!" Und die Londoner *Times*

kommentierte, die Sphäre der Menschheit habe „eine riesige Erweiterung" erfahren, „der Atlantik ist trockengelegt und wir werden – wie in unseren Wünschen vereint – ein Land!"

Ähnlich überschwängliche Feiern spielen sich an jenem Samstag auch in anderen Städten der USA und Kanadas ab. In Cincinnati (Ohio), damals mit etwa 150.000 Einwohnern, von denen die Hälfte ebenfalls deutsche Einwanderer sind, erstrahlt das Telegrafenamt im Schein von 600 Lampen. Von der Kuppel des Gerichtsgebäudes in der *Mainstreet* flattern die *Stars and Stripes,* (damals erst mit 32 Sternen) und der britische *Union Jack.* Fahnen beider Nationen wehen auch von den acht dorischen Säulen des etwas zu protzig geratenen Portikus der *Franklin- and Lafayette Bank.* Selbst das unansehnliche Ufer am Ohio mit seinen schwimmenden Werften und Landungsbrücken hat an diesem Tag „etwas Rouge aufgelegt", wie ein Augenzeuge berichtet. Aus dem kleinen Industrieort Rutland im Staat Vermont meldet ein Korrespondent der *New York Times,* es habe „am heutigen Abend einen gewaltigen Jubel gegeben, in Anerkennung des größten Ereignisses der Weltgeschichte." Es „läuteten alle Kirchenglocken, und überall brannten Freudenfeuer. Die wichtigsten Bauten, vom *Bardwell* und *Franklin Hotel* bis zu den Redaktionsgebäuden des *Herald* und des *Courier* waren erleuchtet." In Nashville im Bundesstaat Tennessee veranstalten die 15.000 Einwohner „ein gewaltiges Feuerwerk, begleitet von schwungvollen Reden". Und in Providence, Rhode Island, damals erst 45.000 Einwohner stark, „läuteten die Kirchenglocken fast ohne Unterlass." Auf öffentlichen und privaten Gebäuden flatterten die *Stars and Stripes,* und „ein Salut von einhundert Kanonenschüssen donnerte über die Stadt."

Der größte Jubel jedoch herrscht in der Hafenstadt Halifax im kanadischen Nova Scotia. „Jedes Stückchen Fahnentuch", so berichtet ein Augenzeuge, „war in der Stadt gehisst worden." Bereits um vier Uhr nachmittags hatte man von der Festung am Hafen in ununterbrochener Folge Salutschüsse abgefeuert. „Auch die Männer der örtlichen Freiwilligen Artillerie und der Feuerwehr hatten sich an der friedlichen Kanonade beteiligt. Dann, am Abend, waren alle in einem großen Fackelzug durch die Stadt marschiert, vorweg der Bürgermeister. In den Fenstern zahlreicher Privathäuser stehen Petroleumlampen, die Fassaden sind mit Wimpeln und Girlanden geschmückt." Alle öffentlichen Gebäude erstrahlen im flackernden Licht der Gaslaternen. Vom Amtsgebäude des Gouverneurs und vom Sitz des anglikanischen Bischofs wehen Fahnen, ebenso vom Gebäude der Admiralität, vom *Dalhouse-College*, vom Militärhospital, selbst von der Kathedrale und den vier Episkopal-Kirchen, die es damals in der 30.000-Seen Stadt gibt. Doch an diesem Abend sind es weit mehr Menschen, die an den Straßen stehen. Viele sind per Eisenbahn und Pferdewagen aus dem Umland angereist, um den Tag zu feiern. Und auch hier heißt es immer wieder: „What a Day!"

In den folgenden Tagen finden fast überall auf dem nordamerikanischen Kontinent ähnliche Feiern statt, die den ersten Jubel noch überbieten. Bewegt schreibt die *New York Times* am 18. August: „Bei keiner Gelegenheit seit Gründung unserer Stadt loderten allgemeine Begeisterung und Freude so stark auf wie gestern Abend. Einem Fremden muss es vorgekommen sein als feierten wir nach einem langen und schweren Krieg den Friedensschluss. Und jedermann schien über die Erregung seines Nächsten ebenso erstaunt zu sein wie über seine eigene." Der wochenlange Freudentaumel gipfelt schließlich in rauschenden Festen die vom 1. September an in vielen Großstädten der USA stattfinden.

Was bloß war geschehen? Was veranlasste einen ganzen Kontinent zu solcher Begeisterung, wie sie über hundert Jahre später nicht einmal nach der ersten Landung eines Menschen auf dem Mond ausbrechen sollte? Das *Chicago Journal* fasste damals den Grund in einem einzigen Satz zusammen: „Die Welt hat endlich ein Rückgrat!" Unter dieser Schlagzeile heißt es dann: „Die Welt ist [nun] vollendet. Ihr Rückgrat ist gelegt, und nun beginnt sie, zu d e n k e n!" Ähnlich, aber auch ein wenig pathetisch äußert sich die *New York Times*. Unter der Zeile *News of the Day* schreibt das Blatt: „Es ist der größte Triumph, den diese edelste aller modernen Erfindungen erzielen kann. Was immer hiernach noch erreicht werden dürfte, wird lediglich nur noch eine Selbstverständlichkeit sein." Diese Erfindung ist „eine jener großen Leistungen jenseits der Grenzen unserer Seele..."

All der Jubel, all die Lobeshymnen galten der erfolgreichen Verlegung des ersten Seekabels zwischen Europa und den Vereinigten Staaten zur telegrafischen Übermittlung von Nachrichten. Erstmals in der Geschichte der Menschheit verband es „live" die Alte und die Neue Welt miteinander. Es lief von der Insel Valentia an der Westküste Irlands über den Meeresboden bis nach Neufundland, und schloss damit die auf beiden Kontinenten bereits existierenden, landgestützten Telegrafennetze zusammen. Nordamerika und Europa sind nun nicht mehr nachrichtentechnisch voneinander getrennt. Informationen brauchen nun nicht mehr viele Tage oder gar Wochen, um von einem Kontinent zum anderen zu gelangen. In Minuten, ja in Sekunden würde man nun in Zukunft erfahren, was diesseits und jenseits des Atlantiks geschieht.

Man muss sich einmal klarmachen, was das – vor allem für die Bewohner Nordamerikas – bedeutet. Einen Großteil der Bevölkerung bilden Einwanderer aus Europa. Irgendwie ist die „Alte Welt" noch ihre Heimat – aber die ist so weit weg! Da fühlt man sich schnell verloren, abgeschnitten von seinen Wurzeln, als Mensch ohne Vergangenheit. Deshalb durchströmt diese Menschen plötzlich ein ungeheures Glücksgefühl, hatten sie sich doch bis dahin trotz eines gesunden Selbstbewusstseins immer „ein wenig am Rande der Ereignisse" gefühlt, und nicht selten „wie Schiffbrüchige auf einer Insel," so ein Zeitungsbericht. Nun aber sind sie plötzlich nicht mehr isoliert. Sie werden fast zeitgleich teilnehmen an den Ereignissen in Europa. Und manch einer, ob Laie oder Wissenschaftler, fragte sich dabei: wie hatten Menschen sich eigentlich bis dahin über größere Entfernungen verständigt?

„Im Anfang war das Wort". So heißt es in 1:1 des Johannes-Evangeliums. Doch lassen wir mal die Bibel bei Seite. Fragen wir stattdessen: wie wurden Informationen in Urzeiten eigentlich verbreitet? Denn der Wunsch, sich einem anderen Menschen mitzuteilen, Neuheiten möglichst schnell zu erfahren und oft auch weiterzugeben ist vermutlich so alt wie die Menschheit selbst. Zum einen befriedigt eine schnelle Nachrichtenübermittlung die natürliche Neugier, zum anderen ist sie lebenswichtig. Schon der Urmensch tauschte mit Sicherheit mit Stammesmitgliedern Informa–

tionen über Jagd und Beute sowie über drohende Gefahren aus. Die stundenlangen *Palaver* afrikanischer Stämme waren nicht nur Verhandlungen, sondern dienten auch der Übermittlung von Nachrichten. Die *Powwows* der Indianer im heutigen Neuengland waren nicht nur Begegnungen, auf denen Beschwörungsformeln für eine gute Jagd gemurmelt wurden. *Palaver* oder *Powwows* dienten auch einem Nachrichtenaustausch. Der erfolgte aber nur „von Angesicht zu Angesicht." Nachrichten verbreiteten sich jedenfalls nicht schneller als der Bote, der sie beförderte.

Händler und Herrscher waren wohl die ersten, die danach trachteten, eine schnelle Verständigung über größere Entfernungen zu ermöglichen. Das Instrument dazu war lediglich die menschliche Stimme. „Stadtschreier" verkündeten lauthals amtliche Bekanntmachungen. In der griechischen Mythologie wird ein gewisser Stentor als Stimmgewaltigster seiner Zeit erwähnt. Er pflegte „so laut zu rufen wie fünfzig andere", heißt es zum Beispiel in der *Ilias*. Daher der Ausdruck „Stentorstimme" für jemanden mit besonders kräftigem Sprechorgan. Auch Läufer dienten zur Beförderung von Nachrichten. In alten Papyri sind sogar deren Namen angeführt. In einem davon, aus der Zeit des Pharao Minepath (1300 v. Ch.) werden die Boten „Ball, Sohn des Zapurs von Gaza, der Diener Thut und der Diener Nedcht-amon" erwähnt.

Ideal war das alles nicht. Denn Geheimbotschaften ließen sich so nicht übermitteln, weil ja jeder mithören konnte. Deshalb entstand bereits über 2000 Jahre vor der Zeitenwende im alten Babylon und im Indusreich ein Botendienst. Junge, drahtige Männer trugen Nachrichten der Herrscher im Laufschritt zu den Statthaltern der einzelnen Provinzen. Das alles lief ab wie ein Stafettenlauf. Das Netz war gut ausgebaut und funktionierte bis weit über das Mittelalter hinaus. Etwa alle acht Kilometer stand auf den Hauptrouten eine Rast- und Übernachtungshütte. Im Bericht eines europäischen Reisenden heißt es: „Die Befehle der Könige werden von zwei Männern im Laufschritt weitergetragen. Sie werden alle zwei französische Meilen [ca. 8 km] abgelöst, und das Päckchen [mit der Botschaft] tragen sie völlig offen auf dem Kopf. Wie man das Horn eines Postillions vernimmt, so hört man sie schon von weitem an ihren Glöckchen." Bei seinem Klang hatten andere Fußgänger sofort auszuweichen. „Sowie sie anlangen, werfen sie sich flach auf die Erde, man nimmt ihnen sofort die Botschaft ab, die zwei schon bereitstehende Männer sofort weiterbefördern." Im alten Indien konnte eine Botschaft auf diese Weise je nach Geländebeschaffenheit pro Tag über eine Entfernung von 40 bis 50 Kilometern befördert werden.

Kyros II („der Große"), der Persien von etwa 559 v. Chr. bis 530 v. Chr. regierte, hatte auf seinen Eroberungszügen nach Osten viele Anregungen zu einem eigenen Postnetz von den Indus-Herrschern übernommen. Bald waren auf den gut ausgebauten Straßen seines Großreichs ständig Läufer mit kaiserlichen Botschaften unterwegs. In einem alten Bericht heißt es: „Man nennt diese Eilboten Chatirs, was die Bezeichnung für alle Knechte zu Fuß und all jene ist, die gut und schnell laufen können. Unterwegs erkennt man sie an einer Flasche Wasser und einem Säckchen auf dem Rücken, die ihnen den notwendigen Proviant für 30 oder 40 Stunden bieten, da sie, um schneller voranzukommen, die Landstraßen verlassen, und Abkürzungen nehmen. Man erkennt sie weiter an ihrem Schuhwerk und an großen Schellen, die wie Maultierglocken klingen und die sie am Gürtel tragen, um sich wach zu halten. Diese Leute vererben ihr Handwerk vom Vater auf den Sohn. Man lehrt sie schon im Alter von sieben oder acht Jahren, schnell zu laufen, ohne außer Atem zu kommen." Chatir heißt auch der nationale Wettlauf am Ende des Ramadan, ein sportliches Großereignis, das im Iran jährlich bis in die neueste Zeit durchgeführt wurde. Der Lauf führte über etwa mehr als 186 Kilometer. Weil die selten jemand schaffte wurde meist der letzte im Lauf verbliebene Teilnehmer zum Sieger erklärt. Da Kyros der Herrscher eines Reitervolks war, ließ er seine Läufer bald durch berittene Kuriere ersetzen. Entsprechend deren Tagesleistung wurden entlang der wichtigsten Straßen des Reiches feste Stationen angelegt. Es waren die ersten „Motels" der Antike: massive Häuser mit Stallungen für die Kurierpferde, mit Unterkünften für die Reiter, und Quartiere für gewöhnliche Reisende. Allein entlang der 2500 Kilometer langen „Königsstraße" gab es während seiner Regierungszeit 111 solcher Stationen. Die Straße führte von der königlichen Winterresidenz in Susa (heute: Schusch im Iran) bis

Sardes in der heutigen Westtürkei. Ein gewöhnlicher Reisender benötigte für die Strecke etwa 90 Tage. Eine Nachricht des Kaisers konnte auf ihr durch Kuriere in nur fünf bis sieben Tagen überbracht werden. Wo das Gelände besonders rau und zerklüftet war, wurden die Kuriere durch Rufposten ersetzt.

Der antike griechische Geschichtsschreiber Diodorus Siculus (Diodor von Sizilien), der um das Jahr 60 v. Chr. lebte und zahlreiche Reisen unternahm, berichtete von den Rufposten im alten Persien: „Auf den Gipfeln von Höhen und Bergen waren Männer der Umgebung postiert, die die beste und kräftigste Stimme hatten. Einer schrie die Botschaft dem nächsten zu. So verbreitete sich eine Nachricht schnell durch die ganze Provinz." Und weiter: „Obwohl einige von den Persern 30 Tagereisen entfernt waren, hörten sie dennoch, was berichtet wurde, noch am selbigen Tage..." Teilweise wurden von den Rufposten des Altertums auch aus Tierhaut gefertigte Megaphone benutzt. Ihre Herstellung soll als erster Alexander der Große veranlasst haben. Sie hätten eine menschliche Stimme 12 Meilen weit getragen. Doch das ist wahrscheinlich eine Legende. Verbürgt ist jedoch, dass Sir Samuel Morland, ein englischer Gelehrter und Mathematiker, im Jahr 1670 eine *Tuba Stentoro-Phonica*, eine Sprechtrompete „zur Verständigung an Land und auf See" konstruierte. Am Mundstück hatte sie einen Durchmesser von 10 cm, am Schalltrichter eine Öffnung von 45 cm. Damit soll es möglich gewesen sein, verständliche Laute gut 3,5 km weit zu übermitteln. Ein deutscher Student namens G. Huth veröffentlichte im Jahr 1796 eine Abhandlung mit Vorschlägen für mündliche Fernübertragungen. Er empfahl eine „Mundtrompete", mit der es möglich wäre, Nachrichten auch nachts oder trotz Nebel, Sturm oder Schneetreiben von Turm zu Turm weiterzugeben. Er schlug dafür die Bezeichnung Telefon oder Fernsprecher vor. Der deutsche Jesuit und Universalgelehrte Athanasius Kircher (1602 – 1680), entwickelte eine verschlüsselte Nachrichtentechnik (*Stenographia* = Geheimes schreiben mit Licht). Dazu wurde ein Hohlspiegel mit der zu übertragenden Botschaft beschriftet. Sie konnte auf diese Weise „abhörsicher" bis zu dreieinhalb km weit übertragen werden. Die amerikanische Historikerin Paula Findlen (*1964) von der *Stan–*

ford University bezeichnete Kircher als „den ersten Gelehrten mit weltweiter Reputation".

„Ausschreiter Asiens" und ein „Rufer in der Wüste"

Zum Überbringen von Nachrichten über größere Entfernungen standen den Griechen die Hemerodromen zur Verfügung, notierte ca. 970 n. Ch. der griechische Lexicograph Suidas. Das waren ausdauernde Läufer, „gerade erst den Kinderschuhen entwachsen, dem Milchbart nahe, und sie nahmen auf ihrem Lauf nichts als Bogen, Pfeile, Wurfspieß und Feuerstein mit...". Ihre Tagesleistungen lagen bei 50 bis 70 Kilometer. Einer der berühmtesten war Deinosthenes. Ein anderer war Philonides aus Chersonasos auf Kreta, persönlicher Hemerodrom Alexander des Großen. Er bewältigte die 90 km lange Strecke von Elis nach Sikion in angeblich nur neun Stunden. Jedenfalls trugen ihm seine Leistungen den Ehrentitel „Ausschreiter Asiens" ein. Ein anderer Läufer namens Euchidas wurde nach der Schlacht von Salamis nach Delphi in Marsch gesetzt. Er schaffte die 90 km an einem Tag, überlebte die Anstrengung aber nicht.

In größeren Häfen gab es Sammelbriefkästen für die einzelnen Küstenstädte. Die abgelegten Botschaften wurden von ausfahrenden Schiffen mitgenommen und an Land ebenfalls durch Läufer weiterbefördert. Auch im Inkareich gab es einen Kurierdienst. Die Läufer benutzten den *Nan Cuna*, den „Pfad der Zeit", wie die hoheitliche Andenstraße genannt wurde. Die Gesamtlänge der Wege und Stege in den heutigen Ländern Peru, Ecuador, Chile, Bolivien und sogar Argentinien betrug je nach Chronistenaufzeichnungen zwischen 10.000 und 20.000 km. Der spanische Pater Ciocena, der mit den Eroberern ins Land kam, berichtete: „An den wichtigsten Heerstraßen standen Hütten, für je zwei Boten zum Aufenthalt. Kam eine mündliche Nachricht an, so lief einer der Boten schnell zur nächsten Hütte, um sie zu überbringen. Dort lief wieder einer der Boten los, während sich der gerade eingetroffene ausruhen konnte." Die Boten hießen *Chasquis* und mussten auch für die Küche des obersten Inka sorgen. Dabei schafften sie es, innerhalb von 48 Stunden frischen Fisch von der

500 km entfernten Pazifikküste über steile Pfade herbeizuschaffen. Immer wieder fanden Archäologen im ehemaligen Inkareich auch Ruinen, bei denen es sich um Signalanlagen handeln muss. Hiram Bingham, der Entdecker von Machu Picchu: „Von ihnen aus muss es möglich gewesen sein, Nachrichten über die Berge zu versenden und zu empfangen... Sie lagen auf den Spitzen der steilsten Gipfel in den Anden." Der deutsche Dokumentarfilmer und Abenteurer Martin Schliessler (1929 - 2008) entdeckte auf dem 6000 m hohen *Cerro Galan* in Argentinien Reste einer Ringmauer. „Mit großer Wahrscheinlichkeit gab es dort ständig besetzte Signalanlagen, die durch Rauch- und Feuerzeichen Signale weiterzugeben hatten."

Auch die Indianer Nordamerikas verständigten sich durch Rauchzeichen, wie jeder Leser von Wildwest-Romanen weiß. Und als Agamemnon, König von Mykene, gemeinsam mit den griechischen Fürsten 1184 v. Chr. die Stadt Troja nach langer Belagerung endlich erobert hatte, ließ er entlang der 555 km langen Strecke ins heimatliche Argos seiner Ehefrau Klytemnestra den Sieg durch Rauch- und Feuerzeichen mitteilen. So schildert es jedenfalls der Dramatiker Aischylos in seiner *Orestie*. Der griechische Taktiker Aineas, der im 4. Jh. v. Chr. lebte und mehrere kriegswissenschaftliche Bücher schrieb, hatte bereits ein Signalsystem aus Feuerzeichen entwickelt. Sie wurden mit Hilfe von Fackeln gegeben. Durch Kombinationen ließen sich alle Buchstaben des Alphabets oder bestimmte Codes darstellen. Die Römer verwendeten solche Flammenzeichen, um über die Alpen hinweg und entlang des Limes Nachrichten von Kastell zu Kastell zu schicken. Auch Hannibal hatte auf seinen Feldzügen einen Feuer-Telegrafen. Allerdings konnte man sich mit Hilfe der Signalfeuer nicht „unterhalten", sondern nur Zeichen übermitteln, deren Bedeutung zuvor abgesprochen war.

Es gab andere Nachteile. Feuer- und Rauchsignale waren nur in klaren Nächten „lesbar". Nebel, Regen oder früher Schneefall in den Alpen führten zwangsläufig zu „Leitungsstörungen". Die Fackelträger mussten viel hin- und herspringen. Und bei größerer Entfernung verschwamm der Feuerschein der einzelnen Fackeln zu einem einzigen Lichtpunkt. Auf Schiffen wiederum war die Verwendung von offenem Feuer viel zu gefährlich. Meist musste man sich einfach darauf beschränken, ein großes Feuer als Alarmzeichen zu verstehen. Etwa, als die Spanische Armada im Sommer 1588 im Englischen Kanal auftauchte, um das Inselreich zu erobern. Innerhalb kürzester Zeit wurde über Hunderte von Signalfeuer im ganzen Land Alarm gegeben. Die Holzstöße waren „von klugen und wachsamen Bürgern" regelmäßig gewartet worden. England gedachte dieses historischen Alarms noch einmal am 19. Juli 1988. Da wurden im ganzen Land abermals Hunderte von Holzstößen angesteckt.

In anderen Kulturen verständigten sich Menschen sogar bis ins 20. Jahrhundert über größere Entfernungen hinweg mittels akustischer Signale. Die Bewohner der von Schluchten durchfurchten Kanaren-Insel Gomera übermittelten Neuigkeiten über mehrere Kilometer hinweg mit Hilfe der *Silbo*. Dies ist eine wahrscheinlich auf die Ureinwohner zurückgehende „Pfeifsprache". Mit zwei Fingern der rechten Hand zwischen den Lippen wird dabei jede Silbe der zu übermittelnden Nachricht in Stärke, Höhe und Länge als Pfeifton ausgedrückt. Seine linke Hand benutzt der Pfeifer als tonverstärkenden Schalltrichter und Modulator. Aus Traditionsbewusstsein wird *Silbo* wieder in den Schulen gelehrt. Auch Trommeln dienen noch gelegentlich zur Weitergabe von Nachrichten. Der deutsche Diplomat Friedrich von Mallinckgrodt, der im Januar 1986 in Kampala den Sturz des Idi Amin-Regime miterlebte, in einem Gespräch mit dem Autor: „Als die Schießerei nach drei Tagen endet, sind alle Radio-, Telefon- und Telexverbindungen unterbrochen. Doch hörten wir nachts plötzlich dumpfe Trommelsignale, erst von Norden, dann von Süden. Es war gespenstisch, furchteinflößend. Bis uns klar wurde: mit dem Busch-Telegraf ließ Rebellenführer Museweni verkünden, dass er die Macht übernommen habe..."

Diptychon, Triptychon und Tabellarii

Im Alten Rom funktionierte der Nachrichten- bzw. Briefverkehr besser als gelegentlich im modernen Italien. Das Straßennetz im

5,5 Millionen km² großen Imperium Romanum – einem Gebiet von der mehr als 13-fachen Größe des wiedervereinigten Deutschland – war hervorragend ausgebaut. Wie im Reich des Kyros gab es „Motels" für Laufboten, reitende Kuriere und normale Reisende. Eine Tagesleistung von 30 Kilometern war bei Laufboten die Norm. Jedenfalls war dies die Strecke, die für eventuelle gerichtliche Auseinandersetzungen festgelegt worden war. Ein train erter Bote schaffte am Tag 35 bis 50 Kilometer. Meist brach er bei Sonnenaufgang zwischen fünf und sechs Uhr auf. In der größten Mittagshitze konnte er es sich dann leisten, ein wenig auszuruhen. Im Jahr 186 v. Ch. beschäftigte der Römische Senat einen Boten, der bei seinem Lauf nach Lucca in der Toscana täglich 80 bis 85 Kilometer zu Fuß zurücklegte. Für die Überwindung der 1200 km langen Strecke von Rom zu den Vorposten in Mainz benötigten Boten etwa acht Tage. Der Bote, der nach der Schlacht bei Thapsus die Nachricht vom Sieg Caesars zum Staatsmann Cato nach Utica überbrachte, benötigte für die 210 km lange Strecke drei Tage. Und die Nachricht von der Ermordung Caesars ins nördliche Gallien war 15 Tage unterwegs.

Anfangs hielten die Römer nicht viel von einem festen Kuriernetz. Sein Unterhalt war ihnen einfach zu teuer. Festangestellte Boten leistete sich nur der Kaiser. Unter Vespasian erhielten die kaiserlichen Boten sogar ein „Schuhgeld" (*calcearium*). Doch das wurde bald wieder gestrichen, denn barfuß ging es besser. Aber jede Art von Beförderungsmittel, die ein schnelleres Fortkommen ermöglichte, war erlaubt. Kaiserliche und militärische Botschaften wurden natürlich nicht durch gewöhnliche Boten oder Teilfreie befördert, sondern aus Gründen der Geheimhaltung durch Offiziere. In solchen Fällen galt der Botendienst für sie als Auszeichnung.

Normalbürger benutzten Boten nur bei dringendem Bedarf. Ähnlich wie auch in Griechenland waren das meist Sklaven oder Teilfreie. So wie heute bei Rennstallbesitzern eine besondere Pferderasse den Vorzug genießt war das auch bei der Auswahl der Boten der Fall. Beliebt waren, besonders als Fernkuriere, Numidier aus dem heutigen Ost-Algerien sowie Dalmatier und Liburner aus dem heutigen Albanien. Gute Fußboten schafften am Tag zwischen 30 und 50 km. Sie würden heute, wie Kenianer und Äthiopier, vermutlich jeden Marathonlauf gewinnen. So arbeitete im Jahr 186 v. Chr. ein Läufer für den römischen Senat, der pro Tag angeblich rund 85 Kilometer zurücklegen konnte. Das entspricht etwa der Strecke Hamburg – Plön. Ein anderer bewältigte 210 Kilometer in drei Tagen. Nur Dank solch schneller Boten konnten es sich römische Staatsmänner leisten, einen Teil des Jahres auf ihren Landsitzen in der Provinz zu verbringen. Marcus Tullius Cicero schickte jeden Morgen von seiner Villa in Tusculum in den Albaner Bergen einen Läufer zum 20 Kilometer entfernten Senatsgebäude in Rom. Abends erhielt er seine Antwort und die neuesten Informationen, gebracht von dem gleichen Mann.

Als Beschreibmaterial für die Nachrichten diente anfangs Papyrus, aber bald schon alles, was haltbarer war und sich mit den damaligen Mitteln beschreiben oder beritzen ließ: Tonscherben, Leder, Bast, oder mit schwarzem Wachs überzogene Täfelchen (tabellae). Ein aufklappbares, zweiteiliges Täfelchen war das Diptychon. Für längere Botschaften diente das dreiteilige Triptychon. Später, bis hinein ins Mittelalter, wurde als Schriftträger dünn geklopfte Tierhaut verwendet – das Pergament. War allerdings eine Botschaft zu lang, dann „ging sie auf keine Kuhhaut". Für Geheimbotschaften benutzte man eine sogenannte Skytale: Um einen gleichmäßig runden Stab wurde ein schmaler Stoffstreifen gewickelt. Dann wurde der Länge nach die Botschaft drauf geschrieben. Wickelte man den Stoffstreifen wieder ab, so zeigte sich darauf nur ein Buchstabensalat. Im Prinzip war das ein Vorläufer moderner „Zerhacker". Erst wenn der Empfänger den Stoffstreifen wieder um einen Stab von gleicher Dicke wickelte, wurden die nur für ihn bestimmten Zeilen wieder lesbar. Andere Völker der Antike dagegen machten mit dem Boten oft kurzen Prozess: er musste die Geheimnachricht auswendig lernen – und wurde nach deren Übermittlung getötet.

Nun war es aber nicht einfach damit getan, einen Boten mit einer Nachricht loszuschicken. Fast jeder Briefschreiber wollte natürlich auch wissen: Wann hat mein Bote die Nachricht abgegeben, wie lange also hat er für den Weg gebraucht? Die Datierung im Alten Rom war nach heutigen Maßstäben noch recht grob, doch der Absender eines Briefes wusste immerhin ziemlich ge–

nau, zu welcher Stunde er seinen Boten mit einer Nachricht losschickte. Der Bote wiederum, endlich am Ziel angekommen, war furchtbar ungeduldig, wenn die Antwort, die er zu seinem Herren zurückbringen sollte, zu lange auf sich warten ließ. Selbst Cicero konnte sich dem Groll der Boten in solch einem Fall nicht entziehen. So beklagte er sich einmal darüber, dass die *tabellarii* des Cassius bei der Überbringung einer Botschaft nach Tusculum schon mit dem Reisehut eintraten und behaupteten, ihre Begleiter würden sie vor der Tür schon für den Rücklauf erwarten.

Wer sich im alten Rom keinen eigenen Kurier leisten konnte, musste einen anheuern. Denn Bote oder Briefträger (*grammatophus*) war ein Beruf, der sich oft auch vom Vater auf den Sohn vererbte. Oder man konnte dem Boten eines reichen Mitbürgers gegen ein gutes Trinkgeld eine Nachricht mitgeben.

Der Cursus Publicus

Es gab im alten Rom natürlich auch reitende Boten. Die schafften täglich, falls die Pferde in regelmäßigen Abständen gewechselt werden konnten, bis zu 120 Kilometer. Doch das war anfangs selten möglich. Und da über größere Entfernungen Kraft und Ausdauer eines Pferdes schnell nachlassen, brauchte ein Reiter für die gleiche Strecke, die ein Läufer in 15 Tagen zurücklegte, mindestens 12 Tage. Ein Läufer war also wesentlich billiger, denn „er aß und trank nur für einen". Erst Kaiser Augustus, der von 31 vor bis 14 n. Chr. regierte, rief einen geregelten und schnellen Kurierdienst zur Beförderung staatlicher Post ins Leben. Der Dienst sollte parallel zum Ausbau des gigantischen Straßennetzes entstehen. Dabei orientierte sich der Kaiser für diese neue Einrichtung einer Staatspost *(cursus publicus)* am Straßen- und Botensystem des Perserreichs. Die Leitung über das staatliche Netz erhielt als eine Art Generalpostmeister der jeweilige Chef der Prätorianer, also der kaiserlichen Leibgarde.

Die Funktion aller Bediensteten im *Cursus publicus* war genau festgelegt, bis hinunter zum Stallburschen. Auf Routen, die dem Militär vorbehalten waren, dienten junge, kräftige Männer als reitende Boten. Ihre Pferde waren Staatseigentum, und die Reiter durften mit ihnen die Heerstraßen nicht verlassen. Fuhrwerke versahen den Nachrichten-, Reise- und Transportdienst der Staatspost. In regelmäßigen Abständen, vor allem an Straßenkreuzungen, wurden *mansiones* errichtet, später auch *stationes* genannt. Auf der Strecke von Spanien bis Rom gab es zeitweilig bis zu 106 solcher Rasthäuser. Sie hatten Zimmer für Fuhrleute und Gäste, dazu eine Schankstube. Einige waren recht prunkvoll, denn auch der Kaiser stieg darin ab. Es waren die Fünf-Sterne-Hotels ihrer Zeit. Bis zu 40 Pferde wurden an jedem Rasthaus für die Stafettenreiter gehalten, dazu Ochsen und Maultiere für Reise- und Gepäckwagen.

Als Roms Kaiser Trajan im Jahr 99 n. Chr. auf seinem Sommersitz in Pettau an der Donau weilte, erreichten ihn Nachrichten aus Rom über diesen *Cursus publicus* innerhalb von nur fünfeinhalb Tagen. Postkarten aus europäischen Ländern dauern heute oft länger! Auch zu Roms „Überseegebieten" war Dank des *Cursus publicus* eine für damalige Zeiten schnelle Nachrichtenverbindung gewährleistet. Aus Reggio di Calabria und dem heutigen Brindisi liefen regelmäßig Postschiffe nach Byzanthion aus (dem späteren Konstantinopel) oder trafen von dort ein. Per Schiff lief auch der Informationsaustausch zwischen den römischen Niederlassungen in Afrika und Spanien. Eilsegler bewältigten dabei die Strecke zwischen Karthago und Rom in etwa vier Tagen. Wenn Cicero Botschaften mit schnellen Galeeren von Rom nach Athen schickte, so dauerte das „nur" 20 Tage.

Die Staatspost funktionierte zu ihrer besten Zeit hervorragend. Finanziert wurde sie nun nicht mehr nur aus Steuern, sondern von den Anrainern der einzelnen Strecken. Sie mussten Pferde, Wagen und Wagenführer stellen. Laufend ging ja etwas vom Fuhrpark kaputt und musste repariert werden. Und alle vier Jahre mussten die von den Kurieren zu Schanden gerittenen Pferde ersetzt werden. Was die Menschen zusätzlich frustrierte: Das einfache Volk durfte weder Waren noch Nachrichten über den *Curusus Publicus* verschicken. Zuwiderhandlungen wurden hart bestraft. Spätere Kaiser versuchten Reformen: Kaiser Nerva etwa erlaubt den Anrainern Ende des 1. Jahrhunderts n. Chr. die Bereitstellung von Fuhrwerken gegen Bezahlung. Um die Anwohner

weiter zu entlasten, griff Hadrian zur Finanzierung der Post noch
tiefer in den Staatssäckel. Doch seine Nachfolger verfielen dann
wieder in die Unsitte, die Anlieger der Poststrecken auszuplün-
dern. Das Unternehmen, sollte es höchste Leistungen erbringen,
war einfach nicht zu finanzieren. Und erinnert damit verteufelt an
die Situation moderner Postunternehmen. Oder, wie der britsche
Historiker Cyril Northcote Parkinson fast 2000 Jahre nach Kaiser
Nerva voller Sarkasmus feststellte: „Unter Rationalisierung verstehen die meisten Postminister, dass man die Gebühren laufend
erhöht und die Zustellung ständig verschlechtert." So war es auch
im Alten Rom. 401 n. Chr. gestattete der oströmische Kaiser Ar-
cadius nur noch den Prätorianern, also seiner „Büro- und Leibgarde", den *Cursus* zu benutzen. Kaiser Leo I hob „aus Kostengründen" den Güter- und Gepäcktransport" auf. Rund 100 Jahre
später versuchte Kaiser Justinian noch einmal, das Netz zu akti-
vieren. Aber vergeblich. Viele Wege waren bereits verfallen. Der
Niedergang in das „finstere Mittelalter" hatte begonnen.

€ 156.000 für eine Brieftaube

Doch kurz noch einmal zurück in vorchristliche Zeiten: Laut
Schöpfungsgeschichte war eine Taube der erste Überbringer ei-
ner „Nachricht". In Kapitel 8 des 1. Buches Mose heißt es: „Und
Noah ließ eine Taube fliegen aus der Arche. Die kam zu ihm um
die Abendzeit, und siehe, ein Ölblatt hatte sie abgebrochen und
trug's in ihrem Schnabel. Da merkte Noah, dass die Wasser sich
verlaufen hatten auf Erden..."
  Mythologie? Phantasie? Altertumskenner jedenfalls sind der
Überzeugung, dass bereits rund 2000 Jahre vor der Zeitenwende
Tauben als schnelle und zielsichere Boten eingesetzt wurden.
Bildliche Darstellungen in antiken Grabkammern zeigen ägypti-
sche und phönizische Schiffe, auf denen auch Tauben zu sehen
sind. Aber offenbar konnte sich nicht jeder solche geflügelten Boten leisten. Damit ihm daraus bei eventuellen Streitigkeiten vor
Gericht kein Nachteil entstand, wurde in Palästina zur Zeit um
Christi Geburt ein Schutzgesetz erlassen. Es untersagte „demjenigen, der Tauben züchtet, um sie zum Fliegen zu verwenden, die

Möglichkeit zur Ablegung eines gültigen Zeugnisse." Anders ausgedrückt: Wer Dank seiner Tauben im Besitz aktueller Nachrichten ist, soll davon vor Gericht gegenüber seinem Kontrahenten
keinen Vorteil haben. *„News is money"*, Nachrichten sind Geld
wert, hieß es also nicht erst 2000 Jahre später in den USA.

Griechen und Römer übernahmen die Taubenpost der Ägyp-
ter als nachahmenswerte Einrichtung, und zwar nicht nur für die
Übermittlung geschäftlicher oder militärischer Informationen, sondern auch für private Zwecke. Wohlhabende benutzten als Scha-
tulle für ihre Taubenpost feine Goldröhrchen. So ein Röhrchen
wurde der Botentaube an eines ihrer Beinchen gebunden. Billi-
gere „Briefumschläge" waren zurechtgeschnittene Federkiele, in
die man auch oft romantische Liebesbotschaften steckte. Der
griechische Lyriker Anakreon beschreibt um 530 v. Chr. die Ge-
dankengänge einer Liebesbrief-Taube: „...ihm muss, wie Du
siehst, ich jetzt/ Die Briefchen der Liebe tragen;/ doch bald, hört
ich ihn sagen,/ werd ich in Freiheit gesetzt..." Und der deutsche
Dichter Johann Gabriel Seidel (1804 - 1875) schrieb: Ich hab'
eine Brieftaub' in meinem Sold/ Die ist gar ergeben und treu,/ Sie
nimmt mir nie das Ziel zu kurz/ Und fliegt auch nie vorbei. / Ich
sende sie vieltausendmal/ Auf Kundschaft täglich hinaus,/ Vorbei
an manchem lieben Ort,/ Bis zu der Liebsten Haus." Taurostenes,
ein Athlet aus dem altgriechischen Aegina, nahm eine Taube mit
ins 130 km entfernte Olympia. Nachdem er in seiner Disziplin ge-
siegt hatte, band er der Taube einen roten Wollfaden ans Bein
und schickte sie auf den Heimflug. Schon am Tag nach dem Sieg
war seine Heimatstadt informiert.

Es waren Feldherren wie Alexander der Große oder Caesar,
die den militärischen Vorteil einer schnellen Nachrichtenübermittlung erkannten. Sie ließen deshalb von ihren Truppen Brieftauben
mitführen. Durch Brieftauben erfuhr Caesar frühzeitig von den Unruhen in Gallien und setzte seine Legionen in Marsch, noch ehe
sich die Aufstände ausweiten konnten. Da Tauben ja auch abge-
fangen werden konnten, und somit auch die Botschaft, die sie trugen, wurde ihr Gefieder nach vorheriger Absprache eingefärbt, o-
der der Absender band ihnen bunte Fädchen ans Bein, deren Be–

deutung nur der Empfänger kannte. Es gab sogar Versuche, Schwalben als „Boten" einzusetzen.

Kaiser Diokletian versuchte während seiner Herrschaft (284 - 305 n. Chr.) als erster, die Taubenpost zu einem öffentlichen Nachrichtensystem auszubauen, zu jedermanns Nutzen. Aber der Niedergang des römischen Reiches hatte bereits eingesetzt Aus dem ehrgeizigen Vorhaben wurde nichts.

Die erste, staatlich betriebene und durchorganisierte Taubenpost entstand dann erst rund 900 Jahre später im Orient. Den Anfang damit machte Sultan Mahmud Nureddin. Von 1145 bis zu seinem Tod im Jahr 1174 war dieser bedeutende und fortschrittliche Mann Herrscher über die vereinigten Königreiche von Damaskus und Aleppo. Sein Nachfolger dehnte das Reich und parallel dazu das Tauben-Postnetz weiter bis nach Bagdad aus. Die durchschnittliche Entfernung zwischen den Taubenstationen betrug etwa 50 km. So entstanden zwischen den wichtigsten Städten allmählich regelmäßige „Flugverbindungen". Ihr reibungsloser Betrieb erforderte ein hohes Maß an Organisationstalent. Denn Brieftauben verkehren ja nur zwischen dem Ort, an dem man sie aussetzt und dem heimischen Schlag. Einigen Berichten zufolge soll es im Nahen Osten zeitweilig bis zu 14.000 Taubenposten gegeben haben.

Die großen, turmartigen Taubenschläge in Nurredins Reich standen am Rand der Städte und entlang der wichtigsten Heerstraßen. Die Turmwärter fungierten dabei ähnlich wie heute die Fluglotsen der modernen Luftfahrt. Name oder Wappen des heimischen Schlages waren bei jeder Taube in die feine, wachsartige Haut des Oberschnabels eingebrannt. Jeder Turm hatte seine eigenen Tauben, wurde aber per Kurier auch mit „Gast"-Tauben anderer Städte versorgt. Traf z.B. eine in Bagdad freigelassene Taube in ihrem heimischen Schlag mit einer Botschaft ein, dann ermittelte der Taubenwärter zunächst den Bestimmungsort der Botschaft. Angenommen, es war Kairo. Dann suchte er unter seinen Gast-Tauben eine aus, deren Schnabelzeichen sie als „Kurier aus Kairo" auswies. Die Hülse mit der Botschaft aus Bagdad wurde umgesetzt, die Taube wurde freigelassen – und flog sofort zu ihrem heimischen Schlag an den Nil.

Einem historischen Bericht zufolge gab es im Jahr 1288 n. Chr. allein in Kairo einen „Flugpark" von rund 2000 Tauben. Das System war ebenso genial wie schnell, und in seinem vollen Umfang bis zum Beginn des 16. Jahrhunderts in Betrieb. Einige seiner Strecken, etwa diejenige zwischen Aleppo und der 100 km weiter nördlich gelegenen Hafenstadt Alexandrette (dem heutigen Iskenderun in der Türkei) funktionierten noch bis in das 17. Jahrhundert.

Es waren die Kreuzfahrer, die als erste Europäer Bekanntschaft mit der morgenländischen Taubenpost machten: von einem Greifvogel verletzt fiel eine Botentaube der feindlichen Sarazenen mitten in das Christenheer. Unter einem ihrer Flügel trug sie ein Zettelchen mit einem Schlachtplan des Gegners. So jedenfalls beschreibt es der Renaissance-Dichter Torquato Tasso in seinem Epos *Das befreite Jerusalem*. Sicher ist jedenfalls, dass Kreuzritter einige Exemplare dieses „tierischen" Kommunikationsmittels zurück nach Europa brachten. Eine eigene Zucht entstand. Bald flogen Tauben von Burg zu Burg, auch zwischen Raubritterburgen. Und als die Spanier 1573/74 die niederländischen Städte Haarlem und Leyden belagerten, waren deren Bewohner zumindest „nachrichtentechnisch" versorgt: sie hatten rechtzeitig einige Dutzend Tauben in die Provinz verfrachtet. Die flogen nun mit Botschaften über die Köpfe der Spanier hinweg in die belagerten Städte. Unter anderem brachten sie Durchhalteparolen, in denen Prinz Wilhelm von Oranien die baldige Befreiung der Belagerten versprach. Auf ähnliche Weise ließen sich über 200 Jahre später auch die Bewohner Venedigs vom Festland aus mit Informationen versorgen, als Napoleon die Lagunenstadt vom Hinterland abschnitt.

Selbst noch im 19. Jahrhundert dienten Tauben im riesigen chinesischen Reich als Börsenkuriere sowie zur schnellen Verbreitung amtlicher Bekanntmachungen. Ein wichtiges, jährliches Ereignis z.B. waren damals die großen Staatsprüfungen für angehende Beamte. Tauben trugen die Namen der erfolgreichen Absolventen in alle Richtungen des Kaiserreichs. Damit möglichst viele ihr Ziel erreichten, beförderten sie neben der Botschaft auch den Wunsch an die Taube: „Mögen glückliche Winde Dich beglei–

ten.." Kleine Bambuspfeifchen oder Glöckchen waren an den Schwanzfedern befestigt. Ihr Pfeifen oder Geläute beim Flug sollte Greifvögel abschrecken. Wichtige Botschaften wurden sicherheitshalber mehrfach abgeschickt, damit wenigstens eine davon ankam.

Über die fantastischen Flugleistungen von Brieftauben gibt es zahlreiche Berichte. 1886 wurden in London sechs Tauben losgelassen, von denen immerhin drei ihren heimatlichen Schlag jenseits des Atlantik erreichten – in Boston, New York und Philadelphia. Eine Taube des britischen Gasinstallateurs David Lloyd sollte von den Shetland-Inseln ins heimische Wales zurückfliegen. Offenbar hatte sie Fernweh – denn sie landete in Shanghai! Und eine Taube, die der Herzog von Wellington am 8. April 1845 vor Westafrika ausgesetzt hatte, hätte fast den heimischen Schlag in England erreicht. Doch am 55 Tag ihres Fluges stürzte s e 15 km vor ihrem Ziel tot vom Himmel. Die reine Luftlinie zwischen Start und Absturzort beträgt 8.700 km. Aber weil die Taube wahrscheinlich die Sahara umflog, hatte sie wohl 12.250 km zurückgelegt.

Bei ihrer Fluggeschwindigkeit von 130 km/h und mehr kann eine Brieftaube ohne Pause Entfernungen bis zu 1000 Kilometern zurücklegen. Gute Brieftauben waren und sind auch heute nicht billig. Im Jahr 2011 zahlte ein Chinese bei einer Auktion in den Niederlanden für die Taube „Blauer Prinz" € 156.000 Euro. Insgesamt brachte die Versteigerung von 218 Tieren 1,37 Millionen (!) Euro ein.

Ende des 19. Jahrhunderts begannen Privatleute, Handelshäuser und Zeitungsredaktionen damit, eigene Taubendienste einzurichten. Etwas schneller zu erfahren als die Konkurrenz ist immer einer der Wege zum Erfolg. Nathan Rothschild, einer der berühmten Rothschild-Brüder, erfuhr zum Beispiel während seiner Tätigkeit als Börsianer in London durch seinen Tauben-Kurier zum Kontinent als erster in der City von der Niederlage Napoleons bei Waterloo am 18. Juni 1815. Sofort kaufte er an der Börse von den angesichts der „napoleonischen Gefahr" noch sehr niedrig gehandelten britischen Staatsanleihen, was er nur kriegen konnte. Erst einen Tag später wird der Sieg über Napoleon allgemein bekannt, und sofort schießt der Kurs der nun hauptsächlich in Rothschilds Besitz befindlichen Papiere in die Höhe. Die Berliner Bevölkerung erfuhr erst mehrere Tage später von Napoleons Niederlage.

Thurn und Taxis

Auch die Herrscher des „finsteren Mittelalters" und ihre Berater erkannten bald: Ohne einen schnellen Informationsaustausch lässt sich kein Land, geschweige denn ein Großreich regieren. Chlodwig I, Gründer des Frankenreichs, wollte Ende des 5. Jahrhunderts die Gemeinden des Landes dazu bringen, die Post- und Nachrichtenbeförderung nach dem Vorbild der Römer zu übernehmen. Viel Erfolg hatte er damit nicht. Erst Karl dem Großen gelang es 300 Jahre später, die ersten, regelmäßig benutzten Postrouten einzurichten. Sie führten auf den alten Römerstraßen nach Spanien und Italien. Ausgangspunkt war Auxerre in Burgund. Neue Relaisstationen entstanden. Sie wurden bald *Posten* genannt, woraus sich dann das Wort Post ableitete.

Ludwig der Fromme ordnete 823 n. Ch. an, dass die Stationsleiter stets darauf vorbereitet sein müssen, den Kaiser und durchreisende Beamte, also auch Boten, unterzubringen und zu verpflegen. Allmählich entstanden Kurierdienste auch in anderen Ländern West- und Osteuropas. Doch noch Mitte des 16. Jahrhunderts funktioniert alles recht unregelmäßig, ohne festen Kurierplan. Deshalb schufen sich Kirche, Kaiser und Könige ihre eigenen Botendienste. Die wurden nur nach Bedarf eingesetzt. Wollte ein einfacher Bürger Nachrichten verschicken, so war ihm das kaum möglich. Er musste vorher bei der nächsten Station die ungefähren An- und Abreisezeiten von Postreitern oder Postkutschen erfragen. Und letztere fuhren oft nur einmal wöchentlich, wie 1552 etwa zwischen Brüssel und Augsburg.

Art und Dauer der Nachrichtenbeförderung machen lange Zeit wenig Fortschritte. Im Gegenteil: Die frühe Post ist langsamer und unzuverlässiger als in den Großreichen des Altertums. Zudem ist der Beförderungsdienst heillos zersplittert. Denn außer der Kirche und den Landesherren schaffen sich auch Handelshäuser und Universitäten ihre eigenen Boten- und Briefdienste.

Für die Klöster arbeiten die so genannten Rotelboten. Ihre Aufgabe war es, die Namen verstorbener Ordensangehöriger zu anderen Klöstern zu übermitteln. Die Namen standen auf einem Pergament, das um einen runden Stab, die Rotel, gewickelt war. Der Deutsche Ritterorden wiederum betrieb von seinem Hauptquartier, der Marienburg im späteren Ostpreußen, ein recht weitreichendes Nachrichtennetz. Die Boten zu Pferde wurden *Bryffjongen* (Briefjungen) genannt, ihr Aufenthaltsraum war der *Bryffstall.* Sonderboten waren die „Rittmeister". Billig war die Übermittlung von Nachrichten nicht. Die Gebühr für die Strecke von der Marienburg bis Rom betrug 20 Dukaten. Das waren 20 etwa je drei Gramm schwere Goldmünzen, also immerhin 60 Gramm Gold. 1525 stellte der Orden seinen Postbetrieb aus Kostengründen ein. Schon längere Zeit war es der hohen Beförderungskosten wegen üblich, Personen, die in das Zielgebiet reisten, Nachrichten mitzugeben. Kaufmannszüge nahmen Post mit, Salztransporteure oder sogar Schlachter! Vor allem in Baden, in Württemberg und der Pfalz kamen diese auf ihren Viehaufkäufen weit im Land umher. So entstand der Ausdruck „Metzgerpost". Die Metzger hatten sogar das Recht, ein Signalhorn zu benutzen, um schneller abgefertigt zu werden. Und dann gab es noch seit 1490 das im Auftrag Kaiser Maximilian I. von den lombardischen Brüdern Janetto und Francesco die Tasso gegründete, europaweite Postwesen. Daraus entstand die Kaiserliche Reichspost, zunächst von Brüssel aus betrieben, später dann von Frankfurt am Main und ab 1748 von Regensburg.

Weltweit bekannt wurde das Unternehmen dann als die Thurn-und-Taxis-Post. Die Beförderungszeiten waren von Anfang an auf Schnelligkeit ausgerichtet. Die Strecke Brüssel – Toledo musste innerhalb von 12 Tagen zu bewältigen sein. Neue Strecken wurden je nach Bedarf geschaffen, andere stillgelegt. Nach dem Sieg Preußens über Österreich im Deutschen Krieg von 1866 übernahm der preußische Staat gegen eine Abfindung das als Privatunternehmen geführte Thurn-und Taxis-Netz. Nachrichten wurden natürlich nicht nur von Postreitern übermittelt, sondern auch von Reisekutschen mitgeführt. Aber selbst „Eilposten" bewegten sich nach heutigen Begriffen im Schneckentempo. Von

Berlin nach Frankfurt war man (selbst noch 1843!!) gut und gerne 49 Stunden unterwegs, nach Paris brauchte man 95 Stunden. Wer von Prag nach Wien wollte, benötigte dafür 36 Stunden. Fürst Pückler-Muskau, der im Jahr 1829 bei seiner Rückkehr aus England von Calais nach Paris reiste, benötigte dafür zwei Tage und eine Nacht. Angehalten wurde nur alle 12 Stunden für 30 Minuten. An der Poststation konnten die Fahrgäste eine Mahlzeit zu sich nehmen, während der Kutscher Post übergab und annahm.

CLAUDE CHAPPE SETZT SEINE ZEICHEN

> „Wenn Du Erfolg hast wirst Du
> im Ruhm baden".
>
> *Angeblich die erste, mit einem op-*
> *tischen Telegrafen übermittelte*
> *Nachricht*

Jahrhunderte lang hatte sich an der Übermittlungstechnik kaum etwas geändert. Es blieb bei Boten-Männern und -Frauen, bei Läufern, Brieftauben, Leuchtfeuern, Reitern und Kutschen. Dann, am 25. Dezember 1763 kommt im französischen Brûlon-le-Maine, einem Ort unweit der Stadt Le Mans, ein Junge zur Welt, als zweites von sieben Kindern des königlichen Gutsverwalters Claude Chappe und dessen Ehefrau Marie geborene Devernay. Der Neuankömmling wird auf den Namen Claude getauft. Mit dem Erstgeborenen Ignace Urbain Jean (1762-1829) und dem zehn Jahre jüngeren Abraham (1773-1849) wird er die Welt der Nachrichtentechnik entscheidend verändern.

Es ist eine Zeit der sozialen und politischen Unruhen, in der die Gebrüder aufwachsen. Die Welt steht am Vorabend des Industriezeitalters – und Frankreich vor einer bluttriefenden Revolution. In England arbeiten seit 1712 die ersten Dampfmaschinen eines gewissen Thomas Newcomen, um Wasser aus Bergwerken heraus zu pumpen. In Schottland schnauben und brodeln die ersten leistungsfähigen Hochöfen. Henry Cavendish hat im Geburtsjahr Chappes das Wasserstoffgas entdeckt, und in Paris findet eine große Gewerbeausstellung statt. Frankreich hat das beste Straßennetz Europas, mit einer Gesamtlänge von 53.000 Kilometern. Ein Wegefrondienst der Anwohner sorgt für die laufende Instandhaltung. Allerdings lauern andere Gefahren als nur Schlaglöcher. Räuber, Wegelagerer und anderes Gelichter – meist sind es ehemalige Soldaten vieler Kriege – machen jede Reise zu einem unsicheren Abenteuer.

In den Städten gibt es andere Probleme. Frankreich ist damals das bevölkerungsreichste Land Europas, mit etwa 16 Millionen Einwohnern. Paris beherbergt fast eine Million Menschen.

Nur London ist mit 1,5 Millionen größer. Verglichen damit ist Berlin ein „großes Dorf“, mit nur 150.000 Bewohnern. Noch bis Mitte der 1870er Jahre werden die deutschen Lande im Wesentlichen ein Agrarstaat bleiben. Gut leben im 18. Jahrhundert nur die höheren Stände und der Adel, vor allem in Frankreich. In Paris sind für diese „Elite“ z.B. 7.200 Perückenmacher tätig. Dazu kommen 12.000 Näherinnen, Maßnehmer und Zuschneider. Ein Fünftel der Bewohner von Paris sind damals Bedienstete. So stehen allein beim Adel 8.000 Lakaien in der Pflicht. Die haben wenigstens ein Dach über dem Kopf.

Die meisten Angestellten schuften für Hungerlöhne. Für 12 bis 14 Stunden Arbeit kann sich eine Familie gerade mal fünf Brote kaufen. Ein Pfund Salz kostet so viel wie ein Tagelöhner in 12 Stunden verdient. Hausherren behalten sich deshalb oft vor, jedem der am Tisch Sitzenden selber das Essen zu salzen. Doch nicht nur das: ein Gesetz schreibt vor, dass jedermann pro Jahr mindestens sieben Pfund Salz verbrauchen muss!! Mit Hilfe der Salzsteuer, eine der ältesten der Welt, (in Deutschland wird sie erst am 1. Januar 1993 abgeschafft!!), und vielen anderen Auflagen, wie der Verzehr- und der Fenstersteuer muss das Geld für den verschwenderisch lebenden und daher völlig verschuldeten Hof Ludwig XVI beschafft werden.

„Im Frühjahr 1776“, Claude Chappe ist gerade 12 Jahre alt geworden, „gibt es in Paris ungefähr 91.000 Personen ohne festen Wohnsitz“, heißt es in einem Bericht. Die einfachen Bürger hausen zwischen Schmutz und Abfällen in Hinterhöfen, umgeben vom Gestank von Kloaken und den Misthaufen von Kleintieren. Dazu herrscht ein unheimliches Gedränge. Denn in der Hoffnung auf eine Anstellung ziehen Tausende von Bauern ohne eigenen Hof und Tausende von Tagelöhnern auf der Suche nach Arbeit von Dorf zu Dorf, von Stadt zu Stadt. Und meist nach Paris.

Entsprechend groß ist die Arbeitslosigkeit. „Sie leben in armseligen Quartieren. Es gibt zwar Suppenküchen. Dennoch sterben viele Menschen in Stadt und Land an Hunger. Tausende von Mädchen versuchen, als Prostituierte ein Paar Sous zu verdienen, wenn sie nicht das Glück haben, eine Anstellung in einer der neuen Manufakturen zu finden." Und immer wieder gibt es Teuerungen. Der Volkswirt und Gelehrte Graf Victor Riqueti de Mirabeau (1715 - 1789), der „politische und ökonomische Menschenfreund", beschreibt diese Gestalten in einem Brief als „schreckliche, wilde Tiere, bekleidet mit Kitteln aus gröbster Wolle... die Gesichter hager und mit langen, schmierigen Haaren bedeckt, der obere Teil des Gesichts wachsblass, der untere zu einem Versuch grausamen Lächelns und einer Art Ungeduld verzerrt." Wer auch nur ein wenig Geld verdient, nutzt die Lage dieser Elenden schamlos aus. Einfache Familien, sofern sie nicht in einem einzigen Zimmer wohnen, können sich ein Dienstmädchen leisten. Bauern, sofern sie noch einen Hof haben, verfügen über Knechte, Ladeninhaber über Laufburschen – und viele gebärden sich als kleine Sklavenhalter.

Auch in der Provinz stöhnt das Volk unter der Teuerung und den Steuerlasten. Im kleinen Lyon gibt es 30.000 Arbeitslose. Bis zu 80 Prozent der Landbevölkerung sind Bauern. Sie leiden mit am schlimmsten. Über die Hälfte ihres Verdienstes müssen sie an den Staat abgeben. Gutsherr und Kirche kassieren weitere 14 Prozent. Zeitweilig sind im Land bis zu 200.000 Steuereintreiber unterwegs. Rund 40.000 Prozesse gegen „Steuerhinterzieher" stehen ständig als „laufende Verfahren" an. Wer nicht zahlen kann, erhält die Prügelstrafe. Kurz, der Unterschied zwischen „gewöhnlich" und „vornehm", zwischen „arm und reich" ist gewaltig. Es ist der ideale Nährboden für eine Revolution.

Die Sensation von Parcé-sur-Sarte

Es sind die Lebensumstände, die viele junge Männer dazu nötigen, den Priesterberuf zu erwählen. Im Schoß der Kirche erhoffen sie sich zumindest eine gewisse Versorgung und Sicherheit. Auch Claude Chappe entschließt sich dazu. Aber bei ihm ist es nicht nur die allgemeine Not. Wahrscheinlich wird er auch durch seinen Onkel Jean Chappe d'Auteroche dazu angeregt. Denn der ist ebenfalls Geistlicher, und dazu ein recht berühmter und weitgereister Astronom. Schon früh hat er in seinem jungen Neffen die Liebe zu den Naturwissenschaften geweckt. So hat sich Claude bereits als Kind intensiv mit physikalischen und technischen Experimenten beschäftigt. Anfang des Jahres 1783 erregt der 20jährige einiges Aufsehen mit einer Abhandlung über das Phänomen der Blitze. Sie erscheint im *Journal de Physique.* Doch sie wird angesichts anderer technischer Errungenschaften bald wieder vergessen. Denn im gleichen Jahr konstruiert der Marquis de Jouffroy mit Hilfe der von Newcomen erfundenen und James Watt verbesserten Dampfmaschine einen maschinell betriebenen Raddampfer. Am 15. Juli fährt dieser auf der Seine in Richtung Lyon ein Stück flussaufwärts! Das ist eine Sensation, denn damals mussten größere Wasserfahrzeuge bei ungünstigem Wind noch getreidelt, also von Menschen oder Zugtieren an Seilen flussaufwärts gezogen werden.

Nur wenige Monate später gibt es die nächste, technische Sensation, diesmal auf dem t*apis vert*, dem „grünen Teppich" vor dem Schloss von Versailles. Vor den Augen von König und Hofstaat steigt ein kunstvoll verzierter Heißluftballon der Gebrüder Montgolfier in die Luft. Passagiere sind ein Hahn, eine Ente und ein Schaf – die alle sicher in 2,5 km Entfernung wieder landen.

1788 erleben Frankreichs Bauern erneut eine Missernte. Im Winter müssen sie teilweise ihr Saatgut verzehren, um nicht zu verhungern. Weitere Unruhen werden befürchtet. Die Regierung wittert Verschwörungen. Steuerreformen, weil zu zaghaft, bleiben ohne Wirkung. Verdächtige werden verhaftet, ein Arbeiteraufstand wird von Soldaten des Königs blutig niedergeschlagen. Am 14. Juli 1789 stürmt eine wütende Menschenmenge in Paris die Bastille, das verhasste Staatsgefängnis, Symbol für Unterdrückung und Tyrannei. Der Bastille-Kommandant wird erschlagen, sein Kopf auf einer Pike durch die Straßen getragen. Unter der neuen Gesetzgebenden Versammlung verlieren Adel und Kirche ihre Privilegien. Dadurch verlieren am 2. November 1789 auch Claude Chappe, sein Bruder Abraham und viele andere Seminaristen ihren sicher geglaubten Kirchenhort. Deprimiert kehren die beiden Brüder zurück ins Elternhaus.

Was Claude Chappe dazu veranlasste, eine neuartige Kommunikationstechnik zu entwickeln, ist nicht ganz klar. Versuche dazu gab es damals auch bei anderen Tüftlern und Bastlern. Ei–

nigen Quellen zufolge war es Claudes Wunsch, mit Freunden in der Nachbarschaft zu kommunizieren, ohne sie persönlich aufsuchen zu müssen. Glaubhafter scheint, dass auch er, wie andere Bastler und Tüftler seiner Zeit, an Verfahren zur schnelleren Nachrichtenübermittlung arbeiten. Jedenfalls beginnen er und seine Brüder Abraham, René und Ignace im Winter 1790/91 mit ersten Transmissions-Versuchen hinter ihrem Elternhaus in Brulôn.

Angesichts der Unruhen im Lande ist dies nicht ohne Risiko. Man könnte die jungen Männer leicht für Spione halten, die einander Geheimbotschaften schicken. Denn um sich Informationen zu senden benutzen die Brüder zwei selbstgebaute Apparate in Form großer, gleich schnell laufender Standuhren. Statt eines Stunden- und Minutenzeigers verfügt jede nur über einen einzigen, durch Fallgewichte schnell rotierenden Zeiger. Und statt der 12 Ziffern auf dem Zifferblatt gibt es nur die Ziffern Null bis 9. Die eine Uhr steht bei Claude, die andere anfangs etwa 400 m entfernt bei René. Als Anrufsignal dient ein großer Kupferkessel Schlägt man mit einem Knüppel drauf, so ertönt ein weit hallender Gongschlag. Nach dem „Eröffnungsruf" werden die Uhren zunächst synchronisiert: Claude setzt sein Laufwerk in Gang. Sobald der Zeiger seiner Uhr die Mittelposition (theoretisch die Ziffer zwölf) erreicht, schlägt er erneut auf den „Gong", woraufhin sein Bruder den Zeiger seiner Uhr ebenfalls auf die 12 stellt. Beim nächsten Gongschlag setzen die Brüder ihre Zeiger gleichzeitig „in Marsch". Jedesmal, wenn der Zeiger auf Claudes Uhr eine von ihm gewünschte Ziffer erreicht, schlägt er erneut auf den Gong. Und René, auf der Empfängerseite, schreibt die Ziffer ab, die sein Zeiger gerade erreicht hat. Auf diese Weise lassen sich mit Hilfe der Ziffern Zahlencodes übermitteln, deren Bedeutung die Chappes in einem eigenen Codebuch nachschlagen. Die Codes können Worte oder auch ganze Sätze beinhalten.

Das Ganze ist ein geniales - allerdings auch sehr lautstarkes Verfahren. Schon bald gibt es Beschwerden der Anwohner. Claude muss sich eine lautlose oder zumindest leisere Verständigungsmethode einfallen lassen. Er denkt an elektrische Signale, doch gibt es keine isolierten Drähte. Auch Rauchzeichen scheiden aus. Dank seiner früheren physikalischen Experimente entscheidet er sich schließlich für einen optischen Signalgeber. Das ist anfangs ein in seiner Senkrechten drehbares, etwa 1,66 m hohes und 1,33 m breites Brett, befestigt an einer vier m hohen Stange. Auf der einen Seite ist es schwarz, auf der anderen weiß gestrichen. Es ersetzt den Gong, indem es jedes Mal, wenn der Zeiger die gewünschte Ziffer erreicht, von Hand gewendet wird.

16 km in vier Minuten

Nun wird es auch möglich, die Übertragungsstrecke zu erhöhen - durch den Einsatz von Fernrohren. Ende Februar ist Claude so weit, seine Erfindung öffentlich zu machen. Am 2. März versammeln sich einige prominente Gäste, darunter ein Notar und ein Lokalpolitiker, im Haus eines gewissen Ambroise Perrotin in der Stadt Parcé-sur-Sarte. Claude Chappe führt sie in einen Raum „in dem wir eine Standuhr und ein Fernrohr sahen, dessen Objektiv in Richtung des etwa 16 km weit entfernten Brulôn zeigte." Obwohl es etwas regnerisch sei, so sagt Claude, werde ihm sein Bruder René von Brulôn aus eine Botschaft übermitteln, diktiert von einem Mitglied der dortigen Gemeindedeputation. Es ist elf Uhr, …und während er [Claude] durch das Fernrohr schaut, notiert er die nächsten vier Minuten uns unbekannte Ziffer-Kombinationen." Es sind neun Worte bzw. insgesamt 55 Zeichen. Die übersetzt Claude dann wie folgt: „Si vous réussissez, vous serez bientôt couvert de gloire". („Wenn Du Erfolg hast, wirst Du im Ruhm baden").

Eine fast ähnliche Beschreibung des Versuchsablaufs um 11 Uhr am 2. März 1791 gibt es über den Vorgang in Brulôn. Die dort Anwesenden, unter ihnen der Vikar Avenant, der Arzt Jean Audruger und andere Honoratioren sind Zeugen wie René Chappe diese Botschaft an seinen Bruder Claude übermittelt. Ausgesucht hatte sie der Arzt Dr. Chenou.

Um 3 Uhr sendet Claude aus Parcé nach Brulôn, diesmal adressiert an seinen Bruder Pierre Francois, eine weitere Nachricht: „Die Nationalversammlung wird Experimente, die der Öffentlichkeit nutzen, belohnen." (L'Assembleé Nationale récompensera les experiences utiles au public). Um 10:30 Uhr am nächsten Tag wird das Experiment vor den gleichen Zeugen mit einer anderen, diesmal 25 Worte umfassenden Nachricht wiederholt. Es verläuft ebenfalls erfolgreich. Ein Schwindel scheint also ausgeschlossen. Die Sensation ist perfekt - denn ein Bote hätte zur Überbringung der verschiedenen Nachrichten nicht vier Minuten sondern etwa drei Stunden benötigt. Eine Weile noch werden an diesem Tag in Gegenwart von Zeugen weitere Nachrichten schnell und erfolgreich übermittelt. Und Chappe erkennt seine Chance: Frankreich ist von einem Haufen von Feinden umgeben. Im Hafen von Toulon sitzen bereits die verhassten Engländer; die gegen Frankreich gerichtete Allianz von Großbritannien, Holland, Preußen, Österreich und Spanien stellt eine unberechenbare Gefahr dar. Denn diese Länder fürchten, dass der Funke der Revolution auch auf ihr eigenes Territorium überspringen könnte. Fast der einzige „Verbündete", den Paris in dieser Situation besitzt, ist die schleppende Kommunikation seiner Gegner untereinander. Das kommt Chappe zu Gute: In einer Bittschrift an den Konvent beschreibt er seinen *Tachygraph*, seinen Schnellschreiber und beantragt eine finanzielle Unterstützung für den Bau einer Versuchslinie. Doch Behörden arbeiten langsam, Die Wartezeit bis zu einer Antwort nutzt Claude, um seine Apparatur weiter zu verbessern. Nach weiteren Experimenten gelangt er zu der Überzeugung, dass aus größerer Entfernung die Stellung von Stangen oder Stäben besser zu lesen sei als die Zahlen auf einem großen Zifferblatt. Bei guten Wetterbedingungen können er und seine beiden Brüder bis zu drei Zeichen pro Minute vom Sender zum Beobachter übermitteln.

Währenddessen hat sich die Lage in Paris und den Provinzen weiter zugespitzt. Es gibt die ersten Hinrichtungen. Ein Arzt und Politiker namens Joseph Ignace Guillotin (1773-1814) teilt dem Konvent am 30. April 1791 mit, er habe eine „humane Köpfmaschine" zum „schmerzlosen Töten" erfunden. Der Kongress beauftragt den königlichen Leibarzt Antoine Louis, eine solche Tötungsmaschine zu entwerfen. Er präsentiert sie, gebaut nach dem Vorbild einer in Schottland benutzen Apparatur. Den „Erfinder–

ruhm" heimst jedoch Dr. Guillotin ein. Ironie des Schicksals: Später wird er selbst eines der 17.000 Opfer der Guillotine werden.

Im Juni 1791 zieht Claude Chappe trotz der zunehmenden Unruhen nach Paris. Dort darf er seinen Tachyraphen auf der Étoile aufstellen, dem Platz, von dem sternförmig die wichtigsten Pariser Hauptstraßen auslaufen. Doch alle Tachygraphenteile werden über Nacht gestohlen, noch ehe die ersten Versuche beginnen.

Unterstützt wird Claude inzwischen von seinem Bruder Ignace, der seit dem 1.Oktober 1791 Abgeordneter der Nationalversammlung ist. Dank dessen Hilfe darf Claude endlich am 24. März des folgenden Jahres vor den Deputierten seine Pläne für den Ausbau eines schnellen landesweiten Nachrichtennetzes erläutern. Der Text hat sich erhalten, „Herr Präsident, ich bin hier um der Nationalversammlung eine Entdeckung mitzuteilen, die der Öffentlichkeit von Nutzen sein kann. Die Entdeckung ist eine einfache Methode, über große Entfernungen hinweg zu kommunizieren… Der Bericht über ein Ereignis oder einen Vorfall könnte bei Nacht oder bei Tage in weniger als 46 Minuten über eine Entfernung von mehr als 40 Meilen übermittelt werden." Geschickt erläutert er dann, was das bedeutet: Noch während einer Tagung der Abgeordneten könnten Nachrichten oder Befehle an die Fronten geschickt werden, und eine Antwort könne noch vor Ende einer Sitzung eintreffen.

Um neue Zwischenfälle auszuschließen, hat Claude seine Experimente in den Park Ménlimontand in Belleville verlegt, (heute ein Pariser Quartier nahe dem Friedhof Pére Lachaise). Doch auch hier erwecken die Apparate Misstrauen bei der Bevölkerung. Eine aufgebrachte Menge steckt die Signalanlagen in Brand, und die Bedienungsmannschaften entgehen nur knapp dem Flammentod. Wieder muss Chappe seine Versuche abbrechen. Gleichzeitig verliert er die Unterstützung von Ignace, denn die Gesetzgebende Versammlung löst sich auf und im neuen Nationalkonvent ist Ignace nicht mehr vertreten.

Die Partei der Girondisten hat durchgesetzt, dass Österreich am 20. April 1792 der Krieg erklärt wird. Damit soll verhindert werden, dass die Alliierten, angestachelt durch vor der Revolution geflüchtete, französische Adlige und womöglich unterstützt von deutschen Fürsten in die innenpolitische, revolutionäre Entwicklung in Frankreich eingreifen. Man hat schon Ärger genug. Die Städte Lyon und Marseille widersetzen sich den von Paris ausgehenden Reformbestrebungen. Um zu reagieren, braucht man möglichst aktuelle Informationen aus dem Land.

Die Schreckensherrschaft ist bald in vollem Gange. Tausende von Menschen werden in Paris und in der Provinz hingerichtet. Der Pöbel tanzt auf den Leibern Geköpfter und Erschlagener; einer ermordeten Hofdame der Königin werden die Brüste abgeschnitten und auf Stangen herumgetragen. Das beginnende Zeitalter der schnellen Nachrichtenübermittlung erlebt das königliche Ehepaar nicht mehr. Am 21. Januar 1793 müssen auch König Ludwig XVI und seine Frau Marie Antoinette „Madame Guillotines Bett" besteigen, wie das Schafott vom Pöbel genannt wird. Der Kopf des dicken Königs fällt nicht beim ersten Streich – das Beil der Guillotine bleibt im Nacken stecken. Deshalb stellen sich der Henker Charles Henri Sanson (1793-1806) und sein Assistent auf das Beil, um den Kopf des Königs endgültig vom Rumpf zu trennen. Es wird Wochen dauern, bis die Nachricht von ihrem grausamen Ende den letzten Winkel Europas und die USA erreichen

Die Idee des Tachygraphen überlebt jedoch das Grauen. 1793 findet sie endlich einen tatkräftigen Befürworter. Es ist der Präsident des Komitees für Öffentlichkeitsarbeit, Charles-Gilbert Romme (1750-1795). Romme ist von Chappes Ausführungen begeistert. Allerdings sieht er im Gegensatz zu diesen weniger die Vorteile ziviler Nutzung (Korrespondenz, Börsen- und Handelsnachrichten, und Verbindungen nach Antwerpen, Cadiz und sogar über den Kanal bis London), sondern den hohen militärischen Wert. Er schlägt die Bildung einer Kommission vor, die entsprechende Verwendungsmöglichkeiten prüfen soll. Mitglieder der Kommission sind der Wissenschaftler Joseph Lakanal, Louis Arbogast (ein Mathematikprofessor) und der Historiker Pierre Claude Francois Daunou. In einer Rede vom 1. April 1793 gelingt es Romme, die Bewilligung von 6000 Franc zum Bau von zunächst drei Telegrafie-Stationen zu erwirken.

Claude und Abraham Chappe haben inzwischen an ihrem Tachygraphen weitere, entscheidende Verbesserungen vorgenommen. Die Apparatur besteht aus einem 7 Meter hohen, blau angestrichenen Mast. An seinem oberen Ende trägt er einen Querbalken, den 4,60 m langen und 30 cm breiten „Regulator". An dessen beiden Enden wiederum ist je eine himmel- und eine bodenwärts weisende Querlatte angebracht. Jeder dieser „Indikatoren" ist etwa 2 m lang und mit Gegengewichten versehen, um seine Bedienung zu erleichtern. Regulator und Latten sind mit einer Farbe gestrichen, die sie kontrastreich von dem jeweiligen Hintergrund hervorhebt – Ergebnis der Farb- und Lichtexperimente Chappes aus seiner Jugendzeit. Steht der Tachygraph vor einem freien Himmel, dann sind die Zeichengeber schwarz. Steht er vor einem Wald, dann sind sie weiß. Gebaut werden die Teile in der Pariser Werkstatt von Guillaume Jacquemart in der Passage du Désir 88.

Regulator und Indikatoren werden von einer Plattform mit Hilfe von Seilzügen bedient. Damit können sie in die unterschiedlichsten Anstellwinkel gebracht werden. Zahlreiche Positionen lassen sich auf diese Weise darstellen. Jede entspricht einem anderen Zeichen oder einem Code, etwa „Wiederholen!" oder „Verstanden". Theoretisch sind 196 Zeichen- und Buchstabenstellungen möglich. In der Praxis wird man sich auf 98 beschränken, da Feineinstellungen   über größere Entfernungen nicht klar erkennbar sind. Das Codebuch, das die Chappes schließlich entwerfen, umfasst anfangs 92 Seiten. Auf jeder davon sind 92 nummerierte Phrasen und Sätze aufgelistet. Zusammen ergab das die unglaubliche Zahl von 8.464 (92x92) Sätzen oder Begriffen, die durch nur zwei aufeinanderfolgende Codes übermittelt werden konnten. Der erste Code gab die Seitenzahl an. Der zweite Code stand für die Nummer des auf der Seite aufgelisteten Begriffs.

Für das vom Konvent bewilligte Geld wird die erste Station in Belleville ausgebaut, die zweite soll auf den Hügeln von Ecouen 15 km weiter nördlich errichtet werden, und die dritte weitere 11 km nördlich in der Stadt Saint-Martin-du-Tertre. Bewährt sich die Anlage, so soll die Linie bis in das 190 km von Paris entfernte Lille verlängert werden. Denn bei Lille verläuft die Nordfront. Die Stadt Condé-sur-l'Escaut 40 km von Lille entfernt, wird von österreichischen Truppen belagert und soll von republikanischer Truppen entsetzt werden. Um militärische Befehle zu übermitteln und zu erhalten, ist man mit der Kutsche 60 Stunden unterwegs. Berittene Boten brauchen etwa halb so lange. Eine schnellere Verbindung ist also lebenswichtig.

Am 12. Juli 1793 ist es so weit, die erste Teilstrecke zu erproben. 15 km sind es bis zum ersten Signalturm, weitere 11 km bis zum zweiten und vorerst letzten. Claude Chappe „bemannt" Belleville; Abraham Chappe sitzt in Saint-Martin-du-Tertre, zusammen mit zwei Zeugen der früheren Experimente. Um 4:26 Uhr werden die ersten Signale ausgetauscht. Elf Minuten später ist die erste Nachricht von Belleville nach Saint-Martin übermittelt. Neun Minuten später trifft als Empfangsbestätigung die Rückantwort ein. All das es über eine Entfernung von rund 26 km. Und schon am 4. August 1793 genehmigt der Konvent weitere 58.400 Francs für den Bau der ersten 15 Stationen von Paris bis Lille.

Die Gebrüder Chappe erhalten nun jede mögliche Unterstützung. Bäume, die die freie Sicht zwischen Stationen verhindern, dürfen nach ihrem Ermessen gefällt werden. Auf jeder geeignet erscheinenden Anhöhe, auf jedem Turm dürfen sie eine Signalanlage errichten. Claude wird zum *Ingénieur Telegraphiste* im Rang eines Pionierleutnants ernannt. Sein Monatssold beträgt 500 Francs, dazu ein Dienstpferd. Die Oberaufsicht über die Linie als „administrateur des Télégraphes" erhält Abraham Chappe. Er ist erst 21 Jahre alt. Sein Gehalt beträgt monatlich 500 Francs, ebensoviel wie das von Ignace und Pierre-Francois die ebenfalls angestellt werden. Die Aufsicht über den Bau der insgesamt 192 km langen Linie hat das Kriegsministerium, oberster Bauherr ist der Architekt Charles Garnier. Den Mechanismus baut der renommierte schweizer Uhrenbauer Abraham Louis Bréguet (1747-1823).

In den folgenden Wochen werden 15 Plattformen mit Stationshaus in etwa 10 bis 15 km Abstand voneinander errichtet, auf Anhöhen und Türmen. Die erste Station liegt am Louvre, Die erste Station befindet sich am Pavillon de l'Horologe du Louvre, dem

Uhrenturm des Louvre. Nicht weit davon, im Palais d'Egalité, tagt der Nationalkonvent. So werden Nachrichten zwischen National-versammlung und der Signallinie schnell hin- und her befördert werden. Ihre Endstation befindet sich auf dem Dach der St. Katha-rinenkirche in Lille.

Jede Station wird mit zwei Telegrafisten besetzt. Der eine bedient sie Signalarme, der andere beobachtet die beiden Nach-barstationen durch sein Fernrohr. Dabei ruft er seinem Kollegen die Stellung der Zeichen zu. Sie wird sofort in ein Signalbuch ge-schrieben. Bei der Übermittlung lässt der „Absender" jedes Zei-chen 15 Sekunden lang stehen. Sonderzeichen beschleunigen die Verständigung, denn der Nachrichtenaustausch soll ja in beiden Richtungen laufen. Zeigt ein Indikator nach oben (Himmel), dann bedeutet dies, dass gerade Botschaften übertragen werden. Die Station ist also „auf Sendung". Zeigt der Indikator nach unten (Erde), dann ist die Station auf Empfang. Um Zeit zu sparen, wird jedes von der Nachbarstation abgelesene Zeichen sofort weiter-gesendet.

Anfangs stehen die Tachygraphen noch unter freiem Himmel. Später wird die Plattform den Boden eines wettergeschützten Sta-tionshauses bilden. Auch die Mechanik wird dann nur noch aus drei Hebeln, zehn Rollen und sechs Endlosketten bestehen. André-Francois Miot, Graf von Melito (1762-1841), Abteilungslei-ter im Kriegsministerium, schlägt vor, die Zeichengeber als *Tele-graph* = Fernschreiber zu bezeichnen. Es ist das erste Mal, dass dieses Wort benutzt wird.

Derweil geht das Morden in Frankreich unvermindert weiter. Am 24. November 1793 wird auch Jean-Jacques Ampère hinge-richtet. Er ist der Vater des später weltberühmt gewordenen Phy-sikers André-Marie Ampère. In einem Frauenhospiz werden Insas-sinnen vergewaltigt, darunter auch Waisenkinder. Damit es keine Zeugen gibt, werden 166 Menschen massakriert. Die Tötungsma-schine wandert seit ihrer ersten Inbetriebnahme in Paris im April des vorangegangenen Jahres von Platz zu Platz. Täglich fordert sie ihr „frisches Gebäck". Das bedeutet: 30 bis 40 Köpfe, manch-mal auch mehr. In vier Monaten, bis zum Ende der Schreckensherrschaft, werden 2341 Personen guillotiniert. Das Blut, das dabei vergossen wird, verbreitet an heißen Tagen einen „pestilenzartigen Geruch." Terror und Tod breiten sich in den folgenden Wochen und Monaten in fast allen Provinzen Frankreichs aus. In einem Bericht heißt es: „Schlösser wurden gestürmt, Gutshöfe geplündert, in den Landstädten drang der Pöbel in die Villen und Paläste der Fabrikanten und Adligen ein..." Schließlich schickt der Konvent Kommandos in die Provinzen, die für Ordnung sorgen sollen. Sie tun es mit brutalsten Mitteln. So werden u.a. Hunderte von Menschen auf Lastkähnen festgekettet, die man dann in der Loire-Mündung versenkt.

Eilberichte von der Front

Desto schneller der Bau der Linie vorangeht, desto spärlicher fließen die Gelder aus Paris. Wochenlang warten die Arbeiter auf ihren Lohn, drohen mit Arbeitsniederlegung. Claude kann sie nur mit Mühe bei der Stange halten, Abraham schreibt verzweifelt, wie die Bewohner von Lille ihm aus dem Weg zu gehen versuchen oder ihn öffentlich beschimpfen. Dennoch: am 30. April 1794 sind alle Stationen von Paris bis Lille bemannt. Die ersten Versuche können beginnen. Gekostet hat die Linie bis dahin rund 166.240 Livres. Das entsprach etwa 6926 Goldmünzen von je 7,64 Gramm oder „nur" dem Dreifachen dessen, was vor der Revolution für die Fütterung der Jagdhunde Ludwig XVI. ausgegeben wurde. Oder ein anderer Vergleich: ein Mittagsmenue im Gasthaus kostete ein Livre, ein Sitzplatz in der Oper das Doppelte, nach grob geschätzter Umrechnung zwischen 5 bis 15 €.

Am 30. August, es ist früher Nachmittag, als der Abgeordnete Lazare Carnot (1753-1823) im Konvent ans Rednerpult tritt und verkündet: „Hier ist der Bericht des Telegraphen, der uns soeben erreicht: ‚Condé ist wieder Bestandteil der Republik, seit heute Morgen 6 Uhr' " (*Condé être restitué*

á République, reddition ce matin 6 heurs.) Es ist die fast tau-
frische Mitteilung, dass die „Truppen der Republik" die Stadt
Quesnoy von den Österreichern und Preußen zurückerobert
haben.

Welch technische Sensation sich hinter der Nachricht verbirgt, wird anfangs jedoch nicht so richtig wahrgenommen.
Denn der 30. August ist ein Samstag, und nur wenige Abgeordnete sind anwesend. Doch allen wird klar: Noch nie zuvor
in der Geschichte der Menschheit war es gelungen, eine Information über eine solche Entfernung in so kurzer Zeit zu
übermitteln. Die Abgeordneten beschließen, einen Glückwunsch an die Truppen im Norden zu schicken. Er lautet:
„Der Konvent dekretiert sogleich, dass Condé hinfort nicht
mehr Condé, sondern Nord-Libre (freier Norden) heißen
wird, und möge die Nordarmee nicht aufhören, sich um das
Vaterland verdient zu machen. Der Telegraph wird beauftragt, dieses Dekret nach Lille zu übermitteln, damit es von
dort durch einen Sonderkurier nach Nord-Libre befördert
wird..."

Der Text trifft um 18:20 Uhr in Lille ein. Bereits neun Minuten später – die Sitzung im Konvent ist noch nicht zu Ende
– kommt die Antwort. Sie bestätigt, dass „das Dekret überbracht und unter der Armee verbreitet wird." Nun schweigen
selbst die letzten Skeptiker. Als 20 Stunden später ein völlig
erschöpfter Reiter in Paris eintrifft, um die „Befreiung" des
Nordens zu verkünden, muss er sich sagen lassen: „Das
wissen wir doch schon längst."

Noch bis zum Jahr 1847 wird die „Nordlinie" in Betrieb
sein. Zu den wenigen Ausländern, die den Telegrafen auch
aus dem Inneren eines Stationshauses beobachten dürfen
gehört im Jahr 1796 der Hamburger Domherr Friedrich Johann Lorenz Meyer (1760-1844). In seinen Erinnerungen
„Fragmente aus Paris" schreibt er: „Der Telegraph steht auf
dem platten Dach der auf dem westlichen, mittleren *Pavillon*

de Louvre errichteten Warte… In dem geräumigen, ringsum mit Fenstern umgebenen Zimmer…" beobachtet Meyer die an der Wand hängende Sekundenuhr, als der Telegrafist die Frage nach Lille schickt, ob es dort bei der Armee etwas Neues gäbe „Mit dem achtundvierzigsten Sekundenschlag kam die vom Beobachter am Fernrohr ausgerufene Antwort: „NEIN!"

Chappe wird inzwischen als „Wohltäter des Mutterlands" gefeiert. Auf Grund des Erfolges schlagen die Chappe-Brüder einen weiteren Ausbau der Linie vor. Sie soll den Truppen der Republik folgen. Aber Geld ist knapp. Auf die Verlängerung nach Ostende wird deshalb zunächst verzichtet. Stattdessen wird am 3. Oktober 1794 der Bau einer zweiten Linie geplant, die Paris über Metz und Straßburg mit Landau in der Pfalz verbinden soll, Doch es dauert allein vier Jahr, um die Strecke bis Straßburg zu vollenden. Dann stoppte man den weiteren Ausbau. Von der Regierung bevollmächtigt bringt Claude Chappe die dringend benötigten Finanzmittel für den Ausbau des Netzes mit Hilfe einer Lotterie auf. Alle Landerhebungen, alle hohen Gebäude, Klöster und Kathedralen werden in die Linie einbezogen. Gleichzeitig werden die dafür benötigten Telegrafisten ausgebildet. Am 31. Mai 1798 „steht" schließlich auch die Verbindung über Metz in das 486 km von Paris entfernte Straßburg. Die 44 Stationen werden bis 1852 in Betrieb bleiben, bis zum Erscheinen von Eisenbahn und elektrischem Telegrafen.

„Telegraphik" auf deutschem Boden

Den Alliierten bleibt die revolutionäre Nachrichtentechnik nicht lange verborgen. Vor allem die Engländer ärgern sich. Denn dort hatte der Marquis von Worcester bereits 1633 Signale über größere Entfernungen mit dem Fernrohr abgelesen. Auch sein Landsmann Robert Hooke (1635-1703), Chemiker und Physiker, hatte 51 Jahre später die *Royal Society* auf die Vorteile eines optischen Zeichengebers hingewiesen. Er wollte ihn vor allem für den Seeverkehr nutzen. „Alle Dinge könnten so bequem eingerichtet werden, dass man das gleiche Zeichen in Paris sehen könnte, innerhalb einer Minute, nachdem es in London aufgezeigt wurde, und desgleichen in Proportion über die größten Entfernungen." Doch Hooke erging es wie zahllosen Erfindern vor und nach ihm: die Königliche Gesellschaft wollte nichts von seiner Erfindung wissen. Hookes Gerät wurde über größere Entfernungen nicht erprobt. Der einzige, der davon profitierte, war sein Landsmann Edgeworth. Der ließ 1763 von seinem Kontor in der City oft *London* eine private Linie zu seinem Landhaus in Newmarket bauen, etwa 90 km nordöstlich der Hauptstadt. Als Signale dienten Glocken, Flaggen und Schwenkarme. Die Strecke bestand jedoch nicht lange, und geriet bald in Vergessenheit.

Die Kunde über Chappes Erfindung und ihren Einsatz ist natürlich auch in deutsche Lande gelangt. Auch dort gibt es Bastler, Tüftler und Gelehrte, die sich bereits seit längerem mit ähnlichen Projekten befassen. Einer von ihnen ist der Lehrer und Entomologe Johann Andreas Benignus Bergsträsser (1732-1812). Der lebt in Hanau in Hessen. Schon 1784, neun Jahre vor Chappes Linie Paris-Lille, entwarf er eine Signalpost für eine schnelle Nachrichtenverbindung zwischen der Messestadt Leipzig und der Hafen- und Hansestadt Hamburg. Sie sollte auch nachts funktionieren, da

Zeichenkombinationen mit Hilfe von vier verschiedenen Arten von Raketen von Station zu Station übermittelt werden konnten. In diversen Schriften äußerte er sich unter anderem über „eine Correspondenz in ab- und unabsehbare Weiten" und „Über Signal-, Ordre- und Zielschreiberei in die Ferne". Einen von ihm konzipierten Flaggentelegrafen bezeichnete er als „eine Kunst oder Anweisung, nach verabredeten Signalen ebenso gut zu schreiben, wie man die artikulierten Töne einer Sprache zu Papier bringt." Doch Bergsträßers Vorschläge fanden keinen Anklang. Das Verfeuern von Raketen schien zu teuer, der Bau der Leitung durch das damals noch kleinstaatliche deutsche Gebiet zu kompliziert. Zu winzig und zu zahlreich waren die vielen deutschen Territorien, deren Grenzen zudem auch noch häufig wechselten. Für die meisten Markgrafen, Fürsten, Herzöge und selbst für Könige war es preiswerter und einfacher, Nachrichten weiterhin per Kurier zu schicken. Kuriere konnten zudem auch nachts reiten und erreichten schon in wenigen Stunden eine Landesgrenze. Wozu also ein grenzübergreifendes Telegrafennetz?

Der Ruhm, das erste „Telegram" auf deutschem Boden verschickt zu haben gebührt wahrscheinlich Johann Lorenz Böckmann (1741 - 1802). Er war der jüngste und fünfte Sohn eines Lübecker Buchhändlers, hatte Theologie, Mathematik und Physik studiert und war ein Mann mit vielseitigen Interessen. Er gehörte mehreren wissenschaftlichen Gesellschaften an, modernisierte u.a. in Baden das Schulwesen und baute 1775 ein Dampfwagenmodell. Dabei assistierte ihm als „Mechanicus" ein gewisser Karl Friedrch Benz (1844-19239) –bald ein Name von Weltruf. Böckmann experimentierte auch mit verschiedenen Methoden der Nachrichtenübermittlung. In Karlsruhe wird auf sein Drängen hin eine „Telegraphen-Kommission" gebildet. Und am 22. November 1794 übermittelt ein optischer Telegraf in wenigen Minuten

dem Markgraf Carl Friedrich von Baden (1728-1811) Glück-
wünsche zu dessen 66. Geburtstag. Für die Strecke von 1,5
km hätte selbst ein schneller Bote 20 Minuten benötigt.

Noch im gleichen Jahr veröffentlicht Böckmann seine
Druckschrift „Versuch über die Telegraphik". In Mannheim
stellt er im folgenden Jahr im Auftrag des Herzogs Albert
(Albrecht) Kasimir von Sachsen-Teschen weitere Versuche
an. Sie fallen so befriedigend aus, „dass seyne königliche
Hoheit den Entschluss fassten, eine telegraphische Linie
von Mannheim nach Maynz errichten zu lassen und Böckmann sehr edel beschenkten, der noch bereits im nemlichen
Jahr, von Ihrer Majestät Kaiser Franz dem II. die große goldene Verdienstmedaille gnädigst zugeschickt erhielt. Im
Jahr 1798 kam ein neues Geschenk von Ihre Königlichen
Hoheit, dem Erzherzog Carl dazu, der sich, seine weiteren
Vorschläge zur Einführung der Telegraphie ausgebeten
hatte," heißt es in einem zeitgenössischen Bericht. Böck-
manns Traum war eine Kette von Sende- und Empfangs-
einrichtungen. In einem Brief an den Regensburger Fürsten-
rat schilderte er ein solches Netz als eine Einrichtung, „die
St. Petersburg mit Cherson [in der Ukraine] und die ganzen
übrigen Länder in mehr als einem Welttheile aufs nächste
vereinigen wird." Aber daraus wird nichts, obwohl im gleichen Jahr der spanische Ingenieur Augustin de Betancourt
y Molina (1758-1824) eine telegrafische Verbindung zwischen Madrid und dem Sommersitz der königlichen Familie
in Aranjuez herstellte. Das ist immerhin eine Strecke von 47
km. Durch diese Leitung schickte er elektrische Impulse, die
je nach Kombination verschiedenen Codes entsprachen. Es
war die erste, längere Telegrafenleitung der Welt.

Napoleons Wunderwaffe

Die Engländer beginnen als erste, Versäumtes nachzuholen, denn sie fühlen sich zunehmend von Frankreich bedroht Einige Offiziere hatten im amerikanischen Unabhängigkeitskrieg beobachtet, wie die Rebellen unter General Washington Informationen teils über die gegnerischen Linien hinweg übermittelten. Kisten, Tücher, Fässer und Körbe wurden in unterschiedlichen Kombinationen an Masten hochgezogen. Nach diesem Vorbild errichtete die Britische Admiralität zwischen London und dem 12 km weit nordöstlich von Dover liegenden Ort Deal auf natürlichen Erhebungen (noch heute heißen viele davon *Telegraph Hill*) 15 Stationen. Andere Linien führten zu den Hafenstädten Portsmouth, Yarmouth und Plymouth. In einem zeitgenössischen Bericht heißt es enthusiastisch: „Ein einzelnes Signal wurde nach Plymouth und zurück [nach London] in nur drei Minuten übermittelt, welches auf der Telegrafen-Linie etwa 500 Meilen [800 km] entspricht... Das Signal pflanzte sich mit einer Geschwindigkeit von 170 Meilen pro Minute fort, oder drei Meilen pro Sekunde oder drei Sekunden für jede Station! Welch' Geschwindigkeit: wirklich wunderbar!" Das System, ein sogenannter Klappen-Telegraf, war also ähnlich schnell wie das von Chappe. Dennoch war es diesem weit unterlegen. Die Zeichen wurden durch verschließbare Löcher in schwarzen Tafeln dargestellt. Aber bei der zwischen Herbst und nebligem Frühjahr vom Torf- und Braunkohlenrauch geschwängerten Londoner Luft ließen sich selbst am Tag die Lochkombinationen kaum ablesen. „Die Station in Putney Heath, die mit Chelsea kommuniziert, ist meistens durch östliche Winde unbrauchbar gemacht, wenn diese den Rauch aus London, der das Themsetal füllt, herüberwehen." Smog anno 1794!

So sind die Franzosen den Engländern, aber auch Ländern wie Schweden und Dänemark beim Ausbau des Nachrichtennetzes buchstäblich um Hunderte von Meilen voraus. 1798 wird die Nordlinie bis Dünkirchen verlängert. Auch der Kriegshafen Brest wird angeschlossen. In 18 Monaten werden 55 Stationen für die Strecke errichtet, Luftlinie etwa 540 km. Über diese Linie erhält das Kriegsministerium nun in nur knapp sieben Minuten Meldung über alle im Kanal beobachteten Schiffsbewegungen. Versuche, mit Hilfe von Laternen auch nachts zu signalisieren, schlagen jedoch fehl. Die Lichtpunkte verschwimmen zu einem einzigen Feuerschein. Ansonsten jedoch arbeiten die Anlagen jedoch mit für damalige Begriffe geradezu phänomenaler Geschwindigkeit. Hier einige Vergleiche mit dem Postkutschentempo – wobei zu bedenken ist, dass Frankreichs Landstraßen im 18. Jahrhundert zu den besten Europas gehörten:

Strecke	Stationen	Reise-Kutsche	Telegraf	Autobahn Km
Paris-Lille	22	ca. 60 Std.	2.00 min	219
Paris-Calais	27	ca. 68 Std.	3.00 min	297
Paris-Straßburg	60	ca.120 Std.	6,3 min	486
Paris-Brest	45	ca. 150 Std.	6,53 min	597
Paris-Toulon	120	ca. 240 Std.	14.00 min	839

Im Schnitt war das alles 1.300-mal schneller als eine Postkutsche.

Freilich, je mehr Linien die Franzosen bauen, desto teurer wird ihr Unterhalt. Auf jeder Station sind pro Schicht mindestens zwei Mann im Einsatz. Dazu kommen am Absende- und Empfangsort auch noch eine Anzahl von Chiffrieren und Dechiffrierern. Aus einer alten Kostenaufstellung für rund 7000 Depeschen geht hervor, dass sich der Preis pro „Sendung" auf etwa 150 Francs belief belief, der im April 1795 eingeführten neuen Währung. Das entsprach damals dem 120-fachen Tageslohn eines Telegrafisten, oder dem, was ein normaler Arbeiter in Frankreich in drei Monaten verdiente. Telegrafisten gelten deshalb mit 1,25 Franc Tageslohn als gut bezahlt. Die Stellung ist heiß begehrt. Außerdem kann man Karriere machen. Ein *Inspecteur* zum Beispiel dem jeweils zehn Stationen unterstehen, verdient etwa das Dreifache. Allerdings sind auch damit keine großen Sprünge möglich. Denn die Inflation grassiert. Die wenigsten Arbeiter und Handwerker können sich Fleisch leisten. „Das Huhn im Topf eines jeden Franzosen", das Henri IV. schon 200 Jahre zuvor allen Bürgern versprochen hatte, bleibt für die Masse des Volkes immer noch ein Wunschtraum. Hauptnahrungsmittel sind Brot, Gemüse, Brei und Suppen. Ein neues Hemd gibt es alle zwei oder drei Jahre, ein Anzug muss oft fürs Leben reichen, ebenso die Lederschuhe. Der einfache Bürger „trägt Holz."

Nur überlebenswichtige, also militärische Gründe konnten also die teure Übermittlung der Depeschen rechtfertigen. Reiche Privatpersonen hätten durch Nutzung des Chappeschen Telegrafen die Betriebskosten vielleicht senken können. Aber das war verboten, der Telegraf diente allein dem Staat. Normalbürger konnten lediglich staunend zusehen, wie die Signalarme auf den Türmen überall im Lande auf- und niederschwenkten, um geheimnisvollen Botschaften zu übermitteln. Auch die Telegrafisten selbst sollten die Nachrichtensymbole, die sie ablasen oder weitergaben, nicht verstehen. Dazu waren zuverlässige Chiffrierer bzw. Dechiffrierer da. Besuche der Stationen waren für Unbefugte verboten, und die Codebücher wurden gehütet wie brisante Staatspapiere. Als die Engländer bei den Kämpfen in Flandern ein Codebuch der Franzosen erobern, können sie für eine Weile die Nachrichten „mitlesen", bis diese ihren Code ändern.

In Preußen baut der Berliner Franz Carl Achard (1753-1821) anno 1795 einen „transportablen Feldtelegraphen". Er erprobt ihn zwischen Berlin und der Zitadelle im damaligen Kasernenviertel Spandau. Die Anlage soll Botschaften übermitteln, doch nicht wie bei Chappe mittels Signalarmen, sondern als geometrische Figuren. Achard stellt ein Signalbuch für 2.375 Wörter und Begriffe zu

sammen. Aber kein Mensch hätte sich diese Vielzahl merken können,.und der Zeitverlust durch ständiges Nachschlagen im Signalbuch wäre viel zu groß. Preußen bleibt bei der Nachrichtenübermittlung „zu Pferde", während in Frankreich das Chappesche Telegrafennetz wächst und wächst. Achard bleibt ein anderer Ruhm:
Als Allround-Genie züchtet er die Zuckerrübe, und macht mit dem
Rübenzucker Preußen und später Deutschland vom Zuckerimport
unabhängig.

Am 2. März 1796 ist Napoleon zum Oberkommandierenden
der Italien-Armee ernannt worden. Seitdem hat er nicht nur das
heruntergekommene Heer auf Vordermann gebracht, sondern
auch für eine möglichst enge Anbindung an das neue Telegrafennetz gesorgt. Als er am 5. August 1797 mit unterlegenen Kräften
die Österreicher unter General Wurmser in der Schlacht bei Cas-
tiglione am Gardasee besiegt, teilt er - gerade mal 28jährig - am
folgenden Tag selbstbewusst dem Direktorium in Paris mit: „Voila,
in fünf Tagen ging eine weitere Kampagne zu Ende. Wurmser ist
erledigt..." Die Depesche enthält den Zusatz eines Direktoriums-
mitglieds: „par le Telegraph".

Auch In den folgenden Jahren, vor allem nach seiner Ernen-
nung zum Ersten Konsul der Französischen Republik im Dezember 1799 sorgt Napoleon auf seinen Eroberungsfeldzügen dafür,
dass ihm der Telegraf folgt. So können seine Befehle schnellst-
möglich an seine Heerführer übermittelt werden. Und auch er
selbst wird umgehend von jeder Entwicklung und Veränderung an
den verschiedenen Fronten informiert. Deshalb führt er oft einen
Feld-Telegrafen in seinem Tross, um Depeschen „nach hinten"
durchzugeben oder von dort empfangen zu können. Seine Gegner haben nichts Vergleichbares. So wird der Telegraf für Napoleon zu einer Art Wunderwaffe, der schnelle Informationsaustausch zu einem entscheidenden Hilfsmittel für seine Siege. Auch
er ist gegen eine zivile Verwendung des Telegrafen. Allerdings erlaubt er die Übermittlung der Lotteriegewinne am Tag der Zie-
hung. Das ermuntert die Bevölkerung zum Spielen, bringt Geld in
die Kriegskasse und hält seine Soldaten bei Laune.

Dank Napoleons Eroberungen werden die Linien auch in die
von ihm besetzten Gebiete Europas verlängert, bis Mailand und

Venedig. Im Lauf der Jahre entsteht so ein Netz mit über 500 Stationen. Bei der Benutzung der Telegrafen geht Napoleon der noch auf Nummer sicher. Wichtige Gespräche lässt er zusätzich noch mit reitenden Boten übermitteln. Doch was die Schnelligkeit anbetrifft, sind seine Zeichengeber unschlagbar. Mit ihrer Hilfe kann er die oft zahlenmäßige Unterlegenheit seiner Truppen gegenüber dem Gegner wettmachen. Aufgrund aktuellster Informationen über „die Lage" können er und seine Offiziere taktische Bewegungen schneller durchführen und auf Bewegungen des Gegners fast augenblicklich reagieren. So etwa am 10. April 1809. Da lässt Napoleon aus Paris eine Depesche an seinen Marschall Berthier nach Straßburg schicken. Dauer der eigentlichen Übermittlung: Sechs Minuten. In der Depesche teilt er Berthier mit, dass etwa Mitte April mit einem Angriff Österreichs gerechnet werden müsse. Doch der Angriff beginnt schon am gleichen Tag: bei Salzburg überschreiten die Österreicher unter Führung des 33-jährigen Erzherzog Karl den Inn. Ultimativ fordert Karl von dem ein Jahr älteren König Max Joseph I. von Bayern, sich von Napoleon zu trennen. König Max flieht. Der französische Gesandte schickt einen Kurier mit dieser Information zu Berthier nach Straßburg. Der lässt die Botschaft unmittelbar nach Empfang – es ist der 12. April – nach Paris telegrafieren. Napoleon gibt Berthier den Befehl zum Gegenangriff. Am 22. April erscheinen Berthiers Truppen vor der Bayrischen Hauptstadt – und schon am 25. April kann König Max wieder in seine Residenz einziehen.

Noch im Herbst des gleichen Jahres wird Samuel Thomas Sömmerig (1701-1781), Leibarzt von König Max, seinem Chef einen Apparat vorführen, der Informationen auf völlig anderem Weg übermittelt als der Chappesche „Holztelegraf". Doch davon später.

Der Tod im Brunnen

Von seiner Erfindung hat Chappe keinerlei materiellen Vorteil. An den Priesterberuf ist nicht mehr zu denken. Er kann froh sein, Chef des Telegrafenamtes bleiben zu dürfen. Doch die Bezahlung ist schlecht. Schließlich will man ihm auch noch die Ehre streitig machen, das so erfolgreiche Nachrichtensystem entwickelt zu haben. Der Engländer Hooke, von dem schon die Rede war, und der Franzose Guillaume Amontons (1663-1705) sollen die eigentlichen Erfinder gewesen sein, so heißt es. Tatsächlich hatte Amontons, seit seiner Kindheit äußerst schwerhörig, einen Apparat konstruiert, der aussah wie ein Windrad, wobei jeder Flügel mit jeweils einem Buchstaben des Alphabets beschrieben war. Ein Beobachter an der nächsten Station las die Buchstaben mit Hilfe eines Fernrohrs ab und gab sie an die nächste Station weiter. 1695, also gut ein Menschenalter vor Claude Chappe, baute Amontons eine Versuchslinie von Meudon nach Paris, eine Entfernung von etwa 12 km.

In seiner Not wendet sich Chappe hilfesuchend an Napoleon. Doch selbst der hält zu Chappes Gegnern. So versinkt der 42-jährige Chappe in tiefe Melancholie. Am 23. Januar 1805 stürzt er sich in einem Anfall von Depression vor dem Telegrafenamt in einen Brunnen und stirbt. Sein Netz aber wird weiter ausgebaut, auch nach Napoleons Niederlage bei Waterloo und seiner anschließenden Verbannung 1815 nach St. Helena.

Ab 1830, Dank Napoleons Verbannung, darf der Chappesche Telegraf nicht nur von Regierung und Militär benutzt werden, sondern dient auch zur Übermittlung von Börsenkursen. Das wiederum machen sich einige Betrüger zu Nutze, darunter die Pariser Bankiers Francois und Joseph Blanc. Sie bestechen auf der Linie Paris-Bordeaux einen Telegrafisten der Station bei Tours zu vereinbarten Zeiten „irrtümlich" falsche Zeigerstellungen einzustellen. Damit soll er signalisieren, ob die aktuellen Kurse an der Pariser Börse steigen oder fallen. Die drei verdienen dabei nicht schlecht. Aber nach zwei Jahren, 1836, fliegt der Schwindel auf.

1844, fast vierzig Jahre nach Chappes Selbstmord, stehen auf französischem Boden 535 Telegrafenstationen, die 29 große Städte des Landes untereinander und mit der Hauptstadt verbinden, sternförmig von Paris in alle Landesteile führend, haben zusammen eine Länge von rund 5.000 km. Rund 1000 Telegrafisten sorgen für ihren Betrieb. Ein Jahr später wird die erste elektrische Telegrafenlinie zwischen Paris und Rouen errichtet. Ihre Signale, so schreibt eine Zeitung, „sind die Totenglocke für den Chappe-schen Telegraphen".

Viel zu spät gibt es für Claude die ersten Ehrungen. Auf dem Boulevard St. Germain wird 1893 sein Bronzestandbild aufgestellt. Auf der Gedenktafel hieß es: „Man sagt mit Recht, dass die Kunst des Signalisierens schon vor ihm bekannt war. Er aber hat das, was noch fehlte, geschaffen, indem er eine so sichere und so allgemein angenommene Anwendungsart schuf, dass er als Erfinder jener Kunst angesehen werden kann." Während der deutschen Besetzung 1941 wird das Denkmal eingeschmolzen. Chappes Grab befindet sich auf dem Pariser Friedhof Père Lachaise, inmitten der Grab- und Gedenksteine anderer Berühmtheiten. Es ist ein aus Steinen aufgetürmter, kleiner Sockel, gekrönt von einem kleinen Flügeltelegraf. Die kleinen Indikatoren zeigen das Symbol für „In Ruhestellung".

HOMO ELECTRIFICATUS UND KUSSMASCHINE

> „Wir haben alle etwas von elektrischen und magnetischen Kräften in uns und üben, wie der Magnet selber, eine anziehende und abstoßende Gewalt aus."
>
> *Johann Wolfgang von Goethe (1749-1832)*

„GEHEIMNISVOLL!" „SENSATIONELL!" „UNERKLÄRLICH!"

Mit solchen marktschreierischen Schlagworten wurde zu Beginn des 19. Jahrhunderts ein Phänomen beschrieben, das seit mehr als einem Jahrhundert aus unserem Alltag nicht mehr wegzudenken ist: Die Elektrizität. Sie war schon den alten Griechen bekannt gewesen. Die hatten sie aber lediglich als Reibungselektrizität des Bernsteins beobachtet. Sie gaben dem fossilen Baumharz den Namen *Elektron*.

Erst Ende des 17. Jahrhunderts beginnen Wissenschaftler und Privatgelehrte in Europa und in den USA mit der Elektrizität zu experimentieren. So konstruiert der deutsche Politiker, Jurist, Physiker und Erfinder Otto von Guericke (1602-1686) im Winter 1671/72 einen Apparat, mit dessen Hilfe durch Reibung Elektrizität erzeugt wird, einschließlich einer Funkenbildung. Es ist ein primitiver Vorläufer späterer Stromgeneratoren. Guericke nennt seine Schöpfung „Elektrisiermaschine". Unabhängig voneinander erfinden der deutsche Physiker Ewald Georg von Kleist (1700-1748) und der in der Stadt Leiden lebende Niederländer Pieter von Musschenbroek (1692-1761) den Kondsensator. Das ist ein Gerät, das es ermöglicht, erzeugte Elektrizität zu speichern und bei Bedarf abzugreifen. Es wird unter dem Namen Kleistsche oder auch Leidener Flasche bekannt. Und schließlich entwickelt der Italiener Alessandro Giuseppe Antonio Anastasio Graf Volta die

Vorläufer der ersten Elektrobatterien. Volta (1745-1827) gilt als Begründer der Elektrizitätslehre

Noch ist die „Elektrizität für den Hausgebrauch" einige Jahrzehnte entfernt. Denn zunächst wird sie nur als Kuriosum auf Jahrmärkten und bei öffentlichen Veranstaltungen bestaunt und gefeiert. Beliebtes und wohl auch meistverwendetes Instrument bei den Darbietungen der später als Salon-Elektrizität bezeichneten Vorführungen sind die Elektrisiermaschinen. Der Engländer Stephen Gray (1680-1736) zeigt sie gerne in Zusammenarbeit mit seinem Freund Granville Wheler seit 1708 bei öffentlichen Veranstaltungen. Mit Hilfe von Reibungselektrizität laden die beiden Hanfschnüre auf, an deren Ende eine Elfenbeinkugel hängt. Und die zieht dann Flaumfedern an. Die Schnüre nennt Gray „Lines of Communication", also Nachrichtenkabel. Sensationellste Darbietung jedoch ist „homo electrificatus", der „elektrifizierte Mensch": Am 8. April 1730 hängen Gray und Wheler einen Knaben horizontal an Halteschnüren aus Pferdehaar auf. Der Junge ist also vom Erdboden isoliert, aber mit Hilfe von Reibungselektrizität elektrisch aufgeladen. Mit Händen und Gesicht kann er nun am Boden liegende Papierschnipsel und andere, leichte Teilchen wie Federn oder Wollfäden wie ein Magnet anziehen, ohne sie zu berühren. Eine andere, beliebte Attraktion: Gray stellt seinem „Medium" einen Visitenkartenständer mit Staniolblättchen vor die Nase. Dann halten er oder Wheler dem mit statischer Elektrizität aufgeladenen Jungen eine Leidener Flasche an die Fußsohlen – und prompt fliegen dem Knaben die Staniolblättchen um die Nase.

Beliebt ist auch „Das elektrische Feuer": In der Berliner Akademie der Wissenschaften entzündet das Akademiemitglied Johann Christian Friedrich Ludolff (1701-1763) mit Hilfe enes von einer Elektrisiermaschine erzeugten Funkens ein paar Tropfen Alkohol. Georg Matthias Bose (1710-1761), Professor der Physik an der Universität Wittenberg, entflammt auf ähnliche Weise Schießpulver oder - spektakulärer noch – den zuvor in Alkohol getauchten Zeigefinger einer freiwilligen Versuchsperson. Er verbessert eine Elektrisiermaschine so, dass er damit elektrische Schläge austeilen kann. Damit zeigt er vor geladenen Gästen bei festlichen Anlässen allerlei Tricks. Er lädt zum Beispiel mit einer in einem

Nebenraum versteckten Maschine eine isoliert stehende, hübsche Helferin elektrostatisch auf. Anschließend darf ein beliebiger Gast die junge Dame küssen. Da der Gast selbst nicht isoliert ist, „entlädt" sich die Geküsste. Der Gast erhält einen leichten elektrischen Schlag. Ob es stimmt, dass einige Küsser dabei auch ein oder mehrere Zähne verloren, sei dahingestellt. Jedenfalls schrieb Bose in einem Gedicht an die Gräfin Brühl: „Ein aussereintzigmahl versucht ich es, und nahm der Venus den Kuss, doch Himmel, wie bekam Mir solcher Frevel-Mut: Es schien, ein schmetternd Stechen verdrehte fast den Mund. Die Zähne wollten brechen […] So rast ein Zitterschmerz ihm ‚nauf in das Gehirne. Die Zähne beben fast. Es schmettert in der Stirne."
Immer wieder lassen sich mutige Zuschauer von Elektrisiermaschinen schocken. Eine besondere Attraktion sind Masken, die sich unter dem Einfluss von Elektrizität zu grotesken Fratzen verzerren. „Magier" jagen schwache Stromstöße durch 20 bis 30 Freiwillige, die sich dabei an den Händen halten - und alle verspüren die Stromimpulse fast gleichzeitig. Schließlich entdeckt man auch, dass es möglich ist, „Electricität" durch Metalldrähte zu schicken, und das offenbar über beliebig große Entfernungen mit außerordentlicher Geschwindigkeit. 1747 schickt ein gewisser Dr. Watson Elektroschocks über einen mehr als 3 km langen Draht durch die Themse. Höhepunkt sind bei solchen Demonstrationen die Vorführungen des Abbé Jean-Antoine Nollet (1700-1770). Dieser Kartäusermönch ist zugleich ein angesehener Wissenschaftler. Unter anderem will er herausfinden, wie schnell sich Elektrizität fortpflanzt. Zu diesem Zweck stellt er 200 seiner *fratres* in einem großen Kreis auf und lässt sie einen 1600 m langen Eisendraht halten. Dann jagt er mit seiner Elektrisiermaschine leichte Stromstöße durch den Draht. Zur Verblüffung und Belustigung der Zuschauer juchzen und hüpfen fast alle Mönche gleichzeitig. Für Nollet ist das ein Beweis für die hohe Geschwindigkeit, mit denen die Elektrizität den Draht auf seiner gesamten Länge durchlaufen hat.

Vergessene Besessene

Am 17. Februar 1753 erscheint auf Seite 73 im *The Scots Maga-zine* ein Leserbrief zum Thema Elektrizität. Er ist unterzeichnet mit C.M. Wer sich hinter den Initialen verbirgt, ist bis heute ein Rätsel. Vermutet wird ein Mann namens Charles Marshall. C.M. behauptete jedenfalls, dass es mit Hilfe der Elektrizität möglich sein müsse, Nachrichten über gewisse Entfernungen zu übermitteln. Er beschreibt eine Anlage, in der für jeden Buchstaben ein Draht vorgesehen ist. Am Empfangsende eines jeden Drahtes solle ein Papierstückchen hängen, mit einem darauf gezeichneten Buchstaben des Alphabets. Sobald nun ein Stromstoß durch einen der Drähte geschickt werde, würde das entsprechende Papier davon angezogen und der Buchstabe werde sichtbar. Man brauche ihn dann nur aufzuschreiben, bis die komplette Nachricht empfangen sei. Ein weitsichtiges, aber doch ziemlich umständliches und wegen der vielen Leitungsdrähte vor allem teures Verfahren.

Marshall, falls der Briefschreiber so hieß, ist nicht der einzige, der sich in den folgenden Jahren mit dem Gedanken elektromagnetischer oder elektrochemischer Nachrichtenübermittung beschäftigt. Denn bis zur Thronbesteigung von Queen Victoria 100 Jahre später entstehen 60 verschiedene Systeme auf elektromagnetischer oder elektrochemischer Basis.

Einer der vielen deutschen Gelehrten, die von der Elektrizität fasziniert sind, war Johann Heinrich Winckler (1703-1770), Philosoph, Philologe, Naturforscher und Rektor der Universität Leipzig. Zu den Hörern seiner Vorlesungen gehörte auch der junge Johann Wolfgang Goethe. Winckler verbesserte die ersten Elektrisiermaschinen, die noch durch Reibung von Hand „aufgeladen" werden: Er presste das aufzuladende Glas gegen eine Reibfläche aus Leder oder grobem Stoff und ließ es mit Hilfe einer Drechselmaschine mit bis zu 680 U/min rotieren. Schon 1744 meinte er, dass es möglich sein könnte, Signale mit Hilfe der Elektrizität über weite Strecken zu übermitteln, „bis an die Grenzen der Erde". Man müsse nur eine entsprechend lange Leitung bauen und sie über Isolatoren verlegen, um so eine vorzeitige Entladung der Stromimpulse zu verhindern. Dreißig Jahre später, (1774) führte der

Franzose George-Louis Le Sage (1724-1803) in Wien, wo sich der studierte Mediziner als Privatlehrer für Mathematik durchschlug, erstmals öffentlich einen reibungselektrischen Telegrafen vor. Seine Anlage bestand aus 26 Drähten, jeweils einer für einen Buchstaben des Alphabets. Auf einem zeitgenössischen Stich ist zu sehen, wie ein Mann in einem Zimmer mit Hilfe eines großen Schwungrads die Reibungselektrizität erzeugt. Neben ihm steht ein Tisch, daran der Erfinder mit seinen Apparaten. Im Hintergrund steht in einem angrenzenden Saal ein weiterer Tisch, sichtbar durch eine offene Tür. Dort befindet sich ein Assistent Le Sages mit dem Empfangsapparat. Dazwischen laufen die 24 Drähte. 1782 plante LeSage, Signale auch unterirdisch über größere Strecken zu übermitteln. Die Drähte sollten in Tonröhren laufen, die gleichzeitig als Isolatoren dienen. Aber immer noch wären zwei Dutzend Drähte notwendig gewesen, um die Buchstaben des Alphabets zu verschicken. Zu aufwendig.

Viele elektrotechnische Bezeichnungen wie Ohm, Farad, Galvanometer, Volt oder Ampére sind ihren Entdeckern zu verdanken. Wer aber kennt heute noch den Spanier Francesc Salvá i Campillo (1751-1828) aus Barcelona? Auch er, Sohn eines Arztes und selbst Mediziner, war überzeugt, dass mit Hilfe der Elektrizität Nachrichten schneller übermittelt werden könnten als mit optischen Telegrafen. Am 16. Dezember 1795 legte er der Akademie der Wissenschaften von Barcelona (*Reial Acadèmia de Ciències i Arts de Barcelona*) eine Abhandlung dazu vor. Titel: „Elektrizität und ihre Anwendung für die Telegraphie". Mit Hilfe von Leidener Flaschen schickte er elektrische Impulse durch Drähte über größere Entfernungen. Als Voltas Elektrobatterie bekannt wird, verzichtet Salvá auf die Leidener Flaschen. Da er mit der Volta-Batterie Elektrizität nach Belieben abgreifen kann, verkürzt dies die Zeitspanne der Signalerzeugung. Salvá schlägt die Einrichtung einer Telegrafenlinie zwischen Alicante und Palma de Mallorca vor, eine Entfernung von rund 300 km. Sie wird nicht gebaut.

Und so gab es viele andere Wegbereiter für die elektromagnetische Telegrafie. Zu den „vielen anderen" gehört auch deramerikanische Richter Harrison Gray Dyer aus New York. Der errichtete 1827/1828 zwei Masten auf einem Pferderennplatz von Long Island und verband sie über gläserne Isolatoren mit einem Kupferdraht. Dann schickte er mit Hilfe statischer Elektrizität einen Stromstoß hindurch. Am „Empfangsende" entstand ein Funke, der einen roten Punkt in ein chemisch präpariertes Papier brannte. Dyer kam mit seinen Versuchen nicht weiter, weil die Behörden ihn der „heimlichen Nachrichtenübermittlung zwischen zwei Städten" anklagten. Das Projekt starb einen stillen Tod.

Als Zeitgenossen stritten die vielen Väter der Telegrafie untereinander um Patentrechte, be- und verklagten sich, fälschten gelegentlich Daten und Unterlagen, kopierten einander und klauten sich häufig ihre Ideen. Und nicht alle waren von edler oder nobler Gesinnung, die ihnen die Nachwelt verklärend andichtete. Trotzdem wurden einige von ihnen unsterblich. Es wurden ihnen Denkmäler gesetzt, Münzen und Briefmarken mit ihren Porträts geschmückt, Straßen und Plätze nach ihnen benannt. Andere gerieten mehr oder weniger in Vergessenheit. Ob zu Recht oder zu Unrecht, darüber streiten sich - zum Glück nur akademisch - immer wieder die jeweiligen Anhänger und Gegner. Rund einhundert Folioseiten jedenfalls widmete die *Encyclopedia Britannica* damals dem Phänomen der „Elektricität" und ihren Wissenschaftlern, so sehr war die Öffentlichkeit seinerzeit von der geheimnisvollen Kraft fasziniert.

Weder Cooke, Wheatstone oder Morse haben die Telegrafie erfunden. Sie hat viele Väter, die meisten von ihnen allerdings „vergessene Besessene"

Der Franziskanermönch Roger Bacon (1220-1292) stellte bereits im 13. Jahrhundert erste Versuche mit dem Magnetismus an;

Der Neapolitaner Giambattista della Porta (1535-1615) schuf mit seiner Abhandlung über Kryptologie die Grundlagen für spätere Telegrafie-Codes; Er schrieb: „Auch zweifle ich nicht daran, dass man mit Hilfe zweier mit dem Alphabet umschriebenen Schiffskompasse dem weit entfernten Freunde, selbst wenn er im Gefängnis eingeschlossen sein sollte, Nachrichten zugehen lassen könnte." Er dachte offenbar an die Anwendung weitreichender magnetischer Schwingungen.

Der englische Arzt William Gylberde (1544-1603) gehört zu den Wegbereitern der Elektrizität-Forschung;

Stephen Gray (1666-1736), Sohn eines Färbers leistete Pionierarbeit bei der Nutzung der Reibungselektrizität;

Sir William Watson (1715-1787), Apotheker und Sohn eines Kornhändlers, experimentierte mit verschiedenen Isolier-Materialen;

Luigi Galvani (1737-1798) schuf mit seinen „Froschschenkel-Experimenten" die Grundlagen für die Arbeiten von Alessandro Volta.

Johann Wilhelm Ritter (1776-1810) entdeckte die UV-Strahlung und schuf ein Jahr später den ersten Akkumulator, die sogenannte Rittersche Ladungssäule.

Der Däne Hans Christian Oerstedt 1777-1851) findet heraus: Drähte, die von Strom durchflossen werden, zeigen in ihrer Umgebung magnetische Wirkungen.

Johann Salomo Christoph Schweigger (1779-1857) erfindet ein Strom-Messgerät;

Wlliam Sturgeon (1783-1850), ein ehemaliger Schusterlehrling, entwikkelt das Galvanometer und den Elektromagneten. Er stirbt völlig verarmt.

Der Schlosserlehrling und spätere Physiker Georg Simon Ohm (1789-1854) entdeckt den Zusammenhang zwischen Stromstärke, Spannung und Widerstand und legt damit den Grundstein für die Telegrafie.

Der schottische Uhrmacher Alexander Bain (1811-1877), konstruiert die erste elektrische Uhr, das erste Faxgerät sowie einen chemischen Telegrafen.

„Mickelmann kömmt!"

Immer mehr Erfindern und Bastler, Gelehrte und Forscher fragen sich allmählich, ob man an Stelle der „Holztelegrafen" nicht die Elektrizität zur schnelleren Nachrichtenübermittlung nutzen könne. Zu diesen gehören auch zwei Gelehrte in der Universitätsstadt Göttingen. Der eine ist der geniale Mathematiker Johann Carl Friedrich Gauß (1777-1855), allen späteren Algebra-Schülern vertraut oder auch verhasst. Der andere ist der Physiker Wilhelm Eduard Weber (1804-1891). Beide unterrichten an der berühmten *Georgia Augusta Universität*. Sie hat die damalige Kleinstadt Göttingen bereits weit über die Landesgrenzen hinaus bekannt gemacht, nicht zuletzt durch ihre ansehnliche Bibliothek. Mit über 300.000 Bänden gilt sie für damalige Verhältnisse als gewaltig – vor allem in einer Stadt, die gerade mal 10.000 Einwohner hat.

Gauß, als Sohn eines Tagelöhners in Braunschweig geboren, ist auch Direktor der Göttinger Sternwarte. Weber, der auf seine Anregung hin von Halle nach Göttingen berufen wurde, ist 27 Jahre jünger. Beide haben zunächst rein astronomische Arbeiten im Sinn. Die entsprechenden Beobachtungen müssen von zwei verschiedenen Punkten aus gleichzeitig vorgenommen werden – mit synchron laufenden Uhren. Weil die beiden Labors per Luftlinie gut 900 m voneinander entfernt liegen, müssen die Uhren jedes Mal vor Arbeitsbeginn miteinander verglichen werden. Das ist ein unbefriedigendes Verfahren. Hinzu kommt: Wollen die beiden Wissenschaftler einander etwas mitteilen, dann müssen sie bis zum nächsten Zusammentreffen warten. Manchmal wird auch der Universitätsdiener Mickelmann mit einer schriftlichen Nachricht losgeschickt. Und so suchen Gauß und Weber nach einer anderen Lösung. Weber verlegt eine Doppel-Drahtleitung zwischen seinem Physikalischen Institut und dem Observatorium der Sternwarte, dem Arbeitsplatz seines Kollegen Gauß. Die isolierte Leitung führt über zahlreiche Dächer niedersächsischer Fachwerkhäuser. Durch sie lassen sich nun Stromstöße in beide Richtungen schicken. Eine Magnetnadel, die freischwingend in einem

Holzrahmen hängt, dient als Zeichengeber. Den jeweiligen Rahmen haben Gauß und Weber mit vielen Drahtwindungen umwickelt. Zum Senden dient ein Stabmagnet, der von Hand auf- und ab bewegt wird. Je nach Bewegungsrichtung des Magneten drehte sich dann beim Empfänger die aufgehängte Nadel nach rechts oder links. Gauß und Weber verabreden verschiedene Zeichen, mit deren Hilfe sie bestimmte Botschaften übermitteln. Die erste war bereits im April 1833 über diese erste, brauchbare elektromagnetische Linie gelaufen und lautete schlicht: „Mickelmann kömmt!" was hieß: Der Institutsdiener war mit einer längeren Mitteilung unterwegs.

Gauß und Weber dachten bei diesem Induktionstelegrafen noch nicht an eine Signalanlage. Sie waren sich aber durchaus über deren Potential im Klaren. Am 20. November 1833 schreibt Gauß dem Arzt und bekannten Astronomen Wilhelm Obers (1758-1840) nach Bremen: „Ich weiß nicht, ob ich Ihnen schon früher von einer großartigen Vorrichtung, die wir gemacht haben, schrieb. Es ist eine galvanische Kette zwischen Sternwarte und dem Physikalischen Kabinett durch Drähte in der Luft über Häuser weg oben zum Johannisturm hinauf und wieder herabgezogen. Die ganze Drahtlänge wird etwa 8000 Fuß sein. An beiden Enden ist sie mit einem Multiplikator [eine Magnetnadel, um die ein Draht in mehreren Windungen gelegt ist und die bei Stromfluss ausschlägt] verbunden. Ich habe eine einfache Vorrichtung ausgedacht, wodurch ich augenblicklich die Richtung des Stroms umkehren kann [...] Wir haben diese Vorrichtung bereits zu telegrafischen Versuchen gebraucht, die sehr gut mit ganzen Worten oder einfachen Phrasen gelungen sind. Ich bin überzeugt, dass unter Anwendung von hinlänglich starken Drähten auf diese Weise auf einen Schlag von Göttingen nach Hannover oder von Hannover nach Bremen telegraphiert werden könnte..."

Doch Gauß hatte jährlich für seine Forschungsarbeiten an der Sternwarte nur 150 Taler zur Verfügung. Mit einigen Tausend könne er seine Entdeckung zu etwas ausbauen, vor dem „die Phantasie fast erschrecke". 1835 schrieb er an Schilling von Cannstadt in St. Petersburg: „Der Kaiser von Russland könnteseine Befehle ohne Zwischenstation in derselben Minute von

Petersburg nach Odessa, ja, vielleicht nach Kiachta [dem heutigen Kjatka nahe der chinesischen Grenze im Transbaikalgebiet] geben, wenn nur der Kupferdraht von gehöriger (im Voraus zu bestimmender) Stärke gesichert hingeführt und an beiden Endpunkten mächtige Apparate und gut eingeübte Personen wären. Ich halte es nicht für unmöglich, eine Maschine anzugeben, wodurch eine Depesche fast so mechanisch abgespielt würde, wie ein Glockenspiel ein Musikstück abspielt, das einmal auf eine Walze gesetzt ist. Aber bis eine solche Maschine zur Vollkommenheit gebracht würde, müssten natürlich erst viele kostspielige Versuche gemacht werden, die freilich z.B. für das Königreich Hanover keinen Zweck haben." Weiter meinte Gauß: „Mich soll wundern, wo man zuerst die elektromagnetische Telegrafie praktisch und im großen Maßstab ins Leben treten lassen wird. Früher oder später wird dies gewiss geschehen, sobald man nur erst eingesehen haben wird, dass sie sich ohne Vergleich wohlfeiler einrichten lässt als die optischen Telegraphen. [...] Ich glaube, dass man es dahin bringen kann, acht bis zehn Buchstaben in der Minute zu transmittieren..."

Dass ein dringender Bedarf für eine neue Kommunikationstechnik besteht, zeigt sich überall dort, wo neue Bahnlinien entstehen. 1836 fragte die Leitung der im Jahr zuvor gegründeten *Leipzig-Dresdner Eisenbahn Compagnie* in Göttingen an, ob sich der „Telegraph" für Signal-Bedürfnisse der Bahn eignen würde. Die Antwort: „Ja". Weber schreibt sogar, dass mit Hilfe von zwei Kupferdrähten, je dreiviertel Zoll stark und beide durch das Weltmeer gelegt, auch eine telegrafische Verbindung nach Ostindien oder Amerika möglich sein dürfte. Aber das klingt in den Ohren der sächsischen Eisenbahner wohl doch zu utopisch. Jedenfalls verzichten sie wegen zu hoher Kosten der Leitungsführung auf den elektromagnetischen Telegrafen. So verwenden die beiden Göttinger Gelehrten ihre Anlage weiterhin nur für sich selber. Sie tun es regelmäßig bis 1837. In diesem Jahr wird Weber mit sechs weiteren Göttinger Gelehrten (man nennt sie „die Göttinger Sieben") seines Amtes enthoben, weil sie sich zum Staatsgrundgesetz von 1833 bekannt hatten, obwohl der neue König von Hannover es außer Kraft gesetzt hatte. Weber geht nach England. Die

Göttinger Telegrafenlinie wird noch bis zum 16. Dezember 1845 genutzt, als ein Blitzschlag sie zerstört.

Einer der vielen Besucher, die 1835 in Göttingen die Bekanntschaft mit dem Gauß/Weber-Telegrafen gemacht hatten, ist der 34-jährige Münchner Astronom, Physiker und Techniker Karl August von Steinheil. (1801-1870). Die später von ihm geschaffenen Weitwinkel-Objektive werden seine bekannteste, optische Erfindung. Vorläufig aber beabsichtigt Steinheil, den Göttinger Telegrafen zu verbessern. Er ist Mitglied der *Münchner Akademie der Wissenschaften* und wird noch im gleichen Jahr Professor für Mathematik und Physik. Gauß hatte ihn ermutigt, die elektromagnetische Telegrafie in größerem Umfang zu erproben.

Als erstes entwarf Steinheil einen Signalgeber: ein durch Stromimpulse angeregter Magnet bringt dabei mehrere Glöckchen zum Erklingen. Aus der Höhe der Töne und ihrer Aufeinanderfolge ergibt sich die Bedeutung eines Signals. Doch damit war Steinheil nicht zufrieden. Sein Telegraf sollte auch schreiben können. Zu diesem Zweck verband Steinheil die Magnete mit Haarröhrchen, die eine farbige Flüssigkeit enthielten. Bei jeder Ablenkung des Magneten zeichneten sie auf einem von einem Uhrwerk gezogenen Papierstreifen in zwei Reihen untereinander Punkte auf. Aus der verschiedenen Stellung und Kombination der Punkte ließ sich eine gesendete Buchstabenfolge ablesen – also eine Nachricht. Schließlich legte Steinheil seine erste Telegrafenlinie. Sie führte von der Wissenschaftlichen Akademie zur Sternwarte nach Bogenhausen, damals noch ein Münchner Vorort-Dorf. Die Entfernung zwischen beiden Stationen betrug 5 km 1837 wird auf dieser Linie der elektrische Telegraf erstmals öffentlich und erfolgreich vorgeführt. König Ludwig I. von Bayern, dem die Stadt München einige ihrer schönsten Museen verdankt, ist auch ein Förderer des Steinheilschen Projekts. Schmunzelnd soll er diesem gesagt haben: „Seien Sie froh, dass Sie nicht vor 200 Jahren gelebt haben. Da hätte man Sie als Hexenmeister verbrannt!" Bei späteren Versuchen an den Gleisen der Ludwigseisenbahn in Führt entdeckt Steinheil auch die „Erdrückleitung". Die erweist sich als eine wesentliche Vereinfachung für die Telegrafie. Doch

Geld zum Ausbau eines Steinheilschen Telegrafennetzes gibt es nicht.

In den folgenden Monaten und Jahren benutzt Steinheil die elektrische Telegrafie als Signalgeber für Feuermelder und als Kommunikationsgerät bei der Eisenbahn. Aber seine Interessen sind zu vielseitig. Statt sich auf weitere Verbesserungen zu konzentrieren, wendet er sich neuen Projekten zu. Doch obwohl er alle seine Arbeiten in den Schriften der *Münchner Akademie* veröffentlicht, finden seine Entwicklungen in Deutschland zunächst keine Anwendung. Schließlich wird er nach Neapel berufen, um dort das Maß- und Gewichtssystem zu regulieren.

Mr. Cooke trifft Herrn Muncke

Etwa um die Zeit der Steinheilschen Telegrafie-Versuche befindet sich der Engländer William Fothergill Cooke (1806-1879) in Heidelberg. Seit 1835 wohnt er in einem Quartier der Bierbrauerei „Zum neuen Essighaus" in der Plöckstraße und studiert an der berühmten Universität Anatomie und Physiologie. Denn er betätigt sich als Modellierer anatomischer Wachsmodelle und als Bildhauer. Am 6. März 1836 ist er unter den Zuhörern, denen der deutsche Physiker Geheimrat Georg Wilhelm Muncke (1772-1847) den Schillingschen Nadeltelegrafen vorführt. Dabei tele-grafiert er über eine Entfernung von mehreren Räumen.

Cooke, Sohn eines Mediziners, hat bereits eine bewegte Vergangenheit hinter sich. Ursprünglich begann er sein Studium in Durham und Edinburgh, trat dann aber in die britische Armee ein. Er wurde nach Indien detachiert. Dort diente er fünf Jahre lang im Generalstab der englisch-ostindischen Armee, vertrug aber das tropische Klima nicht. Aus Gesundheitsgründen reichte er seinen Abschied ein.

Von den Vorführungen Munckes ist er fasziniert. Gespannt verfolgt er, wie die Magnetnadeln bei jedem Stromimpuls ausschlagen. Spontan kommt ihm der Gedanke, ob sich hier vielleicht eine Lösung der Signalprobleme im britischen Eisenbahnbetrieb finden ließe. Er lässt einen der Apparate nachbauen, wobei er einige Veränderungen und Verbesserungen vornehmen lässt. Am 22. April 1836 kehrt er damit nach England zurück.

Kaum in London angekommen, besucht Cooke durch Vermittlung seines Freundes Peter Roget, Verfasser eines Buches über Elektrizität, den bereits berühmten, 15 Jahre älteren Michael Faraday. Dem will er von seiner Idee für ein neuartiges Signalsystem berichten. Denn Faraday kennt jeden, der auf dem Gebiet des Elektromagnetismus Rang und Namen hat. Er rät Cooke, sich mit Charles Wheatstone (1802-1875) in Verbindung zu setzen. Der Kontakt zu Faraday bricht ab, als Cooke bei einem Treffen erwähnt, er arbeite auch an einem *perpetuum mobile*. Das ist Faraday offenbar zu unseriös.

Wheatstone ist seit drei Jahren Professor für experimentelle Physik am Londoner *King's College*. Als gelernter Instrumentenbauer hat er sich schon seit seiner Jugend mit Problemen der Schallübertragung befasst. Zu dem Thema hat er verschiedene wissenschaftliche Arbeiten veröffentlicht, zur Überraschung aller, die ihn näher kennen. Denn als Kind war Charles „ein introvertierter Typ von fast morbider Schüchternheit". Er zeichnete sich weder durch schulische Leistungen noch durch andere Qualitäten aus. Als er 14 war, hatte sein Vater ihn deshalb kurzerhand nach London zu einem Onkel in die Lehre geschickt. Der war Instrumentenbauer, und hatte seine Werkstatt am Londoner *Strand*. Eines Tages im Jahr 1816 hatte dieser Onkel den jungen Wheatstone nach Hammersmith westlich von London mitgenommen, um ihm eine eigenartige Konstruktion zu zeigen. Dort, in der Upper Mall No. 26 hatte der 26jährige Francis Ronalds (1788-1873) im Garten seiner Mutter so etwas wie eine elektrische Telegrafeanlage errichtet. Was Wheatstone zu sehen bekommt, sind zwei Holzrahmen, groß wie Fußballtore, die sich im Abstand von etwa 18 m gegenüberstehen. Jedes Holztor ist mit 19 hölzernen Querlatten „vernagelt", an denen 37 eiserne Haken befestigt waren. Zwischen den Haken beider Tore hat Ronalds einen 13 km (!) langen, isolierten Draht hin- und her gespannt. An jedem Tor steht eine Uhr mit einem Zifferblatt, auf dem an Stelle von Ziffern die Buchstaben des Alphabets eingraviert sind. Statt eines Zeigers wird jedes Zifferblatt von einer runden Scheibe überdeckt, in die ein Guckloch eingeschnitten ist.

Die Uhren laufen synchron. Erreicht das Loch auf der Senderseite den zu sendenden Buchstaben, dann schickt Ronalds mit Hilfe von Reibungselektrizität einen Stromstoß durch den Draht. Augenblicklich bleibt eine auf der Empfängerseite ebenfalls synchron laufende Scheibe stehen. Durch das Guckloch kann der Empfänger das gesendete Zeichen ablesen und aufschreiben.

Ronalds wird Viscount Melville schreiben, dem Ersten Lord der Britischen Admiralität, er habe „eine Methode entwickelt, telegraphische Intelligenz mit großer Geschwindigkeit, Genauigkeit und Zuverlässigkeit unter allen atmosphärischen Bedingungen bei Nacht oder tagsüber und zu geringen Kosten zu übermitteln." Doch Melvilles Sekretär wird ablehnen, mit der Begründung, „Telegraphen jeder Art sind jetzt [nach Beendigung des Krieges mit Frankreich] völlig unnötig und kein anderer als die jetzt gebräuchlichen [also Semaphore] werden Anwendung finden."

Ronald wird seinen Telegrafen nie patentieren lassen, prophezeit aber: „Elektrizität wird auch tatsächlich für einen viel praktischeren Zweck benutzt werden können als für die Befriedigung neugieriger Forschung eines Philosophen...man könnte sie zwingen...viele hundert Meilen unter unseren Füßen zu reisen...zu öffentlichem und privatem Nutzen." In seinem 1823 verlegten Buch *Description of an Electric Telegraph* wird es heißen: „Lasst uns Büros für eine elektrische Konversation einrichten, in denen wir im gesamten Königreich miteinander kommunizieren können." Ronalds wird mit unterirdisch verlegten Kupferleitungen experimentieren, die er in Glasröhren verlegt, die wiederum mit Pech überzogen sind und durch Holzrinnen führen. 1862 wird im Garten ein Teilstück gefunden, noch völlig unversehrt. Für seine vielen Erfindungen wird Ronalds im Alter von 84 den Ritterschlag erhalten.

Für den jungen Wheatstone ist der Besuch im Jahr 1816 in Hammersmith ein Schlüsselerlebnis. Er arbeitet zwar zunächst weiter als Instrumentenbauer.1822 erfindet er die *Concertina*, die Vorläuferin der Ziehharmonika. Doch dann beginnt er, sich auch physikalischen Problemen zuzuwenden. 1831 kann er nachweisen, dass musikalische Klänge, also Schwingungen, sich durch feste Körper fortpflanzen. Und noch im gleichen Jahr gelingt es ihm, die Geschwindigkeit zu berechnen, mit der sich Strom in metallischen Leitern wie etwa Kupfer- und Eisendrähten unterschiedlichen Durchmessers fortpflanzt. Unbeabsichtigt liefert er damit einen wichtigen Beitrag für die spätere Verlegung langer Elektro-Signalleitungen.

Ein Riesen-Salmi mit fünf Nadeln

Und nun, im Jahr 1836, erhält Wheatstone Besuch vor William Cooke, der wissen möchte, ob man die englischen Eisenbahnen nicht für einen Signalgeber ähnlich dem Schilling-Apparat interessieren kann. Damit weckt er wahrscheinlich Wheatstones Erinnerung an die Signalanlage Ronalds in Hammersmith. Jedenfalls stellen die beiden Männer am 12. November 1837 einer weiteren Patentantrag für ihr verbessertes Telegrafiegerät. Sieben Tage später schließen sie einen Vertrag, in dem sie ihre zukünftige, gemeinsame Zusammenarbeit festlegen. Den Geltungsbereich des Cookschen Hauptpatents vom 10. Juni 1837 lassen sie auch auf Schottland und Irland erweitern. Ziel sind Telegrafenlinien entlang von Eisenbahnstrecken. Wheatstone soll ein Sechstel der erwarteten Gewinne erhalten.

Zunächst experimentiert Cooke in einem Raum der *Lincoln's Inn*. Den hat ihm sein Freund Burton Lane zur Verfügung gestellt, denn Lane ist Mieter des Gasthauses. Cooke verspannt in seinem Labor 1,6 km Leitungsdraht. Doch am Ende „kommt so gut wie nichts" heraus. Das abgeschickte Signal ist zu schwach geworden. Erst Verstärker werden das Problem lösen. Das erste Gerät, das Cooke und Wheatstone konstruieren, ist der so genannte Fünf-Nadeltelegraf. Er gilt seitdem als der erste, betriebssichere Telegrafenapparat. Statt fünf Nadeln und sechs Leitungsdrähten können auch weniger Nadeln und somit auch weniger Leitungsdrähte benutzt werden, was den Bau einer Leitung entsprechend verbilligt. Freilich wird dann auch die Zahl der möglichen Übermittlungscodes reduziert. Äußerlich ähnelt das Gerät einem senkrecht stehenden, übergroßen „Salmi": 1,42 m hoch und 75 cm

breit. Der Sockel, auf dem er steht, sind zwei stilisierte Violin-
schlüssel. Darunter befindet sich eine kleine Tastatur, ähnlich wie
Klaviertasten mit dem Umfang einer Oktave. Auch die späteren
Apparate sind kleine Kunstwerke, meist im neugotischen Stil, wie
die Türmchen kleiner Kathedralen, mit viel Messing und Maha-
goni-Schnitzwerk. Viktorianisch eben.

Die fünf Nadeln in der Mitte des „Salmi" sind nebeneinander
angebracht. In der Ruhestellung stehen sie senkrecht, aber durch
Stromimpulse über die Tastatur der Sendestation können sie um
30 Grad nach rechts oder links gedreht werden. Da immer zwei
Nadeln gleichzeitig angesteuert werden, zeigen sie dann in der
(gedachten) Verlängerung sowohl beim Absender wie beim Empfänger des Signals auf einen der auf der Anzeigentafel ange-
brachten Buchstaben. 20 der am häufigsten benutzten Buchstaben des Alphabets lassen sich so darstellen, ebenso die Ziffern
Null bis 9. Der Empfänger braucht nur mitzuschreiben. Die „Lücken" von C, J, Q, U, X, und Z in einer Nachricht kann er dabei
unschwer erraten und ergänzen. Die Bedienung ist also einfach.
„Jeder, der lesen und schreiben kann ist in der Lage das Gerät zu
bedienen", heißt es. Die Übermittlung längerer Texte erfordert jedoch gehörige Zeit. Die Zeiger der ersten Geräte bewegten sich
noch „mit ennervierender Langsamkeit," (*exasperating slowness*)
über die Ableseskala. Man konnte gerade mal sechs bis acht
Worte pro Minute senden. Hinzu kam: Jedes Wort musste von der
Empfängerseite als „verstanden" bestätigt werden. Mit immer
leichteren, kürzeren und dadurch auch sich immer schneller be-
wegende Nadeln gelang es, die Sendegeschwindigkeit auf 40
Worte pro Minute zu steigern.

Im Januar 1837 schlägt Cooke den Direktoren der *Liver-
pool&Manchester Railway* seinen elektromagnetischen Signalap-
parat vor. Die Herren haben nämlich auf dem ersten Abschnitt ihrer Linie ein besonderes Problem: Die Strecke liegt zwischen dem
Kopfbahnhof *Liverpool Station* und der Station *Edge Hill*. Sie ist
zu steil für die Lokomotiven der damaligen Zeit, um darauf mehrere besetzte oder beladene Personen- oder Güterwaggons berg-
auf zu ziehen. Deshalb wird bei jedem aus Manchester kommenden Zug in *Edge Hill* die Waggonreihe von der Lokomotive abge–

koppelt und rollt dann, von Bremsern kontrolliert, den Hang hinab bis zur *Liverpool Station.* Dabei schleppt sie ein Seil hinter sich her, welches mit einer dampfbetriebenen Seilwinde in *Edge Hill* verbunden ist. Sobald die Waggons wieder „ziehbereit", also bestiegen und beladen sind, wird durch ein Signal mit der „Dampftrompete" die Mannschaft der Seilwinde informiert: „Waggons hochziehen". In *Edge Hill* wieder angekommen werden die Waggons an die wartende Lokomotive angekoppelt, und die Rückfahrt nach Manchester kann losgehen.

Solche von Seilen gezogene Züge sind in den Anfangsjahren des Eisenbahnwesens in England auf einigen Teilstrecken nicht ungewöhnlich. Man benutzt sie auch in der Nähe von Wohngebieten, um Rauchschwaden und Lärm möglichst gering zu halten. Auf der Liverpool-Manchester-Strecke kommt jedoch erschwerend hinzu: Der erste Abschnitt führt durch den 2057 m langen *Wapping Tunnel.* Semaphore können dort nicht verwendet werden, um die Bedienungsmannschaft der Seilwinde zu verständigen. Und bei ungünstigen Wetterverhältnissen sind die Signale der Dampftrompete nicht immer gut zu hören. Diese Trompete will Cooke nun durch seinen elektrischen Telegrafen ersetzten. Zudem, so erklärt er den Bahndirektoren, könne er damit bis zu 60 verschiedene Codes senden. Doch das alles ist den Vertretern der Bahnlinie zu kompliziert und vermutlich auch zu teuer. Ihnen genüge eine ganz einfache Signalkommunikation zwischen *Liverpool Station* und der Seilwinde. Zeichen wie STOP, GO und WAIT seien ausreichend. Cooke wird gebeten, einen einfacheren Telegrafen mit weniger Codes zu bauen. Doch als er ihn im April vorführt verzichtet die Bahn abermals.

Nach der ergebnislosen Vorführung bei der *Liverpool&Manchester Railway* beantragen Cooke und Wheatstone trotzdem im Mai 1837 ein Patent auf ihren Fünf-Nadeltelegrafen. Es wird ihnen am 10. Juni 1837 erteilt. Wie es dann nach dem Misserfolg bei der *Liverpool&Manchester* weitergeht, darüber sind Technik-Historiker unterschiedlicher Meinung. Die gängige Auffassung ist diese: Die nächste Demonstration erfolgt im Juli 1837 vor zwanzig Direktoren der *London&Birmingham Railway Company.* Die hat ein ähnliches Problem wie die *Liverpool&Manchester.* Ihre Waggons müssen auf einer steilen Strecke von einer Seilwinde zunächst 1,5 km weit hochgezogen werden, ehe man sie für die Weiterfahrt nach Birmingham an die Lokomotive anhängen kann. Alle Kosten der Demonstration zahlt Cooke aus eigener Tasche, denn er ist durch Erbschaften noch recht gut betucht. Die Summen, die er dabei aufbringt, sind beachtlich. So entsprechen die 800 Pfund, die er für seine Patentrechte bezahlt, etwa dem vierfachen Jahresgehalt eines Superintendenten der Londoner Polizei, bzw. dem achtfachen Jahresgehalt eines Polizei-Inspektors, oder dem 40-fachen Durschnitts-Jahresverdienst der meisten Arbeiter. Köchinnen in einem bürgerlichen Haushalt bringen es damals gerade mal auf 11 Pfund im Jahr!! Auch die 800 Pfund, die Cooke im folgenden Jahr für Instrumente und Material ausgeben wird, zahlt er aus eigener Tasche.

In einem Waggonschuppen der Gesellschaft hat Cooke an der Innenwand des Gebäudes eine 20,8 km lange Leitung verspannt. Sie besteht aus fünf Kupferdrähten von insgesamt 104 km Länge. Cooke benutzt diesmal einen Drei-Nadel-Telegrafen, der allerdings nur 12 verschiedene Zeigereinstellungen bzw. Codes übermitteln kann.

Erfolgreich werden die Signale durch die Drahtleitungen im Waggonschuppen gejagt. Zum weiteren Beweis der Funktionstüchtigkeit legt Cooke, wiederum auf eigene Kosten, ein vieradriges Kabel von der *Euston Square* Station zur Seilwinde in *Camden Tower.* Wieder ist Stephenson Zeuge der Vorführung und augenblicklich von der Nützlichkeit des Nadeltelegrafen überzeugt. Cooke und Wheatstone sollen eine erste Versuchsstrecke zwischen Londons *Euston Square Station* zu der zwei Kilometer entfernt liegenden Station *Camden Town errichten,* sowie die Seilwinden am Ende der 1,6 Kilometer langen Steigung. Diesmal zahlt die Bahn.

Nach nur einem Monat Bauzeit kann die Linie mit den Fünf-Nadel-Telegrafen am 31. August 1837 in Betrieb genommen werden. Sie wird unterirdisch verlegt und besteht aus fünf parallellaufenden, geteerten Kupferdrähten. Zur noch besseren Isolierung sind sie in geteerte Holzstangen eingelassen. Diesmal werden Wheatstones neue Fünf-Nadel-Telegrafen benutzt. Die beiden ersten Apparate hängen in einem offenen Arbeitsraum an der Innenwand des Stationsgebäudes und sind besonders groß gefertigt, angeblich damit das Publikum sehen kann, wie sie funktionieren. Bedient werden sie er von einer separat aufgestellten Klaviatur mit 24 Tasten. Am 6. September 1837 erfolgt die erste, einstündige Erprobung auf der Strecke. Technik-Historiker bezeichnen dieses Ereignis als die „Geburtsstunde der elektrischen Telegrafie". Doch es wird eine Fehlgeburt. Am 12. Oktober 1837 teilen die Direktoren der *London& Birmingham Railway Company.* Mr. Cooke „mit Bedauern" mit, dass die Linie am 16. Januar 1838 eingestellt werden soll. Die Direktion der *London-Birmingham* investiert die vorhandenen Gelder lieber in eine weitere Vergrößerung des Bahnnetzes. Das ist die gängige Version. Im Juli 2010 veröffentlicht John Liffen, Leiter der Abteilung für Kommunikation des Londoner *Science Museum* jedoch eine viel nüchterner klingende Schilderung der damaligen Ereignisse. Sie weicht erheblich von den bis dahin geltenden Darstellungen ab. Trotz der erfolgreichen Demonstration des Telegrafen, die Liffen zufolge 25. Juli 1837 stattfand hätten auch die Herren der *London&Birmingham* Bahn schon nach der ersten Vorführung auf den Zeigertelegrafen verzichtet. Ihre Dampftrompete war ihnen lieber. Am 14. Dezember kauft Cooke die beiden Fünf-Nadel-Telegrafen für 31 Pfund zurück. Das ist etwa die Hälfte des ursprünglichen Preises. Ein gutes Geschäft, denn er verkauft die Geräte gleich weiter an Wheatstone, mit einer entsprechenden Gewinnmarge. Doch inzwischen sind die Direktoren der *Great Western Railway* bereit für die neuen Signalgeber. Sie beauftragen Cooke und Wheatstone im Jahr 1839, eine Telegrafenverbindung zwischen dem Kopfbahnhof *Paddington in London* und dem 21 km entfernt liegenden *West Drayton* anzulegen. Ihr Bau unter der Leitung des schottischen Ingenieurs *Isambard Kingdom Brunel* dauert ein Jahr und ist am 9. Juli 1839 abgeschlossen. Es ist die erste kommerzielle Telegrafenlinie der Welt. Zunächst dient sie allerdings nur Erprobungszwecken. Benutzt wird ein Fünf-Nadel-Telegraf mit sechs Leitungsdrähten.

Als eines der größten Probleme erweist sich die fachgerechte Isolierung der sechs lackierten Leitungsdrähte. Sie sind mit

Gummi überzogen, und verlaufen in Eisenrohren, die den späteren Haus-Gasleitungen ähneln. Um Feuchtigkeitsschäden zu vermeiden, werden die Rohre etwa 15 cm hoch über dem Boden auf niedrigen Holzpfosten parallel zu den Bahngleisen verlegt. Doch immer wieder gibt es „Leckagen" und so kann bald nur noch mit Zwei-Nadel-Telegrafen auf den drei noch intakten unterirdischen Leitungen gearbeitet werden. Wegen der hohen Baukosten von 3270 Pfund verzichtet die Direktion auf eine Verlängerung der Linie entlang ihrer gesamten Bahnstrecke.

Aber Cooke gibt nicht auf. Er finanziert denn Bau der fast 29 km langen Leitung bis Slough abermals aus eigener Tasche. Diesmal spannt er galvanisierte Eisendrähte entlang der Bahnstrecke von Mast zu Mast. Das kostet nur etwa halb so viel pro Meile wie eine unterirdische Verlegung, also 149 Pfund statt 287 Pfund. Verwendet wird anfangs ein Zweinadel-Telegraf, später ein Apparat mit nur einer Nadel. Auch das Publikum soll ihn gegen Gebühr nutzen können.

Von 1843 an wird der Siegeszug der Cooke-WheatstoneTelegrafen in England, Schottland und Irland nicht mehr aufzuhalten sein. Und die *aerial wires,* die durch die Luft geführten Leitungen, werden bald das Straßenbild vieler Städte nach Ansicht vieler ihrer Bewohner verschandeln, ähnlich wie das mit den heutigen Windkraftanlagen geschieht. Dass zu Beginn der Telegrafie zumindest in Deutschland die Drähte hauptsächlich unterirdisch verlegt wurden, hatte etwas mit den politisch unruhigen Zeiten zu tun: Man befürchtete Sabotageakte. Ästhetik war nur ein willkommener Nebeneffekt. Außerdem lag die Entwicklung der Netze in staatlicher und nur selten in privater Hand. Ein wilder, also unkontrollierter Ausbau wurde so vermieden.

Der Drei-Nadel-Telegraf ist in England sehr erfolgreich. Ende des 19. Jahrhunderts waren noch 19.000 Apparate in Betrieb, manche bis in die 1930ger Jahre. Aber auf dem europäischen Festland setzen sich die Wheatstone-Geräte nicht durch. Dort entscheidet man sich für die Morse-Telegrafie. Eine entscheidende Rolle werden dabei die Gebrüder Siemens spielen.

„UNE IDEÉ GERMANIQUE…"

> „Ein höchst fähiger, zum Schauen, Bemerken, Denken aufgeweckter, lebendiger Geist."
>
> *Goethe über Thomas Soemmerring.*

Wie bereits erwähnt, ist Maximilian I. Joseph von Bayern, im Volksmund „König Max", von den Chappeschen Zeichengebern seines Verbündeten Napoleon begeistert. Er wünscht sich ein eigenes Nachrichtennetz. Sein Staatsminister Josef Graf Montgelas soll sich darum kümmern. Bei einem Abendessen wendet dieser sich an Samuel Thomas Soemmerring (1755-1830), der „königlichen Leibarzt". Denn der Universalgelehrte Soemmering (seit 1808 Ritter von Soemmerring) war viel herum gekommen in deutschen Landen. In Kassel (damals Cassel) war er Professor der Anatomie, ging dann nach Mainz und anschließend nach Frankfurt, bis ihn König Max nach München berief. Dort ist Soemmerring nun Präsident der *Akademie der Wissenschaften*, und sein Ruhm reicht schon über die Landesgrenzen hinaus. Goethe hatte ihn als einen höchst fähigen, lebendigen Geist bezeichnet.

Graf Montgelas fragt also Soemmerring, ob es nicht möglich sei, Flügeltelegrafen auch in Bayern zu errichten. „Möglich schon", ist die Antwort. Dennoch rät Soemmerring davon ab. Denn Bayern sei viel zu bergig. Viele Stationen wären notwendig und der Betrieb deshalb sehr teuer. Eine Nachrichtenübermittlung „auf elektrischem Wege" wäre schneller, besser und vor allem billiger.

Der Kriegsminister staunt. Denn Soemmerring setzt auf eine Beobachtung, die andere Wissenschaftler bei ihren Experimenten mit der Elektrizität gemacht haben: Leitet man Strom in Wasser ein, dann werden darin Sauerstoff und Wasserstoff freigesetzt. Die Gase steigen als Blasen auf. Schickt man den Strom durch einen isolierten Draht, dann entstehen die Blasen an seinem freien, also nicht isolierten Ende. Auf diese Weise müsste es möglich sein, meint Soemmerring, Signale über große Entfernungen zu senden. Das ist sein Grundgedanke für eine elektrochemische

Nachrichtenübermittlung. Später nennt man seine Erfindung den „Blasentelegraph".

Sommerrings Sendestelle ist ein einfaches Holzgestell, von dem aus 35 mit Seidenfäden isolierte Drähte zum Empfänger laufen. 25 davon sind den einzelnen Buchstaben des Alphabets zugewiesen, die restlichen zehn den Ziffern Null bis neun. Verband man nun einen der Drähte mit einer Voltaschen Säule – also dem Vorläufer der Elektrobatterie – dann floss durch den Draht ein Strom zum Empfänger. Dieser Empfänger war ein Wasserbecken, in dem die 35 Drähte mündeten. An dem Ende des Drahtes, der gerade „unter Strom" stand, entstanden winzige Gasblasen. Jetzt brauchte man nur noch zu notieren, um welchen Buchstaben- oder Zifferndraht es sich handelte und konnte so allmählich eine komplette Botschaft empfangen. Als „Anrufsignal" hatte Soemmerring eine weitere Apparatur entwickelt: Wurden die Buchstaben B und C eingegeben, so hoben die an der Empfängerseite aufsteigenden Blasen einen kleinen Gelenkarm. Eine darauf liegende Bleikugel rollte herunter, fiel durch einen Trichter auf die Arretierung eines mechanischen Weckers, und der löste ein lautes Anrufsignal aus.

Am 28. August 1809 präsentiert Soemmerring seine Geräte vor Vertretern der *Münchner Akademie*. Ihm gelingt eine Signalübermittlung über eine Strecke von 35 Bayrische Fuß. (ca. 7,6 km.) Es folgt auch eine Demonstration im Beisein Napoleons im *Institute de France* in Paris. Doch der sieht in der Erfindung nur eine Spielerei. Er verlässt sich lieber auf das bewährte Chappesche Telegrafennetz. Und spöttisch, fast verächtlich tut er die Erfindung des Deutschen mit dem Satz ab: „C'est une ideé germanique..." Doch Madame de Stael, die berühmte und von Napoleon wegen ihrer spitzen Feder verbannte Schriftstellerin, ist da anderer Meinung. Als Soemmerrings Sohn, Dr. med. Detmar Wilhelm ihr in Genf den Blasentelegrafen seines Vaters vorführt, sagt sie: „Es gibt nichts Geistvolleres als diese Erfindung!"

Soemmerring gelingt es in den folgenden Jahren, die Zahl der Drähte auf einen einzigen zu reduzieren. Die Buchstaben werden jetzt als Impulskombinationen dargestellt. Ein Augenzeuge seiner Erfindung ist Baron Paul Ludwig Schilling von Cannstatt (1786-

1837), der sich ebenfalls mit der Telegrafie beschäftigt. Im Juli 1812 reist Cannstadt kurz vor Beginn der Befreiungskriege gegen Napoleon nach Russland, wo er seine telegrafischen Versuche fortsetzt. Auf Grund militärischer Verdienste, zum Beispiel der Entwicklung ferngezündeter Pulverminen, steigt er zum Staatsrat im Dienst von Zar Nikolaus I. auf. Als Pawel Lwowitsch Schilling von Cannstatt, wie er jetzt genannt wird, baut er Soemmerrings Apparate nach. Unter anderem vereinfacht er ihn so, dass er mit nur einer statt anfangs mit fünf Nadeln alle Ziffern und Buchstaben des Alphabets darstellen kann. 1836 führt er den Apparat dem Zaren vor.

Doch der Blasentelegraf setzt sich am Zarenhof nicht durch. Zwar können Signale fast mit Lichtgeschwindigkeit übermittelt werden. Aber in der Erzeugung sinnvoller Zeichen und Botschaften ist die Anlage viel zu langsam. Lange Pausen sind notwendig, bis die durch einen Impuls erzeugten Blasen sich wieder aufgelöst haben. Und wenn der Empfänger nicht aufpasst wie ein Schießhund, kann er nur schwer die einzelnen Blasenzeichen voneinander unterscheiden. Außerdem gibt es immer wieder Probleme mit der Isolierung der ins Erdreich verlegten Leitungen. Hinzu kommt: das Chappesche Telegrafensystem des inzwischen besiegten Napoleon hat sich auch in Russland auf seinen ersten Strecken zur Zufriedenheit von Förderern und Nutzern bewährt. So gerät Soemmerrings Blasentelegraf über erste Demonstrationen auf Versuchsstrecken nicht hinaus. Er stirbt kurze Zeit später, und mit ihm auch sein Blasentelegraf. In späteren Abhandlungen über die Geschichte der Telegrafie wird er höchstens noch am Rande erwähnt. Das Original steht seit 1905 im Deutschen Museum in München.

Signalprobleme im S(m)og der Eisenbahn

Was Zaren und Könige (noch) nicht wollen interessiert jedoch einen neuen, rasant aufsteigenden Wirtschaftszweig. Schnaufend und qualmend hatte sich mit Beginn des 19. Jahrhunderts ein eisernes Ungetüm in Bewegung gesetzt, das einem ganzen Zeitalter seinen Namen geben würde: die Eisenbahn. Schon Englands großer Naturwissenschaftler und Philosoph Roger Bacon (1214-1294) schien es geahnt zu haben, als er prophezeite: „Man wird Schiffe ohne Ruder bauen, so dass die größten von einem Mann zu steuern sind. Und unglaublich schnelle Fahrzeuge, vor die kein Tier gespannt werden muss. Und fliegende Maschinen. Und solche, die ohne Gefahr bis auf den Grund der Meere und Ströme tauchen können." Das „Fahrzeugs, vor das kein Tier gespannt werden muss", rollt zunächst in England, doch bald auch in den anderen Ländern Europas. Es wird die elektrische Nachrichtenübermittlung nachhaltiger fördern als jede Regierung oder jeder Potentat es bis dahin getan hatten.

Der einstige Bergwerksjunge George Stephenson (1781-1848) gilt als „Vater der Eisenbahn", obwohl nicht er die Dampfmaschine erfunden hat. Aber gemeinsam mit seinem Sohn Robert (1803-1859) hat sich in England kaum jemand nachhaltiger für die Entwicklung und Verbesserung des Eisenbahnwesens eingesetzt. Man nannte Stephenson respektvoll auch den „Maschinendoktor". Am 27. September 1825 hatte die Jungfernfahrt der ersten öffentlichen Eisenbahn stattgefunden. Es war ein aus 36 Wagen bestehender Zug der *Stockton and Darlington Railway*. Die Wagen, jeder mit etwa 18 Sitzplätzen, sind offen. Sechs sind mit Gästen, vierzehn mit Arbeitern und der Rest mit Kohle und Mehl beladen. Zwischen den Wagen stehen Bremser, denn die 40 km lange Strecke ist teilweise abschüssig. Wo sie ansteigt, muss der Zug mit einer Dampf-Seilwinde gezogen werden. Mehrfach entgleist einer der Waggons, immer wieder sind Zwischenstopps notwendig. Für die ersten zehn Kilometer werden zwei Stunden benötigt, für die letzten 30 Kilometer fast sechs Stunden.

George Stephenson erkennt: Ein gut und schnell funktionierendes Signalwesen ist für das neuartige, schienengebundene Verkehrsmittel unbedingt notwendig. Noch dringlicher erscheint ihm dies, als es bei der Eröffnung der *Liverpool and Manchester Railway* am 15. September 1830 zu einem tragischen Unglück kommt. Die Linie soll die Industriestadt Manchester mit dem 56 km weit entfernten Hafen von Liverpool verbinden. Hunderte von Menschen stehen an der doppelgleisigen Strecke. Acht Züge sind für die Fahrt von Liverpool nach Manchester eingesetzt, viele Ehrengäste sind geladen, darunter auch der Herzog von Wellington. Eine große Menschenmenge bestaunt deren Abfahrt. Doch nach gut 20 km Fahrt entgleist einer der Züge, der nachfolgende fährt auf ihn auf. Die aus den Schienen gesprungene Lokomotive wird wieder auf die Gleise gehievt, dann geht es weiter. Etwa auf halber Strecke halten die Züge an, um Wasser nachzutanken. Trotz Warnungen des Zugpersonals steigen viele Gäste aus. Einer von ihnen ist der Politiker William Huskisson. Er wird von der auf dem zweiten Gleis fahrenden Lokomotive *Rocket* überrollt und schwer verletzt. Es hätte zu lange gedauert, Hilfe herbeizuholen. Stephenson selbst fährt den Politiker mit dem Zug zur Station Eccles. Dort stirbt Huskisson jedoch wenige Stunden später im Krankenhaus. Er ist der erste prominente Tote eines Eisenbahnunglücks.

Die Neugier der Zuschauer an den Gleisen und in Manchester hat sich in der Zwischenzeit in Zorn verwandelt. Sie stürmen auf die Schienen. Im Schritttempo fahren die Züge in die Menge, schubsen die Menschen zur Seite. Der Herzog von Wellington und seine Begleiter werden beschimpft, ihre Waggons mit Gemüse und Unrat beworfen. Sein Zug verlässt Manchester wieder. Von den anderen Lokomotiven sind wegen technischer Defekte nur noch drei einsatzbereit. Schließlich ziehen sie einen aus 24 Wagen zusammengekoppelten Zug zurück nach Liverpool Die Fahrt dauert wegen der vielen Demonstranten über sechs Stunden.

Trotz dieser Ereignisse: Der Siegeszug der Eisenbahn lässt sich nicht aufhalten. Kein Geringerer als Antonín Leopold Dvořák (1841-1904) sagte damals:„Ich gäbe alle meine Symphonien darum, die Lokomotive erfunden zu haben“. Ehe das Jahr zu Ende ist, gibt es in England bereits 332 km Bahnstrecken. Und schon 17 Jahre nach Eröffnung der Liverpool-Manchester Strecke werden es allein in England über 10.000 km sein. Reisende können ihre Equipagen mitnehmen um auch am Zielort mobil zu sein.

Anfangs sind viele Strecken noch eingleisig. Auf den Schienen verkehren neben Lokomotiven auch von Pferden gezogene Frachtwaggons. Traf man aufeinander, so wurde um die Vorfahrt gestritten, gelegentlich auch mit Gewalt, indem man den Schwächeren aus den Gleisen hob. Es gab Entgleisungen und „Kesselzerknaller". Menschen wurden überfahren, zerquetscht oder verstümmelt; Zeitungen berichteten von „grässlichen Unfällen". An Wegkreuzungen kommt es zu Karambolagen mit Pferdewagen und Kutschen. Der französische Politiker und Historiker Louis Adolphe Thiers (1797-1877): „Sobald die Eisenbahnen fertig sein werden, wird man die Guillotine abschaffen können. Statt zum Tode wird man die Schwerverbrecher künftig dazu verurteilen, 1.000 Stunden im Waggon zu fahren. Bei mildernden Umständen wird man die Straffahrt auf 500 Stunden herabsetzen. Ich bin aber überzeugt, sie werden gern die Guillotine vorziehen."

Wie Pilze schießen immer neue Bahngesellschaften aus dem Boden. Doch dann platzt die Blase. Denn viele der Bahngesellschaften sind auf Kredit gebaut, können sie nicht zurückzahlen. An der Börse bricht Panik aus – mit einer Kettenreaktion. Der Getreide-Import bricht zusammen, gleichzeitig vernichtet die Kartoffelfäule die Ernten, besonders in Irland. Eine Auswanderungswelle schwappt zehntausende Arbeitsuchende in die USA. Dort wiederum herrscht seit 1846 Krieg mit Mexiko. Lageberichte erreichen telegrafisch die Hauptstadt Washington innerhalb weniger Stunden statt erst wie früher nach Wochen. Nach dem Friedensschluss von 1848 beginnt eine beispiellose Industrialisierung des Nordens, über die ein Zeitgenosse schrieb: „Mit einem Bein stecken wir noch im Stallmist, mit dem anderen im Telegraphenbüro".

In den USA wie in England ist die Verständigung zwischen den Stationen ein und derselben Gesellschaft entlang der Fahrstrecke unbefriedigend. Nicht selten sind die Gleise von einem stehenden Zug blockiert, Züge fahren gelegentlich auf oder prallen bei eingleisigen Strecken frontal aufeinander. Besonders der englische Nebel, geschwängert vom Torf- und Braunkohlenrauch Tausender Kaminfeuer und zahlreicher Fabriken macht den Zugführern zu schaffen. Deshalb kündigen sie ihre Ankunft in einer bewohnten Gegend durch lautes Schreien an, später durch „Ruf–

hörner" und schließlich mit der „Dampftrompete". So meint der Londoner *Globe* in einem Zeitungsartikel, „dass es als ein Rückschritt in der Zivilisation" bezeichnet werden müsse, wenn man gestatte, „dass dieses entsetzliche Geschrei, gegen welches das Kampfgeheul der Rothäute ein Wohllaut ist, mitten in großen Städten am Wohnplatze der stillen, geistigen Tätigkeit und an den Edelhöfen der genießenden Nobility erklingen" dürfe. Andere Zeitungen wiederum warnen vor den Gefahren, die die „markerschütternden Schreie" der Eisenbahner auf Frauen mit zarten Nerven und auf Kranke haben mussten. Und welches Unheil könne gar entstehen, wenn Zugtiere dadurch scheu würden.

Aus all diesen Gründen errichtet man in England die ersten, noch recht primitiven Signalanlagen. Es sind rot gestrichene Bretter, aufgestellt am Bahndamm. Durch verschiedene Stellungen geben sie den entgegenkommenden oder abfahrenden Zügen die wichtigsten Hinweise in Codeform, etwa HALT, LINIE FREI, EINFAHREN oder GEFAHR. Schließlich installiert der Bahn-Ingenieur Charles Hutton-Gregory (1817-1890) an der Bahnlinie Croydon-London eine den Chappeschen Zeichengebern nachempfundene Signalanlage. Es sind zwei bewegliche Flügel an der Spitze von Holz- oder Eisenmasten, die neben den Gleisen stehen. Sie werden von der nächstliegenden Station per Drahtzug bewegt. In abgewandelter Form sind solche Semaphore (Gr.:- *Sema*=Zeichen, *phoros*=tragen) auf vielen Bahnlinien noch bis ins 21. Jahrhundert in Betrieb. Aber natürlich ist man sich auch darüber klar: Sehr effizient sind die Semaphore nicht, denn mit ein oder zwei Signalarmen lassen sich nur wenige Codes übermitteln. Mit Einbruch der Dunkelheit müssen Laternen angehängt werden. Doch bei dichtem Nebel oder starkem Smog sind auch diese nicht zu sehen. Selbst der langsamste Zug ist meist schneller als die Nachricht von seiner bevorstehenden Ankunft. Vor allem: Stationsleiter und Personal erfahren nur unzulänglich, zu spät oder überhaupt nicht, was auf den Strecken jeweils los ist. Hat der Zug Verspätung? Herrscht irgendwo Nebel? Smog? Ist eine Strecke defekt oder gar unterbrochen?

Die Bahngesellschaften beginnen, Signalwärter für die Semaphore auszubilden. Zudem werden strenge Vorschriften erlassen: Dort, wo Züge durch Städte und Vororte fahren, muss ein Mann mit einer roten Fahne vor dem Zug hergehen und für freie Gleise sorgen. Auf jedem Tender einer Lokomotive wird ein „Ausguck" postiert. Bei Fahrten über Land hat er rechtzeitig den Lokomotivführer vor Hindernissen zu warnen, ähnlich wie der Ausguck im Krähennest eines Segelschiffes. Eine gute Lösung ist das nicht.

Geburt eines Weltwunders

Während man sich bei den englischen Eisenbahnen mit diesen Problemen herumschlägt, rüstet sich im Hafen von Le Havre der Segler *Sully* zur Reise über den Atlantik. Es ist der 1. Oktober 1832. Die *Sully* ist ein sogenanntes *packet ship*, ein Typ, der nicht nur Reisende, sondern vor allem Post, also Nachrichten, zwischen Europa und Nordamerika befördert. Die Abreise verzögert sich. Starker Gegenwind hält das Schiff fünf Tage lang im Hafen fest. Die „neusten Nachrichten" werden immer älter. Das allein schon gibt den Passagieren Gelegenheit, sich über das Problem einer besseren Nachrichtenübermittlung zu unterhalten und dabei einander auch näher kennen zu lernen.

Unter den Fahrgästen befindet sich ein schlanker, gutaussehender Gentleman. Er ist eine echte Biedermeier-Erscheinung, wie aus dem Bilderbuch. Über einer großen, geraden Nase wölbt sich eine hohe Stirn. Die Haare sind lockig, mit langen Koteletten, die in den schwach angedeuteten Kinnbart übergehen. Der Herr ist Amerikaner. Sein Alter: 41 Jahre. Von Beruf ist er Kunstmaler und hört auf den Namen Samuel Finley Breese Morse. Weder er noch einer seiner Mitreisenden können ahnen, dass er das kostbarste Frachtgut der *Sully* ist.

Die letzten drei Jahre hat Morse Europa bereist, erst Südfrankreich und dann Italien. Er besuchte die berühmtesten Museen, war Gast bekannter Persönlichkeiten, unter anderem des Marquis de La Fayette, den er 1815 in Washington porträtiert hatte. Während seines Aufenthaltes in Paris wohnte Morse in der

Rue de Turenne 29, unweit der Kirche *de la Madeleine*. Nun will er wieder zurück in seine Heimat.

Schon bald sind die angeregtesten Unterhaltungen im Gange. Man spricht darüber, dass am 22. März Goethe, Deutschlands „größter Dichter und Denker" gestorben ist; dass Preußen den Deutschen Zollverein gründete und ein Mann namens Friedrich List seine Schrift „über ein sächsisches Eisenbahnsystem als Grundlage eines allgemeinen deutschen Eisenbahnsystems" veröffentlicht hat. In Zentraleuropa tut sich etwas: die vielen kleinen Staaten deutscher Nation sind dabei, zu einer Einheit zusammenzuwachsen. Natürlich kommt man auch auf die jüngste, technische Sensation zu sprechen: die Versuche, Signale über größere Entfernungen mit Hilfe der Elektrizität zu übermitteln. Und wie bedauerlich es sei, dass solche und andere interessante europäische Errungenschaften immer erst nach Wochen in Nordamerika bekannt werden.

Zu den Reisenden der 1. Klasse gehört auch ein junger amerikanischer Geologe und Mediziner, Professor Charles Thomas Jackson aus Boston (1805-1880). Um sich auf der Atlantiküberquerung ein wenig die Zeit zu vertreiben, hat Jackson einige kleine Elektrisiermaschinen erworben, mit denen er wissensdurstig herumexperimentiert. Morse und andere Gäste seher ihm gelegentlich dabei zu. Zwangsläufig kommen sie dabei auch auf einige der gerade veröffentlichten Arbeiten von Michael Faraday (1791-1867) zum Thema Elektrizität zu sprechen. Faraday, Sohn eines Hufschmieds, gilt bereits als einer der angesehensten Naturforscher und Experimentalphysiker seiner Zeit. Unter anderem verdankt ihm die Welt den Transformator. Auch von Arbeiten des Physikers André-Marie Ampére (1775-1836) ist die Rede. Dem war es gelungen, Elektrizität durch einen Draht zu jagen, „schneller als der Lidschlag eines Auges". Er gilt heute als Erfinder des Elektromagneten und Begründer der Elektrodynamik.

Jackson erläutert dem höchst interessierten Morse das Phänomen des Elektromagnetismus, und wie mit dessen Hilfe Signale verschickt werden können. Nur: man könne diese Signale nicht automatisch aufzeichnen, man muss sie mitschreiben. Im Verlauf der anregenden Unterhaltungen holt Morse immer wieder seinen Skizzenblock hervor und notiert unter anderem: „Wenn es möglich wäre, die Anwesenheit von Elektrizität an einem beliebigen Punkt des Stromkreises sichtbar zu machen, sehe ich keinen Grund dafür, warum es nicht möglich sein sollte, diese Elektrizität zur gleichzeitigen Beförderung von Intelligenz zu benutzen." Oder, anders ausgedrückt: es müsste möglich sein, Elektrizität in Worte zu kleiden und diese Worte augenblicklich an jeder Stelle eines beliebig langen, einzelnen Drahtes abzulesen. Diese Überlegung ist die Geburtsstunde der Morse-Telegrafie. Sie wird ihren Erfinder berühmter machen als er es je als Maler hätte werden können. Der Begründer der Medienforschung Marshall McLuhan hat die Morse-Telegrafie als „die größte Erfindung seit der Geburt der Buchdruckerkunst" bezeichnet.

Während der restlichen Reise der *Sully* arbeitet Morse seine Vorstellungen in seinem Skizzenbuch weiter aus. Kernpunkte sind schließlich diese:

o - ein Sendeapparat. Er erzeugt die elektrischen Signale dadurch, dass mit seiner Hilfe ein geschlossener Stromkreis erst unterbrochen und dann wieder geschlossen wird;

o - ein Empfangsapparat. Er soll die Signale auf einem Papierstreifen markieren, der von einem Uhrwerk unter einem Markierungsstift entlanggezogen wird.

Den Gedanken, mit der Zahl der Impulse den jeweiligen Buchstaben des Alphabets aufzuzeigen - also ein Impuls für A, 5 Impulse für E, 15 für K usw. usf. verwirft Morse alsbald. Auch die Übermittlung von Zahlencodes würde viel zu lange dauern. Für die Zahl 9 z.B. bräuchte man neunmal so viel Zeit wie für die Übermittlung der Ziffer 1. Und wie sollte man die Null übermitteln? Mit zehn Impulsen? Es musste einfacher gehen. Es musste eine Kombination von langen und kurzen Impulsen sein, dargestellt in Form von langen und kurzen Strichen oder besser Punkten und Strichen. Mit Hilfe dieser beiden Zeichen müsste sich jeder Buchstabe des Alphabets darstellen lassen.

Wann Morse diese Idee kam, und ob wirklich er allein den nach ihm benannten Morse-Code entwickelte, ist umstritten, wie wir noch sehen werden. Jedenfalls: die Idee war ebenso einfach wie genial. Morse erzählt seinen Mitreisenden einige Details. Einer von ihnen, ein Rechtsanwalt namens Fisher aus Philadelphia, wird sich später erinnern: Der Gedanke an die Möglichkeit einer elektrischen Nachrichtenübermittlung „beherrschte ihn ununterbrochen". Professor Jackson aber sollte für den Rest seines Lebens in einem Rechtsstreit darüber jammern, dass Morse die Idee für seinen Telegrafen einzig und allein den mit ihm, Jackson, geführten Gesprächen entnommen habe. Wie gegen Morse so prozessiert er auch gegen andere Erfinder und verklagt sie wegen Patentrechtsverletzungen. Etwa den Chemiker Christian Friedrich Schönbein (1799-1868), den Erfinder der Schießbaumwolle, oder den Zahnarzt William Thomas Morton (1819-1868), den Entdecker der Äther-Narkose. 1880 stirbt Jackson im Irrenhaus von Sommerville im US-Staat Massachusetts. In einem Brief an einen Freund schreibt Morse Jahre später: „Erfinder zu sein ist wirklich nichts Beneidenswertes [...] Sobald der Erfolg der Erfindung absehbar ist und es nur noch Ehre und Profit einzuheimsen gibt, wollen einem viele den Ruhm streitig machen und behaupten, sie hätten Anteil an der Erfindung gehabt."

Als die *Sully* nach gut fünfwöchiger Fahrt am 16. November 1832 in Höhe von Manhattans *Rector Street* am Pier die Segel refft, verabschiedet sich Morse bei Kapitän William Pell angeblich mit dem Satz: „Sir, wenn Sie eines Tages vom Telegraph als einem Weltwunder hören, dann denken Sie daran, dass diese Entdeckung hier auf dem guten Schiff *Sully* gemacht wurde..."

Richard und Sidney Morse warten bereits am Pier, um ihren Bruder Samuel abzuholen. Denn wie in Europa so wurde damals auch in Amerika das Auftauchen jedes größeren Schiffes am Horizont vor der kanadischen Küste auf dem Landweg über Semaphore nach Boston und New York gemeldet und die bevorstehende Ankunft in den Zeitungen bekanntgegeben. Nach der Begrüßung redet Samuel fast nur noch von seinem Telegrafen. Richard: „Unterwegs zu meinem Haus informierte er uns dass er während der Reise eine wichtige Erfindung gemacht habe, die ihn fast während seines gesamten Aufenthalts an Bord beschäftigt habe." Und Sydney: „Während wir vom Schiff kamen, sprach er nur vom Telegraph und auch die nächsten Tage redete er von kaum etwas anderem." Immerhin gesteht Samuel, dass er finanziell mal wieder ziemlich in der Klemme steckt. Was er noch besitzt, langt gerade zum Leben.

Morse, der Wandermaler

Dabei hatte das Leben Morses doch so vielversprechend begonnen. Geboren wurde er am 27. April 1791 im *Edes House* an der *Main Street* von Charlestown. Das ist heute ein Stadtteil von Boston im US-Staat Massachusetts. Es ist das Jahr, in dem ausgerechnet Claude Chappe seine erste Nachricht mit seiner Riesenuhr über 15 km Entfernung übermittelt. Samuel ist das erste von elf (!) Kindern. Acht seiner Geschwister starben schon bei der Geburt oder im Säuglingsalter, damals in Europa und den USA ein häufiges Kleinkindschicksal. Ihm blieben nur seine Brüder Sidney Edwards (1794-1871) und Richard Cary (1795-1868). Der Vater ist Geistlicher, ein strenggläubiger Calvinist. Fromm, aber impulsiv, temperamentvoll und erfinderisch. Mutter Ann, eine geborene Breese, ist ruhig, sanft, nachdenklich und führt das Haus „mit klugem, praktischen Verstand". Die Morses wohnen nur rund einen Kilometer vom Geburtshaus Benjamin Franklins entfernt, dem elektrizitätsbegeisterten Erfinder des Blitzableiters. Franklin ist ein Jahr vor Samuels Geburt im Alter von 84 Jahren gestorben.

Der junge Samuel erbt von beiden Eltern das Beste: von seinem Vater Energie und Unternehmungsgeist, von der Mutter einen starken Willen und Intelligenz. Im Alter von vier Jahren wird er bereits eingeschult. Mit sieben wird er auf eine Schule in Andover (Maine) versetzt, sein Vater sitzt schließlich mit im Kuratorium. In Andover soll Samuel auf den Eintritt in die örtliche, strenge *Phillips Academy* vorbereitet werden. Das Städtchen liegt zwar nur 30 km vom Elternhaus entfernt, aber Samuel hat Heimweh, fühlt sich nicht glücklich. Zweimal reißt er aus und flüchtet nach Charlestown. In einem Brief rät ihm sein Vater: „Konzentriere Dich stets auf eines. Es ist unmöglich, gleichzeitig zwei Dinge gut und richtig zu machen."

Samuel steht tapfer die Zeit in der strengen Akademie durch. 1805, im Alter von erst 14 Jahren, bezieht er das renommierte

Yale College in *New Haven* im Staat Connecticut (seit 1887 *Yale University*). Nach der akademischen Grundausbildung entschließt er sich zum – Kunststudium! Er will Maler werden. Vater Jedediah ist entsetzt. Die Eltern hätten für Samuel lieber eine Karriere als Arzt, Anwalt oder Kirchenmann bevorzugt. Doch Samuel bleibt eisern. In *Yale* ist er bereits für seine auf Elfenbein ausgeführten Miniaturmalereien bekannt, die er für fünf Dollar das Stück verkauft. Dieser, wenn auch bescheidene Erfolg überzeugt schließlich auch die Eltern, und sie geben Samuels Berufswunsch ihren Segen.

Seinen Lebensunterhalt verdient der junge Morse zunächst als Verkäufer in einem Buchladen in Charlestown. Aber er malt und malt. Zwei seiner historisierten Werke, „Marius auf den Ruinen von Karthago" und „Die Landung der Pilgerväter in Plymouth" erregen die Aufmerksamkeit von Gilbert Stuart. Das ist der Schöpfer des heute wohl bekanntesten George-Washington Porträts. 1811, knapp 20 Jahre alt, macht Morse seine Abschlussprüfung als Maler. Protegiert wird er von dem in Boston lebenden englischen Maler Washington Alliston. Der gilt damals als „der Beste seiner Zeit". Alliston schließt mit Samuels Vater einen Vertrag, in dem er zusichert, Samuel drei Jahre lang finanziell zu unterstützen, wenn dieser ihn zurück nach England begleitet.

Noch im gleichen Sommer, am 15. Juli 1811, starten Alliston und der junge Morse auf dem Schiff *Lydia* zur Überfahrt nach Europa. Freunde haben Samuel gewarnt: Napoleon, dessen Truppen bereits fast ganz Europa erobert haben, würden auch vor England nicht Halt machen. „Dann steckst Du mitten im Krieg!" Aber Morse hatte sich nicht beirren lassen. Doch noch bevor das erste Jahr um ist, steckt er wirklich im Krieg. Allerdings ist der Gegner nicht Napoleon, sondern sein eigenes Vaterland: US-Präsident James Madison ist es leid, dass die Engländer ständig amerikanische Schiffe daran hindern, US-Waren in das von Napoleon kontrollierte Europa zu bringen. Am 18. Juni 1812 erklärt Madison Großbritannien den Krieg.

Für Morse bedeutet dies einen verlängerten Aufenthalt in England. Doch das erweist sich als Glücksfall. Er lässt sich weiter ausbilden, malt – und gewinnt für eine Tonskulptur „Der sterbende

Herkules" den Ersten Preis der *Society of Arts"* und eine Goldmedaille. Seinen Eltern schreibt er: „Ich wünschte, ich könnte Euch
diesen Bericht in einem einzigen Augenblick übermitteln. Aber
3.000 Meilen kann man nicht in einem einzigen Augenblick überspringen, so dass wir vier lange Wochen werden warten müssen."
Mr. Madisons Krieg, wie er im Volksmund heißt, wird zwar offiziell
schon 1814 beendet, aber erst im August 1815, als die letzten
Schießereien enden und der *status quo ante* wieder hergestellt
ist, schifft sich Morse in Liverpool auf der *Ceres* ein. 58 Tage dauert die Reise bis Boston! Ohne jede Nachricht aus Europa oder
den USA. Ein wenig erstaunt stellt er später fest, dass die Nachricht vom Sieg über Napoleon bei Waterloo nach London nur zwei
Tage unterwegs war.

In den USA bleibt der Erfolg für Morse aus. Kunstliebhaber
besuchen ihn zwar in seinem Atelier– aber sie kaufen nichts. Historische Gemälde, halbnackte Helden und Heldinnen, Kentauern
und andere mythologische Figuren sind nicht gefragt. Morse verlegt sich aufs Porträtieren. Die Daguerrotypie, die er selbst später
in den USA bekannt machen wird, ist noch nicht erfunden, ein
Konterfei in Öl will also jedermann gerne von sich oder seinen
Nächsten haben. Manche Wandermaler führen sogar vorfabri-
zierte Bilder mit: der Rumpf von Papa und Mama oder einem oder
zwei Kindern sind bereits in einer Art Vorfabrikation vom Maler
oder seinen Schülern auf gespannte Leinwand gemalt worden.
Vor Ort dann braucht der Wandermaler nur noch die Köpfe seiner
Kunden einzusetzen. Das ist ein Grund, warum viele Brustbilder
jener Zeit oft unproportioniert aussehen.

Auch Morse fährt auf die Dörfer oder Höfe Neuenglands, malt
Farmer- und Handwerkerfamilien. Pro Bild bekommt er 15 Dollar.
Er lebt buchstäblich von der Hand in den Mund. Mit seinem Bruder
Sidney entwickelt er eine Druckpumpe für Feuerspritzen. Sie erhalten zwar ein Patent darauf, aber es gibt schon etwas Besseres
auf dem Markt. Auch eine Marmor-Schneidemaschine, die sie
konstruieren, ist nicht sehr erfolgreich. In einem Brief schreibt Samuel später: „...ein Erfinder verdient sein Geld sehr schwer. Ich
habe nicht die Absicht, nochmals alle Qualen, Verzögerungen und
Enttäuschungen mitzumachen, die ich bereits erlitten habe, auch

wenn ich damit das Doppelte verdienen könnte." Als der Winter einbricht, verlegt Morse seine Porträtmalerei nach *Charleston* in Süd Carolina. Dort lebt er vier Jahre bei einem Onkel. Die Tabak- und Baumwollbarone haben Geld, der Bürgerkrieg liegt noch in weiter Ferne. 60 Dollar bekommt Morse nun für ein Porträt. In Tag- und Nachtarbeit fertigt er in neun Monaten 53 Bilder an.

In Concord in Massachusetts hat Morse auf einer seiner Mal-Exkursionen Lucretia „Lucy" Pickering Walker kennen. Am 1. Oktober 1818 heiratet das Paar. In den folgenden Jahren der Wanderschaft, finanziell immer am Rande des Abgrunds, schenkt Lucy ihrem Mann drei Kinder. Dann, endlich, scheint sich das Blatt zu wenden: Morse wird von der Stadtverwaltung New York beauftragt, General Lafayette, den französischen Helden des amerikanischen Unabhängigkeitskrieges, in Lebensgröße zu porträtieren. Am 8. Februar 1824 beginnt er mit der Arbeit. Es ist ein Auftrag, um den sich viele Konkurrenten bemüht hatten. Er wird Morse 700 Dollar einbringen. 1825 ist auch das Jahr, in dem in England der erste „öffentliche" Zug von Darlington nach Stockton dampft, ein Ereignis, dem im Königreich bald die elektrische Telegrafie im Bahnverkehr folgen soll. Morse reist zu Lafayette nach Washington und schreibt an Lucy: „Noch eine Sitzung, dann werde ich zu meiner geliebten Frau zurückkehren."

Doch als Morse endlich wieder zu Hause eintrifft, erfährt er von seinem Vater: die 26jährige Lucy ist am Nachmittag des 7. Februar 1825 im Haus in New Haven nach der Geburt des dritten Kindes gestorben und schon begraben. Im folgenden Jahr stirbt auch Samuels Vater. Einigen Berichten zufolge sollen die beiden Todesfälle das Schlüsselerlebnis für Morse gewesen: Man müsste Nachrichten über große Entfernungen schneller übermitteln können, dann wäre er rechtzeitig zur Beerdigung gekommen.

Langsam verhilft die Porträtmalerei Morse zu einigem finanziellen Erfolg. Die Aufträge häufen sich, gelegentlich muss er sogar Aufträge ablehnen. Er hält Vorträge über Kunst und Kunstgeschichte, wird Mitbegründer der *National Academy of Design* und wird viele Jahre lang deren Präsident sein. Verstärkt wendet er sich den Naturwissenschaften zu. Er experimentiert mit Farben, mischt sie mit Milch oder auch mit Bier, und liest physikalische

Abhandlungen. 1827, inzwischen ist er 26 Jahre alt, hört er zum ersten Mal einen Vortrag über Elektrizität. Zwei Jahre später – auch seine Mutter ist inzwischen gestorben – gibt Morse seine Kinder bei Verwandten in Pflege und reist ein zweites Mal nach Europa. Er will die Bildergalerien Europas sehen und die großen Meister der Malerei bzw. deren Werke kennenlernen. Erst 1832 wird er wieder, wie bereits beschrieben, an Bord der SS *Sully* nach New York zurückkehren.

> „Wenn meine Signale zehn
> Meilen weit ohne Stopp
> durchlaufen, so kann ich
> auch erreichen, dass sie
> rund um die Welt gehen."
>
> *S.B. Morse nach seinen ersten*
> *gelungenen Sendeversuchen*

Während die Chappeschen Tachygraphen den europäischen Kontinent einspinnen und Cooke und Wheatstone an ihren Zeigertelegrafen arbeiten, kämpft Morse in Amerika um seine physische Existenz. Wieder zieht er mit Staffelei und Pinselkasten auf die Farmen. Er porträtiert Kinder und Erwachsene, gibt Malunterricht, und bemüht sich um größere Aufträge. Die *University of the City of New York,* die gerade einen Bau im neugotischen Stil am *Washington Square* bezogen hat, ernennt ihn zum *Professor of Painting and Sculpture.* Das ist zwar ein schöner Titel, jedoch ohne Salär. Das Lehrgeld, das Morse von seinen Malschülern bekommt, reicht nicht einmal, um die Miete für seine Wohnung zu zahlen. Diese Wohnung ist eine Dachkammer im fünften (natürlich fahrstuhllosen) Stock eines Hauses, das ebenfalls am *Washington Square* steht. Das Zimmer ist für Morse Atelier, Labor, Küche, Salon-, Ess- und Schlafzimmer zugleich. Wie soll er hier verwirklichen, was ihn Tag und Nacht gedanklich beschäftigt? „Um Zeit zu sparen und meine Erfindung voranzubringen, habe ich über Monate in meinem Studio gelebt und gegessen. Die Lebensmittel habe ich im Laden gekauft und dann selbst zubereitet" notiert Morse. Er hat weder Geld für Werkzeuge und Material, geschweige denn für einen Mechaniker.

New Yorks *Washington Square* galt schon immer als sehr gute Adresse. Als Morse (1832) dort seine Dachkammer bezieht, ist die nahegelegene, vom *Broadway* abzweigende *Bond Street* die eleganteste Einkaufsstraße der Stadt. Aber zu der Zeit beginnt sich gerade die *Fifth Avenue* vom *Washington Square* aus in Richtung Norden vorzuschieben. Die Wohlhabenden ziehen mit. Die abseits vom *Square* liegende, „hintere Umgebung“ ist weniger attraktiv. Besucher, die sich von der *Wall Street* und dem damals gerade mal 5 km langen *Broadway* allzu weit entfernen, sind meist enttäuscht. Das Pflaster der Nebenstraßen ist schlecht und voller Schlaglöcher. Überall liegt Schmutz, Abwasser läuft durch die Rinnsteine. Mark Twain beschreibt den damaligen Zustand des *Broadway* als zwar gepflastert, „aber voller Löcher“. Je weiter davon sich die Grundstücke befinden, desto billiger sind sie, desto ärmer die Anwohner und desto schäbiger die Läden. 1832 gibt es die erste von mehreren Cholera Epidemien. In den folgenden Jahren strömen hier Tausende von Einwanderern ein, die meisten aus Deutschland. Bald erhält das Viertel im Volksmund den Namen *Little Germany* oder *Kleindeutschland*. Aus Osteuropa kommen Tagelöhner, Gangster, Pseudokünstler und Armutsflüchtlinge auf der Suche nach einem besseren Leben.

In dieser Umwelt droht Morse durch seine Armut, so scheint es, allmählich den Verstand zu verlieren. Zumindest was seine politischen Ansichten anbetrifft. Man würde ihn heute wahrscheinlich als Rassisten und bigotten Eiferer bezeichnen. Er befürwortet die Sklaverei als „von Gott gewollt“. Ob er wusste, dass zwischen 1830 und 1840 in einem Haus seiner Nachbarschaft 600 aus dem Süden geflüchtete Sklaven von einem Mann namens David Ruggles versteckt wurden? Morse unterstützt eine Kampagne gegen die angebliche Unzüchtigkeit auf den Theaterbühnen der Stadt. 1827 ist er Mitbegründer des *New Yorker Journal of Commerce*. Anzeigen von Theatern werden abgelehnt. Morse ist auch gegen Einwanderer, vor allem, wenn diese katholisch sind. Bei seinem Besuch in Rom hatte er angeblich bei einer Papstaudienz seinen Hut aufbehalten. Und, jetzt wieder in New York, spricht er sich gegen alles aus, was katholisch ist. Der Papst sei „eine Kreatur Österreichs“. Für eine Weile ist Morse einer der Hauptredner der NAP, der *Native American Democratic Association*, einem Zusammenschluss gebürtiger Amerikaner. Indianer und Schwarze gehören natürlich nicht dazu. Wenn es nach ihm ginge, sollten Katholiken keine öffentlichen Ämter innehaben, protestantische Schulen möchte er gegen katholische Schulen mobilisieren, und die Einwanderung aus katholischen Ländern möchte er begren–

zen lassen. So meint er, besonders viele Einwanderer aus Österreich kämen auf Grund von Geheimabsprache zwischen Wien und katholischen US-Organisationen in die USA. Ihr Ziel sei es, das Land zu unterwandern und die Macht zu übernehmen. „Wir müssen zunächst das Loch in dem Schiff stopfen, welches durch von außen eindringendes schlammiges Wasser zu sinken droht," schreibt er in einem Artikel. Der Titel eines seiner Pamphlets lautet: *Conspiracy against the Liberties of the United States.* (1835) (Verschwörung gegen die Freiheiten in den Vereinigten Staaten). In einem anderen aus dem gleichen Jahr heißt es: *imminent Dangers to the Free institutions of the United States through Foreign Immigration...* (Unmittelbare Gefahren für die freiheitlichen Institutionen der Vereinigten Staten durch die Zuwanderung von Fremden...) Es kommt zu Ausschreitungen gegen katholische Einrichtungen, eine Schule für Novizinnen wird in Brand gesteckt. Im November wird Morse an seiner Universität *Professor of the literature of the arts and design.* (Professor für Literatur und Kunstgewerbe). An seinen volksverhetzenden, politischen Schriften scheint man sich nicht zu stören.

Am 16. Dezember 1835 bricht in New York „der große Brand" aus. Feuerwehren von weit her, selbst aus Philadelphia, werden zu Hilfe gerufen. Aber es dauert lange, sie zu alarmieren. Das Feuer vernichtet Straßenzug um Straßenzug. Ein Großteil der Gebäude südlich der *Canal Street* wird ein Raub der Flammen. Natürlich tauchen Gerüchte auf, dass Einwanderer an dem Feuer schuld seien. Morse selbst denkt wahrscheinlich, mit Hilfe seines Telegrafen hätte man schneller Hilfe herbeiholen können. Im folgenden Jahr lässt sich Morse von der NAP als Kandidat für das Bürgermeister-Amt aufstellen. Zum Glück erhält er nur 1496 Stimmen. Als er an einem Wettbewerb für „einheimische Maler" zur Ausschmückung der Rotunde des Kapitols in Washington teilnehmen will, wird er abgelehnt – weil man ihn für den Verfasser eines Schmähartikels hält, in dem ein „Anonymus" das Preisgericht angreift.

Malutensilien und lange Leitungen

Morse - eine verkrachte Existenz? Jedenfalls scheint es seinen politischen und gelegentlichen künstlerischen Niederlagen zu verdanken zu sein, dass er beginnt, sich fast nur noch auf die Entwicklung seines „elektrischen Telegraphenapparats" zu konzentrieren. Sein erstes Modell ist noch recht grobschlächtig und funktioniert nicht so richtig. Er hat es aus Malutensilien gebastelt: einem Keilrahmen und Linealen, dazu einem Wecker. All das hat er auf die Füße einer Staffelei montiert. In die rechte, untere Ecke hat er die Uhr genagelt, deren Werk durch ein Gewicht angetrieben wird. Mit Hilfe einer Schnur zieht das Uhrwerk über den oben offenen Pinselkasten der Staffelei einen Papierstreifen hinweg. Damit das Gewicht eine größere Fallhöhe erhält, hat Morse die Schnur, an der es hängt, über eine ganz oben an der Staffelei angebrachte Rolle gelenkt.

An einer Holzlatte, die waagerecht in der Mitte der Staffelei befestigt ist, montiert Morse einen einfachen Elektromagneten. Dessen blanken Kupferdraht hat er mühsam mit einem Seidenfaden umwickelt, um ihn zu isolieren. Darüber hängt ein Holzdreieck, an dessen Basisseite er einen Bleistift und zwei Eisenplättchen angebracht hat. Sie befinden sich genau gegenüber den Polen des Elektromagneten. All das sieht dermaßen primitiv aus, dass Morse sich zunächst nicht traut, irgendjemandem die Konstruktion vorzuführen.

Aber sie funktioniert. Solange das Uhrwerk den Papierstreifen unter dem Schreibstift entlang zieht, entsteht nichts anderes als ein endloser Strich. Wenn Morse jedoch Strom durch den Elektromagneten leitet, zieht der Magnet das über ihm befindliche Dreieck über die beiden, darin eingelassenen Eisenplättchen an. Dabei wird die Schreiblinie auf dem Papierstreifen hakenförmig abgelenkt. Hört der Stromfluss auf, so löste sich das Dreieck wieder vom Magneten und der Schreibstift kehrt in seine ursprüngliche Position zurück und zeichnet wieder eine Linie. So ist es möglich, zweierlei Zeichen zu übermitteln: Haken und Striche.

So weit, so gut. Aber wie kann man mit dieser Technik eine Information übermitteln? Zunächst denkt Morse daran, alle Worte der englischen Sprache in Form von Zahlenkombinationen zu erfassen. Für die Zahlen von 1 bis 9 entwickelt er neun Kombinationen von Punkten und Strichen. Die 1 bekommt einen Punkt, die 2 zwei Punkte, die 3 bekommt drei. Die 6 beginnt wieder mit einem Punkt, dem ein Strich hinzugefügt ist, die 7 besteht aus zwei Punkten und einen Strich und die 0 schließlich besteht aus fünf Punkten und einem Strich. Ständig wälzt Morse Wörterbücher und erarbeitet ein Codebuch, in dem möglichst viele Begriffe als Zahlenkombinationen dargestellt sind. 215 soll z.B. für das Wort WAR (Krieg) stehen, und hätte gelautet: .. . . Die Meldung „Krieg Holland Belgien" hätte aus den Zahlen 215/56/15 bestanden und so ausgesehen: .. . ./ ..... . – – – –/ . ...../ Ein anderes Beispiel: 8732 stand für *reply requested* (Antwort erbeten!)

Noch ist die Zeichenübermittlung in der Praxis unregelmäßig. Oft bleiben einige Zeichen bzw. Haken, die ja die Zahlen repräsentieren, einfach aus. Oder sie sind so undeutlich, dass sie im Alphabet nicht klar zugeordnet werden können. Als es Morse gelingt, die Signale auch akustisch wahrnehmbar zu machen – nämlich mit den typischen Klicklauten, wenn Elektromagnet und Eisenplättchen zusammentreffen – ist er zwar ein Stück weiter. Doch es gibt ein viel größeres Problem, das ihm zu schaffen macht: der Elektromagnet (also die Empfängerseite) funktioniert nur, wenn die Leitung zur Batterie (die Senderseite) weniger als 40 Fuß, also nicht viel mehr als 12 m lang ist. Das reicht gerade mal für eine Signalübermittlung durch das Labor. Grund: Der Leitungswiderstand „frisst" die Signale einfach auf.

Während Cooke in England erste Versuche mit dem Nadeltelegrafen unternimmt hat der arme Kunstmaler Morse in New York längst erkannt, dass er zu wenig von Elektrizität versteht. Er beschließt deshalb, sein Dachkammer-Geheimnis mit jemandem zu teilen, der ihm weiterhelfen könnte. Im Januar 1836 tut er sich mit Dr. Leonard Gale (1800-1883) zusammen. Der 36-jährige Gale wohnt im gleichen Haus und ist gewissermaßen ein Kollege. Denn auch Gale arbeitet an der nahegelegenen Universität, allerdings als Professor für Chemie und Mineralogie. Und er kann tatsächlich helfen. Morse benutzt für seine Signale am Empfangsende einen Magnet, der mit einigen Windungen Kupferdraht um–

wickelt ist. Gale weiß, dass sein Freund und Kollege, der Physiker Joseph Henry (1797-1878) schon fünf Jahre zuvor demonstriert hatte, dass ein mit vielen Windungen von dünnem Kupferdraht umwickelter Magnet viel empfindlicher reagiert. Außerdem hatte er überall dort, wo das Signal schwach zu werden begann, ein von ihm entwickeltes Relais eingebaut, welches das durchlaufende Signal wieder verstärkte. Denn auch Henry, Professor für Naturphilosophie an der *Princeton University* im Nachbarstaat New Jersey, bastelte damals an einem Telegrafen. Es war ihm gelungen, Signale über einen 1,6 km langen Draht zu schicken und zu empfangen. Durch Glöckchen verschiedener Tonhöhe machte er sie hörbar. Aber dann war er mit der Entwicklung nicht weitergekommen, und hatte für seine Anlage auch kein Patent beantragt. Doch seine bis dahin gewonnenen Erkenntnisse über Verstärkertechnik helfen nun Gale bei dessen Beratertätigkeit für Morse.

Zunächst werden die neuen Verstärker in Abständen in immer längere werdende Leitungen eingebaut. Damit gelingt es, die Übermittlungsstrecke mit einem einzigen, aber leistungsstarken Verstärker zunächst auf 120 m, dann auf 305 m und schließlich auf 16 km zu erhöhen. Die „Leitung" ist dabei auf eine Trommel gewickelt, so dass die Versuche raumsparend innerhalb des Mineralogischen Kabinetts von Professor Gale stattfinden können. Das Signal, das an einem Drahtende hineingeht, kommt am anderen Ende in gleicher Stärke an. Ob Gale und Morse ahnen, dass solche Entfernungen auch in England schon seit einiger Zeit elektrisch überwunden werden?

Eigentlich ist es nun Zeit, an die Öffentlichkeit zu gehen, und Sponsoren für die neue Entwicklung zu suchen. Doch die Umstände können ungünstiger nicht sein. Weil durch Bauspekulationen der letzten Jahre zahlreiche Kreditgeschäfte platzen, kommt es zu der bis dahin schlimmsten Rezession im ganzen Land. Sechs lange Jahre wird sie dauern. In der Zeit gehen Hunderte von kleinen und großen Unternehmen pleite, Banken schließen, die Arbeitslosigkeit wächst. Allein in New York ist ein Drittel der werktätigen Bevölkerung davon betroffen. Und die Preise steigen. Im Februar 1837 kostet ein Fass Mehl statt bis dahin sieben Dollar nun 12 Dollar. Als gerüchteweise verlautet, ein Getreidehändler an der *Washington Street* horte Mehl, wird sein Lager gestürmt, die gefundenen Fässer fliegen auf die Straße. „Die Menschen wateten dort in fußhoch liegendem Mehl", heißt es in einem zeitgenössischen Bericht.

Morse kann also nicht aus dem Vollen schöpfen. Und er hat Konkurrenten. Denn inzwischen werden in den USA allmählich die Arbeiten von Gauß und Weber, Schilling, Cooke und Wheat-stone bekannt. Die beiden Engländer haben ihre Telegrafietechnik innerhalb weniger Monate entwickelt, Morse hingegen plagt sich nun schon fünf Jahre damit herum. Teilweise liegt das daran, dass seine Übermittlungsmethoden anfangs recht kompliziert waren. So stanzte er die ersten Botschaften in einen Metallstreifen. Dieser lief durch den Geber und jede Einkerbung schickte entsprechend lange oder kurze Impulse zum Empfänger. Die dort von einem Bleistift als Zahlencode aufgezeichnete „Hakenschrift" musste erst wieder in lesbare Buchstaben übertragen werden. Seinen Code hatte Morse bis Oktober 1836 in mühsamer Arbeit zusammengestellt. „Ich arbeite daran von früh bis spät, aber komme nur langsam voran", schreibt er. Das fertige Werk umfasst 30.000 Worte und Begriffe der englischen Sprache, zweifach handschriftlich notiert auf 30 x 30 cm großen Papierbögen. Es gibt auch andere Schwierigkeiten. Leitungsdraht, den er bestellt hat, ist von schlechter Qualität, es dauert endlos, die Kupferdrähte mit Baumwollfäden zu isolieren. Und er steht unter Zeitdruck. Denn angesichts der Telegrafieversuche in Europa fordert das amerikanische Repräsentantenhaus den amtierenden Finanzminster auf, die Errichtung eines amerikanischen Telegrafen-Systems zu überprüfen.

Morse möchte seine Anlage so schnell wie möglich vorstellen. Doch ihm fehlt das Geld, sie fertigzustellen. Da kommt ihm der Zufall zu Hilfe. Am 2. September 1837, es ist ein Samstag, zeigt er seinen Telegrafenapparat im Mineralogischen Kabinett zwei Besuchern aus der britischen Universitätsstadt Oxford. Der eine ist Professor Charles Giles Bridle Daubeny, ein Naturforscher, der in Nordamerika Daten zu Thermalquellen und der allgemeinen Geologie sammelt. In dem Moment kommt ein junger

Mann zu der Demonstration hinzu. Er heißt Alfred Lewis Veil (1807-1859) und ist einer von Gales Studenten. Ursprünglich hatte er Theologe werden wollen, jetzt jedoch Technik. Später erinnert er sich: „[...] ohne eingeladen zu sein suchte ich Professor Morse auf dem Universitätsgelände auf, und fand ihn im Gespräch mit den Professoren Torrey und Daubeny." Vail, 16 Jahre jünger als Morse, ist Sohn des wohlhabenden Landrichters und Industriellen Stephan Vail, dem die *Speedwell* Eisenwerke In Morristown im Nachbarstaat New Jersey gehören. Von Morses Entwicklung ist Vail Jr. höchst begeistert. Er fragt den „Kunstprofessor", ob dieser auch längere Versuchsstrecken erproben wolle, denn er könne möglicherweise dafür die finanziellen Mittel besorgen. Allerdings gegen eine finanzielle Beteiligung bei Erfolg.

Nur zwei Tage später, am 4. September, demonstriert Morse sein Gerät einer größeren Zuschauergruppe. Verspannt sind rund 500 m Drahtleitung. Die übermittelte Botschaft besteht aus Zakken und Linien, die auf dem Papierstreifen erscheinen. Die Zakken entsprechen den Zahlen 215, 36, 2, 58, 112, 04, 01837 – und diese wiederum folgenden Worten aus Morses Codebuch: „Successful test with telegraph September 4th 1837." („Erfolgreicher Versuch mit Telegraph 4. September 1837".)

Am 28. September reicht Morse beim Patentamt in Washington ein caveat ein, die Vorankündigung einer möglichen Patentanmeldung. Das *„Journal of Commerce", von Morse mitbegründet,* berichtet über seine langjährige Beschäftigung mit der Telegrafie und zitiert ihn mit den Worten: „Ich versichere, der erste Antragsteller und Erfinder der elektromagnetischen Telegrafie zu sein, nämlich am 19. Oktober 1832, an Bord des packet *Sully* auf meiner Reise von Frankreich in die Vereinigten Staaten [...] Alle Telegraphen in Europa, mit einer Ausnahme, wurden später als meiner erfunden." Und damit meinte er natürlich in erster Linie die Tlegrafen von Cooke und Wheatstone. Was Morse (noch) nicht weiß: Wheatstone war es bereits gelungen, über 30 km weit zu telegrafieren.

Wer erfand das Morse-Alphabet?

Inzwischen ist es auch zu einem „Deal“ mit Alfred Vail gekommen. Unter Beteiligung von 25 % an einem möglichen Patent erklärt Vail sich bereit, bis zum Januar des folgenden Jahres (1838) auf eigene Kosten einen Telegrafenapparat nach Morses Vorlage zu konstruieren. Er hat vor, seine Einnahmen mit zwei Brüdern teilen. Morses Bedingung: Alle Entwicklungen laufen unter se nem Namen! Technik-Historiker Russel W. Burns in seinem 2004 erschienen Buch „*Communications, an international history of tne formative years*“: „...dem Porträtmaler gelang es seine Partner zu überreden, dass alle Erfindungen und Entwicklungen der gemeinsamen Arbeit ihm zugeschrieben werden sollten und dass das System als ‚Morse Telegraphic System‘ bezeichnet werden sollte.“ Es sei deshalb schwer zu sagen, wer von den Dreien was und wie viel zu der bahnbrechenden Entwicklung beigetragen habe. Burns weiter: „Es scheint, als habe Morse eine übergroße, egoistische Gier nach öffentlicher Anerkennung besessen, die ihn daran hinderte, Gale und Vail und dem ratgebenden Henry entsprechende Anerkennung zu zollen.“ Auch James D. McNiven, emeritierter Professor der *Dalhouse University* und Kolumnist der Website facts and opinions.com (Fakten und Meinungen) ist in seinem 2015 erschienen Buch „The Yankee Road“ der Ansicht: Morse habe den Telegrafen nicht erfunden. Was er getan habe war, als erster das amerikanische Patent dafür beantragt zu haben und andere für die Verwirklichung seiner Träume zu gewinnen. „Er war in Höchstform wenn es darum ging, seine Verbindungen zu nutzen um die wissenschaftliche Community und die Politiker zur Anerkennung seiner Ansprüche zu bewegen [...] Obwohl er zu Beginn seiner Arbeiten der [damaligen] Republik Texas seine Patente umsonst anbot und später vergeblich versuchte, sie der US-Regierung für 100.000 Dollar zu verkaufen, wurde ihm der Verdienst zuerkannt, den Telegrafen zu einem wirtschaftlich erfolgreichen Produkt gemacht zu haben. Aber er war und blieb der Künstler, und es scheint der Ruhm gewesen zu sein, nach dem er trachtete.“

Vail macht sich schon seit einiger Zeit Gedanken über die von Morse verwendeten Zahlencodes. Sie sind ihm viel zu kompliziert.

Kein Mensch hätte bei der Vielzahl von Worten die jeweiligen Zahlenkombinationen dafür im Kopf haben können. Sie im Codebuch nachzuschlagen hätte viel Zeit erfordert. Vor allem ließen sich zwar Worte, aber keine Namen als Zahlenkombination darstellen. Dieser Erkenntnis entspringt der Grundgedanke zur Entwicklung dessen, was als Morse-Code bekannt werden soll: jeder Buchstabe des Alphabets und die Ziffern von 0 bis 9 mussten durch eine Kombination von Punkten und Strichen darstellbar sein. Das ist der eigentliche Durchbruch für Morses Telegrafen. Aber wer den Code entwickelt hat, ob Morse selbst oder Vail, darüber sind sich Technikhistoriker nicht einig. Einige meinen, man müsse eigentlich von einem *Vail-Code* statt von einem *Morse-Code* sprechen. Darüber sollte es in den folgenden Jahren und Jahrzehnten immer Diskussionen, ja sogar heftigen Streit geben. In einem Brief von Vail an seinen Vater vom Februar 1838 heißt es: *Professor Morse has invented a new plan of an alphabet, and has thrown aside the dictionaries.*" (Professor Morse hat einen neuen Plan für ein Alphabet erfunden und die Wörterbücher beiseite gepackt.) 1845 wird er abermals Morse als Entwickler des Codes bezeichnen. Doch nach Vails Tod im Jahr 1859 kondoliert der renommierte Elektroingenieur Franklin Pope, ein zeitweiliger Partner Thomas Edisons, der Witwe Amanda Vail mit den Worten: „Ich finde vieles in anderen Quellen, was die Ansicht bestätigt [...] dass das weltweite Telegraphiesystem heute auf den Arbeiten von Mr. Vail fußt statt auf denjenigen von Mr. Morse." Auch der Morse-Code sei von Vail entwickelt worden, meint Pope und schreibt dazu: „Die Großartigkeit von Vail's Verständnis eines alphabetischen Codes [...] hat nie die Anerkennung erhalten, die es verdient." *(The grandeur of Vail's conception of an alphabetic code... has never met with the appreciation it deserves.")*

Tatsächlich fanden sich Belege, dass Vail in einer Zeitungsdruckerei nachforschte, welche Buchstaben in der englischen Sprache am häufigsten verwendet werden. Dazu brauchte er nur in die Setzkästen zu schauen. Die größte Zahl von Lettern waren die mit dem Buchstaben „e" und „t". Selten wurden die Lettern „q" und „z" verwendet. Und so gab Vail den beiden ersteren die kürzesten aller möglichen Zeichen. „e" wurde durch einen Punkt dargestellt, „t“ durch einen Strich. Für seltener verwendete Buchstaben waren die Punkt-Strich Symbole entsprechend länger.

Morse jedenfalls heimst den Ruhm ein. Denn der neue Code, der in den folgenden Jahren noch abgewandelt wird, ist das bis dahin fortschrittlichste Element in der praktischen Anwendung der Telegrafie. Er ist nach Ansicht vieler Fachleute die eigentliche Großtat. Elektrische Signale konnte man ja längst über Drähte verschicken. Aber es fehlte die Technik, sie für Sendung und Empfang in eine sinnvolle Folge leicht zu übermittelnder und aufschreibbarer Zeichen umzusetzen.

Richter Vail hat seinem Sohn die für damalige Verhältnisse stolze Summe von 2000 Dollar zur Verfügung gestellt. Außerdem können alle Instrumente, die für die Versuche vonnöten sind, im Eisenwerk in Morristown hergestellt werden. Für diese Versuche überlässt Vater Vail dem Trio in seiner Fabrik auch die notwendigen Räumlichkeiten. Morse selbst, so haben Recherchen von Kritikern ergeben, habe angeblich „nur ab und zu“ vorbeigeschaut, aber immer „brieflich gedrängelt“, wie weit Vail mit der Fertigstellung des Telegrafiegeräts sei.

Den Termin zum 1. Januar 1838 kann Vail nicht einhalten, obwohl er inzwischen einen 15-jährigen Helfer hat. Beide arbeiten von morgens bis nachts im Geheimlabor, um Morses Telegrafenapparat fertig zu stellen, wobei Vail gleich einige Verbesserungen durchführt. Alle Kosten tragen Vail bzw. sein Vater. Doch der fürchtet nun ebenfalls aufgrund der Wirtschaftskrise seine finanzielle Unterstützung einzustellen zu müssen. Am 6. Januar ist es dann aber doch so weit: Das Erfinder-Trio lädt Vater Vail zu einer „telegraphischen Demonstration“ in die Werkstatt ein. Durch den Arbeitsraum sind zwei Meilen (3,2 km) Draht verspannt. An einem Ende sitzt Vail Jr. als Telegrafist, am anderen Ende Morse als Empfänger Richter Vail wird aufgefordert, einen Satz auf ein Blatt Papier zu schreiben. Er tut es, reicht den Zettel seinem Sohn und der beginnt mit der Durchgabe der Punkte und Striche. Morse überträgt die Zeichen in Wörter und liest vor: *A patient waiter is no loser.* (Ein geduldig

Wartender ist kein Verlierer). Mit dem „geduldig Wartenden" meint der Richter vermutlich sich selbst.

Die Karten werden neu gemischt

Zwei Wochen später wiederholt Morse mehrmals seine Sende-Demonstrationen vor geladenen Gästen, aber auch öffentlich. Nicht immer geht alles glatt, zudem gibt es darüber verschiedene Darstellungen von Biographen und Augenzeugen. Einige Signale kommen nicht oder nur unvollständig an. Immerhin gewinnt Morse eine wichtige Erkenntnis: Die Übermittlung seiner Zahlencodes dauert mindestens doppelt so lang wie die Übermittlung der gleichen Botschaft als eine Kombination von Punkten und Strichen. Unter den Botschaften, die er übermittelte, soll die Bekannteste mit den Worten „Attention Universe!" begonnen haben. Umstritten sind jedoch Inhalt, Datum und Ort. Eine Version: am 24. Januar 1838 habe Morse aus dem Saal des Geologischen Kabinetts durch das geöffnete Fenster eine etwa 3200 m lange Leitung zu einem Baum auf dem universitätsnahen *Washington Square* und wieder zurückgeführt. Es sei bei diesem Versuch gewesen, dass diese Worte gesendet wurden. Ins Deutsche wurden sie als „Achtung - Universum!" übersetzt. Das klingt logisch, wollte doch Morse telegrafisch jeden Punkt der Welt erreichen. Doch es gibt ein Kommando der britischen Militärinfanterie, und das lautet *Attention! The Universe! By Kingdom's Right Wheel.* Übersetzt hieße das: „Universum [alles] Stillgestanden! [Britische] Königreiche rechts [oder links] schwenkt - Marsch!" Das Ereignis soll auch nicht am 24., sondern am 22. Januar stattgefunden haben, im geologischen Kabinett und vor geladenen Gästen. Morses Sohn Edward Lind schreibt in dem 1914 erschienen Buch „American Jupiter - Letters and Journals of Samuel Morse": Bei einer öffentlichen Vorführung habe einer der Gäste einen Satz auf einen Zettel geschrieben, und, ohne ihn jemandem vorher zu zeigen, habe er Morse gebeten diesen zu telegrafieren, Und dann spekuliert der Sohn: Der unbekannte Absender war ein Freund von General Cunning (1829-1910) der sich ebenfalls unter den Gästen befand, und der gerade ein neues, militärisches Kommando übernommen hatte. Deswegen „Attention Universe"?

Morse demonstriert in den folgenden Tagen seinen Telegrafen in einer Halle der *Speedwell* -Werke sowie auch öffentlich in Morristown und Newark. Alle Vorführungen sind erfolgreich und bald Stadtgespräch. Der junge Vail meint zuversichtlich, es werde gelingen „die ganze Welt zu umspannen". Neugierige gibt es genug, aber der große Erfolg lässt auf sich warten. Dernoch ist Morse seiner Sache sicher. Er sagt: „Wenn meine Signale zehn Meilen weit ohne Stopp durchlaufen, so kann ich auch erreichen, dass sie rund um die Welt gehen."

Im Februar 1838 fahren Morse und Vail nach Philadelphia und führen ihre Apparate einem wissenschaftlichen Komitee des renommierten *Franklin Institute vor.* Die Herren Experten verweisen auf die Arbeiten von Gauß und Wheatstone als Erstentwickler, bescheinigen aber immerhin, dass der Morse-Telegraf nicht nur besser, sondern auch billiger sei und schicken eine entsprechende Beurteilung nach Washington. Dorthin hatte auch Morse seine Eingabe mit der Bitte eingereicht, die Finanzierung einer Versuchslinie zwischen der Hauptstadt und Baltimore zu bewilligen. Eine 100 Meilen (160 km) lange Strecke würde $30.000 kosten. Später reduziert er diesen Vorschlag auf eine Linie von 50 Meilen, und veranschlagt die Baukosten mit 26.000 Dollar.

Beide Männer steigen in *Gadsby's Hotel* ab, eine gute aber auch teure Adresse. Die Übernachtung kostet $17,50 pro Woche, allerdings mit „personalized service", also persönlicher Betreuung. Vail bezahlt für beide, zieht aber bald in ein Boarding House um, das kostet nur 10 Dollar die Woche. Morse bleibt zunächst noch im luxuriösen *Gadsby*, da hat er Personal und die Vails bezahlen ja für ihn. Auch sonst benimmt er sich nicht gerade wie ein Gentleman. So hat er wieder Einladungskarten zu seiner Vorführungen drucken lassen, auf Kosten von Vail. Er gilt als Gastgeber und stellt bei den Demonstrationen Vail immer nur als seinen Assistenten und nicht als Mitarbeiter vor, was diesem sauer aufstößt. Doch schließlich zieht auch Morse in ein billigeres Hotel, das *Fullers.* Die 9 Dollar pro Woche zahlt abermals Vail.

Ab 15. Februar beginnt Morse mit seinen Vorführungen. Acht km Draht hat er auf zwei Trommeln gewickelt und sendet zwischen ihnen mit Hilfe seines Zahlencodes kurze Depeschen, darunter die Nachricht: *Mr. Brown of Indiana is here.* Dann geht er zum Empfänger, hält den Papierstreifen mit den Strichen und Haken in die Luft und liest vor, was er gesendet hat. Aber die Herren sehen nur die Haken und Striche auf dem Papier. Und bleiben weiterhin skeptisch. Der Senator des Staates Indiana, Oliver Hampton Smith (1794-1859) in seinen Memoiren: „Ich beobachtete seinen Gesichtsausdruck aufmerksam, um zu sehen, ob er nicht verrückt sei ...und andere Senatoren versicherten mir, nachdem wir den Raum verlassen hatten, dass sie kein Vertrauen in die Sache hätten." (*I watched his countenance closely, to see if he was not deranged ... and I was assured by other senators after he left the room that they had no confidence in it.*) Lediglich einer von ihnen soll gesagt haben: „Zeit und Raum sind jetzt vernichtet". Das Beste, was Morse zu hören bekommt sind die Worte: „Wir werden darüber nachdenken".

Einer der Senatoren ist jedoch von der Demonstration sehr angetan. Es ist der Leiter des Handelsausschusses, der 32jährige Rechtsanwalt Francis Ormand Jonathan Smith (1806-1876) vom Bundesstaat Maine. Der Senator wittert aber auch für sich selbst das große Geschäft. Er möchte an der Verwirklichung der Versuchslinie mitwirken, allerdings als Teilhaber. Morse willigt ein, stellt aber die Bedingung, dass Smith sein Mandat ruhen lässt, um sich nicht dem Vorwurf eines Interessenkonflikts auszusetzen. Smith willigt ein. Was Morse nicht weiß: Gegen Smith läuft im Staat Massachusetts ein Verfahren wegen dubioser Bankgeschäfte, ebenso in Maine. Einige Morse-Biographen wie Christian Brauner 1990 bezeichnen Smith sogar als „eine der dunkelsten Figuren in der Geschichte der Telegrafie". „Alles, was Smith im Zusammenhang mit dem Telegrafen unternahm, hatte von Anfang an einen üblen Beigeschmack..."

Nun werden die Karten neu gemischt. Schon 1838 wird Smith Partner von Morse und mit 1/3 an erhofften Patenteinnahmen beteiligt. Morses Unternehmen sieht nun ab 1838, zumindest innerhalb der USA, so aus: Von den insgesamt 16 Anteilen fallen neun auf Morse, vier auf Smith, zwei auf Vail und nur einer auf Professor Gale. Vail und Gale sind die Techniker, Smith wird zum Finanz- und Rechtsberater, PR-Mann und Washington-Looby sten. Er leiht dem Unternehmen das nötige Anfangskapital, b s zur erhofften Weiterfinanzierung durch den Kongress.

Europa staunt – und gähnt

Smith überzeugt Morse, dass dieser unbedingt sein Patent auch in Europa anmelden müsse. Er ist bereit, die Reise vorzufinanzieren und Morse zu begleiten. Am 16. Mai 1838 verlassen die beiden Männer an Bord des Schaufelraddampfers *Great Western,* dem damals größten Passagierschiff der Welt, die Vereinigten Staaten mit Kurs Liverpool. Mitte Juni sind sie endlich in London. Sofort sucht Morse die notwendigen Ämter und Behörden auf. Im Gepäck hat er ein Exemplar seines von Vail gefertigten Telegrafenapparats. Doch der Termin hätte nicht schlechter gewählt sein können. Europa, vor allem aber England steckt in den Vorbereitungen für die Krönung der 18jährigen Königin Victoria. Außerdem machen ihm Wheatstones und Cookes Anhänger Schwierigkeiten. Beim Patentamt bekommt er nicht einmal einen Termin. Immer wieder betont er, dass sein System im Gegensatz zum Wheatstone-Telegrafen die Signale auch aufzeichnet. Der Kronanwalt Sir John Campbell hat kein Interesse daran. Als Morse e nen weiteren Patentantrag stellen will, wird ihm das praktisch verboten. Denn Wheatstone und Cooke haben inzwischen gegen den Morse-Telegrafen protestiert, ebenso ein Mann namens Edward Davy. Dessen Gerät war im *Exeter House* ausgestellt, dama s ein prominentes öffentl ches Gebäude. Gegen 1 Shilling Eintrittsgebühr kann Morse es besichtigen. Der Sender besteht aus einem Keyboard mit 12 Tasten und ist nach Morses Ansicht „nicht zu gebrauchen". Auch von den Experimenten Steinheil's hält er nicht viel.

Bei seinem Besuch beim Kronanwalt hat Morse im Vorzimmer zufällig Charles Wheatstone kennen gelernt. Und der lädt Morse ein, ihn im King's College zu besuchen, um sich den englischen Telegrafen anzusehen. Sorgfältig notiert Morse anschl e–

ßend, was ihm daran auffällt: Er fußt auf den Bewegungen einer Magnetnadel. Die Methode intelligente Informationen zu übermitteln besteht darin, die Magnetnadeln so zu steuern, dass sie auf die entsprechenden Buchstaben auf einer rautenförmigen Schrifttafel hinweisen. „Man musste diese ständig beobachten, (und den Buchstaben aufschreiben) bevor die nächste Stellung angezeigt wurde, sonst war das Zeichen verloren." Mit anderen Worten: Wheatstones Apparat ist nur ein „Seh-Gerät" Der Telegrafist musste die Zeichen ablesen und Niederschreiben. Das einzige, was seinem eigenen und dem Wheatstone-Telegrafen gleichermaßen zu eigen ist, ist die Verwendung von Elektrizität. Aber Morse erkennt immerhin, dass Cooke und Wheatstone zumindest in England die Nase vorn haben. „Ich kann nicht glauben, dass all meine Zeit und Sorge, Risiken und Mühen im Nichts enden werden. (*„I cannot believe that that all my time and anxiety, and risk, and labors are to end in nothing."*)

Morse wollte ursprünglich nur drei Monate in Europa bleiben. Nun verlängert er seinen Aufenthalt. Smith kehrt in die USA zurück. Weil er in London kein Stück weiterkommt, reist Morse nach Paris. Er wird zwar von Wissenschaftlern der Akademie, unter ihnen so prominente Gäste wie Alexander von Humboldt und der Chemiker Louis Gay-Lussac, freundlich empfangen. Nach einer Vorführung seines Telegrafen bestätigen sie ihm, dass sein Telegraf „der beste der Welt" sei. Schließlich erhält er auch ein Patent, doch damit es wirksam wird, muss der Telegraf gemäß französischem Patentrecht innerhalb der nächsten zwei Jahre auf französischem Boden in Betrieb gehen. Außerdem sei die Telegrafie ein staatliches Privileg. Privatleuten ist der Betrieb weiterhin untersagt. Morse vermutet, dass man in Wirklichkeit nicht eingestehen will, dass ein Erfolg seines Telegrafen das mit großen Kosten errichtete und unterhaltene Chappesche Semaphor-Netz überflüssig machen würde. Schließlich versucht er, die Bahn zu interessieren. Mehrfach vereinbart er mit ihren Direktoren Verabredungen zu einer Demonstration, doch sie erscheinen einfach nicht. Jeden Dienstagnachmittag führt er in seiner billigen, winzigen Wohnung in der 5 Rue Neuve des Mathurins, die er mit einem jungen Bostoner Geistlichen teilt, seinen Telegrafen jedem vor, der ihn sehen will. Die Gäste kommen, staunen, bewundern ihn – und ziehen wieder ab. Einer, der amerikanische Schriftsteller und spätere Botschafter in Paris, John Bigelow, (1785-1859) nach einer Vorführung: „Schreiben Sie als nächstes ‚Unsterblichkeit‘, denn die Erhabenheit dieser Erfindung ist von überragender Größe!" Doch dabei bleibt es. Morse kommt einfach nicht voran. Europa staunt und gähnt zugleich. „Manchmal fühle ich mich wie eine Schnecke", sagt er. Nur einer beißt an: Es ist der Baron Meyendorff, ein Vertrauter des Zaren. Beide Männer diskutieren nun ernstlich über den Bau einer Telegrafenlinie von St. Petersburg in das damals russische Warschau. Das bedeutet eine Strecke von fast 1.300 km. Morse entwirft Reise- und Baupläne und erstellt einen Finanzierungsplan. Als Meyendorff schließlich verspricht, Morse über die Russische Botschaft über die Entscheidung des Zaren zu informieren, bucht Morse für den 23. März 1839 seine Rückfahrt in die USA. Abermals fährt er von Liverpool auf der „Great Western". Sein Weg geht über London und noch einmal, am 19. März, führt er seinen Telegrafen vor Angehörigen der Britischen Admiralität sowie Mitgliedern des Parlaments und der *Royal Society* vor. Er hört das übliche Lob, sonst nichts.

Drei Wochen später, am 15. April, nach stürmischer Überfahrt, ist Morse wieder in New York. Er bereut seine Reise. Frustriert schreibt er an Smith: „Ich komme zurück ohne einen Cent in meiner Tasche, muss mir sogar etwas borgen um zu essen, und, schlimmer als das habe ich während meiner Abwesenheit Schulden gemacht, was nicht der Fall gewesen wäre wenn ich daheim geblieben wäre." Auch vom Zaren bzw. von Baron Meyendorff liegt keine Nachricht vor. Besorgt schreibt er diesem und erhält endlich eine Antwort – von Meyendorffs Sekretär. Es ist eine Absage. Der Zar hatte sich geweigert, den Bau einer Versuchsleitung zu genehmigen – denn Schilling von Canstatt zieht gerade die ersten Telegrafenstrippen in St. Petersburg.

In den USA hat sich, zumindest nachrichtentechnisch, erst wenig geändert. Für die schnelle Informationsübermittlung verlässt man sich immer noch auf Postkutschen, Flussdampfer, die Eisenbahn und andere Kuriere. Morse ist fast am Ende und will aufgeben. Er hat kein Geld mehr und keine Kraft. Er ist jetzt 48

Jahre alt, ein verarmter Professor, der einmal ein einigermaßen geachteter Maler war. Manchmal ist er zutiefst deprimiert. Viele Schüler von einst hat er verloren. Die wenigen, die noch zu ihm kommen, sind meist selber arm und können die Unterrichtsgebühren von 53 Cent pro Schultag (!!) nur mit Mühe aufbringen. Weil einige Teile des Universitätsgebäudes wegen Bauarbeiten nicht benutzt werden können, muss Morse den Unterricht schließlich ganz einstellen.

Da der Telegraf noch nichts einbringt und mit der Malerei kaum noch etwas zu verdienen ist, verlegt sich Morse auf die Porträtfotografie. Er hatte das Glück, in Frankreich die Bekanntschaft von Louis Jaques Mandé Daguerre (1787-1851) zu machen, dem Erfinder der Fotografie. Der lehrte ihn das Geheimnis der Schwarzen Kunst und ermunterte Morse, die Fotografie auch in den USA bekannt zu machen. Morse richtet auf dem Dach der Universität ein kleines Studio ein. Dort verdient er sich mit den ersten in den USA aufgenommenen Porträtfotos schlecht und recht seinen Lebensunterhalt. Aber das meiste Geld gibt er für die Weiterentwicklung seines Telegrafen aus.

Im Frühjahr 1841 kandidiert Morse zum zweiten Mal bei den New Yorker Bürgermeisterwahlen. Aus Washington hört er noch immer nichts. Zu allem Überfluss hat ihn auch Charles Jackson verklagt, sein Mitreisender auf der *Sully*, und Anspruch auf seine eigene Urheberschaft für den Telegrafen erhoben. In einem Brief von Morse (geschrieben am 19. April 1848 an einen seiner Brüder) erinnert er sich: „Ich stand ständig unter dem Zwang die Handlungen der prinzipienlosesten Bande von Piraten, der ich je begegnet bin, beobachten zu müssen und meine ganze Zeit ging drauf mich zu verteidigen, und Beweise in eine Art rechtsverbindliche Form zu gießen, dass ich der Erfinder des elektromagnetischen Telegraphen bin."

Vail charakterisierte seinen Partner einmal so: „Er ist unbeständiger als der Wind und scheint manchmal außerordentlich naiv zu sein. Das eine Mal ist er himmelhochjauchzend, das andere Mal zu Tode betrübt. Man muss sehr viel Geduld aufbringen, um mit ihm auszukommen."

Will Morse weiterkommen, so braucht er Geld oder staatliche Unterstützung – also ebenfalls Geld. Doch die Aussichten sind schlecht. Einer seiner Zeichenschüler, der später erfolgreiche und beliebteste Illustrator seiner Zeit, David Hunter Strother (1816-1888), erinnert sich, dass er einmal im Jahr 1840 Morse das Unterrichtsgeld nicht pünktlich zahlen konnte, weil seine Eltern es ihm noch nicht geschickt hatten. Er sagte zu Morse: „Ich hoffe, es nächste Woche zahlen zu können!"

Morse: „Nächste Woche? Nächste Woche bin ich tot – an Hunger gestorben!"

Strother bietet zehn Dollar an, das einzige Geld das er noch hat.

Morse: „Zehn Dollar würden mein Leben retten!"

Dann gehen die beiden essen und Morse gesteht: „Dies ist meine erste Mahlzeit seit 24 Stunden. Strother, werden Sie kein Künstler. Es bedeutet Bettelei. Ihr Leben hängt von Leuten ab, die nichts von Ihrer Kunst verstehen und sich nicht darum kümmern. Ein Haushund lebt besser und nur das Feingefühl, das den Künstler zur Arbeit antreibt, hält ihn am Leben, um zu leiden."

Vergeblich schreibt er immer wieder an den Kongress, sucht private Finanzhilfen. In einem Brief von 1841 an seinen Partner Smith heißt es beinahe schon flehentlich: „...Fast die ganzen beiden letzten Jahre habe ich all' meine Zeit und meine spärlichen Mittel aufgewendet, kümmerlichst lebend und auf alle Vergnügungen und selbst das notwendige Essen verzichtend, damit ich die Mittel dafür habe, meinen Telegraphen in so einen Zustand vor den Kongress zu bringen, dass er dem gemeinsamen Unternehmen zum Erfolg zu verhilft. Ich bin, was meine Mittel anbetrifft, am Boden zerstört, Mittel von so geringer Art, dass diejenigen, die wissen, wie man darum bittet (ich verstehe mich nicht darauf) diese in wenigen Stunden auftreiben würden...Ich fürchte, alles wird misslingen, weil ich zu arm bin um die geringen Kosten zu riskieren, die mich eine Reise nach Washington und ein Aufenthalt dort kosten würden. Ich will mich nicht in Schulden stürzen, falls die gesamte Sache schiefgeht. Keiner kennt die von Sorgen und Arbeit erfüllten Tage und Monate, die ich in die Perfektionierung des Telegraphenapparats gesteckt habe. Mangels [finanzieller]

Mittel war ich gezwungen, mit meinen eigenen Händen Dinge herzustellen, die von einem guten Mechaniker in einem Zehntel der Zeit besser hätten hergestellt werden können."

Inzwischen schreibt man das Jahr 1842. Morse gewinnt zwar Preise, die Presse bestaunt seinen Telegrafen, aber ein Leitungsnetz will niemand bauen. Zehn Jahre sind vergangen, seit er auf der *Sully* zum ersten Mal an seinen Telegrafen dachte. Doch trotz aller Schwierigkeiten – Morse will nicht aufgeben. So macht er sich Gedanken darüber, ob man Telegrafiekabel nicht auch unter Wasser verlegen könne. Er tut sich mit einem anderen Erfinder zusammen, dem 28jährigen Samuel Colt. Der hat den Trommelrevolver erfunden, Ruhm und Reichtum stehen aber noch aus. Er experimentiert gerade damit, elektrische Signale durch Wasser zu schicken. Ziel dabei ist, Wasserbomben zu zünden, sollten sich feindliche Schiffe einer Hafeneinfahrt nähern. Morse schlägt eine öffentliche Demonstration vor: Ein mit Sprengstoff beladenes, zum Abwracken vorgesehenes Schiff soll durch telegrafisch gezündete Minen in die Luft gejagt werden. In mühevoller Heimarbeit hat Morse 3200 m Kupferdraht mit Baumwolle, Pech, Teer und Gummi isoliert. Am Abend des 18. Oktober schleppt er alles zur Battery, der Südspitze von Manhattan, belädt ein gechartertes Ruderboot und verlegt sein Kabel von Castle Garden, wo der East River in den Hudson mündet, zur Insel Governor's Island.

In den Zeitungen hat er für den kommenden Tag eine Vorführung angekündigt und schon vormittags versammeln sich viele Neugierige (einige Berichte nennt die Zahl 40.000) an den Ufern, darunter auch der Kriegsminister sowie Commodore Matthew Perry (1794-1858), der Jahre später Japan für den Westen öffnen wird. Zwischen zwölf und 13 Uhr sollen in beiden Richtungen Signale ausgetauscht werden. Das gelingt zunächst auch, aber nur für wenige Augenblicke. Dann verstummen die Telegrafen und Morse erkennt sofort den Grund; Ein Schiff hat mit seinem Schleppanker das Kabel zerrissen. Pfeifend und johlend zerstreuen sich die Zuschauer. Mehr Pech kann ein mittelloser Erfinder kaum haben.

Wird der Morse-Telegraf also ein Kuriosum bleiben? Fast scheint es so. Auf Ausstellungen in New York und San Franzisco hat ein Modell des Geräts kaum noch Aufsehen erregt. Die Menschen begreifen einfach nicht die Möglichkeiten, die darin stecken. Auch Morse selbst denkt noch nicht daran, dass der Telegraf der breiten Öffentlichkeit dienen soll. Er will lediglich die Regierung dafür interessieren. Immer wieder schreibt er an den Bewilligungsausschuss des Kongresses, unterstreicht die Vorteile seiner Erfindung. Als auch das nichts nützt, will er noch einmal persönlich in die Hauptstadt. Er schreibt an Vail und bittet um Reisegeld. Vails Vater lehnt mit Bedauern ab, er will nichts mehr riskieren. Morse borgt sich anderweitig Geld, möglicherweise bei seinem Bruder Sidney. Ab Mitte Dezember ist er vor Ort und erkundigt sich persönich fast jeden Tag nach dem Stand der Dinge. In seinem Tagebuch notiert er; „Und ich warte…und warte.“

Doch die meisten Volksvertreter sind von Morses Verführung noch immer lediglich amüsiert. Einige bezeichnen ihn gar als Irren oder Hochstapler. Cave Johnson, Abgeordneter aus Tennessee meint, man könne auch ebenso Geld zur weiteren Erforschung des Mesmerismus bewilligen. Das war damals eine vom Heilpraktiker Franz Anton Mesmer (1734 - 1815) propagierte Magnetbehandlung körperlicher und seelischer Leiden. Ein anderer meinte ironisch die Erforschung des sogenannten Millerismus – einer Sektiererlehre, wonach Jesus Christus 1843 auf die Erde zurückkehren würde – sei die gleiche Zuwendung wert. Tenor der Debatten: Jede Art von „ismus“ könne eine Finanzierung beanspruchen.

Dann endlich, am 20. Februar, wird über die Annahme einer Gesetzesvorlage für die Finanzierung der Versuchslinie abgestimmt. Das Ergebnis: 89 Ja-Stimmen, 83 Nein-Stimmer. Ein äußerst knapper Sieg für Morse. „Eine Mehrheit von sechs Ja-Stimmen ist so gut wie 1000“, sagt er. Doch nun muss noch im Senat abgestimmt werden. So lange, bis zum 3. März 1843, will Morse noch in der Hauptstadt bleiben. Es ist der letzte Tag der laufenden Sitzungsperiode. Und der Vorschlag steht an vorletzter Stelle von insgesamt 118 Punkten, über die an diesem Tag entschieden werden soll.

Bis zum späten Nachmittag sitzt Morse nervös und angespannt in der Zuschauertribüne des Senats. Die Debatten ziehen sich endlos hin. Es dunkelt, schon werden die Lampen angesteckt. Ein vorbeikommender Senator, der Morse entdeckt, sagt mitleidig: „Es hat keinen Zweck, dass Sie hierbleiben. Der Senat hat keine Sympathie für Ihr Projekt. Ich rate Ihnen, es aufzugeben. Gehen Sie heim und vergessen Sie es." Auch andere Senatoren die er befragt zweifeln ob der Gesetzesvorschlag durchkommt, das Geld also genehmigt wird.

Spät nachts und zutiefst deprimiert begibt Morse sich in sein Hotel. Er zahlt seine Rechnung und nach Abzug der Rückfahrtkosten bleiben ihm noch 37 ½ Cent. Dann beginnt er zu Beten und packt seinen Koffer für die Rückreise nach New York. Am nächsten Morgen um 8 Uhr erscheint er, immer noch tief deprimiert, zum Frühstück. Dort wartet die 17jährige Annie Ellsworth auf ihn. Sie ist die Tochter von Morses Freund und ehemaligem Studienkollegen an der Yale Universität, Henry Leavitt Ellsworth (1791-1858). Der ist jetzt Leiter des 1836 reformierten US-Patentamts und ein einflussreicher Befürworter des Morse-Projekts.

„Professor, ich bin gekommen, um Ihnen zu gratulieren!", sagt Annie zur Begrüßung.

Morse: „Gratulieren? Zu was?"

„Nun", sagt das junge Mädchen, „zur Bewilligung der Finanzierung zum Bau der Versuchslinie!"

Morse bleibt die Luft weg. „Ach nein, meine junge Freundin", so schreibt er später selbst, „Sie irren sich. Ich war im Senatsraum als die Lampen bereits angezündet wurden, und meine Freunde unter den Senatoren versicherten mir, ich hätte keine Chance.

Worauf ich [von Annie] zur Antwort erhielt: 'Nein, Sie sind derjenige, der sich irrt. Vater war bei der Verlängerung der Sitzung bis Mitternacht dabei und hat gesehen wie der Präsident das Gesetz unterschrieben hat. Ich habe ihn gefragt ob ich Ihnen das berichten kann und er hat zugestimmt."

Überglücklich begleitet Morse Annie in ihr Elternhaus, zum gemeinsamen Frühstück.

Morse ist nun Oberinspektor für Telegrafie in Amerika. Sein Jahresgehalt soll 2.000 Dollar betragen. Nach einer Art Planungskonferenz am 3. März in New York beginnen die Bauarbeiten. Alfred Vail ist für Bau und Wartung der Instrumente verantwortlich, und bekommt dafür ebenfalls ein Jahresgehalt vom 2.000 Dollar. Gale soll den Bau der Leitung beaufsichtigen, bei einem Jahresgehalt von 1.500 Dollar. Die Linie soll parallel zur Bahnstrecke Washington-Baltimore verlaufen. Die Direktion der *Baltimore and Ohio Railroad* hat dazu die Genehmigung erteilt mit der Auflage, dass „der Bahnbetrieb nicht gestört wird" und die Telegrafenlinie von der Bahn kostenlos mitbenutzt werden kann. Morse will die Leitung im Boden verlegen. Das soll einen gewissen Schutz vor Diebstahl oder mutwilliger Zerstörung garantieren. Zu diesem Zweck hat er einen gewissen Ezra Cornell (1807-1874) angeheuert Jahresgehalt: 1000 Dollar. Cornell, 37 Jahre alt, ist Quaker, ältester Sohn von elf Kindern eines Töpfers. Er hat nur eine mangelhafte Schulbildung und hat Mühe, eine Frau und 8 Kinder zu ernähren. Als er bei Morse anfängt, hat er bereits als Stellmacher, Mechaniker und Getreidemüller gearbeitet. Mit einem seiner Brüder war er auch im Bauholzhandel tätig. Seine wichtigste Erfindung war ein neuartiger Pflug, den er auf bis zu 60 km langen Tagesmärschen durch Neuengland verkaufte. Dabei hatte er auch den Rechtsanwalt Francis Smith kennengelernt, damals Chefredakteur der Zeitschrift *Maine Farmer.* Bei seinem zweiten Besuch in Maine im Sommer 1843 besucht er Smith erneut und sieht, dass dieser– er ist ja Morses Partner! – an einem Gerät bastelt, mit dessen Hilfe er Telegrafiekabel unterirdisch verlegen möchte. Cornell entwickelt daraufhin auf Bitten von Smith einen geeigneten Spezialpflug. Damit wird es in relativ einfachen Arbeitsgängen möglich, einen 70 cm. tiefen Graben zu ziehen, darin ein durch Blei- oder Tonröhren geschütztes Kabel zu verlegen und alles wieder mit Erde zu bedecken. Morse war nach Maine gereist, hatte den Pflug bestaunt – und Cornell angeheuert. Er soll die Rohrleitungen zwischen Washington und Baltimore verlegen.

Der Materialbedarf ist für damalige Begriffe ungeheuer. Veranschlagt werden rund 250 Kilometer Kupferdraht im Gewicht von fünf Tonnen; 300 glasierte Behälter für die Aufnahme von Quecksilber für die Verstärker-Batterien, 63 Kilometer Bleirohre für die Armierung und zahllose 200 Pfund schwere Werg-Ballen für die Isolierung. Und der bürokratische Aufwand für Berichte, Abrechnungen und Lohnlisten wird ähnlich hoch sein. Um Skeptiker zu besänftigen demonstriert Morse Anfang August in New York noch einmal, wie seine Anlage funktionieren wird. Er schickt elektrische Impulse durch Drahtrollen der zukünftigen Leitung, die bereits auf Transporttrommeln gewickelt ist. In Bruchteilen von Sekunden kommen sie am anderen Ende an.

Am 21. Oktober 1843 beginnt die Leitungsverlegung vom Depot der Bahn in Baltimore in Richtung Washington. Zeitweilig werden bis zu 25 Arbeiter an einer Baustelle beschäftigt sein. Für die etwa 44 Meilen ist eine Bauzeit von etwa acht Monaten veranschlagt. Der von acht Maultieren gezogene Pflug funktioniert zwar hervorragend, ist in der Praxis aber so schnell, dass die Arbeiter kaum hinterherkommen. In Prinzip wird eine Furche gepflügt, das Bleirohr mit dem Leitungsdraht rollt von der Spule in die Ackerfurche und wird wieder mit Erde überdeckt. Die Männer, die die Bleiröhren miteinander verbinden sollen, müssen sich sputen. Doch kaum sind die ersten 8 km im Boden verlegt, da zeigt sich, dass die Isolierung nicht ausreicht. Dazu setzt sich in den Röhren Kondenswasser ab. Elektrische Signale erreichen nicht einmal die erste Relaisstation. Der Strom verschwindet einfach in der Erde. Morse kann die Schadstellen nicht finden, eine Katastrophe droht. Ein Großteil der von der Regierung bewilligten 30.000 Dollar sind bereits verbaut. Smith verliert die Nerven, Morse und er haben häufig Streit. Schließlich will der Kongressabgeordnete aussteigen und von Morse für seine Investitionen ausbezahlt werden. Als nur noch 7.000 Dollar in der Kasse sind, beschließt Morse auf Cornells Rat, den Rest der Leitung über der Erde zu verlegen. Masten werden gesetzt, und die Arbeit geht nun schnell und vor allem viel billiger voran. Mit einer weiteren, von Cornell entwickelten Maschine wird der Leitungsdraht wieder aus den Röhren gezogen und nun oberirdisch verspannt.

Die Masten sind primitiv: 10 m hohe junge Kastanienbäume. Sie zu entrinden spart man sich. Sie werden im Abstand von etwa 60 Metern etwa 1,2 m tief in die Erde gesteckt. An der Spitze eines jeden Mastes befindet sich ein einfacher, hölzerner Querbalken. Der Draht bzw. die beiden Leitungen werden durch je ein Loch geführt, das man in die Spitze eines jeden Mastes gebohrt hat. Zu Isolierungszwecken steckt in jedem Loch ein gläserner Flaschenhals. Die gläsernen Isolatoren erfindet Cornell erst später.

Der harte Winter unterbricht die Arbeiten, der Boden ist gefroren. Um Geld zu sparen, verbringt Morse die meiste Zeit als Gast im Haus von Henry Ellsworth. Viele Kongressabgeordnete trauen Morses Telegraf noch immer nicht. Deshalb wird ein Mann namens John W. Kirk beauftragt, den „verrückten Maler" zu observieren. Er soll berichten, ob die „für dessen Narretei" bewiligten Gelder vernünftig verwendet werden. Doch das, was Kirk erlebt, überzeugt auch ihn. Er berichtet fair und positiv. Schließlich, ab Mitte März, geht die Arbeit weiter, diesmal von Washington aus in Richtung Baltimore.

Morse hat im Kapitol zwei Räume zur Verfügung gestellt bekommen und steht von dort über den jeweils fertiggestellten Teil der Telegrafenlinie in regelmäßigem Kontakt mit Vail und dem Bautrupp. Wo nötig, werden Verstärker eingebaut. Und ständig wird die fertiggestellte Strecke getestet.

Für den 1. Mai plant Morse eine Überraschung: An dem Tag will die *Whig Party* ihre Kandidaten für das Amt von Präsident und Vizepräsident küren. Morse beauftragt seinen Mitarbeiter Vail, den Telegrafen an der *Annapolis Junktion*, der Bahnabzweigungsstelle nach Annapolis zu besetzen. Bis dorthin, eine Strecke von etwa 34 km. „steht" die Telegrafenlinie nach Washington bereits. Sobald der Zug vorbeifährt, der das Abstimmungsergebnis aus Baltimore nach Washington bringt, soll Vail es von einem mitfahrenden Boten erhalten und telegrafisch an Morse nach Washington durchgeben. Und so geschieht es. Vail telegrafiert, dass die Delegierten für Henry Clay als Präsidentschaftskandidaten und für Theodore Frelinghuysen als seinen Stellvertreter gestimmt haben.

In Washington gibt Morse die Nachricht sofort an die Umstehenden weiter und in Windeseile verbreitet sie sich in der Hauptstadt. Als der Zug 64 Minuten später eintrifft, können die Fahrgäste nur bestätigen, was inzwischen schon längst bekannt ist.

Während der restlichen Bauzeit lassen Morse und Vail Gäste immer wieder zuschauen, wie sie miteinander telegrafisch kommunizieren. Dabei entwickeln sie gleichzeitig eine immer ausgefeiltere Sendetechnik, schaffen Abkürzungen und Regeln und verbessern Geräte und Instrumente. Am 24. Mai 1844 wird die Linie zwischen dem Kapitol in Washington und dem etwa anderthalb Kilometer vor der Stadt Baltimore liegenden „oberen Depot" der Bahn offiziell eröffnet. Bereits am frühen Morgen haben sich zahlreiche prominente Politiker und andere hohe Vertreter öffentlicher Ämter im Saal des Obersten Gerichtshofes im Kapitol in Washington versammelt. Dort hat Morse seine Geräte aufgestellt. Auch Annie Ellsworth ist zugegen, denn Morse hat sein ihr gegebenes Versprechen nicht vergessen, damals, als sie ihm die positive Entscheidung des Senats für die Bewilligung der Baukosten mitteilte: sie dürfe die erste, offizielle telegrafische Nachricht bei der Eröffnung der Linie formulieren. Nun bittet er das junge Mädchen herbei. Annie hat die von ihrer Mutter vorgeschlagene Botschaft auf ein Stück Papier geschrieben. Morse nimmt den Zettel und liest: „*What hath God wrought?*". Es ist eine Stelle aus dem 4. Buch Mose, ein Spruch des alten Weissagers Balaam nach dem Auszug der Juden aus Ägypten: „Was Gott erwirkt hat, das ist wohlgetan".

Es ist 8:45 Uhr, als Morse den Text an Alfred Vail in das 65 km entfernte Baltimore durchgibt. Dort, im *Mount Clare Eisenbahn*-Depot starren Vail und eine Gruppe distinguierter Herren auf den schmalen Papierstreifen auf dem die von Morse übermittelten Signale aufgezeichnet werden. Vail ist in der Gruppe vorerst der einzige, der sie lesen kann. Er tut es laut und deutlich. Dann tickert er den Text zurück nach Washington und fragt: *"Have you any news?"* (Haben Sie irgendwelche Nachrichten?) Morse verfasst eine Meldung über die erfolgreiche Nachrichtenübermittlung und bittet seinen Bruder Sidney, für ihre Veröffentlichung im „Journal of Commerce" zu sorgen: *„The Electric Telegraph Triumphant!"* Das „Weltwunder", von dem Morse vor 12 langen, harten Jahren gesprochen hatte, als er von Bord der *Sully* ging, ist endlich eingetreten. Doch die breite Öffentlichkeit nimmt zunächst kaum Notiz davon.

Vier Streifen mit dem heute berühmten Text werden an diesem denkwürdigen Tag erzeugt: In Washington die nach Baltimore ausgehende Depesche; In Baltimore ihr Eingang; Dazu die rücklaufende Bestätigung Vails; und in Washington ihr Eingang. Drei davon blieben erhalten, darunter ein Exemplar in der *Library of Congress,* der Kongressbibliothek. Auf ihm steht, von Morse persönlich notiert: „Dieser Satz wurde von mir am Freitag, den 24. Mai 1844 um 8:45 vormittags von Washington nach Baltimore per Telegraph geschickt, abgefasst von meiner guten Freundin Annie G. Ellsworth".

Am nächsten Tag läuft die erste „Pressemitteilung" aus Washington nach Baltimore, gerichtet an den dort erscheinenden *Patriot.* Es ist die Bekanntgabe des *Oregon-compromise,* die Entscheidung über die Festlegung der Westgrenze der USA. Vail hat alle Geräte und Anschlüsse in das *lower depot* verlegt, das untere Bahndepot innerhalb Baltimores. Und wieder korrespondieren Vail und Morse vor zuschauenden Zeugen, übermitteln deren Grußbotschaften zwischen den Städten. Das erhoffte Aufsehen jedoch bringt erst ein anderes politisches Ereignis: die mit Spannung verfolgte Wahl des Präsidentschaftskandidaten der Demokraten. Dazu ist ein Massenaufgebot an Anhängern und Reportern aus allen Landesteilen erschienen Und die werden Zeugen der neuen Nachrichtentechnik. Vail telegrafiert laufend die Abstimmungsergebnisse der einzelnen Staaten nach Washington, allerdings hinter verriegelten Türen. Denn diesmal drängen sich die Menschen vor seinem Telegrafen-Büro, wollen Zeuge der Übermittlung sein. Hunderte bitten – vergeblich – um Einlass.

Ähnliche Szenen spielen sich in Washington ab, nur, dass dort die meisten Zuschauer Senatoren und Kongressabgeordnete sind. Gewählt wird schließlich James K. Polk – ein Außenseiter. Und plötzlich ist auch Morse mit seinem Telegrafen kein Außenseiter mehr. Morse muss ans Fenster treten und sich den vielen Menschen zeigen. Sie bringen sechs Hochrufe aus - „drei für Polk und drei für den Telegraphen", wie er an Vail telegrafiert. Was danach folgt ist banal. Die beiden Männer unterhalten sich ein Weilchen darüber, ob sie schon zu Abend gegessen hätten. *„Mutton chop and strawberries"*(Hammelrippchen und Erdbeeren) schreibt Morse.

Am folgenden Tag die nächste Sensation. Nominiert für das Amt des Vizepräsidenten, also als Stellvertreter Polks, wird einstimmig Silas Wright. Der ist jedoch nicht anwesend, sondern in Washington. Umgehend lehnt er ab – telegrafisch. Die Delegierten tragen ihm noch zweimal an diesem Tag das Amt an, doch wieder lehnt er ab. Ohne den Telegrafen wären bei dem Hin- und Her zwei Tage bis zur endgültigen Entscheidung vergangen. „Vize" wird schließlich George Mifflin Dallas.

In den folgenden Tagen betätigen sich Vail und Morse als Reporter, um den Telegrafen populär zu machen. Vor allem wollen sie einflussreiche Politiker von dem Aufbau eines größeren Nachrichtennetzes überzeugen. Wieder hilft ihnen dabei das Schicksal. Denn nur eine Woche nach Ende des Delegiertenkongresses brechen in Philadelphia Straßenschlachten zwischen Katholiken und Protestanten aus. Es gibt zahlreiche Tote und Verletzte, Fälle von Brandstiftung, Zerstörung katholischer Einrichtungen. Immer neue Schreckensnachrichten treffen per Zug aus Philadelphia ein. Vail telegrafiert sie an Morse nach Washington und der übergibt die Depeschen persönlich dem Innenminister.

Die Linie Baltimore-Washington arbeitet zu vollständiger Zufriedenheit. Ab Juni 1844 wird sie für bestimmte Nutzer freigegeben. Im Volksmund ist von der „lightning line", der Blitz-Linie die Rede. Noch im gleichen Monat reist Morse erneut nach Washington, um beim Kongress Gelder für eine Verlängerung der Linie von Baltimore bis New York locker zu machen. Er fordert sogar, die wichtigsten Städte der USA zu vernetzen. Aber immer noch gibt es zu viele Skeptiker, die die Erfindung für eine unnütze und unrentable Spielerei halten. Dazu gehört auch der neue Generalpostmeister Cave Johnson. „Sie kann sich nicht bezahlt machen!" meint er. Da hilft auch nicht der Aufbau einer kurzen Demonstrations-Linie in New York. Wer einen Blick darauf werfen will, muss 25 Cent Eintritt bezahlen. „Wie auf dem Jahrmarkt", spotten einige

Finanzleute über diese „merkwürdige Art, Kapital aufzutreiben!".
So versucht Morse 1845, alle seine Rechte der US-Regierung zum
Preis von 100.000 Dollar zu verkaufen. Doch es kommt keine Re-
aktion. Später wird er selbst den Preis für lächerlich niedrig halten.

Zugang für Jedermann

Im Gegensatz zu den damaligen Einschränkungen in Preußen und
Frankreich wird die erste Telegrafen-Linie in den USA ab 1. April
1845 für die Öffentlichkeit freigegeben. Cave Johnson, der Generalpostmeister, der ebenfalls nicht so recht an einen geschäftlichen
Erfolg des Telegrafen glauben will, hat immerhin eine Gebühren-
liste erstellen lassen. Doch es dauert eine Weile, bis Normalbürger
sich ins Telegrafenbüro wagen. Anfangs kommen sie nur, um „das
Ding" zu besehen, oder um zu schauen, wie die Telegrafisten zwischen Baltimore und Washington Fernschach spielen. Vail beklagt
sich bei Morse, die Leute verstünden überhaupt nicht, was sich da
abspielt. Er befürchtet sogar Ausschreitungen. Denn Sektenführer
und Bibelstrenge in Baltimore bezeichnen den Telegrafen bereits
als „Teufelswerk".

Erst am vierten Tag nach Freigabe der Linie betritt ein Kunde
die Station in Washington. Halb neugierig, halb verlegen starrt er
den Telegrafisten an. Der fragt schließlich:

„Wollen Sie eine Nachricht übermitteln?"

„Nein", stammelt der Kunde, er wolle „nur mal sehen, wie das
Ding arbeitet."

„Dazu muss ich aber eine Nachricht übermitteln!" sagt der Telegrafist. „Und das kostet einen halben Cent pro Buchstabe." Der
Kunde hat nur eine 20 Dollar Münze und einen Cent. „Nun gut",
sagt er, „dann schicken Sie eine Botschaft aus zwei Buchstaben."

Natürlich gibt es bereits ein Verzeichnis codierter Formulierun-
gen. Der Telegrafist, so ist überliefert, wählt den zweistelligen Code
für die Frage „Wie spät ist es?" und schickt ihn nach Baltimore.
Kurz darauf kommt als Antwort die Ziffer „1" zurück. Das steht für
„ein Uhr". Zufrieden legt der Kunde seinen Cent auf den Tresen
und verschwindet. Das ist die Einnahme der ersten vier Tage. Doch
Cent für Cent steigt sie. Am 5. Tag sind es 122,5 Cent. Nach vollen

drei Monaten belaufen sie sich auf 193,65 Dollar. Doch der Unterhalt an Löhnen, Gehältern und Betrieb beläuft sich monatlich auf 1.859 Dollar und einen halben Cent.

Abermals scheint Morse an der sturen Bürokratie zu scheitern, diesmal jedoch zu seinem Glück. Denn nun bleibt ihm nichts anderes übrig, als das Telegrafennetz als *private enterprise* zu entwickeln. Und privates Unternehmertum hat sich in der Wirtschaft allemal für tüchtiger erwiesen als von der Bürokratie gestartete Projekte. Der Mann, der ihm dabei helfen wird heißt Amos Kendall (1789-1869). Er ist studierter Jurist, Journalist, Verleger, war Vertrauter von Präsident Andrew Jackson und während dessen Amtszeit Generalpostmeister der USA. Der 56jährige glaubt an die Zukunft der Telegrafie, aber nicht an das wirtschaftliche Geschick ihres Entwicklers. Denn schnell spürt er, dass Morse nicht gut mit Geld umgehen kann. Geld weiß Morse zwar zu schätzen, doch wie die meisten Bohemiens und vielleicht auch auf Grund seiner Armutserfahrung ist er damit auch sehr freigiebig. Er verschenkt viel an Freunde, die ihm einmal geholfen haben. Die ersten Einkünfte aus der Vergabe von Nutzungsrechten seiner Patente spendet er der Kirche.

Kendall schlägt den Bau privat finanzierter Linien vor. Sie sollen von New York aus sternförmig zu anderen Städten laufen. Morse und andere Patentinhaber sollen 50 % der Aktien einer jeden neuen Telegrafengesellschaft erhalten. Als Gegenleistung erhalten diese die Nutzungsrechte an den Patenten. Als erste solche Gesellschaft wird im Mai 1845 die *Magnetic Telegraph Company* gegründet. Vail wird deren Geschäftsführer. Kendall rät Morse zudem, noch einmal mit Vail nach Europa zu reisen, um auch dort Interessenten für sein Telegrafie-System zu finden.

Im September des gleichen Jahres treffen die beiden Männer in London ein. Der Empfang ist freundlich, das Interesse immer noch gering. Alles läuft ja mit den englischen Nadeltelegrafen bestens. So nutzt Morse seinen Besuch, um sich auf *Paddington Station* die Wheatstone-Geräte anzusehen. Die hat Cooke vor einem Jahr an den Promoter Thomas Hope verpachtet und der macht dafür emsig Reklame. Allerdings sieht auch Hope darin eher ein Kuriosum als eine revolutionäre Erfindung. Tatsächlich verstehen erst wenige Nutzer das Prinzip der Telegrafie. So meinen manche Kunden, ihre Nachricht werde durch „hohle Drähte" verschickt. In einem Fall, so wird berichtet, habe ein Besucher den Telegrafisten aufgefordert, endlich seine Nachricht zu versenden. Der Telegrafist: „Das habe ich schon getan!" Der Kunde: „Nein, sie hängt doch noch am Nagel mit all den anderen" (bereits gesendeten Telegrammen).

Wie schon bei seinem Besuch sieben Jahre zuvor notiert Morse eifrig seine Beobachtungen in sein Skizzenbuch. Besonders beeindrucken ihn die Elektromagnete, die stärker sind als seine, sowie die *aerial wires.* So heißen die durch die Luft verspannten Leitungen mit ihren Glas- und Keramik-Isolatoren. Zufällig trifft Morse sogar mit Wheatstone im Patentamt zusammen. Der Physiker, der natürlich längst von Morse gehört hat, führt ihm höflich und bereitwillig seinen eigenen Telegrafen-Apparat vor. Alles, was Morse an Neuem entdeckt, so Jahre später einer seiner Kritiker, wird er „voller Zynismus in den von Vail entwickelten genialen, wenn auch primitiven Apparat integrieren und sich patentieren lassen. Er wird ab April 1846 unter Morses Namen als *American Telegraph* bekannt werden."

Als Morse und Vail wieder in die USA zurückkehren, erwartet sie eine große Überraschung: Im Januar 1846 hat die *Magnetic Telegraph Company* unter Kendalls energischem Einsatz die Verbindung zwischen New York und Philadelphia hergestellt. Am 27. Januar wird sie für die Öffentlichkeit freigegeben. Die Übermittlungskosten für zehn Worte belaufen sich auf 25 Cent. In den ersten vier Tagen sind das 100 Dollar und Kendall ist zuversichtlich, bald bis zu 50 Dollar pro Tag einfahren zu können. Im gleichen Jahr wird auf der inzwischen eröffneten New York - Boston Linie die erste Frau als Telegrafistin angeheuert: Sarah G. Bagley aus Lowell im Staat Massachusetts. Sie schafft es zum *Superintendent*, zum Aufseher. Einen Namen macht sie sich allerdings erst als Frauenrechtlerin und Gewerkschafterin. 25 Jahre später, 1871, wird bei Western Union jeder dritte Telegraphist eine Frau sein.

Alle Anteile der *Magnetic Telegraph Company* sind gezeichnet. Mehr noch: im Osten, Süden und Mittelwesten entstehen gegen Lizenzgebühren weitere Gesellschaften, jede mit einer eigenen oder mehreren Telegrafenlinien. Selbst Samuel Colt, inzwischen durch seinen Revolver ein recht wohlhabender Mann geworden, plant eine eigene Strecke quer durch Long Island und die Staaten New Jersey und Pennsylvania bis nach New York. Er konzentriert sich dann aber doch auf seine erfolgreiche Waffenproduktion.

Doch es gibt auch schlechte Nachrichten. Dem Amerikaner Royal Earle House ist 1846 ebenfalls ein Patent für einen Schreibtelegrafen erteilt worden. Der House-Telegraf erweist sich allerdings als sehr empfindlich. Zwei klavierähnliche Tastaturen mit je 28 Tasten sind über eine Leitung verbunden. Jede Taste eines dieser Keyboards entspricht einem Buchstaben des Alphabets. Durch Umstellen eines Hebels können pro Taste noch zwei weitere Zeichen gesendet werden. Ein Rad mit insgesamt 56 Zeichen und Buchstaben druckte das entsprechende Signal auf Papier aus, so dass es auch für einen Laien sofort lesbar war. Die Sendegeschwindigkeit betrug bis zu 40 Zeichen pro Minute. Das war schneller als die Morse-Technik, wo die Zacken und Haken ja erst „umgeschrieben" werden müssen, um sie für den Laien lesbar zu machen. Und schließlich gibt es auch den Baines-Telegrafen. Der sendet mit Hilfe endloser Papierstreifen, in die die Depeschen zuvor in Form kleiner Löcher gestanzt wurden. Innerhalb von nur 52 Sekunden wurden bei einer Vorführung mit Hilfe solcher Lochstreifen bis zu 282 Wörter übertragen. Das war ein Tempo, welches bei einer „Live"-Eingabe, also einer manuellen Eingabe auch der beste Telegrafist nicht erreichen konnte. Auf der Empfängerseite wirkt der elektrische Impuls des Übertragungssignals direkt auf einen mit einer chemischen Substanz getränkten Papierstreifen ein. Das hinterlässt eine blaue Markierung, die mit etwas Übung abgelesen oder in Textform übertragen wurde. Der Morse-Telegraf schaffte dagegen nur 40 Wörter pro Minute, weil diese mit einem mechanisch bewegten Stift aufgezeichnet werden. Als Morse von diesem Lochstreifen erfährt, geht er wegen Patentrechtsverletzung gerichtlich dagegen vor, kann aber nichts erwirken.

New York, Überseehafen und Wirtschaftsmetropole, gilt als besonders rentabler Stützpunkt für telegrafische Knotenpunkte. Es wird wild geplant und wild gebaut, meist entlang bestehender Eisenbahnstrecken. Zwischen 1845 bis 1848 ist Vail federführend beim Bau und Betrieb verschiedener Telegrafenlinien. Gleichzeitig führt er zahlreiche technische Verbesserungen am Morse-System ein, vor allem am Zeichengeber, an Aufzeichnungsgeräten und Verstärkermagneten. Doch trotz solcher Erfolge verlässt er 1848 verbittert das Telegrafiegeschäft. Seine letzte Position als Manager der Leitung New Orleans – Washington war mit einem Jahresgehalt von gerade mal 900 Dollar dotiert. An Morse schreibt er: „Ich habe beschlossen, dass der Telegraph sich selber um sich kümmern soll, da er sich nicht um mich kümmern kann. In einigen Monaten werde ich Washington verlassen und nach New Jersey gehen [...] und dem Telegraphen ‚Adieu‘ sagen zu Gunsten eines profitableren Geschäfts."

Mittlerweile (1851) gibt es in den USA 75 voneinander unabhängige Telegrafengesellschaften. Zusammen verfügen sie über ein Leitungsnetz von 21.147 Meilen (rund 33.800 km) Länge. Allein von Washington aus führen Leitungen von drei verschiedenen Gesellschaften nach Philadelphia. Drei weitere Linien führen nach Boston und vier nach Buffalo. Das Problem: ein Telegramm von, zum Beispiel, Boston im US-Staat Massachusetts nach St. Louis in Missouri lief über die Leitungen von bis zu fünf Gesellschaften. Und weil jede Gesellschaft sich eines Sendesystems eigener Wahl bediente – also Morse-, Baines- oder House-Telegrafen – mussten die Depeschen beim „Umsteigen" jedes Mal neu eingegeben werden. Kein Wunder, dass es immer wieder Text-Verstümmelungen gab oder Telegramme einfach verloren gingen.

Natürlich schieben sich alle Unternehmen gegenseitig die Schuld daran zu. Gleichzeitig entwickelt sich ein mörderischer Preiskampf, mit Preissenkungen von teilweise bis zu 50 %. Kostete ein Telegramm 1850 von New York nach Chicago (15 Worte) noch anderthalb Dollar, so betrug er schließlich im Jahr 1890 nur noch 40 Cent. Viele Gesellschaften gingen darüber pleite oder standen billig zum Verkauf. Andere fusionierten, um zu überleben.

Als Folge dieser Entwicklung entstehen zwischen 1853 und 1857 in den verschiedenen Landesteilen im Osten der USA schließlich sechs größere Gesellschaften mit regionaler Monopolstellung. Eines der Mitglieder des Telegrafievertrages ist die *Western Union Telegraph Company*. Zu ihren Mitbegründern gehört der inzwischen durch den Bau von Telegrafenlinien wohlhabend gewordene Ezra Cornell. Wenige Jahre später wird die *Western Union* 90 % des Telegrafienetzes der USA beherrschen. Cornell ist Mehrheitsaktionär – und steinreich. 1865 stiftet er als Mitbegründer der nach ihm benannten, heute weltberühmten *Cornell University in* Ithaka die für damalige Verhältnisse gewaltige Summe von 500.000 Dollar. Der ehemalige Pflug-Verkäufer gilt seitdem als einer der bedeutendsten Philanthropen der USA.

Je größer der Erfolg seines Telegrafie-Systems, desto häufiger wird Morse von allen möglichen Leuten mit Klagen wegen Patentverletzungen eingedeckt. Die Vorwürfe ähneln sich: Die Kläger hätten angeblich alle schon viel früher ein Idealverfahren für die telegrafische Übermittlung „intelligenter Zeichen" erfunden. Rund sieben Jahre seines Lebens muss Morse sich zahlreicher Anschuldigungen erwehren. Dabei dienen ihm Kopien seiner an Bord der *Sully* gemachten Skizzen und Notizen als wichtigstes Beweismittel für seinen Erstanspruch. Seine Originalnotizen seien jedoch (angeblich) bei einem Brand vernichtet worden. Allein schon diese Erklärung gibt Morse-Gegnern Anlass zu der Behauptung, in der Abschrift habe Morse entscheidende Daten zu seinen Gunsten manipuliert. Aber schließlich wird auch die letzte Klage auf Patentverletzung abgewehrt. Doch es kommt auch zu einem Zerwürfnis zwischen Frances Smith und Morse. Man einigt sich „geographisch": Smith erhält die Rechte zum Ausbau des Morse-Telegrafie-Netzes in den Neuengland-Staaten, New York und dem oberen mittleren Westen (*upper Midwest*), Morse für den Rest des Landes.

APOGUMNOSOMETHA

Am 24. Dezember 1841 gibt es im Sonning Cutting, einem 1,5 km langen und 20 m tiefen Einschnitt der *Great Western Railway auf der Strecke* von Paddington nach Bristol einen Erdrutsch Ehe die nächsten Stationen verständigt werden können, rast ein Zug ungewarnt hinein. Neun Menschen kommen ums Leben, 17 werden zum Teil schwer verletzt.

Eisenbahnunglücke gehören damals fast zum Alltag. Manche Strecken sind noch eingleisig, und Züge fahren in beide Richtungen auf dem gleichen Schienenstrang. Es gibt Auffahrunfälle oder Frontal-Zusammenstöße, oft mit vielen Toten. Hinzu kommt: Die Streckenwärter mancher Bahngesellschaften sind oft überlastet und übermüdet. Denn der normale Schichtdienst beträgt bis zu 17 Stunden. Wollen sie einen Tag in der Woche freimachen so erhöht sich der Dienst an bestimmten Tagen auf 24 Stunden. E n funktionierendes Signalsystem ist also dringend erforderlich.

Cooke schlägt vor, an bestimmten Streckenabschnitten elektromagnetische „Fühler" an den Schienen anzubringen. Fährt ein Zug darüber, so würden sie ein entsprechendes Zeichen an die nächste Streckenstation senden, wonach „alles in Ordnung" sei. Aber diese Warnanlage bewährt sich ebenso wenig wie andere. Die wohl originellste Methode, um die Ankunft eines Zuges anzukündigen wird erstmals im Winter 1845/46 auf der 180 km langen Strecke der *London&Birmingham Railway* (L&BR) erprobt. Streckenwärter müssen bei Nebel kleine Knallkörper auf die Schienen legen. Sobald ein Zug darüberfährt, ist der „Schuss" als Signal in weitem Umkreis zu hören. Bleibt er zur vorgesehene Zeit aus, dann ist „etwas passiert". Doch auch dies Verfahren wird verworfen. Es erweist sich immer mehr als unabdingbar, dass man anders Kontakt zu den Lokomotivführern suchen musste. Am besten funktionierte da immer noch das ebenfalls von Cooke eingeführte System der „Telegraphischen Bahnstrecken": Jede Linie wurde dabei in optisch überschaubare Abschnitte unterteilt, an denen jeweils ein Semaphor stand. Traf bei der Station ein Signal des Nadeltelegrafen ein, dass ein Zug abgefahren war, so stellte der zuständige Signalwärter den Semaphor entsprechend auf FREIE FAHRT und gab das Signal weiter. Allerdings klappte das alles nur bei guter Sicht. Und die war meistens schlecht. Im Januar 1845 zum Beispiel war der „englische Nebel" so dicht, dass London fünf Tage lang davon eingehüllt war. Die *North-Western* Bahngesellschaft musste Hunderte von zusätzlichen Nebelwarten einstellen. Auf dem großen Streckennetz waren es schließlich drei Arbeitsschichten von insgesamt 3.752 Mann.

Der französische Schriftsteller Hippolyte Taine (1828-1893) hat solche sichtarmen Tage in einem Brief an seine Mutter (datiert 25. Juni 1860) eindrucksvoll beschrieben: „Ein dicker, gelber Nebel erfüllt die Luft, sinkt, kriecht über den Boden; Ein Haus oder ein Dampfschiff sehen aus nur 30 Fuß Entfernung aus wie Tintenkleckse auf Löschpapier. Besonders am *Strand* [Themseufer in London] und dem Rest der Stadt ist man nach einstündigem Gang benommen und kann Selbstmordgedanken verstehen. Die hohen, flachen, geraden Fassaden sind aus dunklem Ziegelgestein; Nebel und Ruß haben sich auf diesen Oberflächen abgelagert [...] Der weite Raum, der im Süden zwischen Erde und Himmel liegt wird hier vom sehenden Auge vermisst. Keine Luft, nichts als wallender Nebel. In diesem bleifarbenen Rauch sind Gegenstände nicht mehr als Phantome, und die Natur sieht aus wie eine schlechte Kohlestiftzeichnung, über die jemand mit seinem Ärmel gewischt hat. Ich habe gerade eine halbe Stunde bei der Waterloo-Brücke verbracht. Das Parlamentsgebäude, undeutlich, die Konturen verwaschen, wirkt aus der Ferne als nicht mehr denn als ein erbärmlicher Haufen von Gerüsten. Nichts Wahrnehmbares, vor allem nichts Lebendiges, außer den kleinen Dampfbarkassen, die auf dem Fluss fahren, schwarze, verräucherte, unermüdliche Insekten."

Auf dem Kontinent hat man bei der Bahn nicht mit derartig großen Nebelproblemen zu kämpfen wie in England, doch auch hier besteht die Notwendigkeit einer wirkungsvollen Kommunikation zwischen Streckenpersonal und Lokomotivführern. Dabei ufert die Zahl der verschiedenen Codes für die Semaphore geradezu ins Lächerliche aus. Am unübersichtlichsten war wohl die Situation in den deutschen Kleinstaaten. Die dortigen Verwaltungsbeamten ersannen mit teutonischer Gründlichkeit immer neue und damit immer komplizierter werdende Zeichen, verglichen mit denen der Schilderwald auf manch moderner Autostraße geradezu dürftig wirkt. So gab es Mitte des 19. Jahrhunderts entlang den deutschen Bahnstrecken sage und schreibe rund eintausend verschiedene Signalstellungen. 677 davon entfielen auf 58 Hauptbegriffe, aber auch die Unterbegriffe sollten die Lokführer der jeweiligen Bahngesellschaft kennen. Im Jahr 1865 waren insgesamt 98 verschiedene Signalbücher in Gebrauch!

Telegraf jagt Taschendiebe und Mörder

Natürlich verfolgen Behörden und Wissenschaftler auf dem europäischen Festland aufmerksam die Erfahrungen, die in England und in den USA mit den Telegrafiesystemen gemacht werden. Im britischen Bahnwesen ist zwar die Kommunikation zwischen Lokführern und Streckenpersonal immer noch ungelöst. Dagegen funktioniert die telegrafische Verständigung zwischen stationären Anlagen bereits meist reibungslos und schnell. Die vielen Taschendiebe, die damals wie heute vor allem dort, wo viele Menschen zusammenkommen ihr Fingerwerk ausüben, konnten auf Werbeplakaten für den Telegrafen auch lesen: „Durch dieses mächtige Mittel [der schnellen Nachrichtenübermittlung] wurden auch schon Diebe erwischt..!"

Jeder wusste: Gemeint waren die beiden *pickpockets* Oliver Martin und „Fiddler Dick". Am 28. August 1844 hatten sie nach einem Diebstahl am Londoner Bahnhof Paddington den Zug bestiegen, um das Weite zu suchen. Doch ein Constable gab eine Personenbeschreibung nach Slough durch mit dem Auftrag, die beiden Männer dort nach Verlassen des Zuges festzunehmen. Der Telegraf führte nicht nur Taschendiebe ihrer Strafe zu, er ret–

tete auch Menschenleben. So konnten plötzlich Ärzte oder eine Ambulanz alarmiert werden, wenn ein Kranker oder Verletzter mit dem Zug unterwegs nach London war. Für seine weitere Anerkennung und Verbreitung diente am 6. August 1844 auf Schloss Windsor die Geburt von Prinz Alfred Ernest Albert. Er war der zweite Sohn Königin Victorias. Nur 40 Minuten nach der Bekanntgabe erscheint die Londoner *Times* mit der Nachricht und dem Vermerk: *„Indebted to the extraordinary power of the Electro-Magnetic-Telegraph"* (Dank der außergewöhnlichen Macht des elektromagnetischen Telegraphen.) Und wenige Monate später, am 1. Januar 1845, gelingt es erstmals, auch einen Mörder mit Hilfe des Cooke/ Wheatstone-Telegrafen zu fassen. Der Mann war in Slough in ein 1. Klasse-Abteil des Abendzuges nach London gestiegen. Kurz nachdem der Zug sich in Bewegung gesetzt hat, trifft die Polizei am Bahnhof ein. Der Fahrkartenverkäufer, dem der Fremde aufgefallen war, liefert dessen genaue Beschreibung. Über den Telegrafen eilt die Nachricht dem Zug voraus nach Paddington.

A MURDER HAS JUST BEEN COMMITTED AT SALT HILL AND THE SUSPECTED MURDERER WAS SEEN TO TAKE A FIRST CLASS TICKET TO LONDON BY THE TRAIN WHICH LEFT SLOUGH AT 7:42 PM. HE IS IN THE GARB OF A KWAKER WITH A GREAT COAT ON WHICH REACHES NEARLY DOWN TO HIS FEET. HE IS IN THE LAST COMPARTMENT OF THE SECOND CLASS COMPARTMENT.
(Ein Mord wurde gerade in Salt Hill begangen und der mutmaßliche Mörder wurde beobachtet, wie er ein 1. Klasse Billet für den Zug löste, der um 7:42 Uhr abends Slough verließ. Er trägt das Gewand eines Kwakers [Das Q fehlte ja im Vokabular der Nadel-Telegrafen) *mit einem großen Mantel der fast bis zu den Füßen reicht. Er ist in dem letzten Abteil der Zweiten Klasse.)*

Beim Verlassen des Abteils wird der Verdächtige sofort verhaftet. Er heißt John Tawell. Im Gerichtsverfahren wird er schuldig gesprochen und wenig später gehenkt. Und die Zeitungen preisen abermals den Telegrafen. Er habe bewiesen, dass seine „hohe Geschwindigkeit so schnell ist wie das Licht!" So soll es auch einige Fälle gegeben haben, in denen besorgte Eltern telegraphisch „Jagd" auf ihre mit einem Liebhaber durchgebrannten Töchter machten. Oder ihr Kind wiederfanden, dass sie auf einem Bahnhof mit Telegrafenanschluss verloren hatten. In einer ironischen Erzählung schildert der britische Romancier William Makepeace Thackeray (1811-1863) wie die Eltern des sechs Monate alten Knaben Jeames Angelo de la Pluche einem Bahnbeamten ihr Leid klagten. Der sagt: „Ich werde nach dem Kind mit der Gepäcknummer G.W. 237 fragen… Und er begann diese einzigartige und geniale elektrische Erfindung zu bedienen, welche die Zeit überwindet, indem sie Nachrichten mit der Schnelligkeit eines Wimpernschlags übermittelt." (*„and he began hopperating on that singlar and ingenus elecktrical inwention, which aniliates time, and carries intelligence in the twinkling of a peg-post."*) Innerhalb von wenigen Minuten kommt aus Paddington die telegrafische Antwort: „Dem Kind G.W. 273 geht es gut."

1843 bauen Cooke und Wheatstone einen Ein-Nadel-Telegraf mit nur noch zwei Drähten. Doch trotz ihrer Erfolge: Zwischen den beiden Männern kommt es immer wieder zu Reibereien. Zu verschieden sind ihre Charaktere. Wheatstone, so zeitgenössische Kritiker, sei „ziemlich selbstgefällig" und „feile sorgfältig an seinem Ruhm". Der Telegraf trägt wohl auch deshalb Wheatstones Namen. Dieser selbst sieht sich als reiner Wissenschaftler. Er ist sogar bereit, seine Erkenntnisse und Errungenschaften der Mitwelt kostenlos zur Verfügung zu stellen. Cooke wiederum versteht sich nicht nur als Erfinder, sondern vor allem als Unternehmer. Er sei „raffgierig", so hieß es damals. Mit seiner Arbeit wolle er vor allem eines: Geld verdienen. Schlichtern gelingt es anfangs, die beiden Männer miteinander zu versöhnen. Doch bald beschuldigt wieder der eine den anderen, den Erfinderruhm für sich alleine in Anspruch nehmen zu wollen. Cook nimmt Wheatstone vor allem übel, dass dieser bereits (am 6. Februar 1840) einem Fachausschuss der Regierung die Verlegung eines Telegrafiekabels zwischen England und Frankreich mit allen technischen Neuerungen vorgeschlagen hatte – noch ehe diese patentiert waren.

Um die ständigen Querelen endlich zu beenden, tritt Wheatstone am 12. April 1843 fast alle von ihm gehaltenen Patentrechte an seinen Partner ab. Gegenleistung ist seine Gewinnbeteiligung an den erhofften Erlösen. Er behält sich lediglich das Recht vor, Lizenzen für seine Telegrafiemethode auf dem Kontinent zu vergeben, ausgenommen Österreich und Russland. Nach dem Ende der Partnerschaft gibt es keine weiteren Patentanträge von Cooke. Auch das gilt vielen als Hinweis darauf, dass Wheatstone der kreativere der beiden war.

Der reiche Ricardo

In Stoke-upon-Trent hat die Verhaftung Tawells mit Hilfe des Telegrafen das Interesse des Unternehmers und Parlamentsabgeordneten John Lewis Ricardo (1812-1862) geweckt. Aufmerksam verfolgt er die Arbeiten von Cooke und Wheatstone. „Der reiche Ricardo", wie einige ihn nennen, gehört einer sehr wohlhabenden Industriellenfamilie an. Er selbst ist Bankdirektor und sitzt im Vorstand mehrerer privater Eisenbahngesellschaften. Er glaubt fest daran, dass der Telegraf eine Zukunft hat. Vor allem, weil auch die Britische Admiralität die Verlegung einer Leitung zwischen London und dem Marinehafen Portsmouth durch Cook beschlossen hat. Das ist eine Strecke von immerhin 140 km.

Am 3. September 1845 – es ist wieder einmal ein Jahr des *Great London Fog*, des Großen Nebels – beschließen Ricardo, sein Bruder Samson, Cooke und zwei weitere Herren die Gründung einer Gesellschaft zum Kauf aller noch im Besitz von Cooke und Wheatstone befindlichen Patentrechte. Ziel ist die Schaffung der weltweit ersten öffentlichen Telegrafengsellschaft. Das heißt, jedermann darf deren Linien gegen Gebühr nutzen.

Ausgerechnet in diesem Monat (September 1845) trifft Samuel Morse erneut in England ein. Und wie schon 1838 schaut er sich alle seitdem erzielten Fortschritte der Telegrafietechnik an. Dazu gehören auch Wheatstone Telegrafen zwischen Haarlem und Amsterdam in den Niederlanden sowie die Regierungstelegrafen in Paris. Von allem macht er sich abermals eifrig Notizen. Besonders interessieren ihn die *aerial wires*, die oberirdischen Telegrafenleitungen und Isolatoren. Dann fährt er mit dem nächsten, schnellen Schiff zurück nach New York. Kritiker meinen: Morse lässt seinen Techniker Alfred Vail alles nachbauen. Der konstruiert auch den Tastengeber, der zunächst als „Amerikanischer Telegraph" und später als Morse-Telegraf bekannt werden wird. Alle Patentrechte laufen auf den Namen Samuel Morse.

Schon im nächsten Jahr, 1846, wird in London die von Cooke und den Ricardos projektierte *Electric Telegraph Company* gegründet. Eines Tages wird sie der größte Arbeitgeber in der Londoner City sein und im Königreich fast eine Monopolstellung auf dem Gebiet der elektromagnetischen Nachrichtenübermittlung einnehmen. Deshalb lohnt es sich, ihre Geschichte etwas näher zu beschreiben. Am 7. Juli findet um 16 Uhr im Gebäude *Strand 345* die erste Generalversammlung statt. Das Haus ist in Cooke's Namen angemietet. Es ist „drei Fenster breit, vier Stockwerke hoch und steht gegenüber der *Waterloo Bridge*." Vorgesehen ist eine telegrafische Verbindung über unterirdisch verlegte Kabel zu den wichtigsten Londoner Kopfbahnhöfen, mit Anschluss an die dort beginnenden, ins Umland hinauslaufenden Leitungen. Die nächsten drei Jahre wird Cooke auch selbst in dem Haus wohnen – obwohl er ein Landhaus in Blackheath (Elliot Hill) besitzt.

Neben den Cooke- und Wheatstone-Patenten werden zunächst auch einige ausländische Patentrechte erworben, ebenso einige von Cook abgeschlossene Verträge und sämtliches in seinem Besitz befindliches Baumaterial. Dann geht es um die Beschaffung von Wegerechten längs der Schienen, um Masten für die *aerial wires* aufstellen zu können, oder um dort Leitungen unterirdisch zu verlegen. Denn die Bahnunternehmen besitzen kein Land neben den Gleiskörpern. Bei den ersten Strecken wollten sie das auch nicht. Nun aber kauft die *Electric Telegraph Company* den Eigentümern (meist sind es Landwirte) die Geländestreifen ab oder pachtet sie. Es sind oft langwierige Verhandlungen. Dann werden Freiluftleitungen gespannt, Telegrafisten ausgebildet, Stationen eingerichtet. Und vor allem wird die Werbetrommel gerührt.

Die Öffentlichkeit soll über das neue Medium nicht nur möglichst viel erfahren und seine Schnelligkeit begreifen, sondern soll das Netz auch nutzen. Zeitungsreporter bezeichnen den Telegrafen bereits enthusiastisch als „Eisenbahn der Gedanken". Auch deshalb wird das Haus *Strand 345* schon im Juli 1847 für die Öffentlichkeit freigegeben.

Prunk und Protz

Die Stationen Paddington und Slough werden eine Zeit lang besonders werbewirksam eingesetzt. In dicken Lettern verkünden Plakate überall in der Stadt:

„THE WONDER of the AGE"
DAS WUNDER DES ZEITALTERS
DIE ELEKTRISCHE FLÜSSIGKEIT
REIST MIT DER GESCHWINDIGKEIT
VON 280 000 MEILEN PRO SEKUNDE !

Augenblickliche Kommunikation

Die galvanischen und elektromagnetischen Telegraphen der *Great Western Railway* können von 9 bis 8 Uhr (ausser sonntags) im Telegraphenbüro am Londoner Bahnhof Paddington und im Telegraphie-Cottage der Station Slough in ständiger Aktion beobachtet werden"

Im Text wird das „Wunder der Elektrizität" näher erläutert, mit deren Hilfe die Übermittlung von Nachrichten in „Windeseile" möglich sei. Weiter heißt es, in der Liste der Besucher befänden sich „die Namen mehrerer gekrönter Häupter Europas und fast des gesamten Britischen Adels". Dann wird die *Morning Post* mit dem Satz zitiert: „Diese Vorführung, welche in letzter Zeit so sehr die öffentliche Aufmerksamkeit erregt hat, lohnt einen Besuch all jener, die die Wunder der Wissenschaft zu bestaunen lieben." Und schon wagen die Initiatoren die mutige Voraussage: „Der elektrische Telegraph bietet hinsichtlich der Art und Weise der Nachrichtenübermittlung unbegrenzte Möglichkeiten. Durch deren außerordentliche Eigenschaft kann eine Person in London sich mit einer anderen Person in New York oder jedem gleichgültig wie weit entfernten Platz unterhalten, so leicht und fast ebenso schnell, als befänden sich beide im gleichen Raum. Fragen, von den Besuchern vorgeschlagen, werden mit Hilfe dieses Apparats gestellt werden, und Antworten werden augenblicklich von einer Person aus 16 Meilen Entfernung zurückgeschickt. Diese wird, auf Bitten des Publikums, auch eine Glocke läuten oder eine Kanone abfeuern können, nach der unglaublich kurzen Zeitspanne, die das Signal benötigen wird um diesen Auftrag zu übermitteln!"

Bald herrscht in der Paddington Station aber auch in Slough zu den Besuchszeiten ein Betrieb wie in einem Vergnügungspark. Für eine Eintrittsgebühr von einem Shilling dürfen Besucher die Telegrafie hautnah erleben. Und alle kommen: Männer. Frauen und Kinder, Arme und Reiche, einfache Leute und gekrönte Häupter. Man darf sein eigenes „Telegramm" nach Slough oder andere Stationen schicken lassen – und erhält von dort eine Art Empfangsbestätigung. Telegrafisten erklären und demonstrieren die Arbeitsweise der Geräte, und spielen sogar Fernschach von Station zu Station. Und rechnen einem vor: Es koste etwa 2 Shilling und sechs Pence, eine Nachricht mit einem Botenjungen oder per Kutsche innerhalb einer Stadt wie London etwa sechs bis sieben Kilometer weit zu schicken. Für die gleiche Summe sei es jedoch möglich, ein Telegramm fast augenblicklich über eine Entfernung von fast 50 km zu versenden. Zwischen London und Manchester zum Beispiel sei es möglich, Nachrichten innerhalb von drei bis vier Minuten auszutauschen – also auch einer Rückantwort zu erhalten.

Zu den Persönlichkeiten, die das Wunderwerk bestaunen gehören Prinz Albert, der deutsche Gemahl Königin Victorias, Zar Nikolaus von Russland, Prinz Wilhelm von Preußen, der Herzog von Wellington und viele andere Prominente jener Zeit. Am 16.

Juni 1846 ist es Ibrahim Pascha, der legendäre Gouverneur von Ägypten, der das Büro in Paddington besucht und sich die Anlage vorführen lässt. Eine Stunde lang verweilt er, lässt Fragen per Telegraf nach Gosport und Portsmouth übermitteln und erhält innerhalb einer Viertelstunde Antwort. Manchmal ist auch Cooke anwesend, um die Funktionsweisen der Apparate zu erklären.

In wenigen Jahren wird in England ein Telegrafennetzwerk wie eine Art Knochengerüst verlegt. Verspannt werden Tausende von Kilogramm galvanisierten Eisendrahts und Hunderte von Kilometern Kupferleitungen. In den Städten liegen unter Straßen und Bürgersteigen isolierte Kupferdrähte in bis zu 25 Meter langen Bleirohren, einen halben Meter tief. Außerhalb der Städte werden die Eisendrähte oberirdisch entlang der Bahngleise von Mast zu Mast geführt. Im ersten Betriebsjahr der *Electric Telegraph Company* bieten erst acht von 16 Eisenbahngesellschaftern eine öffentliche Nutzung ihrer Telegrafen an, aber meist nur innerhalb ihres relativ kleinen Streckennetzes. Jedenfalls ist es noch nicht möglich, von London aus zu Städten im Norden oder Westen Englands zu telegrafieren, lediglich via London kann man Telegramme zwischen Ost- und Westengland verschicken. Doch zwischen 1846 und 1850 kauft die *Electric Telegraph Company* alle telegrafentechnischen Patente auf, um sie auf diese Weise für Konkurrenten zu sperren: Verstärker, verbesserte Isolatoren für die Freileitungen, vor allem aber den chemischen Schreib-Telegrafen des schottischen Uhrmachers Alexander Bain (1811-1877). Bei dem Apparat wirkten die Stromimpulse auf einen durchlaufenden, mit einer chemischen Lösung getränkten Papierstreifenden und hinterließen auf ihm wie „Brandzeichen" blaue Markierungen der gesendeten Wörter oder Codes. Ab April 1848 wird der Bain-Telegraf neben dem Zwei-Nadeltelegraf von Wheatstone auf einigen Strecken eingesetzt. Der Nachteil: da jetzt verschiedene Systeme verwendet werden, muss ein guter Telegrafist alle drei Codes beherrschen: den Bain-Code sowie die Codes der Ein- und Zwei-Nadelgeräte von Cooke und Wheatstone. Das Ablesen der Zeigerstellungen auf den Wheatstone-Geräten ist zwar für jeden möglich, der lesen kann, erfordert aber von den Telegrafisten eine hohe Konzentration. Sie müssen die Buchstaben, auf die der Zeiger hinweist, ja auch niederschreiben, was bedeutet: sie müssen sich optisch auf zwei Ziele konzentrieren. Außerdem laufen die Zeiger von Sender und Empfänger nicht immer synchron.

Bereits zwei Jahre nach ihrer Gründung umfasst das Netz der *Electric Telegraph Company* bereits 1.524 Meilen (2.438 km) Telegrafenlinie, die allerdings zum Teil noch im Ausbau sind. Doch es ist Zeit für ein repräsentativeres und größeres Quartier neues Gebäude als das am *Strand*. Am 1. Januar 1848 wird es bezogen. Es ist ein imposanter Bau im *Founder's Court* im Stadtviertel Lothbury. Eine große Halle für den Publikumsverkehr liegt unter einem für damalige Begriffe riesigen Glasdach. An den Seiten der Halle bzw. unter diesem Dach befinden sich zwei offene Galerien mit je sechs Abteilungen. Da die Galerien fensterlos sind, werden sie Tag und Nacht mit Gaslicht beleuchtet. Das tut der Luft im Inneren des Gebäudes nicht gerade gut. Für die kalte Jahreszeit gibt es eine Art Umluftanlage: Warmluft aus einer Heizanlage im Keller temperiert alle Räume. Die *Illustrated London News* vom 22. Januar 1848 widmet der Beschreibung des Gebäudes mehrere Spalten und eine Zeichnung. So heißt es da unter anderem: „Beim Betreten der Halle wird der Besucher überwältigt von ihrer einzigartigen und neuartigen Wirkung ... Am östlichen und westlichen Ende zwei Stockwerke, das erste getragen von dorischen Säulen aus imitiertem Porphyr, das obere Stockwerk (Galerie) von korinthischen Säulen aus imitiertem Siena Marmor... Diese Stockwerke bilden geräumige Galerien, die mit den Abteilungen in Verbindung stehen, in denen die Telegraphenapparate stehen ... In jedem Abtei befindet sich eine Uhr, die die Londoner Bahn-Zeit anzeigt."

Die Schalter, an denen Angestellte der *Telegraph Company* die handschriftlichen Telegramme der Kunden annehmen, und wo auch die Übermittlungsgebühr errechnet wird, befinden sich im Parterre. Hier liegen auch die „Übersetzungsbüros". In diesen werden alle zu übermittelnden Telegramme so weit wie möglich codiert. So sollen die Übermittlungskosten und die Durchgabe-Dauer möglichst niedrig gehalten werden. Leser der *Illustrated News* werden in dem Artikel auch gleich darüber aufgeklärt, dass

„alle Depeschen von Personen, die der Unehrlichkeit verdächtigt werden, nicht kodiert, sondern als voller Text gesendet werden.“

Sobald eine Kodierung fertig ist wird der Telegrafist, der z.B. für eine Durchgabe nach Manchester zuständig ist, durch ein Glockenzeichen verständigt. Der Kodierer legt seinen „Text“ in ein Kästchen und der Telegrafist zieht es an einer Strippe hoch, denn die Rohrpost ist noch nicht erfunden. Jede angeschlossene Telegrafenlinie hat ihr eigenes Kästchen. Die Telegrafisten für die verschiedenen Linien sitzen in der Galerie im ersten Stock in sechs Abteilungen. In jeder stehen drei Tische und auf jedem davon ein Paar Zweinadel-Telegrafen, also insgesamt 36 Apparate.

Über Hausleitungen laufen die durchgegebenen Telegramme zunächst an eine sogenannte Test-Box im Keller des Gebäudes. Von da geht es weiter durch unterirdisch verlegte Eisenrohre zu den Telegrafenstationen der einzelnen Bahnlinien. Von dort werden die Depeschen dann zu den jeweiligen Bestimmungsorten weitergeleitet, meist über die „Luft-Leitungen“, die von London aus sternförmig in das ganze Land führen. Die Batterien für die Stromversorgung befinden sich im Keller des Gebäudes. Es sind 108 Stück, jede mit 24 Platten, die in einem Gemisch aus Schwefelsäure und mit Wasser angefeuchtetem Sand stehen. Eine Batterie liefert bis zu einem Monat lang Strom, dann muss sie ausgetauscht werden.

Im *Central Telegraph Office* wird bald auch der Lochstreifensender eingesetzt: Depeschen werden zunächst in Form von Lochkombinationen in einen Endlos-Papierstreifen gestanzt. Zur Übermittlung lässt man den Streifen dann von einer Rolle abschnurren. Dabei werden Übermittlungsgeschwindigkeiten von bis zu 1.000 Buchstaben pro Minute erreicht. Am Empfangsende werden die Zeichen ablesbar auf chemisch getränktem Papier aufgezeichnet.

20.000 Isolatoren für eine Linie

Das englische Netz wächst und wächst. Die *Electric Telegraph Company* übernimmt die Southamton Linie, und baut in der Folgezeit im Einvernehmen mit der *London North-Western Railway* entlang der Bahnstrecke eine Telegrafenlinie von London zur In–

dustriestadt Birmingham. Sommer ist sie fertig, wird aber noch im gleichen Jahr (14. November 1847) bis Manchester verlängert. Die ersten Einnahmen erzielt die *Electric Telegraph Company* durch die Vergabe von Lizenzen und durch den Bau neuer Telegrafenlinien, also eine Erweiterung des eigenen Netzes.

Gewaltig sind die Materialmengen, die bei der Anlage solcher Leitungen verbaut werden. Für eine Leitung der *Lancashire&Yorkshire Railway* benötigte die 1851 gegründete *Magnetic Telegraph Co.* 20.000 Isolatoren, 8.000 Masten, 200 Tonnen Eisendraht und 185 Sende- und Empfangsgeräte. Außerdem mussten 200 junge Männer zu Telegrafisten ausgebildet werden. Am 30. November 1847, einem Dienstag, wird *The Queen's Speech*, die jährliche Ansprache der Königin, über den Wheatstone-Telegrafen fast im ganzen Land verbreitet. Der 750 Worte umfassende Text geht vorab per Boten an das Telegrafenbüro am Londoner *Strand* und von dort an die Station am *Euston Square*. Ankunft: 13:15 Uhr. Bis 14:45 Uhr, also nach anderthalb Stunden, ist die volle Rede zu den 60 der wichtigsten Städte und Gemeinden Englands und Schottlands durchgegeben – über das bereits 2.000 km lange Netz der verschiedenen, angeschlossenen Bahngesellschaften. Frederick Ebenezer Baines (1832-1911), von 1848 bis 1855 Angestellter der *Electric Telegraph Company* in Lothbury, beschreibt in seinen Erinnerungen, wie das ablief. „Aus London kam die Nachricht: ‚Achten Sie auf *The Queen's Speech!*' und in den Stationen auf dem Land wurde es vor Aufregung ganz still. Die Nadeln wurden erneut magnetisiert, Bleistifte zu Dutzenden erneut angespitzt, Block auf Block von Durchschlagpapier bereitgelegt und die besten Leser, die flinksten Schreiber zum Dienst gerufen. Und dann kamen die [telegrafisch übermittelter] Worte: „Meine Lords und Gentlemen..."Auch für die Weiterverbreitung ist gesorgt: In größeren Städten wird die Rede sofort gedruckt und verteilt, und die Lokalzeitungen veröffentlichen sie in einer Sonderausgabe. Von Southampton zum Beispiel bringt ein Dampfer den Text zum Kontinent.

Noch erfolgen die meisten Übermittlungen in Codeform. Die durchschnittliche Geber-Geschwindigkeit beträgt 65 Zeichen pro Minute, was etwa 430 Worten pro Stunde entspricht. Begriffe oder

Sätze, für die es keinen Code gibt, benötigen für die Eingabe entsprechend länger. Aber die meisten sind „zweckgebunden", das heißt, sie sind mehr oder weniger nur für den Empfänger wichtig. Ricardo und die anderen Gesellschafter aber wollen höher hinaus. Ihr Telegraf soll das ganze Königreich überziehen. Just zu dem Zeitpunkt, am 2. September 1848, führt Morse der New Yorker Bevölkerung seinen Telegrafen und sein Zacken-Alphabet vor.

In ihrem Expansionsdrang haben die Telegrafen-Gesellschaften mit einem nicht gerechnet: Mit den Naturgewalten. Am 15. Dezember 1848 tobt ein fürchterlicher Schneesturm über Schottland. *Aerial Wires* reißen unter dem Gewicht des Eises, das sich darauf festgesetzt hat; dicke Masten knicken ein wie Strohhalme oder fallen einfach um. Die Leitungen der *Electric Telegraph Compay* sind für längere Zeit unterbrochen. Solche Wetterkapriolen geben den Befürwortern unterirdisch verlegter Leitungen neue Argumente in die Hand.

Ähnlich wie die Leitungen der Bahngesellschaften entstehen in England ab Mitte des 19.Jahrhunders neben der *Electric Telegraph Company* weitere Telegrafengesellschaften. Alle konkurrieren miteinander, sowohl preislich wie auch hinsichtlich der Dienstleistungen. Informationen aus England, Irland und Schottland laufen unter anderem nach Sothampton und werden von Schnelldampfern regelmäßig zum französischen Festland gebracht. Dort speist man sie in das mittlerweile ebenfalls in rasantem Ausbau befindliche, kontinentale Telegrafennetz. Auch die Informationsübermittlung nach und von Nordamerika wird beschleunigt. Depeschen und „neueste Nachrichten" laufen per Telegraf nach Liverpool und gelangen von da mit den nach Nordamerika auslaufenden Dampfschiffen nach Halifax in Neuschottland und von dort nach New York und andere US-Großstädte. Auf ähnliche Weise gelangen Informationen nach Marseille und Triest und werden von da von Dampfern nach Ägypten, Indien, China und Australien gebracht.

Die Hauptgebäude der verschiedenen Telegrafengesellschaften sind oft regelrechte Tempel der Technik. Sowohl außen wie innen versuchen die Gesellschaften einander mit Prunk und Protz zu übertrumpfen, um das Publikum zu beeindrucken. Großer Eingang, eine große Halle, Stuck- und Zierwerk überall, dazu Schnitzwerk aus Mahagoni und anderen Edelhölzern. Die Eingangshalle der *Central Telegraph Station zum Beispiel* war von Galerien für Kunden und Neugierige eingefasst. Dort saßen auch die Telegrafisten an ihren Geräten. Es waren 36 Arbeitsplätze für die Zwei-Nadel-Telegrafen der verschiedenen Linien. Die Batteriearlagen für den Sendestrom blieben für das Publikum unsichtbar. Sie waren, auch aus Sicherheitsgründen, im Keller verborgen.

Wer nun ein Telegramm aufgeben wollte, begab sich mit seiner auf ein Formular geschriebenen Botschaft zunächst zu dem zuständigen Schalter. War er des Schreibens unkundig, dann konnte er seine Nachricht einem Angestellten auch diktieren. Dann wanderte der Zettel zum Kodierungsbeamten, der den Text mit Hilfe des firmeneigenen Codes verkürzte, um Kosten und Übermittlungsdauer zu senken. Dann ging die Botschaft an den Telegrafisten – und erreichte Sekunden später die entsprechende Empfangsstation der Telegrafengesellschaft. Etwa zu der Zeit (1852) entsteht auch das Wort *Telegram* in den USA, denn auch dort hat das Zeitalter der Telegrafie begonnen.

Vor der Einführung der ersten Telegrafen in England hatte das Porto für einen Brief von London nach Edinburgh 1 Shilling und anderthalb Pence betragen. Er wurde Dank der ersten Eisenbahnen innerhalb von 48 Stunden ausgeliefert. Dann kam der „blitzschnelle" Telegraf, aber die war zunächst recht teuer. Die Übermittlung einer 20 Worte umfassenden Nachricht von Manchester nach London kostete im Herbst 1853 noch 15 Shilling und 9 Pence. Doch Dank der Verwendung von Codes konnten die Tarife gesenkt werden. So betrug die Übermittlungsgebühr einer ähnlich langen Depesche zehn Jahre später nur noch einen Shilling!

Wie alle Londoner, so weiß auch Cooke, dass die Parlamentarier in Ober- und Unterhaus ihre Sitzungen gerne bis in die späten Abendstunden ausdehnen. Oft wird bis Mitternacht debattiert. Das gibt den Abgeordneten die Möglichkeit, sich anschließend noch zu amüsieren, und angeblich „im Club', fern von Weib und Kind, zu übernachten. Aber die wenigsten Herren haben Lust, bis dahin auf ihren Bänken im Parlament zu sitzen.

Viel lieber halten sie sich in der Zeit in nahegelegenen Pubs und Restaurants auf. Die Redner sprechen meist vor halbleerem Haus. Erst zur Abstimmung holen Pagen die Abgeordneten herbei. Cooke will diesem eigentlich unparlamentarischen Zustand ein Ende bereiten. In die *octagonal hall*, die achteckige, prächtige Halle des *Westminster Palace*, lässt er einen seiner Zwei-Nadel-Telegrafen einbauen. Telegrafisten der *Electric Telegraph Company* übermitteln von dort fortlaufend mit genauen Zeitangaben Kurzfassungen der wichtigsten Vorgänge in Ober- und Unterhaus an ein Büro der Firma in der *St. James Street*. Auch die wichtigsten Zwischenrufe und Kommentare der Abgeordneten werden durchtelegrafiert. In der *St. James* Street wird alles von Schreibern zu Papier gebracht, gesetzt, gedruckt und halbstündlich in einem guten Dutzend Clubs rund um das Parlament und in den Wandelgängen des Opernhauses *Covent Garden* verkauft. Jeder Parlamentarier kann dann von Fall zu Fall entscheiden, ob es sich lohnt, zur Abstimmung ins Parlament zurück zu eilen. Selbst den Kriegsausbruch auf der Krim erfahren viele Abgeordnete nicht im Parlament sondern, am Abend des 31. März 1854, über solche Depeschen.

Überschwänglich wird der Telegraf in diesen Jahren bereits als „Eisenbahn der Gedanken" bezeichnet, um auszudrücken, wie schnell diese übermittelt werden können. Man sprach vom „beweglichen Feuer" (*moving fire*), und über die *Central Telegraph Station* schrieb ein Unbekannter in der *Quarterly Review* vom Juli 1854: „…Wer käme darauf, dass hinter dieser niedrigen Stirn [der Hausfassade] das große Hirn – wenn wir es mal so nennen dürfen – des Nervensystems von Großbritannien liegt. Oder dass unter dem schmalen Pflaster der Allee das Rückgrat, bestehend aus hundertvierundzwanzig [Draht-]Fasern, welches Intelligenz ebenso unmerklich übermittelt wie es die *medulla oblongata* unter der Haut tut? Beim Austritt aus diesem engen Kanal verzweigen sich die Ausgangsdrähte unter den verschiedenen Fußwegen und verästeln sich in bestimmten Geflechten innerhalb der Metropole und schießen dann an den verschiedenen Eisenbahnlinien entlang bis die Küstenufer der Insel ihrer weiteren Verlängerung ein Ende zu gebieten scheinen. Aber nein, wie man wohl weiß geht es weiter

unter der See, unter den tosenden Wassern. Viele Faden tief in
ruhigen Gewässern nimmt das bewegliche Feuer seinen dunklen
Weg, bis es an irgendeinem fernen Gestade hervortritt um erneut
seinen schnellen und nützlichen Lauf über die Weite des Kontinents zu nehmen..."

Im Lauf ständiger Verbesserungen gelingt es Wheatstone, die
Anzahl der Nadeln seiner Telegrafenapparate auf vier, dann auf
zwei und schließlich auf eine zu reduzieren. Die Buchstaben des
Alphabets und die Zahlen Null bis 9 sind wie bei einer Standuhr auf
einer runden Scheibe angebracht. Die Nadel befindet sich in der
Mitte des Zifferblatts. Und der Sendestrom wird nicht mehr von Batterien geliefert, sondern durch Drehen einer Handkurbel und einem
damit verbundenen Dynamo erzeugt. Die Telegrafie wird praktisch
für den Hausgebrauch erschlossen. Wheatstone gibt dem Gerät
die Bezeichnung „Universal Telegraph", weil es so einfach konstruiert und zu bedienen ist, dass „jeder des Lesens und Schreibens
Kundige" damit keine Mühe mehr hat. Allein bei der britischen
Bahn waren bis Ende des 19. Jahrhunderts 15.000 solcher Geräte
in Betrieb und manche davon blieben es bis in die 1930er Jahre.

Aireal wires verdunkeln den Himmel

Unternehmer, Mittelständler und Freiberufler lassen sich endlich
von den Vorteilen des neuen Kommunikationsmittels überzeugen. Ärzte in verschiedenen Landesteilen konsultieren einander
bei schwierigen Fällen; ein Anwalt in Southampton interviewt einen seiner Klienten telegrafisch in London und hat dessen Aussagen 15 Minuten später in Händen. 1858 kommen die Telegra-
fie-Betreiber auf die Idee, Hausbesitzern, über deren Anwesen
eine Leitung hinweg geführt werden konnte, eine Pacht zu zahlen. Und schon im folgenden Jahr, so vermerkte Charles Dickens,
überspannten 160 Meilen Telegrafenleitungen die Dächer und
Straßen Londons. Drähte beginnen den Himmel über den Städten zu verdunkeln.

Ein beispielloser boom ist ausgebrochen, ähnlich wie beim
Bau der ersten Eisenbahnlinien. Eine private Telegrafengesell-

schaft nach der anderen wird gegründet. Sie fechten untereinander und gegeneinander, unterbieten sich mit Preisen für die „verehrte Kundschaft", es gibt Streit um Patentrechte, um den Verlauf von Leitungen über die Dächer von Privathäusern, um Prioritäten und darum, welches System von wem verwendet werden soll oder darf. Jeder, der glaubte, es sich leisten zu können, will seinen eigenen Universal-Telegrafen und seine eigene Verbindung zum nächsten Haupttelegrafenamt haben. Von dort laufen die „Luftdrähte" bald wie die Fäden eines gewaltigen, stadtüberspannenden Spinnennetzes zwischen Holz- oder Eisenmasten über Hausdächer zu öffentlichen Gebäuden, zu Banken, Hotels, Läden, Privathäusern und Wohnungen. Einige Haushalte haben eigene Linien zu Lebensmittelläden und bestellen Waren und Lieferung telegrafisch. Die Masten für die Leitungen, meist an Straßenkreuzungen aufgestellt, sind teilweise 18 bis 21 Meter hoch und wie Schiffsmasten aus Holz gefertigt. An ihrem oberen Ende befinden sich zahlreiche Querbalken, mit Hunderten von Isolatoren, über die Hunderte von Drahtleitungen laufen. Und so ziehen sich manchmal mehr als 1.000 Drähte von Mast zu Mast. Wer „weltweit" telegrafieren will, hat seine eigene Leitung zu dem Telegrafenamt „seines" Anbieters. Nach Eingabe eines Codes wird er durchgestellt zum Telegrafenamt derjenigen Gesellschaft, die dem Adressaten am nächsten liegt. So kann ein Londoner zum Beispiel mit einem Freund in Skandinavien telegrafieren oder umgekehrt.

Wer sich keinen eigenen Apparat leisten kann oder will, der begibt sich in den *newsroom*, den Nachrichtenraum eines Hauptamtes. Gegen eine Art Clubgebühr kann er nicht nur die neuesten ausländischen Journale und Zeitungen lesen, sondern wird telegrafisch ständig über die aktuellen Börsenkurse, das Wetter und die neuesten Pferderenn-Ergebnisse informiert. Und dann gibt es neben den Hauptämtern auch die sogenannten *shops*, die Nebenstationen der jeweiligen Telegrafengesellschaft. Dort kann jedermann zwischen 7 Uhr früh und 7 Uhr abends ein Telegramm aufgeben – und bei der Durchgabe auch zusehen. Kein *shop*, so heißt es in der Werbung, ist weiter als einen Fußweg von 5 Minu–

ten von jemandem entfernt, der ein Telegramm verschicken will oder erwartet.

Der englische Arzt Andrew Wynter beschrieb die neue Art der Kommunikation 1861 so: „Der Draht eines Freundes könnte in Kommunikation mit dem eines anderen treten, oder mit jeder anderen Person, die eine Leitung angemietet hatte. So mochte es sein, dass der Freund in einem anderen Teil des [britischen] Königreichs sitzt, in welchem Fall es notwendig wäre, dass vor dem Austausch einer Nachricht seine Leitung [zunächst] mit dem Netz eines Eisenbahntelegrafen verbunden wird, und dieser wiederum an seiner Endstation mit der Leitung des Freundes. Indem man [schon] von vornherein verschiedene Leitungen in dieser Art miteinander verbindet, könnten zwei Personen sich quer über die Insel hinweg unterhalten, jeder in seinem Wohnzimmer sitzend. Ja, würde man eine solche Leitung über Unterwasserkabel über die Meere hinweg verlängern so könnte eine Person mit einem Freund eine tägliche Konversation führen, während dieser um die Welt reist, vorausgesetzt er befindet sich in der Nähe irgendeiner Telegrafenlinie, die an eine der Haupt-Linien angeschlossen ist.“

Das dies keine Hirngespinste sind, demonstrieren die verschiedenen Telegrafengesellschaften nur zu gerne dem Publikum. Bei öffentlichen Demonstrationen dürfen geladene Gäste (1861) Telegramme verschicken, etwa von London nach Glasgow, oder von Manchester nach Liverpool, und erhalten umgehend Antwort.

Der Zeigertelegraf hatte allerdings im Vergleich zum Morse-Telegrafen eine große Schwäche. Manchmal geschah es, dass die Zeiger von Sender und Empfänger nicht synchron liefen. Zeigte der Zeiger des Senders zum Beispiel auf B, dann zeigte der Empfangssender auf A oder C oder einen anderen Buchstaben. Und alles, was danach gesendet wurde, war von dem vorherigen abhängig, kam also ebenfalls entsprechend „verschoben“ an. Der Buchstabensalat war nicht mehr zu entziffern. Außerdem musste der Telegrafist der Empfangsstation sich gleich auf zwei Dinge konzentrieren: Die Stellung des Zeigers sowie die Niederschrift des Buchstabens, auf den er jeweils zeigte. Beim Morse-Telegrafen schrieb ein Stift die gesendeten Zeichen auf den durchlaufenden Papierstreifen, so dass sie dann in Ruhe abgelesen bzw. transkribiert werden konnten. Der Nachteil jedoch war, dass der Morsecode nicht so schnell zu erlernen war, und schnelles Senden einiges Geschick erforderte.

Im März 1856 wird die Ansprache von Königin Victoria anlässlich der Parlamentseröffnung von London über das Unterwasserkabel nach Amsterdam geschickt, erstmals mit dem System Morse. Die Übermittlung der 701 Worte dauert gerade mal 20 Minuten und 30 Sekunden. Telegrafistin ist ein 18jähriges Mädchen, deren Tastengeschwindigkeit fast 35 Worte pro Minute beträgt.

Jugendliche scheinen für diese Tätigkeit besonders geeignet zu sein. Allein in London sind sechs Jahre später etwa eintausend Jungen und Mädchen, fast Kinder noch, als Telegrafisten tätig! Viele sitzen im Zentralbüro der *Electric Telegraph Company* im Londoner Stadtteil *Lothbury* im Founder's Court „und wer sie bei der Arbeit sieht, kann ihre Fertigkeit und ihr schnelles Reaktionsvermögen nur bewundern."

Als Telegrafist arbeiten zu dürfen gilt damals als besonders erstrebenswert. Jungen durften das ab dem 14. Lebensjahr versuchen, Mädchen mussten das 16. Lebensjahr erreicht haben. Während der etwa einmonatigen Probezeit gab es keinerlei Lohn. Dann kam, wie später bei Stenotypistinnen, die Prüfung. Wer es schaffte, pro Minute 20 Worte zu senden und 15 Worte zu empfangen, also niederzuschreiben, erhielt künftig als *Junior Telegraphist* 15 Shilling pro Woche. Das war sehr viel mehr als der damalige Durchschnittslohn. Gute Telegrafisten konnten schon 1845 mit einem Jahreslohn von bis zu 100 Pfund rechnet. Das entsprach etwa dem vierfachen Durchschnittsverdienst anderer junger Männer. Dennoch war der Job anstrengend. In England betrug die Arbeitszeit anfangs 10 Stunden täglich, sechs Tage die Woche. Im Alter von 25 Jahren konnte es ein junger Mann um 1858 zum Cheftelegrafisten einer Provinzstation bringen, und zu einem Verdienst von 30 Shilling die Woche, gleich 84 Pfund im Jahr. Damit ließ sich leben. Urlaub gab es jährlich zwei Wochen, Überstunden zahlte der Kunde direkt an den Telegrafisten. Fehler bei der Übermittlung von Telegrammen wurden allerdings durch

Verdienstabzug „bestraft". Es gab Kantinen für das Personal, sowie kulturelle Veranstaltungen.

War wenig Betrieb auf den Strecken, etwa an Wochenenden, dann spielten Telegrafisten Fernschach oder schickten sich Witze und Gedichte, oft über Hunderte Kilometer Entfernung. Telegrafistinnen konnten stricken Und, wie Thomas Edison einst bemerkte, auch „unanständige Schilderungen" übermitteln. Es wurde auch geflirtet, wenn am anderen Ende eine Telegrafistin Dienst hatte. So kamen gelegentlich „Fern-Hochzeiten" zustande wie heute im Internet. Manche Telegrafisten hatten eine derart charakteristische „Funk-Handschrift", dass sie von ihren Kollegen auf der Empfangsseite erkannt wurden.

In der Auslandsabteilung der *Electric Telegraph Company* mussten die Telegrafisten mindestens eine Fremdsprache beherrschen—und seltsamerweise war das meist Deutsch und nicht Französisch. Denn die meisten jungen Telegrafisten in dieser Abteilung hatten deutsche Wurzeln, sprachen untereinander auch Deutsch. Telegrafisch kommunizierten sie mit deutschen Kollegen in Städten wie Hamburg, Berlin, Wien, dem (damals) österreichischen Triest, aber auch mit St. Petersburg und Kiew. Als dann am 2. Mai 1853 die Telegrafenlinie bis Konstantinopel führt, wird französisch telegrafiert. Stolz schreibt damals Henry Schütz-Wilson, Stellvertretender Geschäftsführer der Electric Telegraph Company: *Lords of lightning we, by land or wave/The mystic agent serves us as our slave"* („Wir sind die Herren der Blitze, zur See und an Land, das mystische Medium steht stets uns zur Hand.)

„In die Röhre geguckt"

Wo es noch Lücken im Netz der einzelnen Telegrafengesellschaften gibt, werden die Telegramme per Boten, per Bahn oder auch von Berittenen zur nächsten Aufnahmestation weiterge-bracht. Das erforderte allerdings eine erneute, zeitaufwändige Eingabe des Textes. In London und anderen größeren Städten sorgte ein Heer von halbwüchsigen Jungen dafür, dass Telegramme, die in einem *shop* zur Weiterleitung ankommen, ihren Adressaten im Umkreis des *shops* spätestens innerhalb von 30 Minuten zugestellt wurden. Die Zustellung war kostenlos, wenn der Zustellungsort nicht weiter als 800 Meter vom *shop* entfernt lag. Für größere Entfernungen wurden Gebühren erhoben. In vielen Gemeinden und Kleinstädten dienten auch Läden oder Hotels als *shops,* um Telegramme zu empfangen und per Hausdiener gebührenpflichtig zuzustellen.

Die fest angestellten Telegrammboten waren zwischen zehn und 15 Jahre alt und hatten meist eine geringe Schulbildung. Aber sie konnten lesen und schreiben und waren flink und wendig, nicht selten aber auch frech. Alle trugen eine Art Uniform. Sie bestand aus einer dunkelblauen Schirmmütze mit scharlachrotem Band, einer dunkelblauen Jacke mit scharlachrotem Kragen und einer grauen Ledertasche für die sorgfältig verschlossenen Telegramme. Tasche, Kragen und Mütze trugen das Logo der jeweiligen Telegrafengesellschaft. Und derer gab es eine Menge. Erst allmählich sollten sie sich zu drei großen Gesellschaften zusammenschließen.

Jugendliche Telegrammboten gab es auch in den USA. Zwei wurden weltberühmt: Thomas Alva Edison, der große Erfinder; und Andrew Carnegie (1835-1919, Stahlbaron, Philanthrop und reichster Mann seiner Zeit).

Schon mit Beginn der 1850ger Jahre droht der Telegrafieverkehr – zumindest in London – an seiner zunehmenden Fülle zu ersticken. Ein Problem ist die Tatsache, dass Telegramme nicht direkt von der Annahmestelle zu einer Station in unmittelbarer Nähe des Empfängers geschickt werden können. Sie laufen zunächst zum Haupttelegrafenamt. Dort werden sie neu in die für den Empfänger zuständige Leitung beziehungsweise die dort befindliche Ausgabestelle eingegeben. Gelegentlich muss dies zeitraubende Verfahren auch über mehrere Relaisstationen erfolgen. Die Telegrafengesellschaften sehen voller Sorge, dass sie ihr Versprechen, Telegramme innerhalb von 30 Minuten nach Eingang auszuliefern nicht mehr erfüllen können. Schon witzeln Kritiker, dass es – zumindest in London – oft schneller ginge, einen Laufburschen mit einer Nachricht loszuschicken, als ein Telegramm. Die Beschwerden unzufriedener Kunden, vor allem von Börsianern, häufen sich.

Besonders überlastet ist an Börsentagen die etwa 200 m lange Telegrafenlinie zwischen der *London Stock Exchange* und dem *Central Telegraph Office*. Über sie laufen gut 50 % aller in der City aufgegebenen Telegramme. Ein weiteres Drittel betrifft Handel und Geschäftswelt, erst ein Telegramm von sieben ist privater Natur. Eine schnelle Übermittlung aktueller Börsenkurse scheint also kaum noch möglich. Man versucht zunächst, Telegramme sackweise von Botenjungen von der Börse zum Haupttelegrafenamt befördern zu lassen. Doch auch das funktioniert nicht. Die Lösung findet schließlich Josiah Latimer Clark (1822-1898), ein Ingenieur der *Electric Telegraph Company*. Es ist eine dampfbetriebene, unterirdisch verlegte Rohrpost. Bis zu fünf von der Börse zu verschickende Depeschen werden nun in k eine Hülsen gepackt und durch die 3,75 cm im Durchmesser messende Rohrleitung zum Haupttelegrafenamt befördert. Geschwindigkeit: 6 m/sec. Etwa 33 Sekunden brauchen sie für die Gesamtstrecke. Das ist etwa die Hälfte der Zeit, die für Chiffrierung und Dechiffrierung einer Depesche notwendig wäre. 1854 geht die Anlage in Betrieb. Die Drahtleitung an der Börse dient nur noch für eingehende Telegramme. In den folgenden Jahren kommen Verbesserungen hinzu, etwa der Betrieb mit Druckluft statt Dampf. Und es entstehen neue Leitungen mit größeren Durchmessern. Die Hülsen können bis zu 60 Telegrammformu are aufnehmen. Das entspricht der Leistung von sieben Telegrafenleitungen und je sieben Telegrafisten an den Eingabe- und Ausgabeenden. Die leeren Hülsen werden zur Börse zurückgekarrt.

Dank der Codes, Dank ständiger technischer Neuerungen und Verbesserungen aber auch wegen des Konkurrenzkampfs der verschiedenen Bahntelegrafen-Gesellschaften sinken die Übermittlungsgebühren in England von Jahr zu Jahr. Kostete Anfang der 1870ger Jahre die Übermittlung von 12 (meist codierten) Worten noch einen Shilling, so betrug er 1885 nur noch die Hälfte. Um die Zeit wurden in England jährlich bereits rund 90 Millionen (!!) Telegramme verschickt, denn inzwischen gab es ja den „Telegraphen für Jedermann". Auch die Zahl der Annahmestellen für Telegramme steigt vor allem in London nach den ersten Erfolgen sprunghaft an. Ständig sind die Boten unterwegs.

1861 geht in London eine Anlage in Betrieb, mit der Briefe, Pakete und anderes Frachtgut im Gewicht von bis zu 3 Tonnen verschickt werden kann. In New York entsteht schließlich unter dem Broadway die *Beach Pneumatic Transit*, eine Art U-Bahn. Schon, im ersten Betriebsjahr 1870 befördert sie 400.000 Passagiere. Auch in anderen englischen Städten und auf dem Kontinent entstehen Rohrpostleitungen, und ihre Gesamtlänge beträgt bald Hunderte von Kilometern.

Manchmal bleiben die Hülsen mit den Depeschen auch irgendwo stecken. Die genaue Stelle zu finden ist oft sehr aufwändig. In Frankreich findet man eine geradezu martialische Lösung: In das Rohr wird ein Pistolenschuss abgegeben. Die Zeit, bis der Aufprall des Projektils auf der Transporthülse erklang, wurde gemessen und daraus die ungefähre Entfernung zur blockierten Stelle errechnet.

In Berlin gibt es 1856 die erste Rohrpostleitung. Zwanzig Jahre später, am 1. Dezember 1876 wird in der Hauptstadt der erste 26 km lange Strang eines zukünftigen „Luftröhrennetzes" in Betrieb genommen. Zu Hoch-Zeiten werden durch diese Linie täglich rund 23.000 Eilsendungen und Telegramme quer durch die Hauptstadt geschossen. Anschlussstellen hatten einige Postämter, es gab aber auch Exklusivzugänge, wie etwa im Hotel *Adlon*. Bis 1940 war das Netz auf 400 km gewachsen. „In die Röhre gucken", sagt der Berliner seit damals, wenn er zu lange auf Post warten muss. Die Verbreitung des Telefons wird allmählich die

Rohrpost überflüssig machen. In Westberlin wurde sie 1963 eingestellt, in Ostberlin 1973.

Zeitball und Zeit-Kanone

Am 31. Dezember 1845 schickt Thomas Home, Stationsmanager der *Great Western Railway in Paddington*, einen telegrafischen Neujahrsgruß an seinen Bruder im 30 km weiter westlich liegenden Slough. Nach Homes Uhr ist es genau Mitternacht. Doch umgehend kommt von seinem Bruder die Antwort, der Wunsch sei verfrüht, in Slough sei das Neue Jahr noch nicht angekommen. Die Erklärung: noch zu Beginn des Eisenbahnzeitalters und der Telegrafie hatte jeder Ort entsprechend seinem Längengrad seine eigene Zeit – und die richtete sich nach dem jeweiligen Stand der Sonne. Zwischen London und Amsterdam beträgt der Zeitunterschied 19 Minuten, zwischen Berlin und Koblenz 26 Minuten, und zwischen London und Berlin gar 54 Minuten. Selbst Großstädte zwischen Ost und West ein- und desselben Landes hatten unterschiedliche Zeiten. Entsprechend liefen auch die Uhren, in Dresden zum Beispiel war es später als in Weimar. In den USA war auf Grund der großen Entfernung zwischen Ost- und Westküste noch schlimmer: auf den zahlreichen dazwischenliegenden Bahnhöfen gab es achttausend (!!) verschiedene Lokalzeiten.

Die *Electric Telegraph Company* versuchte das Problem zu lösen, indem sie auf allen ihren öffentlichen Stationen große, elektrische Uhren installierte. Täglich wurden diese „Regulatoren" auf ein von der Hauptstation übersandtes Signal auf die Minute genau eingestellt. Ermittelt wurde das Signal von der auf dem Null-Meridian liegenden königlichen Sternwarte in Greenwich mit Hilfe einer Sonnenuhr, und dann präzise um ein Uhr mittags und durch das Absenken einer großen, schwarzen Kugel angezeigt. Wer immer wollte, konnte seine Taschenuhr dann dementsprechend justieren. In London wurde ab dem 28. August 1852 zeitgleich mit der Greenwich Zeitkugel eine große, rote Kugel, herabgesenkt. Dieser *timeball* befand sich auf dem Dach des *Electric Telegraph Company* Gebäudes am *Strand* auf der Spitze eines sechs Meter hohen Eisenmastes.

Bei dem häufigen Londoner Nebel waren die Zeit-Kugeln jedoch nicht immer zu sehen. So kam der schottische Astronom Charles Piazzi Smith auf die Idee mit der „Zeit-Kanone". Das war ein mit einem 12-pfündigen Böller geladenes Geschütz auf dem Edinburgher Schlossplatz. Am 29. Januar 1861 wurde es erstmals als „Uhr" eingesetzt: Um ein Uhr astronomischer Zeit wurde durch telegrafische Fernzündung vom städtischen Observatorium aus der Böller zur Explosion gebracht. Der Knall war so laut, dass er noch in über 30 km Entfernung zu hören war. Jedermann, vor allem aber die Stationsmeister der Bahn, kontrollierten oder justierten danach ihre Uhren. Die Zeit-Kanonen wurden an den wichtigsten Punkten des Landes aufgestellt, jeweils in etwa 60 km Entfernung zueinander. Erst die Einführung von Zeitzonen, der internationalen Datumslinie und der *Greenwich Meantime* gegen Ende des 19. Jahrhunderts schaffen Abhilfe.

Allmählich droht der Konkurrenzkampf der Telegrafengesellschaften in England aus dem Ruder zu laufen. Unterschiedliche Sende- und Empfangsgeräte werden benutzt, unterschiedliche Codes, unterschiedliche Preise für Dienstleistungen verlangt. Chaos droht. Obwohl der erste Eisenbahn-Boom eine Pause eingelegt hatte, bei dem einige reich, andere bettelarm wurden, gab es Ende 1862 in England bereits 24.000 km Bahnstrecken. Und an vielen davon liefen immer mehr Telegrafenleitungen entlang. Sie verdrängen immer mehr die alten Flügeltelegrafen. Doch nun droht auch den Cooke/Wheatstone Telegrafen Gefahr. Denn auf dem Kontinent beginnen sich der „Siemens Telegraph" und Morses „amerikanischer Telegraph" durchzusetzen. Am 31. Januar 1862 zum Beispiel wird eine 1.200 Worte beziehungsweise zw. 6.200 Buchstaben umfassende Rede von Kaiser Napoleon III von Paris nach London mit Hilfe des Morse-Codes innerhalb von nur einer halben Stunde übertragen. Allerdings parallel auf verschiedenen Linien in vier Teilen. Schon wird mit diesem besseren, schnelleren System immer häufiger auch in England selbst telegrafiert.

Es ist ausgerechnet der aus der *Electric Telegraph Company* ausgeschiedene Ricardo, der deshalb den Vorschlag macht, alle Gesellschaften in England gegen Entschädigung zu verstaatli–

chen und der britischen Postverwaltung zu unterstellen. Das Magazin *The Electrician schreibt* dazu im Jahr 1862: „Es ist keine Frage, dass es Mr. Ricardo war, dem es gelang, den elektrischen Telegrafen in diesem Land auf einem festen und erfolgreichen Fundament zu etablieren." Tatsächlich erfolgt dann 1868 die Verstaatlichung der Telegrafengesellschaften unter der Oberhoheit der Post. Zu dem Zeitpunkt befinden sich bereits ein Fürftel aller in Gebrauch befindlichen Geräte in Privathand. In diesem Jahr kommt dann endlich auch für Cooke und Wheatstone der verdiente „Dank des Vaterlandes": Königin Victoria erhebt Charles Wheatstone und im folgenden Jahr auch Cooke in den Ritterstand. Beide sind jetzt Sirs. Aber nicht lange. Bei einem Besuch in Paris, auf dem er ein Empfangsgerät für ein Unterwasser-Kabel vervollständigen will, erkältet sich Sir Charles. Er stirbt am 19. Oktober 1875 an einer Lungenentzündung. So bleibt es ihm immerhin erspart, den Niedergang des von ihm und Cooke entwickelten Telegrafie-Systems zu erleben. Längst haben sich auf dem europäischen Kontinent die Siemens-Geräte durchgesetzt, sowie der Telegrafie-Code des Amerikaners Morse.

Nach ihrer späten Ehrung geraten Cooke und Wheatstone bald in Vergessenheit. Schon die *Encyclopedia Britannica* von 1888 schreibt über Sir Charles: „Sein Leben verlief ereignislos, außer dass die Vielfalt seiner Arbeiten ihm Farbe verliehen hatte ..." Und Cooke wird in dem gleichen Werk nicht einmal als gesonderte Eintragung erwähnt. Immer auf der Suche nach gewinnbringenden Geschäften hatte er einen Großteil seines Telegrafievermögens in Bergwerksunternehmen gesteckt – und dabei alles verloren. Gegen Ende seines Lebens erhält er nur eine Jahresrente von etwa 100 Pfund – etwa das Doppelte eines Telegrafistengehalts.

Bei wachsendem Bahnverkehr wird die Zahl der Unfälle nicht geringer. In England gelangt man um die 1860er Jahre jedenfalls zu der Überzeugung, dass es eine bessere Verständigungsmöglichkeit geben musste als die Wheatstone'schen Zeigertelegrafen. Denn die Deutung der oft codierten Signale liegt immer noch im Ermessen bzw. beim Talent der Stationsvorsteher Selbst noch Ende des Jahrzehnts sind im Lande vier verschiedene System im Einsatz, dazu viele Varianten des Ein-Nadel-Telegrafen. Gleichzeitig schielt man auf die Siemensgeräte und letztendlich auf das Morse-System, das sich seit 1855 fast auf dem gesamten europäischen Kontinent durchzusetzen beginnt.

Jede technische Neuerung macht es oft auch notwendig, alt gegen neu auszutauschen. Altmetallhändler oder *dollmaker* (Puppenmacher) kaufen einstmals teure Drahtleitungen zum Schrottwert auf, und verarbeiteten Isolierung und Metall zu anderen Dingen. Und natürlich wird auch auf Teufel komm heraus gestohlen. Metalldiebe klauen vor allem Kupferkabel, aber auch die galvanisierten Eisendrähte der Signalanlagen. Jugendliche veranstalten mit Schleudern Zielschiessen auf die Isolatoren der Telegrafenlinien. Unterirdisch verlegte Leitungen nehmen Schaden durch Feuchtigkeit, Ungeziefer, Ratten und Maulwürfe, denen die Isolierungen offenbar sehr gut schmeckte.

Am gefürchtetsten in nördlichen Ländern sind jedoch die winterlichen Schnee- und Eisstürme. Das Eis setzt sich an den Freileitungen fest. Unter seinem Gewicht sinken diese so tief, dass sie den Verkehr behinderten – wenn sie nicht schon vorher unter der Eislast gerissen waren. Es gibt Fotos einer Telegrafen-Hauptstation, bei der die vereisten Kabel rings um das Dach herunterhängen wie dicke Nudeln aus einem Kochtopf. Splitternd brechen auch oft die hölzernen Masten zusammen. In den Morgenstunden des 11. Januar 1866 tobt ein fürchterlicher Eisregen in der Nähe von London und ummantelt die fingerdicken Leitungen der *Great Western Railway* in 15 cm (!!) dicke Eiswürste. Über 700 km reißen an zahlreichen Stellen und unzählige Masten brechen. Es dauert mehrere Wochen, bis die Schäden behoben sind.

100.000 Worte pro Stunde

Anfangs kann über ein Kabel nur jeweils in einer Richtung telegrafiert werden. Oder man musste Sende- und Empfangszeiten vereinbaren. Mitte der 1850 Jahre beginnen die Leitungen in Groß–städten wie London zu verstopfen. Siemens schafft eine Vorrichtung, mit deren Hilfe eine Leitung gleichzeitig in beiden

Richtungen benutzt werden kann. Diese Gegensprech- oder Duplex-Technik wird später von anderen, vor allem von Edison noch wesentlich verbessert werden.

Am 7. September 1861 demonstrieren Telegrafisten der *Submarine Telegraph Company* mit Hilfe eines Siemens-Geräts einen Nachrichtenaustausch mit Paris, Brüssel, Flensburg und sogar Moskau. Das wiederum wird von der *Electric Company* noch übertrumpft: Signale werden zwischen London und Odessa auf der Krim ausgetauscht, immerhin eine Entfernung von 2.400 km Luftlinie.

Doch alle nach dem System Morse übermittelten Telegramme haben einen Nachteil: jedes musste mindestens dreimal geschrieben werden, und zwar vom Verfasser, vom Telegrafisten, der es in Form von Punkten und Strichen eingab, und schließlich vom „Mann am Ende", der die Punkte und Striche für den Laien wieder lesbar machte. Das war mit ein Grund, warum man in England am Wheatstone-Cook System festhielt. Denn dessen Zeiger-Zeichen waren ja für jedermann lesbar. Zugleich wird aber der Wunsch laut, Buchstaben telegrafieren zu können. Das gelingt dem britisch-amerikanische Musikprofessor und Erfinder David Edward Hughes (1831-1900). Erstmals hat er 1855 seinen Typendrucktelegrafen vorgestellt. Der ist größer als ein Morse-Ticker und steht auf einem Tisch ähnlich wie die ersten Nähmaschinen. Betrieben wird er von einem Laufwerk mit einem 60 kg schweren Gewicht. Die Telegramme, durchgegeben auf einer in zwei Etagen angeordneten Klaviatur aus 28 Tasten für Buchstaben, Zahlen und Satzzeichen kommen in lesbarer Druckschrift an. Sie brauchten also nicht „dechiffriert" zu werden, und das sparte Zeit. Am 19. Januar 1863 nimmt die *Electric Telegraph Company* auf der Strecke London-Birmingham die ersten Drucktelegrafen in Betrieb. Die Telegrafen-Ladies haben keine Schwierigkeiten damit. Sie bewältigen etwa 120 Buchstaben pro Minute. Auf der Empfängerseite werden die einlaufenden Depeschen auf einem sich fortbewegenden Papierstreifen ausgedruckt. Der Streifen wird zugeschnitten, auf ein Formular geklebt und per Boten dem Empfänger zugestellt. „Schwarzschreiberei" nannten Telegrafisten das damals. Am 2. Dezember desselben Jahres laufen auch schon die ersten Telegramme über

Landlinien bis ins ferne Irkutsk, 6.400 km von St. Petersburg entfernt. Das funktioniert innerhalb von acht Stunden – statt der zuvor üblichen 23 Tage. Pläne bestehen für Verlängerungen nach Peking, einen Anschluss nach Japan und nach Überwindung der Beringstraße ein Anschluss an das damals noch russische Alaska und das nordamerikanische Telegrafennetz.

Einer, dem der Hughes-Ferndrucker zu langsam erschien, war der Franzose Jean Maurice Baudot (1845-1903), seines Zeichens Postbeamter. 1874 entwickelte er den ersten, druckenden Mehrfachtelegrafen. Mit 6.000 Worten pro Stunde ist die Leistung sechs Mal höher als die eines Hughes-Telegrafen. Mit ihm ist es möglich, fünf und mehr Telegramme gleichzeitig über eine Leitung zu schicken. Und schließlich entwickeln die Ungarn Pollak und Virak einen mit Lochstreifen arbeitenden Schnelltelegrafen mit einer Leistung von rund (je nach Sprache) 45.000 bis 100.000 Worten pro Stunde. Der Vorteil von Lochstreifensendern: Die zu sendenden Texte – etwa Nachrichten für Zeitungen – konnten von mehreren Telegrafistinnen abschnittsweise, aber zur gleichen Zeit gestanzt und dann auf einmal durchgegeben werden, schneller als jeder Telegrafist es vermocht hätte. Schon lange ist es auch nicht mehr nötig, Berichte an jede Zeitung einzeln durchzugeben – sondern mit einer einzigen Durchgabe kann man gleichzeitig einige Dutzend Redaktionen versorgen.

Die „Siemens-Brothers"

> „Qualität bedeutet, etwas ordentlich
> zu erledigen, auch wenn niemand
> zuschaut".
>
> *Werner Siemens (1816-1892)*

Im Frühjahr 1844 hatte es in vielen deutschen Dörfern eine Rebellion gegeben. Der Grund: Hunger. Vor allem sind es die Weber in Schlesien, die „revoltieren". Dort gibt es einen regelrechten Aufstand. Zeitungen berichten, dass „in einem Umkreis von 15 [preußischen] Meilen mehr als 50.000 Familien dem Hungertod ausgeliefert" seien. Die Preußische Meile betrug rund 7,5 km, es handelte sich also um ein Gebiet von etwa 453 km Durchmesser. Nach der Niederschlagung durch das Militär werden die Anführer zu langjährigen Festungshaftstrafen und zu Auspeitschungen verurteilt

Die Nachrichten über diese Vorfälle verbreiten sich in den deutschen Landen nur langsam. Denn gerade erst beginnt man auf dem europäischen Kontinent nach englischem und amerikanischem Vorbild mit dem Bau von Telegrafenlinien. Wie dort so dienen auch hier Bahnlinien für ihre Streckenführung. Federführend wird dabei ein Ingenieur-Leutnant der Berliner Artilleriewerkstatt und später führendes Mitglied der Preußischen Telegrafenkommission. Sein Name: Werner Karl (1816-1892), aus dem hannoverschen Dorf Lenthe (heute Gehrden). Er hat 13 Geschwister, drei davon Mädchen. Einige seiner Brüder werden seine besten Mitarbeiter.

Unter Werners Leitung und trotz mancher Differenzen in ihrer Zusammenarbeit werden einige Brüder mit ihm zusammen einen Weltkonzern erschaffen. Der Name Siemens ist seitdem aus der Geschichte der Elektrotechnik und speziell der Telegrafie nicht wegzudenken. Am 13. Januar 1846 schreibt Werner Siemens nach London an seinen Bruder Wilhelm (der nennt sich nach seiner Verheiratung mit einer Schottin Charles William Siemens): „Ich bin [...] jetzt ziemlich entschlossen, mir eine feste Laufbahn durch die Telegraphie zu bilden." Und am folgenden Tag: „Die Telegraphie wird eine eigene wichtige Branche der wissenschaftlichen Technik werden. Und ich fühle mich berufen, organisierend in ihr aufzutreten, da sie, meiner Überzeugung nach, noch in ihrer ersten Kindheit liegt."

Siemens hatte 1844 den Berliner Uhrmacher Ferdinand Leonhardt kennengelernt. Der hatte im Auftrag der Artillerie-Prüfungskommission ein Chronometer entwickelt, das die Zeitdauer eines Vorgangs bis auf eine 1/1.000 Sekunde genau messen konnte. Dadurch wurde es möglich, die Fluggeschwindigkeit von Artillerie-Geschossen genau zu ermitteln. Als nächstes wurde Leonhardt vom Generalstab beauftragt, ob man – wie in England – den optischen durch einen elektrischen Telegrafen ersetzen könne. Aber Leonhardt kam damit nicht so recht voran. So war er bereit, mit Siemens zusammenzuarbeiten. Siemens meinte, seine eigenen Apparate „würden nicht halb so viel kosten wie dessen, komplizierte und kriechende Dinger." Auch von Wheatstones Telegrafenapparaten hält Siemens nicht viel. „Sie sind... sämtlich schlecht und teils mit vielen Drähten."

William als „Industriespion"

In dieser allgemeinen Aufbruchsstimmung der „Gründerjahre", wie die Epoche später genannt wird, hat Siemens in der Polytechnischen Gesellschaft auch einen jungen Hamburger kennen gelernt: Johann Georg Halske (1814-1890). Er ist „ein ruhiger, bedächtiger Typ, wie es seinem Beruf geziemt". Denn Halske ist Uhrmacher und Feinmechaniker, und hat „von dem einen die Geduld, vom Maschinenbauer die Solidität". In Berlin betreibt er eine kleine mechanische Werkstatt mit einem Partner namens Böttcher.

Siemens fragt Halske, ob dieser bereit wäre, ihm einen Telegrafenapparat zu konstruieren, so wie er, Siemens, sich den vorstellt. Doch Halske ist zunächst skeptisch. Er glaubt nicht, dass „so ein Ding" funktionieren kann. So bastelt Siemens zunächst, wie er selbst es beschreibt, „aus Zigarrenkisten, Weißblech, einigen Eisenstückchen und etwas isoliertem Kupferdraht ein paar selbsttätig arbeitende Telegraphen." Außerdem hat er für den Wheatstone-Telegrafen verschiedene Zubehörteile entwickelt. Dazu gehören auch Verstärker, mit deren Hilfe die Stromimpulse nach längeren Strecken wieder „in Schwung" gebracht werden. Auch Isolatoren aus Porzellan bzw. Glas lässt er für oberirdisch geführte Drahtleitungen herstellen, damit der Sendestrom sich nicht ins Erdreich verflüchtigt, wenn die Leitungsmasten durch Regen feucht oder gar nass werden.

Halske ist von der Vorführung des „Zigarrenkisten-Telegraphen" beeindruckt und erklärt sich sogar bereit, aus seiner eigenen Firma auszusteigen. In seiner Eigenschaft als Feinmechaniker soll er den Siemens'schen Apparat zunächst einmal „schön" machen und ihm ein ansprechendes und funktionelles Aussehen verleihen. Er baut zwei Muster mit all den Verbesserungen, die Siemens an dem elektrischen Nadeltelegrafen Wheatstones vorgenommen hatte. Alles geschieht in Handarbeit, unter strengster Qualitätskontrolle. In einem Brief an Bruder William in London, datiert vom 15. Juli 1846, schreibt Werner: „Mein Telegraph gebraucht nur einen Draht, kann dabei mit Tasten wie ein Klavier gespielt werden, und verbindet mit der größten Sicherheit eine solche Schnelligkeit, dass man fast so schnell telegrafieren kann wie die Tasten nacheinander niedergedrückt werden. Dabei ist er lächerlich einfach und ganz unabhängig von der Stärke des Stroms." Wird beim Sender eine Buchstabentaste gedrückt, so werden automatisch so viele Stromstöße abgegeben, bis auch der Zeiger am Empfangsgerät die gleiche Position eingenommen hat.

Siemens hat sich gleich zu Beginn seiner Zusammenarbeit mit Halske an den „Königlich Preußischen Telegraphendirektor" Franz August von Etzel gewandt und ihm eine schriftliche Zusammenfassung über den Stand der elektrischen Telegrafie und die zu erwartenden Verbesserungen geschickt. Von Etzel, (1784-1850) geboren als O'Etzel ist der in Bremen geborene Sohn eines eingewanderten, irischen Tabakfabrikanten und eigentlich gelernter Apotheker. Aber bereits als Teenager interessiert er sich für die Telegrafie. Schon als 21jähriger war er mit Alexander von Humboldt nach Neapel gereist, hatte im Hauptquartier der Armee Blücher an der Schlacht von Waterloo teilgenommen und war im Krieg angeblich auch an der Zerstörung eines Chappescher Telegrafen beteiligt. Mehrere Jahre lang war er dann als Geodät bei der militärisch-to–

pografischen Erfassung und Kartierung der preußischen Rheinprovinz tätig gewesen. Im Juni 1846 wurde er auf Grund seiner Verdienste in den Adelsstand erhoben. ,

Von Etzel beruft Siemens in die Kommission des Generalstabs, der die Umstellung der optischen auf die elektromagnetische Telegrafie vorbereiten soll. Doch Morse ist bereits im Anmarsch. In der Hamburger Zeitung *Börsen Halle* haben die amerikanischen Brüder William und Charles Robinson angekündigt, dass sie in der Hansestadt am 30. Juni 1847 einen elektrischen Telegrafen nach dem „System Morse" demonstrieren würden. Die geladenen Gäste sind beeindruckt von der einfachen Bedienung und der Schnelligkeit der Übermittlung. Der Morse-Telegraf, so erklären die Robinsons, sei nicht nur wetterunabhängig, sondern auch schneller als jeder Winker-Telegraf und vor allem billiger im Betrieb. Bei der Schmidt'schen Flügeltelegraf-Linie von Hamburg nach Cuxhaven muss das Personal von acht Stationen bezahlt werden. Sendung und Empfang ist nur bei Tageslicht möglich. Und da im Zwei-Schichtenbetrieb gearbeitet wird und für jede Station zwei Telegrafisten notwendig sind, bedeutet das insgesamt 32 Mann. Eine elektromagnetische Telegrafenlinie über die gleiche Strecke käme dagegen mit acht Mann aus.

Im Jahr 1848 erscheint im Hamburger Verlag *Hoffmann und Campe* eine „gründliche Darstellung des „Electro-Magnetischen Telegraphen nach dem System Professor Morse". Verfasser ist Alfred Vail und übersetzt hat sie ein Clemens Gerke. Die Beschreibung überzeugt auch die letzten Zweifler von der Qualität des Systems, vor allem den sparsamen Senat. Die *Elektro Magnetische Telegraphen-Compagnie* wird gegründet, und am 15. Juli 1848 erfolgt der reguläre Telegrafie-Verkehr. Zum ersten Mal wird dabei in Europa offiziell der Morse-Telegraf und Code benutzt. Eine Weile arbeiten beide Linien noch parallel, aber der optische Telegraf hat ausgedient. Die *Hamburg-Cuxhavener* stellt am 19. August 1849 ihren Betrieb ein. Ihr Betreiber Johann Schmidt verliert sein gesamtes Vermögen.

William Siemens betätigt sich zu der Zeit für seinen Bruder Werner in England als eine Art Industriespion. Das London von damals lässt sich mit dem modernen London kaum vergleichen. Die

Stadt war, was die soziale Stellung seiner Bewohner betraf, wie viele Städte des beginnenden Industriezeitalters, eine Metropole von „Ganz reich und Bettelarm". Friedrich Engels, Journalist und Mitstreiter von Karl Marx, hat die Zustände nach einem Besuch ausführlich beschrieben. Man braucht nur irgendeine Seite seiner Schilderung über „Die Lage der arbeitenden Klasse in England" aufzuschlagen, dann findet man Sätze wie diese: „Diese Häuschen von drei bis vier Zimmern und einer Küche werden Cottages genannt und sind in ganz England – einige Teile von London ausgenommen – die allgemeinen Wohnungen der arbeitenden Klass. Die Straßen sind gewöhnlich ungepflastert, höckerig, schmutzig voller vegetabilischen und animalischen Abfalls, ohne Abzugskaräle oder Rinnsteine, dafür aber mit stinkenden, stehenden Pfützen versehen." Und dann nennt er einen von vielen Stadtteilen St. Giles ganz in der Nähe von Regent Street, von Trafalgar Square und Strand. „Es ist eine unordentliche Masse von hohen, drei- bis vierstöckigen Häusern, mit engen, krummen und schmutzigen Straßen...Die Häuser sind bewohnt vom Keller bis knapp unters Dach, schmutzig von außen und innen, und sehen aus, dass kein Mensch darin wohnen möchte. Das ist aber noch alles nichts gegenüber den Wohnungen in den engen Höfen und Gässchen zwischen den Straßen. Schmutz und die Baufälligkeit übertrifft alle Vorstellungen – fast keine Fensterscheibe ist zu sehen, die Mauern bröckelig, die Türpfosten und Fensterrahmen zerbrochen und lose, die Türen von alten Brettern zugenagelt oder gar nicht vorhanden. Haufen von Schmutz und Asche liegen überall umher, und die vor d e Tür geschütteten Flüssigkeiten sammeln sich in Pfützen. Hier wohnen die ärmsten der Armen, die am schlechtesten bezahlten Arbeiter, Gauner und Opfer der Prostitution bunt durcheinander."

Aber St. Giles ist nicht das einzige „schlechte" Viertel Londons. Engels zitiert den Pfarrer G. Alston der Gemeinde St. Philips Bethnai Green in Whitechapel, dem größten Arbeiterbezirk östlich des Tower: „Bei solch einer Zusammendrängung von Wohnraum ist es nichts Ungewöhnliches, dass ein Mann, seine Frau, vier bis fünf Kinder und zuweilen noch Großvater und Großmutter in einem einzigen Zimmer von zehn bis 12 Fuß im Quadrat (ca.3x3.6 m) gefunden werden." Und wieder Engels: „Ich behaupte, dass Tausende von fleißigen und braven Familien...in dieser eines Menschen unwürdigen Lage sich befinden. Aber bei allem sind diejenigen noch glücklich, die nur ein Obdach irgendeiner Art haben – glücklich gegen die Obdachlosen. In London stehen jeden Morgen fünfzigtausend Menschen auf, ohne zu wissen, wo sie für die nächste Nacht ihr Haupt hinlegen sollen." Auch britische Autoren wie Charles Dickens haben diese Zustände kritisiert.

Trotz seines gelinden Entsetzens über diese Umwelt entgeht es Wilhelm sicherlich nicht, dass „der reiche Ricardo" und sein Team die *Electric Telegraph Company* immer weiter ausbauen und deren Service immer umfassender wird. Letzte Neuerung ist 1848 die Schaffung eines *Intelligence Department,* also einer Nachrichtenabteilung. Informationen aus London und dem Ausland werden hier gesammelt und telegrafisch an Zeitungsverlage, öffentliche *reading rooms* (Leseräume) und an Privatleute in der Provinz gegen Bezugsgebühren vertrieben. Dieser Nachrichtenhandel erweist sich bald als eine der wichtigsten Einnahmequellen. Viele Zeitungsartikel jener Zeit, besonders wenn sie ausländische Themen behandeln, tragen die Unterzeile: *„By Electric Telegraph."*

Ein Wundersaft aus Malaysia

Ständig hält William derweil Ausschau nach neuen Produkten und technischen Neuerungen. Selbst die gerade erfundenen Straßenkehrmaschinen interessieren ihn. Vor allem aber richtet er sein Augenmerk auf Informationen, die zur Lösung der noch bestehenden Probleme auf dem Gebiet der Telegrafie wichtig sein könnten. Zu diesen Problemen gehört u.a. das einer guten und dauerhaften Isolierung. Ohne fachgerechte Isolierung „verkroch" sich der Leitungsstrom ins Erdreich, die Signale kamen nur verstümmelt oder überhaupt nicht beim Empfänger an. Meist geschah das „schleichend": Der Empfang wurde immer schwächer und schwächer, lückenhaft, und fiel schließlich ganz aus. Bei den Leitungen der *Manchester&Leeds Railway* hatte man die 18 Kupferdrähte an der Strecke zur Londoner *Victoria Station* mit Werg umwickelt, und diese Ummantelung mit Pech oder Teer getränkt. Dann wurde das Ganze in ein aufgeschlitztes Bleirohr gelegt. Dies packte man wiederum in eine Art Gasrohr aus Eisen und dann wurde alles in die

Erde eingelassen. Doch dort tat sich oft allerlei Gewürm an den Isolierungen gütlich Wie schon bei der ersten unterirdischen Leitung von Morse drang allmählich Feuchtigkeit ein.

Die Suche nach den Fehlerstellen ist mühselig, die Reparaturen kostspielig. Dabei gibt es seit einigen Jahren ein Material, das fast alle Isolierungsprobleme lösen wird. Es ist ein wahrer Wundersaft aus dem heutigen Malaysia. Der US-amerikanische Philosoph Ralph Waldo Emerson (1803-1882) schrieb darüber: „Erfindung gebiert Erfindung. Kaum hat man den elektrischen Telegraphen entwickelt, da wird genau das Material gefunden, das er benötigt: Gutta percha."

Als eigentlicher Entdecker des Gutta Percha für die westliche Welt gilt der Schotte Dr. William Montgomerie (1797-1856) Der stand zu Beginn des 19. Jahrhunderts im Dienst der britischen *East India Company*. Er arbeitete als Chirurg in Singapur das damals noch dem Empire unterstand. Bei seinen Streifzügen durch das Hinterland hatte er beobachtet, dass Waldbewohner die Milch (Latex) eines immergrünen Baumes benutzten, um daraus Handgriffe für ihre Parangs, ihre Handsicheln, zu fertigen. Der Baum gehört zur Gattung Palaqium *gutta.* Sein botanischer Name *lautet Isonandra (Dichopsis) Gutta Hook,* und er gehört zur Familie der sogenannten *Sapotaceen.* Diese Bäume gibt es damals nur auf einem Teil der Malakka-Halbinsel, auf der Insel Borneo sowie einem – allerdings großen – Teil von Sumatra. Die Malaier nennen den Baum *getha* (= Gummi) *percha* (= Baum). Um die Milch zu gewinnen, ritzten sie ähnlich wie bei der Kautschuk-Gewinnung die Baumrinde an, fingen die Milch auf und ließen sie gerinnen. Die knetbare Maße wurde dann zu den Sichelhandgriffen verarbeitet.

Dr. Mongomerie, ständig auf der Suche nach geeignetem Material für Prothesen und Gelenkstützen, wie man sie zum Schienen gebrochener Gliedmaßen benötigt, sah sofort eine Verwendungsmöglichkeit. Bei seinen Experimenten mit dem Saft stellte er fest: Im Gegensatz zu Kautschuk war das Gutta bei Kälte zwar hart und unelastisch. Wurde es jedoch nur leicht erwärmt, so wurde es wieder weich, knetbar und somit formbar. Die langsam erstarrende

Milch, so beobachtete Montgomerie weiter, konnte zu jeder beliebigen Form gepresst oder modelliert werden. Ein Werkstück daraus nahm selbst die feinsten Details eines Druckstempels an, und bewahrte sie unverändert auch nach vollständigem erhärten.

Montgomerie bastelte als erstes aus Gutta-Saft einige formgerechte Arm- und Beinschienen zur Behandlung von Knochenbrüchen. Einige Exemplare und einige des zu elastischen Ballen verdickten Saftes schickte er an das *Medical Board* in Kalkutta, damals Sitz der britischen Verwaltung in Indien. Eine zweite Sendung spedierte er noch im gleichen Jahr, 1843, an die *Royal Society of Arts* in London. Weitere zwei Zentner folgten 1844. Dann kehrte er nach England zurück.

Eine der Gutta Percha-Proben hatte der Erfinder und Unternehmer Thomas Hancock (1786-1865) erworben, der als Begründer der Gummiwaren-Industrie gilt. Er war Mitinhaber der Firma Mackintosh, die sich unter anderem auf wetterfeste Kleidung spezialisiert hat. Sein Bruder Charles war am Gutta Percha ebenfalls interessiert. Der war zwar Kunstmaler wie Morse, suchte aber ständig nach Projekten, mit denen sich mehr Geld verdienen lies-se. Unter anderem entwickelte er die klassischen Bierflaschenverschlüsse. 1845 hatte er sich mit Henry Beweley zusammengetan, einem Drogisten aus Dublin. Nun, 1847, gründen die beiden die *Gutta percha Company*. Das Unternehmen produzierte unter anderem vulkanisierte, also mit Kautschuk und bald auch mit Gutta Percha isolierte Drähte für telegrafische Leitungen.

Immer neue und vielfältigere Produkte aus dem Wundersaft kommen auf den Markt. Im Londoner *Science Museum* können heute noch viele davon bestaunt werden. Es sind meist Gebrauchsgegenstände, die bis in die zwanziger und dreißiger Jahre des 20. Jahrhunderts in Umlauf waren: Brauseköpfe, Rasier- und Seifenschalen, Stock- und Schirmgriffe, Schnüre, Wasserpfeifen, Schnee- und Schlammschuhe für Ackergäule und Zugpferde, Zahnprothesen, Golfbälle, die zuvor lediglich aus lederumhüllten Federn bestanden hatten und sich bei Regen nicht spielen ließen. Ferner gab es Überziehschuhe, Eimer, Röhren, Schuhsohlen, Treibriemen, chirurgische Instrumente, Messerhefte, Bilderrahmen aus Guttapercha und vieles, vieles andere mehr. Auf der Londoner

Weltausstellung 1851 werden so viele Gutta Percha Produkte zu sehen sein, dass sich sogar die Karikaturisten darüber lustig machen. Hochgereinigtes Guttapercha wurde auch als Füllmaterial für Zahnlöcher verwendet, zur Produktion von Holzschnitt-Matritzen und als Verbandsstoff nach Operationen sowie nach Verletzungen. Gutta-Produkte waren so begehrt, dass sie sogar mit Billigmaterial gefälscht wurden. Zwischen 1853 bis in die frühen 1870er Jahre erschienen sogenannte „Union Cases" auf dem Markt, Foto-Etuis mit verschnörkelten Reliefs und bildlichen Darstellungen. Sie bestanden aber lediglich aus mit Sägemehl vermischtem Schellack, aus Horn oder Ebonit.

Schon bald nach Montgomeries Entdeckung werden gewaltige Mengen Gutta Percha nach Europa und in die USA importiert. Man schätzt, dass zu Beginn des Booms allein auf Borneo jährlich 26 Millionen Gutta Percha Bäume gefällt wurden – ehe man ernte, die Bäume zu „melken". In Asien entstehen riesige Plantagen mit Gutta Percha Bäumen. In 10 bis 20 Kilogramm schweren, elastischen Blöcken gelangt der verdickte Saft in den Handel. Bereits 1858 treffen allein in Hamburg 75.000 Pfund Gutta Percha-Masse ein. Und im Jahr 1900 wird die Weltproduktion 60.000 Tonnen betragen! Da sind dann schon mehr als 400.000 km Kabel mit Gutta Percha isoliert. Noch 1908 heißt es: „Die Hauptverwendung [von Gutta Percha] ist aber die zum Isolieren von elektrischen Leitungen. Für Tiefseekabel ist sie das einzig brauchbare Isolationsmaterial..." Erst in den 1930ger Jahren macht die Entwicklung der Kunstharze und Kunststoffe dem Wundersaft und seiner Bedeutung in der modernen Industrie ein Ende. Während *Meyers Großes Konversations Lexicon von 1864* dem Gutta-Saft noch mehr als zwölf ganzseitige Textspalten widmet, hat der *Große Brockhaus* von 1969 für das Stichwort Gutta Percha gerade noch 22 Zeilen übrig. Daraus ist dessen einstige Bedeutung nicht mehr zu erkennen.

Neider wollten Montgomerie bald das Recht der Erstentdeckung der verschiedenen Verwendungsmöglichkeiten des Gutta Percha streitig machen. Doch Montgomerie wird eindeutig der Entdeckerruhm zuerkannt. Die *British Society* verleiht ihm eine Goldmedaille. Allerdings nicht für das Gutta Percha, sondern für die Einführung der – Muskatnuss!

Bei der Gummiwarenfabrik Fonrobert&Pruckner bestellt Siemens nach Erhalt der ersten Gutta Percha-Probe sofort weitere 7,4 kg und fängt an, damit zu experimentieren. Schon bald stellt er fest, dass der Gutta-Saft ein ausgesprochen schlechter Wärme- und Stromleiter ist. Für das, was er damit vorhat, ist das gut! Außerdem scheint der Baumsaft von hoher Langlebigkeit und Resistenz zu sein. Er widersteht den meisten Lösungsmitteln, ebenso Salz- und Süßwasser. Algen oder Muscheln können ihm nichts anhaben, und auch keine konzentrierten Anwendungen von Alkalien, Salzen oder Chlor. Alkohol und Äther machen dem Gutta nur etwas aus, wenn man es gleichzeitig erhitzt. Lediglich gegen Schwefelkohlenstoff und Chloroform, Terpentin und Steinöl sowie konzentrierte Schwefel- und Salpetersäure ist Gutta Percha nicht resistent. Letzteres wird Siemens allerdings sehr viel später feststellen – und es wird ihn eine Menge Geld kosten. Zunächst jedenfalls ist er von dem Wundersaft begeistert.

Start-Up im Hinterhof

Noch ist Berlin eine Stadt der Maschinenbauer. Aber Siemens und Halske werden aus der Hauptstadt bald ein „Elektropolis" machen, denn die Berliner Telegrafen-Kommission plant bereits, von der optischen auf die elektrische Nachrichtenübermittlung umzusteigen. Sie hat die Erfolge der Wheatstone-Telegrafen, die es auch schon auf deutschem Boden gibt, aufmerksam beobachtet. Zum Beispiel die Arbeiten von William Fardely, (1810-1869), dem in Mannheim geborenen Sohn einer Deutschen und eines Engländers. Der hatte in England Erfahrungen mit den Nadeltelegrafen gemacht. 1843 – er nannte sich bereits „Telegrapheningenieur" – war unter seiner Empfehlung und Mitwirkung auf der Strecke Aachen-Ronheide (Heute Bahnhof Aachen-Süd) die erste Nadeltelegraf-Linie in Deutschland entstanden. Im folgenden Jahr baute er eine vereinfachte Ausführung für eine 8,8 km lange Strecke entlang der Taunusbahn zwischen Wiesbaden und Kastel. Dabei nutzte er erstmals als Rückleitung die Leitfähigkeit der Erde. Das heißt: Er kam mit einer einzigen Drahtleitung aus, was die Kosten pro Kilometer um die Hälfte verbilligte. So konnte auch genug Geld aufgebracht werden, um kurze Zeit später die Linie von Kastel bis Frankfurt zu verlängern. Sie war nicht unterirdisch verlegt, sondern lief als 1,5 mm starker Kupferdraht über Holzmasten.

Nicht zuletzt in Anbetracht solcher Projekte hat Siemens schon seit längerem beschlossen, sich ganz der Telegrafie zu widmen, mit Halske als Partner. Doch zur Firmenfinanzierung wären 5.000 bis 10.000 Preußische Taler nötig. Dabei hat er im August etwa 2000 Taler Schulden. Das war eine Menge Geld, wenn man bedenkt, dass ein Arbeiter damals höchstens 300 Taler im Jahr verdiente. Trotzdem meint Siemens optimistisch: „Wir könnten, wenn wir Glück haben, 100 Mal so viel im Jahr umsetzen. Es fehlt eine solche Anstalt bisher gänzlich, wir sind daher ohne Konkurrenz…" Tatsächlich stellt Justizrat Georg Siemens, ein Vetter Werners, das für eine Firmengründung notwendige Kapital von 6.842 Talern gegen eine 20prozentige Gewinnbeteiligung zur Verfügung.

1873 wurde ein Tauschkurs des preußischen Tahlers zur Mark festgesetzt: 1 Tahler = 3 M. Einem von der Deutschen Bank ermittelten Kaufkraftvergleich mit einigen €-Preisen von 2016 kostete 1 kg Roggenbrot im Jahr 1882 0,26 M, was etwa 2,88 € entsprechen würde. 1 kg Weizenmehl gab es für 0.45 Mark, das wären 0,69 €. 1 kg Butter kostete 1.98 Mark, also im Jahr 2016 etwa 1.95 €.

Einen Platz für ihr Start-Up Unternehmen haben Siemens und Halske schon gefunden. Es ist ein Haus in einem trist aussehenden Hinterhof, Schöneberger Straße 19 in Kreuzberg. Doch er ist mit Bedacht gewählt. Denn Siemens ist sicher, den Auftrag für den Bau der von der Telegrafenkommission geplanten Versuchslinie entlang der Anhaltinischen Bahnlinie zu erhalten. „Durch die Fenster sieht man den Bahnhof […] Da ich die Acquisition dieser Bahn für sicher halte und jedenfalls in einigen Wochen die Verlegung meines isolierten Drahtes über anderthalb Meilen [1,5 Preußische Meilen = ca. 11,3 km.] [von] dort stattfindet, so hat diese Lage manches Bequeme für uns, da wir in der Werkstatt schon die Instrumente auf der Linie prüfen können."

Wie von ihm erwartet, erhält Siemens den Bauauftrag. Die Linie soll vom Bahnhof nach Schöneberg führen, heute ein Berliner Stadtbezirk. Hinsichtlich der Isolierung hatte die Kommission in Versuchen Harze, Glasröhren und Kautschuk erprobt, jedoch stets ohne befriedigenden Erfolg. Siemens setzt voller Vertrauen auf Gutta Percha und gründet am 1. Oktober 1847 mit seinem Partner die Firma *Telegraphen-Bauanstalt Siemens&Halske"*. Ziel ist der Bau von Telegrafen, Läutewerken für Eisenbahnen und die Isolierung von Leitungsdrähten unter Verwendung von Gutta Percha.

Über den Firmenstandort schreibt er seinem Bruder Wilhelm: „Ich wohne Parterre, die Werkstatt eine Treppe, Halske zwei Treppen hoch. In Summa für 300 Thaler." Am 12. Oktober wird die Arbeit aufgenommen. Bereits gegen Jahresende sind die ersten drei Mitarbeiter eingestellt und das junge Unternehmen „wird von sonst seltenen Arbeitern überlaufen [...] Über mir feilt und quieckt es schon bedeutend." Die Aufsicht über die Produktion führt Partner und Chefmechaniker Halske. Schon im ersten Geschäftsjahr wird die Firma *Siemens&Halske* rund 32.000 Taler umsetzen.

Das wichtigste in diesem Jahr ist zunächst, eine Methode zu entwickeln, mit der Gutta Percha möglichst schnell und einfach um einen Draht gelegt werden kann. In England hatte bereits die in Stratford ansässige Firma *S.W. Silver&Co.* im Jahr 1845 eine so genannte *extrusion press* entwickelt, ein Gerät zur Ummantelung von Draht mit Kautschuk. Doch die Naht löste sich häufig, der blanke Draht sprang heraus, Feuchtigkeit konnte mühelos eindringen. Auch bei der Produktion gab es gelegentlich „Lecka–en". Um sie zu finden wendete man zeitweilig eine ungewöhnliche Prüfmethode an: Durch den Draht wurde Schwachstrom geschickt, während der Draht durch einen mit Wasser gefüllten Behälter lief. Der Prüfer, also einer der Arbeiter, hielt dabei einen Finger ins Wasser. Sobald eine undichte Drahtstelle ins Wasser gelangte, erhielt er gewissermaßen als Signal einen leichten Stromschlag! Siemens: „So gelang es, alle kleinen, auf keine andere Art zu entdeckenden Isolationsfehler aufzufinden und nach ihrer Beseitigung Leitungen von außerordentlich hoher Isolierung zu erhalten."

Noch vor Ablauf des Jahres 1847 kann Siemens seine Versuchsstrecke entlang der Bahnlinie bis nach Schöneberg verlegen, unterirdisch, in einer Tiefe von 60 cm. Die Tests verlaufen erfolgreich, Läutewerk und die Siemens-Zeigertelegrafen laufen „über Erwartung schön und sicher". Infolgedessen wird Siemens beauftragt, die Linie bis Großbeeren zu verlängern! Auch sie soll unterirdisch laufen denn, so Siemens: „...man hielt es damals für ganz ausgeschlossen, dass eine an Pfosten befestigte, leicht zugängliche Telegrafenlinie sicheren Dienst thun könne, da man glaubte, dass das Publikum sie zerstören würde."

Aber es zeigt sich, dass an einigen Abschnitten die Isolierung an den Nahtstellen ähnlich wie in England undicht wird. Feuchtigkeit dringt ein. Siemens ummantelt zeitweise wieder mit Kautschuk, doch auch das funktioniert nicht so recht. Es gilt, die englische Extrusionspresse zu verbessern. Das gelingt ihm und Halske überraschend schnell. Die neue Apparatur ist nach Ansicht von Fachleuten ebenso einfach wie genial. Der Endlos-Kupferdraht läuft zentriert durch ein Rohr von etwas größerem Durchmesser. In dieses Rohr wird von einer Seite ständig weiches Gutta Percha gepresst. Am anderen Ende wird der nun von dem sich abkühlenden Gutta Percha nahtlos ummantelte Draht herausgezogen. Schließlich bauen Siemens und Halske ein Gerät, mit dem neun Drähte gleichzeitig hindurchgeführt und isoliert werden können. An seinen Bruder Wilhelm schreibt er enthusiastisch: „Das geht ganz brillant und kostet außer dem Draht und Gummi beinahe nichts."

Im Frühjahr 1848 ist die 18 km lange Linie nach Großbeeren betriebsbereit. Siemens notiert, dass sein Zeigertelegraf „seit drei Tagen brillant arbeitet. Die Mitglieder der Tel. Kommission kommen, um die Apparate zu besichtigen, und sind überrascht von der Sicherheit und Einfachheit des Arbeitens." Und weiter: „Mein Prinzip hat sich glänzend bewährt, und ich hoffe, dass es mit der Zeit alle anderen schlagen wird." Etwa 40 Buchstaben pro Minute kann sein Zeigertelegraf übertragen. Vom Drucken der Code-Signale sieht Siemens noch ab, Eisenbahnen legen darauf noch keinen Wert. „Es fehlt jetzt vor allem nur Geld, um die Sache kräftig fortzuführen..."

Noch während der Verlegung der Großbeeren-Leitung hat Siemens Verhandlungen mit dem Königreich Hannover über den nächsten Auftrag aufgenommen. Denn Preußen denkt an eine Leitung bis Frankfurt. Aber für welches der inzwischen verschiedenen Telegrafie-Verfahren soll man sich entscheiden? Angesichts der Sendeerfolge mit seinem Zeigertelegrafen schlägt Siemens zuversichtlich vor, einen öffentlichen Test für das beste System auszuschreiben. Sein Vorschlag wird angenommen, im März 1848 soll die Entscheidung fallen.

Doch in Europa braut sich Unheil zusammen. In Frankreich verbietet der „Bürgerkönig" Louis-Philippe im Februar eine geplante Veranstaltung zur Reform des Wahlrechts. Proteste der Bürger werden zu Unruhen, es kommt zu Straßen- und Barrikadenkämpfen zwischen Militär und den Demonstranten. Der König muss abdanken und flieht nach England. Doch die Proteste greifen aus vielerlei sozialen Gründen um sich. Sie erreichen das preußische Rheinland, Süddeutschland und am 13. März auch Wien.

Zwei Tage später, in Berlin, stellen am 15. März neun Konstrukteure der Kommission ihre Telegrafenapparate vor. Unter ihnen befindet sich der Oberlehrer Dr. August Ephraim Kramer (1817-1885) aus Nordhausen im Harz. Auch er beschäftigte sich schon als Schüler mit dem Phänomen Elektrizität. Kramer hat einen elektrischen Zeigertelegrafen konstruiert, der eine Kombination aus den von Wheatstone entwickelten und von Siemens verbesserten Geräten darstellt. Ende Juli 1846 hatte Kramer ihn erstmals in Nordhausen vorgeführt: Auf einer Strecke von etwa 1,1 km hatte er erfolgreich kurze Nachrichten zwischen dem Gasthaus „Zur Stadt Hannover" und dem Lokal „Zum Neuen Garten" übermittelt. Ein anderer Wettbewerber ist der Hamburger Fabrikant Hannibal Moltrecht, (1812-1882). Und auch William Fardely ist unter den Teilnehmern. Doch vier Tage später, am 18. März, erreichen die Unruhen Berlin. Auf dem Schlossplatz demonstriert eine große Menschenmenge. Barrikaden werden errichtet, Schüsse fallen, es gibt etwa 300 Tote. Der Telegrafen-Wettbewerb kommt nicht zustande, die Wettbewerber haben die Stadt verlassen.

Die militärische Kommission für die Einführung der elektrischen Telegrafen ist aufgelöst worden, die Telegrafie dem neugeschaffenen Handelsministerium unterstellt. Zum Leiter wird Regierungsrat Friedrich Nottebohm (1808-1875) ernannt. Wichtigste Aufgabe ist es, eine telegrafische Linie nach Frankfurt zu bauen, wie Siemens sie der Kommission vorgeschlagen hat. Denn in der Paulskirche in Frankfurt tagt das deutsche Parlament und in der Stadt residiert der Reichsverweser. In Berlin und Potsdam will man möglich schnell wissen, was jeweils beredet oder gar beschlossen wird. Siemens wird gefragt, ob er die Bauleitung übernehmen würde und sagt zu. Er wird vom Militär beurlaubt und dem Handelsministerium unterstellt. Sein neuer Chef ist jetzt Nottebohm, was Siemens „nicht sehr zusagt". Schon bald wird es zwischen den beiden Männern zu Differenzen kommen. Siemens: „Solange meine Vorgesetzten nichts vom Telegrafiewesen verstanden, ließen sie mich ganz ungeschränkt arbeiten und beschränkten ihre Eingriffe und Vorschriften auf Fragen von financieller Bedeutung. Das änderte sich aber bald in dem Maße, in welchem „mein nächster Vorgesetzter, der Regierungsassessor Nottebohm „sich während der Arbeiten Sachkenntnis erwarb. Es wurden mir Leute zugewesen, die ich nicht brauchen konnte, technische Anordnungen getroffen, die ich als schädlich erkannt, kurz, es kamen Reibungen und Differenzen vor, die mir die Freude an meiner Arbeit verdarben.

Die Linie nach Frankfurt soll, so ist es geplant, auf voller Länge unterirdisch verlegt werden. Für Siemens ist eine gute Isolierung immer noch eines der Hauptprobleme. Er würde „Luftdrähte" vorziehen. Bei denen verhindern die von ihm verwendeten Porzellanisolatoren an den Masten, dass der Strom „ausläuft", d.h. in die Erde geht. Nottebohm fürchtet in diesen unruhigen Zeiten aber mögliche Sabotageakte auf eine Freiluftleitung oder Diebstahl teurer Kupferdrähte. So soll sie also parallel zum Bahndamm unterirdisch verlegt werden. Siemens rät auf alle Fälle zur Armierung der in 40 bis 60 cm Tiefe zu verlegenden Leitung. Sie müsse durch Eisenrohre oder Umwicklung mit Eisendraht geschützt oder in Tonrinnen verlegt werden. Aber Nottebohm will Zeit und Kosten sparen. „So blieb es bei dem provisorischen Character der ersten Versuchsanlagen."

Auf der unterirdischen Strecke nach Eisenach kommt es tatsächlich bald zu Problemen. Die nicht tief genug in losem Sand verlegte Leitung wird „leicht durch Arbeiter und stellenweise auch durch Ratten, Mäuse und Maulwürfe beschädigt". Sobald man das festgestellt hat, legt man die Leitungen etwa doppelt so tief. Aber entstandene Fehler sind nur schwer zu finden und zu beseitigen. Das dauert jedes Mal Stunden. Siemens: „Unerfahrene Leute werden damit beauftragt. Um die Fehlerstelle einzugrenzen, durchschneiden sie die Leitung an unzähligen Stellen. Durch schlechte Verbindungen legen sie den Grund zu neuen Fehlern."

Im Juni 1849 bittet Siemens um seinen Abschied vom Militär, und legt kurze Zeit später auch sein Amt als technischer Leiter des preußischen Staatstelegrafen nieder. Er verzichtet zugleich auf die ihm für mehr als zwölfjährigen Offiziersdienst zustehende Pension „da ich mich gesund fühlte", wie er in seinen Memoiren schreibt, „und kein vorschriftsmäßiges Invaliditätsattest vorlegen mochte."

Ein Ire baut Preußens Telegrafenlinie

Wenige Monate vor Morses Rückkehr in die USA, am 21. Juli 1832, befiehlt König Wilhelm III per allerhöchster Kabinettsorder den Bau einer Telegrafenlinie durch Preußen - nach dem Vorbild der Chappeschen Erfindung. Das geschieht auch in anderen Ländern Europas, in Westrussland und in einigen Staaten an der amerikanischen Ostküste. In St. Petersburg steht eine Anlage auf einem Turm des Winterpalastes. Die Tachygrafen heißen jetzt optische Telegrafen, Flügel- oder Balkentelegraf oder Semaphor. Jedes Netz wird unabhängig vom anderen betrieben, seine Benutzung ist meist nur der jeweiligen Regierung vorbehalten.

Beeindruckt von Napoleons „Wunderwaffe" hatte schon der Hamburger Senator Günther am 30. Oktober 1794 den Bau einer optischen Telegrafenlinie zwischen dem Amt Ritzebüttel und der Stadt Hamburg angeregt. Ritzebüttel war die Kernzelle des späteren Cuxhaven. Günthers Motiv: Die Ankunft von Schiffen in der Elbmündung könne auf diese Weise schnell an die Kaufleute und Reeder in Hamburg übermittelt werden. Doch aus Kostengründen verzichtet der Senat auf den Bau. 1818 wird ein erneuter Vorstoß abermals abgelehnt.

In Preußen lief das anders. Carl Philipp Heinrich Pistor (1778-1847), Geheimer Postrat, hatte 1813 eine Werkstatt für optische und feinmechanische Instrumente gegründet, in der unter anderen auch ein junger Mann namens Johann Georg Halske das Feinmechaniker-Handwerk erlernte. Schon im Dezember 1830 hatte Pistor einer Kommission des preußischen Generalstabs eine Denkschrift mit dem Titel „Anlegung telegraph scher Linien innerhalb der Königlichen Staaten" vorgelegt. Darin schlug er eine Linie optischer Telegrafen von Berlin über Potsdam - Magdeburg - Gandersheim - Iserlohn und Köln vor, eine Strecke von 550 km. Und nun soll diese längste Linie Europas Wirklichkeit werden. Denn die Regierung will dringend eine schnelle Nachrichtenverbindung in das Rheinland, weil man in Berlin möglichst umgehend erfahren möchte, was an und hinter der Grenze zu Frankreich abläuft. Denn Preußen bestand damals aus zwei Teilen: Brandenburg/Pommern mit der Hauptstadt und Westfalen/Rheinland im Westen. Dazwischen lag gewissermaßen wie ein Stolperstein das Königreich Hannover.

Es ist von Etzel, der die Errichtung der Leitung nach Chappeschem Vorbild planen und durchführen soll: Und er macht sich auch gleich ans Werk. Persönlich wählt der erfahrene Geodät die Standorte für die einzelnen Stationen der Strecke aus. Das Bautempo ist geradezu atemberaubend. Während die Telegrafisten ausgebildet werden – es sind im Wesentlichen Feldwebel und altgediente Unteroffiziere – entsteht die Teilstrecke Berlin-Magdeburg. Sie hat 19 Stationen. Station 1 befindet sich auf der Kuppel der Alten Sternwarte im Stadtviertel Berlin-Dorotheenstadt (dem heutigen Berlin-Mitte), Station 19 ist der Turm der St. Johannis-Kirche in Magdeburg. Bereits im November 1832 wird der erste Abschnitt in Betrieb genommen. Das läuft so hervorragend, dass 'von Etzel die Order erhält, die Linie schleunigst zu verlängern. Er lässt weitere Stationen errichten, unter anderem in Höxter an der Weser, in Oyenhausen, Iserlohen und Radevormwald. Station 49 entsteht in Schlebusch auf der Schlebuscher Heide, Station 50 in Flittard im Bezirk Mühlheim im rechtsrheinischen Norden. Von dort geht es weiter zur Station 51, Luftlinie 8,6 km. Die steht auf dem Mittelturm der Garnisonskirche St. Pantaleon in Köln. Es folgen Söven bei Hennef und weiter auf dem östlichen Rheinufer die vorläufige Endstation 60 auf der Festung Ehrenbreitstein. Am 1.

Oktober „steht" die Linie, am 21. November 1834 wird sie offiziell abgenommen.

Zwischen Ehrenbreitstein und Schloss Koblenz, dem Amtssitz des Militärgouverneurs von Rhein- und Westfalen, werden Depeschen zunächst per Kurier und Fähre über den Rhein befördert. Doch das kostet viel Zeit. So entsteht schließlich Station 61 in Koblenz selbst. Die Linie ist nun insgesamt 587 km lang und damit die längste, durchgehende telegraphische Verbindung in Europa. Doch wie in Frankreich darf sie, von wenigen Ausnahmen abgesehen, nur vom Militär genutzt werden.

Die Herren „Tele-Grafen"

Wegen ihrer schicken Uniformen wurden die Telegrafisten im Volksmund auch „Tele-Grafen" genannt. In jeder Arbeitsschicht machen zwei Mann Dienst, der Ober- und der Untertelegrafist. Die Posten sind sehr begehrt, erfordern aber viel Geschick. Denn die beiden Nachbarstationen müssen ständig beobachtet werden, weil ja Nachrichten aus beiden Seiten eintreffen können. Für solche Fälle sind Signale vorgesehen, welche Station mit der Weitergabe oder dem Empfang warten soll. Deshalb müssen die Beamten auch in „Spiegelschrift" lesen können. Die gegenseitigen Beobachtungen erfolgen im Minutentakt, weil sie das Auge sehr ermüden.

Im Handbuch für Telegrafisten heißt es: „Das Telegraphieren ist keineswegs ein so leicht Geschäft, dass es von einem jeden, der nur dazu abgerichtet wird, betrieben werden könnte." Und: „Ein guter Telegraphenbeamter muss ein Mann von gesundem und unbefangenem Urteil sein, dem Beobachtungsgeist nicht abgeht, Nüchternheit und ein in jeder Beziehung anständiges Betragen werden vorausgesetzt, als Eigenschaften ohne die welche die oben erwähnten den größten Theil ihres Wertes verlieren würden." Wo die Stationen fern von jedem Dorf liegen, gehören dazu Grund und Boden für einen bescheidenen Ackerbau. Die Stationshäuser sind genormt, d.h. jeweils zwei Stockwerke hoch. Neben den eigentlichen Arbeitsräumen befinden sich darin auch Wohn- und Nebenräume für die Telegrafisten und ihre Familie.

Für die Behausung wird dem Telegrafisten eine Jahresmiete abverlangt, etwa fünf Prozent vom Lohn. Dieser Lohn beträgt bei einem Untertelegrafisten 212 Taler jährlich. Ein Obertelegrafist bekommt 312 Taler. Von 'Etzel verdient etwa das Doppelte eines Obertelegrafisten, allerdings zusätzlich zu seinem Sold von 1.900 Talern. Tuchweber verdienten damals zwischen 100 und 120 Taler im Jahr, Lehrer gar nur 65 Taler. Eine Untersuchung über die damalige Kaufkraft besagt, dass 1850 die Wochenkosten für einen 5-Personenhaushalt bei 3 ½ Talern lagen (der 24 Groschen betrug.) Sonderanschaffungen waren darin vermutlich nicht enthalten. Mit dem Verdienst ließen sich also keine großen Sprünge machen. 1 ½ Pfund Butter kosteten ja schon 9 Groschen.

Der Mast der Stationen ragt etwa 6.30 m über den Observationsraum, und ist mit drei je zweiarmigen Signalpaaren versehen. Er besitzt also sechs Indikatoren. Sie werden mit Seilzügen bedient und sind zur leichteren Bedienung wie die Chappeschen Zeichengeber mit Gegengewichten versehen. Im Volksmund hießen sie „Wunderapparate". Auf Weihnachtsmärkten und Rummelplätzen wurden bald kleine hölzerne oder aus Lebkuchen geformte Nachbildungen der Zeichengeber verkauft.

Auch bei den Preußen kennen die Telegrafisten den Inhalt der Nachrichten nicht, die sie empfangen und weitergeben. Jede Depesche ist geheim. Sie wird in den Expeditionsbüros in Berlin von vereidigten Inspektoren chiffriert und erst im Koblenzer Expeditionsbüro entschlüsselt. Boten überbringen sie dann dem jeweiligen Adressaten. In umgekehrter Richtung funktioniert das ebenso. Wie in Frankreich besteht die Anweisung, dass die Codebücher – insgesamt nur 12 Exemplare – „unter Verschluss" gehalten werden müssen. Allein schon die auszugsweise Anfertigung von Abschriften wird streng bestraft. Freilich muss nicht jeder einzelne Buchstabe einer Nachricht signalisiert werden. Für viele Begriffe und Sätze werden Codezeichen verwendet. Manche davon beinhalten ganze Sätze. Zum Ablesen dienen Fernrohre von 76 cm Länge, mit 40- bis 6o-facher Vergrößerung.

Pro Minute konnten etwa anderthalb bis zwei Zeichen durchgegeben werden. War das Wetter gut, so durchliefen sie die gesamte Strecke zwischen Berlin und Koblenz in 8 bis 14 Minuten.

Depeschen von etwa 30 Worten benötigen etwa anderthalb Stunden. Das war wegen der Bedienung der sechs Indikatoren zwar nur halb so schnell wie beim französischen System. Dafür war jedoch das Zeichenrepertoire zwanzig Mal größer, also wortreicher, als auf den französischen Linien.

Und so lief eine Übermittlung ab: Der „entgegensehende", so genannte Späh-Telegrafist schaute etwa vier bis fünf Mal pro Minute durch sein fest eingebautes Fernrohr auf die Nachbarstation. Sobald diese ein Signal übermittelte, nannte er seinem Kollegen die von ihm erkannte Signalstellung. Der „Telegraphist an der Steuerung", auch Kurbel-Telegrafist genannt, stellte daraufhin „seine" Indikatoren ein und „hielt" sie so lange, bis sie von der nächsten Station als erkannt bestätigt wurden. Im Schnitt liefen sechs Depeschen täglich von und nach Berlin, an manchen Tagen auch bis zu zehn. Im Sommer betrug die tägliche Betriebszeit etwa sechs Stunden, im Winter war sie auf drei begrenzt. Bei Regen, Schneefall oder Nebel gab es allerdings „Leitungsstörungen". Zeichen waren nicht oder nur undeutlich – heute würde man sagen „verstümmelt" – sichtbar. So eine Störung konnte bei schlechter Witterung manchmal Tage dauern. Von Etzel notierte einen Betriebsausfall von November 1840 bis zum Januar des folgenden Jahres. Es kam auch häufiger vor, dass Depeschen wegen einbrechender Dunkelheit erst am folgenden Morgen zu Ende gesendet werden konnten.

Über alles wurde genau Buch geführt, jedes Zeichen mit preußischer Gründlichkeit notiert. Dazu wurde auch die Uhrzeit eingetragen, die sogenannte Berliner Zeit. Denn es gab noch keine Zeitzonen, also etwa eine Mitteleuropäische Zeit (MEZ). Vielmehr richtete sich jede Stadt nach dem Stand der Sonne. Hatte die ihren höchsten Tagesstand erreicht, so war das 12 Uhr mittags Ortszeit. Da die Städte jedoch auf unterschiedlichen Längengraden liegen, hatte fast jede Stadt zwischen Ost und West ihre eigene Uhrzeit. Um die Zeit auf den mit einem Schlagwerk versehenen Schwarzwälder Uhren der Telegrafenstationen zu synchronisieren wurde jeden dritten Tag nach einstündiger Vorankündigung eine Art Zeitzeichen aus Berlin losgeschickt. Auf sein Eintreffen hin wurden alle Uhren, wenn nötig, entsprechend reguliert, um einheitlich die „Berliner Zeit" anzuzeigen. Kam das Zeitzeichen in Koblenz an, so wurde es von dort sofort bestätigt. Dauer des ganzen Vorgangs: Hin- und zurück weniger als zwei Minuten!

Schrittweise entwickelte sich über Preußens Grenzen hinaus ein internationaler Nachrichtenverkehr. Aber trotz dieser Erfolge sieht von Etzel bereits das Ende der „Holztelegrafen' voraus. Nach ausländischen Vorbildern hat er einen eigenen Telegrafenapparat gebaut und diesen am 8. Oktober 1840 im Potsdamer *Neuen Palais* dem preußischen König Friedrich Wilhelm IV vorgeführt. Dieser beauftragt von Etzel daraufhin, einen Kostenvoranschlag für den Bau einer Versuchslinie vom Berliner Schloss zum *Neuen Palais* einzureichen. Das ist eine Strecke von etwa 26,3 km. Die doppelte Drahtverbindung sollte oberirdisch verlaufen, entlang der bereits bestehenden optischen Telegrafenlinie. Falls erfolgreich, sollte sie sie diese eines Tages ablösen.

Doch noch wird mit dem Flügeltelegrafen gearbeitet. Mit dessen Hilfe wird auch eine heute als historisch geltende Nachricht im Umfang von 30 Worten im Auftrag des preußischen Innenministers am 17. März 1848 nach Köln geschickt. Sie verlässt Berlin um 17 Uhr und trifft um 18.30 Uhr im Kölner Regierungspräsidium ein. Ausnahmsweise soll ihr Inhalt an die *Kölnische Zeitung* zur Veröffentlichung weitergegeben werden. Die wichtigste Passage: „An drei Abenden zog der Pöbel in Trupps durch die Straßen. Die Bürgerschaft wirkte beruhigend. Seit gestern ist alles ruhig und kein Zeichen der Erneuerung vorhanden." Die Ereignisse dieser Tage gingen als „März-Revolution" in die Geschichte ein. In einem zeitgenössischen Kommentar hieß es dazu: „Man hatte bisher wohl zuweilen den Telegraphen hoch auf dem Turm seine langen Arme ausstrecken sehen, doch war seine Arbeit den Leuten ein Buch mit sieben Siegeln geblieben. So staunte man, als man das Extrablatt der *Kölnischen Zeitung* mit jener Depesche in Händen hielt. Man wunderte sich, wie schnell das Ding schreiben konnte…"

Trotz der beruhigend lautenden Depesche aus Berlin: Am nächsten Tag werden in der Hauptstadt die ersten Barrikaden errichtet, die Revolution hat die Stadt erreicht. Es gibt Tote und Ver–

wundete. Am 10. Mai 1849 stürmen und beschädigen Aufständische die Station Nr. 43 in Fröndenberg bei Iserlohn. Damit legen sie für eine Weile die Linie zwischen Köln und Berlin lahm. Nur allmählich beruhigt sich die politische Lage in Preußen.

Die Benutzungsvorschriften für den Regierungs-Telegrafen sind in Preußen ähnlich streng wie in Frankreich. Man hat jedoch nichts gegen „Privatsender". So entstehen öffentliche Linien, aber auch verschiedene Systeme. Der Winker-Telegraf eines Franzosen namens Gonon ist eine Kombination aus französischem und preußischem Flügeltelegraf. Pro Stunde könne man damit angeblich 40.000 Zeichen senden, was etwa 1.000 Worten entspricht. Gonons System wird auch in den USA während des englischamerikanischen Krieges angepriesen. Die Zeitung *Baltimore American* nennt als Beispiel, dass die Übermittlung einer Nachricht wie der folgenden über 50 Stationen von New York nach Washington in nur fünf bis sechs Minuten möglich wäre. „The British fleet, three ships of the line and five frigates, appeared off the Hook at 33 minutes past 10. "(Die Britische Flotte, drei Linienschiffe und fünf Fregatten, erschienen vor Hook 33 Minuten nach 10.) Mit „Hook" ist Sandy Hook vor der Einfahrt in den Hudson nach gemeint.

Dem Weinessigfabrikanten Johann Ludwig Schmidt aus dem damals noch holsteinisch-dänischen Altona und einigen Hamburger Kaufleuten wiederum ist Norddeutschlands erstes, schnelles Nachrichtensystem zur Küste zu verdanken. Ein solches hatte ja schon, wie erwähnt, der Hamburger Senator Günther vergeblich vorgeschlagen. „Schmidt und Consorten" gründen die *Hamburg-Altonaer-Telegraphen Gesellschaft*. Die Stadt Hamburg genehmigt und beteiligt sich finanziell, nachdem auch Dänemark und Hannover versprechen, zur Finanzierung der Linie Altona-Ritzebüttel beizutragen.

Aufgabe der Station ist es vor allem, Schiffe anzumelden, die in die Elbe einlaufen. Die jeweilige Hamburger Reederei kann dann bereits alle Vorbereitungen für Ent- und Beladung treffen, um so die Liegezeit des Schiffes zu verkürzen. Am 18. März 1838läuft über sie die erste Botschaft des Hamburger Senats. Als sie in Ritzebüttel eintrifft, lässt der dortige Amtmann Salut schießen. Als Schreckensmeldung gilt 1842 die Nachricht vom Großen Brand von Hamburg nach Ritzebüttel. Sie soll alle Feuerwehren im Umland alarmieren und zu Hilfe zu rufen. „Der Baumwall [eine Häuserreihe an der Elbe mit Wohnungen und Kontoren] brennt jetzt vorzüglich..." heißt es von dem Feuer. Zwischen dem 5. und 8. Mai legt es fast die gesamte damalige Innenstadt Hamburgs in Schutt und Asche. Beim Wiederaufbau wird die Schmidt'sche Linie nach Bremerhaven und Bremen verlängert. Der Hamburger Sendemast wird vom Baumhaus auf die Spitze des vom französischen Architekten Chateauneuf errichteten Postgebäudes gesetzt.

Und von Etzel? Nach zwei Schlaganfällen stirbt er, kurz vor seinem Tod noch zum Generalmajor befördert, 1850 in Berlin. Begraben ist er auf dem Französischen Friedhof der Hauptstadt. Aber vor seinem Tod erlebt er noch die Anfänge der elektromagnetischen Telegrafie, die seine optischen Telegrafenlinien obsolet machen wird. Wie er es vorausgesehen hatte.

„AUS" für den Holztelegrafen

Der Bedarf an qualitativ hochwertigem Gutta Percha ist in ganz Europa so gestiegen, dass nun auch minderwertigeres Material verwendet werden soll. Wenn man es mit Schwefel versetzt, so die Meinung, wäre auch bei diesem eine gute Isoliereigenschaft und eine höhere Widerstandskraft erreichbar. Ein fataler Irrtum, wie sich bald zeigen soll. Denn der Schwefel wird sich innerhalb weniger Monate nach Legung der Leitung mit dem Kupfer des isolierten Drahtes verbinden. Dadurch wird dann auch die Gutta Percha-Ummantelung leitend und allmählich einen Teil ihrer Isolierfähigkeit verlieren.

Gebaut wird in mehreren Abschnitten gleichzeitig. Halske installiert an den fertigen Strecken die Zeigertelegrafen, während Siemens sich um die Strecke zwischen Eisenach und Frankfurt kümmert. Sie wird jetzt ab Kassel doch oberirdisch geführt, denn Hessen gilt nicht als „Revolutionsgebiet". Außerdem ist die Eisenbahnstrecke noch im Bau und das Gelände für die Trasse noch nicht überall erworben. Ähnlich wie in England gibt es Widerstand von

Landwirten und anderen Anrainern der Strecke gegen die Aufstellung von Telegrafenmasten, oft aus Furcht vor Nebenwirkungen. Schlimmer noch ist die Kleinstaaterei! Hannover ist ein Königreich, und dann gibt es Großherzogtümer und Fürstentümer. Für die Linie nach Frankfurt müssen nicht weniger als neun völkerrechtliche Verträge und ein Privatvertrag mit der Thüringer Eisenbahn-Gesellschaft abgeschlossen werden.

Ebenso wie gutes Guttapercha ist auch galvanisierter Eisendraht auf dem Markt nur noch schwer zu erhalten, weil davon Hunderte von Kilometern in Englands wachsendem Telegrafennetz verspannt werden. Also muss man den viel teureren Kupferdraht nehmen – was wiederum die Diebstahlsgefahr erhöht. Die blanken Kupferdrähte sind, wie in England und den USA, zwischen auf Masten befestigten Isolatoren aus Porzellan verspannt. Siemens in seinen Memoiren: „Diese besaßen den großen Vorzug, dass die innere Fläche der Glocke auch bei Regenwetter immer trocken bleiben musste, wodurch die Isolation unter allen Umständen gesichert war. In der That gelang es auf diese Weise eine fast vollkommene Isolierung herbeizuführen. "Wo Teilstücke der Leitung verbunden werden müssen, lässt Siemens die Enden lediglich zusammendrehen. Ein Fehler, wie er sich bald eingestehen muss – denn bei starkem Wind kommt es zu Wackelkontakten und die Qualität der Signalübermittlung schwankt entsprechend oder eine Übermittlung ist völlig unmöglich. Alle Verbindungsstellen müssen deshalb nachträglich verlötet werden. Auch atmosphärische Störungen, wie etwa Nordlichter, können die Leitungen manchmal für Stunden lahmlegen. Beim Übergang einer Leitung vom Flachland zum Gebirge wechselten die Leitungsströme oft die Laufrichtung, was die Durchgabe von Depeschen erschwerte. Und „bei einer längeren überirdischen Leitung vergeht fast kein Sommer, ohne dass der Blitz in sie einschlägt, die Instrumente beschädigt und die Leitung theilweise zerstört", so Siemens. Er schafft auch da Abhilfe. Unter anderem entwickelt er den sogenannten Plattenblitzableiter, der in regelmäßigen Abständen in die oberirdischen Leitungen eingebaut wird.

Trotz aller Schwierigkeiten kann die elektromagnetische Telegrafenlinie am 30. Januar 1849 offiziell in Betrieb genommen werden. Mit einer Trassenlänge von rund 655km ist sie die längste Europas. Verwendet werden Apparate (noch) von Siemens und (schon) von Morse. Am 3. April trifft eine Deputation von Mitgliedern der Frankfurter Nationalversammlung in Berlin ein, um König Friedrich Wilhelm IV zu bitten, die deutsche Kaiserwürde anzunehmen. Doch der zögert, und lehnt am 28. April endgültig ab. Telegrafisch – über die neue Linie. Mit den Siemens-Geräten dauert die Übertragung der Verzichtserklärung sieben Stunden. Siemens wertet das zwar als Triumph. Doch er muss sich eingestehen: Der Morse-Telegraf ist schneller. Mit dem ist die Durchgabe in 75 Minuten erledigt - denn gute Telegrafisten schaffen bis zu 100 Buchstaben pro Minute.

Am 30. Mai wird auch die 286 km lange Linie Berlin - Hamburg eröffnet, und am 10. Juni die Strecke Berlin - Cöln - Aachen über 708,2 km. Von dort wird sie weiter nach Verviers zur preußisch-belgischen Grenze geführt und soll dort an das belgische Telegrafennetz anschließen. Weitere Linien entstehen bis zum ersten Juni 1850 nach Stettin, nach Breslau sowie zwischen Düsseldorf und Elberfeld, Halle und Leipzig, und Breslau und an die Grenzstation Preußisch-Oderberg um dort Anschluss an das österreichische Netz zu finden. Damit sind auch Wien und Orte an der Adria erreichbar. Allerdings: kommt eine Depesche mit dem Zeigertelegrafen an, so muss sie in Oderberg vom preußischen Telegrafisten zunächst einmal transkribiert, also niedergeschrieben werden. Dann bringt ein Bote den Text zum Telegrafenbeamten in Österreich und der speist ihn dann mit dem Morseapparat ins heimische Netz nach Wien. Denn die Österreicher haben sich endgültig für den Morse-Telegrafen entschieden. Preußen benutzt aber auf der Linie Breslau – Oderberg neben dem Siemens'schen Zeigertelegraf auch den Morset-Telegraphen. Europa hat begonnen, sich elektromagnetisch zu vernetzen.

Die meisten der im Schnellverfahren gebauten Linien sollen zwar unterirdisch verlegt werden, allerdings rund 80 cm tief, doch abermals aus Ersparnisgründen ohne zusätzliche Umkleidung.

Innerhalb von 12 Monaten entstehen so bei einem Aufwand von 400.000 Talern 245 Preußische Meilen bzw. 1.548 km elektrischer Telegrafenleitung. Und die Zahl der Angestellten der Firma Siemens&*Halske* steigt auf 25 an. Ein Ende des Wachstums ist nicht abzusehen. Parallel dazu werden die Flügeltele-grafen stillgelegt. Lediglich der Abschnitt zwischen Köln und Koblenz bleibt bis zum 12. Oktober 1852 bestehen, dann übernimmt auch hier der elektromagnetische Telegraf die Verbindung. Denn wegen der Schifffahrt im Rhein ist es schwierig, die Leitungen unter Wasser zu verlegen. Siemens lässt sie schließlich in dicke Röhren und Ankerketten packen. An denen werden tatsächlich viele Schiffsanker hängen bleiben und müssen von den Schiffsführern gekappt werden. Die E-Leitungen selbst bleiben unversehrt. So kann ab 12. Oktober auch auf diesem Teilabschnitt elektrisch telegrafiert werden. Ein Jahr später wird auch die optische Linie Berlin-Potsdam stillgelegt. Damit hat der preußische „Holztelegraf" endgültig ausgedient.

Aber mit welchem Telegrafen-Typ soll in Zukunft gearbeitet werden? Der 41jährige Nottebohm hat von Anfang an das amerikanische Übermittlungssystem begünstigt. Die schnelle Durchgabe der königlichen Verzichtserklärung hat erneut gezeigt, dass die Morse-Telegrafen schneller sind als Wheatstone- oder Siemens-Geräte. An dieser Tatsache kann auch Siemens nichts ändern. Er setzt zwar all seinen Einfluss und seine Überredungskunst ein, um sein System zu retten. Es sei zuverlässiger als das amerikanische; es könne im Gegensatz zum Morse-Telegrafen auch von Ungeübten bedient werden. Und gegen den Widerstand Nottebohms bestellt Preußen tatsächlich noch 100 der Siemens'schen Zeigertelegrafen. Aber im Endeffekt nützt diese Bestellung der 100 Geräte nichts. Denn seit der Morse-Telegraf zwischen Hamburg und Ritzebüttel/Cuxhaven in Betrieb ist, weiß Siemens: „Das Morse-System setzt sich nun auch in Preußen durch." Dann tut er etwas sehr Kluges: statt verbohrt an seiner eigenen Entwicklung festzuhalten wie so viele Erfinder vor und nach ihm hält er sich an eine amerikanische Lebensweisheit: *„If you can't lick them, join them!"* (Wenn Du sie nicht schlagen kannst, so verbünde Dich mit ihnen!"). Er erwirbt von Morse die

Lizenz für den Nachbau und Vertrieb von dessen Telegrafen. „Halske und ich erkannten dieses Übergewicht des auf Handgeschicklichkeit beruhenden Morse-Telegrafen sogleich und machten es uns daher zur Aufgabe, das System mechanisch nach Möglichkeit zu verbessern und zu vervollständigen. Wir gaben den Apparaten gute Laufwerke mit Selbstregulierung der Geschwindigkeit, zuverlässig wirkende Magnetsysteme, sichere Contacte und Umschalter, verbesserten die Relais und führten ein vollständiges Translationssystem ein." In den folgenden Jahren sorgen diese Maßnahmen entscheidend für die Verbreitung des kontinentaleuropäischen Telegrafie-Systems.

Die fertiggestellte Strecke Berlin-Frankfurt steht zunächst unter militärischer Verwaltung. Sie dient dem Staatsbetrieb, ähnlich wie schon die optischen Telegrafen. Siemens war ein Gegner dieser Politik. In seinen Lebenserinnerungen schreibt er: „Ich kämpfte dafür, dass die Benutzung der herzustellenden Telegrafenlinien auch dem Publikum gestattet würde, was in militärischen Kreisen großer Abneigung begegnete." Nach Protesten der Öffentlichkeit und aus Kostengründen wird die Linie am 1. Oktober 1849 auch für den öffentlichen Verkehr freigegeben. Jedermann – die Geschäftswelt, die Presse, die Börse – darf sie nutzen. Schon bald sind die Einnahmen doppelt so hoch wie die Kosten, also eine Gewinnmarge von 100 Prozent.

In den folgenden zwei Jahren werden auf deutschem Gebiet 2.714 km Gutta Percha-Linien entlang bestehender Bahnstrecken verlegt werden. Es entstehen die Verbindungen Hamburg-Rendsburg und Linien nach Breslau und Stettin. 1850 ist der Grundausbau der preußischen Staatstelegrafenlinien praktisch abgeschlossen. Fünf auf Berliner Bahnhöfen endende Linien führen dann unterirdisch zur Telegrafenzentralstation im Hauptpostgebäude.

Die große Panne

Doch dann kommt es zur großen Panne: Bei dem mit Schwefel versetztem Gutta Percha beginnt der Schwefel sich mit dem Kupfer des Leitungsdrahtes zu verbinden. Es bildet sich schwefliges Kupfer, das sich gewissermaßen in die Isolierung hineinfrisst. Diese wird dadurch allmählich leitend und die Telegrafiesignale versickern langsam im Sande. Der Versuch, beschädigte Stellen mit Blei zu ummanteln, war laut Siemens „eine mühselige Arbeit. Durch die lang ausgestreckte Bleiröhre wurde mit Luftdruck eine Hanfschnur gepustet und an dieser dann das Leitungskabel durchgezogen. Dann wurde das erwärmte Bleirohr fest um das Kabel gepresst. Tatsächlich waren solche Leitungen auch noch 40 Jahre später in Betrieb. Aber häufig erwies sich das Verfahren ebenfalls als nutzlos, weil Nagetiere sogar die schützende Bleidecke zerfraßen. Es fehlte ferner gänzlich an einem gehörig geschulten Personal, um das ausgedehnte Leitungsnetz in Ordnung zu halten und die auftretenden Fehler ohne Schädigung der ganzen Anlage zu beseitigen. Durch ungeschickt ausgeführte Aufsuchung und Ausbesserung aufgetretener Fehler entstanden zahllose neue Lötstellen, die in sehr primitiver Weisen durch Umklebung mit erwärmter Gutta Percha isoliert wurden und so zu immer neuen Fehlern führten. Es stand daher zu befürchten, dass die unterirdischen Leitungen in kurzer Zeit ganz unbrauchbar sein würden."

Da, wo Blankdraht-Leitungen mangels galvanisiertem Draht aus Kupfer bestehen, ist Diebstahl – wie Nottebohm befürchtet hatte – ein weiteres Problem. Davon zeugt z.B. ein in seinem Namen verfasstes Plakat vom 8. Januar 1851, auf dem es heißt:

> **„Fünfzig Thaler Belohnung! In der Nacht vom 2. zum 3. d.M. Ist der Kupferdraht von der oberirdischen Staats-Telegraphen-Leitung zwischen Berlin und Potsdam abermals auf einer Strecke von 3.000 Fuß [950 m] entwendet worden, ohne dass es gelungen ist, dem Thäter dieses oder eines der früher verübten derartigen Diebstähle auf die Spur**

> **zu kommen. Obige Belohnung wird deshalb Demjenigen hiedurch zugesichert, welcher den Täter eines der gedachten Draht-Diebstähle dergestalt nachweist, dass er zur gerichtlichen Untersuchung und Bestrafung gezogen werden kann."**

Trotzdem – im Herbst 1851 wird Preußen generell den Bau auch oberirdischer Leitungen genehmigen. Man denkt sogar darüber nach, sämtliche noch vorhandenen unterirdischen Leitungen still zu legen. Bis 1852 werden tatsächlich fast alle verschwinden, ebenso in England und im übrigen Ausland. Der Telegraf „geht in die Luft".

Ab Anfang der 1850 Jahre beginnt sich die Verwendung von verschwefeltem Gutta Percha und die fehlende Armierung zu rächen. Immer häufiger kommt es zum Ausfall von Streckenabschnitten. Telegrafie-Kunden beginnen, sich massiv über die „unmöglichen Zustände" zu beschweren. Schließlich müssen Hunderte Leitungskilometer herausgenommen, frisch isoliert und tiefer verlegt werden. Siemens veröffentlicht 1851 eine Broschüre mit dem Titel: „Kurze Darstellung der an den preußischen Telegrafenlinien mit unterirdischen Leitungen gemachten Erfahrungen". Sie ist eine Art Verteidigungsschrift, denn er macht darin nicht nur Verbesserungsvorschläge für zukünftige Linien, sondern weist darin „auch die mir damals von allen Seiten aufgebürdete Schuld am Zusammenbruch des von mir vorgeschlagenen Leitungssystems energisch zurück."

Der „Erfolg" der Broschüre ist zunächst, dass sie zum endgültigen Zerwürfnis mit Nottebohm führt. Das Preußische Telegrafenamt entzieht der Firma *Siemens&Halske* sämtliche Aufträge. Und das geht so für mehrere Jahre. Siemens wird zur persona non grata. Andere Firmen bauen nun die Telegrafenapparate für Preußen. Und es sind ausschließlich Morse-Telegrafen. Für die privaten Bahngesellschaften produziert Siemens jedoch weiterhin seine verbesserten Wheatstone-Telegrafen. Aber mit den nur in geringer Stückzahl produzierten Bahntelegrafen ist die Firma *Siemens&Halske* nicht ausgelastet. Firmenbiograph und Siemens-Enkel Georg: „An manchen Lohnzahltagen musste sich

Halske das Geld hundertthalerweise zusammenborgen." [Wilhelm in London] „machte Luftgeschäfte, jetzt noch unterstützt durch Bruder Carl, der in Paris fast ein Jahr lang ohne jedes Ergebnis 3.000 Francs auf Unkostenkonto verbraucht hatte." Sprich: Außer Spesen nichts gewesen.

Ein Gutes jedoch hat die Beendigung der Zusammenarbeit mit Nottebohm: Siemens sucht – und erhält – Aufträge aus dem Ausland. In diesem Jahr (1852) erwerben er und Halske „ein ansehnliches Grundstück, Markgrafenstraße [Ecke Charlottenstraße, mit der damaligen Nummer] 94, auf dessen Hinterterrain eine hübsche, geräumige Werkstatt errichtet wurde, das neu ausgebaute Vorderhaus ist gekauft für 40.000 Thaler. Etwa 10.000 Thaler wird der Ausbau noch kosten... wir denken schon Ostern mit dem Umzuge beginnen zu können. An Platz ist jetzt kein Mangel, da nicht der fünfte Theil benutzt wird und rechts und links Freiheit zur Ausdehnung durch Ankauf ist..."

1852 haben auch die letzten Flügeltelegrafen auf der Strecke Berlin-Koblenz ausgedient. Nacheinander werden die Linien in Preußen und den übrigen deutschen Territorien eingestellt. Etzel selbst, ihr Erbauer, setzt sich für die Demontage ein. In Frankreich endet der Betrieb der 556 Stationen auf dem über 5.000 km langen Netz drei Jahre später. In der Folgezeit verfallen viele Türme, werden teilweise als Baustofflieferanten ausgeschlachtet oder zu Lagerhäusern, Wassertürmen oder Taubenschlägen umfunktioniert. Der letzte „Holztelegraf" verstummt 1880 in Schweden.

Siegreicher Samuel Morse

1851 führt zwischen dem 1. Mai und dem 15. Oktober auf der Großen Ausstellung im Kristall Palast im Hyde Park die britische *Electric Telegraph Company* ihre Geräte vor. Nachrichtenübermittlungen zwischen verschiedenen Ständen der Ausstellung finden statt. Vorgeführt werden die neuesten Geräte und Errungenschaften der elektromagnetischen Telegrafie, die Nadeltelegrafen von Cooke und Wheatstone, der chemische Telegraf des

Schotten Alexander Bain. Prominenteste Besucherin ist die 32-jährige Königin Victoria. Unter dem Datum vom 9. Juli 1851 schreibt sie in ihr Tagebuch:„Wir besuchten die Ausstellung und man zeigte und erklärte uns den elektrischen Telegrafen. Es ist das wundervollste Ding und der Junge, der es bediente tat dies mit der größten Leichtigkeit und Schnelligkeit. Nachrichten wurden nach Manchester, Edinburgh usw. gesendet und innerhalb von Sekunden trafen die Antworten ein. Wahrhaft wunderbar!"

Im gleichen Jahr, 1851, wird auf der Telegrafenkonferenz in Wien beschlossen, den Morse-Telegraf im deutschsprachigen Raum als standardmäßiges Nachrichtengerät zu verwerden. Allerdings nicht unter Nutzung von Morses Zick-Zack Schrift, sondern mit dem Punkt-Strich Alphabet, entwickelt vom Hamburger Telegrafendirektor Friedrich Clemens Gerke (1801-1888). Diese am 1. 7. 1852 eingeführte Tastschrift trägt – zu Unrecht – die Bezeichnung Morse-Alphabet. Angeblich zu Ehren von Morse. Aber eigentlich müsste es Gerke- oder Punkt-Strich Alphabet heißen. Und: Ironie der Geschichte: am 6. November wird nach Absolvierung seines Militärdienstes und einer sehr kurzen Tätigke t bei der Post in Berlin ein junger Mann namens Heinrich Stephan von Berlin nach Köln versetzt. Grund: „Weil er zum Spionieren [gemeint ist wohl die Nachrichtengewinnung] nichts taugt" und „im Dienst nicht eifrig genug gewesen." Dieser Ernst Heinrich Wilhelm Stephan (1831-1897), Sohn eines Schneiders, wird Deutschlands fähigster Generalpostmeister werden und die Nachrichtentechnik seiner Zeit wesentlich bestimmen. Bis 1865 werden nach Deutschland und Österreich 28 weitere Länder Ger-kes Alphabet und die Morsetaste übernehmen. Nur im Königreich Großbritannien bleibt man zunächst bei den Nadeltelegrafen von Cooke und Wheatstone.

Für die Botschaften, die damit verschickt werden, hat wenige Monate zuvor, (am 6. April 1852), der US-amerikanische Jurist E.P. Smith aus Rochester im US-Staat New York in einem Artikel für das *Albany Evening Journal die* Bezeichnung *telegram* vorgeschlagen. Der Begriff – wörtlich übersetzt von Fernschrift oder Fernschreiben – wird sich ab 1860 allmählich auch in Europa einbürgern. In Deutschland wird er ab 1878 die von der Reichspost verwendete Bezeichnung „Depesche" ablösen. Bezeichnungen wie Kabel- oder Drahtnachricht werden auch nicht mehr verwendet.

In den USA ist Morse als *triumphator mundi*, wie er in einem zeitgenössischen Bericht genannt wird, als „Überwinder der Welt" von Erfolg zu Erfolg geschritten. Er wird überhäuft mit Ehrungen, Auszeichnungen und finanziellen Zuwendungen. Sein Konterfei ist auf Münzen und Briefmarken verewigt. Der einst hungerleidende Kunst-Professor ist längst ein wohlhabender Mann. Schon 1847 hatte er sich seinen Sommersitz *Locust Grove* kaufen können. Der „Akazienhain" umfasst 80 Hektar Grund, und 25 Jahre lang wird er Morse als „Sommerhaus" dienen. 1848, am 9. August, hatte er die 31 Jahre jüngere Sarah Elizabeth Griswold geheiratet. Die Tochter eines Offiziers schenkte ihm vier Kinder. Später kaufte Morse noch ein großes Haus in New York und begann wieder zu malen. Aber so richtig gelang ihm das nicht mehr. Die meisten der ihm heute zugeschriebenen Gemälde und Porträts stammen aus seinen frühen Jahren. Der Telegraf, die vielen Erstrecht-Prozesse um seine Anerkennung als Erfinder der Telegrafie muss er zwar nicht mehr führen, sich aber doch gelegentlich gegen Plagiatsvorwürfe zur Wehr setzen.

Viele der Ehrungen kommen vom europäischen Kontinent (in England sind ja Cooke und Wheatstone die Helden). Frankreichs Kaiser Napoleon III ernennt Morse zum Ritter der Ehrenlegion. Und 1857 beschließen zehn europäische Staaten auf Anregung des US-amerikanischen Botschafters in Paris, Morse ein Geldgeschenk in Höhe von 80.000 Dollar zu machen – damals ein mittleres Vermögen in heutiger Millionenhöhe. Dazu werden Anekdoten verbreitet, manche wahr, manche vielleicht erfunden. Eine lautet so: Baron George Haussmann, Präfekt und Stadterneuerer von Paris, entschuldigt sich beim Grafen Morin wegen einer abgesagten Verabredung:

„Ich hatte sehr vornehme Gäste. Raten Sie mal, wen!"
Morin nennt die Namen einiger bedeutender Persönlichkeiten. Doch Haussmann verneint.

„Höher hinauf!" sagt er.
„Nun, dann den Prinzen Paolo?"

„Noch höher hinauf!" ruft Haussmann.

„Nun, die Majestäten waren nicht bei Ihnen, das wüssten die Zeitungen!", sagt Morin.

Darauf antwortet Haussmann: „Nicht die Majestäten der Macht, sondern die des Genies waren bei mir: Rossini, Auber --- und MORSE!"

1871 beschließen einige erfolgreiche *Western Union* Manager, den 10. Juni halboffiziell zum „Samuel Morse Tag" zu machen. Denn dessen Verdienste um den Erfolg der Telegrafie sind unbestritten. Die Frage bleibt jedoch, ob seine Mitarbeiter und Vorbereiter seines Erfolges bei der Ehrung nicht zu kurz gekommen sind. Der Code ist die eigentliche Großtat. Aber da wiederum gab es zeitgenössische Kritiker wie Alexander Pope, die der Meinung waren, die Ehre dafür gebühre Morses Mitarbeiter Vail. Jedenfalls findet am 10. Juni in New York eine Hafenrundfahrt statt, Musikkapellen treten auf, die Zahl der Zuschauer wird auf etwa Zehntausend geschätzt. Aus aller Welt treffen Glückwunschtelegramme ein, Reden werden gehalten und im *Central Park* wird ein Standbild von Morse enthüllt. Auf einem Tisch davor hat man einen Morse-Apparat aufgestellt der mit sämtlichen Telegrafenlinien des Landes verbunden ist. Ein junger Telegrafist schickt dann folgende von Morse formulierte Botschaft, die im nächsten Augenblick von allen Stationen empfangen wird: „Gruß und Dank der Telegraphen-Bruderschaft in der ganzen Welt. Ehre sei Gott in der Höhe, Friede auf Erden und den Menschen ein Wohlgefallen."Es ist das gleiche Bibelzitat, das Königin Victoria am 16. August 1858 über das erste Transatlantikkabel von England nach Washington geschickt hatte.

Dann nimmt der 80jährige Morse selbst am Tisch Platz und sendet seinen Namen: „S.F.B. Morse." Sein Ruhm überstrahlt den aller anderen Erfinder seiner Zeit. Abends gibt es auf dem Gelände der Musik-Akademie ein großes Bankett. Aus Europa, Südamerika, Asien treffen Glückwunsch-Telegramme ein. Als die Feierlichkeiten gegen Mitternacht enden, lodert über dem Himmel New Yorks – fast symbolisch für die neue Ära - eine elektrische Entladung der Natur: ein Nordlicht. Am 17. Januar 1872 sieht man Morse zum letzten Mal in der Öffentlichkeit, zusammen mit James

Gordon Bennet Sr., dem Gründer des New York *Herald*. Ein eisiger Wind weht durch die Straßen. Morse bekommt eine Lungenentzündung. Der Arzt, der ihn untersucht klopft den Brustkorb mit dem Fingerknöchel ab und sagt: „So telegraphieren die Ärzte!"

„Gut so! Gut so!" antwortet Morse. Es sind seine letzten Worte. In seinem New Yorker Stadthaus an der 22. Straße (unweit der 5. Avenue) stirbt er am 2. April im Alter von 81 Jahren, ein Jahr vor der Silberhochzeit mit seiner soviel jüngeren Frau Sarah Elizabeth Griswold. Als die Nachricht von seinem Tod sich verbreitet – natürlich telegrafisch – trauert um ihn nicht nur Nordamerika, sondern ein großer Teil der Welt. Auf dem *Green-Wood Cemetary* im New Yorker Stadtteil Brooklyn ist Morse begraben. Er hinterlässt ein Vermögen von 500.000 Dollar. Das entspricht im Jahr 2016 etwa zehn Millionen Dollar. Eine schöne Summe, aber richtig reich werden durch Morses Telegraf viele andere. *Western Union* etwa bewältigt 1880 rund 80 Prozent des Telegrammverkehrs in den USA mit enormen Gewinnen.

Die Nachrichtenjäger

"All the news that's fit to print"

*Die wohl berühmtesten sieben
Worte im US-Journalismus. Seit
der ersten Ausgabe der „New York
-Times" am 18.9. 1851 stehen sie
im „linken Ohr" (also links oben)
auf der Titelseite des Blattes*

Morses Erfindung ist dabei, den Atlantik, ja die Welt zu erobern. Doch es sind nicht Kaufleute oder Regierungsstellen, die den großen Nutzen einer schnellen Nachrichtenübermittlung erkannt und gefördert haben, sondern – die Zeitungsverleger. Deshalb ein Blick zurück: Schon zu Beginn des 19. Jahrhunderts hatte es in Nordamerika findige Leute gegeben, die den aus Europa kommenden Postschiffen entgegen ruderten, um sich Nachrichten vorab übergeben zu lassen. In Boston waren es ein Major Russel, der 22-jährige Samuel Topliff und ein gewisser Harry Blake. In Charleston in South Carolina war es ein Mann namens Aaron Williams.

Natürlich gab es auch schon damals in den USA die ersten Semaphore oder ähnliche Signalanlagen, wie etwa die auf Long Island. Wenn sich dort ein Schiff aus Europa näherte, wurden von einem etwa 27 m hohen Gerüst schwarze Körbe herabgelassen. Damit war es möglich, über Relaisstationen eine Reihe einfacher Botschaften nach New York zu übermitteln. Sogleich fuhren dann Zeitungsagenten mit schnellen Ruder- oder Segelbooten dem Schiff entgegen, fischten die in wasserdichte Behälter verpackten europäischen Zeitungen und Nachrichten aus dem Wasser und beförderten sie schneller nach New York als es den großen Schiffen möglich war.

Die schnelle Informationsbeschaffung mit Hilfe von Brieftauben hatte den Rothschilds eine Weile gegenüber Konkurrenten einen großen Vorsprung verschafft. Doch andere Geschäftsleute machten es den Brüdern bald nach. In der Mitte des 19. Jahrhunderts unterhalten europäische Bankhäuser Taubenposten zwischen Paris, Brüssel, Berlin und Antwerpen. In London und anderen britischen Großstädten bringen Zeitungsreporter zu öffentlichen Veranstaltungen und politischen Versammlungen oft einen Käfig mit mehreren Tauben mit. Den noch vor Ort verfassten Bericht binden sie den Tauben abschnittsweise ans Bein, danach fliegen die Tiere zur heimischen Redaktion. Oft ist die Meldung bereits gedruckt, ehe die Reporter selbst wieder in der Redaktion eintreffen.

Mit dem Ende der napoleonischen Herrschaft wurde in Frankreich die Pressezensur aufgehoben. Überall im Land erscheinen nun neue Zeitungen und Journale, innerhalb von vier Monaten gibt es 200 Neugründungen. Aber die Semaphore und Flügeltelegrafen sind immer noch nicht „öffentlich". Sie unterstehen weiterhin dem Militär und der Regierung. Zeitungen erhalten lediglich zur Veröffentlichung bestimmte Nachrichten. Erst ab 1835 werden die Bestimmungen gelockert, doch zunächst nur für bestimmte Regierungsbehörden, wie etwa die Polizei, das Finanz- und das Außenministerium.

Viele große Zeitungen Europas unterhalten deshalb Taubenstafetten zwischen ihren Zentralen und ihren Auslandsposten. Der junge Franzose Charles-Louis Havas (1783-1858) beschließt, aus dem Nachrichtenhunger der Bevölkerung Kapital zu schlagen. Er entstammt einer sehr wohlhabenden Familie. Sein Vater ist Baumwollhändler mit internationalen Beziehungen. Der Junior war zunächst in dessen Fußstapfen getreten und ebenfalls ins internationale Handelsgeschäft eingestiegen. Mit Spekulationen verdiente er ein kleines Vermögen, verlor es 1815, und fing als 32jähriger von Neuem an. Doch beim Börsencrash von 1825 ging abermals alles den Bach hinunter.

Nun sieht Havas eine neue Chance. Er spricht Deutsch und Englisch, seine Frau Spanisch und Portugiesisch. Also wertet das Paar für einen befreundeten Bankier gegen Honorar die entsprechenden ausländischen Zeitungen und Zeitschriften aus. Es liefert ihm exklusiv Nachrichten aus der Finanzwelt, den Aktienmärkten, der Kolonialpolitik und über Entwicklungen auf dem Rohstoffmarkt, von der Baumwolle bis zu den zu erwartenden Tee- und Kaffee-Ernten.

Das Geschäft entwickelt sich gut. 1835 wird in Paris das *Bureau Havas* gegründet (und 1944, nach der Befreiung von Paris in die *Agence France Presse* (AFP) umbenannt). Zunächst ist die Firma ein reines Übersetzungsbüro. Doch dieses wächst rapide, auch mit staatlicher Unterstützung und durch Zukauf anderer, ähnlicher Agenturen. So mutiert Havas allmählich zum Nachrichtenhändler. Kunden gibt es mehr als genug. Havas beliefert immer mehr Präfekturen Frankreichs mit Bekanntmachungen der Regierung. Umgekehrt bedient er Regierungsstellen und Zeitungsverlage mit zusammengefassten Informationen aus der ausländischen Presse. Einer seiner frühen Förderer und Gönner ist Joseph Fouché, Polizeiminister unter Napoleon und während der Restauration.

Ab 1832 versorgt Havas auch ausländische Verlage mit französischen Depeschen. Um Exklusivnachrichten zu erhalten, hat er seine eigene Recherchier-Methode entwickelt: Immer wieder fährt er hinaus aufs Land und beobachtet aus seiner Pferdekutsche mit einem Fernrohr die Zeigerstellungen der Chappeschen Semaphore. Denn die sind immer noch das wichtigste inländische Kommunikationsmittel. Er notiert, was er sieht, analysiert – und entziffert allmählich die Regierungs-Botschaften, die da lautlos mit den Flügeltelegrafen über das Land gesendet werden. Was davon interessant ist, schickt er mit einem eigenen Verteilerdienst an seine Kunden. Seine Kuriere sind ab 1835 Brieftauben. 25.000 Exemplare der besten und schnellsten Rassen stehen ihm laut einigen Quellen in Antwerpen zur Verfügung. Dort haben auch bis zu 30 andere Firmen ihre Taubenstationen. Die Tiere werden regelmäßig nach London transportiert, und fliegen von dort mit den Eröffnungskursen der Börse „im Gepäck" kurz nach acht Uhr morgens los. 14 Stunden später treffen sie in Paris ein, wo mittags bereits die Tauben aus Brüssel mit den Kursen der dortigen Börse in ihrem heimischen Schlag gelandet sind.

Aber die Tauben transportieren nicht nur Börsenkurse, sondern auch Nachrichten der Mitarbeiter, die Havas überall als Informanten anzuwerben versucht. Da nicht nur zuverlässige Leute darunter sind gibt es manchmal auch falsche oder fehlerhafte Informationen. „Das ist ein Havas" ist für eine Falschmeldung auch noch im 21. Jahrhundert in der schweizer Presse eine gelegentlich gebrauchte Redewendung. Heute würde man von „fake news" sprechen.

Weil die Havas-Agentur auch staatliche Informationen verbreitet, gerät sie auch in Frankreich in die Kritik – als Sprachrohr der Regierung. Der Dichter Honoré de Balzac 1840: „Das Volk mag glauben, dass es unterschiedliche Zeitungen gibt, aber letztendlich gibt es nur eine – nämlich Herrn Havas."

Diese Kritik stört Havas nicht sonderlich. Als Begründer der ersten, echten Nachrichtenagentur dehnt er sein privates Nachrichtennetz immer weiter aus. Er engagiert einen Korrespondenten in St. Petersburg und heuert nach der deutschen März-Revolution von 1848 auch einige deutsche Immigranten als Übersetzer an. Etwa zu der Zeit wird in Berlin von einigen freisinnigen und patriotisch gesinnten Männern am 1. August 1848 die erste Nummer der bald so erfolgreichen *National-Zeitung* herausgegeben. Einer der Mitbegründer ist der ehemalige Medizinstudent Dr. Bernhard Wolff (1811-1879), zweiter Sohn eines jüdischen Bankiers. Ein Jahr später, am 27. November 1849, eröffnet Wolff nach Freigabe des Telegrafen für private Nachrichten das *Telegraphische Correspondenz-Bureau.* (Später: *Wolffs Telegraphisches Büro*). Anfangs veröffentlicht er nur aktuelle Börsenkurse aus Frankfurt und London, wird aber bald telegrafisch erhaltene Nachrichten auch weiterverkaufen. Er wird zum Begründer der ersten deutschen Nachrichtenagentur, schließt Verträge mit Havas und Reuter.

Bibeltexte per Telegraf

Auch jenseits des „Großen Teichs", in Nordamerika, gibt es ausgefuchste Nachrichtenhändler im Kampf gegen die Zeit. Denn nachrichtlich sind Europa, die USA und andere Kontinente noch

Welten auseinander. Am 9. Januar 1845 zum Beispiel bringt die Londoner TIMES Nachrichten aus Kapstadt, die acht Wochen alt sind. Und sechs Wochen alte Nachrichten aus Rio de Janeiro. Nachrichten aus New York sind mindestens vier Wochen alt und solche aus Berlin eine Woche. Charles Condon, Journalist einer Zeitung in Neu England, schreibt: „Nachrichten aus Europa, sofern es welche gab, waren normalerweise etwa sechs Wochen alt, oder älter."

Einer der Nachrichtenjäger ist Daniel H. Craig, ein ehemaliger Druckerlehrling aus dem waldreichen Neuenglandstaat New Hampshire. Ende der 1830er Jahre hat er sich in Maryland mit dem Mitbegründer der *Baltimore Sun*, Arunah Abell, zusammengetan. Mit Brieftauben übermitteln sie Regierungsverlautbarungen und politische Informationen aus Washington nach Baltimore. Aber Craig denkt in größeren Dimensionen. Er glaubt, dass man mit möglichst aktuellen Nachrichten aus Europa im Einwandererland USA gute Geschäfte machen könnte. Denn viele Bürger wollen ja wissen, was in ihrer alten Heimat oder in derjenigen ihrer Eltern geschieht. Also zieht Craig 1836 nach Halifax, ins kanadische Neuschottland. Diese Hafenstadt ist damals erster Anlaufpunkt der Neuen Welt für alle aus Europa eintreffenden Schiffe. Und die schnellsten davon sind die Schiffe der britischer *Cunard Line.* In Halifax werden sie mit Frischwasser und Proviant für die Weiterfahrt nach Boston und New York oder zu anderen Häfen der US-Ostküste versorgt.

Craig bucht also jedes Mal eine Kabine für die zweitägige Reise nach Boston. Sein fast einziges Gepäck sind – Brieftauben. Den Aufenthalt an Bord nutzt er nicht nur, um von Mitreisenden die „jüngsten" Nachrichten aus Europa zu erfragen. Er schlachtet auch die an Bord mitgeführten europäischen Zeitungen aus. Die sind zwar schon mehr als eine Woche alt, aber ihr Inhalt ist für US-Leser immer noch neu. Craig schreibt die wichtigsten Meldungen auf kleine Zettel, bindet sie seinen Tauben ans Bein und lässt sie fliegen, sobald die Küste von Massachusetts in Sicht kommt. Die Tauben finden schnell und sicher den Weg in das 160 km entfernte Boston zu ihrem heimischen Schlag auf dem Dach von

Craigs Haus. Dort nimmt Craigs Frau Helena ihnen die Nachrichten ab, bringt sie zu Craigs Kunden und lässt sie auch zu Wall Street Brokern in New York telegrafieren.

Zu Craigs Kunden gehört auch der New York *Herald*. Das ist die auflagenstärkste Tageszeitung (Verkaufspreis 1 Cent) des überaus erfolgreichen und ehrgeizigen Verlegers James Gordon Bennett (1795-1872). Bennet, der heute als Vater des modernen Journalismus gilt, zahlt Craig für jede brauchbare Nachricht, die er eine Stunde vor der Konkurrenz erhält, einen Bonus von 500 Dollar, damals ein kleines Vermögen!

Craig versteht sich auf das Geschäft mit seinen Kunden. Ab 1837 gehört eine wachsende Zahl nordamerikanischer Zeitungen zu den Abnehmern seiner Nachrichten. Die Blätter erscheinen in den großen Städten der USA. Alle liegen in erbittertem Konkurrenzkampf zueinander. So werden Craig und „der schrecklich schielende Bennett" zum roten Tuch für alle, die für Nachrichten nicht so viel zahlen können oder wollen wie der *Herald*. Sie versuchen daher mit allen Mitteln, Craigs Kurierdienst zu sabotieren. Reedereien werden bedrängt, Craig nicht mit Brieftauben an Bord zu lassen. Als er das wieder beim Betreten eines *Cunard* Schiffes versucht, nimmt man ihm seine Taubenkäfige ab. Doch der schlaue Craig hat damit gerechnet – und eine Extra-Taube unter seinem Mantel an Bord geschmuggelt. Die lässt er mit seinen Nachrichten fliegen. Wutentbrannt holt der Kapitän eine Flinte aus seinem Waffenschrank, doch ehe er zum Schuss kommt ist die Taube schon außer Sichtweite und erreicht unbeschadet Boston.

Bald begnügt Craig sich nicht mehr damit, in Halifax einfach auf die Ankunft eines Schiffes zu warten, denn er hatte natürlich schon Konkurrenten. Deshalb tüftelt er etwas Neues aus. Sobald ein in seinem Dienst stehender, vorgeschobener Küstenbeobachter am Horizont ein aus Europa kommendes Schiff auftauchen sieht, gibt er einen Böllerschuss ab. Craig segelt dem Schiff daraufhin mit einem schnellen Charterboot entgegen. Einer seiner Agenten an Bord des ankommenden Dampfers oder Seglers wirft dann die Metallkapsel mit den Nachrichten über Bord. *Barrel Mail* wird das Verfahren bald genannt, Fässchen Post. An der Kapsel ist ein kleiner Wimpel zur leichteren Ortung befestigt. In der Kapsel befindet sich ein bereits in England bzw. an Bord fertig geschriebener Bericht mit den letzten Nachrichten vom Kontinent. Craig fischt die Kapsel auf und lässt sich zurück nach Halifax segeln. Dort schwingt er sich auf ein Pferd und reitet – unterwegs ständig die Pferde wechselnd – etwa 240 km nach Digby in Neuschottland. Der Ort liegt an der Bay of Fundy, die an dieser Stelle etwa 89 km breit ist. Mit einem Dampfboot überquert Craig diese Passage und reitet weiter bis nach St. John's. 1848 endet hier die über Boston nach New York führende elektromagnetische Telegrafenlinie. Hat Craig seine Informationen noch zu ergänzen, dann benutzt er einen weiteren Trick: Der Telegrafist muss die Linie für andere blockieren bzw. für Craig freihalten, indem er seitenweise Bibeltexte durchgibt, bis Craig seine Depeschen fertig formuliert hat.

Die telegrafische Übermittlung von Nachrichten und sogar Reportagen ist seit Mitte des 19. Jahrhunderts aus dem Zeitungsgeschäft nicht mehr wegzudenken. In der *New York Times* vom 24. September 1852 heißt es: „In unseren Kolumnen wie auch in denen der [Londoner] *Times* ...wird man JEDEN Morgen eines jener erstaunlichen Ergebnisse aus der Welt der Kommunikation lesen, welche die letzte Generation nicht für möglich gehalten hätte, obwohl die jetzige sich ihrer erfreut und von ihr profitiert ohne auch nur einen einzigen Muskel des Erstaunens zu bewegen...“ *(In our columns, EVERY morning as well in those of THE TIMES, will be seen one of those startling results of the wonderful communication which the last age would not have edited, although the present enjoys and profits by such without stirring one single muscle of astonishment.)*

Doch der Ankauf solcher individuellen, relativ aktuellen telegrafisch durchgegebenen Berichte und Meldungen ist genauso wie für Wolff und Havas auch für die New Yorker Zeitungsverleger ein teurer Spaß. Sie stöhnen unter den Kosten. So setzen sich denn im Mai 1848 die Herausgeber von sechs New Yorker Zeitungen im Konferenzraum der *New York Sun* zusammen und beraten, was bei der Nachrichtenbeschaffung hinsichtlich einer Kostensenkung getan werden kann. Nach vielerlei Bedenken, denn sie sind ja alle Konkurrenten, entschließen sie sich doch zur Zusammenarbeit. Es ist die Geburtsstunde der *Associated Press* (AP). 1850/51 leitet Craig das AP-Büro in Halifax, und ist anschließend bis 1866 *General Telegraph Agent* der NYAP. In der Zeit baut er das Kundennetz der heute wohl bekanntesten Nachrichtenagentur aus.

„Reuter meldet"

Die immer schneller werdende Informationsübermittlung, der stetig wachsende Ausbau und die Vernetzung der Telegrafenlinien machen den Handel mit Nachrichten zu einem lohnenden Geschäft. Auch Israel Beer Josaphat (1816-1899) will dabei sein. Geboren wurde er in Kassel als dritter Sohn des Rabbiners Samuel Levi Josaphat. Schon als junger Banklehrling hat er in Göttingen Carl Friedrich Gauß und Wilhelm Weber kennengelernt. Seitdem ist er fasziniert von der Schnelligkeit der Telegrafie. 1840 heiratet er in Berlin die Tochter eines Bankiers und wird Teilhaber im Verlagshaus „Reuter und Stargard". 1845 tritt er im Alter von 30 Jahren zum Christentum über und nimmt den Namen Paul Julius Reuter an – seitdem ein Weltbegriff. Die Revolutionsereignisse veranlassen ihn, mit seiner Frau nach Paris zu emigrieren. Dort landet er als Übersetzer im Büro von –Charles Havas! Kurze Zeit später macht er sich mit einer kleinen Nachrichtenkorrespondenz selbstständig. Als dann am 24. Juli 1848 per „Allerhöchste Kabinettsorder" der Bau der „elektromagnetischen Telegrafenlinie" von Berlin nach Aachen dekretiert wird, und die Linie am 1. Oktober des folgenden Jahres auch für die Öffentlichkeit freigegeben wird, weiß Reuter das zu nutzen. Er gründet in Aachen seine eigene Nachrichtenagentur.

Warum ausgerechnet Aachen und nicht Berlin? In Berlin sitzt ja bereits Bernhard Wolff, und Reuter sieht auch aus einem anderen Grund in Aachen einen besseren Standort: Von dort bis ins etwa 150 km entfernte Brüssel und der dortigen Börse besteht noch eine nachrichtentechnische Lücke. Sie wird noch durch Postkutschen und berittene Boten überbrückt. Schlimmer gar ist es damals immer noch um die Nachrichtenverbindungen in andere Gebiete der Welt bestellt. Ein Brief von London nach New York ist etwa 12 Tage unterwegs, oder 13 Tage nach Alexandria in Ägypten. Bis Konstantinopel braucht eine Nachricht 19 Tage und bis Bombay gar 33 Tage. Nach Kalkutta sind es 44 Tage und nach Singapur 45, nach Shanghai 57 und nach Sydney gar 73 Tage!

Reuter setzt zunächst auf Brieftauben. Er besorgt sich 40 der gefiederten Boten. Als dann 1850 auch die Telegrafenlinie Paris-Brüssel in Betrieb genommen wird, laufen in Aachen Notierungen an den beiden Börsen sechs Stunden früher ein als der Postzug. Doch Reuters Spitzenposition ist bald bedroht. Zu schnell wächst das Telegrafennetz auf dem Kontinent. Weihnachten 1850 gibt es bereits eine Telegrafenleitung von Paris nach Berlin. Reuters droht die Pleite. Werner Siemens schreibt in seinen Erinnerungen, dass er bei der Verlegung des Telegrafenkabels über den Rhein im Frühjahr 1849 Reuter kennen gelernt habe, „den Unternehmer der Taubenpost zwischen Cöln und Brüssel [...] dessen nützliches und einträgliches Geschäft durch die Anlage des elektrischen Telegraphen schonungslos zerstört wurde. Als Frau Reuter, die ihren Gatten [...] begleitete, sich bei mir über diese Zerstörung ihres Geschäftes beklagte, gab ich dem Ehepaare den Rath, nach London zu gehen und dort ein eben solches Depeschenvermittelungsbureau anzulegen, wie es gerade in Berlin [...] durch einen Herrn Wolff begründet war. Reuters befolgten meinen Rath mit ausgezeichnetem Erfolge."

Tatsächlich verlegt Reuter sein „Institut zur Übermittlung telegraphischer Depeschen" aus der Aachener Pontstraße 117 in die Nachrichtenzentrale London. Dort beginnt er am 14. Oktober 1851, einen Monat vor der „Anbindung des Kontinents an England" mit dem Ausbau seines Nachrichtennetzes. Merkwürdigerweise sind es nicht politische Nachrichten, die in England als erstes übermittelt wurden, sondern Nachrichten von Pferderennen, weil große Wetten auf die Sieger im Spiel waren. Dann erst folgen Börsennachrichten, Wettermeldungen und Schiffsbewegungen in den wichtigsten britischen Hafenstädten. Übermittelt werden sie via Wheatstone-Telegraf in die bereits erwähnten *news rooms* der *Electric Telegraph Company*, sowie in Clubs und Hotels.

Reuters erstes Büro in London, *„Reuter's Telegram Company"*, besteht aus zwei Räumen in einem Haus nahe der Börse. Und schon kurze Zeit später tun Reuters-Agenten in Irland das gleiche wie Craigs Agenten in Neuschottland: Nähert sich ein Schiff nach seiner Atlantik-Überquerung der Küste, dann segelt ihm ein schnelles Boot entgegen und fischt den im Wasser treibenden Kanister mit den „neuesten Nachrichten" von jenseits des Meeres aus dem Wasser. In Irland werden sie dann von der Telegrafenstation in der Hafenstadt Cork an das *Reuters Büro* in London übermittelt. In der Firmengeschichte heißt es: „Reuter machte es zum Prinzip, dem telegraphischen Kabel zu folgen: ob zu Lande oder zu Wasser, wo immer ein neues Kabel gelegt wurde, Reuter war dabei."

Doch der Anfang in England ist schwer. Die Zeitungen der Fleet Street erweisen sich als versnobt und engstirnig. Sie trauen den Reuters-Meldungen nicht. Noch im Mai 1853 muss Reuter es sich gefallen lassen, dass die *Times* ihm hochmütig mitteilt: „Ihre telegraphischen Zusammenfassungen ausländischer Nachrichten werden von der *Times* nicht verwendet werden." So beliefert Reuter in erster Linie Geschäftsleute, Banker und private Interessenten in der Londoner City zu einem Pauschalpreis von 8 Pfund 8 Shilling pro Monat. Im Herbst 1853 kommt Reuter auch mit der *Electric Telegraph Company* ins Geschäft. Für einen Pauschalpreis laufen seine gesammelten Informationen in die *news rooms* der Gesellschaft. Doch schließlich, 1858, werden dann doch erste Probeverträge mit Londoner Zeitungen geschlossen. Vorreiter wird schließlich die *Times*, ausgerechnet dasjenige Blatt, das zunächst Reuters-Meldungen auf das Heftigste abgelehnt hatte. Am 8.Oktober erscheint die erste Meldung mit dem Hinweis „elektrische Nachricht".

Hinsichtlich von Schnelligkeit und Genauigkeit ist Reuter bald unschlagbar. Gleichzeitig wächst das Netz seiner Korrespondenten mit dem weltweiten Ausbau der Telegrafenlinien. Ein Besucher beschreibt 1861 eindrucksvoll, wie es zugeht in „Mr. Reuter's *Telegraph Office, 9 Waterloo Place*, wo die Drähte ins Haus laufen

[...] Die Kraft und die Ressourcen dieses kleinen Raumes sind geradezu phantastisch. Klingelt ein Alarm im Nebenraum, und ohne weitere Vorbereitung außer der Betätigung eines Schalters, um den Telegrafen mit der „Haupt"-Linie zu verbinden, dreht sich der Typendrucker vor dem Telegrafisten mit bewundernswerter Schnelligkeit, und die Worte ‚Paris, 29. Juli, abends: Es scheint, dass der König von…' erreichen unsere Augen während wir uns zurückziehen, verwundert darüber, dass dieses ruhige Haus am Waterloo Platz sich im exklusiven Besitz von Informationen befindet, die nur wenige Augenblicke zuvor in Paris geflüstert wurden."

1870, nach Jahren der Rivalität, teilen die drei großen Agenturen Havas, Reuter und Wolff die Welt nachrichtentechnisch unter sich auf. Jede Agentur bekommt ihr eigenes Berichtsgebiet. Für Reuter umfasst dies das gesamte Britische Empire. In diesem Jahr laufen bereits in einer typischen Woche 60.000 Depeschen über die britischen Postämter und Telegrafenleitungen. Ein Jahr später sind es wöchentlich mehr als 200.000.

1871 wird Reuter von Herzog Ernst II zu Sachsen-Coburg und Gotha in den erblichen Adelsstand erhoben. Zwanzig Jahre später wird ihm Königin Victoria den Titel eines Barons verleihen. Er darf sich Freiherr von Reuter nennen. Und Siemens schreibt: „Das Reutersche Telegraphenbureau in London und sein Begründer, der reiche Baron Reuter, sind heute weltbekannt." Etwas über 100 Jahre später arbeiteten mehr als 500 festangestellte Journalisten und etwa eintausend ständige freie Mitarbeiter mit modernsten Kommunikationsmitteln für den Weltnachrichtendienst. Reuter stirbt am 25. Februar 1899 im Alter von 83 Jahren. Und diesmal ist es die *Times,* die diesen Zeitgenossen Richard Wagners Rudolf Diesels, Robert Kochs, Friedrich Nietzsches und Theodor Fontanes als „einen der intelligentesten Männer seiner Zeit" würdigt.

> „Eine telegraphische Verbindung über den Atlantischen Ozean könnte mit Sicherheit entstehen. Wie seltsam das jetzt auch scheinen mag, ich bin zuversichtlich, dass dieses Vorhaben verwirklicht werden wird."
>
> *Samuel Morse im Jahr 1843 an US-Finanzminister John C. Spencer*

Mit dem Ausbau der Telegrafenlinien beginnt die Welt zu schrumpfen. Aber noch sind amerikanische Ost- und Westküste telegrafisch nicht miteinander verbunden – und die Alte Welt mit der Neuen Welt erst recht nicht. Doch die Idee einer telegrafischen Verbindung zwischen Europa und dem nordamerikanischen Kontinent steht schon seit einigen Jahren im Raum. Nicht nur Morse, auch andere Visionäre wie etwa der amerikanische Mathematikprofessor Alonzo Jackman (1809-1879) hatten bereits in den 1840er Jahren davon gesprochen, eine telegrafische Verbindung zwischen Europa und dem nordamerikanischen Kontinent herzustellen. Auch Siemens hatte gesagt: „Die alte und die Neue Welt müssen miteinander verbunden werden. Die zu überwindenden Schwierigkeiten sind groß, und scheinen zurzeit unüberwindbar zu sein. Aber Energie, Ausdauer und Tüchtigkeit haben noch größere Hindernisse überwunden..."

Im Sommer 1852 jedenfalls gründen im englischen Surrey die Harrison-Brüder Charles Weightman und Joseph John die *Ocean Telegraph Company*. Eigentlich sind sie wie ihr Vater Gärtner, betreiben Baumschulen, geben ein erfolgreiches Gartenmagazin heraus. Sie sind aber auch Elektro-Bastler. Ihr erstes Patent vom 15. Oktober 1852 wird ihnen für ein Verfahren zur Isolierung von Elektrodrähten ausgestellt. Weitere Patente, u.a. für einen Elektromotor, werden folgen. Doch das erste Patent hat ihr Interesse an einem Kabel von England nach Nordamerika geweckt. Stundenlang sitzen sie über Land- und Seekarten. Ihr Kabel soll in einzelnen Sektionen von Caithness in Schottland zunächst nach

Kirkwall auf den Orkneys laufen. Dann weiter nach Lerwick auf den Shetland-Inseln, und weiter nach Shorshaven auf den Färöer-Inseln. Von dort verliefe es nach Reykjavik auf Island und von da zunächst über Land nach Sneefields und weiter nach Kap Graah an der Koge Bucht in Ost-Grönland. Danach ginge es über Land weiter nach Julianas Hope, dann am Boden der Davis Straße hinüber nach Labrador und weiter über eine Landlinie zum kanadischen Quebec und das südliche Kanada bis zum Anschluss an das Telegrafennetz der USA. Auch die inzwischen existierenden skandinavischen Linien sollten via Bergen, Christiania und Stockholm - Kopenhagen an das Kabel angeschlossen werden. Ein kühner, ja ein tollkühner Plan. Die Gesamtlänge der Strecke beträgt 2.500 Meilen (4.000 km). Davon lägen rund 1.400 bis 1.600 Meilen (2.240 km bis 2.560 km) unter Wasser. Am 24. September 1852 veröffentlicht die *New York Times* sogar die Kostenaufstellung für so eine submarine Telegrafenlinie: Etwa eine halbe Million Britische Pfund seien nötig. Das wäre etwa das 500-fache Jahresgehalt eines Ministers. Die Finanzierung könne durch die Ausgabe von 25.000 Aktien zu je 20 Pfund erfolgen. Die Brüder Harrison planen noch bis 1856. Doch dann „ertrinkt" das Projekt. Die technischen und vor allem die finanziellen Schwierigkeiten erscheinen zu groß. Außerdem ist die Streckenführung lediglich mit Hilfe eines Atlanten ausgelegt worden, ohne Kenntnis oder Berücksichtigung der Meeresbodentopographie.

Zum Glück gibt es andere, tatkräftigere Männer, die ein solch kühnes Projekt verwirklichen wollen – oder davon träumen, dass andere es eines Tages tun werden. Zu letzteren gehört ausgerechnet ein Kirchenmann. Es ist John Thomas Mullock, (1807-1869), der römisch- katholische Bischof von Neufundland. In einem Brief an die Zeitung *The Courier* schreibt er am 8. November: „Ich bedauere, dass in jedem Plan für eine transatlantische Kommunikation immer Halifax erwähnt wird und Natürlchkeiten von St. John's völlig übersehen werden." Und dann zählt er diese auf: St. John's, die Hauptstadt von Neufundland ist der östlichste, größere Ort des nordamerikanischen Kontinents. Er liegt näher an Europa als Halifax, hat einen Hafen und die transatlantsche

Schifffahrtsroute führt daran vorbei. Wenn es auch hier eine Telegrafenstation gäbe, könnte man von hier Depeschen mindestens 48 Stunden früher in das gesamte nordamerikanische Telegrafennetz übermitteln als von Halifax. Dann schlägt er vor, wie die Route in Neufundland verlaufen könne. „Natürlich werden wir in Neufundland nichts mit dem Bau, dem Betrieb und dem Unterhalt der Telegrafenlinie zu tun haben. Ich nehme an", schreibt Mullock zum Schluss, „das wird die Regierung tun". Und er beendet seinen Brief mit dem Satz: „Ich hoffe, der Tag ist nicht allzu fern, an dem St. John's das erste Glied einer elektrischen Linie sein wird, welche die alte mit der neuen Welt verbindet."

Neufundland, die älteste britische Besitzung in Nordamerika, hat zu der Zeit nur etwas mehr als 100.000 Einwohner, von denen etwa ein Viertel in St. John's lebt. Die meisten Neufundländer sind Kabeljau-Fischer und Robbenfänger. Was sollen sie also mit einer Telegrafenlinie? Dennoch denkt auch der in England geborene Frederic Newton Gisborne (1824-1892) an ihren Bau. Im Alter von 21 Jahren war er nach Kanada ausgewandert, und hatte es schon zwei Jahre später zum *General Manager* der *British North American Electrical Association* gebracht. Die folgenden Jahre sorgte er für telegrafische Verbindungen von Halifax zum amerikanischen Netz. Und nun plant er auch eine Verbindung von St. John's mit dem US-amerikanischen Telegrafennetz. Mit Unterstützung der Regierung zieht er verschiedene Routen in Betracht und erhält für seine *Newfoundland Electric Telegraph Company* für 30 Jahre das alleinige Recht, in Neufundland Telegrafenlinien zu bauen und zu betreiben.

Bei einem Besuch in New York hört Gisborne von der Verlegung des Unterwasserkabels der Gebrüder Brett durch den englischen Kanal nach Frankreich. So entschließt er sich für eine Line von St. John's nach Cape Ray an der Ostküste Neufundlands. Von da soll die Linie über ein submarines Kabel die *Cabot Strait überqueren,* die Meerenge an der Mündung des St. Lorenz Stroms. Dann soll sie durch Neufundland bis nach Halifax führen. 1852 reist Gisborne nach England und trifft und berät sich dort mit den Brett-Brüdern. Im folgenden Jahr beginnt der Bau der Linie.

Aber kaum sind die ersten 65 km fertiggestellt da bekommen Gisbornes Unterstützer kalte Füße, und er bleibt auf den Schulden sitzen. Also begibt er sich 1854 erneut nach New York, um Geld aufzutreiben. Und dabei lernt er Matthew Field kennen, der ihn im Januar 1854 unbedingt mit seinem Bruder Cyrus bekanntmachen will.

Dieser Cyrus West Field (1819-1892) ist gerade mal 35 Jahre alt, hat aber „sein Geld schon gemacht". Der Vater ist Pfarrer der *Congregational Church* in Stockbridge im US-Staat Massachusetts, ein Mann, der seinen Kindern den rechten Weg zu weisen versteht. Cyrus ist das achte von neun Kindern – alles Jungen – bis auf das jüngste. Aus allen Kindern wird etwas: David Dudley Field, der älteste, genießt als Jurist in den USA und Großbritannien großes Ansehen als einer der Autoren und Reformatoren des amerikanischen Rechtssystems. Matthew Parkinson Field ist Senator seines Staates, ebenso wie Bruder Jonathan Edwards. Stephen Johnson Field steigt zum Richter am Obersten Gerichtshof von Kalifornien auf, und Henry Martin Field wird Pfarrer und Chefredakteur der Zeitschrift *New York Evangelist*. Nur Cyrus scheint zunächst aus der Art zu schlagen. Als er fünfzehn ist, gesteht er seinem Vater, nicht aufs College zu wollen. Lieber wolle er „im freien Wettbewerb" sein Glück machen. Mit 8 Dollar in der Tasche schlägt er sich zum Hudson River durch – und fährt dann flussabwärts bis New York.

Vom Laufburschen zum Entrepreneur

Seine Karriere beginnt der junge Field als Laufbursche bei der *A.T. Stewart & Company* am Broadway. Das ist ein *Drygoods Store*, ein Laden für Kurz- und Haushaltswaren. Sein Lohn: 50 Dollar im Jahr (!). Im zweiten Jahr bekommt er doppelt so viel. Das ist auch für damals ein Hungerlohn. Seine Eltern schicken ihm regelmäßig Kleidungsstücke. Da Cyrus aber zwei Dollar wöchentlich für Quartier und Verpflegung zahlen muss, langt das Geld nicht hin und nicht her. Nach dem dritten Jahr in seinem Job geht er zurück nach Massachusetts. Dort, in Lee, wird er Assistent seines Bruders Mathew. Der ist immerhin Papierfabrikant. Nun kann

Cyrus gelegentlich in Matthews Auftrag reisen. Dabei sieht, hört und lernt er viel. Schließlich gründet er in seinem Heimatstaat in Westfield seine eigene Papierfabrik. Er ist gerade 21 Jahre alt, als die New Yorker Papier-Großhandlung *E. Rost & Co.* ihm anbietet, als Partner einzusteigen. Bewunderung oder ein Trick? Field sagt zu – muss das aber bald bereuen. Denn schon sechs Monate später, am 6. April 1841, meldet Rost *& Co.* Insolvenz an. Dem Juniorpartner wird die gesamte Schuldenlast aufgebürdet.

Cyrus lässt sich dadurch nicht entmutigen. Im Gegenteil: er beschließt, aus der Konkursmasse eine neue Firma aufzubauen. Partner wird sein Schwager Joseph Stone. Denn Cyrus hat inzwischen die hübsche Mary Bryan Stone aus Guilford, Connecticut geheiratet. In der neuen *Cyrus W. Field & Co.* schuftet der junge Mann Tag und Nacht. Seine Kinder sehen ihn kaum. Bald droht der physische Zusammenbruch. Der Hausarzt rät dringend zu einem Erholungsurlaub. So reisen Field und seine Frau im Jahr 1849 nach Europa, zum ersten Mal. Und viele solcher Reisen werden folgen. Die Geschäfte laufen gut. Als Field seinen 33. Geburtstag begeht, hat er alle Schulden abbezahlt, einschließlich Zinsen, obwohl er zu Letzterem nicht verpflichtet gewesen wäre. Mit einem Vermögen von stattlichen 250.000 Dollar gehört er zu den reichsten Männern New Yorks. Vom Papiergeschäft hat er sich zurückgezogen – aber nicht aufs Altenteil. Mit seinem Freund Frederick Church reist er nach Südamerika. Monatelang sind die beiden unterwegs, überqueren die Anden, und als Field schließlich zurückkehrt, führt er in seinem Reisetross einen Indianerjungen und einen Jaguar mit.

Ist Field ein Exzentriker? Nein. Er ist auf der Suche nach neuen Ideen, nach etwas, worin es sich zu investieren lohnt. Ständig lernt er dabei neue Menschen kennen. Und nun ist es Frederic Gisborne, den ihm sein Bruder zuführt. Und Gisborne erzählt Field von seinen Schwierigkeiten und seinen Plänen für eine telegrafische Anbindung an Halifax und das US-amerikanische Netz. Beide Männer spinnen den Gedanken weiter und stellen sich die Frage: Warum nicht gleich ein Kabel zwischen Irland und Neufundland? Field, der von Unterwasserkabeln noch wenig Ahnung hat, ist jedoch von der Idee elektrisiert. Schon am Tag nach dem

Treffen mit Gisborne schreibt er einen Brief an den 63-jährigen Samuel Morse. Ein weiteres Schreiben geht an Matthew Fontaine Maury. Maury, (1806-1873) ist Direktor des *US Naval Observatory and Hydrographical Office* in Washington. Der ehemalige Marineoffizier musste 1844 wegen eines Postkutschenunfalls aus dem aktiven Dienst ausscheiden und widmet sich seitdem der kartographischen Erfassung des Nordatlantik-Bodens. Er gilt als Vater der modernen Ozeanographie. Die Ergebnisse der Tiefenmessungen, mit denen er die Kapitäne amerikanischer Schiffe beauftragte, ließen jedenfalls eine Kabelverlegung als durchaus möglich erscheinen.

Dadurch ermutigt macht Field sich auf die Suche nach Kapitalgebern für die Vollendung der ersten Stufe des Großprojekts: den Ausbau der Landlinie auf Neufundland und die Verlegung eines Unterwasserkabels zwischen Neufundland und Neuschottland sowie die Durchquerung von *Cape Breton Island*. Field findet Männer, die bereit sind, bei dem Projekt mitzumachen. Zu ihnen gehören Moses Taylor, Marshall O. Roberts und Peter Cooper. Am 7. März 1854 bringt Field sie im *Clarendon Hotel* am *Broadway* Ecke 38. Straße in New York mit Gisborne zusammen, der sie mit den technischen Details vertraut machen soll. Cooper (1791-1883) ist dabei der wohl wichtigste Mann. Er ist ein typischer Vertreter des jungen, amerikanischen Industriezeitalters: gelernter Hutmacher, Stellmacher und Maurer. Mit 39 konstruierte er die erste amerikanische Lokomotive, verdient mit einer Leimfabrik auf Long Island und einem Patent für *Jell-O*, eine Art Wackelpudding, viel Geld. So viel, dass er davon auch eine Eisenhütte in Baltimore und Drahtziehereien in New Jersey und Pennsylvania erwerben kann.

Schon am 10. März gründen die Männer die *New York, Newfoundland and London Telegraph Company* mit einem Grundkapital von 1,5 Mio. Dollar. Mit dem Einverständnis der Provinzregierung übernimmt die neue Gesellschaft Gisbornes desolate *Newfoundland Electric Company,* bezahlt die Gläubiger und erhält als Gegenleistung eine Verlängerung der Monopolgarantie von 30 auf 50 Jahre. Gewährt werden außerdem die Anlandungs–

rechte für das geplante Transatlantikkabel sowie Geländestreifen in einer Gesamtgröße von rund 160 km².

Jeder Gesellschafter übernimmt bestimmte Aufgaben. So wird Peter Cooper den Draht für die Landlinien liefern. Matthew Field hat die technische Oberaufsicht über die Landlinie, den Rechtsbeistand übernimmt David Field und White kümmert sich um alles Geschäftliche. Cyrus Field reist wieder nach Europa und bestellt bei der *Kuper & Co.* 85 Seemeilen (ca. 156 km) Unterwasser-Kabel für die Verbindung zwischen Neufundland und *Cape Breton.* Unter größten Schwierigkeiten, bei teilweise stürmischer See und mehreren Kabelbrüchen gelingt es schließlich, auch diese Kommunikationslücke bis September 1855 zu schließen. Auch die von Gisborne begonnene Leitung wird in Angriff genommen. Zeitweilig sind insgesamt 600 Mann auf den einzelnen Abschnitten im Einsatz. Im Oktober 1856 sind auch hier die Arbeiten beendet. Doch schon zwei Monate später funktioniert die Linie nicht mehr. Field heuert daraufhin einen erfahrenen Telegrafisten an, den erst 26jährigen Alexander McLennan Mackay, Leiter der Nova *Scotia Telegraph Company.* Der marschiert mit einigen Arbeiten die gesamte Strecke ab, findet Fehlerstellen, lässt sie reparieren oder die Leitungen ersetzen. All das, also Bau der Leitung nebst Reparaturen verschlingt eine Million Dollar, also zwei Drittel des Grundkapitals.

Im Juli 1856 ist Field abermals in Europa (er wird den Kontinent im Verlauf der nächsten Jahre über 50 mal besuchen). Inzwischen hat der britische Elektrotechniker Charles Tilston Bright (1832-1888) im Auftrag Fields in Irland nach der günstigsten Stelle für den Beginn des geplanten Transatlantikkabels gesucht. 1847 hatte er als Kabelleger bzw. als Hilfsarbeiter bei der Londoner *Magnetic Telegraph Company* seine Karriere begonnen. Im Auftrag seiner Arbeitgeber hatte er dann Tausende von Kilometern unterirdischer Leitungen in England und Irland verlegt, hatte auch Isoliermethoden für Unterwasserkabel entwickelt. Nun gilt er als der erfahrenste Telegrafie-Praktiker der Welt. Bright ist zu dem Schluss gelangt, dass eine Insel namens Valentia am nächsten an Neufundland „dran" ist. Zudem fällt der Meeresgrund schnell steil ab, so dass ein dort liegendes Kabel nicht so leicht durch Schiffsanker beschädigt werden könnte.

Schon im September kommen Field, Bright und John Watkins Brett überein, eine Gesellschaft zur Verlegung des ersten Transatlantikkabels zu gründen. Am 20. Oktober 1856 wird sie unter der Bezeichnung *Atlantic Telegraph Company* registriert. Peter Cooper wird ihr Präsident. Die britische und die US-Regierung versprechen eine jährliche Zuwendung von je 14.000 Pfund, als Gegenleistung sollen Regierungsdepeschen umsonst übermittelt werden. Die Firmengründer und Bankexperten rechnen aus, dass eine Gebühr von 2 Pfund 10 Schilling für die Übermittlurg von 20 Worten zwischen New York und London erhoben werden müsse, um das Projekt rentabel zu machen. Dann werden Aktien aufgelegt, 350 Stück mit einem Nennwert von je 1.000 Pfund, also insgesamt 350.000 Pfund. Innerhalb weniger Tage sind alle an den Börsenplätzen Liverpool, Glasgow und Manchester verkauft. Zu den prominenten Käufern gehören bedeutende Persönlichkeiten wie der Dichter William Makepeace Thackeray und Lacy Byron. Wenige Tage später, am 10. November, wird auf dem nordamerikanischen Kontinent die Telegrafenlinie zwischen New York und St. Johns „zu kommerziellen Zwecken" in Betrieb genommen. Damit sind praktisch 2.250 km für die Verbindung USA - Europa schon gelegt. Mit Staunen nehmen Zeitungsleser der Ostküste wahr, dass viele der Nachrichten aus der Alten Welt nur roch eine knappe Woche alt sind.

Field und den Mitgliedern seines „Kabel-Kabinetts' ist trotz aller Begeisterung klar: einfach wird die Verlegung durch den Nordatlantik nicht sein. Und welche Überraschungen und Schwierigkeiten es bei der Verlegung und nach der Inbetriebnahme geben wird, weiß niemand genau. Es geht ja nicht nur darum, elektrische Signale von Kontinent zu Kontinent zu übermitteln, sondern auch um die Frage, wie schnell sie übermittelt werden können. Skeptiker meinen, das umgebende Wasser werde die Übertragung klarer Funkimpulse erschweren. Jeder Impuls werde sich mit dem nachfolgenden vermischen. Solche Probleme traten anfangs beim Unterseekabel von England nach Den Haag auf. Faraday hatte schließlich festgestellt, dass das Salzwasser und seine Einwirkung auf das Kabel es zu einer Art superlangen Leidener Flasche machte, und das Kabel deshalb einen Teil der Ladung bei sich behielt. Man löste das Problem, indem die Stromflussrichtung nach jedem Signal umgekehrt wurde. So wurde der Draht gewissermaßen „gesäubert", und damit zur Übertragung des nächsten Signals freigemacht. Das hatte auf relativ kurzen Strecken funktioniert. Nun werden aber erneut Zweifel laut, ob diese Methode sich auch auf der großen Atlantikstrecke bewähren würde. Fast scheitert das ganze Projekt noch im letzten Augenblick, denn auch einige antibritische US-Senatoren sträuben sich dagegen. Das entsprechende Gesetz zu seiner Unterstützung wird schließlich mit nur einer Stimme Mehrheit angenommen.

„Die elektrische Schlange"

Wie immer bei großen Projekten fehlt es auch diesmal nicht an echten und selbsternannten Experten, die in Vorträgen oder Fachartikeln erläutern, warum die geplante Verbindung möglich sein wird – oder warum nicht. Typisch für die Diskussionen ist ein Vortrag, den der Amerikaner Marshall Lefferts (1821- 1876), Direktor der *New York State Telegraph Companies,* am 24. April 1856 in der *New York University* hält. Er spricht über den „Telegraphen und seine Bedeutung für die Welt". Gewichtig hat er sich vor drei Landkarten aufgebaut, die er zuvor an die Wand geheftet hat. Die eine zeigt Nordamerika, die andere den Nordatlantik, und die dritte die Westküste Europas mit England und Irland. Auf den Karten sind verschiedene, mögliche Routen des geplanten Transatlantikkabels eingetragen. Eine führt in fast gerader Linie von St. Johns nach Cape Clare in Irland. Eine andere läuft von St. Johns über Cape Farewelll auf Grönland zu den Orkney Inseln, und dann entlang der Ostküste von Schottland nach England und London. Auch die in Europa bereits verlegten Unterseekabel sind eingezeichnet. Der Redner schwärmt davon, dass es bereits möglich ist, zwischen London und Sewastopol zu telegrafieren. Und er versucht, seine Zuhörer von der Machbarkeit eines Transatlantikkabels zu überzeugen.

Bei dieser und ähnlichen Veranstaltungen wird auch über technische Probleme diskutiert, etwa über die Wirkung von Salzwasser auf die Isolierung. Kabelproben werden herumgezeigt, die bereits sechs Jahre in Seewasser gelegen haben, und solche, die schon ebensolange in der Erde gelegen hatten. Beide haben dabei keinen Schaden genommen. Und immer wieder wird auf Versuche verwiesen, die Josiah Latimer Clark im Mai 1854 unternommen hatte. Durch Drahtleitungen von 1.600 bis 2.500 km Länge hatte er elektrische Signale geschickt, um herauszufinden, ob am anderen Ende überhaupt „etwas ankommt". Die Signale kamen tatsächlich an. Dabei zeigte sich, dass sie sich mit einer Geschwindigkeit von fast 7.000 km/s fortpflanzten. Latimer fand aber auch heraus, dass diese Geschwindigkeit abhängig war vom Leitungsquerschnitt. Aber würde das alles auch für eine dreifache Entfernung und die großen Tiefen des Atlantik gelten? Telegraf-Entwickler Wheatstone in England schwört Stein und Bein, dass dies der Fall sein werde, wenn der Querschnitt des gut isolierten Drahtes klein genug sei. „Mindestens 30 Signale pro Minute, und vielleicht sogar viel, viel mehr könnten dann übermittelt werden", so habe ihm auch Faraday versichert.

Das große Problem ist nun, die benötigte Stärke des zu verlegenden Kabels zu ermitteln. Wieder werden verschiedene Probestücke unterschiedlicher Stärke untersucht, manche davon so biegsam wie ein Seil gleicher Dicke. Die Bruchfestigkeit liegt angeblich bei drei Tonnen. „Zu wenig!" meinen die Skeptiker. Das Kabel, bestehend aus sieben Kupferdrähten, würde pro Kilometer 26 kg wiegen. Drei Isolierschichten aus Gutta Percha würden das Gewicht um weitere 64 kg pro Kilometer erhöhen. Dazu kämen zusätzliche Isolierschichten aus Hanf und Teer, und schließlich eine mehrschichtige Drahtwicklung. Endgewicht: 550 kg pro Kilometer. Ein solches Kabel könne schon beim Absenken auf den Meeresboden sein eigenes Gewicht nicht tragen und sei zudem auch noch der Zugkraft submariner Strömungen ausgesetzt. Jedes Kabel, „nicht dicker als der Finger eines Menschen" werde reißen. Und „der ungeheure Wasserdruck von 17 Tonnen pro Quadratzoll [ca. 2,7 t/cm²] wird es zerquetschen!" Außerdem könne kein Schiff ein Kabel von der zur Überquerung des Atlantik notwendigen Länge verlegen. Acht Tonnen Bruchfestigkeit seien das mindeste, was man brauche. Damit aber werde jedes Kabel für den Transport und eine bruchsichere Verlegung ohnehin zu schwer.

Field lassen diese Diskussionen kalt. Er verlässt sich auf seine eigenen Berater. Zu denen gehört als Technik-Experte der Physiker William Thomson (1824-1907) Und Samuel Morse ist der Cheftelegrafist.

Als erstes werden auf der geplanten Kabelroute unter Maurys Anweisungen Tiefenlotungen durchgeführt. Dabei glaubt man, einen submarinen Tafelberg entdeckt zu haben, eine „ideale Unterlage" für ein Unterwasserkabel. Doch das *Telegraph Plateau* ist ein Phantom, wie sich bei späteren Messungen herausstellt. Der Berg existiert nicht.

Field hat mit drei verschiedenen Firmen Verträge zur Anfertigung des Kabels geschlossen. In London ist es die *Glass, Elliot & Co., die 1854* die Drahtseilfabrik Kuper in Greenwich übernommen hat, und in Birkenhead bei Liverpool ist es die *R.S. Newall & Co.* Sicherheitshalber sollen die Firmen zusammen 2.100 Meilen (ca. 4.160 km) Kabel herstellen – für den Fall, dass wegen Unebenheiten auf dem Meeresboden mehr benötigt wird als messtechnisch ermittelt wurde. Stichtag für die Fertigstellung ist der 30. Mai 1857. Die Kosten liegen bei 1,25 Millionen Dollar.

Schon bald treffen von den Zulieferern bei *Glass & Elliot* täglich riesige Trommeln mit Draht- und Hanfsträngen ein, und unzählige Fässer mit Gutta Percha. Für ein Kabel von 2500 Seemeilen Länge (ca. 4.630 km) beträgt der Gutta Percha-Bedarf etwa 300 Tonnen. Bald läuft die Produktion auf Hochtouren. In seinem Buch „Sternstunden der Menschheit" schreibt Stefan Zweig: „Tag und Nacht spinnen jetzt die Fabriken, der dämonische Wille dieses einen Menschen [Field] treibt alle Räder vorwärts. Ganze Bergwerke von Eisen und Kupfer werden verbraucht für diese eine Schnur, ganze Wälder von Gummibäumen müssen bluten, um die Guttaperchahülle zu schaffen auf so riesige Distanz [...] Seit dem Turmbau von Babel hat die Menschheit im technischen Sinne nichts Grandioseres gewagt."

Als die ersten Zeitungsreporter auf das Fabrikgelände kommen liegen dort bereits gewaltige Mengen von fertiggestelltem Kabel. Fast 1.000 km davon sind bereits auf großen Trommeln aufgezogen. Die Trommeln, jede mit einem Durchmesser von 10,5 m, liegen in zwei tiefen Gruben rechts und links des Zufahrtweges zur Fabrik. Das geflochtene Kabel läuft mit einer Geschwindigkeit von 10 m pro Minute aus der Flechtmaschine. Arbeiter in der Grube ziehen es heran und legen es in großen Windungen in eine der Trommeln. „Sie tun es mit großer Leichtigkeit, und alles geht so von der Hand, dass sich schwer vorstellen lässt, dass diese Kabel ja aus geflochtenem Draht bestehen", schreibt ein Reporter. Genauer: Die eigentliche Leitung ist aus sieben Kupferdrähten geschlagen und wird dann mit drei Lagen Gutta Percha isoliert. Alle Drähte des Gesamtkabels zusammen würden ausreichen, um die Erde 13 Mal zu umgürten.

Während die Arbeiter in den Gruben das Kabel in einer Länge von jeweils 3,2 km einholen und in eine der Trommeln legen wird gleichzeitig das neu anzuschließende Stück in der Fabrikhalle durch verschiedene Flechtmaschinen gezogen. Zunächst wird es mit einer Lage Hanf umwickelt, der in einer Mischung von Pech, Teer, Öl und Talg getränkt wurde. Das alles geschieht maschinell. In der ersten Maschine rotieren Klöppel mit den Hanfschnur tragenden Spuen mit 365 U/min um das sich fortbewegende Kabel und ummanteln es. Dann läuft das „verhanfte" Kabel durch ein Loch von etwa 14 mm) Durchmesser um zu prüfen, dass es nirgendwo dicker ist als ein Finger. Anschließend erfolgt die Isoierung mit Gutta Percha. Und schließlich wird das Kabel in einer weiteren Flechtmaschine mit Eisendraht umwickelt. Die Klöppel rotieren mit 450 U/min so schnell, dass durch die Fliehkraft schon mal eine Spule abreißt und durch die Gegend fliegt. Dann muss alles gestopt und die Drähte erst einmal von Hand festgezurrt werden, ehe es weitergehen kann. Aber normalerweise arbeiten die Maschinen Tag und Nacht, ohne Unterlass. Zum Glück gibt es keine Unfälle. Die blanken Enden der zwei Meilen (3,2 km) langen Teilstücke werden verspleißt und die Verbindungstellen ebenfalls mit Gutta Percha isoliert. Vor dem endgültigen Ablegen auf die Transporttrommeln wandert das Kabel noch einmal durch einen

Kessel mit Teer, um seine letzte Isolierschicht zu erhalten. Vorgesehen ist außerdem, die ersten rund 30 km und die letzten 30 km besonders zu armieren. Denn sie werden in flachen Gewässern liegen und sollen vor Schiffsankern besonders geschützt sein. Um Bruchstellen gleich zu entdecken, steht der fertige Teil des Kabels bereits unter leichtem Strom. Aus einer Batterie durchläuft er vom vorderen Ende des fertigen Kabels sämtliche Windungen in den Gruben bis zum neu angeschlossenen Teilstück. Dort wird seine Stärke mit einem Galvanometer gemessen. Bleibt der Strom aus, so ist das ein Zeichen dafür, dass sich im letzten Kabelteil ein Bruch befindet. Er muss gefunden und repariert werden oder das Stück wird gleich ausgetauscht. Der Arbeiter, der das jeweils nächste Kabelsegment anschließt, trägt Holzschuhe mit Gutta-Percha Sohlen. „Das soll verhindern, dass das Kabel ihm schockartig seine Funktionstüchtigkeit beweist!" Gewaltige Mengen Draht werden auf diese Weise verarbeitet, mehr als alle Drahtziehereien Englands alleine liefern können, obwohl sie bereits auf Hochtouren laufen. Wenn alles verarbeitet ist, wird genug Draht verbraucht sein, um die Erde damit sechzehnmal zu umspannen.

Verlegene Verleger

Als Field an Bord der *Baltic* die Rückreise nach New York antritt, hat er mehrere Musterstücke des geplanten Kabels im Gepäck. Publikumswirksam stellt er eines davon in einem Schaukasten der New Yorker Börse aus. Daneben stehen Bodenproben des Atlantik, die entlang der vorgesehenen Route entnommen wurden. Ein zweites Kabelmuster übergibt er der Presse. Die *New York Times* vom 29. Dezember 1856: „Es ist biegsam wie ein Seil. Es hat dreiviertel Zoll [ca. 18,75 mm] Durchmesser ... Das Gewicht des Ganzen beträgt 18 cwt [*hundredweight*, etwa 50 Zentner] pro Meile und seine Reißfestigkeit ist ausreichend, um über eine Strecke von sechs Meilen [9,6 km] frei im Wasser hängen zu können. Hunderte von Mustern wurden zuvor hergestellt und getestet."

Aber die Skeptiker lassen sich nicht belehren. „Der eigentliche Leitungsdraht ist mit 1/16 Zoll lächerlich gering im Durchmesser, wenn man bedenkt, dass er dazu dienen soll, Stromimpulse

3.300 Meilen weit zu leiten." Und: „Es gibt keinen Extra-Leitungsdraht für rückfließenden Strom!" Außerdem sei die Isolierung „so dünn, dass sie spätestens nach drei Monaten durchgerostet" sein werde. Und „jede Drehung der Außenhaut um die kupferne Innenleitung wird zu einer Dehnung des Kabels führen. Dadurch wird seine Seele [das Innere des Kabels] schließlich brechen." „Über der tiefsten Meerestiefe", so warnt eine Zeitung die Aktionäre, „wird das Kabel sechs Meilen frei im Wasser hängen. Eine Dehnung von mindestens 12 Fuß [3,6 m]. Was wird dann geschehen? Das Kabel wird entweder brechen – oder zumindest stark gedehnt werden..." Doch dann sichert sich der Berichterstatter ab: „Wir wollen nicht sagen, dass das jetzige Kabel nicht erfolgreich sein wird, aber die Chancen sprechen dagegen, und es ist fast sicher, dass es noch vor Ablauf von zwölf Monaten nach seiner Verlegung vollkommen nutzlos sein wird, ähnlich wie andere solche Konstruktionen. Wenn es zeitweilig dennoch funktionieren sollte, dann nicht WEGEN seiner Konzeption, sondern TROTZ derselben... Das neue Kabel, obwohl leichter, billiger und elastischer als jene widerspenstigen eisernen Schlangen, mit denen Aktionäre Hunderttausende unwiederbringlich verloren haben, ist es immer noch nach dem alten Prinzip der Selbstzerstörung konzipiert worden."

Der britische Ingenieur F.R. Window warnt noch am 18. Januar 1857 in einem seiner vielen Vorträge vor der *Institution of Civil Engineers* in London seine Zuhörer: „In einem von Irland nach Amerika verlaufenden Kabel braucht jedes Signal 2 ½ Sekunden, um die Strecke zu überbrücken. Das bedeutet, dass 2 ½ Sekunden verstreichen müssen, ehe man das nächste Signal übermitteln kann. Die Übermittlung eines einzigen Wortes wird also eine volle Minute dauern. Und die Übermittlung einer nur 20 Worte umfassenden Nachricht einschließlich der Amtszeichen wird also mindestens eine halbe Stunde dauern. Meine Herren, Sie können es sich leicht selber ausrechnen: innerhalb von 24 Stunden wird es selbst bei einem Dauerbetrieb nicht möglich sein, mehr als 50 Telegramme von Kontinent zu Kontinent zu schicken. Der wirtschaftliche Betrieb eines Transatlantikkabels ist damit ausgeschlossen. Ich kann die Aktionäre nur warnen!"

Auf Drängen von Field stellt die US-Regierung nach längerem Zögern zur Verlegung des Kabels ein Schiff zur Verfügung. Es ist die *USS Niagara,* eine dampfgetriebene Fregatte mit Schraubenantrieb. Mit einer Länge von 345 Fuß (103 m), einer Breite von 55 Fuß (16,5 m) und 5.800 BRT ist es das damals größte Kriegsschiff der Welt. Geführt wird es von Kapitän William Hudson. Die *Niagara* soll von der Fregatte *Susquehanna* unter Kapitän Sanders begleitet werden. Doch dort bricht Gelbfieber aus, der Plan muss geändert werden. Von der *Royal Navy* wird die *HMS Agamemnon* bereitgestellt. Der hochbordige Dreimaster mit 91 Geschützpforten an den Breitseiten erinnert eher an ein mittelalterliches Kriegsschiff als an einen Kabelleger. Die Führung hat Captain George William Preedy. Dazu kommen die beiden Begleitschiffe *HMS Leopard* und *HMS Cyclops.*

Vorgesehen ist, dass auf *Niagara* und *Agamemnon* je eine Hälfte des Gesamtkabels geladen wird. Die *Niagara soll* die bei den *Newall* Werken produzierte Hälfte an Bord nehmen. Das von der *Glass-Elliot* in Greenwich hergestellte Kabel soll auf die *Agamemnon* verfrachtet werden. In der Mitte der geplanten Verlegungsstrecke sollen die Schiffe dann zusammentreffen. Dort sollen die Kabelenden verspleißt und abgesenkt werden. Anschließend soll ein Schiff weiter nach Neufundland fahren, das andere nach Irland, wobei beide die Kabelvorräte hinter sich ablaufen lassen. Alles in allem rechnet man mit einer Verlegungsdauer von sechs bis acht Tagen. Vorausgesetzt, es gibt keine Zwischenfälle.

Im April 1857 ist es endlich so weit. Die *Niagara* läuft mit Kurs Portsmouth aus. Die *Agamemnon* ist unterwegs nach Greenwich. Alles scheint termingemäß fertig geworden zu sein. Die Produktionsleistung von anfangs 70 Meilen (112 km) Kabel pro Woche liegt inzwischen bei 100 Meilen (160 km). Und bis zum 7. Mai wollen *Glass-Elliot* sowie die *Newall Works* jeweils 1.250 Meilen (2.000 km) fertiges Kabel abliefern. Über den Erfolg ist Field so zuversichtlich, dass er und seine Mitgesellschafter bereits im Frühjahr die Tarife für zukünftige Transatlantik-Telegramme endgültig festgelegt haben: pro Wort ein Dollar. Das ist damals viel Geld. Trotzdem verspricht die *DailyTimes of New York* am 23. April 1857 ihren Lesern, sie werde „nach Fertigstellung der Transatlantik-Verbindung täglich mindestens eintausend Worte europäischer Nachrichten veröffentlichen", um damit ihren „eigenen Beitrag zur Finanzierung des Unternehmens zu leisten".

Am 8. Juni, es ist ein Donnerstag, meldet die Firma *Newell*, dass ihr Anteil am Kabel fertiggestellt ist. 80 Tage hat man dafür gebraucht. Das Ereignis wird mit einem Bankett für die 600 Arbeiter und ihre Familien gefeiert. Ein letzter Test zeigt, dass elektrische Signale das Kabel problemlos durchlaufen. Die letzten Tage hatte die *Niagara* in Portsmouth gelegen, begafft von einer staunenden Menschenmenge, die sich einig war „über die Hässlichkeit des Schiffes". Nun läuft sie erneut aus, Richtung Liverpool. Auch die *Agamemnon* hat nach ihrem Umbau zum Kabelleger nicht mehr viel mit dem Aussehen einer schlanken Fregatte gemeinsam. Alle Geschütze an Bord sind entfernt worden. Lediglich auf dem Oberdeck hat man zwei kleine, diagonal gegeneinander versetzte Geschütze belassen. So können auch die Trommeln mit der anderen Hälfte des Kabels an Bord verstaut werden. Ein lyrisch angehauchter Besucher: „Das ganze Schiff ist voll damit und bietet einen kuriosen Anblick. Man steht oder geht auf 1.100 Meilen geteertem Kabel, im Gewicht von einer Tonne pro Meile. 200 Windungen davon liegen übereinander, und je nach Bunkerform ist das Kabel in Kreis-oder Ovalform abgelegt, als elf Fuß dicke Schicht von 44 bis 50 Fuß Durchmesser. Bei jedem Schlag eines Sekundenpendels jagt [zur Überprüfung] ein elektrischer Impuls durch diese Kabelschlange. Das riesige Ding lebt, und jeder seiner elektrischen Pulsschläge wird durch das Zucken einer winzigen Nadel auf einer kleinen Skala angezeigt." Und weiter: „Man möchte meinen, dass der elektrische Bote, der doch seine Runden durch Myriaden sich windender und zusammengeschlungener Kabelladungen dreht, nicht so schnell reisen könne wie auf gerader Strecke. Doch Steigungen und Kurven sind diesem Ariel [Luftgeist] unbekannt – er bittet nur um die eine Gunst nicht in Kontakt mit der Erde zu geraten, solange er im Dienste Prosperos [Zauberer in Shakespeares „Sommernachtstraum"] steht, der seine Handlungen lenkt..." Andere Berichterstatter, wie ein Reporter von Londons *TheTimes* sind skeptischer. Angesichts der Kabelrollen an Bord der *Agamemnon* „kann man nicht umhin, von der Hitze der Örtlichkeit getroffen zu werden, auf der das Kabel verstaut ist. [...] Eine Hitze, welche wohlbegründete Sorgen wach werden lässt, wie sie sich auf das Gutta Percha auswirkte. Wenn wir nicht falsch informiert sind, so hat die Sonne viele Meilen Draht dadurch ruiniert, indem sie das Gutta Percha ausschmolz, während das Kabel im Hofe von *Glass & Elliot* lag...“

Aber nun geht es ans Verlegen. Am Heck der *Agamemnon* ragt ein zehn Meter hohes, „trompetenförmiges Maul“ empor – aus dem das Kabel über Rollen abgespult wird. Sollte man es aus irgendwelchen Gründen kappen müssen, so ist vorgesehen, das Ende der bereits im Wasser liegenden Kabelstrecke an großen Bojen zu sichern. Sie werden mit reflektierenden Spiegeln versehen, um sie im „Fall des Falles“ leichter wiederzufinden.

Doch zunächst wird gefeiert: Am 20. Juli findet im *Adelphi Hotel* in Liverpool ein Diner für Kapitän und Offiziere der *Niagara* statt. Von den 83 Gästen trägt die Hälfte die Uniform der *US-Navy*. Gastgeber sind die Aktionäre der *Atlantic Telegraph Co.* Auch bei Erith an der Themse in der Grafschaft Kent unweit Greenwich wird drei Tage später anlässlich der abgeschlossenen Beladung der *Agamemnon* eine *Fète Champetre* gefeiert, eine sehr beliebte Art Gartenparty. Es ist ein wunderschöner, fast tropisch heißer Sommertag. Auf dem Gelände von *Belvedere House*, dem Landsitz von Sir Culling Eardley (1805-1863), haben sich alle Arbeiter seiner Firma mit ihren Familien versammelt, dazu Mannschaften und Offiziere der *HMS Agamemnon* und ihrer beiden Begleitschiffe, *HMS Leopard* und *HMS Cyclops,* sowie eine Reihe bedeutender Wissenschaftler.

Vor dem Haus ist ein riesiges Festzelt errichtet worden, mit Platz für 800 Personen. Um zwei Uhr gibt es ein Mittagessen, unter Vorsitz von Sir Culling. Die Gäste nehmen an einem halbrunden Tisch Platz, der im Festzelt hufeisenartig von Wand zu Wand läuft. Man sitzt und speist nebeneinander, ohne Standesunterschied. Oder doch nicht ganz: Seeleute und Arbeiter essen an kleineren Tischen, die im rechtem Winkel zum Hufeisentisch aufgestellt sind. Es gibt Toasts und Festreden. John Watkins Brett schenkt dem Gastgeber einen originellen Anhänger– eine „Schnittprobe" des von *Glass & Elliot* hergestellten Transatlantikkabels. Und meint, dass „nicht nur Paris und Wien, sondern Konstantinopel, Kalkutta, Peking und Amerika in ein paar Jahren unsere unmittelbaren Nachbarn sein" werden. Field verliest einen Brief von US-Präsident Buchanan, in dem es u.a. heißt Er, der Präsident, werde sich sehr geehrt fühlen, wenn die erste Nachricht über den Atlantik ein Telegramm von Königin Victor a an ihn sein werde. Anschließend spielen die Männer auf dem Rasen *Cricket* und *Trap Ball*, eine Art *Lacrosse*. Überall herrscht Fröhlichkeit, man sieht nur strahlende Gesichter. Und Kapellen der *Royal Marines and Artillery* sorgen für die musikalische Untermalung mit schmissigen Polkas.

Während des Festessens wird eine wichtige Entscheidung bekanntgegeben: Statt die Kabellegung von der Mitte des Atlantik aus zu starten, soll nun anders verfahren werden. Während der gesamten Fahrt sollen alle vier Schiffe zusammenbleiben. Die *USS Niagara* soll von Irlands Valentia Island aus den ersten Teil des Kabels in Richtung der amerikanischen Küste verlegen. Dann soll das Kabel mit demjenigen der *HMS Agamemnon* verspleißt und die Fahrt in Richtung Neufundland fortgesetzt werden. Über das bereits verlegte Kabel könne so bereits ständig telegrafischer Kontakt mit Irland gehalten und jede Botschaft über den Fortschritt der Verlegung an das innerbritische und damit auch an das kontinentale Telegrafennetz weitergeleitet werden.

Die beiden Schiffe sind inzwischen beladen. Da sie nicht nahe genug an Land können, hat man auf Schuten zwischen Schiff und Ufer eine Reihe von Masten errichtet, über die die Besatzungen das Kabel an Bord gezogen und im Schiffsinneren in großen Windungen abgelegt haben. Damit es nicht verrutschen kann, wird es wie von Fassdauben zusammengehalten.

Am 30. Juli treffen die Schiffe im irischen Queenstown [heute: Cobh] ein und ankern dort mit etwa 1.200 m Abstand voneinander. Ein Stück Kabel wird von Schiff zu Schiff gelegt, dann testet Dr. Orange Wildman Whitehouse (1816-1890) zwei Tage lang das 500 Seemeilen lange Gesamtkabel an Bord beider Schiffe auf eventuelle Bruchstellen. Von Hauptberuf ist Whitehouse eigentlich Chirurg. Doch er gilt, allerdings als Autodidakt, als Elektrospezialist. Als solcher hat er sich bereits einen Telegrafenapparat für eine Kommunikation zwischen Europa und Nordamerika patentieren lassen. Deswegen hatten Field, Brett und Morse auch keine Bedenken, ihn als Chefingenieur zu engagieren. Am 3. August laufen beide Kabelschiffe wieder aus, begleitet von zwei kleinen Schleppdampfern, und treffen am folgenden Tag vor der Insel Valentia ein.

Valentia wird Mittelpunkt der Welt

Valentia im Jahr 2010: Nur ein schmaler Wasserarm trennt die kleine Insel von der irischen Hauptinsel. Fast kann man hinüber spucken. Von Killarney, das man über Limmerick oder Tipperary im Osten erreicht, sind es auf relativ guter Straße nur eine knappe halbe Stunde zum kleinen Dorf Portmagee. Am Ufer einige Fischerboote vor wenigen kleinen Häusern. Eine steinerne Brücke führt hinüber zum Südende von Valentia. Leicht hügelig ist das Gelände. Heidekraut wächst auf den Hängen, an denen Schafe weiden. Schlammige Feldwege, ab und zu ein Mensch zu Fuß oder per Fahrrad. Selten verirrt sich ein Tourist hierher. Links, zum offenen Meer hin, befindet sich eine Anhöhe von etwa 200 m, auf ihrer Spitze eine kleine Ruine: Es sind die Überreste vom Fundament eines Flügeltelegrafen. Von hier wurde noch bis Mitte des 19. Jahrhunderts jedes Schiff gemeldet, das über den Atlantik kommend sich der irischen Küste, also Europa, näherte. Der Blick reicht bei gutem Wetter bis zur nächsten Ruine eines weiteren Flügeltelegrafen im Süden. Ansonsten: Hochmoor, ein paar Hecken, Heidekraut und Ginsterbüsche, die schon im März blühen. Steil fällt die Küste hinab zur tosenden Brandung. Die *Cable Road* führt von Port Magie in ein paar Kehren am Wasserarm entlang, vorbei am flachen, schwarzen Schieferstrand. Ganz plötzlich dann gelangt man an eine flache, ruhige Bucht, die ins offene Meer mündet. Und dort stehen am Rand des Dorfes einige langgestreckte Gebäude, wie Reihenhäuser. Die meisten sind leer.

Einst waren es die Quartiere für das Personal der von Field gegründeten Kabelgesellschaft. Daneben drei weitere, zweistöckige weiße Gebäude. Eines war das Haus für den Manager der Kabel-Kompanie. Das andere war das *Cable House* – die eigentliche Telegrafenstation. Ansonsten: fast gespenstische Leere

Doch Anfang August 1857 sprudelt und quirlt es an der kleinen Bucht von Menschen. Von weither sind sie gekommen, teilweise zu Fuß, zu Pferde oder mit der Kutsche. Alle wollen den historischen Augenblick erleben. Am 5. August wird gegen 2 Uhr damit begonnen, das Landende des Kabels von der Dampfschleppern *Willing Mind* und *HM Advice* in der Ballycarbertry-Bucht des Hafens von Valentia anzulanden. Gegen Abend ist es geschafft: Begeistert helfen einige hohe Regierungsvertreter und Mitglieder der Admiralität, es an Land zu ziehen. Zwei Tage später setzt sich der Schiffskonvoi in Marsch, und die *Niagara* läuft aus der flachen Bucht hinaus in den offenen Atlantik, begleitet von Jubel und Hurra-Rufen. Natürlich ist Field an Bord der *Niagara*. Wie fast alle, so steht auch er unter ungeheurer Anspannung. „Es wurde [an Bord] fast nur geflüstert!" erinnert sich ein Augenzeuge. Zahllose Ruder- und Segelboote begleiten den Kabelleger. Raddampfer fahren voraus und messen fortlaufend den immer tiefer abfallenden Meeresboden. Das ist eine zusätzliche Sicherheitsmaßnahme, denn eigentlich ist die Strecke genau ausgelotet worden. Schon etwa 25 km vor der Insel beträgt die Tiefe rund 420 m. Das ist ideal für ein Kabel, denn hier können keine Schiffe mehr ankern und es versehentlich zerstören.

Während die *Niagara* langsame Fahrt macht, gefolgt von der *Agamemnon,* läuft das Kabel aus dem Schiffsbauch über Leiträder, deren Rillen genau dem Kabeldurchmesser entsprechen, zum Deck des Schiffes. Von da geht es in etwa anderthalb Meter Höhe weiter zum Heck und schließlich über eine fünfte Rolle ins Meer. Langsam versinkt die „elektrische Schlange" infolge ihres eigenen Gewichts. Die Schraube der *Niagara* ist mit einem Schutzkäfig abgedeckt worden, damit das Kabel sich nicht darin verfängt. Ein Messgerät, wie schon von Siemens entwickelt, zeigt die Zugkraft an, unter der das Kabel steht. Alle Sekunde schlägt im Kontrollraum eine Glocke. Sie zeigt an, dass vom Land aus ständig elektrische Signale eintreffen.

Nach etwa 13 km wird der verstärkte landnahe Teil des Kabels mit dem eigentlichen Transatlantikkabel verspleißt, dann geht die Verlegung weiter. Doch nach einer dreiviertel Stunde verstummt die Signalglocke. Alarm! Panik! Alle Maschinen werden gestoppt und „langsame Fahrt rückwärts" befohlen. Der Kabelablauf wird abgebremst, das Kabel behutsam wieder eingeholt. Sind die verstärkten Kabelenden doch zu schwer und brechen unter dem eigenen Gewicht? Das Reparaturverfahren sieht vor, die defekte Kabelstelle nach erprobter Methode aufzuspüren und wieder in Stand zu setzen. Zum Glück ist man noch in Landnähe, sodass das Aufholen des Kabels keine sonderlichen Schwierigkeiten bereitet.

Beim zweiten Anlauf geht die Sache besser. Und in der Folge schafft der Schiffskonvoi etwa fünf Seemeilen pro Stunde. Experten hatten errechnet, dass das Salzwasser dem Kabel einen gewissen Auftrieb verleiht und dadurch das Gewicht des frei hängenden Teils erheblich reduziert werde. Doch da die tiefsten Meeresstellen etwa 4.000 m betragen, bedeutet auch das immer noch eine Zugkraft von rund anderthalb Tonnen. Außerdem ist das Kabel beim Ausspielen ständig in seitlich schwingender Bewegung. Jede stärkere Strömung kann es abtreiben ehe es sicher auf dem Meeresboden liegt.

Um die Zugkraft nicht zu groß werden zu lassen, lässt man das Kabel mit einer etwas höheren Geschwindigkeit ablaufen als das Tempo der *Niagara.* So soll auch für genügend „Spiel" gesorgt werden, falls eine starke Woge das Heck der *Niagara* plötzlich anheben sollte. Von Bord des Schiffes wird über den bereits verlegten Kabelteil laufend Bericht nach Valentia und von da weiter nach London erstattet. Die Meldungen klingen optimistisch. Und erst jetzt sind einige Versicherungsgesellschaften in London bereit, Policen abzuschließen, jedoch nur für die jeweils bereits verlegte Kabelstrecke. Doch die *Telegraph Co.* lehnt ab angesichts ihres bis dahin erzielten Erfolges. Lediglich Field versichert zwei Drittel seiner persönlichen Investitionen – und hat dafür die stattliche Prämie von 20 Prozent zu zahlen.

Bis zum 11. August geht alles gut. 380 Meilen Kabel, etwa 608 km, sind bis dahin ausgespielt. Der Meeresboden liegt jetzt rund 3.200 m tief. Doch am Morgen dieses Tages setzt starker Wellengang ein. Die *Niagara* macht etwa vier Knoten. Im Vergleich dazu läuft das Kabel jetzt viel zu schnell ab. Die Ablaufbremse kann nur nach Gefühl betätigt werden, ein ziemliches Risiko. Sie kann das Kabel nicht mehr richtig halten. Um 3.45 Uhr gibt es plötzlich einen lautstarken „Knacks". Durch das Schiff läuft ein Zittern – und dann weiß jeder: Das Kabel ist gebrochen. Der übermüdete Mann an der Bremsvorrichtung war vermutlich nicht aufmerksam genug. Jedenfalls gibt es nun auch keine telegrafische Verbindung mehr nach Valentia. Die Verlegung wird abgebrochen, die Schiffe kehren zurück. Am 14. August trifft das britische Dampfschiff *Leopard,* das von den USA aus nach Europa unterwegs war, in Portsmouth mit der Hiobsbotschaft ein, und die Londoner Blätter melden: *The Atlantic Cable broken.*

War alles umsonst? Die *Agamemnon* und die *Niagara* bleiben noch eine Weile am Ort des Unglücks. Dann laufen sie verschiedene Häfen an, werden entladen und übernehmen vorerst wieder ihre alten Aufgaben. Cyrus Field kehrt auf dem britischer Begleitschiff *Cyclops* nach Valentia zurück. Schon wenige Tage später, am 20. August, beraten die Verantwortlichen auf einer Sitzung, was wohl schiefgegangen sein mochte. Man kann sich nicht auf eine Ursache einigen. Die Kritiker des Unternehmens klopfen sich an die Brust, die Aktionäre aber zittern. Für sie scheint der Traum einer Kabelverbindung zwischen Europa und Nordamerika zum Albtraum zu werden. Einer von ihnen, der fast sein gesamtes Vermögen verliert, ist John Brett. Er wird 1863 als armer Mann sterben. Der Vorsitzende der *Atlantic Telegraph Co.*, Sir William Brown, denkt sogar daran, das Projekt zu streichen und die noch vorhandenen 2.000 Meilen Kabel, also rund 3.200 km, an andere Interessenten zu verkaufen.

Field selbst dagegen denkt nicht daran, aufzugeben. Der größte Teil des Kabels ist ja noch vorhanden. Verloren ist nur was auf dem Grund liegt. Und die Teilverlegung hat immerhin bewiesen, dass die Übertragung von Morsesignalen über 2.500 Meilen möglich ist, und ebenso die Übertragung in Tiefen von 3.200 Metern. Die beginnenden Herbststürme lassen allerdings einen sofortigen neuen Versuch nicht zu. Die Aktionäre beschließen, die Verlegung im kommenden Jahr erneut zu versuchen. Allerdings sollen sich dann die beiden Kabelschiffe in der Mitte des Atlantik treffen, um von da aus das Kabel in beide Richtungen zu verlegen. Field bestellt bei *Glass & Elliot* weitere 700 Meilen Kabel. Vorläufig also bleibt Nordamerika weiterhin mit aktuellen Nachrichten aus Westeuropa unversorgt – und umgekehrt.

Diese erste, missglückte Kabelverlegung nach Nordamerika hat 300.000 Pfund gekostet – verlorenes Geld. Und die *Atlantic Telegraph Company* verfügte Ende des Jahres 1857 nur noch über eine Reserve von 46.000 Pfund. Es gilt also, neues Geld aufzutreiben. Abermals werden Anteilscheine verkauft, das Stück zu 20 Pfund, und die Herstellung von weiteren 900 Meilen (1.440 km) Kabel in Auftrag gegeben. Am 10. Juni 1858 laufen *Agamemnon* und *Niagara* mit ihren Kabelladungen erneut aus. Das Wetter ist denkbar schlecht. Starker Wind kommt auf, die See wird immer rauer. Eine Woche lang stampft die *Agamemnon* durch einen der fürchterlichsten Atlantikstürme, die der Kapitän je erlebt hat – und kentert fast. An Bord liegen Hunderte von Kohlesäcken für die Feuerung, weil unter Deck Platz für das Kabel geschaffen werden musste. Die Säcke fliegen nun durch die Gegend, zertrümmern Leitern, poltern die Gangways hinab in den Maschinenraum. Matrosen werden verletzt, Wasser strömt in alle Kammern. Einmal droht das Schiff fast zu kentern. Die Kabelschlingen in den Laderäumen beginnen zu rutschen „wie ein Haufen lebender Aale!". Zeitweilig denkt man sogar daran, das Kabel über Bord gehen zu lassen, um das Schiff zu stabilisieren. Aber es gelingt, das Kabel auf beengtem Raum wieder so zu sortieren, dass es sich reibungslos ausspielen lassen würde. Die *Niagara* hingegen übersteht den Sturm relativ problemlos.

Am 25. Juni treffen beide Schiffe an der vereinbarten Stelle in der Mitte des Atlantik ein. Die See ist wieder ruhig, die Kabelenden können verspleißt werden und schon am nächsten Tag geht die Fahrt in entgegengesetzter Richtung zu den beiden Kontinenten, die das Kabel irgendwann verbinden soll. Doch kaum sind 5,5 km davon im Meer verschwunden, bricht es abermals. Beide Schiffe kehren um, die aufgenommenen Enden werden erneut verspleißt.

Und so geht es weiter: Nach 100 km erfolgt der nächste Bruch. Wieder werden die Kabelenden aufgenommen und erneut verspleißt. Und schließlich gibt es den dritten Kabelbruch. bei dem 370 km Kabel unwiederbringlich verloren gehen. Das scheint zu viel, um weiterzumachen. Die Schiffe kehren nach Queenstown zurück. Doch die Verantwortlichen der *Atlantic Telegraph Company* entscheiden: Das noch an Bord der Schiffe vorhandene Kabel ist lang genug. „Wir versuchen es noch einmal!"

Der dritte Anlauf

Dieser dritte Anlauf beginnt am 17. Juli. In den Aufzeichnungen der damaligen Zeit variieren die Daten britischer und amerikanischer Quellen wegen des Zeitunterschiedes zwischen den USA und Europa um jeweils einen Tag. Jedenfalls, elf Tage später, am 28. Juli trifft man erneut in der Mitte des Atlantik zusammen. Um 1 Uhr mittags werden die Kabel verspleißt. Dann nehmen die *Agamemnon und* ihr Begleitschiff *Valorous* Kurs auf Valentia, die *Niagara* unter Captain Hudson und ihr britisches Begleitschiff *Gorgon* unter Captain Dayman dampfen mit „langsame Fahrt voraus" Richtung Neufundland. Wieder steht man über das Kabel in ständigem Kontakt miteinander. Field, an Bord der *Niagara*, macht fortlaufend Eintragungen in seinem persönlichen Logbuch. Er notiert vor allem die täglich verlegte Kabelstrecke,

„Freitag, 30. Juli - Breite: 50 ° 50' Nord, Länge: 34 ° 49.: Wir sind 724 Meilen [1.158 km] vom *Telegraph House*in der *Bay of Bull's Arm, Trinity Bay* [in Neufundland] entfernt." (Das Telegraph House ist die Endstation des Landkabels nach New York.)

Sonnabend: 31. Juli: - Breite: 51° 05' Nord/ Länge 30° 14' West: 656 Meilen [1.049,6 km] (von *Telegraph House*. 11.04 nachmittags [nachts]: Von der *Niagara 300* Meilen Kabel ausgespielt."

Montag, 2. August: Breite 49° 52 'Nord, Länge 45 ° 48' West: Um 7 Uhr morgens Begegnung und Signalaustausch mit dem

Cunard-Dampfer auf dem Weg von Boston nach Liverpool. Bisher insgesamt 633 Meilen [1.012 km] Kabel ausgespielt. [Wasser]tiefe 500 Faden [914 m]. 257 Meilen [411 km] von *Telegraph House...*"

Doch dann – ein neuer Zwischenfall! Allen stockt der Atem. So dicht vor dem Ziel noch eine Enttäuschung? Field notiert: „Um 12.38 Uhr morgens Bordzeit, 3 Uhr 38 Uhr morgens Greenwich Zeit wird eine undichte Isolierung während der Übermittlung und des Empfanges von Signalen von der *Agamemnon* entdeckt... der Fehler findet sich etwa 60 Meilen [96 km] vom Ende des Kabels, [die Stelle] wird herausgeschnitten..."

Am 3. August nähert sich die *Niagara* bereits dem nordamerikanischen Kontinentalsockel. Field notiert: Wind NNW. Wetter sehr angenehm. Die *Gorgon* in Sicht... 210 Meilen [336 km] von Telegraph House..."Und dann folgen die entscheidenden drei letzten Tage: Am Mittwoch, den 4. August erhält die *Niagara* von Bord der *Agamemnon* die Nachricht, dass auch diese bereits 940 Meilen Kabel verlegt hat und sich der Insel Valentia nähert. Einige Eisberge treiben an der *Niagara* vorbei. Dann endlich, um 8 Uhr morgens, kommen die Ufer der *Trinity Bay* in Sicht. Das britische Kriegsschiff *Porcupine* (Stachelschwein) dampft der kleinen Telegrafenflotte entgegen. Die *Niagara* hat die britische Flagge gehisst, die amerikanischen *Stars and Stripes* wehen von einem Mast der *Gorgon.*

5. August, Nachricht von der *Agamemnon:* Auch sie dampft in die Bucht von Valentia Island. In Neufundland ist es inzwischen finstere Nacht. Field hat die letzten 24 Stunden vor Aufregung kein Auge zugetan, und auch sonst hat kaum jemand an Bord richtig geschlafen. Knisternde Spannung liegt in der Luft. Langsam läuft die *Niagara* an der *Bay of Bull's Arm* in die langgestreckte Trinity Bay ein. Um 1:45 Uhr morgens fällt der Anker. Field: „Um zwei Uhr morgens ruderten wir mit einem kleinen Boot an Land und informierten die Personen, die im *Telegraph House* eine halbe Meile vom Landeplatz Dienst taten, dass die Telegraphenflotte eingetroffen und bereit sei, das Ende des Kabels anzulanden... Um zweieinviertel Uhr morgens erreicht uns eine Nachricht der *Agamemnon*, dass sie 1.010 Meilen (ca. 1.616 km) Kabel verlegt hat."

Etwa 2.400 m verstärktes Kabel werden in Beiboote der *Niagara* geladen, und durch das flache Ufergewässer bis zum Land und von dort etwa 800 m weiter zum *Telegraph House* verlegt. Ein fast überirdisches Gefühl hat die Männer überwältigt. Sie stehen auf dem nordamerikanischen Kontinent und erhalten eine Nachricht von jenseits des Atlantik, schneller als es je zuvor möglich gewesen war. Europa und Amerika sind vereint, durch ein Drahtgeflecht nicht dicker als ein Finger. Das Kabel, gemessen vom *Telegraph House* auf Valentia bis zum *Telegraph House* an der *Bay of Bull's Arm* der *Trinity Bay* ist 3120 km lang. Und über mehr als zwei Drittel dieser Strecke liegt es in rund 3.200 m Meerestiefe. Eine für damalige Zeit technische Glanzleistung.

Geradezu nüchtern im Vergleich dazu lesen sich die stichwortartigen Notizen von Field: „Um 5.15 Uhr wird das Telegrafenkabel an Land gezogen. Um 6 Uhr morgens wird das Ende ins *Telegraph House* gebracht – und ein starker Stromstoß empfangen, durch das gesamte Kabel von der anderen Seite des Atlantik. Kapitän Hudson las daraufhin Gebete und sagte ein paar Sätze..." Ein zeitgenössischer Stich zeigt die Szene: auf einem aus rohen Baumstämmen zusammengefügten Pier mit einem Dach aus Buschwerk und Blättern stehen ein Dutzend Männer und blicken hinab aufs Wasser. Dort liegen zwei Ruderboote, in einem davon sieht man das Kabelende. Matrosen halten es bereit, um es an Land zu ziehen. An diesem Tag meldet die Nachrichtenagentur *Associated Press* an alle angeschlossenen Zeitungen, sie habe „ein Telegramm von Cyrus W. Field erhalten, in dem wir von der erstaunlichen und erfreulichen Tatsache informiert wurden. Es lautet wie folgt:" Und dann folgt der Text des Field-Telegrams, in dem er von der Verlegung und der erfolgreichen Anlandung des Kabels berichtet. „[. .] sobald es mit dem Land-Telegrafen verbunden sein wird und die *Niagara* einen Teil ihrer Ladung für die Land-Telegrafenlinie der *Telegraph Company* gelöscht haben wird, läuft sie nach St. John's aus, um Kohle zu bunkern und wird dann weiterfahren nach New York."

Am folgenden Tag schickt Field auch Telegramme an US-Präsident James Buchanan, den Bürgermeister von New York und andere Persönlichkeiten – die sich wiederum telegrafisch be–

danken und gratulieren. Über das englische und das innerameri-
kanische Netz erreicht die Erfolgsmeldung sehr schnell alle größeren Orte. Doch nicht überall findet sie Glauben. „Humbug,
Schwindel" heißt es im New Yorker Stadtteil Brooklyn. Die Zeitung
Patriot in Baltimore meint, es sei „zu früh zum jubeln", und auch
in Boston traut man den Meldungen nicht so recht. Doch in den
kleineren Orten nimmt man die Information ernst. In Bangor im
Staat Maine werden 100 Kanonenschüsse abgefeuert; in Wooster
im Staat Massachusetts versammelt sich eine große Menschenmenge zu Hurra-Rufen. Da das vielen zu wenig erscheint, werden
am folgenden Tag wie zuvor in Bangor ebenfalls 100 Böllerschüsse abgegeben.

Field notiert an diesem Freitag, den 6. August: „Wir haben
den ganzen Tag über starke elektrische Signale von der Telegraphenstation in Valentia erhalten." Inzwischen sind auch die Telegrafenapparate an den beiden Enden des Atlantikkabels installiert
worden. Auch in Europa herrscht Jubelstimmung, wenn auch
nicht in dem Ausmaß wie in Nordamerika. Immerhin schwärmt die
sonst so nüchterne Londoner *Times*: „Seit der Entdeckung des
Columbus ist nichts Ähnliches geleistet worden, was sich auch nur
irgendwie mit der gewaltigen Erweiterung vergleichen lässt, die
dem Bereich menschlicher Tätigkeit hinzugefügt wurde..."

Am Sonnabend, den 7. August, kabelt der Korrespondent der
New York Times aus dem *Telegraph House* an der Trinity Bay:
„Der vollständige Erfolg des Atlantik-Kabels ist nunmehr jenseits
aller Zweifel erbracht. Über die gesamte Länge des Kabels werden jetzt Signale empfangen."

Die Freudenstimmung vom 7. August, zu Beginn dieses Buches geschildert, ergreift allmählich das ganze Land. Ausgerechnet im kleinen Fishkill am Hudson, gibt es die erste, offizielle Feier.
Denn dort liegt *Locust Grove,* der Sommersitz von Samuel B.
Morse. Das Fest beginnt schon morgens um acht Uhr, „in Anwesenheit von wenigstens eintausend Personen, ein Drittel davon
Damen." Der Kurs der *Atlantic Telegraph* Aktien springt von 300
auf 1.000 Dollar. Wer jetzt verkauft, hat seinen Einsatz mehr als
verdreifacht. Das Juwelierhaus Tiffany in New York erwirbt sofort
einen langen Kabelrest von Bord der *Niagara*. Ein Teil davon wird

in zehn Zentimeter lange Stücke geschnitten. Für 50 Cent werden sie einzeln als Souvenir verkauft, zusammen mit einem von Cyrus Field signierten Echtheitszertifikat. Aus einem weiteren Kabelteil lässt Tiffany Uhranhänger sowie Regenschirm- und Spazierstockgriffe anfertigen. Im *Science Museum* in London sind auch noch 150 Jahre später solche und ähnliche Souvenirs in einer Glasvitrine zu bewundern. Zum Beispiel ein zehn Zentimeter hoher „Cable Tree", ein Bäumchen aus fünf verschieden starken Teilen des Kabels. Oben drauf steht ein kleiner Matrose mit der amerikanischen und der britischen Flagge hinter sich, und über das ganze Gebilde ist eine Glasglocke gestülpt.

Am 9. August, so berichtet die *London Illustrated News* ihren Lesern, lichten die *Niagara* und die *Gorgon* Anker und erreichen am Abend St. Johns. Kohle wird gebunkert und anschließend geht es Richtung New York weiter. Nicht nur dort, sondern in ganz Nordamerika wartet derweil alles gespannt auf das erste Telegramm der britischen Königin. Die *New York Times* meldet am Dienstag, den 10. August zuversichtlich:„Wir haben die Versicherung aus Trinity Bay, Neufundland, dass die mit dem Atlantikkabel verbundenen Aufzeichnungsgeräte diesen Abend bereit sein werden; Und wenn diese Annahme der Elektriker zutreffen sollte, so hält man es für wahrscheinlich, dass die Nachricht von Königin Vitoria an den Präsidenten heute Abend oder morgen Vormittag über den Draht laufen wird."

Am 12. August läuft von Neufundland die erste vollständige Nachricht nach Valentia. Es ist ein „Betriebstelegramm' mit der Anweisung, „langsam" zu senden, also zwischen den einzelnen, übermittelten Zeichen etwas länger zu warten. Denn jeder elektrische Impuls schien sich auf der langen Kabelstrecke etwas zu verlangsamen oder auszudehnen, so dass der nachfolgende Impuls auf ihn auftraf. Diese „Kollision" bewirkte, dass die eintreffenden Signale manchmal nicht klar „lesbar" waren. Trotz dieses Problems ist es an der Zeit, das Kabel „öffentlich" einzuweihen, mit einem Austausch von Grußbotschaften zwischen Königin Victoria und dem US-Präsidenten. Das soll am 13. August geschehen.

Doch die Tage vergehen. Samuel Morse ist gerade in Paris eingetroffen, wo die Erfolgsnachricht bereits die Runde macht. Er wohnt im *Grand Hotel du Louvre*. Da sich auch gerade einige andere prominente Amerikaner in der Seine-Stadt aufhalten, lädt das Bankhaus John Munroe zu einem Bankett, um Professor Morse zu ehren. Es findet am Abend des 17. August im *Trois Freres Provanceaux* statt. Die Speisekarte verzeichnet verschiedene Hors d'oevres, Melone, Crevetten im Bouquet, Lachs, Rinderfilet a la Richelieu mit Madeira Soße, Krebse, Fisch. Zum Nachtisch gibt es Pfirsiche in Vanille, an Getränken Moet Frapp', Chambertin und Chateau Larose. Es ist eine Ehrung für viele. Die amerikanischen Gäste sind erregt darüber, dass die Britische Presse Morse und die amerikanische Beteiligung am Kabelbau nicht oder kaum erwähnt hat, sondern – wie etwa die *Daily News* – den Erfolg ausschließlich Professor Wheatstone und England zuschreibt. Dafür wird Morse jetzt umso begeisterter gefeiert. Er selbst gibt sich bescheiden und erwähnt rühmend einen anderen: „Dem genialen bayrischen Philosophen Soemmering und dessen Blasentelegraph. So hatte ich in meinem Gedächtnis die Dinge gespeichert, die es mir in der Mußezeit meiner Rückreise von Le Havre nach den Vereinigten Staaten im Oktober 1832 ermöglichten, den jetzigen Telegraphen mit allen seinen wichtigen und entscheidenden Eigenschaften zu planen." Was die Probleme eines Unterseekabels anbeträfe, „so habe ich persönlich nicht für einen Augenblick gezweifelt, dass sie irgendwann einmal gelöst werden." Auch Werner Siemens hatte schon am 6. April des gleichen Jahres an Bruder William nach London geschrieben: „Soemmering in München... darf nie vergessen werden als der erste, der die Idee eines galvanischen Telegraphen erfasste und einen brauchbaren Plan [dazu] veröffentlichte..."

Aber die Grußbotschaft der Queen lässt auf sich warten. Auf den Hauptstraßen New Yorks laufen die Zeitungsjungen zwar herum und schreien aus vollem Hals: „'ere's the Quee'ns message..." und die Extrablätter, 6 Cent das Exemplar, werden ihnen buchstäblich aus der Hand gerissen. Aber die Rufe sind ein Verkaufstrick, in den Blättern steht kein königlicher Telegrammtext. Abermals meinen die ewig Skeptischen: Alles Quatsch. Ehe wir die Nachricht nicht gedruckt sehen, glauben wir nicht, dass überhaupt etwas über den Atlantik gekommen ist.

Inzwischen wagt die *New York Times* wie zur Beruhigung einen Blick in die Zukunft und meldet am 12. August: „Nachrichten für London und den Kontinent kommen in eine Warteschlange nach Reihenfolge der Aufgabe. Sobald die Linie frei ist werden sie in der gleichen Reihenfolge gesendet..." Diese ersten Nachrichten sind allerdings zunächst technische Informationen der Funker zwischen den beiden Enden der Leitung: elektrische Impulse, Wörter und Begriffe im Morse-Code. Aber der Empfang ist schlecht. Es dauert etwa zwei Minuten, um auch nur einen Buchstaben oder eine Zahl zu übermitteln. Das entspricht etwa 0,1 Wort pro Minute! Aber immerhin: Nachrichten, per Schiff übermittelt, benötigen mindestens zehn Tage, und zwischen Herbst und dem Ende des Frühjahrs wegen der Stürme auf See meist länger.

Dann endlich, am Montag, den 16. August, kommt die erste „offizielle" Depesche aus England. „Europa und Amerika sind durch die Telegraphie verbunden", gefolgt von Vers Lukas 2:14 „Ehre sei Gott in der Höhe und Frieden auf Erden und den Menschen ein Wohlgefallen". (Aus der *King James Bibel*: Glory to God in the highest, and on earth peace, and good will toward men.) Am Nachmittagfolgt die sehnlichst erwartete Botschaft Queen Victorias an Präsident Buchanan, der sich gerade auf seinem Sommersitz im *Bedforde Springs Hotel* in Pennsylvania aufhält: „Die Königin möchte dem Präsidenten zur erfolgreichen Vollendung des großen internationalen Werks gratulieren, an dem die Königin das größte Interesse genommen hat." Immerhin heißt es darin auch, dass die Linie „eine zusätzliche Verbindung zwischen den Nationen bedeutet, deren Freundschaft auf deren gemeinsamen Interessen und gegenseitiger Wertschätzung beruht." Die Grußbotschaft wird in Hotels, Theatern und anderen öffentlichen Orten verlesen und durch Aushang bekanntgegeben. Eine zeitgenössische Kopie in blauer, roter und goldener Schrift hängt im Londoner *Science Museum* in einem runden Rahmen, um den ein Stück Transatlantik-Kabel geschlungen ist.

Inzwischen haben die Schiffe *Niagara* und *Gordon* die Narrows erreicht, die Mündung des Hudson River. An der *Battery* haben sich nach damaligen Schätzungen rund 20.000 Menschen versammelt. Während sich die *Niagara* nähert, wird sie mit 200 Kanonenschüssen begrüßt. Von der kleinen Hafenfestung auf *Governor's Island* feuern ebenfalls drei Batterien Salut. Alle Schiffe im Hafen haben über die Toppen geflaggt, viele schießen Salut, Dampfschiffe lassen ihre Nebelhörner aufheulen. Dazwischen wimmelt es von kleinen Jachten und sogar Ruderbooten. Die Offiziere beider Schiffe stehen auf den Achterdecks und bedanken sich durch Winken und Salutieren für die Ehrenbezeugungen, während die *Niagara* und die *Gorgon* vor der *Battery* vor Anker gehen. Erst abends werden die Anker wieder gelichtet, und die *Niagara* dampft langsam den *East River* aufwärts um schließlich im *Navy Yard*, dem Pier der US-Marine, festzumachen. Damit sind die Feiern keineswegs beendet. Im Gegenteil, sie beginnen erst!

Noch am Abend ist die Grußbotschaft von Königin Victoria, gemeinsam mit dem Antworttelegramm Präsident Buchanan, den wichtigsten Tageszeitungen im Lande telegrafisch zugeleitet worden, die beide Depeschen am folgenden Morgen veröffentlichen. Buchanans Antwort lautet u.a.

„Möge der Atlantik-Telegraph unter Segnung des Himmels sich als ein Bund von ewigem Frieden und ewiger Freundschaft zwischen den verwandten Nationen erweisen, und als ein durch göttliche Vorsehung bestimmtes Instrument um Religionen, Zivilisationen, Freiheit und Gesetz in der ganzen Welt zu verbreiten."

Doch was anfangs nur wenige Eingeweihte wissen: die Übermittlung der beiden Grußbotschaften dauert ungewöhnlich lange, viel länger als die der ersten Testtelegramme. Für den 98 Wörter umfassenden Text der königlichen Grußbotschaft waren es fast 16 Stunden! Immer wieder mussten Zeichen wiederholt werden oder sie kamen überhaupt nicht an. Irgendetwas schien mit dem Kabel nicht zu stimmen.

Dennoch ist der Jubel groß. Auf New Yorks wichtigsten Straßen sind inzwischen noch mehr Fahnen aufgezogen worden. „...zehn oder zwanzig der größten hängen quer über die *Wall Street* von den Gebäuden der *Atlantic Insurance:* Der englische *Union Jack* und das St. Georgs Kreuz mischen sich mit den *Stars and Stripes*, der französischen Trikolore und der *Harp of Erin* [der Irischen Harfe] auf grünem Grund." Das Jahrhundertfest kann beginnen.

Vor allem in New York geht es wild zu. Es ist ein Fest, wie es sich nie wieder ereignen wird, weder nach Lindberghs Atlantiküberquerung noch am Ende des II. Weltkriegs oder beim Empfang der „Mond-Astronauten". In einem der vielen zeitgenössischen Zeitungsberichte heißt es: „Wir waren alle auf ein enthusiastisches Fest vorbereitet... wir erwarteten eine einzigartige Vorstellung, ... doch die Begeisterung übertraf bei weitem unsere Erwartungen, und die Darbietungen waren solcher Art wie selbst New York sie innerhalb seiner großen Grenzen noch nie erlebt hatte." Die „großen Grenzen" bedeuteten die fünf Stadtteile, in denen damals erst 900.000 Menschen leben. Fast alle sind an diesem Tag früher als sonst erwacht. Hammerschläge und das Geräusch von Handsägen hallen über den Broadway. Gerüste und Tribünen werden hier errichtet. Die Straße ist damals „die größte und schönste" der Stadt, 80 englische Fuß (ca. 24 m) breit und fast schon fünf Kilometer lang. „Beide Seiten sind von den schönsten Häusern geziert, und hier sieht man die elegantesten Kaufläden und großartigsten Hotels und zu gewissen Stunden des Tages die feine Welt New Yorks spazieren gehen. Das Gewühl von Menschen, [Pferde-] Omnibussen, Lohnkutschen, Lastwagen und von langen, von Pferden gezogenen Eisenbahnwaggons auf dieser riesigen Hauptstraße ist nur mit dem in den lebhaftesten Straßen Londons zu vergleichen..." Fast alle Häuser sind geschmückt, so dass sie „in allen Farben des Regenbogens erstrahlen". Die meisten Läden haben geschlossen. Banken und Behörden arbeiten nur eine Stunde. Und die Zeitungen – eine Sensation ohnegleichen – verzichten sogar auf die Abendausgabe. Aber kaum ein Haus, das nicht festlich herausgeputzt ist, angefangen vom Juweliergeschäft Robert Rait an der Nordwestecke von Broadway und Warrenstreet bis zum Kurzwarenladen von Bowen und McNamee an der Ecke von Broadway und Pearle Street. Und überall Plakate, Transparente. Spruchbänder, Parolen und Reime. Manche tragen Bibelzitate, andere lediglich Werbeslogans, mit denen die Waren des eigenen Geschäfts gepriesen werden.

Vom *Astor House* wehen die britische und amerikanische Flagge. „Das Zeitalter des Fortschritts 1858" - verkündet ein Riesenschild über dem Eingang. Auf anderen liest man: „Blitze unter dem Ozean" oder „Der Atlantische Telegraph schickt Blitze des Himmels, und verbindet 60 Millionen Menschen, die die gleiche Sprache sprechen und den gleichen Gott anbeten." „Amerika an alle Nationen: e pluribus unum!" Oder: „Europa und Amerika - gesegnet sei das Band, das ER bindet!" Am *Lafarge House* hängt in Anspielung an die amerikanische Revolution und die Abtrennung von England ein Spruchband mit der Erinnerung: „Abgetrennt am 4. Juli 1776 - Wiedervereint am 12. August 1858!" Im Haus No. 356 am Broadway haben die Besitzer auf dem Balkon im ersten Stock eine Reihe von Musketen aufgestellt. In den Läufen stecken brennende Kerzen. Darunter flattert ein Transparent mit den Worten: „Das Kabel mit seinen friedlichen Tricks macht aus Musketen Kerzen". Die Bewohner des Hauses 349 wollen sich ebenfalls nicht lumpen lassen. Es ist einer der ersten Fotoläden der Stadt, *Guerne's Daguerrotype Gallery*. Zwei Stockwerk hoch ist das Bild vor der Fassade, das auf der einen den amerikanischen Adler zeigt und auf der anderen den britischen Löwen. Zwischen ihnen spannt sich vereinend das Kabel durch das trennende Meer. Einen Straßenblock weiter in Richtung Hafen steht das Gebäude der Firma Ball, Hopkins und Black, Hausnummer 247. Es beeindruckt die Menschen ganz besonders. Die gesamte Hausfassade ist ein einziges Gemälde. *The Atlantic Telegraph Cable* steht in riesigen Lettern auf einem Transparent. Es reicht bis an den Dachfirst, hinauf zu einem großen goldenen Adler. An seinen Fängen hängt ein echtes Stück des Transatlantikkabels, verziert mit den Farben Großbritanniens und der USA. Daran flattert ein weiteres Transparent mit den Namen *Agamemnon* auf der einen und *Niagara* auf der anderen Seite. Vom Flaggenmast des Gebäudes weht ein riesiges Seidentuch, auf dem Neptun in seinem von sechs Pferden gezogenen Wagen abgebildet ist. Auf einem zweiten Transparent steht: *„Projected 1854 – Completed August 5, 1858"*. Und darunter „Ehre sei Cyrus W. Field". Über dem Eingangsportal ein weiteres Transparent mit den Worten *England* und *America.* Zwischen diesen reichen sich ein Mann und eine Frau in wallenden Gewändern die Hand. Um das ganze Gebäude herum wehen die Flaggen fast aller Nationen.

Andere Gebäude, wie etwa *Laura Kenn's Hotel* und einige Theater sind mit chinesischen Lampions geschmückt. In vielen Fenstern stehen Kerzen, Petroleumlampen und Gasdüsensind bereit für die am Abend vorgesehene Illumination. Ein Restaurantbesitzer hat gar 100 Kerzen in sein Fenster gestellt. Ein Wunder, dass New York am Abend nicht in Flammen aufgeht. Ein Berichterstatter: „Es war, als sei jemand nach jahrelanger, ja lebenslanger Verbannung auf einer Insel endlich errettet worden, und habe wieder Kontakt mit anderen Menschen..." Mit der Insel ist natürlich Nordamerika gemeint, das nun Dank des Kabels direkten Kontakt zur Alten Welt bekommen hat. „Auch der Friede hat seine Siege – nicht weniger bedeutend als der Krieg." Vor allem aber werden der wissenschaftliche Fortschritt und jene Männer gepriesen, die ihn erzielten: Überall hängen mehr oder weniger gekonnt gemalte Porträts von Field und Morse, aber auch von Benjamin Franklin, und dazu Schilder mit den Aufschriften *Captain Preedy, Agamemnon*, und *Captain Hudson, Niagara*".

Schon von den frühesten Morgenstunden an strömen auf allen Straßen Menschen in die Stadt. Die Dampffährboote sind „zum Bersten gefüllt". Alles, was schwimmt und Menschen tragen kann, ist in Dienst gestellt worden. Fahrpläne sind gestrafft worden, um Wartezeiten zu verkürzen. Die aus der Provinz eintreffenden Züge sind „so voll, wie man es noch nie zuvor erlebt hatte." Und die Kutschenwege sind „eine einzige lange Staubwolke, von den Fährstationen [am Hafen] bis weit in das Land hinaus. „Bereits um 10 Uhr vormittags sind die Bürgersteige so gerammelt voll, dass die Menschen sich nur noch mit der Masse in einer Richtung fortbewegen können. Viele zieht es zunächst zum Rathaus. Auch hier: Flaggen überall. Hier hängt ein riesiges Gemälde mit dem *American Eagle*. Mit ausgebreiteten Schwingen steht er auf einem mit den *Stars and Stripes* bemalten Schild. Daneben thronen der Britische Löwe und ein Einhorn, dazu die Wappen der Städte New York und London. Auch die Eingangstore zum Friedhof an der *Trinity Church* und zum Park an der *Battery*, der Südspitze Manhattans, sind mit Girlanden und Plakaten verziert worden.

Dann schiebt sich die Menge in Richtung Hafen. Hier, an Zusammenfluss von Hudson und East River, haben sich schon bei Sonnenaufgang die ersten Besucher eingefunden. Um zehn Uhr gibt es kaum noch Platz, während immer mehr Menschen zu dem kleinen Fort drängen, welches hier die Hafeneinfahrten schützen soll. Geschäftsleute von der Wallstreet, Kindermädchen und Mütter mit Babys auf dem Arm, Arbeiter und Matrosen. Alles starrt hinaus aufs Wasser: Dort liegt, etwa 300 m vom Battery-Fort entfernt, die US-Fregatte *Sabine* vor Anker, über dieToppen geflaggt, alle Geschütze bereit zum Ehrensalut. Viele halten das Schiff irrtümlich für die *Niagara*. Die jedoch liegt am Pier der US-Marine in Brooklyn. Auch alle anderen Schiffe und Boote auf dem *Hudson* und dem *East River* haben geflaggt. Zu ihnen gehört auch die *Saxonia* aus Hamburg, die in der Nacht eingetroffen ist. Man sieht „Flaggen aller Nationen und in jedem reparaturbedürftigen Zustand". Langsam wird es sommerlich heiß, und schon bald brennt die Sonne vom Himmel. Doch die Menschen harren aus. Vor dem Rathaus, dem Amtssitz von Bürgermeister Tiemann, drängen uniformierte Polizisten währenddessen die Menschen zurück, darunter zahlreiche Bittsteller und Beschwerdeführer, die damals ihre Klagen noch persönlich vorbringen dürfen: über Trickdiebe, Glücksspieler, Verkäufer gefälschter Eintrittskarten oder auch prügelnde Ehemänner. Als man ihnen sagt, an diesem Tag sei kein Sprechtag, sondern „Kabeltag", brechen sie in Jubel aus.

Und dann kommen schon die ersten Ehrengäste. Nur solche mit einer Banderole am Revers dürfen passieren. Schon um 12 Uhr hatte sich der Empfangsraum des Bürgermeisters gefüllt. Fields Bruder Benjamin war anwesend, aber auch Reverend Dr. Field, der Vater des „Helden". Er sitzt in einem großen Armsessel, trotz seines hohen Alters noch bei bester Gesundheit, mit klarem Blick und mächtig stolz! Neben ihm steht Lord Napier, Vertreter der Königin von England. New Yorks Bischof Hughes ist anwesend, mit scharlachroten Handschuhen, und am Zeigefinger seiner rechten Hand schillert ein riesiger Rubinring, den ihm der Papst anlässlich der Ordination geschenkt hatte. Auch Peter Cooper und Wilson G. Hunt sind da, Professor Bacher, der Leiter des US-Küsten-Vermessungsdienstes. Es ist fürwahr eine noble

Versammlung. Zu Ehren von Cyrus Field beschließt der Stadtrat, sein „getreues Porträt" malen zu lassen und es im Rathaus aufzuhängen.

Kurz nach 13 Uhr verlassen die Besucher den Amtssitz des Bürgermeisters. Sie besteigen die wartenden Kutschen und fahren zur *Battery,* um dort die *Niagara* zu erwarten. Statt der Honoratioren stürzen nur deren Frauen und Töchter in die leeren Amtsräume, um von den Fenstern einen besseren Blick auf die bevorstehende Parade zu erwischen. Die beste Aussicht gibt es zweifellos vom Gebäude der TIMES, damals noch am Printing House Square in Höhe des alten Rathauses. Dort weht ein Banner mit dem Wortspiel: *„The path of Franklin led* to the *Field of Enterprise":* „Der Pfad Franklins führte zum Feld (Field) des Unternehmertums." Obwohl der Festzug erst um 14 Uhr hier erwartet wird, sind alle freien Plätze, alle Fenster, Feuerleitern, Mauern und Brüstungen von Frauen, Männern und Kindern besetzt. 60 Polizisten in Zweierreihe halten die Massen von der Straße fern. Eine Kavallerieeskorte drängt die Menge gegen die *Tammany Hall* zurück. In der Mitte steht ein Melonenverkäufer, der „vierzig bis fünfzig Melonen innerhalb der Zeitspanne verkaufte, die es erfordert, diesen Vorgang zu beschreiben".

An der *Battery* ertönt endlich um 13.30 Uhr von Bord der *Sabine* der langerwartete, erste Signalschuss. Ein mit Wimpeln und Fahnen geschmückter Schleppdampfer, es ist der *Isaac P. Smith,* nähert sich, beantwortet den Salutschuss und im nächsten Augenblick erscheinen auf der Gangway des Schleppers „die Helden des Atlantikkabels". Die *Sabine* schießt jetzt Dauersalut, während der Schlepper an einem Ponton festmacht, der sonst nur für Einwandererschiffe vorgesehen ist. Die Offiziere gehen von Bord, durchschreiten das alte (damals noch stehende) Einwanderungs-Gebäude. Erstaunt blickt Captain Dayman von der *Gorgon* auf die dort wartenden Einwanderer aus Irland, die sich gerade an Brot und Käse gütlich tun. An den Wäscheleinen, die quer durch den großen Raum führen, hängen Hüte und Mützen, Stiefel, Damenhauben und andere Kleidungsstücke. Kein festlicher Anblick, aber das Tor zur neuen Welt. Dann kommen die ersten Männer aus dem Einwanderungsgebäude, schreiten über den gepflegten

Rasen, der erst vor kurzem über einer städtischen Deponie für Abfälle und der Asche aus Tausenden von Kohleherden angelegt wurde. Seltsamerweise werden sie nur von wenigen Zuschauern bemerkt, als sie die wartenden Kutschen besteigen. Die meisten Menschen starren weiterhin auf den *East River,* in Erwartung der *Niagara.* Mr.Talbott, der Leiter der örtlichen Telegrafenstation, läuft aufgeregt von einem Platz zum anderen. Er sucht Cyrus Field, um ihm ein Bündel der aus London eingetroffenen Telegramme zu überreichen. Langsam formiert sich der Kutschenzug. Fast scheint es, als sei für die Parade alles aufgeboten, was zwei und vier Beine hat. Alle Kompanien der Bürgerwehr sind in geschlossener Formation angetreten. Anderthalb Stunden dauert es, bis alle Kavallerie, Infanterie und Artillerie am *Printing House Square* vorbeidefiliert ist. Gäste der Stadt haben sich mit ihren Kutschen zwischen dem ersten und dem fünften Regiment eingereiht. In einer der Kutschen, gezogen von sechs Pferden, sitzt Cyrus Field: Stolz, das Urbild des amerikanischen Entrepreneurs. Jubel brandet auf, wann immer er erkannt wird. Neben Field sitzt der Bürgermeister. In den anderen Kutschen Napier, der Erzbischof, Kapitäne und Offiziere der Kabelschiffe. An den Hauswänden stehen die Menschen dicht an dicht, oft in Nationalitätengruppen: Iren, Engländer, Deutsche, Italiener. Über fast anderthalb Kilometer säumen sie die Straße, mit Stadt- und Vereinsfahnen. Ähnliche Veranstaltungen gibt es auch in anderen Städten der Ostküste. Von der Spitze der *Trinity Church* sieht der Broadway aus, als sei er mit Männerhüten nur so gepflastert. Auch in der *Fulton-, Cortlandt-* und *Chatham Street* wogt eine Menschenmenge. Den Soldaten folgen Unmengen von Festlafetten. Auf einer, gezogen von zehn Pferden, liegt eine große Rolle des Telegrafenkabels, über und über mit Girlanden geschmückt. Dahinter folgt die Besatzung der *Niagara,* eine Abteilung Schotten und weitere Lafetten, auf denen Firmen ihre Produkte ausstellen. Eine wird sogar von zwölf Pferden gezogen. Erst um 16 Uhr löst sich die Parade auf. Aber damit sind die Feiern in New York noch lange nicht zu Ende. Es gibt ein *Te Deum* in der *Trinity* Kirche, einen Fackelzug, ein Feuerwerk. Dabei landet eine Rakete möglicherweise im Glockenturm des Rathauses, denn dort bricht kurz nach

Mitternacht ein Feuer aus. In kürzester Zeit steht der Turm in Flammen. Die Turmuhr stürzt hinab, erst nach einer Stunde kann der Brand gelöscht werden. Der Schaden liegt bei 50.000 Dollar. An den Börsen jedoch klettert der Kurs der *Atlantic Telegraph Company* fast sprunghaft nach oben. In London lag er noch für ein Papier mit dem Nominalwert von 1.000 Pfund bei 340 Pfund, nun steigt er schnell auf 600, dann 800 und schließlich 920 Pfund. Die Investoren scheinen für ihren Mut belohnt zu werden.

Der Geist rinnt aus der Flasche

Nach dem Austausch der Grußbotschaften von Königin und Präsident wird das Kabel für jedermann freigegeben. Bereits am ersten Tag werden Nachrichten im *Telegraph Office* an der Wall Street/ Ecke Broadstreet zur Übermittlung nach Europa abgegeben. Sie sind 21, 20 und 57 Worte lang, die Gebühren betragen einen Dollar pro Wort. Absender für die mit 57 Dollar teuerste Nachricht des Tages in die alte Welt ist Edward Jafray von der Firma *Jafray and Sons.* Aus England treffen im gleichen Zeitraum mehrere Nachrichten ein, einige mit je 20 Worten, die längste mit 43 Worten. Und zu den ersten Meldungen gehört die Nachricht, dass zwei Schiffe der *Cunard Line,* die *Europa* und die *Arabia,* vor der kanadischen Küste bei Cape Race kollidiert sind. Der praktische Nutzen der neuen, schnellen Nachrichtenverbindung zwischen den Kontinenten zeigt sich an einem Befehl, der vom Chef der *Horse Guards* in London an General Trollope in Halifax, Neuschottland adressiert ist: „Das 62. Regiment soll nicht nach England zurückkehren." Die Männer standen kurz vor der Einschiffung, wobei der britischen Regierung etwa 60.000 Pfund an Transportkosten entstanden wären.

Ein Juweliergeschäft bietet in der *New York Daily Tribune* mehrere Kilometer Originalkabel als Souvenir zum Verkauf an. Die sind bei der Verlegung übriggeblieben. Doch fast könnte man darin ein böses Omen erblicken. Denn die allgemeine Freude über die Kabelverbindung wird nicht von langer Dauer sein. Schwach, dann noch schwächer kündet sich das Unheil an. Schon bald nach der Übermittlung der ersten Depeschen tauchen

Unmengen von Gerüchten auf: man könne keine Nachrichten mehr aufgeben, der Zulauf sei zu groß. „Dies ist ein Irrtum", beruhigen die Zeitungen. Doch das Transatlantikkabel will nicht mehr mitspielen, noch während Amerika feiert. Die zwischen Europa und den USA hin- und her sausenden Signale werden nicht nur zunehmend schwächer, sondern auch immer unverständlicher.

Was mag der Grund dafür sein? Sind die Kabel bei der Lagerung durch übergroße Hitze undicht worden? Oder sind Frostschäden die Ursache? In den Wintermonaten hatten Teile des Kabels bei großer Kälte im Freien gelegen. Zahllose Arbeiter waren zudem darauf herum getrampelt. Nun „läuft der Geist aus der Flasche". Was ankommt, ist nicht mehr zu entziffern. Am Sonnabend, den 4. September um 11.45 Uhr vormittags schickt George Seward, Sekretär der *Atlantic Telegraph Co.* aus Valentia diese Betriebsmeldungen nach London: „Im Auftrag der Direktoren melde ich, dass in Folge einer Ursache, die bis jetzt noch unbekannt ist, die aber, wie man glaubt, daraus resultiert, dass das Kabel an einem bisher unentdeckten Punkt in Unstand geraten ist. Seit Freitag, den 3. [September] morgens sind keine verständlichen Signale aus Neufundland [mehr] eingetroffen. Die Direktoren befinden sich gegenwärtig zu Valentia und untersuchen, von mehreren wissenschaftlich ausgebildeten und praktischen Elektrikern unterstützt, die Ursache der Unterbrechung, um dem Übelstande abzuhelfen. Unter den gegebenen Umständen kann jetzt kein Zeitpunkt benannt werden, zu dem das Kabel dem Publikum [wieder] zur Benutzung übergeben werden kann.
gez. George Seward, Sekretär."

Der Traum einer regelmäßigen Telegrafie-Verbindung zwischen Europa und Amerika scheint vorläufig ausgeträumt. Nordamerika beschleicht das Gefühl, als sei ein Riese kurz erwacht – und dann wieder ins Koma versunken. Am 1. September verstummen auch die letzten Signale endgültig. In den insgesamt 23 Betriebstagen wurden von Neufundland nach Valentia 271 Telegramme übermittelt, mit einer Gesamtzahl von 14.168 Zeichen, und von Valentia nach Neufundland 129 Telegramme mit insgesamt 7.253 Zeichen. Oder insgesamt 4.359 Wörtern.

Whitehouse, der Chef-Elektriker der Kabelkompanie, unternimmt in Valentia einen letzten, verzweifelten Versuch, bei dem er seinem Vornamen Wildman alle Ehre macht: Er jagt aus den Batterien einen 2.000 Volt starken Stromstoß in die Leitung, ähnlich dem Versuch, durch hohen Wasserdruck ein verstopftes Abflussrohr wieder zu reinigen. Doch dieser Versuch gibt dem Kabel den Rest. Am 1. September 1857 gibt es endgültig den Dienst auf. Als mögliche Verursacher des Versagens nennen Experten einige Jahre später Whitehouse und Thomsen. Letzterer hatte das Westende der Leitung bedient, während Whitehouse in Valentia saß. Jeder verwendete seine eigene Sendemethode und Anlage, weil er sie für die bessere hielt. So waren auch die jeweils ausgesendeten Signale von unterschiedlicher Spannung, wodurch allmählich die Isolierung des Kabels zerstört wurde. Auch die Produktion des Kabels wurde – im Nachhinein – bemängelt: Die amerikanischen Aktionäre hätten zur Eile getrieben. Deshalb seien Qualitätskontrollen bei der Produktion reduziert worden. Außerdem habe die Firma *Elliot* keine korrekten Produktionsvorschriften erhalten. Das habe unter anderem dazu geführt, dass die Armierung eines Kabelstücks im Uhrzeigersinn gewickelt worden war und die des anderen Stücks entgegen dem Uhrzeigersinn. Außerdem seien die Kabelstrecken nicht regelmäßig auf eine einwandfreie Isolierung überprüft worden. Natürlich entstehen auch Verschwörungstheorien. Die aberwitzigste: Das Ganze sei ein Börsenschwindel gewesen, es existiere überhaupt kein Kabel.

Cyrus Field selbst jedoch sieht sich durch den, wenn auch nur kurzen Erfolg, bestätigt: eine dauerhafte telegrafische Verbindung zwischen Nordamerika und Europa ist auf alle Fälle möglich Und kaum hat er sich von dem ersten Schock erholt, da beginnt er abermals, die Werbetrommel für ein neues Kabel zu rühren. Vor allem aber fordert er bessere Produktions- und Kontrollmethoden. So soll ein neues Kabel unmittelbar nach der Herstellung gleich in Wasser gelagert werden, damit das Gutta Percha nicht austrocknet oder zu weich wird. Doch potentielle Investoren halten sich zurück, nicht zuletzt wegen einer telegrafischen Hiobsbotschaft aus Suez: Im Indischen Ozean ist gerade bei der Verlegung ein Seekabel im Wert von 800.000 Dollar verloren gegangen. Das

Kabel hätte Indien, vor allem die *East India Co.*, an das nahöstlich-
europäische Netz anschließen sollen.

Die reitenden Teufel

> „Während meiner zwei Jahre im Dienst des Pony Express gab es viel Aufregendes."
>
> *„Buffalo Bill" (eigentlich William Frederick Cody (1846-1917)*

1858 sind also Europa und die USA für wenige Tage nahe bei einander, jedoch dann wieder so fern voneinander wie vor der Verlegung des Transatlantikkabels. Aber auch innerhalb der USA liegen Ost- und Westküste nachrichtentechnisch noch weit auseinander. 1841 war die Nachricht vom Tod Präsident William Harrisons erst nach 110 Tagen (!) in Los Angeles eingetroffen. Es gab damals zwischen den Küsten noch keine durchgehende Eisenbahnverbindung – und erst recht keine Telegrafenleitungen.

Aber dann, so heißt es in einer alten, deutschen Übersetzung von Mark Twains Buch *Roughing it*: „Da kommt er!" Alle Hälse strecken sich länger, und alle Augen werden weiter aufgerissen. Fern am Horizont der endlosen, brettflachen Prärie erscheint ein schwarzes Pünktchen, das sich deutlich bewegt. In ein, zwei Sekunden wird es deutlich zum Pferd und Reiter, auf und ab und auf und ab wippend – näher und näher auf uns zufegend – immer deutlicher werdend, sich immer schärfer abzeichnend – näher und näher, und das Hufgeklapper dringt schwach ans Ohr – im nächsten Augenblick ein Geschrei und ein Hurra von unserem Oberdeck, ein Winken von des Reiters Hand, aber keine Antwort, und Mann und Pferd sprengen an unseren aufgeregten Gesichtern vorbei und jagen wie ein verspätetes Stück Sturm davon. Alles so plötzlich und wie ein Funke bloßer Einbildung, dass wir ohne die Flocke weißen Schaums, die nach dem Vorbeiblitzen und Verschwinden der Vision zitternd und zergehend auf einem Postsack zurückgeblieben war, daran gezweifelt hätten, ob wir überhaupt ein wirkliches Pferd und einen wirklichen Mann gesehen hatten." Es ist Twains erste Begegnung mit einem Kurierreiter des berühmten *Pony Express*.

Ein Blick zurück: Der Landweg zwischen San Franzisco und New York, (rund 4.129 km Luftlinie) war um die Mitte des 19. Jahrhunderts ungleich länger und schwieriger als heute. Und, weil er durch Indianergebiet führte, auch gefährlicher als heute. Im Jahr 1800 brauchte ein Brief von New York nach Cleveland in Ohio noch zwei Wochen, und vier Wochen nach Chicago im Staat Illinois. 1830 ging das zwar schon doppelt so schnell. Aber auch noch 1845 waren selbst Regierungsdepeschen von Washington nach Kalifornien bis zu sechs Monate unterwegs! Pferde- und Ochsenwagen sind immer noch die wichtigsten Beförderungsmittel durch den Wilden Westen, das *Injun Country.* Und die Indianerkriege – Siedler, Farmer und Viehzüchter gegen Ureinwohner – sind noch in vollem Gang. Massaker wie die Schlacht am *Little Big Horn* oder am *Wounded Knee* liegen noch in weiter Ferne.

Sicherer ist also der Seeweg: Wer möglichst ungefährdet von der Ostküste nach Kalifornien will – und dazu gehören in den Jahren nach 1849 auch etwa 300.000 Glücksritter, die in Kalifornien und Alaska nach Gold suchen wollen – der reist bis zur Meerenge des heutigen Panama. Und von dort meist per Maulesel weiter quer über Land, um den Pazifik zu erreichen. Denn den Kanal wird es erst ab 1914 geben. Oder er muss bei Kap Hoorn Südamerika umrunden, was die Reise bis zum Ziel um viele Wochen verlängert. Auch Post wird oft auf diesem Weg befördert.

Nachdem Kalifornien am 9. September 1850 der Union der Anti-Sklaverei Staaten beigetreten war, drängen Politiker und Bevölkerung auf einen besseren, schnelleren Nachrichtenfluss zwischen Washington und Kalifornien. Sprich: Eine telegrafische Anbindung. Aber das wird noch dauern.

1854 gibt es an der Ostküste schon telegrafische Landverbindungen zwischen fast allen größeren Städten. Sarkastisch schreibt der Naturalist Thoreau in seinem Buch *Walden*: „Wir sind dabei, in großer Eile eine Telegraphenlinie von Maine bis Texas zu bauen, aber es kann sein, dass Maine und Texas einander nichts zu sagen haben." Auch nach Westen und Süden hat sich die Vernetzung ausgebreitet. Zeitungen in New York bringen Meldungen aus Chicago, Philadelphia und Washington oft schon am gleichen Tag. Doch die besten Verbindungen zwischen Ost- und Westküste, die damals existieren, sind aus heutiger Sicht äußerst mager. Da gibt es die im Jahr 1853 vom Fuhrunternehmer William Hepburn Russel (1812-1872) und von William Waddell (1807-1872) gegründete Speditionsfirma *Waddell&Russel*. Russel ist ein smarter, weltmännischer Geschäftsmann, Mitbegründer der Bergwerksstadt Denver im heutigen Colorado. Er hat im Minengeschäft viel Geld gemacht – und wieder verloren. Ständig ist er auf der Suche nach neuen, großen Aufträgen. Nun liefert seine Firma mit ihren Ochsengespannen vor allem Heeresmaterial für die US-Armee in alle Indianer-Grenzgebiete westlich von Leavenworth in Kansas sowie in die Staaten Nebraska, Wyoming, Utah und Nevada. Das Unternehmen, das auch Briefe befördert, wird zur größten Spedition westlich des Mississippi.

Am 1. Januar 1855 tritt Alexander Majors (1814-1900) der Firma bei, die sich von da ab *Russel, Majors und Waddell* rennt. Sie transportiert weiterhin Versorgungsgüter für die US-Army. Am 16. September 1858, ein Jahr nach dem das Transatlantikkabel seinen Geist aufgegeben hat, eröffnet auch die *Butterfield Overland Mail* ihren ersten, regelmäßigen Postkutschendienst von Tipton im Staat Missouri nach San Francisco. Ziel ist ein schnellerer Personen- und vor allem Brieftransport.

Die Strecke auf dieser sogenannten südlichen Route ist fast 4.500 km lang. Sie führt quer durch fast zwei Drittel des nordamerikanischen Kontinents. Laut Vertrag zwischen dem Unternehmen und der US-Regierung verpflichtet sich *Butterfield*, die Strecke in 25 Tagen zu bewältigen. Doch deren Einrichtung mit Rasthäusern, Pferde-Wechselstationen, Wagen, Pferden und Personal kostet die stolze Summe von damals einer Million Dollar. Dafür erhält die Gesellschaft jährlich eine Subvention von 600 000 Dollar. Befördert werden sollen Post und Passagiere. Schon die erste „Diligence" ist 24 Stunden und 30 Minuten schneller als das vereinbarte Zeitlimit. Aber dennoch: Briefe und Nachrichten von New York sind immer noch gut 38 Tage unterwegs. Allein von New York bis St. Joseph im Staat Missouri benötigt eine Sendung 13 Tage. Natürlich kann man schon zwischen New York und St. Joseph telegrafieren und dann die Informationen von einem Reiter an die Westküste befördern lassen. Aber das ist nicht nur sündhaft teuer. Der Reiter braucht zur Westküste mindestens neun Tage, und deshalb ist allenfalls die Beförderung von militärischen oder regierungsamtlichen Depeschen vertretbar. Informationen aus Europa gar sind meist schon Geschichte, ehe sie an die Westküste gelangen. Schlachten oder Kriege in der Alten Welt, von denen man zuletzt hörte, können gewonnen oder verloren sein, Freunde, Verwandte, Menschen die man kannte waren vielleicht nicht mehr am Leben.

Gibt es also – bis eine durchgehende Telegrafenlinie zwischen West und Ost fertig gebaut würde – eine schnellere Übermittlungsart? Über diese Frage unterhalten sich im Jahr 1860 zwei Männer während einer Fahrt Richtung Osten in einer Postkutsche der *Butterfield Line*. Der eine ist der Amerikaner Benjamin Franklin Ficklin (1827-1871), ein wegen verschiedener dreister Streiche relegierter ehemaliger Militärkadett, aber nun Angestellter bei *Butterfield*. Der andere ist der kalifornische Senator William McKendree Gwin (1805-1885). Die beiden sprechen über die Fortschritte der Telegrafie im Osten und den gescheiterten Versuch mit dem Transatlantikkabel. Und vielleicht auch über Morse und dessen Mitarbeiter Alfred Vail. Vail ist im Jahr zuvor verarmt gestorben, im Alter von erst 52 Jahren.

Während der Gespräche in der Postkutsche meint Ficklin, es müsse doch möglich sein, zumindest für die Briefbeförderung auf der so genannten *Central Overland Route* eine schnellere Möglichkeit geben, Informationen zwischen Ost und West zu übermitteln. Vielleicht könnte man eine Art Kurierdienst zu Pferde einrichten? Senator Gwin ist von dieser Idee sehr angetan und verspricht, sich dafür beim Kongress einzusetzen. Auch Joseph Holt (1807-1849), seit dem 9. März 1859 Generalpostmeister der USA, ist von der Idee eines Kurierdienstes zu Pferde recht angetan.

Gwin versucht nun, Russel und Waddell von der „Machbarkeit" einer Zehn-Tage-Post zwischen Ost-West zu überzeugen. Er will sogar die Beförderung der Regierungspost garantieren. Aber die beiden Männer trauen sich noch nicht. Sie meinen, ein solches Unternehmen werde sich nicht rentieren. Schließlich sind sie aber bereit, wenigstens einen Versuch zu starten. Russel verspricht dem *General Postmaster*, in seinem Unternehmen mit Hilfe von Reiterstafetten Nachrichten zwischen St. Joseph und Kaiforniens Hauptstadt Sacramento schneller zu befördern als Butterfield und Konsorten.

Eine Bibel zum Einstand

Und nun beginnt ein Pokerspiel um Monopol, Macht und Einfluss – und um viel Geld. Noch im gleichen Jahr (1859) chartert Russel die Spedition *Leavenworth&Pike's Peak Express.* Er reorganisiert sie und lässt sie vom folgenden Jahr ab als *Central Overland California&Pike's Peak Express Company* laufen. Kopfstation im Osten wird St. Joseph, Missouri. Denn bis dorthin reicht ja bereits das Eisenbahn- und Telegrafennetz an der Ostküste. Kopfstation im Westen wird Sacramento, von wo man ebenfalls schon nach San Francisco telegrafieren kann. Die Route dorthin führt durch Kansas, und die heutigen Staaten Nebraska, Colorado, Wyoming, Utah und Nevada. Chef des ganzen wird Benjamin Ficklin, der eigentliche Vater der Idee. Sein Konzept: er teilt die Strecke in fünf Abschnitte. Jeder untersteht einem *superintendent*, der für das reibungslose Funktionieren seines Abschnitts verantwortlich zeichnet. Gleichzeitig werden über 400 Pferde gekauft. Sie sind „erste Qualität, schneller und ausdauernder als jedes Indianerpony". In Abständen von 10 bis 25 km, je nach Terrain, entstehen 157 Relaisstationen, (nach einigen Angaben sind es 190) wo die Reiter auf ein neues, frisches Pferd umsteigen. Und in Abständen von etwa 150 bis 200 km gibt es dann die größeren Rasthäuser, wo der jeweilige Reiter sich ausruhen, d.h. schlafen kann. Für all das wird vor Ort das notwendige Personal angeheuert. Es hat sich darum zu kümmern dass in jeder Station Tag und Nacht ein ausgeruhtes und frisch gesatteltes Pferd bereitsteht. Also ein für die damalige Zeit gewaltiger, logistischer Aufwand. Russel hat sich ausgerechnet: Nur so ist die Gesamtstrecke von Ost nach West bzw. umgekehrt innerhalb von acht Tagen zu bewältigen.

Anfangs will Russel wöchentlich einen Kurier in jede Richtung einsetzen, später zwei. Zunächst erscheinen auf Postkutschenstationen, Rathäusern, Saloons und Hotels steckbriefähnliche Plakate, auf denen es heißt:

„Junge, gute Reiter gesucht!
Höchstgewicht 65 Kilo, Mindestalter 18 Jahre "

Bald schon melden sich die ersten Dutzend. Viel Gelichter ist dabei, Abenteurer, aber auch gute Leute. Wer von den Werbern Russels akzeptiert wird, muss einen Treueeid auf das Unternehmen der Firma *Russel, Majors&Waddell* ablegen. Darin muss er sich verpflichten „dass ich während meiner Anstellung [...] unter keinen Umständen gemeine Reden führen werde, dass ich keine geistigen Getränke zu mir nehmen werde, und dass ich mich nicht mit irgendeinem anderen Angestellten der Firma streiten oder schlagen werde, und dass ich mich in jeder Hinsicht anständig benehmen und getreulich gegenüber meinen Pflichten sein werde, und mich stets so verhalten werde, dass ich das Vertrauen meiner Arbeitgeber gewinnen werde. So wahr mir Gott helfe." Außerdem muss jeder Angestellte versprechen: Ist der nächste Stafetten-Reiter aus irgendeinem Grund außer Gefecht, so muss er nach dem Pferdewechsel selber weiter, also eine Doppelschicht reiten.

Achtzig junge Männer werden schließlich angeheuert. Die späteren Schicksale der meisten sind nicht mehr bekannt, aber einige machten Geschichte – oder versuchten es. So soll sich „Buffalo Bill" Cody als ehemaliger Pony Express-Reiter ausgeben haben, als er mit seinem Wild-West Zirkus durch Europa zog. Doch viele Pony-Express-Experten bezweifeln das. Anders die vita von Robert Haslam, genannt „Pony Bob" (1840-1912). Der war als Teenager in die USA eingewandert. Ihm wurde die Reitstrecke von der sogenannten Friday's Station zur Buckland Station nahe dem damaligen Fort Churchill zugeteilt. Hier war noch Indianergebiet. Eine Information, die er Richtung Westen beförderte, war der Text von Präsident Lincoln's Inaugurationsrede vom 4. März 1861, nachdem Lincoln gerade für eine zwe te Amtszeit gewählt worden war. Die Rede war zunächst nach Fort Kearny in Nebraska telegrafiert worden, wurde von Haslam 192 km weit nach Placeville in Kalifornien gebracht und dort in das Telegrafennetz der Westküste eingespeist. Das geschah sieben Tage und 17 Stunden nachdem sie Washington verlassen hatte. Man sprach von einem „Blitz-Express". Haslam schreiben seine Biographen auch den längsten Ritt in der Geschichte ces *Pony Express* zu. Er habe eine am 10. Mai in San Francisco Richtung Osten abgegangene Sendung in Empfang genommen, und sie von Friday's Station zur Übergabestation Buckland befördert Der Reiter dort habe sich jedoch aus Furcht vor gemeldeten Indianern geweigert, sie zur nächsten Station Smith's Creek weiter zu befördern. Also ritt Haslam weiter, und legte so ohne Pause, wenn auch mit verschiedenen Pferden, fast 300 km zurück. Nach neun Stunden Rast begab er sich, diesmal mit dem Postsack der Ostküste, wieder zurück in Richtung Westen. Von der Relaisstation Cold Springs fand er nur noch rauchende Trümmer vor. Den Stationsvorsteher hatten die Indianer erschlagen, Vieh und Pferde davongetrieben. Haslam musste weiterreiten, und erreichte schließlich Buckland Station, nach einem Gesamt-Rurdritt von etwa 600 Kilometern. Nach späteren Gelegenheitsjobs starb er im Alter von 72 Jahren in Chicago in tiefer Armut.

Und dann war da noch James Butler, besser bekannt als „Wild Bill" Hickok, (1837-1876). Der war wegen seines Übergewichts nicht als Reiter, sondern nur als Stationsmeister angenommen worden. Nach einem Streit mit tödlichem Ausgang kam er wegen Mordes vor Gericht, wurde freigesprochen, und schlug sich dann als Berufsspieler, Abenteurer, Hilfspolizist und – Revolverheld durch. In vielen Wild-West Filmen und Fernsehserien wurde er mal als Held, mal als Schurke dargestellt. Im wahren Leben wurde er nach einem Pokerspiel im Alter von 39 Jahren hinterrücks vom Verlierer des Spiels erschossen.

Jeder Reiter von Russels *Pony Express* erhält zum Einstand eine Bibel. Der Lohn liegt je nach Alter zwischen 50 und 150 Dollar monatlich. Die meisten ahnen noch gar nicht, was sie erwartet. Vom Bahnhof in St. Joseph, wo sich auch die Telegrafen-Endsta–

tion Richtung Westen befindet, bis nach Salt Lake City im Mormo-
nenstaat Utah führt der Weg parallel zur alten Postkutschenstre-
cke. Doch danach folgt eine fast menschenleere, nur mit Beifuß-
Gestrüpp bestandene Wüste. Es gibt keine Pfade, keine Wege –
dafür aber Berglöwen und – Indianer. Im Winter drohen gefährli-
che Blizzards, im Sommer flimmern die flachen Hügelketten am
westlichen Horizont in der Hitze. Dahinter liegen die gefürchteten
Badlands von Utah und Nevada. Erst in Cold Springs und Carson
City ist die Welt wieder halbwegs in Ordnung. Durch die Berge
geht es dann weiter nach Sacramento und San Francisco.

Am 3. April 1860 wird der Pferde-Kurierdienst eröffnet. In St.
Joseph startet um 7:15 Uhr abends der Reiter Johnny Fry nach
einem Kanonenschuss mit seiner Post für Kalifornien. Es geht
durch die Straßen der Stadt hinunter zum Missouri. Die Fähre
bringt ihn und sein Pferd *Sylph* über den Fluss ans andere Ufer,
in den Staat Kansas. Zahlreiche Zuschauer umjubeln ihn trotz der
abendlichen Stunde auf seinem Ritt. Über Frys Sattel liegt seine
Mochila (Mexikanisch = Rucksack). Das ist ein Überwurf aus wei-
chem Leder mit vier *cantinas* genannten Taschen. Drei davon enthalten die zu überbringenden Briefe, die vierte enthält eine Art
Logbuch für die einzelnen Stationsmeister. In diesem sollen An-
kunftsdatum, Uhrzeit, und Übernachtungsdauer des Reiters eingetragen werden. Es ist also eine Art Fahrtenmesser. Die Brief-
cantinas dürfen nur an Militärstationen wie Fort Kearny, Laramie,
Bridger, Churchill und Salt Lake City geöffnet werden – also unter
Aufsicht. Die Mochilla ist nicht am Pferd gesichert, sondern wird
lediglich durch den aufsitzenden Reiter gehalten. So kann er sie
beim Pferdewechsel blitzschnell dem nächsten Pferdesattel über-
stülpen. Mochillas, Sattel und Zaumzeug wiegen nur etwa 5 ½ kg.
Denn das Gewicht für das Pferd soll so niedrig wie möglich gehalten werden. Für die Briefe wird dünnstes Papier verwendet, und
das liegt auch im Interesse der Absender, denn das Porto richtet
sich wie auch heute nach dem Gewicht einer Sendung. Anfangs
beträgt es 5 Dollar für eine halbe Unze (14 Gramm), der Preis
sinkt jedoch später auf einen Dollar. Jeweils 200 Briefen sind, geschützt durch ölgetränktes Leichtpapier, zu Päckchen gebündelt,
dazu eine Sonderausgabe der *New York Herald Tribune*. Nach

mehreren Pferdewechseln und einem Ritt von etwa 150 km erreicht Fry die erste Rast-Station und übergibt seine Mochila dem nächsten Reiter. In Sacramento ist um 12 Uhr mittags (wegen des Zeitunterschieds) der erste Reiter der Westküste mit seinem Ritt gen Osten gestartet, ein junger Mann namens Harry Roff.

Am 14. April trifft um fünf Uhr nachmittags die Post in St. Joseph ein. Und der letzte Stafettenreiter erreicht die Station in Sacramento kurz vor Mitternacht. Damit ist der Beweis erbracht In nur zehn Tagen kann man ab sofort Nachrichten zwischen Ost und West übermitteln – und der regelmäßige Betrieb wird aufgenommen. Geritten wird ausschließlich im schärfsten Galopp. Der Pferdewechsel erfolgt buchstäblich „im Fluge", oft ohne dass der Reiter dabei den Erdboden berührt. Jeder der jungen Männer hat den Ehrgeiz, schneller zu sein als seine Kollegen. Die Strecke, die eine Postsendung in 24 Stunden bewältigt, liegt bei rund 340 bis 400 km, je nach Gelände. An den Relaisstationen versammeln sich oft Bewohner der umliegenden Farmen, um das Spektakel eines Pferdewechsels zu genießen, wie Mark Twain ihn beschrieben hat.

Schon kurze Zeit nach Eröffnung des Dienstes kommt es zu einem ernsten Zwischenfall. Zwei Brüder der Relaisstation *Williams Station* am *Carson River* kidnappen zwei Paiute-Mädchen, nicht älter als 12 Jahre, vergehen sich an ihnen und verstecken sie. Aufgebrachte Paiute-Indianer befreien die Kinder am 7. Mai 1860, töten die beiden Entführer sowie drei weitere Weiße, und brennen die Station nieder. Es kommt zum Krieg „Rot gegen Weiß", dem so genannten *Pyramid Lake War.* Die Indianer greifen zahlreiche Relaisstationen in ihrem Stammesgebiet an, töten Stationsleiter, rauben die Pferde. Der Postdienst kann nur eingeschränkt betrieben werden. Bis die Ruhe wieder hergestellt ist verlieren Russel und seine Partner 73.000 Dollar. Mit Hilfe von *Pony Express* und Telegraf fordern die amerikanischen Siedler Truppen aus Kalifornien an Damit beginnt auch die Unterwerfung der Pajute. Vielleicht macht auch dieser Krieg den *Pony Express* und seine Reiter bei den Weißen so populär. Die Leistungen der Reiter jedenfalls werden notiert wie heutzutage Olympische Rekorde oder Formel-1-Siege. Ein Reiter schaffte einmal alleine 526 km in

24 Stunden 40 Minuten. Anschließend konnte er kaum noch gehen.

Es gibt auch Unfälle. Im Juli 1860 stürzt das Pferd eines ostwärts galoppierenden Reiters nachts über einen Ochsen. Der Reiter wird abgeworfen, dann fällt auch sein Pferd über ihn, wobei er so schwer verletzt wird, dass er kurze Zeit später stirbt. Ein anderer Reiter verunglückt tödlich bei der Überquerung des *Platte River* in Nebraska. Dabei geht seine Mochila verloren. Ein anderes Mal trifft nur ein Pferd an der Relaisstation von Carson City ein, der Reiter bleibt verschwunden. Und im Dezember 1860 erfriert ein anderer unweit der Station von Fort Kearney, ebenfalls in Nebraska, nachdem er sich verirrt hat.

Der „singende Draht" und ein vergoldeter Nagel

Der *Pony Express* erreicht zwar nie die von Russel in der Werbung versprochene Beförderungsleistung von 8 Tagen zwischen Ost und West, denn im Schnitt sind die Reiter elfeinhalb Tage unterwegs. Aber das ist die Hälfte der bis dahin üblichen Übermittlungszeit. Dennoch, die Lebenserwartung des Unternehmens lässt sich absehen. Denn die *Western Union Telegraph Company* setzt am 4. Juli 1861 den ersten Mast für die erste transkontinentale Telegrafenlinie, die Ost und West verbinden soll. Die Regierung in Washington unterstützt das Vorhaben trotz des am 12 April ausgebrochenen amerikanischen Bürgerkriegs zwischen Nord- und Südstaaten. Sie fürchtet einen möglichen Abfall der Westküsten-Staaten, wenn es nicht gelingen sollte, die dort isolierte Bevölkerung mit einer guten Nachrichtenverbindung an den Norden zu binden. Auch die Zeitungsverleger fördern die Telegrafenlinie. So wird die vom *Pony Express* noch zu überbrückende Strecke zwischen den beiden Endpunkten der Telegrafenlinie in Ost und West immer kürzer und damit auch immer weniger rentabel. Bis zum Herbst steigen die Verluste auf 200.000 Dollar.

Probleme beim Bau der Linie gibt es allerdings genug. Die Rocky Mountains und die Sierra Nevada müssen überquert werden. Und im bevorstehenden Winter wird dort niemand gerne arbeiten wollen. Die Linie führt zum Teil auch durch Stammesge–

biete der Indianer, und die Masten sind verhasstes Symbol einer „Zivilisation", von der sie bald vernichtet werden. Sie nennen die Leitung den „singenden Draht", den „sprechenden Draht" oder auch den „summenden Nachrichtendraht". Da es in der Prärie keine Bäume für die Masten gibt, müssen diese von weit her herbeigeschafft werden – per Ochsen-Gespann.

Am 26. Juli 1861 erreicht die von St. Joseph verlängerte Telegrafenlinie Fort Churchill in Nevada, und die vom Osten kommende ist nur noch wenige Meilen von Fort Kearney entfernt. Am 5. August wird Fort Laramie erreicht. Damit verkürzt sich die vom *Pony Express* bediente Strecke auf nur noch sieben Tage. Schließlich, am 13. August, ist die Reitstrecke auf nur noch zwei Tage geschrumpft. In weniger als vier Monaten Bauzeit, vom 4. Juli 1861 bis zum 24. Oktober, ist die Linie fertig geworden. 27.500 Masten sind gesetzt, verbunden durch einen Eisendraht von insgesamt 3.200 km Länge. Und eine halbe Million Dollar hat das alles gekostet.

Die erste Nachricht schickt Horace W. Carpentier, Präsident der *Overland Telegraph Co.*, einem am Bau beteiligten Unternehmen, am Abend des 24. Oktober an Präsident Lincoln: „Ich teile Ihnen mit, dass der Telegraf nach Kalifornien heute vollendet worden ist. Möge er ein ewiges Band zwischen den Staaten des Atlantik und denjenigen des Pazifik sein." Und Kaliforniens Oberster Richter Stephen J. Field bekräftigt in einem weiteren Telegramm Kaliforniens Treue zur Union. Für den *Pony Express* bedeutete dies das Ende. Zwei Tage später wird der Dienst offiziell eingestellt. Nur einige der insgesamt 200 „reitenden Teufel", die im Lauf seiner Existenz dabei waren, machen noch eine Weile auf eigene Rechnung weiter, um größere Sendungen zu befördern. Bis 1869 wird die einadrige *First Transcontinental Line* in Betrieb bleiben. Übermittlungskosten: 1 Dollar pro Wort. Dann wird sie durch eine Mehrfach-Linie werden, die an der fertiggestellten *Transcontinental Railroad* entlangführen wird, der Eisenbahn quer durch die USA.

„Das Pony war schnell", schrieb ein Zeitgenosse. „Aber gegen die Blitzgeschwindigkeit des Telegrafen konnte es nicht konkurrieren." Zu diesem Zeitpunkt, nur 17 Jahre nach Errichtung der ersten Leitung zwischen Washington und Baltimore, gibt es in den USA bereits 80.000 Kilometer oberirdisch verspannter Drähte. Und viele der mehr als 3.000 Zeitungen, die es in Nordamerika bereits gibt, erhalten die neuesten Informationen über das Telegrafennetz. Wie Morse es schon 1838 in einem seiner Briefe prophezeite: Es wird nicht lange dauern, bis die gesamte Oberfläche dieses Landes Kanäle für jene Nervenstränge tragen wird, auf denen mit Gedankenschnelle all das Wissen verbreitet wird, welches im ganzen Land geschieht und das wird, in der Tat, aus dem ganzen Land eine Gemeinschaft machen."

Der verdrahtete Präsident

Am 9. April 1865 endet der amerikanische Bürgerkrieg mit einem Sieg der Nordstaaten. Dass sie ihn gewannen, verdankten sie zu einem großen Teil der Telegrafie – und deren Nutzung durch Präsident Lincoln. Der hatte seine erste Morsetaste 1858 bestaunt, aber dabei wohl auch den militärisch-strategischen Wert der neuen Nachrichtentechnik erkannt. Doch bei seinem Amtsantritt drei Jahre später hatte er zu seiner Überraschung festgestellt: Wollte man aus dem Weißen Haus ein Telegramm verschicken, so wurde die Depesche zunächst einem Boten übergeben. Der musste sich zum Haupttelegrafenamt begeben und sich dort in die Schlange der Wartenden einreihen bis er „dran war".

Zunächst schien Lincoln sich mit diesem Verfahren abzufinden. Bis Mai 1862 verschickte er monatlich selten mehr als ein Telegramm. Das änderte sich nach Ausbruch des Bürgerkriegs. Schon die Nachricht vom Beschuss von Fort Sumter wurde telegrafisch nach Washington übermittelt. Und bei den meisten Kampfhandlungen waren Telegrafisten mit dabei, die für den schnellen Anschluss an die nächste Telegrafenleitung zu sorgen hatten. Lincoln stellte die meist im Norden und in den eroberten Gebieten liegenden Strecken des 80.000 km langen Gesamtnetzes unter Militäraufsicht. Neben dem Weißen Haus wird im Mai 1862 eine Zweigstelle des Telegrafenamtes eröffnet. Eigentlich ist es nur ein Zimmer, und das wird zum *Situation Room*, zum Lageraum. Am 24 Mai schickte Lincoln von dort neun

Telegramme an seine verschiedenen Befehlshaber an der Front. Und im Lauf der Woche waren es mehr als alle bis dahin von ihm versendeten Depeschen. Bei den meisten Kampfhandlungen waren Telegrafisten dabei. In Spezialwagen führten sie Batterien, Masten sowie Sende- und Empfangsgeräte mit. Während des gesamten Krieges verbrachte Lincoln mehr Zeit im Lageraum als sonst wo, das Weiße Haus ausgenommen. War irgendwo eine Schlacht im Gange, dann er schlief er sogar in dem Telegrafen-Zimmer. Dank des Telegrafen war er seinen Gegnern immer meist ein Stück voraus. Im Lauf des Bürgerkriegs verschickte er etwa 1.000 Telegramme. Auch seine Entscheidung „Freiheit für die Sklaven" wird via Telegraf im ganzen Land verbreitet. So schildert es David Homer Bates (1843-1926), Leiter des *Telegraph Office* im *War Room.* („Lincoln in the Telegraph Office".)

Fünf Tage nach Kriegsende wird Lincoln während einer Theateraufführung in seiner Loge im Washingtoner *Ford's Theatre* vom stellungslosen Schauspieler John Wilkes Booth durch einen Pistolenschuss schwer verwundet. Er stirbt am nächsten Tag. Europa erfährt diese Nachricht erst zwei Wochen später. Denn ein neues Transatlantikkabel gibt es noch nicht.
1865 wird am Münchner Nationaltheater Richard Wagners *Tristan und Isolde* uraufgeführt. In England veröffentlicht der Mathematikprofessor Lewis Carroll sein erstes Buch: *Alice in Wonderland.* Und in Frankreich hat Jules Verne seinen „phantastischen Roman" *De la terre a la lune* (Von der Erde zum Mond) fertiggestellt. Darin steht unter anderem: „Wenn einem Amerikaner eine Idee im Kopf steckt, so sucht er einen zweiten Amerikaner, um sie mit ihm zu teilen. Sind es ihrer drei, so wählen sie einen Präsidenten und zwei Sekretäre"... um die Idee zu verwirklichen.

Verne hat vielleicht Cyrus Field gemeint. Denn genau auf Field scheint diese Feststellung zuzutreffen. Er ist inzwischen 46 Jahre alt und nach wie vor besessen von der Möglichkeit einer funktionstüchtigen und schnellen telegrafischen Verbindung zwischen Europa und Amerika. In Washington und London hat er diesmal keine Mühe, die zuständigen Politiker von der Notwendigkeit eines neuen Versuchs zu überzeugen. Das erste

Kabel hatte ja eine Weile funktioniert, Verbesserungen sind inzwischen erfolgt. Für das neue Projekt vereinen sich die Firmen *Glass, Elliot Company* und die *Gutta-Percha Company* zur *Telegraph Construction Maintenance Company, kurz TCM*. Um auch die kleinen Sparer zum Aktienkauf zu bewegen, werden diese in Stückelungen von 5 Pfund herausgegeben. Die Direktoren selbst sind bereit, statt eines Honorars oder Gehalts Aktien der TCM zu akzeptieren. Das zeigt Mut für die gemeinsame Sache.

Seit 1857 hat man bei der Kabelherstellung viel dazugelernt. Die Isolierung ist besser; Fehlerstellen findet man durch Messung verschiedener elektrischer Widerstandswerte im Kabel; und als Kabelleger will man diesmal nur ein einziges Schiff verwenden – einen „schwimmenden Riesen". Es ist die *Great Eastern*, das mit 22.500 BRT damals größte Schiff der Welt. Aber es ist auch ein „Katastrophenschiff". Seine tragische Geschichte wäre eigentlich ein Buch wert oder zumindest ein Kapitel für sich. Hier nur so viel: Als das Schiff 1858 als *Leviathan* vom Stapel lief, war es fünfmal größer als jedes andere zuvor gebaute Wasserfahrzeug und immer noch doppelt so groß wie die erst 77 Jahre später gebaute *R.M.S.Queen Mary (Royal Mail Steamer* = Königliches Postschiff). Die *Great Eastern* war das erste Volleisenschiff der Welt, mit einer Deckslänge von rund 210 m. 4.000 Passagiere sollte es tragen, mehr als die ersten großen Kreuzfahrtschiffe des 21. Jahrhunderts. Dazu 6.000 Tonnen Fracht. Vollbeladen hätte der Riesenpott mehr gewogen als alle 197 Schiffe der einstigen Spanischen Armada, die England im 16. Jahrhundert zu vernichten suchte.

Geistiger Vater und Konstrukteur war der schottische Ingenieur Isambard Kingdom Brunel, ein Gnom von 1.60 m. Aber ein Technik-Riese. Bewunderer nannten ihn tatsächlich den „kleinen Riesen". Um größer zu wirken trug Brunel einen hohen Zylinder, in dem sich auch sein „Büro" befand: Aufzeichnungen, Notizen, Pläne für das jeweils aktuelle Bauprojekt. Dazu gehörten die Vollendung eines von seinem Vater begonnenen ersten Tunnels unter der Themse, Eisenbahnlinien, auf denen Brunel im eigenen

Salonwagen fuhr, Brücken und ein Volleisenschiff, die *Great Western*.

Aber das alles ist Brunel nicht genug. Er entwirft als nächstes Schiff die *Great Eastern*, und deren Bau beginnt im Jahr 1852. Drei Jahre währen die Arbeiten. 30.000 Eisenplatten werden zusammengenietet. Beim Stapellauf vom Werk in die Themse bleibt das Schiff im Schlick stecken. Da nützen auch die zehn Kessel für die beiden Schaufelräder nichts, obwohl sie mehr Dampfkraft liefern als alle Baumwollspinnereien in ganz Manchester zu ihrem Betrieb benötigen. Dutzende von Hydraulikpressen müssen helfen – und jeder Fuß, den das Schiff im Schlick vorankommt, kostet die Reederei 5.000 Dollar. Schließlich, am 31. Januar 1859, schwimmt das Monster frei. Mit Rauch aus seinen fünf Schornsteinen macht es sich auf den Weg nach Irland. Brunel erleidet einen Schlaganfall. Vor der irischen Küste fliegt einer der Kessel auseinander, vier Heizer kommen ums Leben. Das gibt Brunel den Todesstoß. Vor der Jungfernfahrt nach New York, die für den 8. Oktober vorgesehen ist, kommen 6.000 Neugierige an Bord. Das verzögert die Reparaturarbeiten, die erste Reise wird auf das nächste Jahr verschoben. Bei einem Sturm im Hafen von Holyhead geht im Winter ein Großteil der eleganten Einrichtung zu Bruch. Kapitän Harrison ertrinkt, ein neuer Kapitän muss für das Riesenschiff gefunden werden. Doch endlich, am 17. Juni 1860, kann es losgehen. Aber nur 35 Passagiere haben für die Reise gebucht. Das bedeutet 12 Mann Besatzung für jeden Fahrgast.

Nach elf Tagen erreicht das Schiff New York. An den Piers drängen sich so viele Neugierige, dass einige fast ins Wasser gestoßen werden. In den Hotels sind 6.000 Gäste mehr registriert als zu normalen Zeiten. Aber für die Rückfahrt nach Europa gibt es keine Buchungen. Das Schiff ist einfach zu groß, die Zeit des Massentourismus hat noch nicht begonnen. So wird die *Great Eastern* zunächst zum Ausflugsdampfer an der amerikanischen Ostküste umfunktioniert. Bis zu 2.000 Passagiere dürfen jedes Mal an Bord, einschließlich der Detektive, die sie vor Taschendieben schützen sollen.

Gast auf einer dieser Fahrten ist Cyrus Field. Das für damalige Verhältnisse gigantische Schiff beeindruckt ihn sehr, obwohl auch diese Reise zum Fiasko wird: ein Rohrbruch überschwemmt die Lebensmittelräume, alles verdirbt. Schlimmer noch: durch einen Navigationsfehler gerät man 160 km weit hinaus auf offene See; zu essen gibt es nichts. Und Interessenten für weitere Wochenendausflüge auch nicht mehr. Das Schiff kehrt nach England zurück.

Auch bei der zweiten Reise nach New York, am 1. Mai 1861, sind nur 100 zahlende Passagiere an Bord. Denn im April ist der amerikanische Bürgerkrieg ausgebrochen. Wer will da schon in die USA? Auf der Rückfahrt aus den USA werden statt Passagieren 5.000 Tonnen Weizen an Bord genommen. Das Britische Marineministerium chartert schließlich das Schiff und lässt es zum Truppentransporter umrüsten. Aller Luxus fliegt raus, Feldmatratzen, Heu und Stroh kommen in die einst pompösen Doppelkabinen. Dazu 2.144 Offiziere und Mannschaften, 473 Frauen und 122 Pferde. Als das Schiff in der britischen Garnison Québec in Kanada eintrifft, braucht man zwei volle Tage, um die Ladung zu löschen.

Danach setzt die Reederei erneut auf Luxus, baut wieder alles um. Am 10. September 1861 läuft das vom Pech verfolgte Schiff abermals aus – und gerät prompt in einen fürchterlichen Atlantik-Sturm. Schon am ersten Tag werden unter den Passagieren 27 Knochenbrüche registriert; Rettungsboote reißen aus den Davits; Aufbauten werden zertrümmert, dazu beide Schaufelräder. In den Kesselräumen ist erst recht die Hölle los: Kohle und Glut fliegen durch die Gegend, die Heizer meutern und plündern den Lagerraum für Brandy und andere, edle Spirituosen. Notsignale werden verschossen. Als der Sturm nach 75 Stunden abflaut, schwimmt der Riesendampfer wie eine lahme Ente zurück nach Queenstown.

Da es kaum Passagiere gibt, wird das Schiff nun als Frachter eingesetzt. In fünf Fahrten bringt es trotz der Seeblockade der US-Nordstaaten 41.000 Tonnen Baumwolle aus dem amerikanischen Süden nach England. Das ist so viel wie der Gesamtexport des Südens im letzten Friedensjahr. Aber der langsame Tod des

Schiffes ist noch nicht zu Ende. Bei einer erneuten Überfahrt nach New York reißt es sich an einem submarinen Felsen ein 3 m breites und 25 m langes Leck in die Außenwand des doppelten Bodens. Wasser dringt zwar nicht in den eigentlichen Schiffskörper ein, aber es dauert Monate, bis alle Schäden behoben sind. Gerüchten zufolge findet man auch die Leiche eines Werftarbeiters, der beim Bau des Schiffes dort „aus Versehen eingenietet" wurde.

Schließlich hat die Reederei so hohe Schulden, dass an einen gewinnbringenden Weiterbetrieb nicht mehr zu denken ist. Geschäftsleute, darunter ein Herr Fabricius aus Frankfurt am Main schlagen vor, das Schiff in einer gigantischen Lotterie zu verlosen. Die Lose sollen in ganz Europa angeboten werden. Der Plan wird jedoch nicht verwirklicht. Stattdessen kommt es zu einer Versteigerung. Sie findet in einem Raum der Baumwoll-Börse von Liverpool statt. Auktionator ist der Reeder Joseph Cunard. Als das Erstangebot nicht höher liegt als 50.000 Dollar, wird die Auktion abgebrochen. Eine zweite folgt. Doch auch hier liegt das Eröffnungsangebot nur bei 100.000 Dollar. Unter den Bietern befinden sich auch Daniel Gooch, ein ehemaliger Direktor der *Great Eastern* Reederei. Im Namen seines Auftraggebers ist er befugt, bis zu einem Betrag von 400.000 Dollar mitzubieten. Doch schon bei 125.000 Dollar erhält er den Zuschlag. Er eilt zum nächsten Telegrafenbüro und schickt seine Erfolgsnachricht ins *Palace Hotel* in London. Dort wohnt sein Auftraggeber, und das ist niemand anders als Cyrus W. Field.

Noch am gleichen Tag notiert Field in seinem Tagebuch: „Ich erhielt soeben ein Telegramm aus Liverpool mit der Mitteilung des Schiffsverkaufs, des Preises usw. Ich würde mich außerordentlich freuen, wenn die *Great Eastern* für die Verlegung des Atlantikkabels benutzt würde."

Es scheint, als werde das Schiff doch noch zu Ruhm und Ehren kommen. Mit der ihm eigenen Energie lässt Field schon bald aus der *Great Eastern* die meisten Innereien herausreißen. Ein Schornstein und zwei Kessel werden entfernt, dazu fast sämtliche Salons und Kabinen. Nur das bleibt an Quartieren, was für die Mannschaft der Kabelleger benötigt wird. Zum Schluss ähnelt das einst so prächtige Schiff nur noch einer stählernen Larve. In den geschaffenen Freiraum kommen drei gewaltige eiserne Behälter zur Aufnahme des neuen, 4.300 km langen Unterwasser-Kabels.

Wieder fehlt es nicht an Skeptikern. Doch dann kommt der Prinz of Wales persönlich an Bord, bestaunt das Ganze, und diktiert dem Telegrafisten: „I wish success to the Atlantic Cable..." In zwei Sekunden durchlaufen die Morsezeichen die endlose Drahtschlange an Bord – und kommen am Ende über den angeschlossenen Empfänger wieder als Punkte und Striche heraus. Der Prinz ist sichtlich beeindruckt.

Im Juli läuft das einstige „Traumschiff" unter dem Kommando von Kapitän Sir James Anderson (1824–1893) nach Valentia aus. Er kann sich mit dem Kabel nicht recht anfreunden. „Das soll ein Kabel sein? Das ist ja ein Bindfaden!" soll er gesagt haben. Doch der „Bindfaden" hat es in sich: Seine Seele besteht aus sieben Drähten reinen Kupfers. Pro Kilometer wiegen sie 73 kg. Das Ganze ist mit einer neuartigen Isoliermasse aus Teer und Gutta Percha (genannt: *Chatterton's compound, (also. Gemisch]* überzogen, abermals mit vier Lagen Gutta Percha ummantelt, die noch einmal zusammen einen Gutta Percha-Überzug erhalten. So wiegt allein die Isolierung weitere 98 kg pro Kilometer. All das ist dann noch einmal mit Hanf und mit 18 einzelnen Stahldrähten umwickelt, von denen jeder ebenfalls isoliert ist. So beläuft sich schließlich das Gewicht pro Kilometer Kabel auf 980 kg, das ist fast doppelt so schwer wie das Kabel von 1858. Doch wie es in einem zeitgenössischen Bericht heißt, war „die Flexibilität so groß, dass es wie ein dünnes Seil gehandhabt werden konnte, und man es, ohne sich zu verletzen, um den Arm wickeln konnte." 250 Arbeiter haben in elf Monaten insgesamt 4800 km davon hergestellt. im Gesamtgewicht von 1600 Tonnen.

Auch diesmal sind von überall her Neugierige herbeigeeilt. Sie kommen zu Fuß aus Limmerick und Tipperary, mit Segelbooten aus Cork und anderen Hafenstädten. Es scheint, als habe sich die halbe irische Grafschaft Kerry versammelt. Aber die Menschen kommen nicht des Kabels wegen, sondern um das Riesenschiff zu bestaunen. Sie sitzen zu Füssen der noch aus Oliver Cromwells Zeiten stammenden Festungsruine, halten Picknick, musizieren und tanzen. Doch das einzige, was sie zu sehen bekommen, sind die Rauchwolken der Begleitschiffe *HMS Sphinx* und *HMS Terrible*. Für den Kabelleger-Giganten mit seinen 21 m Höhe vom Kiel bis zur Reling ist die Bucht von Valentia viel zu flach. Dennoch herrscht richtige Jahrmarktstimmung. Barfüßige Kinder und Frauen tanzen Ringelreihen am Strand. In den Zelten wird Whisky verkauft, obwohl irgendwo neben den Bannern der Fitzgeralds, Edler von Kerry, dem *Union Jack* und den *Stars and Stripes* auch die weiße Fahne der Temperenzler flattert. Selbst Zigeuner sind da. Ihre Frauen lesen den Bauern die Zukunft. Nur über das Schicksal des neuen Kabels wagen sie nichts zu prophezeien.

Dann erscheint endlich das kleine Dampfschiff *Caroline* mit dem einen Ende des Kabels in der Bucht. Angestellte der *Telegraph Company* und zahllose freiwillige Helfer ziehen es an Land. Jeder will es wenigstens einmal gehalten oder zumindest berührt haben. Es wird mit den Empfangsgeräten verbunden – und endlich ist die Nabelschnur zur *Great Eastern* angeschlossen. Draußen auf dem offenen Wasser ist der Ozeanriese bereit zur Abfahrt, und jedermann hofft, dass die Reise nicht wieder vom Pech begleitet sein wird wie alle Reisen zuvor. An Bord befindet sich auch der irische Reporter William Howard Russel (1821-1911), bekannt geworden durch seine Kriegsberichte von der Krim und anderen Krisengebieten. Field hat ihn eingeladen, damit er für die Londoner *Times* über den Fortschritt des Unternehmens berichtet.

Gegen 7.15 Uhr abends, am 23. Juli 1865, verlässt die *Great Eastern* die irische Küste. Aus ihrem Heck läuft bei einer Marschgeschwindigkeit von sechs Knoten das Kabel ab wie der Faden einer gigantischen Spinne. Vieles ist wie vor sieben Jahren. Und vieles ist doch ganz anders. Im Gegensatz zu der Verlegung von 1858 steht man über das Kabel nun ständig in Verbindung mit dem Festland. Das Herzstück des Unternehmens befindet sich unter der vorderen Brücke. Es ist ein fast vollständig abgedunkelter Raum, in dem einige Elektriker der *Telegraph Company* arbeiten. Hier endet das an Bord befindliche Kabel in einem Drahtpaar, das mit einem neuartigen Instrument verbunden ist: dem von Prof.

Thomson entwickelten Spiegelgalvanometer. Das Instrument strahlt einen schwachen Lichtpunkt aus. Solange der leuchtet, ist das ein Beweis dafür, dass Strom durch das Kabel fließt. Ein kleiner Spiegel, der mit einem Magneten am Ende eines der Leitungsdrähte verbunden ist, reflektiert den Lichtpunkt auf eine kleine Messskala. Diese zeigt den elektrischen Kabelwiderstand in winzigen, zitternden Bewegungen an. Sollte der Lichtpunkt über den Rand der Skala hinausrutschen, wäre das eine Katastrophe, ein Signal für eine defekte Isolierung oder gar einen Kabelbruch.

In der „Dunkelkammer" steht natürlich auch ein Morseapparat, der mit dem Ende des Kabels an Bord der *Great Eastern* verbunden ist. Gesendet wird in kurzen Abständen, aber fortlaufend. Dabei benutzt man einen Kurzcode von 29 verschiedenen Signalen, deren Inhalt vorher abgesprochen wurde. Der jeweilige Telegrafist in Valentia kann auf ähnlich kurze Weise 35 verschiedene Depeschen übermitteln. Die Fortschrittsberichte von Bord des Schiffes werden von Valentia aus sofort nach London weitergeleitet und dort von der Presse ebenso regelmäßig veröffentlicht. Ähnliches würde es bis zur Entsendung von Menschen zum Mond 104 Jahre später nicht wieder geben.

London wiederum kabelt zusätzlich zum Valentia Code auch die neusten Nachrichten aus Europa. Sie werden auf der *Great Eastern* ausgehängt, lesbar für alle. Unter Verwendung dieser Nachrichten stellen einige Mitglieder der Mannschaft eine eigene Bordzeitung zusammen, *The Atlantic Telegraph*. Redakteur ist ein Ire namens O'Neill; Robert Dudley, der Zeichner, den sich der Reporter Russel mitgenommen hat, fertigt für das Blättchen einige Illustrationen an. In einer der Nummern heißt es: „Die *Great Eastern* eilt nobel auf ihrer Mission entlang, Großbritannien und Irland nach Amerika zu ziehen. In weniger als zehn Tagen, so wird erwartet, wird ein Band zwischen beiden Ländern gespannt sein, und lang, lang soll es währen..."

Alarm aus der „Dunkelkammer"

Wie bei den ersten Verlegungen gibt es mehrfach Alarm aus der „Dunkelkammer", den ersten schon nach 84 Meilen. Das Schiff wird sofort gestoppt. Mit Hilfe der Galvanometer-Werte wird die vermutliche Bruchstelle berechnet. Doch die fünf Elektroingenieure, die das tun, kommen zu fünf verschiedenen Werten. Danach liegt der Schaden neun, zehn, 22, 42 und sogar 60 Seemeilen achteraus. Besorgt notiert Mr. Gooch: „Falls unsere Schwierigkeiten in London bekannt werden, wird das große Auswirkungen auf den Kurs der Atlantikkabel-Aktien haben."

Beim Aufnehmen des Kabels findet man den Fehler schon nach zehn Seemeilen. Aus dem bereits schleimigen, von Sedimenten überzogenen Kabel schauen fünf Zentimeter blanken Kupferdrahts heraus. Das defekte Stück wird herausgeschnitten, die Kabelenden wieder verbunden, dann geht die Fahrt weiter. Doch schon nach 800 m gibt es in dieser Nacht noch einmal eine Panne. Field ist der Verzweiflung nahe. Ist wieder alles umsonst? Aber nach der neuerlichen Reparatur läuft zunächst alles wieder glatt.

Diese Kabel-Reparaturen auf hoher See sind jedes Mal ein äußerst mühsames und auch gefährliches Unternehmen. Wird ein Bruch festgestellt, muss das Kabel wieder aufgenommen werden. Die Gefahr, dass es beim Rückwärtsfahren in die Schaufelräder gerät, ist groß. Deshalb wird das ins Meer hängende Kabel zunächst mit einem Schäkel gesichert, dann gekappt und seitwärts verholt. Anschließend wendet das riesige Schiff und schleicht dem Kabel wieder entgegen, wobei dessen Ende langsam auf eine mit Dampfkraft betriebene Trommel gewickelt wird. Die Fahrgeschwindigkeit bei einem solchen Manöver beträgt nicht mehr als einen Knoten pro Stunde. Ein Sturm oder auch nur starker Wind wären eine Katastrophe.

Die *Great Eastern* ist zwar noch 1.600 Meilen von Neufundland entfernt, aber die siegessichere Mannschaft wird bereits übermütig. Das Wetter ist gut, die Freiwachen verbringt man auf dem Oberdeck. Wegen seiner Länge wird es *Oxford Street genannt*, wie die Londoner Einkaufsstraße. Spiele werden veranstaltet, einige Herren planen schon Jagdausflüge in Kanada und Urlaubsreisen in die USA. Es gibt zwar noch mehrfach Alarm, und wieder zeigen sich Bruchstellen im Kabel. Dann plötzlich heißt es: Sabotage. Denn bei einer der Bruchstellen ist ein nagelähnliches

Drahtstück eindeutig und mit Gewalt durch das Kabel getrieben worden. Das kann nur kurz vor dem Ausspielen des Kabels geschehen sein. Da dies stets durch die gleiche Crew geschieht taucht der Verdacht auf, dass sich darunter vielleicht ein von irgendeiner Packet-Ship Reederei angeheuerter Saboteur befindet. Nach Rücksprache mit Cyrus Field lässt der Kapitän diese Mannschaft abziehen. Allen anderen werden Wachen zur Seite gestellt. Es sind Mitreisende, junge Männer der „besseren Gesellschaft" Englands, die als zahlende Passagiere an Bord kamen, um das Abenteuer der Kabelverlegung mitzuerleben. Die meiste Zeit haben sie im Salon bei Whisky und Kartenspiel verbracht. Nun muss jeder zwei Stunden täglich Dienst im Kabelraum machen. Und tatsächlich, die „halfway-mark" – die Mitte der Verlegungsstrecke – wird danach problemlos erreicht.

Am 2. August befindet sich Cyrus Field selbst im Kabeltank. 1.062 Seemeilen Kabel (ca. 1.968 km) sind bisher erfolgreich verlegt. Während die „elektrische Schlange" durch die trichterförmige „Krinoline" ans Oberdeck läuft, schreit einer der Arbeiter plötzlich: „Da schaut Draht raus!" Doch auf der Brücke wird auf den Warnruf zu spät reagiert, die defekte Stelle verschwindet im Meer. Wieder bringt man das Kabel längsseits, befestigt es an einem Schäkel und kappt es. In diesem Augenblick hebt eine Woge das Schiff, das Kabel reißt aus dem Schäkel – und versinkt im Meer. Ein Aufstöhnen aller geht durch das Schiff.

Elefantenrüssel sucht Strohhalm

Der für die Verlegung verantwortliche Ingenieur Samuel Canning denkt nicht ans Aufgeben. Mit Hilfe eines Suchankers will er das Kabel finden und wieder aufnehmen. Wie tief das Meer an dieser Stelle ist, weiß niemand. Die *Sphinx* mit dem Tiefenlot an Bord ist seit sechs Tagen verschwunden. So muss man nach dem Kabel suchen wie ein Blinder im Nebel. Oder, wie Russel es beschrieb: Mit dem Rüssel eines Elefanten einen Strohhalm finden und aufnehmen. Der fünfarmige Anker wird an einem Drahtseil über eine Rolle am Bug der *Great Eastern* ins Meer gelassen. Das Drahtseil besteht aus je 100 Faden (ca. 54 m) langen Teilstücken, die durch

Schekel miteinander verbunden sind. 25 solcher Teilkabel sind aneinander befestigt. Dann werden Schaufelräder und Schraube abgestellt und an vier Masten die Segel gesetzt. Langsam segelt das Riesenschiff zurück. Nach drei Meilen Fahrt setzt der Anker auf dem Grund auf und die *Great Eastern* beginnt, über der Kabelstrecke zu kreuzen. Und dann geschieht das Wunder: Um 6 Uhr morgens gellt ein Schrei vom Heck über das ganze Deck: „Wir haben es! Wir haben das Kabel!" -

Der Anker hat es tatsächlich gefasst. Ganz behutsam beginnt man, ihn mit der Dampfwinde hochzuziehen. Nach zwei Stunden sind erst 400 Faden Ankerseil geschafft. Am Nachmittag sind vier Fünftel an Bord – doch dann reißt das Ankerseil mit einem peitschenartigen Knall. Nun ist auch der Suchanker weg.

Wer hat Schuld an der Katastrophe? Wurden die Nägel doch schon beim Verladen in das Kabel getrieben? Tatsächlich gibt es an Bord zwei rivalisierende Technikergruppen. Die Männer der einen Gruppe gehören zur *Telegraph Construction und Maintenance Company*. Mit dieser Firma hat Field einen Vertrag für die Verlegung und Versorgung des Kabels geschlossen. Diese Gesellschaft hat die *Great Eastern* gechartert, das Kabel herstellen lassen, und die Kontrolle über die Verlegung erhalten. Die Männer an Bord stehen unter dem Kommando von Oberingenieur Samuel Canning. Die andere Gruppe besteht aus Angestellten der *Atlantic Telegraph Company* und steht unter dem Kommando von Field. Wissenschaftlicher Berater ist Prof. Thomson.

Field lässt die Unglücksstelle mit einer Boje markieren. Es ist eine schwarzrote, an beiden Enden spitz zulaufende Tonne mit einer roten Fahne. Zum Glück gibt es einen weiteren, wenn auch kleineren Suchanker. Während man wieder nach dem Kabel fischt, kommt Nebel auf. Der Kapitän lässt das Nebelhorn betätigen und ab und zu einen Böllerschuss abgeben, denn irgendwo in der Nähe muss sich das Begleitschiff *Terrible* befinden, dessen Hilfe man gut brauchen könnte.

Die Leine für den neuen Suchanker ist 2,75 Meilen lang. Vier Tage kreuzt die *Great Eastern* um die Boje. Dann, am fünften Tag, gerade als die Sonne durchbricht, fasst der Anker erneut. Bis Mitternacht sind 300 Faden hochgezogen. Im Licht des Vollmondes arbeiten die Männer fast schweigend. Die Nerven sind bis aufs äußerste gespannt. Geht alles gut, kann das Kabel schon am Abend an Bord sein. Eine Meile des Fangseils ist bereits hochgehievt, da bricht erneut ein Schekel. Russel: „Das Seil fliegt um die Ankerwinde, über die Trommel, durch die Stopps [...] sein Ende streckt seine eiserne Faust hoch in die Luft, stößt damit nach rechts und links, als ob es von dem Wunsch erfüllt sei, jene zu vernichten, die ihm Einhalt zu gebieten suchen. Es schnellt durch die Reihe der Kabelarbeiter mit einem ungeduldigen Schlag, trifft einen Mann am Kopf, wird nur gebremst, weil er sich ganz plötzlich duckt, und bedroht nun rechts und links die Männer am Bug, und dann klatscht es über Bord."

Verzweifelt signalisiert man von Bord der *Great Eastern* an die inzwischen aufgetauchte *Terrible*, dass das Kabel erneut verloren ist. *Very sorry* - kommt die Antwort. Nun befinden sich nur noch einige Drahtseile und einige Taulängen an Bord. Aus diesen 1.900 Faden (ca. 3.474 m) Drahtseil und rund 900 m Manilatau lässt Cunning noch einmal eine Suchleine spleißen. Doch Sturm kommt auf. Das riesige Schiff wird vom Suchgebiet abgetrieben. Am siebten Tag verliert man auch die Boje aus den Augen. Als man sie schließlich wiederfindet, wird die neue Suchleine abgelassen. Weil sie jedoch aus Draht UND Seil besteht, verwirrt sie sich unter Wasser. Das ganze Geklump muss wieder an Bord geholt und aufgedröselt werden. Am neunten Tag verzeichnet das Messgerät erneuten Kontakt mit dem Kabel. Zum vierten Mal versucht man, es hochzuziehen. Die jungen Playboy-Passagiere halten es vor Spannung an Deck nicht mehr aus: sie gehen in den Salon, einer fängt an, Klavier zu spielen. Dann ist alles aus. Das Fangseil bricht erneut – und nun ist nicht mehr genug Material an Bord, um einen weiteren Versuch zu unternehmen. Das Drama ist vorläufig zu Ende. Der wachhabende Offizier notiert: „Breite 51° 24', Länge 38°59'.". *Cable down.* Die *Great Eastern* nimmt Kurs zurück nach Europa. *Farewell*, signalisiert die *Terrible. Goodbye, Thank you,* kommt die Antwort. In der Bordzeitung wird über das Kabel vermerkt: „Vergeblich hat man die Seeschlange [...] zu beißen versucht." Drei Millionen Dollar scheinen unwiederbringlich verloren zu sein.

Auf Valentia, wo man die letzten zehn Tage voller Hoffnung auf die toten Kabelenden starrte, kursieren die wildesten Gerüchte. In einigen wird sogar behauptet, die *Great Eastern* sei gesunken. Doch am 16. Tag taucht sie vor Corkhaven am Horizont auf. Ein Nachrichtenagent, der ihr entgegen segelt, lässt sich die Geschichte des missglückten Unternehmens erzählen. Dann eilt er dem Schiff voraus zur Küste und telegrafiert seine Hiobsbotschaft nach London. Der Kurs der *Telegraph Company* Aktien rutscht abermals in den Keller. Doch dann geschieht innerhalb eines Jahres, was fast niemand mehr für möglich gehalten hat: Es wird zwei Transatlantik-Kabel geben. Denn unverdrossen hat Field neue Geldgeber für die neue *Anglo-American Telegraph Company* aufgetrieben. Im Juli 1866, es ist das Jahr in dem Alfred Nobel das Dynamit erfindet, wird ein neues Kabel an Bord der *Great Eastern* genommen, 2.400 Meilen lang, zusätzlich zu den noch an Bord verbliebenen 1.070 Meilen des im Vorjahr gescheiterten Versuchs. Insgesamt beläuft sich deren Gewicht auf 4.000 Tonnen. Die Länge würde für zwei Verbindungen reichen, falls man das im Vorjahr gerissene Kabel wiederfinden würde.

Ausgerechnet am einem Freitag, den 13. Juli 1866, läuft die *Great Eastern* von Valentia erneut aus. Eine Bordkapelle des Begleitschiffs spielt *Goodbye, Sweetheart, Goodbye...*

Diesmal sind noch mehr zahlende, junge Männer an Bord, um an dem Abenteuer teilzunehmen. Außerdem zehn Ochsen, eine Milchkuh, 100 Schafe, 20 Schweine und 500 Stück Geflügel – alle als Frischverpflegung. In Abstimmung mit Kapitän Reynolds verdonnert Field alle zahlenden Passagiere dazu, wie gewöhnliche Matrosen Wache zu schieben.

Auf dem Weg über den Atlantik werden abermals von Bord in regelmäßigen Abständen Fortschrittsberichte durchgegeben, aber auch Wünsche übermittelt. Am 22. Juli kabelt „Field an Glass: Bitte besorgen Sie die letzten Nachrichten aus Ägypten, China und anderen fernen Orten, damit wir sie nach unserer Ankunft in Heart's Content in die USA weiterleiten." Man ist jetzt nur noch 400 Meilen von Neufundland entfernt und äußerst zuversichtlich. Field lässt telegrafieren: „Wir erwarten, dort am Freitag einzutreffen und das Atlantikkabel für den Geschäftsverkehr zu eröffnen."

Die Antwort aus Valentia folgt fast umgehend: „Glass an Field: Ich sehe keinen Grund dafür, warum die Eröffnung nicht am Samstag erfolgen sollte." Und das fast schon unmöglich Erscheinende geschieht: In dichtem Nebel erreicht die *Great Eastern Heart's Content*. Am 27. Juli 1866 tragen einige Besatzungsmitglieder das Ende des Transatlantikkabels an Land. Gooch: „Einer nahm es tatsächlich in den Mund und saugte daran!" 24 Stunden später ist das Kabel mit dem US-Festlandskabel verbunden. Und diesmal funktioniert alles wie ersehnt. Erneut schickt Königin Victoria Grüße an den US-Präsidenten (inzwischen ist es Andrew Johnson). Und im Gegensatz zu 1858 können Dank der technischen Verbesserungen diesmal acht Worte pro Minute übermittelt werden, 80 Mal mehr als beim Kabel von 1858. Und so treffen die von Glass gesammelten aktuellen Informationen über die jüngsten Ereignisse in schneller Folge ein: Friedensvertrag zwischen Preußen und Österreich ist unterzeichnet - Das *Great Tea Race*, *d*ie Wettfahrt der schnellen Clipperschiffe mit der ersten Teeernte der Saison aus China, ist Stadtgespräch in London. Umgekehrt lässt Field die Schlusskurse der Börse an der Wallstreet nach Europa übermitteln, sowie die Nachricht, dass der Staat Tennessee wieder in die Union aufgenommen wurde. An Bord der *Great Eastern* wird das glückliche Ende der Kabelverlegung von Ingenieur Cunning und Prof. Thomson gebührend gefeiert, mit Gästen vom Festland. „Zahlreiche kichernde, junge Damen" sind darunter, und die jungen Herren aus England werden für ihre Arbeit an Bord reich belohnt. Es wird musiziert, getanzt und gelärmt, so dass der arme Daniel Gooch in seiner Kabine keine Ruhe findet. Dennoch ist er zufrieden, und notiert: „Gestern hatten wir fünfzig Depeschen, und ich glaube, die bringen uns nicht weniger als 1.200 Pfund." Es sind 1.000 Pfund. Die Übermittlung eines Wortes kostet inzwischen 1.25 Dollar. In den folgenden Jahren steigert sich die Übermittlungsgeschwindigkeit auf 120 Worte pro Minute, und die Kosten für die Übermittlung sinken auf 0.0003809 Cent pro Kilometer. Bis zum Beginn des 20. Jahrhunderts wird das Kabel seinen Dienst versehen, neben mehreren weiteren.

Noch während gefeiert wird, kabelt Field seiner Frau nach New York: „Wir werden in etwa einer Woche auslaufen, um das im letzten Jahr verlorene Kabel zu bergen." Und so geschieht es. Anfang August 1866 läuft die *Great Eastern* erneut aus. Die Boje wird gefunden. Über zwei Dutzend Mal wird der Suchanker ausgesetzt – und beim 30. Versuch wird tatsächlich das Kabel erwischt. Am Sonntag, den 2. September liegt sein glücklich in 26-stündiger Arbeit hochgezogenes Ende an Bord. Field: „Einer der interessantesten Augenblicke, die ich je erlebt habe war, als das geborgene Kabelende zum Raum des Elektrikers gebracht wurde um zu sehen, ob es noch lebte oder tot war. Nie werde ich jenen ereignisreichen Augenblick vergessen, als auf unsere Anfrage in Valentia im nächsten Augenblick die denkwürdigen Buchstaben *OK* zurückkamen. Ich verließ den Raum, ging in meine Kabine und schloss die Tür. Ich konnte meine Tränen nicht länger zurückhalten." Die Mannschaft indes lässt Freudenraketen in den Himmel steigen.

Das Ende des wiedergefundenen Kabels wird an der Boje vertäut, und mit dem noch an Bord befindlichen Kabel verspleißt. Am 7/8. September ist auch die zweite Verbindung zwischen den Telegrafennetzen der Alten und der Neuen Welt geschlossen. Richard Glass, Samuel Canning und Prof. Thomson werden von Königin Victoria in den Ritterstand erhoben. In Washington beschließt der Kongress, Field mit einer Goldmedaille zu ehren – doch wegen der Nachlässigkeit eines Beamten sollen noch einige Monate vergehen, ehe er sie erhält.

Und die *Great Eastern?* Sie ist zwar wieder zu Ehren ge angt, aber Field hat keine Verwendung mehr dafür. In Europa taucht das Gerücht auf, dass der türkische Sultan Abdul-Aziz, ein infantiler Technofreak von Englands Gnaden, das Schiff zu einem schwimmenden Harem ausbauen wolle. Das wiederum wollen die Franzosen nicht zulassen. König Louis Napoleon drängt darauf, das Schiff rechtzeitig vor Beginn der Pariser Weltausstellung zu erwerben. Eine eilends gegründete Gesellschaft bringt zwei Millionen Franc auf (damals etwa 400.000 Dollar). Dann wird das Schiff in das 120 m lange Trockendock von New Ferry gebracht. Tausend Arbeiter machen sich darüber her, befreien den Rumpf von Tang und Muscheln, entfernen die Kabeltanks und bauen wieder zwei Kessel und einen Schornstein ein. Auf das Deck werden drei Speisesäle gesetzt, unter Deck erneut Luxuskabinen eingebaut, diesmal für „nur" 3.000 Passagiere. All das kostet noch einmal eine halbe Million Dollar.

Am 23. März 1867 soll das Schiff von Liverpool auslaufen. Unter den nur 123 Passagieren befinden sich Cyrus Field und – Jules Verne. Der schreibt gerade an seinem neuen Roman „20.000 Meilen unter dem Meer", in dem er auch das Zusammentreffen seines Kapitäns Nemo mit dem Transatlantikkabel erwähnt. Den lässt er an Bord des U-Bootes *Nautilus* sagen: „Ich erwartete nicht, das elektrische Kabel in seinem einfachen Zustand vorzufinden, in dem es sich beim Verlassen der Fabrik befand. Die lange Schlange, bedeckt mit den Überresten von Muscheln, bespickt mit Foraminiferen, war verkrustet mit einer starken Schicht davon, die als Schild gegen alle Arten von Bohrwürmern diente. Es lag, geschützt von allen Turbulenzen des Meeres, unter einem günstigen Druck zur Übermittlung des elektrischen Funkens, der von Europa nach Amerika in 0.32 Sekunden läuft. Zweifellos wird dieses Kabel lange Zeit überleben, denn man hat herausgefunden, dass die Gutta-Percha-Isolierung durch das Meerwasser nur verbessert wird." Auch andere Schriftsteller werden durch das Transatlantik-Kabel zu literarischen Verarbeitungen inspiriert. So etwa Hans Christian Andersen mit seinem Märchenbuch „Die große Seeschlange".

Im gleichen Jahr, in dem Jules Vernes Roman erscheint, ist in den USA Schluss für Päckchen und Paketsendungen per Kutschentransport. Denn die Bahngleise der *Central Pacific* und der *Union Pacific* laufen inzwischen von Küste zu Küste. Man braucht nur noch 6 Tage um das Land zu durchqueren. Nach heutigen Rechnungen kostete der Bahnbau zwei Milliarden Dollar. Bei der offiziellen Eröffnung geht der Schlag mit einem versilberten Hammer auf den 436 Gramm schweren vergoldeten, letzten Schienenbolzen am 10. Mai 1869 zunächst daneben. Doch dann holt Kaliforniens Gouverneur Leland Stanford noch einmal aus, und treibt ihn um 12:47 Uhr in ein vorgebohrtes Loch der letzten Schwelle. Und über die Telegrafenlinie geht nach Ost und West ein einziges

Wort: *Done* – Fertig! Der vergoldete Bolzen wird später gegen einen eisernen ausgetauscht und wandert ins Museum. Symbolisch ist er der Sargnagel für alle Speditionen und Kurierdienste, die noch Pakete oder Briefe zwischen Ost- und Westküste der USA befördern. Oakland in der Bucht von San Francisco und das westlichste Ende des ostamerikanischen Bahnnetzes in Council Bluffs/Iowa und Omaha/ Nebraska sind nun miteinander verbunden. Wieder ist ein Traum wahr geworden. Russel aber macht Bankrott, und auch die Firma Butterfield geht pleite. Sie wird von der Spedition *Wells Fargo* gekauft. Unter diesem Namen werden ihre Kutschen und Geldtransporte zwar auch noch 100 Jahre später wieder rollen – allerdings nur noch durch Wildwest-Filme.

Mit Falken gegen Brieftauben

Zu den weltweit verbreiteten Nachrichten gehört 1870 auch die Meldung vom Kriegsausbruch zwischen Frankreich und Preußen. Am 19. Juli hat Frankreichs König Napoleon III Preußen den Krieg erklärt, provoziert durch Bismarcks berühmt/berüchtigte Emser Depesche. Schon nach wenigen Gefechten belagern preuß sche Truppen Paris. Die Telegrafenleitungen in die französ sche Hauptstadt werden von den Deutschen gekappt. Verwaltung und Bevölkerung der Stadt Paris haben keine Verbindung mehr zur Regierungsdelegation, die nach Tours in Westfrankreich geflüchtet ist. Doch zur Verblüffung der deutschen Belagerer steigen bei günstigem Wind Heißluftballons auf und landen anschließend auf noch von Frankreich gehaltenem Boden. In einem der Ballons befindet sich als Passagier der Innenminister Leon Gambetta, der in Tours die provisorische Regierung übernehmen soll, sowie erste schriftliche Nachrichten aus der belagerten Stadt. Mit den Ballons konnte man diese zwar aus Paris befördern, aber keine aus der unbesetzten Provinz erhalten. Denn jeder Versuch, auch bei günstigsten Windverhältnissen per Ballon gezielt in die Stadt hinein zu fahren, wäre zu gefährlich gewesen. Da besinnt sich der General-Postdirektor Rampont auf das uralte Botensystem: Brieftauben! In Meyers Konversations Lexikon heißt es wenige Jahre später: „In der Zeit vom 23. September 1870 bis zum 28. Januar

1871 haben 64 Ballons mit 155 Personen, 363 Brieftauben, 9.000 Kilogramm Briefen und Depeschen die Stadt verlassen." Nach einem „Ausflug" kehrten nicht immer alle Brieftauben nach Paris zurück, nur noch 57 lebten am Ende der Belagerung, Aber die Anzahl der in diesem Zeitraum nach Paris eingeflogenen Depeschen betrug immerhin 100.000.

Aber wie können 57 Brieftauben rund 100.000 Depeschen transportieren? Das ging so: Anfangs durften Nachrichten nur auf höchstens 4x6 cm große, hauchdünne Seidenblättchen geschrieben werden. Die Tauben diese in einem kleinen Lederbeutelchen auf dem Rücken, oder auch in einem Röllchen das längs der mittleren Schwanzfeder oder am Fuß befestigt wurde.

Die Fotografie war bereits erfunden. Und es ist der Pariser Fotograf Dagron, der daraus die Mikrofotografie entwickelt. Am 12. November verlässt er mit einigen seiner Gehilfen und seinen optischen Apparaten die Stadt in einem Heißluftballon. Schon zwei Tage später treffen mit Brieftauben die ersten „Massen-Depeschen" ein. Zeitungsseiten, Briefe, Regierungsverlautbarungen sind so stark verkleinert, dass bis zu 300 Depeschen auf ein winziges Collodiumhäutchen passen. Um sie zu lesen, wurde dieser Streifen dann mit Hilfe eines Projektors entsprechend vergrößert, abgeschrieben und den Adressaten durch Boten oder per Stadt-Telegraf zugestellt. Manche dieser „Massen-Depeschen" enthielten Nachrichten von mehr als 1.000 Personen, denn schon bald durften die Tauben auch Nachrichten von Privatpersonen befördern. Jede Taube konnte durchschnittlich 18 Collodiumstreifen im Gesamtgewicht von ½ Gramm transportieren. Das waren pro Flug etwa 70.000 Worte. Sie kamen aus ganz Frankreich, wurden in Tours gesammelt und dort verkleinert. Selbst Zahlungsanweisungen waren möglich. Das Geld wurde in Tours deponiert und in Paris aus den Reserven der Stadt ausbezahlt. Ein Kriegsberichterstatter der Londoner *Times* schrieb damals: „In Paris werden die Nachrichten wieder vergrößert, kopiert und den Adressaten zugestellt. Ihr Inhalt ist auf rein private Dinge beschränkt, Politik und militärische Aktivitäten dürfen nicht erwähnt werden. Aber die Preußen mit ihrer diabolischen Geschicktheit und Genialität, so

heißt es, haben Habichte und Falken im Umkreis von Paris eingesetzt, um die gefiederten Boten zu greifen, die unter ihren Flügeln
den Trost für bekümmerte Seelen tragen."

Natürlich ist auch diese Nachrichtenbeförderung nicht umsonst. Jedes Wort kostet den Absender 50 Centimes. Eine einzige
Taube kann so – bei 70.000 Worten – bis zu 35.000 Franc „ein-
fliegen". Im französischen *Musée de la Poste* in Paris sind viele
der alten Depeschen aus der Belagerungszeit noch zu sehen. Am
1. Februar 1871 kann dann Dank des Waffenstillstands die normale Post- und Telegrafenverbindung mit Paris wieder aufgenommen werden. Doch bedeutet dies keineswegs auch das Ende der
Taubenpost. Auf Grund der guten Erfahrungen damit wird im Frei-
zeitpark Jardin d'Acclimatation im Bois de Boulogne eine Tauben-
station errichtet. Flugrouten zu verschiedenen französischen
Städten werden aufgebaut, sofern sie noch nicht am Te egrafen-
netz hängen. Dazu gehören Vincennes, Perpignon, Lille und Verdun, oder Toul im Moseltal. Auch staatliche Relaisstationen werden errichtet ähnlich wie 750 Jahre zuvor im Reich der Kalifen.
Auf dem Mont Valerien baute man sogar eine Trainingsanstalt für
Botentauben. Um sie vor Greifvögeln zu schützen, tragen die Tauben ein Glöckchen am Schwanzgefieder, ähnlich wie die Botentauben im alten China. Außerdem wird ein Gesetz verabschiedet,
das alle Besitzer der etwa 150.000 Brieftauben in Frankreich dazu
verpflichtet, ihre gefiederten Boten im Kriegsfall an die Regierung
abzutreten. Ähnliche Gesetzte werden auch in Deutschland erlassen, wo es damals 350 Brieftaubenvereine mit 50.000 Tieren
gibt.1872 wird in Deutschland ein eigenes „Militärbrieftaubenwe-
sen" geschaffen. Man unterstellt es der Inspektion der Militä telegrafie. In Köln, Wilhelmshaven, in Mainz und Metz, in Straßourg,
Posen, Thorn, Danzig und Kiel werden Brieftaubenstationen errichtet und den jeweiligen Festungskommandanten unterste lt.

Selbst die Polizei benutzte gelegentlich Tauben, um Verbrecher zu jagen. Einem Bericht der Londoner *Times* vom 14. Juli
1877 ist zu entnehmen, dass eine Brieftaube der französischen
Polizei von Calais 20 Minuten v o r dem aus Dover in London einlaufenden Expresszug eintraf. In der Nachricht, die die Taube
trug, wurde mitgeteilt, dass sich im Zug ein von der französischen

Polizei gesuchter Verbrecher befände. Er konnte noch am Bahnhof verhaftet werden. Auch im ersten Weltkrieg führten Engländer und Franzosen in ihren Tanks gelegentlich Brieftauben mit. Blieb der Tank im feindlichen Gelände liegen, dann wurde die Taube mit einem SOS-Ruf und der Positionsangabe durch eine Spezialluke losgeschickt, um Hilfe herbeiholen. Auch eine englische Fischfabrik versorgte auslaufende Heringsfänger mit einigen Brieftauben. Die Kapitäne mussten über die Fangergebnisse Bericht erstatten, damit für die Verarbeitung genug Zeitarbeiter angeheuert werden konnten. Tauben gab es auch auf Leuchttürmen und Feuerschiffen. 1876 erprobte man einen Taubendienst zwischen Toenning in der Eidermündung und dem 55 Kilometer weit draußen liegenden Feuerschiff. Er funktionierte bei Wind und Wetter zu allgemeiner Zufriedenheit. Die preußische Regierung veranlasste deshalb noch im gleichen Jahr, auch andere Leuchttürme und Feuerschiffe an besonders gefährlichen Küstenstreifen mit Brieftauben zu versorgen. Sie sollten Nachrichten überbringen, falls ein Schiff in Seenot gesichtet werden sollte. Am 2. September 1878 fand vom Leuchtturm der Insel Borkum ein Versuch statt, zu dem Preußens Generalpostmeister Heinrich Stephan persönlich erschien. Von zehn gestarteten Tauben überquerten sechs innerhalb von 25 Minuten die 43 Kilometer lange Strecke bis zur Telegrafenstation in Emden. Von dort wurden die Botschaften nach England telegrafiert.

Die Belagerung von Paris war nicht der letzte Großeinsatz von Brieftauben. Noch bis zum Ende des Ersten Weltkriegs wurden Tauben als Nachrichtenüberbringer vom Militär eingesetzt. Zwischen 1914 und 1918 verfügte die deutsche Armee über 120.000 Botentauben sowie über 14 feste und fahrbare Taubenschläge. Zählt man dazu noch die Tiere der belgischen und der französischen Armee, so waren damals insgesamt 500.000 fliegende Boten im Einsatz. Dazu kamen noch einmal 10.000 auf britischer Seite. Dort setzte man sie jedoch nur bei den See- und Luftstreitkräften ein. Auf französischer und deutscher Seite wurden Tauben sogar mit winzigen, leichten Weitwinkel-Kameras zur die Luftaufklärung abkommandiert. Man schickte sie über die feindlichen Linien, und ein Selbstauslöser-Mechanismus sorgte dann für das Fotografieren. Wenn die Tauben zurückkamen, wurde der Film entwickelt. Mit Glück konnte man dann sehen, ob auf der gegnerischen Seite Nachschub anrollte.

Rund 20.000 Tauben gingen im ersten Weltkrieg verloren. Für sie wurden bei Verdun, in Lille und Brüssel sogar Denkmäler errichtet. Auch den Ballontauben von Paris hatte der Bildhauer Bartholdi, Schöpfer der New Yorker Freiheitsstatue, ein Denkmal gesetzt. Es stand unweit der Ètoile an der Porte de Ternes und war am 26. Januar 1906 enthüllt worden. Dort stand es bis 1944, dann wurde es von den Deutschen Besatzern eingeschmolzen.

Auch im Zweiten Weltkrieg waren in Großbritannien zwischen 1939 und 1945 noch etwa 250.000 Brieftauben im „Einsatz“. Sie übermittelten abhörsicher meist Botschaften zwischen französischen Widerständlern und England. Eine der erfolgreichsten, eine wahre Heldin, war die Taube Mary. Sie wurde vier Mal durch Granatsplitter lebensgefährlich verletzt. Eine Kugel durchschlug einen ihrer Flügel. Ein Adler versuchte, sie zu greifen, erwischte sie und biss ihr in den Hals. Mary konnte entkommen, und schafft es in den heimischen Schlag – zum Schuster Brewer in Exeter. 1950 starb Mary an Atemnot, weil sie seit dem Adlerbiss eine Halskrause tragen musste. Experten errechneten damals: Die 22 Operationsstiche am Körper der nur 400 Gramm schweren Taube hätten etwa 4.000 Stichen am Körper eines 90 kg schweren Mannes entsprochen.

Auch die US-Streitkräfte verfügten über Brieftauben, rund 54.000. Und im Zivilbereich verfiel man in den USA nach Kriegsende auf Grund des immer dichter werdenden Autoverkehrs erneut auf die Idee, Mikrofilme mit eiligen Bild-Informationen per Taubenpost zu verschicken. Verkehrsstaus wurden so einfach „überflogen“. Zu denen, die eine solche Kommunikationsform wählten, gehörte in den 1960er Jahren u.a. die Flugzeugfirma *Lockheed*: Zwischen der Zentrale in Burbank, Kalifornien, und einem Werk im 50 km entfernten Palmdale bestand eine regelmäßige Taubenpost. Wenn dann der Straßenverkehr nachts auf ein Minimum sank wurden die Tauben zu ihren heimischen Schlägen zurückgebracht.

Selbst Schwalben wurden zur Nachrichtenübermittlung eingesetzt, wie schon Plinius aus dem Alten Rom berichtet. Ende 1800 transportierten einige „colombophiles" (Taubenzüchter) mehrere Schwalben von Antwerpen nach Compiegne, und setzten sie dort wieder frei, mit einer kleinen Nachricht auf dem Rücken. In nur 68 Minuten legten die Schwalben die rund 255 Kilometer lange Strecke zurück. Gleichzeitig freigelassene Brieftauben benötigten für die gleiche Strecke drei Stunden. Das Problem: Die Schwalben ließen sich nur schwer wieder einfangen, die Tauben aber kamen freiwillig zur „Postabgabe".

Immer wieder hat man trotz Telefon, Telegrafie, Fax und Bildfunk versucht, Tiere und sogar Insekten in der Nachrichtenübermittlung einzusetzen. „Ich bin die Biene von der Post"– so summte es vermutlich in den Stöcken des französischen Imkers Taynac. Der war Ende des 19. Jahrhunderts auf die Idee verfallen, die Honigsammler für den Depeschendienst zu dressieren. Dabei fand er heraus, dass seine schnellsten Bienen die Strecke von einer Deutschen Landmeile – etwa 7,5 Kilometer – in 25 Minuten zurücklegen konnten. Er ließ sie einige Tage hungern, dann brachte er sie zu einem Freund und setzte ihnen zur Kräftigung etwas Honig vor. Während sie sich daran stärkten, klebte er ihnen seine Mikropunkt-Nachrichten auf den Rücken. Sobald die Bienen freigesetzt wurden, flogen sie zum heimatlichen Bienenstock, wo Taynac nach seiner Rückkehr ihnen die überbrachte Botschaft abnahm. Aber er gab die Versuche bald auf, denn mehr als zwei Wegstunden konnten oder wollten die Bienen nicht bewältigen.

Berühmt geworden sind die Meldehunde des Zweiten aber vor allem des Ersten Weltkriegs. Man nannte sie damals Kriegshunde. Sie transportierten Befehle und Meldungen zwei Kilometer und weiter zwischen Gefechtsständen und Schützengräben, wenn alle Telefonleitungen zerstört waren. Ende des Ersten Weltkriegs besaß Deutschland zwanzigtausend (!!) dieser Kriegshunde. Und die Deutsche Wehrmacht betrieb sogar eine „Heeresschule für Hunde- und Brieftaubendienst" in Sperenberg südlich von Berlin. Die Schule unterstand dem Allgemeinen Heeresamt. Nach dem Zweiten Weltkrieg experimentierte die US-Navy sogar eine Weile mit Delphinen. Sie sollten als Boten zwischen Tauchern, U-Booten und Landstützpunkten eingesetzt werden.

WEST TRIFFT OST

> „East is East and West is West – and
> never the twain shall meet"
>
> *Aus „Die Ballade von Ost und West" von*
> *Rudyard Kipling (1865-1936")*

Kurz vor Ausbruch des Deutsch-Französischen Krieges, am 12. April 1870, hat William Siemens in London wichtige Persönlichkeiten in die Station der *Indo-European Telegraph Company* geladen. Einer von ihnen ist General Sir William Erskine Baker (1808-1881), seit neun Jahren Mitglied der indischen Regierung in London (*Council of India*). Das ist die Behörde, die von London aus die Tätigkeit der *British East India Company* im über 10.000 km weit entfernten Kalkutta steuert. Dabei geht es mehr oder weniger auch um eine Ausbeutung der indischen Fürstentümer. Mehrfach schon gab es Sabotageakte und Aufstände gegen die britische Kolonialherrschaft, mit weiteren Ausschreitungen ist zu rechnen. Eine schnelle und zuverlässige Nachrichtenverbindung ist deshalb überaus dringlich. Zwar ist der Suez-Kanal im November des Vorjahres eröffnet worden, aber bis dahin brauchten selbst Schnelldampfer von London bis Bombay, der Ausgangsstation für die innerindische Telegrafenlinie nach Kalkutta (im heutigen Pakistan), noch mindestens 35 Tage. Denn der Weg führte bis dahin noch um ganz Afrika herum. Es gab zwar schon eine rein britische Kabelverbindung nach Indien, aber die war unzuverlässig und langsam. Die Übermittlung einer Depesche hatte anfangs noch viele Tage gedauert und benötigte jetzt immer noch mindestens 8 Stunden.

Während sich die Herren unterhalten, schickt ein Telegrafist um 12:43 Uhr Londoner Zeit eine von Sir William verfasste Nachricht los. Es ist eine Grußbotschaft an Bakers Freund, den Oberst Robinson in Kalkutta. „Bin entzückt über die Leistungen der Indo-Europäischen Linie." Schon um 13:50 kommt die Antwort vom dortigen Betriebsdirektor: „Kalkutta, 7:07 nachmittags: An Sir William Baker, London. Dank für ihre Botschaft, die in 28 Minuten hier angelangt ist." Das bedeutet: zwischen Abgang von Williams` Depesche und dem Eintreffen der Antwort ist nur etwas mehr als eine Stunde vergangen. Werner Siemens schreibt darüber seinem Bruder Carl in St. Petersburg: „Das war unter Angst und Sorgen ein schöner Tag heute. Es erregte beträchtliches Aufsehen in England, als bei den ersten offiziellen Versuchen London und Kalkutta durch eine Linie von über 10.000 Kilometer Länge so schnell und sicher miteinander sprachen wie zwei benachbarte englische Telegraphenstationen."

„East is East and West is West and never the twain shall meet". Dieser berühmte Satz aus Rudyard Kiplings Ballade von Ost und West, die einander niemals begegnen würden. wird oft von Rassisten zitiert. Sie meinen damit die kulturellen Unterschiede zwischen Asien und Europe herausstreichen zu können. Liest man jedoch alle vier Zeilen des Balladen-Abschnitts, dann erkennt man, dass Kipling etwas ganz anderes meinte. Die Zeilen lauten nämlich so: ,Till earth and sky stand presently at God's great judgement seat/ But there is neither East nor West, Border nor Breed nor Birth/ Whenever two strong men stand face to face though they come from the end of the earth." Sinngemäß etwa: Wenn Vertreter beider Rassen vor Gottes Thron stehen sind sie einander gleich. Dann spielen weder Ost noch West, dann spielen weder Grenzen, Hautfarbe oder sozialer Stand eine Rolle, obwohl sie von den Enden der Welt kommen. Mit der Telegrafen-Leitung waren nun also West und Ost, Europa und Asien zusammengewachsen.

Fünf Wochen von London nach Bombay

Die Geschichte der *Indo-European Telegraph Line* ist ebenso abenteuerlich wie die Verlegung des ersten Unterseekabels zwischen Europa und dem nordamerikanischen Kontinent. Sie ist zugleich Zeugnis einer gewaltigen technologischen und vor allem logistischen Leistung.

Schon im Mittelalter zur Zeit der Mogulen hatte es in Indien ein hervorragend entwickeltes Botennetz gegeben: Läufer, die sich mit Schellen schon von weitem bemerkbar machten, trugen

– meist auf dem Kopf – die Nachrichten ihrer Fürsten zur nächsten Boten-Station. Doch dieses Netz existierte nach Eintreffen der Engländer schon lange nicht mehr. 1844 brauchte eine Nachricht zum Beispiel von Bombay nach London fünf Wochen, und bis die Antwort eintraf verging noch einmal eben soviel Zeit

Es war der irische Physiker und Arzt William Brooke O'Shaughnessy (1809-1889), der damit begann, ein inner-indisches Telegrafennetz aufzubauen. Dieser Mann, dem auch die Entdeckung des Tetanus-Erregers zu verdanken ist, und der auch die medizinische Nutzungsmöglichkeit von Cannabis erkannte, war 1833 in den Dienst der *British East India Company* eingetreten. Nach mehreren Indien-Aufenthalten hatte man ihn 1853 zum *Superintendent of Telegraphs* ernannt. Als solcher ließ er im Auftrag der Handels-Gesellschaft zwischen 1853 und 1855 nach englischem Vorbild rund 5.600 Telegrafenkilometer kreuz und quer durch Indien verspannen.

Beim Bau der Linien zeigte man „große Sorgfalt". Die Masten wurden in größerem Abstand aufgestellt als in Europa. Für die Leitungen wurde besonders starker Blankdraht verwendet. Sie sollten, wie Zeitungen berichteten, „das Gewicht neugieriger Affen aushalten". Zum Test soll sich angeblich ein Soldat an ein über die Leitungsdrähte geworfenes Seil gehängt haben, beziehungsweise daran hochgeklettert sein, um die Belastbarkeit der Drähte zu prüfen. Und die Leitungen waren „hoch genug gespannt, um auch Elefanten passieren zu lassen".

Bereits 1854 hatte Lionel Gisborne (1823-1861), ein in St. Petersburg geborener englischer Ingenieur, (nicht zu verwechseln mit Frederick Newton Gisborne) den Vorschlag für eine telegrafische Verbindung von England nach Indien gemacht. Er sollte möglichst schnell verwirklicht werden. Aber da die Linie durch mehrere souveräne Staaten führen würde, musste vor Baubeginn mit allen Regierungen verhandelt werde, ebenso mit den Direktoren oder Eigentümern der diversen Telegrafengesellschaften, deren bereits bestehende Netze in die neue Linie eingebunden werden sollten.

Wie dringlich eine funktionierende Nachrichtenverbindung zwischen Indien und London war, zeigte sich beim Sepoy-Aufstand des Jahres 1857. Damals meuterten die *Sepoys* genannten Soldaten des anglo-indischen Heeres. Dazu angestachelt waren sie durch das Gerücht, ihre Gewehrpatronen seien mit Rindertalg eingeschmiert, um sie vor Feuchtigkeit zu schützen. Und Rinder sind für Hindus ein Tabu. Unterstützung für ihre Revolte gegen ihre Kolonialherren erhielten die Meuterer durch Angehörige der entmachteten, indischen Oberschicht. Im Verlauf des Aufstandes nutzten Scharfschützen der Beluchi und Mahsud die Isolatoren der Leitung entlang dem Westufer des Indus häufig als Zielscheibe. Wiederholt wurden Teile der indischen Tele-grafenlinie zerstört, weil die Inder sie als Symbol britischer Unterdrückung ansahen. Die Engländer brauchten mehrere Monate, um den Aufstand niederzuschlagen, nicht zuletzt wegen der wochenlangen Übermitlungsdauer entsprechender Direktiven aus London.

Nun also sollte Indien politisch und telegrafisch an die Kandare gelegt werden. 1858 wurden die Besitzungen der *East India Company* in eine Kronkolonie umgewandelt, und mit vielen der rund 500 Fürstenstaaten wurden „Ergebenheits"- Verträge abgeschlossen. Bis kurz nach Ende des Zweiten Weltkriegs umfasste Britisch-Indien das gesamte Land einschließlich dem heutigen Pakistan, Bangladesch und Myanmar. Im gleichen Jahr dieser Staatenbildung wurde in London die *Red Sea&India Telegraph Company* gegründet. Zwischen dem 5. Mai 1859 und dem 12. Februar 1860 verlegte die Gesellschaft See- und Landkabel von Suez bis Karatschi (im heutigen Pakistan). Die Gesamtlänge der Linie betrug 3.014 Seemeilen, also rund 5.626 km. Aber bei der Verlegung hatte man einen schweren Fehler gemacht. Um Kabel zu sparen hatte man es zu straff verlegt. An einer Stelle lag es nicht auf dem Grund, sondern lief über zwei submarine Hügel, und es hatten sich innerhalb kurzer Zeit so viele Seemuscheln an das dünne Kabel geheftet, dass es deren Gewicht nicht halten konnte. Noch ehe die Verbindung nach Karatschi stand war der im Vorjahr verlegte Strang bereits an mehreren Stellen gerissen. Die Folge: Es konnte immer nur abschnittweise telegrafiert werden. Das Ka–

bel als Ganzes war nicht zu gebrauchen und alle Teilstrecken wurden 1861 aufgegeben.

Piraten und Termiten des Meeres

Aber eine Verbindung mit Indien war für London dringender denn je. 1862 wurde zu dem Zweck das *Indo-European Telegraph Department* gegründet. Karatschi und damit auch das innerindische Telegrafennetz sollten über ein Seekabel an die Telegrafenlinie angeschlossen werden, die Fao im heutigen Irak als sogenannte Türkenlinie via Bagdad-Wien-Paris mit London verband.

Auf einer so langen Strecke wie London-Karatschi hätte sich jedes Morsesignal früher oder später so abgeschwächt oder gar vollends verflüchtigt, dass in gewissen Abständen Verstärkerstationen eingebaut werden mussten. Dort wurde jede einlaufende Depesche aufgezeichnet um sie erneut einzugeben und somit „frisch gestärkt" zur nächsten Zwischenstation auf die Reise zu schicken. Dieses sogenannte Umsprechen war nicht nur sehr zeitaufwändig, sondern auch verantwortlich für viele Übermittlungspannen, wie noch zu lesen sein wird.

Eine solche Umsprech-Station, ausgestattet mit Siemens-Geräten, entstand zum Beispiel 1864 auf einer kleinen Insel im Golf von Oman. Sie heißt seitdem Jazirat al Maqlab (Telegrafeninsel). Bis zu den kriegerischen Auseinandersetzungen von 2015 in der Region Oman war sie ein beliebtes Touristenziel. Aber auch 1864 war es in der Gegend um die Insel gefährlich. Piraten in Booten waren zu befürchten. Deswegen patrouillierte ständig ein Kanonenboot vor den Ufern. Auch die Hitze machte den Angestellten der *Red Sea Telegraph Company.* zu schaffen: Zwei Telegrafisten starben innerhalb von zwei Jahren am Hitzschlag. Langeweile war ebenfalls ein Problem. Das Unternehmen versuchte mit allen Mitteln, seine Leute „bei Laune" zu halten. Es gab Dienstboten, Ausflugsboote, eine regelmäßige Versorgung mit frischen Lebensmitteln, und – allerdings veraltete – Zeitungen. Und dann gab und gibt es den *teredo navalis*, den gefürchteten Schiffsbohrwurm. Wo Rost das dünne Kabel angefressen hatte zeigte die etwa 20 cm lange

„Termite des Meeres" einen großen Appetit für die nun leicht zugängliche Gutta Percha-Isolierung. Der Isolierung späterer Seekabel wird zerstoßener Flint (Feuerstein) beigemischt, um sie für den Wurm ungenießbar zu machen. Wegen all dieser Schwierigkeiten wird man die Station 1868 aufgeben. Heute sind nur noch einige Trümmer der ehemaligen Gebäude zu sehen.

Der Mann aus Kleinschmalkalden

Eine leitende Funktion bei der Verlegung des neuen Versuchs, die Verbindung mit Indien aufzubauen hat der aus Kleinschmalkalden in Thüringen stammende Ingenieur und Telegrafist Ernst Höltzer (1835-1911). Neben seiner Muttersprache kann er gut Englisch und parliert fließend Französisch. Das *Indo-European Telegraph Department* schickt ihn 1863 nach Persien, wo es zu den ersten Aufgaben des gerade erst 28jährigen gehört, an der neu gegründeten Hochschule *Dar al-Fonum* junge Perser zu Telegrafisten auszubilden. Lakonisch schreibt Höltzer im Dezember in einem Brief: „[sie] waren meistens im Alter von 18 bis 20 Jahren, intelligent und verschmitzt aussehend, [...] nannten sich alle Prinzen, Mirza hinten und vorn oder Khans, also alle aus hohen Familien". Diese „Edlen" sollten nun in englischer und persischer Sprache *(Farsi)* telegrafieren lernen und Depeschen nach Gehör aufnehmen. Aber die wenigsten werden sich als gute Schüler erweisen.

Wichtiger als das Unterrichten wird für Höltzer der Aus- und Weiterbau der bestehenden und geplanten Telegrafenlinien. Es gab bereits innerpersische Leitungen von Teheran nach Jaschd an die russische Grenze, sowie nach Rasht am Kaspischen Meer. Doch sie waren in ziemlich desolaten Zustand.

Höltzers Aufgabe war es nun, den Bau einer völlig neuen Linie bis nach Buschihr am oberen Ende des Persischen Golfs zu beaufsichtigen. Er ist der einzige (!) Telegrafeningenieur des Projekts, und steht als Bauleiter vor gewaltigen Aufgaben. Als aktive Helfer stehen ihm zeitweise nur zwei britische Feldwebe und ein armenischer Handwerker zur Seite. Fast das gesamte Baumaterial muss aus Europa herangeschafft werden. Auf dem Seeweg gelangt es zunächst nach Basra und Buschihr. Weiter geht es dann per Kamel-Karawanen zu den einzelnen Bauabschnitten. Das ist schwieriger als zuvor auf dem Papier geplant. Ständig ist Höltzer mit dem Pferd unterwegs, meist in rauem Gelände. Die benötigten Arbeitstrupps von etwa 150 Mann müssen auf jedem Abschnitt der Linie unter der lokalen Bevölkerung rekrutiert werden. Die Einstellung, Verpflegung und Entlohnung muss durch die zuständige Gemeinde erfolgen. Das führt gleich zu mehreren, zusätzlichen Problemen: Weil die Arbeiter ungelernt sind, muss jeder neue Trupp neu instruiert werden. Und da die zuständigen Bürgermeister und Beamten sich sorgen, dass sie die Lohngelder von Teheran nicht erstattet bekommen, verweigern sie häufig die Kooperation mit den Telegrafenbauern. So sind die Arbeiter meist unmotiviert, ja sogar widerborstig. Höltzer in seinen Erinnerungen an den Bau: „Die Gouverneure und Unterbehörden und die Khadkodare oder Dorfschulzen und besonders die Priesterschaft waren alle geschlossen gegen uns und unser Unternehmen, infolgedessen auch die Bevölkerung, und suchten uns zu hindern wo und so viel sie konnten." Einer der Gründe ist die allgemeine Befürchtung, der Schah wolle mit der Telegrafenlinie eine Art Kontrollinstrument über Land und Bevölkerung installieren.

Mauscheleien und Betrug

Während der Bauarbeiten wird nach Strich und Faden gemauschelt, betrogen, gestohlen und geplündert. Baumaterial wird nicht termingerecht oder überhaupt nicht geliefert. Auf die Preise für die Verpflegung wird kräftig draufgeschlagen. Arbeiter werden von den Gemeinden oft erst unter Druck und Drohungen Höltzers bezahlt. Schließlich heuert Höltzer für einen Zusatzsold Soldaten an, um die Fortführung des Projekts zu sichern. Manchmal, so berichtet er selbst, muss er auch Anordnungen mit Hilfe seiner Reitpeitsche durchsetzen. Auf den fertiggestellten Strecken gibt es anfangs viele Pannen. Schuld sind manchmal das Wetter, manchmal auch fehlerhafte Verlegungen der Telegrafendrähte oder Leitungsbrüche. Die Reparaturen dauern Tage, im Winter manchmal sogar Wochen.

Trotz all dieser Schwierigkeiten gelingt es, täglich eine deutsche Meile (ca. 7,5 km) Telegrafenleitung zu „hängen". Das heißt, die notwendigen Masten mit den Isolatoren aufzustellen und die Drähte zu ziehen. Nach einem Monat Bauzeit ist die Strecke Kaschan Richtung Süden bis Isfahan fertig, und das nächste Teilstück zu dem in fast 2.000 m Höhe liegenden Abadeh nach zwei Monaten. Am 25. März 1864 hängt schließlich auch Buschihr am Netz. Zum ersten Mal können nun Telegramme innerhalb Persiens verschickt werden. Der älteste Sohn des Schahs, Sultan Massoud Mirza, reist laut Höltzer „mit Pomp und Gefolge" an, um die allererste Nachricht an seinen in Schiras lebenden Bruder zu verschicken. Er schien „so schön und schnell korrespondieren zu können". Dann wird die Linie für den innerpersischen Depeschenverkehr freigegeben.

Die „Türkenlinie" dagegen, die entlang des Euphrat zum Persischen Golf führt, ist noch nicht einsatzbereit, denn immer wieder werden Bautrupps an den verschiedenen Streckenabschnitten von Beduinen überfallen. Die zerstören ganze Streckenabschnitte, stehlen Holzmasten als willkommenes Brennmaterial. Man musste erst Vereinbarungen mit den lokalen Stammesfürsten treffen, um mit Wachen die Linien sichern zu können.

Aber auch die von Sultan Massout so stolz eröffnete Linie läuft nicht so richtig. Es gibt Kabelbrüche, Reparaturen dauern Tage oder im Winter sogar Wochen. Doch endlich, nachdem die „Türkenlinie" steht und im Herbst 1864 auch das Seekabel durch den Persischen Golf nach Karatschi verlegt worden ist, laufen die ersten Telegramme zwischen *West and East*. Das heiß, sie laufen nicht, sie kriechen. Die erste Nachricht von London nach Kalkutta ist 6 Tage, 8 Stunden und 44 Minuten unterwegs. Denn wie schon erwähnt: auf jeder der vielen Zwischenstationen muss ein einlaufendes Telegramm erst niedergeschrieben werden. Dann muss es wieder vom Telegrafisten codiert und zur nächsten Station übermittelt werden. Dort wurde erneut umgesprochen. Sprachbarrieren sind zusätzlich schuld, dass die einzelnen Telegrafisten die einlaufenden Botschaften nur teilweise oder überhaupt nicht verstehen und unvollständig oder fehlerhaft an die nächste Zwischenstation weitergegeben, so dass sich die Fehlerkette mit immer neuen Fehlern immer weiter fortpflanzt. Mit am gravierendsten erweist sich die mangelnde Ausbildung der Telegrafisten sowie ihre fehlenden Sprachkenntnisse. Denn das „Umsprechen" geschieht auf der Gesamtstrecke etwa zwölf bis vierzehn Mal, und zwar durch armenische, griechische, türkische, französische und italienische Telegrafisten. Kein Wunder, dass selten einer den anderen versteht. Georg Siemens schreibt in der Firmengeschichte des Unternehmens, „dass die Depeschen, wenn sie endlich nach vielen Tagen ankamen, auf dem weiten Weg bis zur Sinnlosigkeit verstümmelt wurden. Wenn einer von England nach Indien telegraphieren wollte, musste er schon Glück haben."

Werner Siemens in seinen Erinnerungen: „[...] da fasste ich den kühnen Plan, eine telegraphische Speziallinie zwischen England und Indien durch Preußen, Russland und Persien und die *Indo-Europäische Linie* ins Leben zu rufen." Diese Landlinie sollte in Persien an das Netz der *Indo-European Telegraph Line* angeschlossen werden und ausschließlich einer Anglo-Indischen Kommunikation dienen. Dazu müsste aber alles in einer (seiner) Betreiberhand liegen. Denn nur eine einheitlich angelegte und verwaltete Linie werde den störungsfreien Fernbetrieb ermöglichen. Außerdem sollten die Depeschen „von London bis Kalkutta ohne irgendwelche Handarbeit auf den Zwischenstationen, also auf rein mechanische Weise befördert werden, um Zeitverlust und Verstümmelung durch Telegraphisten bei der Weiterbeförderung auszuschließen." Die dazu notwendigen, fast vollautomatischen Geräte hatte Siemens schon entwickelt.

Alles in einer Hand

Für die Verwirklichung dieses Vorhabens hatte ja, wie beschrieben, die britische Regierung beim Bau ihrer Leitung nach Karatschi schon erhebliche technische und diplomatische Vorarbeit geleistet. Nun nehmen Siemens und seine Brüder erste Kontakte zur Erlangung der notwendigen Konzessionen auf. Doch sie werden unterbrochen, als am 9. Juni 1866 der preußisch-österreichische

Krieg ausbricht. Da hat man in Preußen andere Sorgen als Verhandlungen über den Bau einer Telegrafenlinie nach Indien. Aufgrund seiner militärtechnischen Überlegenheit (Zündnadelgewehre gegen Vorderlader) entscheidet Preußen den Konflikt für sich. Am 3. Oktober 1866 wird zwischen Österreich und Italien der Frieden von Wien geschlossen. Der *Deutsche Krieg* ist damit beendet.

Mit Beginn des neuen Jahres 1867 nehmen die Siemens-Brüder ihre Verhandlungen wieder auf. Es geht ja nicht einfach darum, einen langen Draht durch andere Länder hinweg zu spannen, sondern das gigantische Unternehmen ist auch ein Politikum. Preußen ist kein Problem. Doch die anderen Nationen, durch deren Hoheitsgebiet die von Siemens konzipierte Strecke gehen soll, stehen dem Projekt noch skeptisch oder sogar ablehnend gegenüber. Die Russen, so weiß Siemens aus Erfahrung, haben einer ausländischen Gesellschaft noch nie oder nur in besonderen Ausnahmefällen erlaubt, in ihrem Reich eine Linie zu bauen, geschweige denn zu betreiben. Doch in Russland ist glücklicherweise seit 1866 sein alter Bekannter, Freund und Gönner Oberst von Lüders zum General und Telegrafendirektor befördert worden. Dank ihrer guten Verbindungen erhalten die Siemens-Brüder im Herbst 1867 die russische Konzession nicht nur zum Bau der geplanten Linie, sondern vor allem auch für deren Wartung und Betrieb. Werner und seine Brüder Walter, Otto, Carl und William besuchen Georgien, um die dortige Streckenführung zu planen.

Die Verhandlungen mit den Persern sind besonders schwierig und zäh, wie schon Höltzer hatte feststellen müssen. Der Schah ist scharf auf die Gebühren, die ihm für alle durch sein Land laufenden Depeschen in Aussicht stehen. Siemens-Bruder Walter, der bereits in Tiflis die Firmeninteressen vertritt, trifft Mitte Oktober 1867 in Teheran ein. Carl Siemens, der Erfahrung mit nahöstlichen Geschäftspartnern hat, gibt derweil seinem Bruder Werner brieflich gute Ratschläge: „Walter braucht in Persien durchaus einen gesunden, orientalischen Schuft als Gehilfen, sonst bringt er nichts fertig [...] Der Shah hat seinem Onkel, welcher Telegraphenminister ist, alle persischen Linien geschenkt, und letzterer würde sie gerne gegen Geld losschlagen [...] Viel Geld auf einmal zu zahlen soll nicht ratsam sein, weil der Herr Onkel verschwenderisch ist und er unser Feind werden könnte, wenn er alles Geld totgeschlagen und von uns nichts mehr zu kriegen hat [...] In jedem Fall muss Walter die Unterhandlungen mit entsprechenden Geschenken beginnen. Blank müssen die Geschenke sein, glänzend, nach viel aussehen, aber leicht transportabel. Ein persischer Minister soll sein Zimmer mit europäischen Wagenlaternen ausstaffiert haben."

Werner Siemens schickt auch seinen Neffen Georg mach Teheran. Und Georg, der es 1870 zum Direktor der Deutschen Bank bringen wird, notiert: „Wenn man die verschiedenen Persischen Beamten dafür, dass sie den Bau NICHT HINDERN, ein Geld bezahlt, muss man 1.150 Tomans = 7.150 Rubel bezahlen. Bei Geschenken aber kommt man viel billiger weg. (Flinten mit recht viel Arabesken [...] wo möglich in Gold und damasziert; Doppelpistolen; Taschenuhren – nur von dem Juwelier Dent in London – mit persischem Zifferblatt und mit Metallplatte statt Glas; Wanduhren mit recht glitzernden, massiven Gehäusen, massiv; Pendeluhren mit recht viel goldenen Verzierungen; Fernrohre, recht vergrößernd; Stereoskope mit Ansichten großer Städte; Reisespiegel; Schreibetuis mit viel eingelegter Arbeit und Muscheln; recht viel Spiegel im Inneren; Wasserfilter in kleinster Größe usw.) Die Aussicht auf Heringe hat in nicht unwichtigen Kreisen Sensation erregt." Am 11. Januar 1868 gewährt Naser-al-Din, der Shah von Persien, den Siemens-Brüdern endlich die Konzession, eine eigene Telegrafenlinie von Teheran zur russischen Grenze bis Julfa (in Ost-Aserbaidschan) zu bauen und zu betreiben.

Nun wird es Zeit, den Engländern den weiteren Ausbau der Strecke London-Kalkutta vorzuschlagen. Das ist Williams Aufgabe. In London rennt er mit seinen Vorschlägen und Zusagen dieses Mal offene Türen ein. Zu den Zusagen gehört auch, dass Englisch durchgehend als Übermittlungssprache dienen soll. Ein „Umsprechen" werde nur noch in Teheran notwendig sein. Depeschen würden also nicht mehr von Netz zu Netz weitergeschoben werden.

Am 8. April 1868 wird als Aktiengesellschaft englischen Rechts die *Indo-European Telegraph Company*(IET) gegründet. Sie übernimmt den Bauauftrag für die Strecke von Thorn an der preußisch-russischen Grenze bis Teheran. Das ist eine Entfernung von rund 4.600 Kilometern. Außer dem Bau übernimmt Siemens als Generalunternehmer auch den Betrieb und verpflichtet sich zur „Remonte", also der Instandhaltung der Linie. Finanziert wird das Projekt durch die Ausgabe von Aktien, die in Deutschland und England platziert werden. Den erhofften Aktionären wird eine Dividende von 20 Prozent versprochen, denn man rechnet mit Einnahmen für die Übermittlung von mindestens 200 Depeschen pro Arbeitstag in jeder Richtung. Am 25. Mai 1869 wird der Vertrag unterschrieben. Es ist das gleiche Jahr, in dem vom britischen Parlament beschlossen wird, die privaten Telegrafengesellschaften des Vereinigten Königreichs und Irlands der Hoheit des *General Post Office* zu unterstellen. So sollen endlich Konkurrenzkämpfe und das Wirrwarr der Systeme beendet werden.

Die Konzession mit Persien gilt für 25 Jahre. Sie gestattet es den Siemens-Brüdern, diese neue Linie parallel zu der alten Tiflis-Julfa-Strecke zu verlegen. Für jedes durchlaufende ausländische Telegramm sind an Persien allerdings 10,50 Franken zu zahlen. Außerdem darf Persien selbst die Linie umsonst benutzen – und die eigene alte Linie zwischen Teheran und Julfa instandsetzen – auf Kosten der IET-Gesellschaft! Denn diese Linie war im Lauf der Jahre seit ihrem Bau, wie schon erwähnt, ziemlich heruntergekommen. Die Perser hatten wenig Interesse an ihrer Instandhaltung gezeigt. Mehrfach hatte Zar Nikolaus I, dem eine telegrafische Verbindung mit Teheran wichtig war, Baumaterial im Wert von einigen Hunderttausend Rubel zur Verfügung gestellt, um die Strecke wieder betriebsfähig zu machen. Das Material wurde von den zuständigen Beamten des Schahs zwar akzeptiert – aber für andere Zwecke verbaut beziehungsweise auf eigene Rechnung verkauft. Oder es blieb einfach liegen und verrottete allmählich. Alles blieb Flickwerk.

In diesem Wust von Problemen verliert Werner seinen wichtigsten Mitarbeiter im Persien-Geschäft: Auf dem Rückweg in die Heimat stürzt Walter in Tiflis bei einem Reitunfall vom Pferd und stirbt am 11. Juni 1868. Er wird in Tiflis beigesetzt. Zwei Jahre später wird Otto Siemens im Südkaukasus erkranken und stirbt ebenfalls, möglicherweise an der Cholera, die sich damals bis Deutschland auszubreiten beginnt. Auch er wird in Tiflis beigesetzt.

Dann – ein neuer Schock: Auf der Internationalen Telegrafenkonferenz in Wien im Juni-Juli 1868 wird beschlossen, ab dem kommenden Jahr die Gebühren zwischen England und Indien drastisch zu senken. So sehr, dass der Betrieb der Indo-Line zu einem Verlustgeschäft zu werden droht. Vor allem, weil der Schah auf einer Beteiligung an den Gebühreneinnahmen für alle durch sein Land laufenden Depeschen besteht.

Kurz darauf die nächste, für die ITC schlechte Nachricht: Ausgerechnet mit Hilfe der „Great Eastern" und drei andere Schiffen wird im Auftrag der *British Indian Submarine Telegraph Company* (BIST) ein Seekabel zwischen Bombay (heute Mumbay) und Aden verlegt worden. Aber Werner Siemens bleibt zuversichtlich. Am 10. Februar schreibt er an seinen Bruder Carl, der sich in London befindet: „[...] wenn die Aktien auf die Hälfte fallen, werde ich trotz allem mein disponibles Geld darin anlegen, denn unser Fundament ist die ausschließliche Konzession Russlands und Preußens. Die submarinen Linien werden schon ihren Stoß bekommen."Doch am 14. März 1870 heißt es bei der *British Indian Submarine*: „Open for Business". Und es werden die ersten Nachrichten ausgetauscht.

Diese ersten telegrafischen Depeschen fand man zufällig im Februar 2012 bei der Einrichtung eines kleinen Telegrafenmuseums im englischen Badeort Porthcurno im englischen Cornwall, etwa 506 km südlich von London. Dort lag von 1870 an das Zentrum der internationalen Kabelverbindungen, also auch für den angestrebten Verkehr mit Indien. Die Dokumente, datiert in der Nacht vom 23. Juni 1870 beginnen mit dem Satz: „Von Anderson an Stacey: Wie geht es Euch allen?" Die zweite Nachricht von Anderson: "Bitte die Herren von der Presse, Bombay, eine Nachricht an die Herren von der Presse in New York zu senden."
In derselben Nacht werden noch einige Botschaften ausgetauscht. Einige von Lady Mayo an den Vizekönig Lord Mayo in Simla, dem

indischen Sommersitz der Briten, und eine des Prince of Wales an den Vizekönig. Dann kommt die Grußbotschaft „Von der Presse in Indien an die Presse von Amerika: „Die Presse Indiens schickt salaam an die Presse Amerikas. Antwortet schnell!"

Die Akte vermerkt, dass der Vizekönig von Indien ein Telegramm an den Präsidenten der USA schickte „und „eine Antwort erhielt, die ihn innerhalb von 7 Stunden und 40 Minuten erreichte." Noch am gleichen Abend wird die Botschaft aus Indien im amerikanischen Kongress verlesen: „Der Vizekönig von Indien spricht zum ersten Mal direkt via Telegraph mit dem Präsidenten der Vereinigten Staaten. Die Fertigstellung der langen Linie einer ununterbrochenen Kommunikation wird das Wahrzeichen einer dauerhaften Verbindung zwischen der östlichen und der westlichen Welt bilden." Der Kurs der Indo-Line-Aktie beginnt zu fallen, die Aussicht auf Gewinne sinkt auf Null.

Wenige Tage später, so berichtet die *Illustrated London News* vom 2. Juli, wird in der Londoner Arlington Street nahe Picadilly im Privathaus des *British-India Submarine* Vorsitzenden John Pender (1815-1896, ab 1888 Sir John) ein rauschendes Fest gefeiert. Der ehemalige Textilkaufmann und Baumwollhändler hatte sich finanziell schon an der Verlegung des ersten Transatlantik-Kabels durch Cyrus Field beteiligt. Zu seinen Gästen gehören an diesem Abend Persönlichkeiten wie der Prinz of Wales und Ferdinand de Lesseps, der Erbauer des Suez-Kanals.

Nach den Transatlantik- und Mittelmeer-Routen gilt die Verbindung nach Bombay als die meistfrequentierte Leitung der Welt – und der ehemalige Textilkaufmann John Pender als Gründer und Chef von 32 verschiedenen Seekabel-Gesellschaften. Als er das Zeitliche segnet, beträgt der Wert der von ihm kontrollierten Seekabel-Gesellschaften 15 Millionen Pfund. Die Gesamtlänge der Leitungen liegt bei rund 136.000 km, was etwa einem Drittel aller zur damaligen Zeit existierenden Seekabel entsprach.

Bei den ersten Transatlanik-Kabeln betrug die Übertragungsgeschwindigkeit 25 Worte pro Minute. Ab 1880 waren es schon 25 bis 30 Worte pro Minute, ab 1894 waren es 50 bis 90 Worte pro Minute. Im Jahr 2020 hätte der Inhalt der gesamten US-Kongressbibliothek innerhalb einer Sekunde von A nach B übertragen werden können.

Puck umspannt die Welt

Shakespears „Puck" sagt im „Sommernachtstraum: „Rund um die Erde zieh' ich einen Gürtel – in viermal zehn Minuten". Der Bau der Indo-Line dauert zwar etwas länger, doch die Schwierigkeiten sind auch größer als für Oberons Diener. Die Indo-Linie ist das größte bis dahin von Siemens in Auftrag genommene Projekt, eine Mammutaufgabe. Denn es ist nicht nur ein technisches, sondern in erster Linie ein logistisches Unternehmen. Die Linie ist drei Mal so lang wie das Field'sche Transatlantikkabel, und ihre Verlegung komplizierter als der Bau der Eisenbahnlinie quer durch den amerikanischen Kontinent.

Da ja Teilstrecken als Landlinien bereits bestehen, müssen die *Siemens Brothers* „nur" die Verbindung von der preußisch-russischen Landesgrenze nach Teheran neu errichten. Das ist immerhin ein rund 4.600 km langer Abschnitt der insgesamt rund 11.000 Kilometer langen Indo-Line. Die Arbeiten im Kaukasus sind mühevoll und gefährlich: Es gibt noch so gut wie keine Straßen – dafür aber Wegelagerer und Aufständische, die für die Unabhängigkeit von Russland kämpfen. Banditen kommen zu Pferde, versuchen zu plündern was sie gebrauchen können. Dazu gibt es Proteste der örtlichen Landbesitzer, die keine Masten auf ihren Äckern dulden wollen. Es gibt Diebstähle, Sabotageakte und Vandalismus. Mit Vorliebe werden wie in Indien die weißen Porzellan-Isolatoren als Zielscheibe benutzt. Bewaffnete Kavallerie-Eskorten müssen die Telegraphenbauer beschützen.

70.000 Masten, teils aus Holz, teils aus Eisen, zigtausende Porzellan-Isolatoren und 50.000 kg Leitungsdraht allein für die persische Teilstrecke müssen aus Europa herangeschafft werden, dazu die Verpflegung für die Arbeitstrupps. Entlang der geplanten Strecke gibt es teilweise noch überhaupt keine Eisenbahnlinien.

Werner Siemens kennt die Arbeiten Ernst Höltzers und schreibt seinem Bruder William „nur ja Ernst Höltzer von der englischen Regierung loszumachen. Für Persien haben wir wirklich keinen ortsverständigen Vertrauensmann." Und so wird *Assistant Superintendent of Telegraphy* Höltzer von den Engländern für zwei Jahre freigestellt und im Sommer 1868 als Bauleiter für den persischen Teil der Indo-Line engagiert. Auch er hat einen Bruder namens Carl, der sich aber schon seit einigen Jahren Charles nennt und für Siemens & Halske arbeitet. Für die hatte er ab 1867 den Streckenverlauf der Indo-Line für das Teilstück Kertsch-Juolfa erkundet. Um das Teilstück Jolfa - Teheran soll sich nun Ernst Höltzer kümmern. Daniel Hemp, ein ehemaliger Militärkamerad von Werner Siemens wird Bauleiter für das Teilstück vom damals russischen Alexandowo (heute das polnische Aleksandrów Kujawski, unweit des preußischen Thorn) nach Kertsch an der Südostspitze der Ukraine.

Gebaut wird an drei Abschnitten gleichzeitig: dem russischen, dem kaukasischen und dem persischen. Jeder Abschnitt steht unter der Leitung eines erfahrenen Bauleiters: Für die Strecke Kerch bis zur Grenzstadt Julfa ist es Charles Höltzer. Sein Bruder Ernst ist Bauleiter für das Anschlußstück Julfa -Teheran. Und der Siemens-Ingenieur Daniel Hemp kümmert sich um den Abschnitt Alexandrowo Kujawski in Polen bis Kertsch.

Alle Bauleiter dürfen, ja müssen weitgehend selbstständig handeln, ohne zeitraubende Rückfragen in Berlin. Verantwortlich für den Materialtransport zu den Baustellen und für den 780 Kilometer langen Streckenabschnitt Teheran-Julfa – wo die Indo-Line an das bestehende britisch-indische Netz angeschlossen werden soll, ist Ernst Höltzer. Dabei muss er auch noch dafür sorgen, dass die Mannschaften und die noch auszubildenden Telegrafisten anständig untergebracht werden. Das bedeutet abermals Streit mit den Dorfschulzen und anderen lokalen Behörden. In der zweiten Jahreshälfte 1868 ist der Pers'sche Teilabschnitt fertig. Somit besteht nun die Verbindung mit Eriwan in Armenien und weiter bis Tiflis. Der Winter 1868/69 macht zunächst einen Strich durch alle Berechnungen. Er ist besonders hart, und die Arbeiten müssen eine Weile unterbrochen werden.

„Das niederträchtige Telegraphengeschäft"

Wegen der in Wien beschlossenen niedrigeren Telegramm-
gebühren droht der Betrieb der Indo-Line nicht rentabel zu werden.
Es muss gelingen, eine andere finanzielle Regelung mit Persien
zu finden. In einem Brief vom 20. April 1869 klagt Georg seinem
Onkel Werner: „Dieses niederträchtige Telegraphiegeschäft ist der
Angelpunkt der persischen Hofintriguen geworden." Die Perser
fordern einfach zuviel Geld. Deshalb greift zu einem Trick: Er lässt
verlauten, dass die Firma Siemens gedenke, die Strecke Julfa -
Teheran den Engländern zu übergeben. Da endlich lenken die
Perser ein. Der Schah akzeptiert das Angebot einer
Pauschalsumme in Höhe von jährlich 12.000 Toman als eine Art
Wegezoll, sowie eine Beteiligung von 10,50 Franken an jedem
übermittelten ausländischen Telegramm, das über die Linie läuft.
Zum Vergleich: 1877 entsprachen 12.000 Toman etwa dem 2.400-
fachen Jahresverdienst eines Spenglers oder Handwerkers in
Frankreich.

Im fernen Europa wird derweil auch der etwa 950 Kilometer
lange Teilabschnitt von Emden nach Thorn zur zweiadrigen Linie
ausgebaut. Dafür werden 15.800 hölzerne Telegrafenstangen
gesetzt. Im Oktober 1869 wird die Linie „geschaltet" und an den
russischen Abschnitt Warschau - Odessa - Krim angeschlossen.
Auf der etwa 4.700 Kilometer langen Strecke Thorn - Alexandrowo
nach Teheran werden 68.706 Masten gesetzt, also etwa in
Abständen von 60 bis 70 Metern. Zwischen ihnen werden die rund
3.000 Zentner Eisendraht „gehängt". Die Masten, auch
„Stangen" genannt, kann man teilweise in den Wäldern entlang
der vorgesehenen Strecke gewinnen. In Polen werden sie aus
Fichten angefertigt, im südöstlichen Russland aus Eiche, in
Persien müssen sie jedoch mangels Bäumen aus Gusseisen sein.
Sie müssen, ebenso wie die notwendigen Isolatoren und vor allem
der sechs Millimeter starke Kupferdraht aus England und Europa
herangeschafft werden. Für den Kaukasus und die gebirgige
Strecke in Persien, wo es keine Wälder gibt, sind 11.000
gusseiserne Masten vorgesehen, dazu 33.400 Isolatoren
und fast 1.500 Kilometer sechs Millimeter starker Kupfer–

draht. Die Schwierigkeiten, alles das nach Persien zu schaffen, sind ungeheuer. Dort ist ja so gut wie keine Industrie vorhanden, um dieses Material vor Ort herzustellen. Die Masten werden in England gefertigt. Zur eisfreien Zeit geht es zunächst auf dem Seeweg nach St. Petersburg. Von dort bringen Eisenbahnzüge das Material, aber auch den Nachschub für die Bautrupps bis nach Nischni-Nowgorod. Dort wird alles auf Flusskähne umgeladen, und die Wolga abwärts nach Astrachan am Nordufer des Kaspischen Meeres gebracht. Nach abermaliger Umladung, diesmal auf Seeschiffe, erfolgt der Transport zum heutigen Bandar Anzali an der Südwestküste sowie nach Lenkoran und Astara. Dort wird ausgeladen und umgeladen, um alles über das Elbrus-Gebirge in die persische Hochebene zu bringen.

Zunächst versucht man den Transport mit Maultieren. Im Zockeltrott schleppen die Mulis die in kleine Sektionen zerlegte Fracht über steile, felsige Saumpfade hinauf in das Elbrus-Gebirge und die Iranische Hochebene. Aber schnell zeigt sch, dass die Tiere zu schwach sind. Sie können zwar klettern, aber keine ausreichenden Lasten tragen. Schon gar nicht die schwerer Rollen von insgesamt zehntausend Zentnern Leitungsdraht. Vor allem aber die in England unter Wilhelms Aufsicht produzierten, klimabeständigen eisernen Telegrafen-Stangen sind ein Problem. Sie sind für die Tiere zu schwer. Es nützt auch nichts, mehreren in Reihe gehenden Mulis einen Mast aufzubinden – sie kämen nicht um enge Wegbiegungen herum. So werden per Schiff Räder und Achsen nach Rescht gebracht, und dort zu geländegängigen Transportwagen zusammengebaut.

Aber nicht nur die Topographie, auch die klimatischen Bedingungen machen den Bautrupps zu schaffen Georg Siemens: „In Polen und im mittleren Russland, vor allem aber im Kaukasus konnte man nur im Sommer bauen, in Persien wegen der Sommerhitze nur im Winter. Die Eichenstangen für die Masten mussten in Russland im Sommer geflößt werden. Manch andere Transporte über die Steppe macht man am besten im Winter mit Schlitten." Als besonders schwierig galt auch die Strecke zwischen der Krim und dem östlichen Ende des Schwarzen Meeres. Straßen gab es kaum, aber Banditen genug. Im tiefen Winter treibt der Sturm das Wasser als Gischt über die flachen Ufer, wo eigentlich die Telegrafenstangen errichtet werden sollen. Unweigerlich würde sich die Gischt als Eis an den Drähten ansetzen und sie allmählich durch ihr Gewicht zerreißen. Obwohl Werner Siemens grundsätzlich für eine Landlinie ist gibt er schließlich seinem Bruder William nach und willigt ein, das Teilstück am Schwarzen Meer in relativ flachem Wasser als Seekabel zu verlegen. Allerdings wird es zur Festigung mit einem Panzer aus Kupferschuppen versehen.

Lochstreifen statt „Umsprechen"

Um das fehlerträchtige Umtelegrafieren ein für alle Mal zu beenden hat Werner Siemens Apparate entwickelt, die dies automatisch besorgen. Den Vorgang bezeichnet er als „selbsttätige Translation": Auf den Zwischenstationen stellt ein Schreibautomat aus Protokollgründen eine Niederschrift jeder einlaufenden Depesche her. Gleichzeitig wird automatisch ein Lochstreifen erstellt. Der läuft dann unmittelbar durch den Geber, so dass die eingelaufene Depesche, erneut verstärkt, auf die Weiterreise geht. Das funktioniert wesentlich schneller als ein Funker es mit Handbetrieb schaffen würde, also praktisch ohne jede Zeitverzögerung. Umgesprochen wird nur noch in Teheran. Das dauert, egal in welche Richtung, 28 zusätzliche Minuten. Dennoch: 28 plus 1 Minute = 29 Minuten zwischen London und Kalkutta. Das ist ein Vielfaches schneller als die Konkurrenz.

Zur Jahreswende 1869/70 kann die in Leipzig erscheinende *Illustrirte Zeitung* melden: „Von der Berliner Telegraphenstation ist am 27. Dezember 1869 zum ersten Mal die Probe gemacht worden, auf der neuen indischen Linie bis zu dem Schlusspunkt der europäischen Leitung – Kertsch [auf der taurischen Halbinsel östlich von Sewastopol] Unmittelbar durchzusprechen und dieser Versuch vollständig geglückt." Wenige Tage später dann heißt es in der nächsten Ausgabe: „Die von der innereuropäischen Telegraphen Gesellschaft über Russland und Persien hergestellte Telegraphenlinie zwischen London und Ostindien ist am ˮ. Januar [1870)] dem Verkehr übergeben worden". Seit Baubeginn der Linie sind nur rund zwei Jahre vergangen

Und dann, am 12. April 1870, läuft die Grußbotschaft von Sir William Baker von London nach Kalkutta. Zunächst gibt es ein paar bange Minuten des Wartens, der Hoffnung und des Zweifels. Werner Siemens schreibt in dem bereits erwähnten Brief an seinen Bruder Carl: „Das war unter Angst und Sorgen ein schöner success heute! Wie London Teheran rief, [eine Strecke von 6.100 Kilometern] war Berlin-London gestört, und es ging spottschlecht mit Kertsch. Trotz aller Ermahnungen schalteten sich dann die Zwischenstationen aus Neugierde ein und brachten alles in Unordnung! Beschäftigt mit Hinausjagen der ungehörigen Stationen, stellte sich mit einem Male starker Kontakt der Leitungen nach Kertsch ein. Ich rief auf zweiter Leitung Kertsch mit Translation in allen Stationen. Da es gut ging, rief ich Tiflis, dann Teheran, und brachte dann London mit dieser zweiten Leitung in Verbindung!"

Als die Verbindung steht, kommt aus Teheran von Major Smith, dem Chef der britischen Verwaltung, die Frage; „Was ist bei Euch die Zeit?" Und London antwortet: „Elf Uhr 50; und dort?" - „Drei Uhr 27 nachmittags". Siemens berichtet dazu: „So hat London fortwährend mit Teheran gesprochen, also mit Translation auf allen 9 Zwischenstationen! Man hätte beliebig schnell sprechen können, und [aber] London und Teheran verderben viel durch langsames Arbeiten. Das beweist, dass wir künftig sehr sicher mit Kalkutta direkt werden sprechen können, da nach der Regel nur drei Translationen bis Teheran nötig sind [...] Macht jetzt nur tüchtig Geschrei und schlagt die 10 bis 12 Stunden der *Red Sea* [*British Indian Telegraph Company*] mit unserer 1 Minute bis Teheran und 28 Minuten bis Kalkutta. Das wird sie schwer überrenommieren können! [...] Bewirke jetzt die Einführung unseres Apparatsystems Teheran-Kalkutta und nach den übrigen indischen Hauptorten! Dann werden alle Depeschen nur Minuten dauern...'

Doch die Freude währt nur kurz. Schon nach etwas über drei Monaten versagt die Linie im Schwarzen Meer zwischen Krim und Kaukasus am 1. Juli 1870 ihren Dienst. Wochenlang wird von einem Dampfer aus nach der Ursache gesucht. Dann steht fest: ein Erdbeben im Ostteil des Schwarzen Meeres hat das Kabel zerstört. Es ist an mehreren Stellen gerissen, und auch an Land sind Teile der Freileitung unterbrochen. Eine Reparatur wäre schwierig und würde lange dauern. Siemens beschließt, stattdessen eine neue Leitung zwischen Kaukasus und Krim zu legen, diesmal an Land entlang einer gerade trassierten Küstenstraße. Anfang 1871 kann die Linie wieder für den öffentlichen Verkehr freigegeben werden. Höltzer sieht seine Aufgaben als erledigt an, lässt sich in Isfahan nieder und widmet sich seinem zweiten Beruf: der Fotografie. 1969 findet eine seiner Enkelinnen in 5 Holzkisten rund eintausend seiner photographischen Glasplatten mit Aufnahmen von Menschen und Bauten aus der Zeit der Indo-Line-Verlegung.

„Die Linie muss gefüttert werden"

Nach dem erfolgreichen Telegramm-Austausch zwischen Sir William in London und seinem Freund Oberst Robinson in Kalkutta verlaufen die anschließenden Übermittlungen zunächst allerdings enttäuschend. Nachrichten von Berlin nach Kertsch oder Teheran kommen überhaupt nicht an, oder sind sehr stark verstümmelt. Immer wieder gibt es Störungen zwischen den einzelnen Relaisstationen. Bei dem trocknen Klima in der Persischen Wüste zum Beispiel stören sich anfangs die beiden Leitungen gegenseitig. Wenn auf einer Linie telegrafiert wurde, erschienen Morsezeichen auch auf der anderen.

Siemens hat sich nicht getäuscht. Die Fehler auf „seiner" Linie können behoben werden. Als Vorteil erweist sich dabei, dass auf der gesamten Strecke wie geplant die gleichen Telegrafenapparate benutzt werden – Marke Siemens. Auch die Telegrafisten lernen, sich zu zügeln und alles weitgehend der Automatik zu überlassen, wenn Depeschen über den Draht gehen. In einem Brief vom 28. Februar an Carl heißt es: „Frischen [ein Mitarbeiter] hat Glück. Kaum ist er in Odessa angekommen, so geht die Linie prachtvoll bis Indien! Hierher kommen die Depeschen von Teheran immer in höchstens ½ Stunde (Aufenthalt in Kertsch)." Und da sich das Seekabel der *Eastern Telegraph Company*, also der Konkurrenz, als sehr anfällig erweise, und zudem „kriechend langsam" ist, konnte die IET den Verkehr wochen- und monatelang alleine übernehmen.

Nach Eröffnung der Indo-Line geht der Verkehr auf der *Red Sea Line* tatsächlich stark zurück. Aber trotz der Erfolge ist die wirtschaftliche Lage der Indo-Line zunächst nicht rosig. William und Carl Siemens raten zum Verkauf an die Konkurrenz. Doch Werner lehnt ab. „Die Linie muss gefüttert werden". Er ist noch lange nicht zufrieden und sieht noch viele Verbesserungsmöglichkeiten.

Im Mai 1877 wird infolge der russisch-türkischen Konflikte die Linie an der Schwarzmeerküste zwar unterbrochen, kann aber schon vor Herbst des gleichen Jahres (August 1877) den Betrieb wieder aufnehmen. Der Name Siemens ist in aller Munde, als Bruder William 1883 in England von Queen Victoria zum Ritter geschlagen wird. Deutschland will da nicht zurückstehen. 1888 wird Werner Siemens in den erblichen Adelsstand erhoben. Und der Telegrammverkehr verbreitet sich weiter mit rasender Geschwindigkeit. 1913 werden durchschnittlich 1.500 Depeschen übertragen – an jedem Werktag!! Denn durch weitere Verbesserungen hat sich die Übermittlungszeit zwischen England und Indien auf sechs Minuten verkürzt. Ein „Umsprechen" ist nur noch in Teheran notwendig.

Der erste Weltkrieg unterbricht den Betrieb. Er wird 1921 wieder aufgenommen, und läuft fast störungsfrei bis März 1931 als eine der schnellsten, sichersten und rentabelsten Telegrafenlinien der Welt. Dann wird auch sie durch eine neue, wartungsfreiere Technik abgelöst – die drahtlose Telegrafie! In einem Inspektionsbericht schreibt William Henry Barlow (1812-1902), britischer Bahningenieur, Erfinder und 1870 Präsident der *Society of Civil Engineers*: „Ich kann mit vollster Überzeugung sagen, dass eine bessere Linie kaum jemals erbaut wurde [...] Es ist ein Werk ersten Ranges." Überhaupt klingt in allen englischen Berichten Bewunderung für die Siemens-Brothers durch. Öfters wird betont, dass sie auch ein großes, persönliches Opfer gebracht hätten, durch den Tod der beiden Brüder. Im zweiten Weltkrieg fanden deutsche Truppen in der Ukraine noch eine funktionierende Teilstrecke der alten Indo-Line. Noch bis zum Beginn des Ayatollah-Regimes konnten Reisende im persischen Hochland und im Kaukasus einige eiserne Telegrafenmasten bestaunen – mit dem Guss-Stempel „Siemens Brothers".

In diesem neuerlichen Erfolgsjahr der Telegrafie (1870) schließt die britische *Great Northern* Telegrafengesellschaft mit der russischen Regierung einen Kooperationsvertrag: Sie mietet die Linie des Landtelegrafen, der von Moskau durch Sibirien zum Baikalsee bis Kiachta an der russisch-chinesischen Grenze führt. Von dort soll ein Unterwasserkabel von fast 2.000 km Länge nach Shanghai und von dort ein weiteres von 1.760 km Länge nach Hong Kong gelegt werden. Noch im gleichen Jahr (1870) können von allen Büros der *Electric International Telegraph Co.* im Britischen Empire und von allen Büros der *Indo-European* Telegramme nach Kalkutta, Madras, Bombay und zu allen anderen Orten westlich der indischen Stadt Chittagong geschickt werden. Puck ist dabei, die Welt zu umspannen.

Und die *Great Eastern*, die das Kabel der *Red Sea Co.* nach Indien verlegte? So fortschrittlich und revolutionär das Schiff in seiner ursprünglichen Konzeption und später auch als Kabelleger gewesen sein mag – es schien vom Klabautermann verhext zu sein. Das Schiff verlegt bis 1874 noch erfolgreich fünf Transatlantik-Kabel. Nach einer zeitgenössischen Statistik gibt es zu der Zeit schon 48.000 km Unterwasserkabel. Aber dann ist ihre Zeit abgelaufen – denn die Firma Siemens hat den Bau eines speziell für die Kabellegung konzipierten Schiffes in Auftrag gegeben: Die *Faraday*. Die *Great Eastern* wird noch einmal versteigert, dann aber endgültig für 16.000 Pfund Sterling verkauft und zum Abwracken nach Liverpool geschleppt. 1888 machen sich in einer Werft am *Mersey River* 200 Arbeiter über sie her. Sie brauchen für die Zerlegung zwei Jahre und 3,5 Millionen Arbeitsstunden. Giganten sterben langsam.

Das DUS-Kabel

Siemens hat natürlich alle Arbeiten und technischen Probleme bei der Verlegung des Transatlantikkabels durch die *Great Eastern und* auch alle weiteren Projekte mit submarinen Kabeln aufmerksam verfolgt. Nicht nur die Erfolge, sondern auch die Schwierigkeiten und vielen Pannen mit gebrochenen oder verlorenen Kabeln. Seit dem verlustreichen Projekt im Roten Meer hat Werner Siemens mit der Unterwasser-Telegrafie eigentlich nicht mehr viel im Sinn. Doch da wird er von einem der Direktoren der Deutschen Bank gefragt, ob er und seine Brüder sich nicht an der Verlegung eines Direktkabels zwischen Deutschland und den USA finanziell, aber vor allem mit ihrem technischen Wissen beteiligen möchten. Geld sei vorhanden, und das Kabel würde sich insofern auch bald bezahlt machen, als bereits zwei Drittel aller Telegramme zwischen Europa und den USA aus Deutschland kämen.

Nach langem Überlegen sagt Siemens zu. Allerdings möchte er dafür ein eigenes, nach Plänen und Bedürfnissen seiner Fachleute gebautes Kabelschiff bauen lassen. Siemens: „Denn die *Great Eastern* ist wenig geeignet für den Zweck."

Den Bau übernimmt der damals als Experte bekannte Konstrukteur William Froude. Die Kiellegung erfolgt auf der Werft der *Mitchell Co.* in Newcastle on Thyne. Am 17. Februar 1874 nimmt die unter britischer Flagge fahrende *Faraday* den Betrieb auf. Sie ist der erste, speziell für eine Kabelverlegung konstruierte Schiffstyp in der Geschichte des Schiffbaus. Als Eigner zeichnet Carl Wilhelm Siemens. Die wichtigsten Merkmale: Mit ca. 109 m Länge ist die *Faraday* nur etwa halb so lang wie die *Great Eastern.* Knapp 16 m breit und mit einer Vermessung von 5.052 BRT entspricht ihre Wasserverdrängung nur etwa einem Fünftel derjenigen der *Great Eastern.* Das macht sie besonders manövrierfähig.

Eines der wichtigsten Instrumente an Bord ist ein von Siemens entwickeltes, so genanntes Bremsdynamometer. Das Gerät misst die Zugkräfte im ablaufenden Seekabel und steuert seine Ablaufgeschwindigkeit entsprechend. *Scientific Humbug*, nannten das einige englische Skeptiker, „wissenschaftlicher Unsinn". Das Hauptkabel soll von Irland nach Neuschottland führen und dort über ein anderes Kabel mit dem amerikanischen Festland verbunden werden.

Als die Pläne für das DUS-Kabel (*Direct United States*) bekannt werden, starten die anderen Kabelbetreiber einen regelrechten Verleumdungskrieg gegen die *Faraday*. Allen voran agitiert John Pender, der inzwischen immer mehr submarine Kabellinien kontrolliert. Gelegentlich taucht sogar der Verdacht auf, Sabotagetrupps würden in Penders Auftrag die Überseekabel anderer Betreiber mit Suchankern zerstören. Denkbar ist das schon. Als die *Faraday* an der amerikanischen Küste zwischen Torbay bei Halifax und Portsmouth in New Hampshire mit der Arbeit beginnt ist Siemens wieder in Berlin, wo er am 2. Juli 1874 in der Preußischen Akademie der Wissenschaften einen Vortrag halten soll. In seinen Lebenserinnerungen heißt es: " [...] als ich beim Fortgehen vom Hause eine Depesche aus London bekam, des Inhalts, dass nach einer Kabelnachricht der *Faraday* zwischen Eisbergen zerquetscht und mit seiner ganzen Besatzung untergegangen sei". Es war die Wiedergabe einer Nachricht, die in der *Times* gestanden hatte. „Es erforderte nicht geringe Selbstbeherrschung von meiner Seite, niedergedrückt von dieser schrecklichen Kunde, doch meinen unaufschiebbaren Vortrag zu halten. Nur wenige intime Freunde hatten mir die gewaltige Erregung angesehen. Freilich hoffte ich vom ersten Augenblicke an, dass es ein Liebeswerk unserer Gegner wäre, diese Schreckenskunde in Amerika, woher sie telegraphiert war, erdichten zu lassen."

Am nächsten Tag erhält Siemens ein Telegramm seines Bruders von Bord der *Faraday*, dass alles wohlauf sei. Tatsächlich handelte es sich bei der Untergangs-Meldung um eine bewusste Falschmeldung. Wer sie verfasste wird nicht geklärt.

Auch die „Faraday" erlebt Kabelbrüche. Im August/September 1874 reißt das Kabel und sinkt in eine Tiefe von fast 4.700 m, in der selbst der Mont Blanc fast verschwinden würde. Es dauert sieben Stunden, den Suchanker hinabzulassen. Beim Schleppsuchen wird das Kabel tatsächlich gefunden und wieder hochgeholt. Siemens: „Die in einem Tag durchgeführte Aufsuchung und Reparatur eines Kabels aus so enormen Tiefen ist ein Novum in der Legetechnik und wird unseren Ruf fest etablieren."

Wegen der Herbststürme muss die Verlegung unterbrochen werden, das Kabel wird durch eine Boje gesichert. Doch im folgenden Jahr wird die Verlegung erfolgreich abgeschlossen. Im Juni 1875 werden die ersten Nachrichten zwischen Europa und Neuschottland ausgetauscht. Ab 15. September wird das DUS-Kabel für die Öffentlichkeit freigegeben. Carl schreibt: „Heute ist der Eröffnungstag […] Am ersten Tag haben die Stockexchange-Leute ein Wettrennen veranstaltet und dabei hat die DUS die Anglos [die Konkurrenz] um eine Stunde und mehr geschlagen!"

Das Deutsch-Amerika-Kabel wird bis zum Jahr 1931 erfolgreich arbeiten. Die *Faraday* liegt in der Zeit noch weitere fünf Transatlantikkabel und viele weitere. Erst 1951 wird sie verschrottet. 2018 gibt es 350 Seekabel. Etwa 97 Prozent des Internet-Verkehrs sausen über den Meeresgrund, heißt es im Januar 2018 in der „Welt am Sonntag".

„MEIN GOTT, ES SPRICHT!"

> „Es ist nicht unmöglich, ein Flüstern über eine Entfernung von einem Furlong [ca. 210 m] zu hören, was schon gelang, und vielleicht liegt es in der Natur der Sache, dass es nicht unmöglich sein wird, auch wenn diese Entfernung um das Zehnfache erhöht würde."
>
> *Robert Hooke (1635-1702) Englischer Universalgelehrten nach gelungenen Versuchen, über eine straff gespannte Schnur – eine Art Dosentelefon – zu kommunizieren*

Im Jahr 1876 feiern die Vereinigten Staaten von Amerika den hundertsten Jahrestag ihrer Unabhängigkeit. Die wohl größte der zahlreichen Feiern und Veranstaltungen ist damals die Internationale Industrieausstellung in Philadelphia. Auf ihr ist vom 10. Mai bis zum 10. November auf einem 94 Hektar großen Gelände im *Fairmont Parc* fast alles zu sehen, was der erwachende, zukünftige Industriestaat der USA, aber auch andere Nationen an technischen und wissenschaftlichen Neuerungen zu bieten haben. 200 Gebäude sind dafür errichtet worden, mit rund 50.000 Exponaten. Allein die Haupthalle, gebaut aus Eisen, Stahl und Glas ist für damalige Begriffe ein technisches Wunder: 21 m hoch, mit einer Grundfläche von 564 x 139 m, also 78.000 m². Das entspricht etwa der Größe von elf Fußballfeldern. Dazu kommt eine Maschinenbauhalle aus Holz und Glas, mit weiteren 52.000 m² Grundfläche. Ferner Hallen im maurischen Stil für eine Gartenschau, dazu eine Kunstgalerie aus Granit und Glas im Renaissancestil und – so fortschrittlich war man schon – ein Damenpavillon mit Werken weiblicher Künstler. Insgesamt sind 26 US-Staaten mit eigenen Pavillons vertreten.

Unter den über 9,9 Millionen Besuchern (Eintritt: 50 Cent) ist eine junge Dame dieser *Centennial-Exhibition* an der Ausstellung besonders interessiert. Sie heißt Mabel Hubbard, ist gehörlos, und mit ihrem 29 Jahre alten Taubstummenlehrer verlobt. Der hat in einer abgelegenen Ecke des „Pavillons für das Bildungswesen" seine Erfindung ausgestellt. Seine Geräte stehen weit ab von allen anderen Ausstellungsstücken. Kaum jemand nimmt Notiz von ihm.

Gegen Ende der *Exhibition* erfolgt eine Besichtigung der Neuheiten durch ein Preisrichter-Gremium. Es ist der 25. Juni, ein heißer Sonntag. Über das historische Ereignis dieses Nachmittags gibt es, je nach Augenzeuge, verschiedene Schilderungen. Eine davon: Die Juroren, begleitet von Wissenschaftlern und Reportern – insgesamt sind es etwa 50 Personen – gehen von Stand zu Stand, begutachten, machen sich Notizen. Schließlich bleiben sie auch bei dem jungen Taubstummenlehrer stehen, flüstern einige Bemerkungen und wollen weitergehen. Da greift das Schicksal ein: Genau in diesem Moment erscheinen am Stand zwei prominente Besucher mit ihrem Gefolge. Es sind Dom Pedro II, seit Oktober 1822 Kaiser von Brasilien, und dessen Frau Theresa. Vor nicht allzu langer Zeit hatte Dom Pedro in Boston eben diesen Taubstummenlehrer kennengelernt: Alexander Graham Bell. Nun erkennt er ihn wieder und begrüßt ihn herzlich mit den Worten: „Professor, ich freue mich so, Sie hier zu sehen!" Dann lässt er sich Bells Erfindung zeigen. Sie sei, so erklärt Bell dem Kaiser, ein Apparat, mit dem man über größere Entfernungen hinweg mit einem anderen Menschen sprechen kann, wenn dieser ein gleiches Gerät besitzt. Dom Pedro nimmt den Hörer ans Ohr. Bell geht an das andere Ende der Leitung und sagt ein paar Worte. Der Kaiser ist völlig perplex. Er lässt den Hörer sinken und sagt fassungslos: „Mein Gott, es spricht!"

In Begleitung des Kaisers befinden sich auch der Physiker Joseph Henry (1797-1878) und Sir William Thomson (Fields Berater bei der Verlegung des ersten Transatlantik-Kabels und 1892 als 1. Lord Kelvin geadelt). Beide gelten als Kapazitäten auf dem Gebiet der Elektrizität. Vor Jahren schon hatte Henry ja Bell ja geraten, die Erfindung zu vervollkommnen. Nacheinander halten nun Henry und Thomsen den Hörer ans Ohr und hören deutlich Bells vom anderen Apparat über den Draht kommende Stimme. Später wird Thomson rückblickend kommentieren: „Hier haben wir das größte Wunder, das je auf dem Gebiet der Elektrizität vollbracht worden ist, dank eines jungen Landsmanns, Mr. Graham Bell aus Edinburgh und Montreal und Boston, der dabei ist, Bürger der Vereinigten Staaten zu werden. Von allen Gaben, die Jung-Amerika zu seinem 100. Geburtstag erhielt, war das Telefon die wohl Wertvollste." Bell erhält dafür eine der 13.000 verliehenen Medaillen. Wenig später taucht allerdings die Frage auf: Wurde der Falsche geehrt?

„Das Pferd frisst keinen Gurkensalat"

Große Erfindungen sind selten das Werk eines Einzelnen. Meist setzen sie sich wie ein Mosaik aus Arbeiten verschiedener Forscher und Entdecker zusammen. Den Vogel schießt derjenige ab, der es versteht, diese Steinchen zu einem Gesamtbild zusammenzufügen, der dann auch den Schlussstein für die eigentliche Erfindung setzt und diese anschließend auch gut vermarktet. Soviel ist sicher: Alexander Graham Bell (1847-1922) hat das Telefon nicht allein oder gar als erster erfunden. Wie auch der Telegraph so hat auch der „Fernsprecher" viele Väter. Bell allerdings war der erfolgreichste. Auch er fügte teilweise bereits vorhandene Mosaiksteinchen der frühen Kommunikationstechnik zu einem funktionierenden Ganzen zusammen. Denn schon vor ihm gab es Tüftler, die versucht hatten, Töne und letztendlich auch gesprochene Worte über Drahtleitungen zu übertragen.

Einer der ersten war der Amerikaner Charles Grafton Page (1812-1868). Dem gelang es 1837, akustische Wellen zwischen den Polen eines Hufeisenmagneten zu erzeugen. Er nannte sie *galvanic music*, Galvanische Musik. Sieben Jahre später, 1844, trat Innocenzo Manzetti (1826-1877) auf den Plan. Der italienische Wissenschaftler behauptete, es müsse möglich sein, Sprache elektrisch zu „versenden". 1864/65 konstruierte er einen Apparat, mit dessen Hilfe er den Klang einer menschlichen Stimme über eine Entfernung von rund einem Kilometer übertragen konnte. Er stellte das Gerät der Presse vor, in vielen Ländern wurde darüber berichtet. Aber das öffentliche Interesse blieb gering. Ähnliches Pech hatte auch der Italo-Amerikaner (1808-1889)

Antonio Meucci. Für seine Anhänger gilt er als der eigentliche Erfinder der „Sprechmaschine". Doch erst am 11 Juni 2002 (!)würdigte das amerikanische Repräsentantenhaus in seiner – allerdings von vielen als „voreingenommen und fehlerhaft" bezeichneten *Resolution 269* – Meuccis Arbeiten. „Er hatte eine sowohl außergewöhnlich wie tragische Karriere [...] Nach seiner Einwanderung [...] arbeitete er unermüdlich [...] an einer Erfindung die er später „Teletrofono" nannte, [weil sie] eine elektronische Kommunikation beinhaltete..."

Meucci war Besitzer einer kleinen Kerzenfabrik auf *Staten Island*, heute ein New Yorker Stadtteil. Sein Mini-Unternehmen konnte ihn kaum ernähren. Dennoch beherbergte und beschäftigte er oft auch italienische Freiheitskämpfer, darunter zwei Jahre lang den späteren Nationalhelden Giuseppe Garibaldi. Festgehalten wird in der Resolution, dass Meucci in seinem Haus eine Leitung aus seinem Keller-Labor in das Schlafzimmer seiner bettlägerigen Frau zunächst in den ersten Stock und danach in den zweiten Stock legte. Weiter, dass er sein Gerät 1860 öffentlich vorführte und dessen Beschreibung in einer italienischsprachigen New Yorker Zeitung veröffentlichte. Und weiter, dass sein Englisch nicht gut genug war, um seine Idee zu propagieren und dass er schließlich, von Sozialhilfe lebend, zu arm war, um seine Patentvormerkung vom 28. Dezember 1871 endgültig zu sichern. Er starb im Oktober 1889. Die Resolution schließt mit den Worten, dass „das Leben und die Leistungen von Antonio Meucci erkannt und seine Arbeit bei der Erfindung des Telefons anerkannt werden sollten." (...*that the life and achievements of Antonio Meucci should be recognized, and his work in the invention of the telephone should be acknowledged.)*

Und dann ist da auch noch der Deutsche Johann Philipp Reis (1834-1874), Sohn eines Bäckermeisters. Fünfzehn Jahre vor dem „größten Wunder" der New Yorker Weltausstellung arbeitet Reis im Taunus am *Institut Garnier*. Das war eine Lehr- und Erziehungsanstalt für Gehörlose. Reis bemüht sich dabei, das Schicksal seiner Schützlinge auf jede nur denkbare Weise zu erleichtern. In den Jahren zwischen 1858 und 1863 konstruiert er einen Apparat, mit dessen Hilfe er Töne weiterleiten kann. Sein

Bestreben ist es, das menschliche Gehör nachzubauen. Die ersten hölzernen Modelle, die er laufend verbesserte, ähneln denn auch einem menschlichen Ohr in natürlicher Größe. (Bell wird bei seinen Versuchen sogar eine präparierte, menschliche Ohrmuschel benutzen.) Bei Reis bildet ein kleines Stück Schweinedarm das Trommelfell, ein feiner Platinstreifen, verbunden mit einer Batterie, ersetzt das als „Hammer" bekannte Gehörknöchelchen. Auf dieses künstliche Trommelfell auftreffende Schallwellen versetzen es in Schwingungen, wobei der Stromkreis zwischen dem Platinstreifchen und einer Drahtfeder unterbrochen beziehungsweise geöffnet wird.

Reis baut eine ganze Reihe solcher Mikrophone, die er „Geber" nennt. Er verändert sie auch in Form und Aussehen. Sein nachgebauter Gehörgang ist schließlich eine Art Trichter, aus dem Platinhebelchen wird ein feiner Platinstift. Alles bringt Reis in einem Kästchen mit Batterieanschluss unter.

Das Gerät kann „Töne aller Art durch den galvanischen Strom in beliebiger Entfernung reproducieren," so Reis. Als Empfänger dient eine mit Kupferdraht umwickelte Stricknadel. Die vom Geber eintreffenden Stromimpulse fließen durch diese Kupferdrahtspule und bewegen entsprechend die Nadel. Diese wandelt die Impulse wieder in Schallwellen, also in Töne um. Zu deren Verstärkung dient ein Trichter, der in einen kleinen „Schallkasten" mündet, der ebenfalls mit einer Batterie verbunden ist. Anfangs ist der Schallkasten noch eine präparierte alte Geige, bei der die Empfängernadel im Schallloch steckt.

Nun hätte Reis ja schummeln können und bei einer Demonstration seines Apparats einige mit seinem Schwager und Assistenten, dem Musiklehrer Heinrich Friedrich Peter vorher abgesprochene Sätze sagen können. Damit ein solcher Verdacht gar nicht erst auftaucht, sollte Peter stattdessen als „Geber" sinnloses Zeug sagen. Also was ihm so gerade einfällt. Der „Sender" befand sich in einem anderen, „mehrere hundert Fuß entfernten" Raum. Wer von den beiden dann die heute als historisch geltenden Sätze „Das Pferd frisst keinen Gurkensalat!" und „Die Sonne ist von Kupfer" sprach, ist nicht überliefert. Die Übertragungen klingen etwas blechern, nur die ersten drei Worte „Das Pferd frisst..." sind zu verstehen, sowie „Die Sonne ist aus Zucker" (statt Kupfer). Aber sie gelten als die erste, „fernmündliche" Übertragung der Geschichte mit Hilfe von Elektrizität und Leitungsdraht.

Noch im selben Jahr, am 26. Oktober 1861, stellt der erst 27jährige Reis seinen Apparat im *Physikalischen Verein* in Frankfurt vor. Er nennt sein Gerät „Telephon", abgeleitet aus dem Griechischen Fern-Ton oder Fern-Sprache. In den folgenden zwei Jahren verbessert er das Gerät wesentlich, und verkauft eine ganze Reihe davon für wissenschaftliche Vorführungen. Bei einer dieser Vorführungen, die 1862 in Edinburgh in Schottland stattfindet, steht auch der 15jährige Alexander Graham Bell unter den staunenden Zuhörern. Sein Vater verspricht einigen Berichten zufolge ihm und seinen Brüdern einen Preis, wenn sie diese „Sprechmaschine" weiterentwickeln würden.

Auch vom Franzosen Charles Bourseul (1829-1912) wird behauptet, er habe die Bezeichnung „Telephon" als erster geprägt. Und auch er hat seine Anhänger, die ihn – und nicht Bell oder gar Reis – für den eigentlichen Erfinder des „Sprechapparats" halten. Als Telegrafist bei der französischen Post beschäftigte er sich privat mit der Übertragung von Lauten „per Draht" und veröffentlichte darüber am 26. August 1854 einen Artikel im *Journal Illustration de Paris*. Titel: *„Téléphonie électricale"*. Unter anderem meinte er darin: „Wenn jemand gegen eine Platte spricht, die beweglich genug ist, keine Schwingung der Stimme verloren gehen zu lassen, und wenn durch die Schwingungen der Platte der Strom einer Batterie abwechselnd geöffnet und geschlossen wird, so ist es möglich, eine zweite in den Strom eingeschaltete Platte in gewisser Entfernung zu gleicher Zeit genau dieselben Schwingungen ausführen zu lassen [...] Es ist sicher, dass in einer näheren oder ferneren Zukunft die Sprache durch Elektrizität wird übertragen werden können."

Ob Reis von dem Artikel Kenntnis hatte, ist nicht bekannt. Aber die Idee für das „Fernsprechen" lag jedenfalls in der Luft. Auf dem Fürstentag in Frankfurt im August 1863, auf dem ergebnislos auf Einladung Österreichs über eine (großdeutsche) Reform der Verfassung des Deutschen Bundes beraten wird, stellt Reis seine Erfindung noch einmal vor.

Sie wird jedoch als „Spielzeug" abgetan. Er ist einfach seiner Zeit voraus. Niemand erkennt, was man damit anfangen könnte. Teilweise ist aber auch Reis selbst daran schuld: Er versäumt es, zu erklären, dass seine Erfindung auch der Übertragung von Sprache dienen könnte. Auch das von ihm entwickelte Modell eines Einkufen-Rollschuhs, Vorläufer der Inline-Skates, findet keinen Erfolg, hauptsächlich allerdings, weil es zum Bau noch kein stabiles Material gibt. Immerhin: Einige von Reis' Telefon-Apparaten werden noch bis 1870 gebaut, doch dann ist Schluss. Reis erleidet das Schicksal so vieler anderer genialer, aber oft geschäftsuntüchtige Erfinder. Er stirbt 1874 verarmt und fast vergessen. Erst neun Jahre nach seinem Tod erscheint eine Biographie mit dem Titel: *Philipp Reis, inventor of the Telephone*. Verfasser ist der englisch-amerikanische Physiker Silvanus Philipps Thompson. Das Buch wurde – angeblich in Bells Auftrag – größtenteils aufgekauft – und dann vernichtet. Denn Bell war bereits recht wohlhabend – und wollte offenbar, sofern die Gerüchte stimmten, seinen Ruf als eigentlicher Erfinder des Telefons festigen.

Sprechunterricht für einen Hund

Geboren wurde der „Vater des Telefons" am 3. März 1847 in Edinburgh in Schottland, als zweiter von drei Söhnen von Alexander Melville Bell und dessen Frau Eliza Grace Symonds. Es war eine Familie, die ihren Lebensunterhalt mit dem gesprochenen Wort verdiente. Großvater Bell war Professor für *Elocution*, einem Beruf, den es in dieser Form nicht mehr gibt. Der Ausdruck „Sprechtechnik" beschreibt ihn vielleicht am besten. In einstudiertem Stil und Ton, mit viel Pathos und Melodramatik hielten solche Leute Vorträge und Vorlesungen, und gaben auch selber Unterricht im Sprechen. Bells Vater Melville ergriff den gleichen Beruf, und gehörte schon bald zu den besten und bekanntesten Rednern Englands. Er verfasste mehrere Werke über die Kunst der Rede, von denen eines über 200 (!) Auflagen erreichte. Außerdem entwickelte er ein System, das die Darstellung von Lauten mit Hilfe von Symbolen ermöglichte. Diese „Lautschrift" stellte die Stellung von Zunge, Kehle und Lippen beim Sprechen dar, und konnte nicht nur auf die englische, sondern auch auf andere Sprachen bezogen werden.

Die ersten Jahre wird der kleine Alexander von seiner kunstsinnigen Mutter erzogen. Sie beschäftigt sich und ihre Söhne mit Malerei und Musik. Im Alter von zehn Jahren kommt Alexander an die McLauren's Academy, eine Privatschule in Edinburgh. Im 14. Lebensjahr wechselt er auf die *Royal Highschool* in London. In Edinburgh studiert er Griechisch und Latein. Dort lernt er 1862 auch ein frühes Exemplar des Reis'schen Telefons kennen, eines der Geräte die der glücklose Reis ins Ausland verkauft hatte. Aber seine wahre Leidenschaft gilt ebenfalls der Sprechtechnik und dem Hörvermögen. Sprache ist für ihn nicht lediglich die Möglichkeit der Verständigung, sondern ein Instrument und Werkzeug, mit dem sich experimentieren lässt. Schon als Kind bastelt er mit seinen Brüdern Edward und Melville einen künstlichen Kehlkopf. Sie versehen ihn mit einem kleinen Blasebalg und einem „Stimmband" und freuten sich, dass er „Ma-Ma" rufen konnte Seinem Skye Terrier versucht Alexander das Sprechen beizubringen. Während der Hund jault, manipuliert der Junge Kehle und Maul des Tieres. Nach Wochen geduldigen Trainings bringt der Hund es tatsächlich fertig, auf Kommando einen Satz zu heulen: „Ou ah uuuh, gaa wawa". Was soviel heißen sollte wie *How are you, Grandmama...*

Als der junge Bell ein Jahr bei seinem Großvater in London verbringen darf, lernt er dort so viel über die Kunst der Rede, dass er bereits im Alter von 17 Jahren eine Anstellung als Lehrer für *Elocution and Music* an der *Weston House Academy* in Elgin in der schottischen Grafschaft Morayshire erhält. Immer faszinierender findet er das Reich der Töne und der Lautbildung durch die menschliche Stimme. Am 24. November 1865, er ist gerade 18 Jahre alt, schickt er seinem Vater eine wissenschaftliche Abhandlung über „die Resonanzschwingungen der Mundhöhlungen bei der Bildung von Vokalen". Vater Bell rät, eine Kopie des Manuskripts an dessen Freund Alexander J. Ellis zu schicken. Ellis ist Phonetik-Lehrer in London. Der ist von der Abhandlung sehr beeindruckt. Er empfiehlt dem jungen Bell eine Schrift des deutschen Physiologen und Physikers Hermann Ludwig Ferdinand von Helmholtz (1821-1894) über Vokallaute zu lesen. Bell kann etwas Deutsch, aber nicht gut genug, um auch schwierige Texte wie die ihm empfohlene „Lehre von den Tonempfindungen als physiologische Grundlage für die Theorie der Musik" zu bewältigen. So missversteht er im Werk von Helmholtz einige wichtige Passagen – und hier liegt eigentlich der Keim für seinen späteren Erfolg.

Helmholtz hatte herausgefunden, dass Stimmgabeln unter dem Einfluss eines Elektromagneten in fortgesetzte Schwingungen versetzt werden können. „Mischte" man die Töne von Stimmgabeln verschiedener Größe, also auch verschiedener Frequenz, so ergab dies einen Sammel- oder Mischton, der ähnliche Eigenschaften zeigte wie die menschliche Stimme. Bell missverstand das. Er interpretierte das so, als sei es Helmholtz gelungen, einen Ton über einen Leitungsdraht (des Elektromagneten) zu übertragen, ähnlich wie ein Morsesignal. Schon sehr bald erkannte er diese Interpretation als falsch, bedingt durch seine unvollkommenen Deutschkenntnisse. Doch der Gedanke, Töne elektrisch zu übertragen, ließ ihn von da an nicht mehr los.

Als der Großvater (1865) stirbt ziehen die Bells nach London. Vater Alexander setzt die Arbeit des alten Bell fort. Der Sohn geht als Lehrer an das Somerset-College in Bath – ein Jüngling von 19 Jahren. Schon bald macht sein Vater ihn zum eigenen Assistenten. Auf Vorträgen, die er selbst in London hält, muss der Sohn dem Publikum das System der „sichtbaren Sprache" erklären. Zweck dieser sichtbaren Sprache war es, Menschen mit Sprechdefiziten, etwa Lispeln oder Stottern, eine saubere Aussprache beizubringen. Gleichzeitig beginnt der junge Bell im Mai 1868 an einer Taubstummenschule im Londoner Stadtteil Kensington zu unterrichten. Die Schule hat Susanna E. Hall, eine ehemalige Schülerin seines Vaters, ins Leben gerufen. Bell schreibt sich außerdem als Student am *University College* in London ein, und belegt für die nächsten drei Jahre (1868 bis 1870) Kurse in Anatomie und Physiologie. Vater Bell, der zwischendurch auf Einladung des Bostoner *Lowell Instituts* in den USA war, ist von den Leistungen seines Sohnes so angetan, dass er ihn im

folgenden Jahr als gleichberechtigten Partner in seine Praxis auf-
nimmt.

Taub = „schwachsinnig"

Zeitgenossen beschreiben den jungen Bell als groß und stattlich,
blass, aber mit dunklen Augen wie Kohlestücke und dichten Au-
genbrauen und Backenbart. Er bewegt sich schnell, ist aber ernst,
fast schon schwermütig. Er ist 23 Jahre alt, als seine bereits
schwerhörige Mutter vollends das Gehör verliert. Vater und Sohn
sind darüber so erschüttert, dass sie überlegen, ob sich ihre
„sichtbare Sprache" vielleicht dazu verwenden lässt, von Geburt
an tauben Menschen das Sprechen beizubringen. Denn Taubstumme galten damals vielfach noch als schwachsinnig. Man war
der Meinung, dass es unmöglich wäre, ihnen vernünftiges Sprechen beizubringen. Viele der armen Geschöpfe lebten in Anstal-
ten, und konnten sich mit ihren Schicksalsgenossen höchstens
durch eine eigene Zeichensprache „unterhalten". Da sie keinen
Bezug zum gesprochenen Wort hatten, blieben sie von „normalen" Menschen isoliert. Noch im Brockhaus von 1847 heißt es über
sie: „Sogar das eigene Selbstbewusstsein und somit das auch ihm
eingepflanzte Sittengesetz bleibt ihm [dem Tauben] völlig unklar,
wenn nicht sorgfältige Pflege und künstliche Mittel an die Stelle
der gewöhnlichen Erziehung treten." Doch die Pläne, diesen Menschen zu helfen, werden durch eine schwere Erkrankung Bells zunächst verhindert: Er bekommt Tuberkulose, Schwindsucht, an
der bereits seine beiden Brüder Edward und Melville gestorben
sind. So entschließen sich Bells Eltern, aus dem verrußten, feuch-
ten London nach Kanada zu übersiedeln.

Am 1. August 1870 treffen die Bells in Quebec ein und bezie-
hen zunächst Quartier in *Tutela Heights* nahe der Stadt Brantford.
Die Sommer hier sind heiß, die Winter kalt aber trocken. Die Luft
ist klar. Und wie erhofft, erholt sich Bell schon sehr bald. Er geht
nach Northampton an die erste, in den USA vom angesehenen
Bostoner Anwalt Gardiner Green Hubbard und dem Philanthropen
John Clarke gegründete Gehörlosenschule *Clarke School for the
Deaf* (Schule für Gehörlose). Hubbard ist auch Direktor dieser

Schule – und eine der Schülerinnen ist seine 16-järige Tochter Mabel. Sie war als Vierjährige nach einer Scharlacherkrankung taub geworden und hatte nie richtig sprechen gelernt.

Am 10. April 1871 nimmt Bell seine Arbeit als Profesor für Sprechtechnik und Physiologie auf. Was er unterrichtet, ist die von ihm und seinem Vater entwickelte „sichtbare Sprache", eine Kombination aus Lippenlesen, Lautschrift und Zeichensprache. In der Folgezeit eröffnet er eine eigene Klasse, in der er auch zukünftige Taubstummen-Lehrer ausbildet, und gibt eine eigene Zeitschrift heraus, den *Visible Speech Pioneer*. Und um sein Einkommen aufzubessern, gibt er Taubstummen auch Privatunterricht.

Viele Jahre später wird die taubstumme und mit Blindheit geschlagene Helen Keller (1880-1968) zu Bells Schülerinnen gehören. Als erwachsene, bereits weltberühmte Schriftstellerin schreibt sie in ihren Erinnerungen: „Hören zu können ist die tiefste, am meisten vermenschlichende philosophische Sinnesempfindung, die der Mensch besitzt, und Einsame auf der ganzen Welt sind Dank Bells Bemühungen auf die angenehmen sozialen Wege der Menschheit geführt worden."

Zu den Vätern der taubstummen Kinder, die Bells Klasse besuchen, gehört der Ledergroßhändler Thomas Sanders aus Haverhill. Sein fünfjähriger Sohn wurde taub geboren. Die Unterrichtung der Kinder von Sanders und Hubbard verläuft äußerst erfolgreich. So sehr, dass die beiden Väter mit dem Lehrer ihrer Kinder eine Vereinbarung treffen: Sie werden ihn gegen eine spätere Gewinnbeteiligung finanziell bei seiner technischen Arbeit unterstützen. Denn Bell befasst sich schon seit geraumer Zeit mit einem Gerät zur Aufzeichnung der menschlichen Stimme. Es sind der Multiple harmonische Telegraf (*multiple harmonic telegraph*) und 1874, ein Jahr später, der Phonoauto–graph. Mit dem Harmonischen Telegraf will Bell versuchen, durch Benutzung mehrerer voneinander isolierter musikalischer Tonlagen mehre „Nachrichten" gleichzeitig über einen einzigen Leitungsdraht zu verschicken. Doch er gibt das komplizierte Projekt bald auf. Sein Phonoautograph dagegen wird zum Vorläufer des Grammophons: er zeichnet die Schallwellen der menschlichen Stimme auf einem berußten Zylinder auf.

Die Sommerferien des Jahres 1874 verbringt Bell wieder einmal im Haus seines Vaters in Brantford. Dort arbeitet er zunächst zwar weiter an seinem harmonischen Telegrafen. Aber sein Interesse daran erlahmt bald wieder. Allerdings hat er dabei große Kenntnisse über die Fortpflanzung von Schallwellen gewonnen. Immer wieder gehen ihm Gedanken wie diese durch den Kopf: Vielleicht wäre es ja möglich, Schallwellen optisch darzustellen. Dann ließen sich taubstumme Kinder einfacher unterrichten. Sie könnten lesen, was man sagt. Und: „Wenn es mir gelingt, einen Mechanismus zu entwickeln, mit dem man die Intensität des elektrischen Stroms variieren könnte, so wie sich die Luftdichte verändert, wenn ein Ton sie durchdringt, dann könnte ich jeden Laut telegrafieren, selbst die Laute der Sprache!" Bell überlegt sich: wenn man in einen Trichter spricht, so wird die darin befindliche Luft in Schwingungen versetzt. Diese Schwingungen treffen auf eine Membran auf, die nun ihrerseits in Schwingungen gerät. Mit ihr verbunden ist eine winzige Stahlfeder, die alle diese Bewegungen mitmacht. Im Prinzip ist dies die Arbeitsweise des von Philipp Reis entwickelten Telefons.

Bell experimentiert tatsächlich mit einem dieser Apparate und holt sich sehr wahrscheinlich andernorts einige Anregungen. Er weiß, dass auch Joseph Henry sich mit dem Phänomen des Schalls und mit telegrafischen Problemen befasst hat. So besucht er Henry im März 1875 an der *Smithsonian Institution* in Washington. Henry soll ihm sagen, was an seinen, also Bells Entdeckungen wirklich neu ist – und was Henry vielleicht schon früher herausgefunden hat. Henry ist bereits ein würdiger Herr vor 78 Jahren. Mit großem Interesse hört er den Erläuterungen des so viel jüngeren Bell zu. Zum ersten Mal bringt Bell seine Gedanken über die Möglichkeit einer elektrischen Stimmübertragung zur Sprache. Henry fragt Bell, ob er diese nicht in den Annalen der *Smithsonian Institution* unter Nennung Bells veröffentlichen dürfe. Doch der ist unsicher. Vielleicht wäre es besser, nur den Grundgedanken zu veröffentlichen, und die Weiterentwicklung anderen zu überlassen „denn ich habe zu wenig Kenntnisse auf dem Gebiet der Elektrizität!"

„Dann erwerben Sie sich diese Kenntnisse!" knurrt Henry. Und nennt Bells Idee den „Keim einer großen Erfindung!"

„Mr. Watson, come here..."

Der Besuch bei Henry hat Bell Mut gemacht. Er ist inzwischen (seit 1873) Professor für Sprechtechnik und Physiologie an der *Boston University*, der die *Clarke School* angegliedert wurde. Diesen Posten wird er bis 1877 bekleiden. Aber in seiner Freizeit führt er seine privaten Arbeiten fort und alle seine weiteren Experimente stehen unter dem Leitgedanken des „Telephone". So naht schließlich der 2. Juni 1875 heran. In seinem Labor auf dem Dachboden des Hauses 109 in der Bostoner *Court Street* ist Bell mit seinem Assistenten Thomas A. Watson erneut mit dem harmonischen Telegrafen beschäftigt. Die beiden arbeiten in getrennten Räumen – jeder am Ende der zwischen ihnen verlaufenden, elektrischen Leitung. Bell ist dabei, die Empfangslamellen bzw. Stimmgabeln einzustimmen. Am anderen Ende zupft Watson die Senderlamellen – um damit die jeweilige Tonfrequenz über die Leitung zu schicken. Dabei bemerkt er, dass eine seiner Lamellen zu fest heruntergeschraubt ist. Statt frei zu schwingen, ist sie am Elektromagneten „festgeklebt". Als Watson an der Lamelle zupft, um sie zu lösen, hört Bell am Empfangsende ein deutliches „Dong", wie er später berichtet. Und er weiß natürlich auch sofort, welche seiner Lamellen angeschlagen hat. Aber außer dem „Dong" ist noch etwas zu hören, nämlich eine Reihe darüber gelagerter Töne. Sofort durchzuckt Bell ein buchstäblich elektrisierender Gedanke: „Das ist es!" Jeder Apparat, der in der Lage ist, den reinen Ton UND die Obertöne einer Stimmgabel zu übermitteln, MUSS auch in der Lage sein, andere Übertöne zu übermitteln, einschließlich der Übertöne der menschlichen Stimme bzw. Sprache. Aufgeregt stürzt Bell in Watsons Zimmer.

„Was haben Sie gerade gemacht?" ruft er aufgeregt. „Ändern Sie nichts, lassen Sie sehen...!"

Sofort sieht Bell, was auch Watson bemerkt hatte: Die Lamelle ist zu festgeschraubt, sie schwingt nicht frei. Statt durch Vibrationen den Stromfluss zu „zerhacken", wie Bell es sich eigentlich in Anlehnung an den Morseapparat vorgestellt hatte, fließt ein Dauerstrom. Und sofort ist ihm die Bedeutung klar: Er und alle anderen, die sich mit der Schallübertragung beschäftigten, hatten versucht, Töne durch Unterbrechen und wiederherstellen des Stromflusses zu übertragen. Diesmal hatte jedoch ein ständig fließender Strom einen Laut übertragen, „so wie ein Luftzug verschiedene Schallwellen überträgt!"

Bell erkennt, dass die Übertragung von Lauten – also Sprache – nicht durch Unterbrechung, sondern durch Veränderung des Stromflusses möglich zu sein scheint. Gemeinsam mit Watson wiederholt er den Test noch mehrmals. Dann gibt Bell noch am gleichen Abend seinem Assistenten Anweisungen, die Versuchsanordnung zu verändern. Genauer: es entsteht der Vorläufer eines Telefons. Es besteht aus einem Metallgestell, das einen Elektromagneten mit einer Lamelle trägt, deren freies Ende sich über der Mitte einer kleinen Membran befindet.

Am nächsten Morgen spricht Bell in den Sprechtrichter. Watson hört ein Murmeln, erkennt Bell's Stimme und glaubt auch, einige Worte zu verstehen. Aber alles ist noch recht undeutlich. Monate intensiver Arbeit vergehen. Im September und Oktober 1875 beginnt Bell, seinen Patentantrag auszuarbeiten. Aber er beschreibt darin die Funktionsweise seines Apparates recht vage, so meinen jedenfalls später kritische Fachleute. Sie behaupten sogar, so wie von Bell beschrieben hätte der Apparat nicht funktioniert. Sein Glück ist, dass er dem Patentamt kein arbeitsfähiges Exemplar seines Geräts vorführen muss, denn diese Vorschrift hatte das Patentamt vor geraumer Zeit fallen lassen. Am 14. Februar 1876 jedenfalls reicht Bells Anwalt Marcellus Bailey den Patentantrag ein. Nicht etwa per Post, sondern „von Hand". Und damit hat Bell wieder unglaubliches Glück: Denn nur zwei Stunden später trifft eine Patentanmeldung des 41-jährigen Amerikaners Elisha Gray (1835-1901) ein, ebenfalls für ein Telefon. Gray, ein gelernter Grobschmied, der auch als Zimmermann und Bootsbauer arbeitete, bevor er fünf Jahre lang Physik studierte, verstand von der Telegrafie und Schallübertragung möglicherweise mehr als Bell. Er listet in seiner angeblich zu spät eingereichten Voranmeldung ungefähr 70 Neuerungen auf und erklärt dazu, er habe „eine neue Kunst der Übertragung von Stimmen" entwickelt. Bei Bell fehlen solche detaillierten Angaben.

Am 3. März 1876, es ist Bells 29-ster Geburtstag, wird ihm das Erfinderrecht auf sein „Telephone" zuerkannt, und vier Tage später das Patent erteilt. Es trägt die Nummer 174.465. Bell und Watson haben in der Zwischenzeit den Telefonapparat weiter verbessert. An einem kleinen Gestell ist eine mit Säure gefüllte Metalldose befestigt. Sie ist mit einer Scheibe verschlossen, von der ein Draht in die Säure hängt. Über der Säuredose befindet sich ein Sprechtrichter. Spricht man laut hinein, so gerät die Scheibe durch die darauf auftreffenden Schallwellen in Schwingung. Der Effekt: Der Stromfluss veränderte sich entsprechend dem sich ändernden Abstand vom Draht zur Säure. Ein als Leitung dienender Draht, außen an der Dose angebracht, führte zu einem gleichartigen Apparat in einen Nebenraum, der Watson als Arbeitszimmer diente. Die beim Sprechen entstehenden Schallschwingungen werden von der Leitung zum Empfänger übertragen und in seinem Gerät als hörbare Schwingungen wiedergegeben. Im Prinzip, so erklärt Bell später seinen Zuhörern, funktioniere das Telefon ganz einfach: Schallwellen versetzen die Membran eines Mikrophons in Schwingungen. Die Schwingungen werden in elektrische Impulse umgewandelt. Diese kann man durch ein Kabel – etwa eine Telegrafenleitung – zu einem Empfangsgerät weiterleiten. Dort werden die Impulse wieder in hörbare Schallwellen umgewandelt. Sein Telefon war also ein primitives aber funktionierendes Mikrophon mit Gegensprechfunktion.

Am 10. März, drei Tage nach der Patenterteilung, ist Bell wieder in seinem Labor, um mit Watson weiter zu experimentieren. Dabei schüttet er sich aus Versehen etwas Säure über den Schoß. Erschrocken über den plötzlichen Juckreiz soll er angeblich gerufen haben: *Mr. Watson – come here, I need you!* („Mr. Watson, kommen Sie her, ich brauche Sie!")

Wie so viele andere Aussprüche berühmter Leute wird auch dieser Satz in die Geschichte eingehen. Ob es aber wirklich so war, ist Spekulation. Denn, wie die Journalistin Christine Boldt 2016 in einem anderen Zusammenhang im Berliner *Tagesspiegel* meint: „Geschichte ist oft Rekonstruktion." Und diel lautet im Fall

Bell: Sekunden nach seinem Schreckensruf reißt Watson die Tür auf und sagt aufgeregt: „Mr. Bell, ich habe deutlich jedes Wort gehört, das Sie sagten!" Noch Jahre später erinnert er sich: „Falls Mr. Bell in jenen Augenblicken geahnt hätte, dass er dabei war, ein Stück Geschichte zu schreiben, hätte er vielleicht einen etwas interessanteren Satz vorbereitet!"

In einem Brief, den Bell noch am gleichen Tag seinem Vater schreibt, heißt es: „Ich fühle, dass ich endlich auf die Lösung eines großen Problems gestoßen bin – und dass der Tag kommt, wenn Telegrafendrähte zu Häusern verlegt werden wie Wasser- oder Gasleitungen – und Freunde miteinander sprechen können ohne ihr Haus zu verlassen." (*I feel that I have at last struck the solution of a great problem – and the day is coming when telegraph wires will be laid out to houses just like water or gas – and friends converse with each other without leaving home.*)

Bell ist sich nun seiner Sache so sicher, dass er am 10. Mai 1876 vor der *American Academy for Arts and Sciences* in Boston einen Vortrag über seine Arbeit hält. Doch zunächst nimmt die Öffentlichkeit kaum Notiz von dem bedeutungsvollen Ereignis. Zudem überschattet bald eine menschliche Tragödie alle anderen Nachrichten: Am Little Big Horn River in heutigen Montana vernichten die Vereinigten Indianerstämme der Cheyenne und der Sioux unter ihren Führern Sitting Bull, Crazy Horse und Two Moon ein Regiment der US-Kavallerie unter Generalmajor George Armstrong Custer fast bis auf den letzten Mann. Die Niederlage gegen die Indianer wird über das Telegraphennetz in alle Landesteile verbreitet.

Angesichts der mangelnden Nachfrage nach Bells Telefon soll Hubbard den Direktoren der *Western Union* den Erwerb aller Bell-Patente zu einem Preis von 100.000 Dollar angeboten haben. Doch denen erscheint der Preis zu hoch. Sie lehnen ab, angeblich mit der Begründung: „Was soll ein Unternehmer wie das unsere mit solch einem Spielzeug anfangen?" In einer angeblichen Aktennotiz der Firma aus dem Jahr 1876 soll es jedenfalls heißen: „Dieses Telefon hat zu viele Mängel als dass es ernsthaft als Kommunikationsmittel in Betracht kommt. Das Gerät ist für uns grundsätzlich wertlos." („*This telephone has too many short comings to be seriously considered as a means of communication. This device is inherently of no value to us*".

Elisha Gray ist inzwischen Angestellter der *Western Union*, die seine Patente aufkaufte – und ihn gleich mit. Gemeinsam mit Edison soll er unter dem Banner der zur *Western Union* gehörenden *American Speaking Telephone Company* ein eigenes Telefonsystem entwickeln. Am 1. November 1876 schreibt er seinem Anwalt William D. Baldwin: „Was Bell's sprechenden Telegraphen anbetrifft, so erregt er höchstens in Wissenschaftler-Kreisen Interesse und, als Spielzeug, ist er wundervoll. Aber sein [...] kommerzieller Wert wird begrenzt sein." Das wird sich als eine der großen   Fehlbeurteilungen der Wirtschaftsgeschichte erweisen.

Gleich nach der Weltausstellung war Bell daran gegangen, seinen Apparat weiter zu verbessern. Statt Schwingungen einer Membran benutzt er nun die von Faraday entdeckte, elektromagnetische Induktion für Mikrophon und Lautsprecher. Damit führt er weitere Fernsprechversuche durch, nicht nur von Raum zu Raum, sondern über Telegrafenleitungen und auf diese Weise über immer größere Entfernungen. Nach einem Gespräch mit Watson im 25 km entfernten Salem schreibt er an Mabel Hubbard: „Das ist der bisher größte Erfolg!"

Diese Übertragung von Salem nach Boston fand am 12. Februar 1877 statt, und einer der Augenzeugen, vielmehr Ohrenzeugen war damals der 26-jährige österreichische Weltreisende Ernst von Hesse-Wartegg. Nach seiner Rückkehr aus Amerika veröffentlicht die *Leipziger Illustrirte Zeitung* vom 30. Juni 1877 in ihrer Kolumne „Polytechnische Mittheilungen" seinen zweispaltigen Bericht darüber. Im heute verschroben wirkenden Stil der damaligen Zeit heißt es da: „Telephonie – ein Name in der Wissenschaft wie im praktischen Leben noch gänzlich unbekannt, eine Schöpfung des letztvergangenen Jahrs und dennoch die Bezeichnung einer Sache, welche schon in ihrer Kindheit ganz dazu angethan ist, in dem Communicationswesen und dem Depeschenverkehr der Jetztzeit großartige Umwälzungen hervorzurufen [...] wenn man bedenkt, dass die Telephonie es ermöglicht, zwei durch die größten Entfernungen voneinander getrennte Personen ebenso miteinander verkehren und sprechen zu lassen, als befänden sie sich in demselben Raum, und dass zu diesem Verkehr noch viel einfachere Einrichtungen verwendet werden als die gegenwärtig bei der Telegraphie bestehenden, dann wird man zugeben müssen, dass die Telephonie schon gegenwärtig zu den wichtigsten und großartigsten Errungenschaften dieses Jahrhunderts beigezählt werden kann..." Dann, nach einer Beschreibung von Bells Apparat, kommt Hesse-Wartegg endlich zur Sache: „Man könnte dieser Tatsache nur schwer Glauben schenken, lägen nicht die Zeugnisse so vieler hervorragender Bürger von Boston vor, die ebenso wie der Verfasser dieser Zeilen den Versuchen selbst beigewohnt haben [...] Vielleicht wird demnächst bereits der Versuch unternommen, zwischen Amerika und Europa über den Atlantischen Ozean zu sprechen [...] Prof. Bell, der Erfinder dieses Telephons, steht bereits mit den leitenden Telegraphencompagnien in Verbindung, um seiner Erfindung zu dauernder, praktischer Anwendung zu verhelfen. Nicht lange, so wird es uns gestattet sein, mit Amerika auf mündlichem Weg zu verkehren." Und als Fußnote vermerkt der junge Weltreisende: „Wie der *Observer* in London meldet, soll demnächst in einem Londoner Theater eine Vorstellung zur Prüfung der Leistungen des Telephons veranstaltet werden. Später soll eine Doppelvorstellung in London und Brüssel zugleich veranstaltet werden, bei welcher musikalische Laute von Brüssel nach London und umgekehrt von London nach Brüssel elektrisch übermittelt werden."

Schließlich telefonierte Bell mehr als 300 km weit bis nach Portland in Maine, und die *Leipziger Illustrirte Zeitung* berichtete auch darüber: „Professor Bell [zeigte], dass es möglich sei, Laute mittels des Telephons über eine Strecke von 190 Meilen zu schicken, nämlich von Boston nach Portland und zurück nach Salem, aber man fand es schwierig, mit weit entfernten Plätzen in Verbindung zu treten. Professor Bell hat die Schwierigkeiten neuerlich vollkommen überwunden und ist jetzt im Stande, Nachrichten nach den entferntesten Punkten zu schicken [...] es wurden auf den Telegraphendrähten an der Eastern Eisenbahn, die von Boston nach Salem fährt, Proben angestellt [...] Wenn die Erfindung sich als erfolgreich erweist, so wird sie wahrscheinlich eine Revolution in der Versendung von Nachrichten herbeiführen, indem sie die Prozedur sehr vereinfacht, alle Wahrscheinlichkeit von Irrthümern bei der Übermittlung aufhebt und die Kosten auf einen geringen Betrag ermäßigt."

Endlich, fast ein Jahr nach den denkwürdigen Worten „Watson, I need you" berichtet die *New York Times* am 12. Mai 1877 in einem Artikel etwas ausführlicher über *„Prof. Bell's Telephone."* Anlass ist eine Veranstaltung vom Vorabend vor geladenem Publikum im New Yorker *St. Denis Hotel,* „einem der stattlichsten Gebäude am Broadway, Ecke 11 Straße East." Es beherbergt hauptsächlich reiche Geschäftsleute. Bell hat es ausgesucht in der Hoffnung, kapitalkräftige Investoren für seine „Sprechmaschine" zu gewinnen. Die Vorführung findet im Gentlemens *Parlor",* dem Herren-Salon im zweiten Stock vor 200 geladenen Gästen statt. Sie sind Zeuge, wie Bell sich „fernmündlich" über eine Leitung mit einem Mr. Gower in der Fulton Street 340 im Stadtteil Brooklyn unterhält, also auf der anderen Seite des *East River,* etwa 5 km entfernt.

Doch die möglichen Geldgeber halten sich noch zurück. Und auch in England bleibt man vorerst skeptisch. Das British Post Office lehnt anfangs das Telefon mit der Begründung ab, dass die Amerikaner ja vielleicht so ein Ding gebrauchen könnten, in England gebe es hingegen genügend Botenjungen, um schriftliche Mitteilungen zu überbringen, und außerdem gab es ja, praktisch von Haus zu Haus, den Universal-Telegrafen. Drei Jahre später wurde allerdings auch in London die erste Telefonvermittlung eingerichtet.

Ein Telefon-Gigant entsteht

Bell selbst ist kein großer Geschäftsmann. Um seine finanziellen Interessen kümmert sich sein Gönner Gardiner G. Hubbard. Hubbard ist als Anwalt sehr erfolgreich und angesehen. Sein sauer verdientes Geld hat er gut angelegt. Es steckt in Gas- und Wasserleitungen, und in einer Pferderennbahn – denn auch in schlechten Zeiten wollen Menschen wetten. Außerdem ist Hubbard Mitglied der Bostoner Eisenbahn-Kommission. So sind ihm alle Vorteile der Telegrafie wohlvertraut. Längst hat er die Möglichkeiten erkannt, die in Bells Apparaten stecken. Auch Thomas Sanders, der Lederwarenhändler ist der gleichen Meinung. Ziel der beiden Männer ist die Schaffung einer Telefongesellschaft von der gleichen Größe wie die *Western Union* Telegrafiegesellschaft, damals schon ein 40 Mio. Dollar Unternehmen. Und statt Telefone zu bauen und zu verkaufen wollen sie diese vermieten. Die Mietverträge wiederum kann man beleihen und neues Geld auftreiben.

Mit einem Minimum an Kapital wird am 9. Juli 1877 in Boston die *Bell Telephone Co.* gegründet. An ihrer Spitze stehen Hubbard als Präsident, Sanders als Schatzmeister, Bell als Chefelektriker und Bells ehemaliger Assistent Watson als *General Superintendent*. Hubbard wird nun auch Bells Schwiegervater. Denn Bell heiratet zwei Tage später, am 11. Juli 1877 dessen Tochter Mabel, das gehörlose, inzwischen 23jährige Mädchen, welches er in jungen Jahren unterrichtet hatte. Hubbard hatte damals gesagt: Vor einer Heirat müsse Bell „erst etwas erreichen". Als Hochzeitsgeschenk erhält Mabel von ihrem Mann 1487 Aktien seines Anteils an der neuen Firma. Im August geht die Hochzeitsreise des jungen Paares nach England. Dort, so hofft Bell, werden sich weitere Geldgeber finden lassen.

Der erste Kunde der *Bell Telephone Co.* in diesem Jahr ist Charles Williams Jr., der wohl beste Instrumentenbauer für Morse-Tasten in ganz Boston. Watson war einer seiner Angestellten, ehe er – vier Stockwerke über Willams' Werkstätten – Bells Assistent wurde. Williams lässt einen Anschluss seines 5 km weit entfernten, in Sommerville liegenden Wohnhauses vornehmen. Auf seinen Werkbänken wird er bald fast alle Teile für die Bell-Geräte herstellen. Wegen ihrer Anordnung in einem länglichen, schmalen Holzkästchen heißen diese im Volksmund „Williams-Särge". Trotzdem haben Bell und Hubbart anfangs Absatzschwierigkeiten. So wenige Telefone werden angemietet, dass die meisten Menschen sich fragen, warum sie überhaupt eins haben sollten.

In Europa führt Bell im Januar 1878 auch Queen Victoria auf deren Feriensitz *Osborne House* auf der Insel White sein Telefon vor. Nach einer kurzen technischen Erläuterung kann die Königin es selbst erproben, indem sie sich mit einigen Gästen unterhält, die in einem Nebengebäude wohnen. Eine dort anwesende Miss Kate spielt eine Melodie auf einem Klavier und singt dazu das Lied „Kathleen Mavourneen". Über bestehende Telegrafenleitungen folgen weitere Verbindungen zur Fährstation Cowes auf der Insel und nach London, wo Teilnehmer ebenfalls mit Gesang und Gesprächen reagieren. „Ihre Majestät und die königliche Familie zeigten großes Interesse an diesen Experimenten", heißt es in einem alten Zeitungsbericht.

Da erst erwacht die *Western Union* aus ihrem selbstgefälligen Phlegma. Für alle Rechte an Bells Telefon bietet sie einigen Berichten zufolge die unglaubliche Summe von 25 Millionen Dollar, das 250-fache dessen, was Bell selbst zwei Jahre zuvor vergeblich verlangt hatte. Doch diesmal ist es Bell, der ablehnt. Darüber, ob diese Geschichte wahr ist oder nicht gibt es allerdings keine zuverlässigen Belege.

Wieder zurück in Boston wollen sich Bell und seine Partner zunächst auf den Ausbau des Fernsprechnetzes in New York und Umgebung konzentrieren. Für die Neuengland-Staaten wird jedoch am 12. Februar 1878 noch eine Tochtergesellschaft gegründet, die *New England Telephone and Telegraph Company*.
Auch Elisha Gray und Thomas Edison von der *American Speaking* haben inzwischen ein eigenes Telefon entwickelt, allerdings mit einer anderen Technik als dasjenige Bells. Dennoch reicht Bell eine Klage wegen Patentrechtsverletzung ein – und gewinnt. Daraus entwickeln sich bis 1893 fast 600 weitere Prozesse. Fast alle werden zu Bells Gunsten entschieden. So scheitert auch die Regierung am 13. Januar 1887 mit ihrem Versuch, Bells Telefonpatent wegen Betrugs und Fehlbeurteilung annullieren zu lassen. Noch nie zuvor

und danach wurde im US-amerikanischen Patentrecht so lange und so erbittert um Prioritätsfragen gestritten.

Während in Europa die Telefonnetze meist den Postbehörden oder anderen staatlichen Stellen unterstehen, ist die Situation in den USA, dem Land des „Free Enterprise", ganz anders. Je mehr Patente auf dem Gebiet der Fernsprechtechnik angemeldet oder frei werden, desto schneller steigt die Zahl der *independents,* der „Unabhängigen". Das sind diejenigen Gesellschaften, die außerhalb der Bell-Kette operieren. Anfangs, 1894, sind es erst sieben. 1902 sind es bereits 4.000 (viertausend!). Zusammengefasst sind sie im Interessenverband der *National Association of Independent Telephone Exchanges.* Sie bedienen eine Million Telefonapparate, die AT&T betreibt weitere 1,3 Millionen. 1912, zehn Jahre später, sind über 5 Millionen Anschlüsse in Betrieb. Für 3,6 Millionen davon sind die *Independents* zuständig. Die USA verfügen damit über das dichteste Telefonnetz der Welt. Dank technischer und elektromagnetischer Verbesserungen werden auch immer längere Verbindungen mit guter Verständigung möglich Im Juli 1914 nimmt die von Theodore Vail in Auftrag gegebene, rund 7.600 km lange Telefonverbindung zwischen Ost- und Westküste der USA der Betrieb auf. Am 25. Januar des folgenden Jahres spricht Alexander Bell in New York den gleichen Satz, mit dem 40 Jahre zuvor der Siegeszug des „Spielzeugs" begann: „Mr. Watson, kommen Sie, ich brauche Sie!". Und aus der Grant Avenue 333 in San Francisco antwortet ihm Dr. Watson: „Ich werde diesmal fünf Tage benötigen bis ich eintreffe." Im Jahr 2016 wurde übrigens ein nur 63 m² großes Apartment in dem 1904 errichteten Gebäude für 930.000 Dollar verkauft.

1878 war Theodore Newton Vail (1845-1920) der *Bell Telephone Co.* als *General Manager* beitreten. Der ehemalige Telegrafist ist ein Vetter jenes Alfred Vail, der mit Morse zusammengearbeitet hatte. Über Theodore wird es eines

Tages heißen: „Bell erfand das Telephon und Theodore Vail erfand das Telephon-Business." Denn mit ihm kommt auch der finanzielle Erfolg. Im März fusioniert die *Bell-Telephone Co.* mit der *New England Telephone Company* zur *National Bell Telephone Company* mit Sitz in Boston. Im gleichen Jahr wird auch in Europa ein Tochterunternehmen gegründet, die *International Bell Telephone Company* mit Brüssel als Hauptquartier. Zunächst sollen lediglich Telefonapparate aus den USA importiert und in Europa verkauft werden. Schon ein Jahr nach ihrer Gründung haben die verschiedenen Bell-Unternehmen bereits 155.000 Telefone vergeben. Die Einnahmen belaufen sich auf jährlich 10 Millionen Dollar, die Vermögenswerte auf 60 Millionen Dollar. Zu den ersten Telefonbenutzern gehören US-Präsident James Garfield und – ausgerechnet – Mark Twain, der den Erfinder des Telefons zur Hölle gewünscht hatte.

Zunächst versucht Vail, mit allen Rivalen des Unternehmens ins Reine zu kommen. Gleichzeitig will er für die Firma landesweit alle Patente auf dem Telefon-Bereich sichern. Er trifft sich mit Edison auf dessen Labor- und Wohnsitz Menlo Park in New Jersey. Der bestätigt (laut Vail), dass Bell der eigentliche Erfinder des Telefons ist. Dieses Eingeständnis gibt Vail die Energie, in der Folgezeit einen der größten Coups in der Geschichte des amerikanischen Big Business zu landen. Zunächst erwirbt die *American Bell Telephone Co.* von *Western Union* deren gesamten Telefonbestand in 26 Städten der USA. Das sind insgesamt 56.000 Apparate! Weiter erhält Bell bis 1894 die Kontrolle über alle telefontechnischen Patente im Besitz der *Western Union*. Außerdem verpflichtet sich *Western Union*, bis zum gleichen Datum 20 Prozent aller Prozesskosten zu tragen, die Alexander Bell, bzw. der Firma Bell bei der Abwehr von Patentrechtsklagen entstehen sollten. Im Gegenzug soll *Western Union* ein Fünftel der Lizenzeinnahmen erhalten, die das Bell-Unternehmen von Herstellern und Benutzern seiner Telefonapparate zu erhalten gedenkt.

Inzwischen arbeitet Vail an weiteren Zukäufen oder Kooperationen: Am 20. März 1880 erfolgt ein Zusammenschluss der *National Bell* mit der *American Speaking Telephone Company*. Das wachsende Unternehmen firmiert zunächst unter dem Namen *American Bell Telephone Company*. Diese erteilt bestehenden oder neu entstehenden Unternehmern die Genehmigung, auf eigene Kosten eigene Netze aufzubauen. Als Gegenleistung erhält die *American Bell* 35 bis 50 Prozent des Aktienkapitals solch neuer Gesellschaften, dazu eine Miete von 20 Dollar pro Telefonapparat und Jahr. Das alles ist so gut wie risikolos – für die *American Bell*. Trotz der selbstmörderisch erscheinenden Bedingungen geben sich die Lizenznehmer gegenseitig die Türklinke in die Hand. Schon 1881 ist *American Bell* Mehrheitsaktionär an der *Western Electric Co.*, einer Tochtergesellschaft der *Western Union*. Vail sieht bereits voraus, dass die *American Bell* eines Tages einen Betreiber nach dem anderen schlucken wird – um schließlich das gesamte Telefonnetz auf dem Territorium der USA zu kontrollieren. Das schafft er auch. Am 3. März 1885 wird aus der *American Bell* die *American Telephone and Telegraph Co.*, besser bekannt unter dem Kürzel AT&T. Vail wird ihr General Manager. Als solcher engagiert er sich– auch für das Wohl seiner Angestellten. Er richtet einen Pensionsfond ein, gründet eine Berufsschule und sorgt für den Ausbau der ersten Telefonleitung quer durch die USA. Sein Credo: „Verbesserungen der Dienstleistungen sind wichtiger als schnelle Gewinne."

Vail gelingt es, das Steuer herumzureißen – durch besseren Kundendienst und technische Vereinheitlichungen auf Kosten von Gewinn. 1921, ein Jahr nach seinem Tod, wird ihm zu Ehren die Vail Medaille geschaffen, eine Auszeichnung für verdienstvolle Angestellte. 1927 kommt die erste Bild-Telefonleitung zwischen New York und Washington zustande. Bells Erfindung ist allmählich nicht mehr wiederzuerkennen. Und die AT&T wächst und wächst, wird zur größten Telefongesellschaft und zum bedeutendsten Kabelfernsehbetreiber der Welt. Erst die Antitrust-Gesetzgebung von Präsident Ronald Reagan macht dem ein Ende. Im Sommer 1980, am 4. Juli, wird *Ma' Bell*, (Mutter Bell), wie die Super-Telefongesellschaft im Volksmund liebevoll genannt wird, wegen Verstoßes gegen das Kartellgesetz in acht Fällen zu einer Strafzahlung von 1,8 Milliarden Dollar verurteilt. Der Megakonzern wird in sieben Regionalgesellschaften aufgesplittert, die „Baby Bells". Die Gebühren für Ferngespräche sinken beinahe um die Hälfte. AT&T hat aber immer noch rund 270.000 Angestellte, und die sorgen in dem Jahr für einen Umsatz von fast 164 Milliarden Dollar. 2018 ist sie zum zweiten Mal in Folge mit einem Umsatz von umgerechnet 132,1 Milliarden Dollar das mit Abstand größte Medienunternehmen der Welt.

Das Photo-Phon

Obwohl erst 33 Jahre alt, will Bell sich 1880 nach seinen Erfolgen ins Privatleben zurückziehen. Er und seine Familie gehören mitlerweile zu den reichsten Nordamerikas. In ihren zwei Häusern in Washington und auf dem Landsitz Beinn Breagh auf Cape Breton in Neuschottland sind 40 Bedienstete beschäftigt. Seit 1885 hatten die Bells auf Cape Breton immer wieder Urlaub gemacht, und anfangs noch in einer einfachen Hütte gewohnt. Die dicht bewaldeten Hügel, das klare Wasser, die Seen und die gute Luft erinnerten den Erfinder stark an seine Heimat Schottland. Doch schließlich baute Bell sich gegenüber des Dörfchens Baddeck seinen Landsitz. Von dort konnte er den ganzen See überblicken.

Heute ist auf Bells Besitzungen der *Alexander Graham Bell National Historic Park* angelegt: ein schönes, eindrucksvolles Museum, das alle Arbeiten des einstigen Gehörlosen-Lehrers und seiner vielen Mitarbeiter zeigt. Denn mit seinem Geld sammelte Bell junge, wissbegierige Leute um sich, die er auch finanziell unterstützte.

Zu Bells vielen Verbesserungen und Entwicklungen gehört auch das Graphophon. Edison hatte zwar 1876 den Phonographen entwickelt, der Schallwellen auf einer Metallfolie aufzeichnete und beim Abspielen als Musik oder gesprochenes Wort wiedergab. Doch die Qualität war ziemlich blechern, ja miserabel. Jetzt war es Bell, der das Gerät als „nicht mehr als ein Spielzeug bezeichnete. Statt Blechfolien benutzte Bell Aufzeichnungszylinder aus Hartwachs – und die Klangwiedergabe war entschieden besser. Er verkauft das Patent an die American Grammophone Company. Es bildet die Basis für die zukünftige „Tonwalzen'-Herstellung und späterer Diktiergeräte.

Mit dem Verkaufserlös des Patents wandelt Bell seine *Volta Laboratories* in eine Institution um, die sich fast ausschließlich der Erforschung und Bekämpfung der Taubheit widmen sol. So will er mit seinen Mitarbeitern herausfinden, ob und wie Kinder tauber Eltern am besten sprechen lernen. Als Präsident der *Volta Laboratories* steuert er für die Forschungsarbeiten 300.000 Dollar eigenes Geld bei. Das ist ein kleines Vermögen, beträgt doch im Jahr 1909 der Jahresverdienst eines Unternehmers im Durchschnitt 1.474 Dollar!!

Bell ist auch der erste, der mit runden Scheiben als Tonträger experimentiert. Mit Unterwasser-Mikrophonen entdeckt Bell als erster, dass auch Fische Töne von sich geben; er konstruiert ein Echolot für die Ortung von Eisbergen (später U-Booten) und zur Auslotung unbekannter Meerestiefen; eine Destillationsanlage für Schiffbrüchige zur Entsalzung von Meerwasser, ein Tragflächenboot mit Dampfantrieb, und er behandelt Krebs mit Radium. Daneben gilt sein Interesse der Tierzucht. Auf mehreren Farmen hält er große Schafherden, und versucht die Zucht von Muttertieren, die mehrere Lämmer gleichzeitig werfen sollten.

1907 gründet Bell mit dem Rad- und Motorradrennfahrer Glenn Hammond Curtiss (1878-1930) und drei anderen Ingenieuren die *Aerial Experiment Association*. Curtiss galt damals mit einem Geschwindigkeitsrekord von 219 km/h für eine Weile als „der schnellste Mann der Welt". Nun hilft er Bell bei den Experimenten mit Flugdrachen. Immer größere Gebilde lässt Bell über dem See aufsteigen. Seine Absicht ist es, ein Fluggerät zu konstruieren, das einen Mann und einen Motor tragen sollte. Sein *Sygnet* genannter Drachen startet am 6. Dezember 1907, bemannt mit Leutnant Thomas Selfridge von der US-Army. Gezogen von einem Dampfboot steigt er etwa 55 m in die Luft – der erste Flug eines bemannten Drachens in Kanada. Danach arbeitet Bell zusammen mit Curtiss an der Konstruktion von Flugbooten und Flugzeugen. Eine der bekanntesten Hubschrauberfirmen trug später Bells Namen.

Sofern Bells Erfindungen medizinischen Charakter haben, nimmt er darauf kein Patent, sondern überlässt sie der Allgemeinheit. Er entwickelt einen Vorläufer der eisernen Lunge, und eine Sonde zum Aufspüren von Metallstücken im menschlichen Körper. Sie kommt auch nach dem Pistolenattentat eines Geisteskranken auf US-Präsident James Garfield (1831-1881) zum Einsatz, um in dessen Leib die Kugel des Schützen zu finden und zu entfernen. Garfield stirbt nicht an der Kugel, sondern an einer Krankenhaus-Infektion. Die Nachricht von seinem Tod geht in Windeseile um die Welt – per Telegraf und Telefon.

1880 verleiht Frankreich Alexander Bell den mit damals 50.000 Franc dotierten Volta-Preis. Damit lässt sich schon etwas anfangen. Bell gründet in Washington das *Volta Laboratory* und richtet sich in einem Haus in der „L"-Street Nummer 1325 ein Labor ein. Da Watson in Boston unabkömmlich ist, hat Bell einen neuen Assistenten angeheuert: den 26jährigen Charles Sumner Tainter (1854-1940). Wochenlohn: 15 Dollar. Zusammen beginnen die beiden Männer ein Gerät zu entwickeln, das als Übertragungsträger für Töne, also auch von Sprache, nicht mehr Elektrizität, sondern Lichtstrahlen benutzen soll. Am 19. Februar gelingt ihnen im Labor schon der erste Versuch: Tainter singt das Volkslied *Auld Lang Syne* – und Bell empfängt es einwandfrei – über einen Lichtstrahl. Am 1. April funktioniert das Ganze entlang einer geraden Straße hinter dem Labor-Gebäude, über eine Entfernung von rund 80 m. Als Lichtquelle dient dabei stets das Sonnenlicht, denn die von Edison entwickelten Stromleitungen mit Hausanschlüssen entstehen gerade erst.

Nach einigen Wochen ist man für den großen Test bereit: Am 21. Juni hat Tainter auf dem Dach der *Franklin School* in der 13. Straße den Photophon-Sender aufgestellt. Das Labor, mit einem tellergroßen Empfänger (ähnlich heutigen SAT-Schüsseln) liegt etwa 200 m weit entfernt. Dann ruft Tainter in die Sprechmuschel seines Geräts: „Mr. Bell, Mr. Bell! Falls Sie mich hören, kommen Sie ans Fenster und winken Sie mit ihrem Hut!" Bell hört ihn, und gibt das erbetene Signal. Es ist die erste drahtlose Telefonie. Erst 19 Jahre später wird es - offiziell – das erste Funkgespräch geben.

In den kommenden Wochen folgen weitere Versuche. Es gelingt dabei, Signale vom Dach der Schule bis zu den etwa 2,5 km entfernten Virginia Hills zu senden. Die Sache funktionierte aber nur, wenn zwischen Sender und Empfänger keine Hindernisse stehen. Dennoch meint Bell noch kurz vor seinem Tod, das Photophon sei „die größte Erfindung, die ich je gemacht habe, bedeutender als das Telephon." Wahrscheinlich zu recht: Denn das Photophon war gewissermaßen die Grundlage für das Glasfaserkabel und den Laser des 20. Jahrhunderts. Im Ersten und Zweiten Weltkrieg wurde es von den kriegführenden Mächten als abhörsichere Kommunikationstechnik zwischen Schiffen und Leuchttürmen eingesetzt.1935 entwickelten die deutschen Zeiss-Werke Photophone, die im Infrarot- (also unsichtbaren) Bereich arbeiteten. Sie waren für die Panzerwaffe gedacht und hatten bei günstigen Bedingungen eine Reichweite von fast 15 km.

Aber zu Bells Lebzeiten nehmen Wissenschaft und Öffentlichkeit das Photophon nicht ernst. Vor allem, weil es mit Sonnenlicht arbeitet. So mokiert sich schon 1880 die *New York Times* in einem Kommentar: „Will Prof. Bell Boston und Cambridge [...] mit einem Bündel von Sonnenstrahlen verbinden, die auf Telegrafenmasten aufgehängt werden, und falls ja, welchen Durchmesser müssten diese Sonnenstrahlen haben?" Und dann wird das Bild eines Mannes beschrieben, der 12 Sonnenstrahlen auf seinen

Schultern schleppt. Man ist eben noch zu sehr verhaftet mit den Leitungsnetzen von Telegraf und Telefon. Informationen können nach damaliger Ansicht nur über Drähte laufen.

Bell, Rassist und Eugeniker

Gegen Ende seines Lebens erscheint Bell noch einige Male in der Öffentlichkeit. Er ist jetzt ein würdiger alter Herr, mit mächtigem weißen Backenbart und Haupthaar, und einer stattlichen Figur, die er selbst bei Experimenten auf freiem Feld oder auf dem Wasser in einen Bratenrock zwängt. Zeitgenossen schildern sein Gesicht als eines, das „Güte ausstrahlt", er sei eindrucksvoll und herzlich. Als Bell 1922 im Alter von 75 Jahren zu abendlicher Stunde auf der Terrasse seines Landsitzes stirbt, hat er 125 wissenschaftliche Arbeiten veröffentlicht. Zahllos sind die Ehrungen und Auszeichnungen, die er im Lauf seines Lebens erhält. „Don't leave me", bittet ihn seine taube Frau, mit der er 45 Jahre verheiratet war. In der Gebärdensprache schreibt er ein „No" in ihre Handfläche.

Bells Grab liegt auf Cape Breton. Als er beigesetzt wird, schweigen in den USA alle 13 Millionen Telefone für eine Minute. 100 Jahre nach dem ersten Telefon-Käufer Charles Williams gibt es für 56 Millionen Amerikaner 28 Millionen Telefone, also mindestens eins für jeden Haushalt. Und als 1979 das Transatlantik-Telefonkabel *TAT 6* in Betrieb genommen wird, ist es in der Lage 4.000 (viertausend) Gespräche gleichzeitig zwischen Europa und den USA zu übermitteln. Unter der Zeile *Curious Facts* von John May, erschienen 1981, heißt es: „400 Millionen Telefone in über 50 Ländern bewältigen jährlich rund dreihundert Milliarden Gespräche". Im Jahr 1987 gibt es allein in den USA 108.593.000 Telefonanschlüsse, 468 für je 1000 Einwohner. Die größte Telefonzentrale, die jemals innerhalb eines Gebäudes errichtet wurde, befindet sich im Pentagon. Die Zahl ihrer Anschlüsse belief sich in den 1990er Jahren auf 25.000. Und selbst die winzige Insel Pitcairn, wo die Nachkommen der Bounty-Meuterer leben, verfügte damals bereits über 24 Anschlüsse.

Aber nicht alle, die Bell kennenlernt hatten, waren von ihm – dem Gehörlosenlehrer – angetan. George Veditz, Präsident der *National Association of the Deaf* nannte Bell 1907 „den Feind, den die tauben Amerikaner am meisten zu fürchten haben." Bell empfahl ein Eheverbot für Taubstumme, und forderte entsprechende Kontrollen. 1921 war er Honorarpräsident des zweiten, internationalen Eugeniker Kongresses in New York. Thema: Einführung von Gesetzen zur Verhinderung der Ausweitung „defekter Rassen". Als Folge, aber wohl ohne sein Wissen, wurden zahlreiche Taube sterilisiert, ohne sie davon in Kenntnis zu setzen. In seinem Nachruf auf Bell, erschienen im Oktober 1922, schrieb Veditz; „Er war [durch seine Erfindungen] einer der größten Wohltäter der Menschheit [... Aber] die Tauben als Gesellschaftsschicht hatten wenig Veranlassung, ihn zu mögen aufgrund seiner Einmischung in ihre Angelegenheiten. Weder sein großer Erfindergeist noch sein großer Reichtum machten ihn unfehlbar. Doch der Ruhm des einen und der Glanz des anderen machten ihn zur mächtigsten und einflussreichsten Gestalt Amerikas auf dem Gebiet der Taubstummenerziehung der letzten dreißig Jahre. Er entschloss sich, diesen Reichtum und Einfluss für etwas zu nutzen, was vom Großteil der gebildeten Taubstummen in unserem Land stets verurteilt wurde."

Die „Quasselkiste" erobert Europa

„Was wäre der Mensch ohne Telefon? Ein Luder! Was ist er aber mit Telefon? Ein armes Luder!"

Kurt Tucholsky(1890-1935)

Das Telefon findet nicht überall Freunde. „Es ist meine herzliche und weltumfassende Weihnachtshoffnung und mein Bestreben für uns alle – die Niederen und die Hochgestellten, die Armen, die Reichen, die Bewunderten, die Verachteten – dass diese sich vielleicht in einem Himmel von ewiger Ruhe und Frieden und Glückseligkeit zusammenfinden – bis auf den Erfinder des Telephons" schrieb zum Beispiel Mark Twain in einem Leserbrief an die *New York World*

Dennoch: Das Telefon läutet 1886 praktisch den Niedergang der Telegrafie ein. Bell ist gegen öffentliche Telefone. Er möchte lieber jeden Haushalt über eine zentrale Schaltstelle an ein Telefonnetz anschließen. Es kommt zum Zerwürfnis mit den anderen Gesellschaftern. Nach Vails Ansicht sind diese nur an einer Gewinnmaximierung interessiert. 1889 wirft er im Alter von erst 42 Jahren das Handtuch. Er geht nach Südamerika, fördert den Bau von Wasserkraftwerken, elektrischen Straßenbahnen und beteiligt sich in Colorado an einem Goldbergwerk. 18 Jahre später holt ihn AT&T zurück. Denn dem Unternehmen geht es zunehmend schlechter. Das Alleinrecht auf die Bell'schen Patente ist abgelaufen, neue, diesmal unabhängige Gesellschaften entstehen und kämpfen mit eigenen Telefonsystemen um Gebiets- und Marktanteile. In einigen Regionen haben die Kunden die Auswahlmöglichkeit unter mehreren Anbietern und deren Systemen. Und da kommt es schon gelegentlich vor, dass manch ein Kunde zwei bis drei Geräte unterschiedlicher Gesellschaften benötigt, um mit dem richtigen davon über die jeweils angeschlossenen Leitungen einen anderen Gesprächsteilnehmer zu erreichen.

Im Mai 1877 waren die ersten amerikanischen Telefonapparate in England eingetroffen. Es waren bereits verbesserte

Exemplar des Bell'schen Urmodells. Sie waren mit einem neuartigen Schallwandler und einem Kohlenkörnermikrophon versehen. Als deren Erfinder gelten der anglo-amerikanische Konstrukteur David Edward Hughes und der Hannoveraner Emil Berliner (1851-1929). Der war im Alter von19 Jahren in die USA ausgewandert und hatte seine Erfindung 1877 für 50.000 Dollar an die *Bell Telephone Company* verkauft. Bedeutende, spätere Entwicklungen Berliners sind u.a. die Schelllackplatte, das Grammophon und ein Vorläufer des Hubschraubers.

Aber trotz dieser Neuerungen ist Bells Telefon immer noch recht einfach. Sprechlaute sind nur zu empfangen, wenn man klar, deutlich und langsam redet. Man muss den Hörer nahe ans Ohr halten, die Umgebung muss ruhig sein. Und nur, wenn in der Leitung keine Störung herrscht, kann man einander verstehen. Oberirdische Leitungen kommen deshalb zunächst kaum in Betracht.

In Berlin hat Heinrich Stephan, seit 1876 Generalpostmeister, aus verschiedenen ausländischen und deutschen Zeitungsmeldungen von Bells Telefon erfahren. Über die Einzelheiten jedoch ist ihm noch nichts bekannt. Schließlich aber hält der an allen technischen Neuerungen interessierte Stephan eine Ausgabe des *Scientific American* vom 6. Oktober in der Hand, einem schon damals bekannten Wissenschaftsmagazin. Darin wird ausführlicher über das amerikanische Telefon berichtet. Noch am gleichen Tag, es ist der 18. Oktober 1877, geht auf Veranlassung Stephans ein Brief an den bei der *Western Union Telegraph Company* in New York in leitender Position stehenden George B. Prescott

In dem Brief nimmt das Generalpostamt Bezug auf die „seit längerer Zeit durch englische und amerikanische Zeitungen verbreiteten von den jenseits des Ozeans in der Telefonie gemachten Fortschritten" und „bittet um Mitteilung, ob die *Western Union* Gesellschaft mit dem Bell Telephon bereits Versuche angestellt" und „wenn bejahendenfalls", was sie damit erzielt habe. Gleichzeitig wird bei Prescott angefragt, ob man durch seine Vermittlung einige der neuartigen „Fernsprecher" käuflich beziehen könne.

Ein Brief von Berlin nach New York war damals etwa 12 Tage unterwegs. Prescott antwortet mit Datum vom 8. November umgehend, dass sich seine Gesellschaft auf dem Weg der Versuche noch damit beschäftige, das Bell-Telefon zu verbessern. Denn vorerst ermögliche es eine Verständigung über nur 8 bis 16 km. Doch inzwischen hat Stephan Besuch von seinem Freund und Kollegen Henry Fischer bekommen, einem gebürtigen Hannoveraner, der es zum Leiter des Haupttelegrafenamtes in London gebracht hat. Mit Stephan will er Tariffragen besprechen. Als Gastgeschenk übergibt er Stephan am 24. Oktober zwei Bell-Apparate.

Und dann geht alles rasend schnell: Stephan lässt noch am selben Tage Versuche mit den Geräten anstellen. Anfangs nur im Hauptpostamt von Zimmer zu Zimmer, über eine Entfernung von hundert Schritt. Bell besitzt in Deutschland wegen des Reis'schen Telefons keine Patentrechte. Auf diese Weise kommt nun auch wieder Werner Siemens ins Spiel. Stephan beauftragt ihn, eigene Telefonapparate herzustellen. Schon zwei Tage später, am 26. Oktober, folgen mit Fischers Gastgeschenken erste Sprechversuche zwischen Stephans Büro im Generalpostamt in der Leipziger Straße No. 15 und dem 2 km entfernten Haupttelegrafenamt in der Französischen Straße 33c. Auch bei diesem Versuch wird gesungen und Musik übertragen. Stephan wird diesen Tag als „Geburtstag des Fernsprechers in Deutschland" bezeichnen. Ein Mitarbeiter erinnert sich: „Die ganze Unternehmungslust, die Schnell- und Spannkraft seines Wesens loderten mächtig empor und flößten seinen Mitarbeitern Vertrauen und Entschlossenheit ein."

Am 7. November 1877 schreibt die *Nationalzeitung*: „Das erste Telefon ist in Berlin wirklich in Dienst gestellt. Und zwar von dem Arbeitszimmer des Generalpostmeisters in der Leipziger Straße zu dem Arbeitszimmer des Direktors des Telegrafenamtes in der Französischen Straße. Die mündliche Verständigung auf der 2 km langen Leitung ist vollkommen. Der Generalpostmeister spricht in das auf seinem Arbeitstisch befindliche Instrument, erlässt mündliche Verfügungen und Anfragen, erteilt mündliche Aufträge und erhält ebenfalls auf mündlichem Weg die Berichte und Antworten von dem Direktor des Haupttelegrafenamtes, auf dessen Arbeitstisch sich das andere Instrument befindet. Die Verständigung erfolgt unmittelbar, als ob beide Herren sich in ein und demselben Zimmer befänden, und mit vollkommener Deutlichkeit,

---

so dass das Ideal der Abkürzung des Geschäftsganges und der Verminderung des Schreibwerks erreicht ist."

In den folgenden Tagen werden weitere Übertragungsversuche durchgeführt. Dazu berichtet Werner Siemens seinem Bruder Carl am 30. Oktober nach London: „Wir sind hier jetzt im Großen Telephontrubel! Stephan erhielt gleichzeitig mit den unsrigen ein Paar amerikanische durch Engländer [...] welche leider besser gehen als das von Euch gefertigte und auch besser als die unsrigen. Es sind kleine Konstruktionsdetails! Damit wurden neulich bei einem Diner bei Stephan Versuche gemacht, mit den unsrigen im Saal und mit den amerikanischen zwischen seinem Haus und der Hauptstation. Letzteres ging mit zwei unterirdischen Leitungen sehr gut. Darauf ist nach Potsdam [26 km], dann nach Brandenburg [61 km] noch recht schön und deutlich gesprochen, gesungen worden usw. Nach Magdeburg [150 km] wollte es nicht mehr gehen. Faktum, dass man mit unterirdischen Doppelleitung noch auf 10 deutsche Meilen deutlich sprechen kann! Das ist allerdings sehr überraschend. Stephan ist ganz wild und seine Beamten auch. Er will sogar jedem Berliner Bürger womöglich ein Telephon zu jedem anderen zur Disposition stellen. Wir arbeiten gleich tüchtig darauf los, da alle Welt welche haben will! Ich habe auch schon Verbesserungen in Arbeit, von denen ich mir viel verspreche."

Stephan ist Werbemann in eigener Sache. Als am 3. November 1877 die unterirdisch verlegte Telegrafenlinie Berlin – Hamburg – Kiel in der Fördestadt feierlich eröffnet wird, lässt er in Anwesenheit zahlreicher Gäste – darunter Professoren, Gelehrte und Reeder– mit Hilfe von zwei von Siemens nachgebauten und verbesserten Bell-Telefonen Sprache und Musik übertragen. So hat dessen Modell zum Beispiel eine Alarmklingel, also ein Signal, dass jemand anruft. Die Herren sind beeindruckt. Auch die Presse nimmt sich nun der Sache an.

Am 9. November 1877 trifft Stephan mit Reichskanzler Fürst Bismarck zusammen, um diesen über die neue Form der Nachrichtenübermittlung zu informieren. Zunächst schildert er möglichst verständlich das Phänomen von Elektrizität und Magnetismus, danach die Übertragungsversuche und ihre Ergebnisse – bis zu den Versuchen zwischen Magdeburg und Berlin. „Der Versuch mit Magdeburg ergab noch Töne, aber keine Laute mehr, folglich keine Verständigung. Dies beweist indes nicht, dass die Verwendung der Erfindung für weitere Entfernungen ausgeschlossen sei, da dieselbe noch in der Kindheit liegt, und man jedenfalls sehr bald potentere Instrumente wird herstellen können. Das jetzige gleicht an Form und Größe etwa einem mittelgroßen Fliegenschwamm [Fliegenpilz]: an dem Stiel fasst man an und spricht da, wo die rote Fläche ist; und ebendaselbst hört man auch: Es ist kaum etwas Einfacheres zu denken." Und er erläutert dem Kanzler seine Absicht, „Telefone auf allen denjenigen Postorten aufzustellen, an welchen noch keine Telegra-phenanstalten sich befinden und von dort die aufgegebenen Depeschen an die nächste Telegraphenstation hinüberrufen zu lassen [d.h. telefonisch durchzugeben]."

Umgekehrt soll es ebenso funktionieren: Telegramme können für solche Strecken fernmündlich durchgegeben werden, ein Beamter notiert den Text, der dann dem Adressaten zugestellt wird. Gelingt das, dann würden wir, da die Kosten sehr gering sind, die Zahl der Reichs-Telegraphenämter ganz erheblich vermehren können."

Noch im gleichen Jahr (1885) können Benutzer Berliner Stadttelefone mit Teilnehmern in Magdeburg und bald auch mit Telefonbesitzern in Hannover Ferngespräche führen. Telefonate bis zu 250 km Entfernung sind ganz ohne Störungen möglich, etwa zwischen Leipzig und Dresden. Auch das Militär wird über die neue Technologie informiert. Und in einem anderen Brief von Werner an Bruder Carl heißt es: "... werde wohl nächstens ein Patent beantragen. Wir sind mitten in den Versuchen, und ich glaube, wir werden Bell bald sehr übertreffen. Am besten geht noch immer das alte Berliner Weihnachtsmarkttelephon – zwei Waldteufel mit den Strippen zusammengebunden. Wir Esel haben zwar das Wunder des deutlichen Verstehens auf 60 Fuß und mehr Entfernung angestaunt, aber die Sache nicht verfolgt, auch dann nicht, als Reis es elektrisch zu machen versuchte."

Siemens fürchtet nicht, dass das Telefon den Telegrafen verdrängen würde. Vielmehr meint er, dass beide Erfindungen einander ergänzen werden. Das Telefon sei gut für eine Verständigung über kürzere Entfernungen, etwa vom Kontor nachhause oder von Haus zu Haus. Der Telegraf aber werde weiterhin für eine Verständigung von Land zu Land und Kontinent zu Kontinent dienen. Mit Dumping-Preisen will er sich seinen Marktanteil sichern. Denn das große Geschäft sieht er im Verlegen von Leitungen. So schreibt er am 10. November an Carl: „wir verkaufen ein Telefon für 5 Mk [...] um andere zu verhindern, die Sache anzugreifen, da ich hoffe, wir werden sie sehr verbessern, wenn wir etwas Zeit haben. Stephan hat schon Telephonstationen angelegt und spricht von 2.000, die er im nächsten Jahr etablieren will. Das gibt viele unterirdische Leitungen! Sorgt nur für gute, billige isolierte Leitungen [Kabel] mit 2 oder höchstens 3 Adern!" [...] „Not ist immer noch groß, ebenso wie nach Telephonen, die wir für 10 Mk das Paar in Masse versenden..." Inklusive 15 m Telefonleitung sind das 12 Reichsmark.

Am 12. November führt Stephan das Telefon auch dem Kaiser vor, wobei ein in einem anderen Raum stehender Geigenspieler eine Melodie erklingen lässt. Der Kaiser soll schmunzelnd gesagt haben: „Es ist ihr Glück, Stephan, dass Sie das nicht vor vier Jahrhunderten erfunden haben, sonst wären Sie als Hexenmeister verbrannt worden." Entweder wiederholte der Kaiser, was Soemmering zu hören bekommen hatte – oder die Anekdote ist ihm nachträglich in den Mund gelegt worden. In Würdigung der Verdienste von Philipp Reis erreicht Stephan beim Kaiser, dass Reis' Witwe ein „Gnadengehalt" von 1.000 Mark erhält.

An diesem 12. November wird auch in Friedrichsberg bei Berlin (heute Berlin-Lichtenberg) die dortige kleine Telegrafenan-stalt mit einem Telefon ausgestattet. Stephan will zunächst solche „Endstationen" mit Fernsprechern – wie er sie nennt – ausstatten. Denn Kuriere, beritten oder gar zu Fuß oder gar eine unterirdische Verlängerung der Leitungen wären zu teuer. Hausdächer für Telefonleitungen zu benutzen, wie das in England und den USA üblich ist, lehnt der Magistrat der Stadt Berlin zum Glück ab, vielleicht aus ästhetischen Gründen.

Siemens hat die Bedeutung des Telefons sofort erkannt. Miteinander sprechen zu können ist allemal besser als sich telegrafisch – wie in England – zu „unterhalten". Er nimmt an den Bell-

Geräten eine Reihe technischer Verbesserungen vor. Mit denen wird es möglich, auch über längere Leitungen zu telefonieren. Am 15. November 1877 schreibt er an seinen Bekannten aus Telegrafie-Tagen, den russischen Generalpostmeister von Lüders in St. Petersburg: „Ew. Exzellenz! wollen mir gütigst gestatten, Ihnen ein paar der kleinen Dinger, welche jetzt die Welt – speziell die Telegraphie – auf den Kopf zu stellen drohen, des Telephons nämlich, mit der Bitte freundlicher Annahme zu übersenden. Sollte das Ding seinen Weg nach Russland noch nicht gefunden haben, so würde mich das doppelt erfreuen. Hier hat der Herr Generalpostmeister die Sache mit gewaltigem Eifer aufgegriffen und bereits Telephonstationen eingerichtet! Wir zeigten sie zuerst auf dem Kieler Eröffnungsfeste der Kiel-Frankfurt-Kabellinie, und ich erlaube mir, die von unserem Geschäftspoeten verfasste Einführung des Telephons gleichfalls – nebst den anderen poetischen Ergüssen – der Sendung beizufügen. Gebrauchsanweisung ist nicht nötig. Man schaltet die beiden Drahtenden beliebig mittels der Klemmen ein und spricht los! Wer sprechen will, hält die Öffnung in die Nähe des Mundes und spricht langsam und deutlich, ohne zu schreien. Wer hören will, hält die Öffnung nahe ans Ohr. Anfangs hört oder versteht man gewöhnlich nichts, aber bei einiger Übung, bei ruhiger Umgebung, versteht man jedes Wort. Durch zwei unterirdische Leitungen hat man noch sehr gut zwischen Berlin und Brandenburg – etwa neun deutsche Meilen [ca. 66 km] – gesprochen...“

Das Telefongeschenk an Lüders ist ein geschickter Schachzug – erhofft sich Siemens doch einen Großauftrag aus Russland. Seinem Bruder William schreibt er am 19. November 1877 aus Charlottenburg: „...Der Telefonschwindel [d.h. Taumel] ist jetzt in Deutschland in voller Blüthe, und ich kann sagen, ich werde die Geister, die wir berufen haben, nicht mehr los! Heute sind ca. 100 Briefe, welche Lieferung von Telephonen verlangen, eingegangen, und so geht das täglich. Dazu die Berliner, die unser Geschäft vollständig belagern und alle guten Freunde, – wenn auch nur ad hoc, welche es bei uns sehen und darüber schwatzen wollen! Es ist eine wahre Kalamität! Ich habe leider den Preis zu niedrig normiert, 5 Mark das Stück. Wir verdienen dabei zwar noch 50

%, und ich wollte durch billigen Preis die Dinger in der Hand behalten. Einen solchen Sturm habe ich aber doch nicht vorausgesehen..."

Nun, immerhin beläuft sich das ‚Paketangebot‘ 1877 für eine komplette Anlage aus zwei Apparaten, 15 m Doppelleitung, Verpackungs- und Versandkosten auf 12 Mark. Der Bedarf an der „Quasselkiste“ steigt von Tag zu Tag. Werner Siemens an Carl: „Der arme Bell kommt allerdings mit einem lächerlichen Preis von 25 Pfund Sterling jetzt schlecht an, der Konkurrenz mit unserem 5 Mk gegenüber! Wir haben uns schon auf 200 Paare täglich einrichten müssen, und es laufen noch mehr Bestellungen ein..." Am 7. Dezember des gleichen Jahres ergänzt er, „dass man schon einmal bis zu 700 Telefone an einem Tag“ geliefert habe. ‚Jetzt scheint der Sturm etwas nachzulassen.“

Die Fernsprech-Verkabelung Europas ist in vollem Gang. Natürlich erfährt Bell recht bald vom Run auf die Siemens Telephone. Am 29. November erhält Stephan einen entsprechenden Protestbrief und antwortet: Ja, das sei richtig. Viele andere Mechaniker in Deutschland täten das auch – denn Bell habe in Deutschland wegen Philipp Reis kein Patent auf die schöne Erfindung Und daran werde sich wohl nichts ändern lassen. Bell fordert von der Reichspostverwaltung Patentgebühren für den Nachbau und die Verwendung „seines“ Telephons. Er hat Agenten beauftragt, Beweise gegen alle Behauptungen zu sammeln, dass Reis der eigentliche Erfinder des Telephons sei. Stephan strengt daraufhin einen Prozess zur Klärung der Prioritätsfrage an – und gewinnt. Alexander Bell hat in Sachen Fernsprecher in Deutschland nichts mehr zu melden.

So kommt der 28. November 1877 heran. Das Datum gilt heute als der Tag für die offizielle Einführung des Telefons in Deutschland. Denn an ihm wird die amtliche „Dienstanweisung für den Betrieb von „Telegraphenlinien mit Fernsprechern" erlassen. Gleichzeitig ist Siemens dabei, die Bell'sche Originalkonstruktion weiter zu verbessern. Bereits am 21. Januar 1878 berichtet er darüber in einem Vortrag vor der Berliner Akademie der Wissenschaften, er sei überzeugt davon, dass man sich mit „seinen" Geräten „mindestens" über 180 km weit gut werde verständigen können, zwischen Städten und benachbarten Ortschaften. „Das Telephon", so sagt er, „ist ein elektrisches Sprachrohr, welches ebenso wie dieses von jedermann gehandhabt werden und die persönliche Besprechung vollständig ersetzen kann."

Anfangs werden Telefone hauptsächlich von Behörden benutzt, als hausinterne Verbindungen mit eigener Leitung von einem Telefon zum anderen, oder allenfalls als Leitungen von Haus zu Haus. Der Generalpostmeister Stephan ist darüber nicht sehr glücklich. Eine Weile schaut er sich das an, dann appelliert er im Jahr 1880 an die Geschäftswelt, sie möge sich an einem städtischen Fernsprechnetz beteiligen. Mit selbst getexteten Werbeschriften wendet er sich an die Berliner Bevölkerung und an die Berliner Kaufmannschaft mit der Bitte, Agenten (heute würde man ‚Promoter' sagen) für die Propagierung des Telefons vorzuschlagen. Unter den ihm vorgeschlagenen Personen ist ein Ingenieur und Telefonenthusiast namens Emil Rathenau, (1838-1915). Sieben Jahre später wird Rathenau zum Mitbegründer der *Allgemeine Elektrizitäts Gesellschaft* und wird diese als AEG zu Weltruhm führen.

Das Akquirieren von Fernsprechteilnehmern in Berlin ist mühsam. Bis zum Jahresende werden gerade mal acht Teilnehmer gewonnen, die miteinander oder untereinander telefonieren wollen, trotz der optimistisch klingenden Verkaufsmeldungen von Siemens eine enttäuschend niedrige Zahl. Dabei hat Stephan all seine Überredungskünste und „sanfte Gewalt" aufgewendet, um wenigstens dieses kleine Häuflein zusammen zu bekommen. Sie

---

hatten schließlich eingewilligt „unter Kopfschütteln und mehr aus Gefälligkeit als aus Überzeugung von den zu erwartenden Vorteilen", wie es in einer Schilderung von 1917 zum 40. Jahrestag des Fernsprechers heißt.

Ein Apparat ist zwar billig, sein Anschluss und Betrieb jedoch nicht. Der Eintrag ins Fernsprechbuch sowie die Jahresgebühr von 200 Mark entsprechen etwa 40 Übernachtungen in einem guten Hotel. Die „öffentlichen Fernsprechstellen" sind dem Oberpostmeister Stephan deshalb besonders wichtig, weil werbewirksam. Ein Gespräch kostet allerdings 20 Pfennig, das ist mehr als der Stundenlohn eines Arbeiters. Für Telefon-"Neulinge" gibt es auf einem Informationsschild eine

„Anweisung zur Benutzung der Fernsprecheinrichtung :

o -Beim Anruf Kurbel einmal langsam herumdrehen!
o -Während des Gesprächs nicht Kurbel drehen!"
o - Nach Gesprächsschluss Hörer anhängen!
o -Schlusszeichen nicht vergessen!"

Die ersten öffentlichen Telefone stehen allerdings noch nicht im Freien, also in Telefonhäuschen, sondern in Gebäuden wie dem Hofpostamt Spandauer Straße 19-22; Rohrpostamt, Leipziger Platz 2; Postamt Nr. 24 in der Oranienburger Straße 35; dem Postamt Nr. 64 Unter den Linden 5; und dem Postamt Nr. 67 im Central-Vieh-und Schlachthof in Lichtenberg. In den USA erfindet 1889 William Gray (nicht zu verwechseln mit Bells Rivalen Elisha Gray) 1889 die Callbox, den Münzfernsprecher, und das Telefon zieht nun auch in Drugstores, Schnellimbisse und Kaufhäuser ein. Telefonzellen im Freien folgen in Deutschland erst ab 1904 in immer größerer Zahl. Doch mit der Einführung des Mobiltelefons werden sie allmählich wieder verschwinden. Gab es 1989 in Deutschland noch etwa 162 000 Telefonzellen, so sind es 2015 nur noch 29.000.

Was die schnelle Verbreitung des Telefons zunächst behinderte lag u.a. daran, dass Teilnehmer nur telefonieren konnten, wenn sie direkt über eine Leitung miteinander verbunden waren. Etwa der Firmenchef mit seinem Unternehmen, oder ein Arzt mit

„seinem" Krankenhaus. So sind zu Beginn der 1880er Jahre in Europa zunächst, ähnlich wie in den USA, nur Ortsgespräche möglich. Auch Direktwahlen sind noch ein Ding der Zukunft. Jedes Gespräch muss noch über ein Fernsprechamt „vermittelt" werden. Die Idee einer solchen Anstalt, die zwei Gesprächspartner miteinander verbindet, ohne dass zwischen den beiden eine direkte Fernsprechleitung verläuft wird dem Ungarn Tivadar Puskás (1844-1893) zugeschrieben, einem zeitweilig für Edison arbeitenden Erfinder. Die erste solche Schaltstelle wurde am 28. Januar 1878 im Boardman-Gebäude in New Haven im US-Bundesstaat Connecticut in Betrieb genommen. 21 Teilnehmer konnten über sie miteinander verbunden werden. Im Lauf der Jahre erfolgten weitere technische Verbesserungen durch andere Erfinder.

Das erste „öffentliche Fernsprechamt" Deutschlands wird am 12. Januar 1881 im Haupttelegraphenamt in der Französischen Straße in Berlin in Betrieb genommen. Zunächst ist es für 100 Anschlüsse ausgelegt. Die Liste der ersten acht Teilnehmer existiert nicht mehr. Das erste Telefonverzeichnis nennen die Berliner spöttisch „Das Buch der hundert Narren". Denn für die noch telefonlosen Bürger galten die Benutzer eines Quasselkastens nicht selten als arrogant oder eingebildet. Das amtliche Fernsprechbuch vom 14. Juli 1881 enthält jedoch bereits 400 Nummern. 187 davon sind vergeben, der Rest ist „auf Vorrat" notiert. Das Buch, eher ein Büchlein, erscheint mit einer Auflage von 250 Exemplaren, ist 28 Seiten stark und bebildert, aber in einem schlichten Pappeinband. Sein Titel: „Verzeichnis der bei der Fernsprecheinrichtung Betheiligten". Die Einträge sind zweifach aufgelistet: einmal fortlaufend von A bis Z – also von „Abgeordnetenhaus" bis „Ziesch & Co, Tapisserie-Manufaktur", sowie einmal nach fortlaufenden Telefonnummern. Die Nummer 1 war anfänglich der Börse zugeordnet, doch die bekam bald neun Anschlüsse in schalldichten Kabinen. Die Nummer 400 ist der Maklerbank in der Leipziger Straße zugewiesen. Die meisten Teilnehmer sind Lieferanten und Kleingewerbeunternehmer, besonders Maschinen- und Elektrobetriebe, jeder vierte Telefonbucheintrag ist ein Bankier oder eine Person aus dem Finanzgeschäft. Auch das Berliner Tageblatt, die Nationalzeitung, der Berliner Börsen-Courier und die Vossische

Zeitung sowie einige reiche Bürger sind aufgeführt. Zum Vergleich: Im Jahr 2006 – dem 125-jähriges Bestehen des ersten Telefonbuchs – werden in Deutschland jährlich 30 Millionen Telefonbücher gedruckt, in 125 verschiedenen Regionalausgaben.

In nur knapp drei Jahren schafft es Stephan, die Zahl der Telegrafenanstalten auf fast 4.143 mehr als zu verdoppeln. Und im Lauf seiner Verwaltung sogar um das Siebzehnfache. Auch in der Ausbildung von Telegrafisten wird das Deutsche Reich führend in der Welt. 1888 beträgt die Länge der oberirdischen Leitungen 76.999 Kilometer, und wächst bis 1913 auf 275.000 km. Aber viele Leitungen laufen unterirdisch, besonders in den Städten. So wird eine Verschandlung des Straßenbildes weitgehend vermieden. Die längsten internationalen Verbindungen sind Berlin-Rom (1.935 km) und Berlin über Bukarest bis Constanza am Schwarzen Meer (2 044 km) und weiter nach Konstantinopel.

Die Inbetriebnahme der ersten größeren Vermittlungsämter ist oft eine festliche Angelegenheit. Auch in Hamburg wird seit dem 1. April 1887 „großvermittelt". Bei der ersten, öffentlichen Erprobung steht als Ehrengast der 45jährige Bariton Eugen Gura vor einem Telefon. Umringt wird er von Postamtsdirektoren, Senatoren und Journalisten. Dann schmetterte er eine Arie in die „Sprechröhre". Am Ende der Leitung im gleichen Haus, nämlch in der ersten Etage der Hamburger Börse, ist sein Gesang deutlich zu empfangen. Tagelang ist das Ereignis Stadtgespräch. Ebenso euphorisch äußert man sich in den Nachschlagewerker der damaligen Zeit über die neue Erfindung. So heißt es im Brockhaus von 1886: „Die Einrichtung des Telefons veränderte mit einem Schlage zauberhaft die Physiognomie des gesamten sozialen und öffentlichen Lebens. Zahllose Geschäfte werden jetzt mittels T. abgeschlossen; die neuesten Börsenkurse erfährt der Bankier in seinem Arbeitszimmer unmittelbar von der Telefonanstalt in der Börse. Leichter und schneller pulsiert das Leben sowie die Arbeit in den Comptoirs, Fabriken, industriellen Etablissements und selbst in den Staatskanzleien, seitdem die leitenden Ideen eines Chefs, eines Ingenieurs oder eines Staatsmannes durch das T. unmittelbaren und schnellen mündlichen Ausdruck erhalten, der das Eingreifen der maßgebenden Persönlichkeit in jedem beliebigen Augenblick sichert." In Karlsruhe lässt sich Friedrich I, Großherzog von Baden, ein Telefon vom Hoftheater in seine Residenz legen – um erstmals Musik „fern zu hören". Im Ausland ist man weiter: 1881 wird in Paris das Théátrophone vorgeführt. Unter diesem Namen bieten bald auch Firmen in Schweden und Belgien telefonische Übertragungen aus Theatern und Konzertsälen an. In den Pausen werden die neuesten Nachrichten eingeblendet – oder auch Werbung! In Budapest kann man seit 1893 eine Art Telefonradio hören. Und mit der „Music on Tap" wird es möglich Trompetensoli, Gedichte oder dramatische Schauspielszenen abzurufen. Mit Münzen betriebene Empfänger stehen in Hotels, Restaurants, Klubs und anderen Örtlichkeiten. Fünf Minuten „Ferngenuss" kosten 50 Centimes. Dafür gibt es allerdings nur eine Kostprobe, also einen Ausschnitt. Es sei denn, man ist Abonnent wie Marcel Proust, der vollständige Übertragungen von Theateraufführungen in sein Wohnzimmer genießt. Jahre später ist auch das Café Kranzler in Berlin besonders fortschrittlich: über das Telefon erfahren Anrufer, welche Kuchenauswahl es gerade gibt.

Auch in den USA verbreitet sich das Telefonnetz mit Windeseile. Schon 1880 sind die wichtigsten Städte der USA miteinander verlinkt. Es begann die Verkabelung der Städte untereinander, und der ersten Hauptstädte (Paris-London). Einige der Linien sind über 1000 Kilometer lang, etwa Berlin-Memel (1032 km). Oder Berlin-Budapest (970 km). Der ursprüngliche Plan, Telefonleitungen auf den gleichen Masten zu verspannen, auf denen schon zehntausende von Telegrafenleitungen laufen, lässt sich nicht verwirklichen. Das Telefon ist zu empfindlich. Selbst bei größtem Abstand der verschiedenen Drähte voneinander rufen die Telegrafieströme in den Leitungen Induktionsströme hervor, die die Sprechverbindung empfindlich stören.

Das erste „Fräulein“ war ein Herr

Berühmt – und auch begehrt – wurden die Vermittlerinnen als „Fräulein vom Amt“. Doch das „Fräulein“ war zunächst ein Herr. Dass alsbald Frauen bevorzugt wurden, stieß offenbar auf Kritik. Unterstaatssekretär Paul Fischer aus dem Reichspostamt verteidigte diese Entscheidung 1894 im Reichstag mit der Erklärung so: man beschäftige bevorzugt Frauen, „einmal, weil durch die höhere Stimme des weiblichen Organs die Schallwellen leichter verständlich sind, und sodann, weil der Teilnehmer friedlich wird, wenn ihm aus dem Telephon eine Frauenstimme entgegen tönt!“ Allerdings führen männliche Beamte anfangs die Aufsicht. In England „vermitteln“ eine Zeit lang auch Jungen, meist vor dem Stimmbruch. Sie erweisen sich oft als noch zu verspielt, zu ungeduldig, stellen aus Unvermögen oder gar mutwillig falsche Verbindungen her und sind gelegentlich frech zu der Kundschaft, denn am Telefon bleiben sie ja anonym.

Als Arbeitskleidung für Telefonistinnen der Deutschen Reichspost sind ein dunkles Kleid und Ärmelschützer vorgeschrieben. Bewerberinnen mussten aus gutem Hause stammen, ledig, gebildet und jung sein und eine gute Schulbildung haben. Ausbildung und Anlernung finanzierte die Post. Die jungen Damen waren zwischen 18 und 30 Jahre alt. Sie durften laut Erlass von Postmeister Stephan nicht verheiratet sein – und mussten auch geloben, für die Dauer ihrer Tätigkeit ledig zu bleiben. Die Arbeitszeit betrug elf Stunden pro Tag, bei großen Ämtern waren das 54 bis 50 Stunden pro Woche, bei kleineren sogar 60 Stunden. Der Stress war groß, und nur allmählich wurde der Dienst auf 48 und schließlich auf 42 Stunden reduziert. Einen Anspruch auf Urlaub gab es nicht. Immerhin, die Fräuleins durften bei der Arbeit sitzen. Denn in den ersten Vermittlungsstellen in Paris 1880 erfolgte die Vermittlung noch stehend.

1912, zwei Jahre vor Kriegsausbruch organisierten sich die „Fräulein vom Amt“ im „Verband der deutschen Reichs-, Post- und Telegraphenbeamtinnen“, die Verpflichtung auf Ehelosigkeit wird gestrichen, und wer aus dem Dienst ausscheidet erhält eine „Heiratsprämie“ als Abfindung.

Da die Bedienung der Klappenschränke relativ einfach ist, genügte eine kurze Einweisung. Wollte der Besitzer eines Fernsprechers einen anderen Teilnehmer erreichen, denn musste er zunächst das Fräulein vom Amt „wecken". So lautete der offizielle Ausdruck tatsächlich. Und das ging etwa so: Das Telefon war als länglicher Kasten meist an einer Zimmer- oder Hausflurwand befestigt. Der etwa zwei Pfund schwere Hörer hing an einem Bügel. Zum Telefonieren drückte der Benutzer einige Sekundenlang einen sogenannten Weckerknopf oder einen Kurbelinduktor. Der Impuls lief über die Telefonleitung zur Vermittlungsstelle und mündete dort in einem schrankartigen Rahmen, dem Klappenschrank. Der hieß deshalb so, weil der eintreffende Impuls bewirkte, dass im Schrankrahmen mit lautem „Klack" eine Holzklappe umkippte. Aus der Zeit stammt wohl die Redewendung „Halt die Klappe!"

„Wer beim Telephonamt tätig ist, schafft Zauberwerke, deren sich die Scheherazade nicht einmal zu schämen braucht" heißt es 1906 in der Dezemberausgabe der Monatszeitschrift *„Berliner Leben"*. Dazu ein Bild einiger Dutzend Telefonistinnen in einer neuen Berliner Vermittlungsstelle. Die ersten Klappenschränke enthielten in fünf Reihen untereinander insgesamt 50 „Anruf-Klappen" – je eine pro Leitung bzw. Teilnehmeranschluss. Sobald die Klappe herunterfiel, gab sie eine Buchse frei, in der die Leitung mündete. Auf Vorder- und Rückseite der Klappe stand jeweils die Nummer des Teilnehmers.

„Hier Amt, was beliebt?" meldete sich das dafür zuständige Fräulein, sobald „die Klappe fiel". Der Anrufer sagte nun, mit welcher Nummer er verbunden werden wollte. Das Fräulein stellte daraufhin die Verbindung her, indem sie – einfach ausgedrückt – über ein kleines Kabel den elektrischen Kontakt zwischen der Buchse des Anrufers und der Buchse des von ihm gewünschten Teilnehmers herstellte. Standardsatz an den gewünschten Teilnehmer: „Jetzt kommt ein Gespräch für Sie!" Eine Minute etwa dauerte es, bis die beiden Gesprächspartner „zusammengestöpselt" waren. War die gewünschte Nummer jedoch schon besetzt (also mit einem anderen Stöpsel verbunden), so sagte das „Fräulein" höflich: „Schon besetzt, warten Sie gefälligst, werde mich melden, wenn frei." Dann kam die Anweisung „Bitte rufen". Darauf musste der Anrufer erneut den Weckerknopf drücken. Das gleiche musste er am Ende des Gesprächs tun. Dann wusste das Fräulein, dass sie die Verbindung wieder trennen konnte.

Anfangs hatten die Fräulein vom Amt die Nummern vieler Fernsprechinhaber noch im Kopf. Doch je mehr das Netz wuchs, desto schwieriger wurde das –und desto mehr Klappenschränke mussten bedient werden. Jeder zusätzliche Klappenschrank ließ sich mit den bereits in Betrieb befindlichen verbinden. Auf diese Weise konnte zum Beispiel Teilnehmer 35 mit Teilnehmer 145 sprechen. Da die Fräulein vom Amt aber nicht so lange Arme hatten, um entfernte Buchsen zu erreichen, riefen sie der entsprechenden Kollegin die gewünschte Nummer zu. Vermittlungsstellen mit 50 oder 100 „Klappen", also Anschlussstellen, galten als klein. In den Vermittlungsämtern der Ortsnetze von Berlin, Hamburg, Breslau, Köln Mannheim, München und Frankfurt am Main aber saßen schon bald mehr als 100 Vermittlerinnen.

Ein, zwei oder auch ein halbes Dutzend Schaltpulte reichen in manchen Ämtern bald nicht mehr aus, um die vielen Anrufe entgegenzunehmen und weiter zu vermitteln. Bei mehr als 10.000 Anschlüssen in einem Vermittlungsamt muss ein zweites errichtet werden. In diesen ersten großen Fernsprechämtern spielt sich die Vermittlung in zehn Meter hohen Räumen ab. Sie haben das Ausmaß einer kleinen Bahnhofshalle. In ihnen arbeiten auch die Beamten des Telegrafendienstes, meist Männer, weil auch militärische Nachrichten durchgegeben wurden.

Da manch ein Vermittlungswunsch eine Anschlussnummer betrifft, deren Klappe in einem zweiten oder sogar dritten Saal liegt, werden Türsteher eingestellt: Über den Kopf der vielen „Fräuleins" rufen sie sich die jeweiligen Nummern in voller Lautstärke zu – bis schließlich der zuständige Mann sie an eine der Damen in „seinem" Saal durchgibt. Folglich ist es in einer Vermittlungsstelle oft laut wie an der Börse.

Aus einer Hamburger Zeitung stammt eine Beschreibung, wie es im Jahr 1900 im Fernmeldeamt 1 der Stadt zuging: „Schwarze Stöpsel, mehrere tausend Stück, hängen in wirren Stripper von dunklen Schränken, überall klingelt es. An 100 m langen

Schrankreihen sitzen und stehen junge Frauen mit hochgesteck-
tem Haar und langgeschnittenen blauen Kitteln. Oberaufseherin-
nen patrouillieren in energischem Schritt durch die Gänge. Manche halten die Hände hinter ihrem Rücken verschränkt. In ihnen
steckt ein dünner Rohrstock, „zum Anstubsen". Wird eine der
Stöpseldamen ohnmächtig, wird sie sofort ersetzt..." Bis 1897 gibt
es in 529 Orten Vermittlungsanlagen mit insgesamt 144.007
Sprechstellen, und das Leitungsnetz erstreckt sich über insgesamt 210.532 Kilometer.

1910 galt das Vermittlungsamt an der Schlüterstraße in Hamburg als das größte der Welt – mit 40.000 Anrufeinheiten pro Tag.
Selbst 1925, so die damals 20-jährige Hamburgerin Martha Heuer
in einem 60 Jahre später gegebenen Interview, „durften wir uns
an unserem Arbeitsplatz nicht umdrehen, und das Reden war
streng verboten. Die Schicht begann um 7 Uhr früh und war um
14 Uhr zu Ende. Anschließend wusste man, was man getan hatte
[...] Doch ich glaube, dass es uns weit besser ging als unseren
Vorgängerinnen um die Jahrhundertwende." In dem Hollywood-
Film „Der fremde Sohn" zeigt Regisseur und Schauspieler Clint
Eastwood Szenen aus einer Vermittlungsstelle im Los Angeles
von 1928: Die Aufseherinnen flitzen wegen der weiten Wege auf
Rollschuhen zwischen den einzelnen Telefonistinnen und den
Klappenschränken hin und her. Die Arbeit war kein Vergnügen –
aber dennoch begehrt, denn sie verschaffte einem ein gewisses
Ansehen.

Seit Einrichtung der Vermittlungsämter ist die Zahl der Anschlüsse stetig gestiegen. Waren es 1884 zum Beispiel in Berlin
erst 2.257, so stieg die Zahl innerhalb der nächsten 22 Jahre, also
bis 1906 auf 110.000. 1914, zu Beginn des Ersten Weltkriegs sind
es schließlich in der Zweimillionenstadt mehr als 150.000. Ähnlich
ist der Anstieg in anderen deutschen Städten, von Danzig bis
Straßburg, von Kiel bis Posen.

Wie von Stephan vorgesehen werden die Telegrafen-Endsta-
tionen der verschiedenen Bahnlinien per Telefon miteinander verbunden, um Telegramme zum Empfang oder zur Weitergabe fernmündlich statt per Boten zu übermitteln. Ab 1900 ist fast die ganze

Welt verdrahtet. Zehn Jahre später gibt es weltweit zehn Millionen Anschlüsse.

„Das mädchenlose, fluchfreie Telephon"

In Kansas City, Missouri, lebt Ende des 19. Jahrhunderts der Bestattungsunternehmer Almon Brown Strowger (1839-1902). Natürlich hat auch er schon Telefon. Seine Gespräche zwischen ihm und seinen Kunden, also den mehr oder weniger trauernder Hinterbliebenen, laufen über eine Vermittlungsstelle im Ort. Strowger ist ein offenbar misstrauischer Mensch. Er vermutet, dass die Vermittlerinnen – es sind ja nur einige wenige – seine Gespräche mithören, und gegen ein Informationshonorar an seine Konkurrenten weitergeben, die dann ein günstigeres Bestattungsangebot unterbreiten. Das weckt seinen Erfindergeist: Es muss doch möglich sein, Vermittlungsstellen auszuschalten, also direkt mit einem Gesprächspartner zu telefonieren. Und so entwickelt er 1888 eine Apparatur, die als „Hebdrehwähler" bekannt werden wird. Dieser macht es möglich, dass sich Fernsprechteilnehmer zumindest innerhalb ein und derselben Stadt ohne die Zwischenschaltung einer anderen, womöglich klatschsüchtigen oder bestechlichen Person direkt selber miteinander verbinden können.

Strowger bewirbt sein Gerät als das *girlfree, curseless telephone*, „das mädchenlose, fluchfreie Telephon" mit „fast menschlicher Klugheit". 1891 lässt er sich seine Erfindung patentieren. Sein Telefon ist für jede Stelle der zu wählenden Rufnummer mit einer Taste ausgestattet, also drei Tasten insgesamt: Eine für die Hunderter, eine für die Zehner und eine für die Einer-Ziffern. Um zum Beispiel die Nummer 368 zu wählen, muss man dreimal die Hunderter-Taste drücken, sechs Mal die Zehnertaste und acht Mal die Achter-Taste. Das System benötigt für die Tasten drei Leitungen zusätzlich zu den beiden Sprechleitungen. Sobald eine der drei Ziffern eingegeben ist, hebt sich mit einem vernehmlichen Klack-Geräusch im Vermittlungsamt ohne menschliches Zutun an einem noch recht monströsen Gerät ein Kontakt, bewegte sich seitlich zum Kontakt für die gewählte Ziffer und „klackt" dort an. Gleiches passiert dann mit den nächsten zwei Ziffern.

Die erste „mädchenfreie" Anlage nimmt in Strowgers Heimatstadt La Porte, Indiana, am 3. November 1892 den Betrieb auf, mit 75 Anschlüssen und einer Erweiterungskapazität für weitere 24 Leitungen. Schon wenige Jahre später sind die bedeutendsten Vermittlungsämter der USA mit solchen Hebdrehwählern versehen. Die erste Vermittlungsstelle mit Wählbetrieb in Deutschland wird 1908 in Hildesheim in Betrieb genommen – ausgelegt mit 900 Anschlüssen, jedoch vorerst nur für das Ortsnetz.

Strowger hat 1896 seine Patentrechte an seine Partner der von ihm gegründeten *Strowger Automatic Telephone Exchange Company* für 1.800 Dollar verkauft, und zwei Jahre später für weitere 10.000 Dollar auch seine Anteile an der Firma. Dann kehrt er zu seinem eigentlichen Beruf als Bestattungsunternehmer zurück. Diesen Schritt hat er wahrscheinlich bereut, denn 1916 wird *Bell Systems* alle von der *Strowger Co.* gehaltenen Patentrechte für 2,5 Millionen Dollar erwerben!! Dazu gehört auch eine Erfindung von drei Mitarbeitern der Firma, die die von Strowger entwickelte Durchgabe dreistelliger Nummern für zu zeitraubend, umständlich und wegen der dafür notwendigen drei Zusatzleitungen für zu teuer hielten. Am 11. Januar 1898 wird den Gebrüdern John und Charles Erickson und A. E. Keith, das Patent für das „*Strowger finger-wheel substation dial*" erteilt: die Wählscheibe. Ihr Prototyp bestand angeblich aus dem Pappdeckel einer runden Stehkragenbox, mit durchgespießten Nadeln für die Ziffern 0 bis 9. Die Wählscheibe kommt mit nur noch zwei zusätzlichen Leitungen aus, benötigt aber eine Batterie, die regelmäßig erneuert werden muss. Erst *Siemens und Halske* wird die bis zum Beginn des Digitalzeitalters in Gebrauch befindliche Wählscheibe entwickeln. Die braucht keine lokale Batterie mehr. Sie nutzt die Sprechleitung zur Übertragung der gewählten Nummern. Nun können Gesprächspartner einander ohne das Fräulein vom Amt selber anwählen.

Schon bald nach Eröffnung der ersten Telefonleitung zwischen zwei Hauptstädten benachbarter Länder – Paris und Berlin – im Jahr 1900 beginnt das Telefon, den Telegrafen auf dem Gebiet der privaten Kommunikation zu ersetzen. Wurden in jenem

Jahr in den USA noch 63,2 Mio. Telegramme versendet, so werden es nun immer weniger. Gleichzeitig beginnt ein wachsender Wald von Telefonmasten und ein immer undurchsichtigeres Netz von oberirdisch geführten Fernsprech-Leitungen die Landschaft weiter zu durchziehen, ähnlich wie die *aerial wires* der Telegrafenlinien. Denn um Zeit und Geld bei der Verlegung zu sparen, verliefen alle Telefonleitungen anfangs oberirdisch, als Freileitungen. Das war bis 1912 auch in Deutschland der Fall, in den Balkanländern und in Südamerika sogar noch bis zum Beginn der Mobiltelefonie. In Stockholm zum Beispiel stand auf dem Dach eines Vermittlungsamtes ein Turm, an dem zwischen 1888 und 1913 rund 5.000 Leitungen aus allen Richtungen von Stadt und Land zu den Klappenschränken im Gebäude führten.

Die „Telefonitis" erfasst wie eine Seuche die halbe Menschheit. Eines der prominenten Opfer: Die Schauspielerin Marlene Dietrich (1901-1992) in ihren letzten Lebensjahren. Sie soll es in ihrem Pariser Hotel mit Fern- und Überseegesprächen auf monatliche Telefonrechnungen in Höhe von umgerechnet 15.000 D-Mark gebracht haben. Das Telefon wird mit Eisenbahn und Auto wohl zu den meistbesungensten, bedichteten oder filmisch verarbeiteten technischen Innovationen gehören. Es ist Komparse in vielen Filmen, Couplés, Gedichten und Karikaturen, oder spielte sogar eine zentrale Rolle wie in dem Thriller *Bei Anruf Mord* oder *Butterfield 8.* Ohrwürmer wie *Hanging on the Telephone* bis hin zu *I Just Called to Say I Love You* wurden in den USA geboren. Der bekannteste Hit war Glenn Millers *Pensylvania 6-5000.* Dazu sollte man wissen: In US-amerikanischen Spielfilmen begannen Telefonnummern lange Zeit mit „555", denn diese Zahlenkombination gab es in der realen Telefonwelt nicht. Die Produzenten wollten eine mögliche Überschneidung mit echten Telefonnummern vermeiden.

In der sozialistischen Sowjetunion allerdings blieb das Telefon lange Zeit für viele ein Wunschtraum. Der Humorist Michail Sostschenko schrieb vor dem Zweiten Weltkrieg eine Glosse, in der er freudig berichtet, dass er zwar nach jahrelangem Warten endlich ein Telefon bekommen habe. Aber nun werde er wahrscheinlich jahrelang warten müssen, ehe ihn jemand anrufen kann – weil auch die anderen Antragsteller auf einen Anschluss warten. Und es gibt natürlich zahllose Ereignisse, bei denen das Telefon eine entscheidende Rolle spielt. Etwa dieses: 1977 telefonierte eine Frau in Port Headland in West Australien mit ihrem Bruder im englischen Leeds. Plötzlich hört diese seltsamen Geräusche, dann ist die Leitung tot. Er alarmierte die Ortspolizei in Leeds, diese ruft die Polizei im australischen Port Headland an. 18 Minuten nach dem Abbruch des Gesprächs mit der Schwester ist ein Polizeifahrzeug unterwegs zu deren Haus. Die Beamten stellen fest, dass ein Einbrecher die Frau attackiert und ihr das Telefon aus der Hand gerissen hatte. Der Mann, noch im Haus, kann festgenommen werden.

Die letzten „Fräulein vom Amt" werden im Mai 1966 vom damaligen Postminister Hans Stücklen verabschiedet.

HERTZ-TÖNE

> „Es gibt diese geheimnisvollen
> elektromagnetischen Wellen, die
> wir mit dem bloßen Auge nicht
> sehen können. Aber es gibt sie."
>
> *Heinrich Herz, deutscher Physiker*
> *(1857-1894)*

Als die *Faraday* im Jahr 1874 das DUS-Kabel verlegt, erblickt am 25. April in Italien ein Junge das Licht der Welt, der die telegrafische Nachrichtentechnik radikal verändern wird. Seine Mutter Annie stammt aus der reichen irisch-schottischen Whisky–Brennerei-Familie Jameson. Sie war nach Italien gekommen, um Gesang zu studieren. Gegen den Willen ihrer Eltern hatte sie nach ihrer Volljährigkeit einen wohlhabenden, 17 Jahre älteren Adligen aus Bologna geheiratet. Das erste Kind, Alfonso, wurde in der *Villa Grifone* geboren, dem Landsitz der Familie. Neun Jahre später kommt das zweite Kind zur Welt, ebenfalls ein Junge. ‚Was für große Ohren er hat…" soll der Gärtner bei dessen Anblick gesagt haben. Worauf die Mutter Annie angeblich antwortete: „Er wird eines Tages die stille, zarte Stimme der Lüfte hören können." Das Kind wird auf den Namen Guglielmo getauft. Guglielmo Marconi.

Annie Marconi reist viel, und oft nimmt sie ihre beiden Söhne mit: nach Florenz, nach Livorno, zum Kurbad Porretta oder zu Verwandten nach London. Auf diesen Reisen lernt Guglielmo eine ganze Menge, aber nach Ansicht der damaligen Zeit nur wenig von dem, was man fürs Leben braucht. Immerhin wächst er zweisprachig auf, denn seine Mutter möchte, dass er das Englische so gut beherrschen wird wie seine Muttersprache. Schon als Fünfjähriger besucht er mit seinem Bruder in England zwei Jahre lang, bis 1881, eine Privatschule in Bedford. Dann geht es zurück nach Italien. Aber Guglielmos Schulzeugnisse bleiben dürftig. Im Alter von 12 Jahren kommt er in Florenz auf das *Instituto Cavallero*, eine höhere Knabenschule. Doch er versagt auch hier.

Vater Giuseppe hätte seinen Sohn später gerne an einer der bedeutenden Hochschulen gesehen, zum Beispiel an der Universität von Bologna oder an der Marineakademie von Livorno. Dort, während eines längeren Aufenthalts, lernt der junge Guglielmo Marconi einen erblindeten, pensionierten Telegrafisten kennen. Der bringt ihm das Telegrafieren mit dem Morsecode bei. Als Gegenleistung liest Guglielmo dem alten Mann aus Zeitungen und Büchern vor.

Die Telegrafie fasziniert den Teenager. Im obersten Stock der *Villa Grifone*, einem schmucklosen, kastenförmigen Gebäude etwa 17 km südlich von Bologna, hat ihm seine Mutter zwei ineinander gehende Zimmer überlassen. In denen richtet sich Guglielmo ein Labor ein. Weil der Vater ihm wegen der schlechten, schulischen Leistungen das Taschengeld gekürzt hat, verkauft er seine Schuhe, investiert den Erlös in Batterien und Elektrodraht und bastelt einen Morse-Telegrafen. Da er fast perfekt Englisch kann, steht ihm eine ganze Menge an Fachliteratur zur Verfügung. Im Lauf der Zeit baut er für seine physikalischen und elektrotechnischen Experimente die verschiedensten Apparate nach, die in diversen Artikeln beschrieben werden.

Der Gedanke an eine drahtlose Telegrafie schwebt in jenen Jahren schon in der Luft, die Mosaiksteinchen zu seiner Verwirklichung liegen überall herum. In den USA hatte Mahlon Loomis, (1826-1866) ein Zahnarzt und Erfinder, schon 1868 darüber berichtet, dass es ihm gelungen sei, eine Nachricht im Oktober über eine Entfernung von 29 km zu übermitteln. Später sollen ihm „mit Hilfe der atmosphärischen Elektrizität" Übertragungen bis zu 645 km gelungen sein. Er glaubte, auch andere atmosphärische Kräfte anzapfen zu können, und schrieb seinem Bruder Joseph im Januar 1868: „Telegraph! Das ist noch das geringste Ergebnis das ich davon erwarte!" Er war dem Phänomen der Atmosphäre auf der Spur, musste aber seine Forschungen mangels finanzieller Mittel einstellen. Der schottische Physiker James Clerk Maxwell (1831-1879) lieferte weitere Bausteine. Vor allem aber ist es der deutsche Physiker Heinrich Rudolph Hertz, (1857-1894), mit dessen Versuchen der Teenager Marconi sich ernsthaft zu beschäftigen beginnt. Erstmals hat er im Sommer 1894 etwas darüber erfahren, aus einem Gedenkartikel an Heinrich Rudolph Hertz. Hertz, Professor an der Universität Bonn, war im Januar im Alter von erst 37 Jahren nach einer Kiefernoperation an einer Blutvergiftung gestorben war. Verfasser des Artikels ist der Bologneser Physiker Augusto Righi (1850-1920), dessen Vorträge an der Universität Bologna auch Guglielmo im Jahr 1892 besucht hatte. Voller Spannung vertieft er sich in die Schilderung der Hertz'sche Versuche. Schallwellen verhalten sich ähnlich wie die Wellen, die durch einen auf eine ruhige Wasserfläche geworfenen Stein entstehen: Sie pflanzen sich nach allen Seiten gleichmäßig fort. Hertz hatte am 13. November 1886 in einem Experiment mit Hilfe eines Funkeninduktors und eines einfachen Empfängers elektrische Schwingungen nachweisen können, die außerhalb des menschlichen Hörvermögens liegen, also im sogenannten Hochfrequenz-Bereich. Später würde man sie Radiowellen nennen. Wie Hertz messen konnte, pflanzten sie sich, „mit annähernd Lichtgeschwindigkeit", also mit rund 300.000 km/s fort. Als Empfänger benutzte Hertz eine kreisförmige Drahtantenne. An ihr entstanden beim Auftreffen der Radiowellen kleine Fünkchen, so winzig, dass er sie nur durch ein Mikroskop beobachten konnte. Für größere Entfernungen waren die von Hertz benutzten Geräte, aber auch sein Labor viel zu klein.

Die Zahl der Schwingungen pro Sekunde wird in Hertz (=Hz) angegeben.

Kilohertz = kHz = 1.000 Schwingungen pro Sekunde. Bereich sehr hoher Töne liegt zwschen einigen kHz bis 20 kHz

Megahertz = MHz = eine Million Schwingungen pro Sekunde. UKW-Rundfunksender senden im Bereich um 199 MHz

Gigahertz = GHz = eine Milliarde Schwingungen pro Sekunde. Arbeitsbereich moderner Prozessoren

Terahertz = THz = eine Billion Schwingungen pro Sekunde. Sichtbarer Wellenbereich, z.B. Licht, mit 400-790 THz

Petahertz = PHz = eine Billiarde Schwingungen pro Sekunde. Bereich z.B. der Röntgenstrahlung.

Exahertz = EHz = eine Trillion Schwingungen pro Sekunde. Bereich der Gammastrahlung.

Als Hertz 1888 seine Beobachtungen in der Fachliteratur veröffentlichte, erregten diese in physikalischen Kreisen einiges Aufsehen. Viele Wissenschaftler begannen, die Versuche zu wiederholen. Die Entdeckung für eine Nachrichtenübermittlung zu nutzen, daran scheinen weder Hertz noch seine Nachahmer gedacht zu haben. Denn als Marconi sich mit den elektromagnetischen Wellen zu befassen beginnt sind sie immer noch ein Phänomen, das die wenigsten Physiker verstehen oder lediglich als Kuriosum betrachteten. Nur der britische Physiker und Chemiker Sir William Crookes (1832-1919), der sich im Alter selbst gerne als „Parapsychologe" bezeichnete, prophezeit, man werde diese durch Funken erzeugten Wellen eines Tages durch Mauern oder den Londoner Nebel senden können.

Für Marconi sind die Hertz'schen Versuche plötzlich „der Funke, der all das entzündete, worum der junge Marconi sich bemüht hatte," schrieb seine Tochter Degna in den Erinnerungen an ihren Vater. Und Marconi selbst meinte einmal: „Mein Hauptproblem war, dass diese Idee so elementar, so einfach in ihrer Logik war, dass man kaum glauben konnte, dass niemand sonst daran gedacht hatte, sie in die Praxis umzusetzen."

Da Professor Righi unweit der *Villa Grifone* wohnt, besucht der junge Marconi ihn wiederholt, um seine Idee einer drahtlosen Telegrafie vorzutragen. Doch Righi ist davon nicht beeindruckt. Marconi aber lässt sich nicht beirren. In einer seiner Zeitschriften hat er einen Bericht über eine Entdeckung gelesen, die der französische Physiker Edouard Eugène Désiré Branley (1844-1940) im Jahr 1890 gemacht hatte. Branley hatte den „Empfänger" von

Hertz verbessert, und zwar ersetzte er ihn durch ein kleines Glasröhrchen, in dem sich eine gewisse Menge feines Metallfeilpulver – so genanntes Feilicht – befand. An jedem Ende des Röhrchens saß eine Elektrode. Das Röhrchen war in einen von eine⁻ Batterie erzeugten Stromkreis geschaltet. Im Ruhezustand hatten die losen Metallspäne einen sehr hohen Widerstand, und der Stromkreis war offen bzw. unterbrochen. Traf jedoch ein Hochfrequenzimpuls auf das Röhrchen, dann sank der Widerstand der Metallspäne, sie „klebten" zu einer Brücke zwischen den beiden Elektroden zusammen, der Stromkreis schloss sich.

Auch andere Erfinder, wie der Italiener Temistocle Calzecchi-Onesti (1853-1927) oder der Engländer Oliver Lodge (1851-1940) bemühen sich um verbesserte Messgeräte. Calzecchi-Onesti hatte bereits in den 1880er Jahren ein solches Gerät entwickelt. Nur hatte sich damals niemand dafür interessiert. Lodge hatte unabhängig von Hertz und vor diesem die elektrischen Wellen entdeckt und ebenfalls ein Messgerät konstruiert. Ihm gelang damit der Nachweis elektrischer Wellen auch in einer Entfernung von 60 m zum Funkeninduktor. Seinem Wellenanzeiger gab er ′ 893 den Namen *coherer* (vom lateinischen Wort cohaerere = zusammenkleben.) Entscheidend für die drahtlose Telegrafie wird jedoch der von Branly entwickelte Indikator. Er gibt ihm die Bezeichnung *Radioconducteur*. In Deutschland erhält er die Bezeichnung Kohärer oder auch Fritter.

Damit ein Kohärer nach dem Eintreffen eines Elektroimpulses wieder in einen nichtleitenden Zustand gebracht wird, genügt eine leichte mechanische Erschütterung, ausgelöst etwa durch Klopfen oder einen kleinen Klöppel wie bei einer elektrischen Klingel. Das geschieht durch Federkraft in dem Moment, in dem der Elektroimpuls endet. Diese Vorrichtung erhält deshalb die Bezeichnung Dekohärer. Und damit zeichnen sich schon die Grundzüge von Marconis drahtloser Telegrafie ab. Aber Lodge ist Theoretiker, nicht Praktiker. Er schlägt lediglich vor, seinen Kohärer als eine Art Fernbedienungsschalter zu benutzen: Würde man mit Hilfe der unsichtbaren Hertz'schen Wellen die Eisenfeilspäne zusammenschließen und so einen Stromfluss ermöglichen, so könnte man damit eine Klingel oder irgendein anderes, elektrisch betriebenes Gerät einschalten, etwa eine Glühbirne. Weiterreichende Möglichkeiten erkennt er nicht.

Drahtlose Freiübungen

Mit einfachsten Mitteln baut Marconi die meisten Instrumente nach, die Hertz bei seinen Versuchen benutzt hatte, wobei er sie teilweise verbessert. Sein Funkeninduktor zum Beispiel besteht aus zwei nebeneinander hängenden kleinen Messingkugeln, und arbeitet nach einem ähnlichen Prinzip wie der Funkeninduktor von Hertz. Werden die Kugeln unter Strom gesetzt, so springt zwischen ihnen mit leichtem Knistern ein blau-gelber Funken über – und löst die elektromagnetischen Wellen aus. Seine Absicht ist es, mit Hilfe der Morsetaste Punkte und Striche des Morsealphabets drahtlos zu senden und aufschreiben zu lassen. Aber zunächst experimentiert er mit einer einfachen Klingel.

Eines Nachts im Jahr 1894, so beschreibt es Degna Marconi, „führt er [Marconi] seine Mutter drei Stockwerke über die steinernen, flachen Treppenstufen hinauf in seine innere Welt, die voller Tiegel und Instrumente ist. Während sie zusieht, beugt er seinen blonden Kopf über einen Morsetaster, der auf einer Arbeitsplatte unter einem Fenster befestigt ist, und tippt ihn sanft mit einem Finger an. Vom äußersten Ende des großen Doppelzimmers ertönt ein sanfter, beständiger Ton. Eine Glocke erklang, etwas lauter als die Heuschrecken, aber deutlich und klar. Zwischen dem Sender unter seiner Hand und der winzigen Klingel befand sich – nichts als Luft."

Um Radiowellen über immer größere Entfernungen zu übertragen, erhöht Marconi seine Antennen. Da spielt sich dann ein Umkehrprozess ab: Die Antenne fängt die ausgestrahlten Rundum-Signale auf, und mit Hilfe eines Detektors werden sie hörbar gemacht. Schwache Signale hört man über Kopfhörer.

Allmählich gelingt es Marconi, die Übertragungsstrecken für seine Signale immer weiter zu vergrößern. Im Sommer 1895 kann er seine Experimente mit Sender und Empfänger bereits im parkähnlichen Garten der *Villa Grifone* durchführen. Da die elektromagnetischen Wellen weder zu hören noch zu sehen sind, weiß er natürlich nicht, wie weit sie sich ausbreiten beziehungsweise aus welcher Entfernung sie noch empfangen werden können. Bei seinen Versuchen hilft ihm sein Bruder Alfonso. Der muss sich mit einem Kohärer immer weiter von Guglielmo und dem Sender entfernen. Und jedes Mal, wenn er damit ein Signal empfängt, winkt er mit einem an einen Stock gebundenen Taschentuch. Daraus schließt Guglielmo: Je stärker die Sendeenergie, desto größer die Reichweite der Signale. Mit der Erhöhung der Sendeenergie werden aus Fünkchen allmählich zentimeterlange Funken. Und bei deren Erzeugung geht es immer lauter zu. Denn beim „Überschlag" des Lichtbogens zwischen den Elektroden des Induktors wird aus dem Knistern ein Knallen oder Knattern, ähnlich wie bei einem Gewitter.

Bei diesen Experimenten ist Marconi ganz auf seine Erfindungsgabe angewiesen, etwa nach dem Motto: „Learning by doing". Dabei macht er entscheidende Beobachtungen wie etwa diese: Je höher sich der Kohärer befindet und je stärker (damit aber auch lauter) die Funken, die der Sender erzeugt, desto größer die Entfernung, in der Alfonso die Signale noch empfangen kann. Sender und Kohärer montiert Marconi schließlich auf senkrechte Drahtantennen. Was er nicht weiß: Fast zur gleichen Zeit führt in St. Petersburg der russische Physiker Alexander Stepanowitsch Popow (1859-1905) ähnliche Versuche durch. Popow und nicht Marconi gilt seitdem in Russland als der eigentliche Erfinder der drahtlosen Telegrafie. Er ist Lehrer an der Torpedoschule in der Festung Kronstadt und hat sich schon in den 1880er Jahren mit den Hertz'schen Wellen beschäftigt. 1894 verbindet er einen Kohärer mit einem Draht, der mit einem in großer Höhe schwebenden Ballon verbunden ist. Der Kohärer reagiert auf Blitze eines Gewitters, das sich in 30 km Entfernung austobt.

Im Mai 1895, also vor Marconis Gartenversuchen, hält Popow darüber einen Vortrag auf einem Wissenschaftler-Kongress in St. Petersburg. In einem Fachblatt schreibt er ein Jahr später: „Abschließend kann ich die Hoffnung äußern, dass nach bestimmten Verbesserungen mein Gerät mit Hilfe schneller, elektrischer Schwingungen für die Übermittlung von Signalen über beträchtliche Entfernungen gebraucht werden kann, sobald ein Generator mit genügender Energie für solche Schwingungen gefunden wurde." Und am 24. März 1896 führt er einigen Kollegen den drahtlosen Empfang von Signalen zwischen verschiedenen Gebäuden der Universität von St. Petersburg über eine Entfernung von 250 m vor. Dabei übermittelt er den Namen „Heinrich Hertz" als Reverenz an den deutschen Wissenschaftler. 1897 kann Popow die Übertragungsstrecke auf fünf Kilometer steigern. Die Marine unterstützt ihn, erhofft sie sich doch davon ein Kommunikationsmittel mit ihren Schiffen in der Ostsee und im Schwarzen Meer. Tatsächlich wird Popow im Jahr 1900 eine Reichweite von 112 km gelingen. Für seine Pionierleistungen wird er im gleichen Jahr sogar auf dem Elektrotechnischen Kongress in Paris geehrt.

Doch zurück zu Marconi in das Jahr 1895. Bei seinen Versuchen benutzt er zwei aus einem alten Ölfass geschnittene, gebogene Blechplatten als eine Art Parabolspiegel. Eine steht auf der Senderseite, die andere auf der Empfängerseite. Marconi hofft, auf diese Weise die Übertragungs- bzw. Empfangsleistung im elterlichen Park zu erhöhen. An einem Sommertag hat er eine der Platten auf der Erde abgestellt. Als er die andere rein zufällig hoch in die Luft hält, stellt er fest, dass das empfangene Signal stärker ist als sonst. Wiederholungen zeigen den Brüdern: die Verbindung eines senkrechten Leiters (also der hochgehaltenen Blechplatte) und der auf dem Erdboden befindlichen Platte, also einer geerdeten Antenne, verbessern die Übertragungsweite erheblich. Durch diese „Erdung" der Empfangsplatte erhält Alfonso Signale in rund 1000 m Entfernung. „In dem Moment wurde mir klar", so Marconi in seinen Erinnerungen, „dass ich mich auf dem richtigen Weg befand. Meine Erfindung hatte zu leben begonnen. Ich hatte eine wichtige Entdeckung gemacht." Das Ereignis gilt heute in Fachkreisen als der Tag, an dem die erste „praktische" Erzeugung bzw. Anwendung von Funkwellen gelang.

Angesichts dieser Erfolge seines Sohnes gewinnt auch Vater Giuseppe allmählich die Überzeugung, dass an dessen Versuchen „vielleicht doch etwas dran ist". Er verspricht, weitere Arbeiten finanziell zu unterstützen. Statt der Metallplatten dient inzwischen Kupferdraht, verspannt in einem Holzgitter, als Empfangsantenne. Daran angeschlossen ist ein Kohärer, den Marconi nach dem Vorbild des Kohärers von Popow gebastelt hat. Nun soll die eigentliche Bewährungsprobe erfolgen: Können auch Signale empfangen werden wenn Hindernisse im Weg stehen? Marconi: „Ich wusste, dass meine Erfindung keine Bedeutung haben würde, wenn es mir nicht gelänge, eine Kommunikation über natürliche Hindernisse hinweg wie Hügel oder Berge zu ermöglichen."

Ende September 1895 ist es so weit: Alfonso und zwei Helfer – es sind der Bauer Mignani und der Tischler Vornelli – haben die Empfangsantenne hinter einen Hügel getragen und sind nicht mehr zu sehen. Sie sind 2,5 km vom Sender entfernt, und sollen durch einen Gewehrschuss kundtun, sobald sie ein Signal empfangen. Marconi: „da hörte ich in der Ferne das Echo eines Schusses durch das Tal erklingen," Obwohl er zuversichtlich war, jetzt stockt ihm doch der Atem: es hat geklappt!

Schwarze Magie?

Marconi und seine Eltern halten nun den Zeitpunkt für gekommen, seine Entwicklung auch Fachleuten vorzuführen. Als erstes wendet sich Guglielmo an das italienische Post- und Telegrafie-Ministerium. Doch es geht ihm wie seinem Vorgänger Morse. Der Brief, der endlich kommt, enthält eine Absage. Die Beamten sind desinteressiert. Drahtlos telegrafieren? Wozu? Wir haben doch die Kabel-Telegrafie, das reicht aus. Und überhaupt: Wer ist eigentlich dieser „Schuljunge" Marconi? Er ist doch erst 21 Jahre alt! Vielleicht hätten Heer oder Marine anders auf Marconis Angebot reagiert – aber er versucht es dort erst gar nicht. Verletzt, verärgert, und von seiner in Irland geborenen Mutter bestärkt entschließt er sich, seine Erfindung den Engländern vorzustellen. Er will nach London. Denn England ist damals die stärkste Seemacht der Welt. Aber seine Schiffe sind nichts anderes als schwimmende, wenn auch feuerspeiende Inseln. Ihre Kommunikation untereinander ist nur in Sichtweite voneinander möglich, durch Flaggen- oder Lichtsignale. Anweisungen der Admiralität können sie nur im nächsten, telegrafisch erreichbaren Stützpunkt abholen bzw. beantworten.

Im Februar 1896 reisen Mutter und Sohn ab. Marconi hat seine Sende- und Empfangsgeräte in einem tragbaren, schwarzen Kasten untergebracht. Zu seinem Entsetzen nehmen die Zollbeamten den Kasten bei Marconis Ankunft in England völlig auseinander. Nicht ohne Grund, denn es hatte in der Vergangenheit mehrere Attentatsversuche auf Queen Victoria gegeben, und die Behörden waren entsprechend vorsichtig. Vergeblich versucht Marconi, den Beamten Sinn und Nutzen seiner Apparate zu erklären. Sie werden nur noch misstrauischer. Doch schließlich darf er „das wertlose Zeug" wieder einpacken. Doch einige Apparate sind stark beschädigt. Marconi wird sie neu bauen müssen.

Ein Vetter Marconis, der 30jährige Henry Jameson-Davis, holt Mutter und Sohn an der *Victoria Station* ab. Henry ist Ingenieur und an Marconis Erfindung äußerst interessiert. Die Marconis quartieren sich im Stadtteil Bayswater ein, in der Hereford Road 71. London hat damals bereits sechs Millionen Einwohner. Das Viertel gilt als *solid upper class*, und als brav und respektabel. *Kensington Gardens*, einer der königlichen Parks, liegt nur 10 Minuten Fußmarsch entfernt.

Marconi macht sich sofort daran, mit Vetter Henrys Hilfe die Papiere für seine englische Patentanmeldung vorzubereiten. „Ich musste meine Erfindung gegen jede mögliche Nachahmung schützen, auch gegen abgewandelte Nachahmungen." Erste Angebote von Investoren, die sich finanziell an der Auswertung seiner Erfindung beteiligen wollen, hat er schon bekommen. Am 2. Juni 1896 reicht er seinen Antrag beim Londoner Patentamt unter der Nummer 12.039 ein. Popow meldet zwar Prioritätsrechte an, doch er kommt damit zu spät. Die Welt, zumindest die westliche Welt wird ihn vergessen.

Nicht nur ein erteiltes Patent, sondern vor allem Beziehungen sind meistens die halbe Strecke zum Erfolg. Jameson-Davis bringt Marconi über weitere Kontaktleute mit dem britischen Elektroingenieur Alan Archibald Campbell Swinton (1863-1930) zusammen. Dieser ist nach einer Vorführung von Marconis Gerät äußerst beeindruckt. Er vermittelt die Bekanntschaft mit William Henry Preece (1834-1913). Der wiederum hat bei Faraday studiert, ist Elektroingenieur und seit 1892 Chefingenieur des *British*

General Post Office. Und der Post unterstehen in England seit der Verstaatlichung der zahlreichen privaten Telegrafengesellschaften alle technischen Mittel der Kommunikation. Auch der 53jährige Preece hatte sich mit dem Problem der drahtlosen Telegrafie befasst, und 1889 sogar Morsezeichen drahtlos über eine Entfernung von 1,6 km übertragen, sowie ein System für eine drahtlose Telegrafie im Eisenbahnnetz entworfen. Doch weiter war er nicht gekommen.

Preece besteht auf einer Demonstration im Generalpostamt. Das ist ein großer, zwei Häuserblocks umfassender Komplex von Gebäuden in der *St. Martin's-Le Grand Street*, unweit der *St. Paul's Cathedral*. Im Juli 1896, nach einem Essen in der Postkantine mit einem von Preeces Angestellten baut Marconi um zwei Uhr Sende- und Empfangsanlage auf dem Dach des achtstöckigen Postgebäudes auf, drückt die Morsetaste und die Klingel am Empfangsende ertönt. Preece ist beeindruckt und bittet Marconi, Ende Juli eine Vorführung vor weiteren Zeugen und Beobachtern vorzunehmen. Bis dahin darf Marconi sogar Preeces Labor benutzen. Und es ist hier, dass er den Assistenten des Postingenieurs kennenlernt. Dieser George Stephen Kemp (1857-1933) wird schon ein Jahr nach dem Zusammentreffen mit Marconi seine sichere Stellung bei der Post aufgeben und in die noch junge *Marconi Company* eintreten. Den Rest seines Lebens wird er der drahtlosen Telegrafie im Dienste Marconis widmen und diesem treu ergeben sein.

Für das „open air"-Experiment im Juli 1896 wählt man wiederum das Dach des Generalpostamts. Der Empfänger steht diesmal jedoch auf der *Savings Bank* in der *Queen Victoria Street*. Dazwischen liegen mehrere Gebäude, Schornsteine und andere „Hindernisse". Die würden mit Sicherheit jede erfolgreiche Signalübertragung verhindern, meinen die Skeptiker unter den Zuschauern. Es sind meist höhere Postbeamte und Wissenschaftler, aber auch Militärs. Sie meinen: Der Mann, der ihnen da eine drahtlose Telegrafie vorführen will, ist so jung und deshalb wohl auch unerfahren. Doch abermals funktionieren die Signalübertragungen einwandfrei, zunächst über 800 m und schließlich über 1.600 m. Das ist weniger als im Park der Villa Grifone, aber die Tatsache,

dass die Signale sich offenbar „durch alle Hindernisse hindurch"
fortpflanzen, beeindruckt die Anwesenden am meisten.

Marconi wird umgehend gebeten, eine weitere Demonstration seiner Erfindung zu geben, und zwar in offenem Gelände über eine noch größere Entfernung. Das geschieht am 2. September 1896 auf der *Salisbury Plain*. So heißt eine große Ebene in Südengland zwischen dem Modebad Bath und dem Ort Salisbury, unweit des steinzeitlichen Stonehenge. Steinzeit und Moderne treffen symbolisch aufeinander. Wieder sind höhere Postbeamte und Offiziere von Army und Navy dabei. Alle wollen die „Telegraphie ohne Drähte" miterleben. (Der Ausdruck „drahtlos" oder „Radio" wurde erst viel später geprägt.) Preece hat für den Versuch einen besonderen Grund: Schon lange ist es der Wunsch der britischen Admiralität, Leuchttürme und Feuerschiffe von Land aus über herannahende Stürme zu warnen. Marconis System scheint dafür geeignet. Beim ersten Versuch gelingt die Signal-Übermittlung über eine Strecke von etwa 100 m, dann über rund 2,5 km. Aber Marconi ist noch nicht zufrieden, weil seine Antennen nur drei Meter hoch sind.

Bis dahin fanden die Demonstrationen vor einem mehr oder weniger kleinen Publikum statt. Es scheint Zeit, sie einer größeren Zahl von Zeugen vorzuführen. Doch genaue Angaben über die Technik seiner Geräte versucht Marconi zu vermeiden. Er führt sie nur in geschlossenen Kästen vor, äußert sich über seine *Black Box* sehr zurückhaltend. Vermutlich nicht nur aus Sorge vor möglichen Nachbauten, sondern wohl auch wegen der noch fehlenden, wissenschaftlichen Deutung der Funkübertragung. Denn er hat seine Erfolge ja stets nur durch Probieren und Verbessern erzielt. Preece gedenkt, in der *Toynbee Hall*, eine Art Volkshochschule im Londoner Osten, einen Vortrag über die Telegrafie zu halten. Um die Sache spannend zu gestalten soll Marconi dabei seine Kunst vorführen. Das Ereignis findet im Dezember 1896 statt. Preece bedient, während er redet, den Funkengenerator. Und jedes Mal, wenn er einen Funken erzeugt, ertönt die Klingel, mit der Marconi im Vortragsraum herumspaziert. Es ist eine Sensation, die Marconi über Nacht zum Stadtgespräch macht.

Marconi hat sich vorgenommen, als nächstes den *Bristol Channel* per Funk zu überbrücken. Dieser „Kanal" ist eine trichterförmige Meeresbucht des Atlantik an der Nordküste der Grafschaften Devon und Dorset und der Südküste von Glamorgan in Wales. Im Mai 1897 baut er seinen Sender auf der Insel Flatholm auf, die im *Channel* liegt. Die Antenne für den Empfänger errichtet er auf einem 18 m hohen Kliff am *Lavernock Point*. Es ist ein 12 m hoher Mast, über den ein 2 m hoher Zink-Zylinder von 1 m Durchmesser gestülpt ist. Von diesem führt ein Kupferdraht hinunter zu dem Empfänger. Der ist über einem sich fortbewegenden Papierstreifen montiert, auf dem ein Stift die zu empfangenden Morsesignale aufzeichnen soll. Ein weiterer Kupferdraht führt hinunter zum Strand und dient als Erdantenne. Die Sendeantenne, 5 km entfernt am anderen Ufer, ist ähnlich hoch, und mit dem in einer kleinen Holzhütte untergebrachten Funkengenerator verbunden. Das Wetter ist schlecht, erste Übermittlungsversuche scheitern.

Einige Tage später, am Morgen des 13. Mai 1897, sitzt Preece, der Chefingenieur der Britischen Post, zusammen mit vier anderen Herren in der Empfangsstation, einer Holzbude in Lavernock. Sie warten auf Marconis Signal. Einer der Anwesenden ist Karl Ferdinand Braun, (1850-1918). Der hat im Jahr zuvor die nach ihm benannte Braun'sche Röhre erfunden. Ein anderer im Raum ist Professor Adolf Karl Heinrich Slaby, (1849-1913) Professor an der technischen Hochschule in Berlin-Charlottenburg. Auch er beschäftigt sich mit dem Problem der drahtlosen Telegrafie. Nun ist er auf Einladung Marconis nach England gekommen, um den Versuchen des Italieners beizuwohnen. Preece hatte ihn sehr freundlich aufgenommen, und Slaby berichtet: „Ich konnte nicht weiter als einige hundert Meter durch die Luft telegrafieren. Mir war sofort klar, dass Marconi etwas [anderes] hinzugefügt haben musste – etwas Neues – zu dem, was bereits bekannt war, wodurch er in der Lage war, Strecken zu überbrücken, die man in Kilometern maß...'

In einem Artikel, der im April des folgenden Jahres im amerikanischen Century *Magazine* erscheint, erinnert sich Slaby: „Unsere Augen und Ohren waren voller Spannung auf den

Empfangsapparat gerichtet, mit einer Aufmerksamkeit, die fast schmerzte, als plötzlich, auf das vorher vereinbarte Zeichen einer Signalflagge, das erste Ticken ertönte und die ersten klaren Morsezeichen auf dem [Papier-]Streifen erschienen. Still und unsichtbar war die Nachricht von der felsigen Küste durch den Raum gelangt, befördert von jenem geheimnisvollen Medium, das man Äther nennt." Zum Abschluss wird auch über die gesamte Bristol-Bucht eine Funkbrücke von 14,5 km geschlagen. Slaby: „Ich sah wirklich etwas Neues. Marconi hatte eine Entdeckung gemacht. Er arbeitete mit Mitteln, deren Bedeutung niemand vor ihm erkannt hatte. Nur so ist das Geheimnis seines Erfolges zu erklären." In einigen amerikanisch-englischen Berichten über dieses Ereignis wird Slaby als „German Spy" bezeichnet, als deutscher Spion.

Das „Neue" ist Marconis Entdeckung, dass eine Übermittlung von Signalen über eine große Strecke möglich wurde, wenn die Antenne geerdet war und wenn man für sie lange, senkrecht angebrachte Drähte verwendete. Slaby kehrt nach Deutschland zurück, berichtet von seinen Eindrücken, und soll mit „kaiserlicher Unterstützung" eine eigene, deutsche Funkentelegrafie entwickeln. Aus der wird eines Tages die Weltfirma *Telefunken* hervorgehen. Schon bald beginnt er mit den ersten Versuchen. Seine Antennen sind bis zu 300 m lang. Sie hängen an Fesselballons und es gelingt Slaby, 21 km funktelegrafisch zu überbrücken. (Ein Jahr später waren es sogar 60 km.) Gemeinsam mit seinem Assistenten Georg Graf von Arco wird er zwei Jahre später in der „funkentelegraphischen Abteilung" der AEG drahtlose Sendeapparate entwickeln.

Nicht alle Wissenschaftler äußern sich zu Marconis Erfolgen positiv. Selbst Lord Kelvin soll gesagt haben: „Drahtlos – schön und gut. Aber ich verschicke eine Nachricht lieber durch einen Botenjungen auf einem Pony." Und viele verstehen das Phänomen der drahtlosen Telegrafie noch immer nicht. So berichtet die *Times* am 11. Juni über einen Vortrag, den Preece am Abend zuvor im Beisein von Marconi in der *Myddleton-Hall* in der *Upperstreet* im Stadtteil *Islington* gehalten hat. Das Blatt schreibt, er habe berichtet, „dass das System der Telegraphie, das er jetzt erklären werde, die größte und wichtigste Entdeckung ist, die je auf diesem Gebiet der Wissenschaft gemacht wurde. Sie [die Wissenschaftler] wussten, dass das Universum mit einem homogenen, beständigen, elastischen Medium angefüllt ist, welches Hitze, Licht, Elektrizität und andere Formen der Energie von einem Punkt des Alls zum anderen übermittelt. Dieses Medium ist der Äther, nicht Luft. Aber einen Äther, eine „Himmelsluft" gibt es nicht, nur den Äther zum Narkotisieren.

Immerhin erfahren die Leser der *Times*, dass nun offizielle Funkstationen zwischen der Insel Sark und anderen Kanalinseln errichtet werden sollen, „um Nachrichten ohne die Hilfe elektrischer Leitungen zu versenden und zu empfangen [...] Schon in naher Zukunft werde dies sich von großem kommerziellen, schiffahrtsmäßgem und militärischem Wert erweisen. Selbst wenn es nicht möglich sein sollte, über sehr große Entfernungen zu kommunizieren, so wäre doch eine Verständigung von Schiff zu Schiff oder von ‚ship to shore' [Also von Schiff zu Küste] möglich."

Auch David E. Hughes, der Erfinder des Typendruck-Telegrafen nimmt für sich in Anspruch, Miterfinder der drahtlosen Telegrafie zu sein. Er habe 1879 eine ähnliche Versuchsarordnung wie Marconi eingerichtet, doch statt eines Fritters ein Mikrophon benutzt. Damit habe er Signale aus 1,5 km Entfernung empfangen können – allerdings seien sie unklar gewesen.

Marconis Erfolge in England haben nun endlich auch die italienische Marine wachgerüttelt. Die Regierung lädt den jungen Landsmann ein, in Italien weiterzuarbeiten. Doch der kann das frühere Desinteresse nicht vergessen. Lediglich zu einer Demonstration seiner Entwicklung ist er bereit: Am 14. Juli 1397 kontaktiert der 23jährige im Golf von La Spezia funktelegrafisch Kriegsschiffe in bis zu 18 km Entfernung, also noch ehe diese überhaupt am Horizont auftauchen. Seine Anlage ist jedoch noch sehr langsam. Er muss den Taster 5 Sekunden lang gedrückt halten um einen Punkt zu senden, und 15 Sekunden lang für einen Strich. So dauerte es manchmal bis zu einer halben Minute, um einen einzigen Buchstaben zu übermitteln. Und natürlich ist ihm auch klar: Seine Anlagen würden erst etwas taugen, wenn es gelingt, Hunderte von Kilometern schnell zu überwinden, ungeachtet der Erdkrümmung. Er ist überzeugt: Die Funksignale würden der Erdkrümmung folgen. Und je größer die Sendeenergie und je höher die Antennenmasten wären, umso größere Entfernungen könnten überbrückt werden. Knapp eine Woche später, am 20. Juli lässt Marconi seine *Wireless Signal Company* registrieren und zeichnet als einer der Direktoren. Er ist 23 Jahre alt. *La calma della mia vita ebbe allora fine* wird er sich später erinnern. „Damals endete die Ruhe meines Lebens."

Fast bis zum Jahresende 1897 geht es immer wieder hinaus auf die *Salisbury Plain*, und immer sind Vertreter von Post, Kriegsmarine und Armee unter den Zuschauern. So auch am 2. September. Bei einem dieser Tests benutzt Marconi 40 m „hohe" Antennen: Es sind Drähte, die von Ballons und Drachen herabhängen. Der Sender steht in einer „The Bungalow" genannten Hütte. Der Empfänger ist der Mobilität wegen auf einem Karren untergebracht. Die Übertragungen gelingen bis zu einer Entfernung von 11,2 km.

Marconis „Start-Up"-Unternehmen, wie man es heute nennen würde, hat die Produktion, die Fabrikation und den Verkauf, beziehungsweise wahlweise die Vermietung von Sende- und Empfangsanlagen für drahtlose Telegrafie zum Ziel. Und dafür kommt in erster Linie die Schifffahrt in Betracht, denn das Postamt besitzt das Monopol für die Landtelegrafie.

Natürlich kostet der Start viel Geld. Preece selbst glaubte nicht an einen Erfolg. Denn, so meint er, im Patentstreit mit dem Kohärer-Konstrukteur Lodge um die Erstrechte werde Marconi unterliegen. Und damit endet die Unterstützung des General Post Office. Doch zum Glück hat ja Marconis Mutter reiche Verwandte. Und die glauben an einen Erfolg des Clan-Mitglieds Guglielmo. Vetter James Davis treibt bei Getreidehändlern 100.000 Pfund für die neue Firma ein. Diese Summe würde im Jahr 2014 etwa einem Betrag von 6 Mio. Euro entsprechen. Damit lässt sich schon etwas anfangen.

Im *Royal Needles Hotel* über der *Alum Bay,* an der Westspitze der Insel Wight im Ärmelkanal, mietet Marconi mehrere

Räume und installiert seine 50 m hohe Sende- und Empfangsanlage im Garten des Hotels. Er chartert die kleinen Dampfschiffe *May Flower* und *Solent*, die im Sommer Badegäste zwischen Insel und Festland befördern. Und im Dezember 1897 kommuniziert er erfolgreich mit seinem Assistenten Kemp in Poldhu (gesprochen: Pol-ju) im Süden von Cornwall. Dort hat er für seine Station ein großes Gelände auf dem Besitz des Viscount Clifton gepachtet. Als nächstes baut er in dem beliebten Seebad Bournemouth eine 30 m hohe Antenne auf dem Gelände des *Madeira Hotel* für weitere Versuche. Und wieder hilft ihm, wie so oft in seinem Leben, der Zufall: In Bornemouth ist der ehemalige britische Premierminister William Gladstone 1898 lebensgefährlich erkrankt. Der Ort ist voller Journalisten, die ihre Berichte über den Landtelegrafen nach London durchgeben wollen. Doch in einem Schneesturm sind die Leitungen auf Grund starker Vereisung gerissen. Marconi ergreift die Chance und gibt über seine Funkanlage die Berichte drahtlos an die Station im *Royal Needles Hotel* durch. Von dort gehen sie per Landtelegraf nach London – und das sorgt für die entsprechende Publicity.

Im *Needles* empfängt Marconi auch am 3. Juni 1898 das erste, bezahlte Funktelegramm der Welt. Absender der Grußbotschaft ist ausgerechnet Lord Kelvin auf der Insel Wight, der sich noch vor einigen Monaten lieber auf einen Botenjungen mit Pony statt auf die Telegrafie verlassen wollte. Für Interessierte Englandtouristen: Das *Royal Needles Hotel* gibt es nicht mehr, lediglich Gedenkplatten erinnern an die frühen Jahre der drahtlosen Telegrafie. Das *Madeira* wurde 1947 in *Court Royal* umbenannt und zu einem Erholungsheim für Bergleute ausgebaut.

Obwohl Marconis frühe Anlagen noch relativ leise sind, beschweren sich häufig die Gäste der Hotels, in denen er seine ersten Versuche unternimmt, über die „ständige Knallerei". Tatsächlich ist in Deutschland auch bald von der Knallfunk- oder auch Knarrfunktelegrafie die Rede. Marconi wird sich für seine weiteren Versuche eigene, möglichst abgelegene aber küstennahe Geländeflächen pachten oder kaufen müssen.

Allmählich entdecken nun auch die Zeitungsverleger die Vorteile der drahtlosen Telegrafie. Im Juli 1898 wird Marconi vom *Dublin Daily Express* gebeten, aktuell über die *Kingstown Regatta* in der *Dublin Bay* zu berichten. Er ist sofort dazu bereit. Auf dem Schlepper *Flying Huntress* installiert er seine Sendeanlage, und folgt auf ihr den Yachten auf See. Laufend gibt er deren jeweiligen Positionen an seine landgestützte Empfangsanlage durch. Von dort laufen die Informationen über den Landtelegrafen an das Schwesterblatt des *Express*, die *Evening Mail*, und gehen sofort in Druck. Für den damaligen Stand der Pressearbeit ist das höchste Aktualität.

Kein Wunder, dass auch die Leser diesen vom „himmlischen Funken" inspirierten Mann näher kennenlernen wollten. Ein Reporter des *Dublin Daily Express* beschreibt den 23jährigen so: „Eine große, athletische Figur, dunkle Haare, ruhig-blickende, graublaue Augen, ein resoluter Mund, eine freie Stirn [...] Sein Benehmen ist unauffällig aber gleichzeitig zuversichtlich. Er spricht frei und offen ..." Weniger liebenswert schilderte ihn Jahre später seine Tochter Degna „Er war eine Mischung von Gegensätzen: Geduld neben unkontrollierbarem Zorn, Höflichkeit und Grobheit, Schüchternheit und Gefallsucht, Hingabe an eine Sache und Gedankenlosigkeit gegenüber vielen, die ihn liebten." Auch das Äußere sieht sie anders: „Er war mittelgroß, blauäugig, blond (später dunkelte das Haar nach) und schlank, und erweckte keineswegs den Eindruck eines geistesabwesenden Wissenschaftlers – aber erst recht nicht den eines rücksichtslosen Tycoons. Man ahnte etwas von seiner großen Zielstrebigkeit – vor allem aber zeigte er eine große Sicherheit und strahlte ein gros–ses Selbstbewusstsein aus."

Noch mehr Popularität erhält Marconi als auch Edward, der *Prince of Wales* ihn bittet, von der königlichen Yacht aus, von der der Prinz das *Kingston Race* beobachten will, eine Verbindung zu *Osborne House* zu schaffen. Dort verbringt die Mutter des Prinzen, die inzwischen 79jährige Königin Victoria, wie fast jedes Jahr den Sommer. Auch sie ist an der Regatta sehr interessiert. Zugleich ist sie sehr besorgt um die Gesundheit des Prinzen, der sich von einer Blinddarmoperation erholt. Etwa 150 drahtlose Telegramme über Edwards Gesundheitszustand und den jeweiligen Stand des Rennens werden zwischen Yacht und *Osborne House* in den folgenden Tagen ausgetauscht. Das sorgt für weitere Schlagzeilen. Marconi ist eben sein eigener, bester PR-Mann. Er führt seine Anlage auch vor Vertretern der italienischen und der französischen Kriegsmarine vor. Das italienische Marinekommando bestellt sofort ein paar Aggregate, und die Britische Admiralität entschließt sich, auch einige der eigenen Schiffe damit auszurüsten. Das soll rechtzeitig bis zum nächsten großen Marinemanöver geschehen, welches im Sommer und Herbst des folgenden Jahres (1899) stattfinden soll. Mit Hilfe eines Jigge*rs*, also einem Transformator, der die Stromintensität der ankommenden Wellen erhöhte, gelingt es Marconi in den folgenden Monaten, immer größere Entfernungen zu überbrücken. Für die Produktion der Sende- und Empfangsanlagen mietet er eine alte Seidenfabrik in der Hall Street in Chelmsford, einer kleinen Stadt nordöstlich von London.

Wider die Taubstummheit auf See

Am 17. März 1899 läuft der deutsche Frachtsegler *Elbe* bei stürmischem Wetter auf den *Goodwin Sands*, einer Kette von Sandbänken in der Straße von Dover, auf Grund. Zum Glück für Besatzung und Kapitän wird die Havarie vom Feuerschiff *East Goodwin* beobachtet. Auf diesem war erst vor wenigen Monaten eine Marconi-Station installiert worden. Mit deren Hilfe wird sofort ein Schlepper in Ramsgate alarmiert. Beim Nachlassen des Sturms gelingt es diesem, die *Elbe* wieder frei zu ziehen. Der Fall gilt als der erste, telegrafisch übermittelte Seenotruf der Schifffahrtsgeschichte.

Die Folgen für Marconi sind enorm. Denn nun meldet auch die französische Regierung ihr Interesse an seiner drahtlosen Telegrafie an. Man will wissen, ob er in der Lage sei, elektrische Signale drahtlos auch über den Ärmelkanal nach England zu schicken. Denn immerhin beträgt die Entfernung an der schmalsten

Stelle von Ufer zu Ufer rund 52 km. Marconi will es versuchen. Am Montag, den 27. März 1899 sind alle Anlagen aufgebaut. Wie so oft bei seinen Experimenten ist auch diesmal ein Reporter des amerikanischen *McLure's Magazine* dabei. Für die Monatsillustrierte schreiben so renommierte Autoren wie Arthur Conan Doyle, Rudyard Kipling und andere berühmt gewordene Schriftsteller. Einer davon, Cleveland Moffet, ist eigentlich Verfasser von Detektiv-Geschichten, doch diesmal soll er über den Versuch berichten und aufpassen, dass alles mit rechten Dingen zugeht. Gespannt sitzt er zusammen mit Marconi in der kleinen Stadt Wimereux unweit von Boulogne-sur-mer in einem Zimmer mit Blümchentapete und Blümchenteppich an einem mit einem Blümchentuch gedeckten Tisch.

Um fünf Uhr Nachmittags drückt Marconi auf die Sendetaste. Bei jedem Tatendruck sprühen die Funken mit mehr oder weniger lautem Knistern, und die Signale laufen über einen isolierten Kupferdraht zur Spitze des am Ufer stehenden 45 m hohen Antennenmasts. Seine Botschaft ist nur kurz und er beendet sie mit der dreimaligen Durchgabe des Morsezeichens für den Buchstaben „V". Moffet: „Dann stoppte er, und es war still im Raum, alle Ohren lauschten gespannt auf einen Laut des Empfängers. Eine kurze Pause – und dann kam es auch schon, das übliche Klicken von Punkten und Strichen während der [Papier]Streifen die Botschaft abrollte. [...] Es war die erste drahtlos übermittelte Nachricht von England zum Kontinent. Erst ein ‚V', das Rufzeichen. Dann das ‚M', was bedeutete: ‚Ihre Nachricht einwandfrei.' Marconi antwortet umgehend mit den Worten: *Same here 2 cm.*"   2 cm. – das bedeutete die Wellenlänge.

Am folgenden Tag, dem 28. März 1899, meldet die Londoner *Times*: „Eine Nachrichtenverbindung zwischen England und dem Kontinent wurde gestern durch das Marconi System für drahtlose Telegraphie geschaffen [...] Signor Marconi ist hier, um die Versuche zu leiten und ist äußerst zufrieden mit den erzielten Resultaten. Diese Meldung wurde mit Hilfe des Marconi-Systems von Wimereux nach Foreland übermittelt."

An der Station im englischen Forland sitzt auch Robert McLure, ein Bruder des Magazinverlegers. Er darf mit Moffett in Wimereux einige Nachrichten austauschen um zu beweisen, dass kein Schwindel vorliegt. In den folgenden Tagen erscheint viel Prominenz, und es werden noch viele Nachrichten ausgetauscht, alle fehlerlos und zur vollständigen Zufriedenheit. Eines der Telegramme, die Marconi schicken lässt: *Mr. Marconi sends to Mr. Branly his regards over the Channel through the wireless telegraph, this nice achievement being partly the result of Mr. Branly's remarkable work.* (Mr. Marconi sendet Mr. Branly Grüße über den Kanal mittels des drahtlosen Telegrafen, einem schönen Erfolg der teilweise das Ergebnis von Mr. Branly's bemerkenswerter Arbeit ist.") Er ist bescheiden genug um darauf hinzuweisen, dass er seinen Erfolg in nicht geringem Maße dem Franzosen Branly verdankt.

Mehrfach reist Marconi in der Folgezeit über den Kanal, denn überall will man ihn sprechen, macht ihm Angebote, stellt aber auch Schadenersatz-Forderungen wie etwa diese: Menschen melden sich, die ihre angeblich plötzlich aufgetretenen Zipperlein auf den Einfluss von Marconis Funkwellen zurückführen. Eine Frau klagt über juckende Füße, ein Mann über Leibschmerzen. Er dringt bei Marconis Funkstation ein, fuchtelt sogar mit einem Revolver. Geistesgegenwärtig sagt einer von Marconis Assistenten, er könne ihn kurieren. Zuvor müsse der Mann jedoch alles Metall ablegen – also nicht nur seine Münzen, sondern auch den Revolver. Dann verpasst er ihm einen leichten Elektroschock. Der „Patient" ist's zufrieden – und kommt nicht wieder.

Die drahtlose Telegrafie über den Ärmelkanal von Landstation zu Landstation funktioniert. Schiffsbesatzungen sind jedoch immer noch isoliert, können mit niemandem außer an Bord untereinander oder mit Schiffen in Sichtweite kommunizieren. Diese „Taubstummheit auf See" scheint nun endlich beendet zu werden. Bei den Seemanövern gelingen Marconi Reichweiten bis zu 106 km. Ohne Jigger wären es nur 11 km gewesen. Gleichzeitig experimentiert er mit einer fahrbaren Station: auf die Ladefläche eines dampfgetriebenen Lastwagens montiert er etwa sieben Meter hohen Metallzylinder als Antenne.

Als noch im gleichen Jahr in Dover eine Konferenz der *British Association for the Advancement of Science (BAAS = (Brit. Ges. zur Förderung der Wissenschaften)* mit rund 1400 Teilnehmern und eine ähnliche französische Konferenz in Boulogne stattfinden hat Marconi bereits einen Sendemast auf dem Rathaus von Dover errichten lassen. Und dann übermittelt er über Wimereux gegenseitige Grußbotschaften der französischen und britischen Konferenzteilnehmer. Doch dann hört er zu seiner grenzenlosen Überraschung: die Signale sind auch von seiner Station in Chelmsford empfangen worden. Und Chelmsford liegt 130 Kilometer von Dover entfernt! Marconi ist verblüfft. Seinen Berechnungen zufolge wären für die Überwindung einer solchen Strecke 300 m hohe Sendemasten erforderlich. Seine eigenen waren jedoch „nur" 45 Meter hoch. Wieso der Empfang der Grußbotschaften auch in Chelmsford gelang, wird bis 1924 ein Geheimnis bleiben.

Noch ein anderes Ereignis weckt das Interesse der Britischen Admiralität an Marconis Experimenten: Im Oktober 1899, nach Ausbruch des Burenkriegs, ist ein junger Kriegsberichterstatter an Bord der *Dunottar Castle* nach Kapstadt unterwegs. Er heißt Winston Churchill und begleitet General Sir Redvers Buller, den Oberkommandierenden der Britischen Truppen in Südafrika. Über seine Reise schreibt der Reporter Churchill: „[...] in diesen aufregenden Momenten verschwand der Oberkommandierende der Britischen Truppen vollständig aus der Welt. Nach vier Tagen auf See traf das Schiff in Madeira ein – wo es keine Nachrichten[-Verbindungen] gab. Zwölf weitere Tage vergingen in völligem Schweigen und erst als das Schiff sich zwei Tage von Kapstadt entfernt befand, sichtete man ein anderes Schiff, das vom ‚Land des Wissens' kam und wichtige Nachrichten mit sich führte. Man signalisierte dem Dampfer [mit Flaggen], woraufhin dieser den Kurs änderte, einige hundert Meter seitwärts die *Dunottar Castle* passierte und an Bord eine schwarze Tafel emporgehalten wurde, auf der stand: ‚Drei Schlachten - Penn Symonds tct.‘“ Dann dampfte das Schiff weiter und der Oberbefehlshaber, dessen Truppen ohne sein Wissen im Kampf gewesen waren, konnte nun überlegen, was diese geheimnisvolle Nachricht wohl zu bedeuten hatte.“ (Sir William Penn Symons, (1843-1899), war ein britischer Generalmajor, der am 23. Oktober 1899 in der Schlacht von Talana Hill so schwer verwundet wurde, dass er einige Tage später verstarb. Seine Truppen jedoch hatten die Schlacht gewonnen.)

Viele Schiffe, auch Kriegsschiffe, führten zwar Brieftauben an Bord mit, doch mit denen konnte man allenfalls Nachrichten zu deren heimischem Schlag übermitteln. Ein „umgekehrter Postverkehr“ war nicht möglich, weil die Schiffe ja fortlaufend ihre Position veränderten. Die Admiralität musste also dringend Abhilfe schaffen. Das hat Marconi längst erkannt. Denn im Jahr 1900 gründet er für den Seefunkverkehr die *Marconi International Marine Communication Company.* Gleichzeitig wird die 1897 gegründeten *Wireless Telegraph Signal Company* in *Marconi's Wireless Telegraph Company* umbenannt.

Damit beginnt in der Schifffahrt die Nachfrage nach Marconianlagen. Im Juli bestellt die Britische Admiralität bei ihm sechs Küsten- und 26 Schiffs-Funkstationen. Aber sie ist ein harter Verhandlungspartner und will zunächst auf Marconis Preisvorstellungen nicht eingehen. Als es zu keiner Einigung kommt, droht die Admiralität, die Geräte im Staatsinteresse einfach nachzubauen, ungeachtet irgendwelcher Patentrechtsverletzungen. Das geschieht auch. Die Navy lässt 50 Geräte von der britischen Firma Ediswan nachbauen. Damit sollen alle Schlachtschiffe und Zerstörer ausgerüstet werden. Marconi bekommt dafür keinen Penny. Ein ausgemustertes Schiff im Hafen von Portsmouth, die *Hector*, wird als Funkerschule für die zukünftigen Marinetelegrafisten ausgerüstet. Nach einer Abschlussprüfung sollen sie auf dem Schlachtschiff *Canopus* stationiert werden, dem ersten, mit einer Marconi-Anlage ausgestatteten Schiff unter britischer Flagge. Im Dezember soll es Richtung Mittelmeer auslaufen. Die

Geräte „made in Britain" funktionieren aber nicht so gut wie diejenigen Marconis. Schließlich muss die Admiralität klein beigeben. Man einigt sich auf einen Preis von 3.200 Pfund pro Marconi-Anlage, zuzüglich einer Jahresmiete von jeweils 100 Pfund. 32 Geräte werden zunächst bestellt. Außerdem kann Marconi auf dem zivilen- bzw. Handelsschifffahrt-Sektor die Anlagen für 22 landgestützte Stationen und 30 Bordanlagen für Handelsschiffe liefern.

Die Bestimmungen der britischen Post für das alleinige Recht der Nachrichtenübermittlung an Land umgeht Marconi sehr geschickt: Seine *Marine Company* verkauft die Anlagen nicht, man muss sie mieten. Damit umgeht er das Problem, Gebühren für Telegramme zu erheben – was einen Verstoß gegen das Postmonopol bedeutet hätte. Die Telegrafisten werden gestellt, unterstehen aber der *Marine Company* und werden von dieser auch bezahlt. Man konnte die Geräte von der jeweiligen Gesellschaft einschließlich Wartung mit einer Laufzeit von mehreren Jahren für ein Pfund pro Monat mieten. Oder man konnte eine Sende- und Empfangsstation für 35 Pfund kaufen und die Telegrafenlinie zum Ort seiner Wahl gleich dazu – für ein Pfund pro Meile.

Der Ruf ins Leere

Viel Geld verdient Marconi noch nicht mit seiner Fabrik in Chelmsford, in der fast ausschließlich Frauen arbeiten. Er hält sich mit den eingehenden Aufträgen gerade über Wasser. So gerät er allmählich finanziell unter Druck. Er hat zunehmend Angst, dass ihm irgendeiner seiner ihm bekannten oder unbekannten Konkurrenten mit größeren Sendeerfolgen den Rang ablaufen könnte. Zum Beispiel der Kanadier Reginald Aubray Fessenden (1866-1932). Der Erfinder und studierte Mathematiker ist acht Jahre älter als Marconi, hat bei Thomas Edison und der Firma Westinghouse gearbeitet und wird im Verlauf seines Lebens Inhaber von fast 500 Patenten sein. Nun soll er im Auftrag des *U.S. Weather Service* ein drahtloses Verfahren entwickeln, mit dem es möglich wäre, Wirbelstürme und schwere Unwetter besser vorauszusagen. Die Art des Verfahrens sei egal, Hauptsache es funktioniere. Marconis System ist dazu in der Lage, doch Fessenden fürchtet, durch einfaches Nachbauen derselben Marconis Patentrechte zu verletzen. Außerdem ist das Marconisystem immer noch sehr langsam, und Fessenden meint, es würde nie in der Lage sein, Nachrichten als Buchstaben oder gar als gesprochenes Wort zu übermitteln.

Auf *Cobb Island* im *Potomac River,* im Staat Maryland südlich von Washington, hat Fessenden sich ein einfaches Labor eingerichtet. Dort haust er im Jahr 1900 mit seiner Frau und seinem kleinen Sohn. Doch statt ausschließlich für den Wetterdienst zu arbeiten beschäftigt er sich ebenfalls mit Hertz'schen Wellen. Schon als Zehnjähriger hatte er einen Onkel gefragt, warum man für ein Telefongespräch eigentlich eine Drahtleitung benötige. Seitdem hatte ihn diese Frage nicht mehr losgelassen. Nun versucht er, Reichweiten und Empfang zu verbessern. Er baut einen Generator, der einen wahren Funkenregen verströmt und konstruiert einen äußerst empfindlichen Empfänger. Nach vielen Experimenten gelingt ihm am Morgen des 23. Dezember 1900 die drahtlose Übermittlung einer gesprochenen Nachricht über eine Entfernung von 1,5 km an seinen Assistenten Thiessen. Die beiden Antennenmasten sind jeweils 15 m hoch. Die erste Botschaft lautet: „Eins, zwei, drei, vier, schneit es dort, Mr. Thiessen? Falls ja, telegraphieren Sie mir zurück." (*One, two, three, four. Is it snowing where you are, Mr. Thiessen? If it is, telegraph back and let me know.*) Die Worte sind durch das Knistern des Funkenregens kaum zu hören. Doch niemand, außer Fessenden und seine Mitarbeiter interessierte sich für diese Leistung. Es gab ja das Telefon für viel größere Entfernungen, und es gab die Marconi-Sender. Am Ende der Saison wird Fessenden seine Station auf Cobb Island wieder abbauen lassen. Fessenden und nicht Marconi gilt vielen Fans, aber auch Fachleuten als der eigentliche Erfinder des Radios.

Aber war Fessenden wirklich der erste, dem eine drahtlos übermittelte, phonetische Nachricht gelang? Radio-Historiker verweisen gerne darauf, dass es bereits am 3. Juni 1900 dem brasilianischen Priester Roberto Landell de Moura in einer öffentlichen Vorstellung in Sao Paulo gelang, gesprochene Worte über eine Entfernung von acht Kilometern zu übermitteln. Zeugen waren laut einem zeitgenössischen Zeitungsbericht, Journalisten und der britische Generalkonsul. Ein Jahr später wurde Moura von der brasilianischen Regierung das Patent für ein Verfahren zur „drahtlosen phonetischen Übermittlung" erteilt. Bis 1904 erhielt er in den USA drei weitere Patente, unter anderem für ein „wireless Telephone", also ein drahtloses Telefon.

Doch zurück zu Marconi. In den USA hat James Gordon Bennet Jr., Sohn und Nachfolger des gleichnamigen Zeitungsverlegers, als einer der ersten von den Telegrafieversuchen Marconis in England erfahren. Vor allem faszinierten ihn die Berichte der erfolgreichen Funkübertragung der Segelregatten in Irland und vor der *Isle of Wight*. Die Bennets waren diejenigen, die ihren Reporter Henry Stanley nach Afrika geschickt hatten, um den verschollenen Dr. Livingstone (1813-1873) im heutigen Sambia aufzuspüren. Nun sollen Marconis Errungenschaften den Lesern des *Herald* präsentiert werden. Ein Reporter soll mit Hilfe von Marconis Funkanlage „live" von den *International Ocean Yacht Races* berichten, der Regatta um den *America's Cup*. Sie findet vor *Sandy Hook* vor der Küste von New Jersey statt. Und der *Herald* kommentiert: „Die Möglichkeiten, die in der Entwicklung der Telegrafie ohne die Verwendung von Leitungsdrähten stecken sind so bedeutend, dass jeder Schritt, der dazu geeignet ist, das System dem Publikum vorzuführen und zu zeigen, was es auf kommerziellem Gebiet zu leisten im Stande ist, muss nicht nur im Interesse all derjenigen liegen, die auf dem Gebiet der Wissenschaft tätig sind, sondern auch jedem, der ein Telegramm [drahtlos] versenden möchte."

Marconi selbst ist inzwischen mehr denn je davon überzeugt, dass es ihm auch gelingen wird, Funksignale über den Atlantik zu schicken. „Ich habe nicht den geringsten Zweifel daran, dass ich sofort zwei 100 m hohe Masten errichten kann und dass es nur eine Kostenfrage ist, sie hoch genug zu machen, um Signale nach Amerika zu schicken." Am 13. September 1899 begibt der Erfinder sich in Liverpool an Bord des Cunard-Dampfer *Aurania*, Kurs New York. Dort wird er im Auftrag des *New York Herald* als eine Art Sportreporter funktelegrafisch, also „live" über das *America's Cup Race* berichten. Es ist die erste Reise des jungen Erfinders in die Vereinigten Staaten. Mit ihm reisen drei Assistenten und William

Goodbody, ein Bankier aus einer irischen Quaker Familie aus Dublin. Marconi hat ihn zu seinem Finanzberater gemacht. Mutter Marconi ist nicht mehr dabei, denn ihr Sohn ist die Rolle des Wunderknaben leid. Um älter auszusehen hat er sich einen Schnurrbart wachsen lassen. Sein Ruf ist dem erst 25jährigen Dank entsprechender Berichterstattung vorausgeeilt. Reporter warten in New York voller Neugier am Pier, und der *Herald* meldet: „Als die Passagiere die Gangway der *Aurania* herabkamen, erkannten wenige der vielen Wartenden in dem jugendlichen, fast knabenhaft aussehenden Mann den Träger eines Namens, der in elektrischen Kreisen zu höchstem Ansehen gelangt ist." Ein Reporter beschreibt ihn als „einen ernsthaften, etwas egozentrischen jungen Mann, der wenig redete, aber dann immer auf den Punkt. Seine Kleidung ist englisch, seine Figur französisch. Seine Stiefelabsätze spanisches Militär. Sein Haar und Bartwuchs Deutsch. Seine Mutter ist Irin. Sein Vater ist Italiener. Alles in allem besteht wenig Zweifel, dass Marconi durch und durch Kosmopolit ist." Andere beschreiben ihn als „nicht größer als ein Franzose und nicht älter als ein Vierteljahrhundert. Er ist ein reiner Knabe, mit dem glücklichen Temperament und Enthusiasmus eines Knaben, und der nervösen Haltung eines Mannes bezüglich seines Lebenswerks. Sein Auftreten ist ein wenig nervös, und sein Blick verträumt. Er handelt mit der Bescheidenheit eines Mannes, der einfach die Schultern zuckt, wenn man ihn beschuldigt, einen neuen Kontinent entdeckt zu haben. Er sieht ganz und gar wie ein Student aus."

Die Ankömmlinge aus der Alten Welt beziehen Quartier im *Hoffman House 1111 Broadway*. Prompt explodiert im Keller ein Heizkessel – und wieder wird Marconis Funkwellen die Schuld gegeben. Die Stadt ist ohnehin in Aufregung, denn alles erwartet die Rückkehr des im Spanisch-Amerikanischen Krieg so siegreichen Admiral George Dewey von den Philippinen. Im Auftrag des *Herald* soll Marconi mit seinem Sender auf einem Schlepper dem Schiff entgegenfahren, damit die Zeitung vor den Konkurrenzblättern als erste über die Taten des Kriegshelden berichten kann. Aber daraus wird nichts, denn Dewey trifft erst zwei Tage später ein. Als Marconi dann über das *Cup Race „live"* berichten kann, geraten die New Yorker erneut aus dem Häuschen. Der aktuelle Stand des Rennens wird jeweils auf Anzeigetafeln präsentiert. In einem Kommentar des *Herald heißt* es später: „Signor Marconi versetzte das Publikum in die Lage, jede neue Wendung des Rennens zu verfolgen. Immer wenn Signor Marconi von seinem Dampfschiff aus telegrafierte waren laute Hurrarufe an den Anzeigetafeln zu hören." „Public Viewing" ist also keineswegs eine Erfindung des 21. Jahrhunderts. Der neue Erfolg bringt aber auch neuen Ärger. Ein gewisser Lyman C. Larned aus Boston bezichtigt Marconi der Patentverletzung. Sein Vorwurf: Der amerikanische Professor Amos S. Dolbear habe bereits am 5. Oktober 1886 ein Patent zur drahtlose Nachrichtenübermittlung erhalten. Dessen Firma, die *Dolbear Electric Telephone Company of New Jersey,* habe er, Larned, im Juli 1899 gekauft, und zwar mit der Absicht, über das *America's Cup Race* zu berichten. Das habe er rechtzeitig sowohl dem *Herald* als auch die Firma Marconi wissen lassen. Und er habe darauf hingewiesen, er werde beide Unternehmen verklagen, wenn sie ihre eigene, beabsichtigte Berichterstattung mit Marconi-Geräten wahrnehmen sollten. Larned verlangt eine Entschädigung von 100.000 Dollar und den Stop aller weiteren Marconi-Demonstrationen. Doch Marconi kann nachweisen, dass das amerikanische Dolbear-Patent nichts anderes beinhaltet als die auch von Preece in England verwendete Induktions-Methode. Und damit sei eine drahtlose Signalübermittlung nur über geringe Entfernungen möglich. So jedenfalls berichtet es das Fachblatt *Electrical World and Engineer vom 2.* Dezember 1899.

Marconis Berichterstattung von Bord der *S.S. Pennen* an den *Herald* über den jeweiligen Stand des *Cup Race* wird von Bennett gut bezahlt. Die 5.000 Dollar, die er erhält, entsprechen dem fünffachen Jahresgehalt eines mittleren Angestellten. Der Kurs der Firma Marconi steigt in diesem Jahr um mehr als das Siebenfache – von 3 Dollar auf 22 Dollar. Und namhafte Persönlichkeiten gehören zu den Aktionären. In den USA sind es Andrew Carnegie und Thomas Alva Edison – der später beratender Ingenieur der *American Marconi Co.* wird.

Überall muss Marconi in den folgenden Wochen seine Erfindung vorführen, und er lässt keine Gelegenheit dazu aus Vor Vertretern der *US Navy* schickt er Signale zwischen dem Kreuzer *New York* und dem Schlachtschiff *Massachusetts* über eine Entfernung von fast 60 km durch Wind, Regen und Nebel. Doch ähnlich wie die *Royal Navy* zögert auch die US-Marine, den Preis zu zahlen, den Marconis Firma verlangt. Außerdem stört sich die Navy daran, dass nur Telegrafisten Marconis, die sogenannten *marconisti*, die Sender bedienen dürfen. Schließlich müsse ja die Geheimhaltung gewahrt bleiben, denn jeder, der die Wellenlänge eines Senders kennt oder herausfindet, könne ja mithören. Und im übrigen habe man ja schon eigene, also US-amerikanische Funksysteme. Die zu nutzen wäre dann doch gewiss billiger.

Just da kommt es zu einer für Marconi peinlichen Panne Weil eine amerikanische Station sendet, ist plötzlich zwischen den an Marconis Demonstration teilnehmenden Kriegsschiffen keinerlei Verständigung möglich. Die Signale vermischen sich, es gibt ein heilloses Durcheinander, und die übermittelten Botschaften sind nicht mehr zu entziffern. Diese Interferenz – der Laie spricht von Wellensalat – bewies Marconi eines: wenn mehr als eine Station im gleichen Sendebereich arbeiten sollen, musste ein Verfahren entwickelt werden, damit die Wellen sich nicht in die Quere kommen. Eine solche Abstimmung, das sogenannte *tuning*, hatte Lodge bereits 1898 beschrieben. Marconi setzte es in abgewandelter Form um und beantragt am 26. April 1900 ein Patent für seine Verbesserung. Der Antrag trägt die Nummer 7777, und das ein Jahr später erteilte Patent wird als das Patent der ‚four sevens", der vier Siebener, bekannt. Das Wesentliche daran: Sender und Empfänger sind auf die gleiche, aber individuelle Wellenlänge beziehungsweise Frequenz abgestimmt. So können mehrere Sender praktisch nebeneinander operieren, ohne einander zu stören. Um dieses Patent wird es viel Streit geben. Lodge verklagt Marconi wegen Patentrechtsverletzung, verliert aber, weil Marconi die Verbesserungen als seine eigenen belegen kann.

Mit der Erteilung des Patents kann die *Marine Communication Co.* relativ zuverlässige Sende- und Empfangsanlagen anbieten. Der Engländer Hughes erkennt die Leistung Marconis inzwischen voll an. In einem 1899 an eine Fachzeitschrift gerichteten Brief schreibt er: „[Marconis] Bemühungen verdienen den Erfolg, der ihnen zuteilgeworden ist, und wenn er, wie ich kürzlich gelesen habe, das Mittel gefunden hat, diese Wellen auf einen einzigen, gewünschten Punkt zu konzentrieren, ohne ihre Stärke zu vermindern, dann wird die Welt recht daran tun, seinen Namen auf die höchste Stufe all dessen zu setzen, was zum Gebiet der elektrischen Wellentelegrafie gehört. Nun endlich installiert auch die US-Navy auf ihrem Schlachtschiff *Massachusetts,* dem Kreuzer *New York* und dem Torpedoboot *Porter* eine Marconi-Anlage. Ebenso auf der Küstenstation Babylon auf Long Island.

All diese Erfolge, vor allem die bejubelte Funkübertragung der Regatta vor *Sandy Hook,* veranlassen Marconi den Antrag zur Gründung der *Marconi Wireless Telegraph Company of America* zu stellen. Der Firmensitz liegt in New Yorks Nachbarstaat New Jersey. Direktor des am 22. November registrierten Unternehmens wird Isaac L. Rice, der auch gleich die Ziele der Gesellschaft bekannt gibt: Es sollen Geräte gebaut werden, mit deren Hilfe Schiffe auf See kommunizieren können. Die Geräte sollen auch dort verwendet werden, wo die Verlegung von Unterwasserkabeln zu teuer oder zu schwierig wäre. Und schließlich sollen auch Seenot-Rettungsstellen damit ausgerüstet werden. Kurz, so sagt er, die Anwendungsmöglichkeiten seien „unendlich groß, und die Entwicklung steckt noch in den Kinderschuhen".

Am 9. November 1899 besteigt Marconi in New York den Schnelldampfer *St. Paul* der *American Line.* Er hat eine Luxussuite gebucht, und das Schiff ist das erste mit einer Marconi-Anlage. Noch vor dem Ablegen hat er über das Transatlantikkabel eine Anweisung zu seiner Station an der Alum Bay schicken lassen mit der Anweisung, auf der letzten Etappe seiner Überfahrt Rufsignale auszuschicken. Seine Geräte, die er an Bord aufgebaut hat, sind empfangsbereit. Auf dieser Reise lernt Marconi an Bord die Amerikanerin Josephine Holman kennen, und noch auf See verloben sich die beiden. Doch die „Verlobung" wird bald in die Brüche gehen.

Am 15. November, als die *St. Paul* noch etwa 125 km von den *Needles*, den Kreideinselchen vor der Isle of Wight entfernt ist, empfängt Marconi um 16:45 Uhr Bordzeit die ersten Signale. Er bestätigt dies per Funk, was in der Empfangsstation an der Alum Bay ein Glöckchen erklingen lässt. Sofort fragt man zurück:

„Sind Sie das, *St. Paul*?

Antwort: „Ja"

Frage: „Wo sind Sie?"

Antwort: „66 Seemeilen entfernt."

Die Verbindung steht! Es ist das erste Mal, dass ein Schiff telegrafisch seine bevorstehende Ankunft mitteilt. Die Landstation beginnt daraufhin, die neuesten Meldungen aus dem Burenkrieg zur Information der Passagiere zu funken, und die Nachricht von der Versenkung der *U.S.S. Charleston* vor der Küste von Luzon auf den Philippinen. Zusammen mit Kapitän J. Jamison schneidert Marconi aus diesen Informationen eine Bordzeitung und nennt sie *Transatlantic Times*. Leutselig signiert er die Exemplare – die für einen Dollar zum Wohl des *Seamen's Fund* verkauft werden. Und es werden die ersten Telegramme der Passagiere nach Alum Bay geschickt. Von dort gehen sie über den Landtelegrafen an die Adressaten. In einem der Telegramme bittet ein Passagier, ein Abendessen für geladene Gäste am Tag seiner Ankunft zu arrangieren. Die kommerzielle Telegrafie auf See hat ihren Einstand gegeben.

Am 15. November 1899 legt die *St. Paul am Pier* in Southampton an. Marconi beauftragt sechs seiner Telegrafisten, sich nach Südafrika einzuschiffen, um dort die englischen Truppen mit Hilfe von Marconianlagen zu unterstützen. Einer dieser Telegrafisten ist Charles Samuel Franklin (1879–1964) der später wichtige Verbesserungen in der Radiotechnik vornehmen wird.

An seinem 26. Geburtstag – es ist der 25. April 1900 – gründet Marconi in London die *Marconi International Marine Communication Company*. Da die Britische Post das Telegrafie-wesen an Land kontrolliert, will er sich (zunächst) ganz auf den Seefunk konzentrieren. Aber dazu bedarf es auch Sende- und Empfangsstationen an den Küsten, mit Anschlüssen an das landgestützte Telegrafennetz. Denn ohne Küstenstationen würde kaum ein Reeder seine Schiffe mit einem Empfänger ausrüsten. Dazu müssten allerdings mindestens 50 m hohe Antennenmasten errichtet werden. Denn immer noch glaubt Marconi: je höher eine Antenne und je stärker die Funksignale, desto größer ihre Reichweite. Denn es gelingt ihm ja schon bis zu 300 km Entfernung zu funken. Dabei dienen dampf- und benzinbetriebene 150-Watt Generatoren zur Erzeugung der Funken.

Die Deutschen sind es, die mit als erste den regelmäßigen Betrieb von Seefunk-Anlagen aufnehmen. Auf dem Leuchtturm der Insel Borkum vor der ostfriesischen Küste wird eine Sende- und Empfangseinrichtung installiert, ebenso auf dem 35 km entfernt verankerten Feuerschiff *Borkum Riff*. Von da besteht Funkverbindung nach Emden. Der Betrieb wird am 15. Mai 1900 aufgenommen. Und als erstes deutsches Handelsschiff stattet der *Norddeutsche Lloyd Bremen* seinen Schnelldampfer *Kaiser Wilhelm der Große* mit einer angemieteten Marconi-Anlage aus. Am 24. Juli 1900 tauscht der Luxusliner erstmals mit dem Feuerschiff drahtlos Nachrichten über eine Entfernung von 90 km aus. In den folgenden zwei Jahren, also 1901 und 1902, folgen zwei weitere Schiffe des Lloyd und fünf Schiffe der *Hamburg-Amerikalinie* (HAPAG). Als zwischen dem Schnelldampfer *Deutschland* und der Hafenstadt Duhnen / Cuxhaven 1901 eine Verbindung über 150 km bei Sendemasten von „nur" 32 m Höhe gelingt, entschließen sich auch die belgische und die französische Marine zur Anmietung von Marconi-Geräten.

Auch an Bord der Schiffe mit einer Funkanlage entsteht bei deren Erzeugung natürlich bei jedem Morsezeichen ein lauter Knall. Die Funker bei der britischen Marine werden deshalb scherzhaft *sparks* genannt, also Funken. Viele *sparks* tragen Ohrstöpsel. Als sich immer häufiger Passagiere über den Lärm beschweren, verbannt man die Funken-Induktoren in einen möglichst schalldichten Raum neben der Funkerbude.

1901 soll Marconi erneut über das Internationale Yacht Rennen berichten, jedoch diesmal für die *Associated Press*, von der inzwischen mehrere US Zeitungsverlage – darunter auch der *Herald* – beliefert werden. Aber dieses Mal ist Marconi nicht der einzige „Sportreporter". Auch von zwei anderen Begleit-Yachten wird gefunkt: Der Amerikaner Lee DeForest (1873-1961) sendet mit einem von ihm in Zusammenarbeit mit dem Amerikaner Clarence Freeman entwickelten Funksystem für die *Publishers Press Association*, einen Konkurrenten der AP. Das dritte Verfahren wurde von Harry Shoemaker (1879-1932) entwickelt. Dessen Sende- und Empfangsgeräte werden bis zum Beginn des Ersten Weltkriegs die Radiotechnik in den Vereinigten Staaten maßgeblich bestimmen.

Auch bei diesem Rennen kommen sich die drei Systeme wieder in die Quere. Die Rivalen einigen sich darauf, abwechselnd jeweils fünf Minuten zu senden. Das Freeman-Gerät versagt den Dienst, wutentbrannt wirft DeForest es über Bord und arbeitet weiter mit einem Knallfunk-Gerät. Danach hält sich keiner mehr an die Vereinbarungen. Die „Live"-Berichterstattung endet im Chaos und DeForest kommt zu dem Schluss: das einzige was drahtlos funktioniert habe sei das alte „Winker"-System, also die Verständigung mit Flaggen-Signalen. Also muss es irgendwann gelingen, den Wellensalat zu verhindern.

Der große Sprung

Kaum ist das Geschäft mit den Reedereien angelaufen da verblüfft Marconi seine engsten Mitarbeiter erneut mit einem diesmal fast größenwahnsinnig anmutenden Vorschlag: Er will versuchen, Funksignale über den Atlantik zu schicken. Die Strecke ist 20 Mal so lang wie die bis dahin erzielte Höchstdistanz. Und dazwischen liegt ein „Wasserberg" von rund 700 km Höhe. So „hoch" ist die Erdkrümmung über zwei 6.000 km voneinander entfernten Punkten zwischen dem europäischen und dem nordamerikanischen Kontinent. Da die Funkwellen sich geradlinig fortpflanzen würden sie am anderen Ufer des Atlantik etwa 2.500 km hoch über der Erde sein, zu hoch für jede Empfangsantenne. Aber Marconi ist überzeugt, eine Lösung zu finden. Da es ihm ja bereits gelungen war, über den Horizont hinweg zu senden, müsste es mit einem starken Sender und ausreichend hohen Antennen auch möglich sein, den Atlantik zu überbrücken. Dazu müsste er mit sehr lan—

gen Wellen arbeiten, wozu wiederum noch höhere Antennen notwendig wären.

Als die ersten Gerüchte über dieses neue Vorhaben Marconis auftauchen, streitet er alles ab. Wieder hat er Sorge, dass ihm ein anderer zuvor kommen könnte. Denn da gibt es neben den Amerikanern noch Adolphus Slaby von der deutschen *Telefunken*, den Russen Popow oder den inzwischen zum Ritter geschlagenen Sir Oliver Lodge. Auch der Franzose Eugène Ducretet (1844-1915) hatte schon im November 1897 Funksignale zwischen seiner Werkstatt in der *Rue Claude Bernard* und dem 400 m entfernten Panthéon übermittelt. Ein Jahr später schickte er von der dritten Plattform des Eiffelturms Funksignale vier Kilometer weit über Paris hinweg. Seitdem verkauft er Funkgeräte an die russische Marine, ist also für Marconi ebenfalls ein ernst zu nehmender Konkurrent.

Das Abenteuer, das Marconi eingehen will, wird eine kostspielige Angelegenheit. 50.000 Britische Pfund, so haben Zeitungen errechnet, würde die Sache mindestens kosten. Für die europäische Seite der Brücke über den Atlantik entscheidet Marconi sich für seine Station Poldhu in Cornwall. Darauf lässt er ein einstöckiges Gebäude errichten. In diesem soll der Funkengenerator stehen. Sein technischer Berater ist schon seit längerem Professor John Ambrose Fleming (1849-1945). Der spätere Erfinder der Dioden-Vakuumröhre erhält für seine Tätigkeit von der Firma Marconi ein Jahreshonorar von 500 Britischen Pfund. Schon im Oktober 1900 hatten die Bauarbeiten unter der Leitung von Kemp, Marconis Vertrautem, begonnen. Neben dem Generatorhaus wird die Antenne errichtet. Verglichen mit früheren Anlagen ist sie ein wahres Monstrum. Zwanzig etwas über 60 m hohe Holzmasten aus aneinendergefügten Fichtenstämmen werden in einem großen Kreis von 61 m Durchmesser errichtet und mit Draht untereinander verspannt. Ein modernes Stonehenge. Einige einheimische Handwerker meinen, die Anlage werde starken Stürmen nicht widerstehen — aber sie werden überstimmt. Im Januar 1901 steht sie.

Etwa um diese Zeit nimmt sich Marconi eine Karte Nordamerikas vor. Lange hatte er überlegt, wo er die Westküstenstation für seine geplanten Versuche errichten sollte. Sie sollte auf der anderen Seite des Atlantik möglichst „nahe" zu Poldhu liegen. Es musste ein abgelegener Ort sein, jedoch mit Trinkwasser, Arbeitskräften, Vorräten. Auch ein Bahnanschluss und ein Hotel sollten vorhanden sein. Küstenorte wie in den Staaten New York, Connecticut oder Rhode Island schieden wegen zu dichter Besiedlung aus. Und so zeigt er auf eine Landzunge, die an der Atlantikküste des Staates Massachusetts wie ein nach oben gekrümmter Arm in den Atlantik ragt: *Cape Cod* - Kap Kabeljau. Hier erreichten fast 400 Jahre zuvor auch die *Pilgrimfathers,* von England kommend, mit ihrem Schiff *Mayflower* den nordamerikanischen Kontinent. 45 m über dem Meeresspiegel, auf dem Steilufer des Fischerdorfes South Wellfleet, will Marconi seine amerikanische Station bauen. Es soll die zweitgrößte Anlage der Welt werden, fast so stark wie die in Poldhu. Seine Mitarbeiter sprechen jetzt nur noch von „The big thing", dem „großen Ding".

Ende Februar 1901 macht sich Marconi an Bord des Dampfers *Philadelphia* von Cherbourg aus auf den Weg über den Atlantik, um sich an Ort und Stelle umzusehen. Mit an Bord ist sein Assistent Richard Vyvyan (er wird später Chefingenieur der Firma). Auch Vyvyans Frau reist mit, das Paar hat gerade geheiratet. Dazu kommen zwei Funker. Einer der beiden ist Charles Samuel Franklin, zurück von seiner Südafrika-Mission.

Nach der Ankunft in Boston lässt sich die Gruppe mit einem Küstenboot nach Provincetown bringen, dem Ort an der Spitze von Cape Cod. „P-Town", wie heutige Bewohner das Städtchen nennen, ist damals ein verschlafenes Nest mit hauptsächlich aus Portugal und den Kapverden eingewanderten Bewohnern Die meisten sind Hochseefischer. Von hier aus segeln sie zum Kabeljaufang zur St. George's Meeresbank und anderen, meist geheim gehaltenen Fischgründen. Ed Cook, ein Einheimischer, ist bereit, Marconi mit seinem Pferdewagen herumzufahren. Cook ist ein *wrecker.* So nannte man auf Cape Cod die Strandläufer, die Treibgut sammelten, aber auch falsche Leuchtfeuer setzten, um Schiffe auf Sandbänke zu locken und dann die Fracht zu plündern. Denn die Gewässer um das Kap galten und gelten wegen tückischer Strömungen und starker Winterstürme als ein Schiffsgrab des Atlantik.

Das Kap selbst ist eine eigentümlich reizvolle und anziehende Landschaft, mit Dünen, Sandboden und Kiefernwäldern. Der amerikanische Naturalist Henry David Thoreau (1817-1862) war – wie nach ihm Zehntausende anderer Besucher – von der Landschaft so fasziniert, dass er sie als einen Platz beschrieb, „an dem man ganz Amerika hinter sich lassen kann".(*A man may stand there and put all America behind him.*' Aber der Sandboden ist wenig fruchtbar. So verließen die *Pilgrim Fathers* schon nach wenigen Tagen das Kap und siedelten auf dem Festland im heutigen Plymouth.

In *North Truro* wird Marconi bei der Suche nach Landkauf abgewiesen. Die Bewohner halten ihn für einen Scharlatan. Doch in dem Fischerdorf South Wellfleet hat er Glück. Er erwirbt ein 32.000 qm großes Grundstück direkt am Atlantikufer *for a song and a prayer*, also „für so gut wie nichts", wie es in einem Bericht der Historischen Gesellschaft von Neu England heißt. Es liegt rund 40 m über dem Meeresspiegel. Bahn, Hotel, alles was Marconi sich wünschte sind im nahegelegen Dorf nicht weit. Eigentümer des Grundstücks ist Marconis „Bärenführer" Cook. Marconi ernennt Cook zu seinem Bauunternehmer. Er selbst nimmt Quartier im *Holbrook House* in Wellfleet. Aber es gefällt ihm dort wohl nicht so sehr. Das Essen findet er „furchtbar". Hummer, die sich in den Fischernetzen verfangen, werden damals noch als Dünger in den Vorgärten der Fischer vergraben. Und weil sich Marconi Wein und Lebensmittel von Boston und New York per Bahn kommen lässt, gilt er bei den Einheimischen bald als Snob. So reist er bald wieder ab, nach England. Aber er lässt Vyvyan zurück. Denn der soll den Bau der Antennenanlage überwachen.

Die Pläne dafür kommen den Einheimischen wie die eines Größenwahnsinnigen vor. Die Anlage wird praktisch eine Kopie der Poldhu Antenne. Wohnquartiere für die Belegschaft entstehen sowie Gebäude für die technischen Anlagen. Es muss ja Dampf erzeugt werden, um die Generatoren anzutreiben, mit deren Hilfe wiederum die Funken erzeugt werden sollen. Und dann erst die

Antenne! Auch sie besteht aus 20 Masten die in Form eines Kreises von 60 m Durchmesser, die etwa 50 m von der atlantischen Steiluferkante entfernt aufgestellt werden. Jeder Mast, im Sand verankert, ist 60 m hoch und besteht aus zusammengefügten Fichtenstämmen. Mitte Juni stehen die ersten 17 Stück. Wie bei einem Großsegler klettern die „Rigger" daran auf und ab, um sie weiter zu erhöhen und zu befestigen. Ihre Spitzen liegen somit 90 m über dem Meeresspiegel. Mit Stützdrähten werden sie verspannt und verankert. Ein Kupferkabel soll alle Mastspitzen verbinden. Von diesem Kabel sollen dann Dutzende von Drähten hinunter zur Sende- und Empfangsanlage führen und in einem Strang enden.. Das ganze Gebilde würde nach seiner Fertigstellung aussehen wie ein umgedrehter Trichter oder Regenschirm.

Das Wetter auf Cape Cod ist in diesem Frühjahr ungewöhnlich schlecht. In ihren abgelegenen Quartieren müssen sich die Männer gefühlt haben wie Polarforscher auf einem vom Eis eingeschlossenen Schiff. Sie vertreiben sich ihre Freizeit mit dem Sammeln von Austern, mit Lesen und Klavierspiel. Vyvyan misstraut der Antennenkonstruktion. Er fürchtet, dass sie beim ersten schweren Sturm zusammenbrechen könnte. Auch Ed Cook warnt vor der Sturmgefahr. Schon bei geringen Windgeschwindigkeiten bewegten sich die Mastspitzen hin und her.

Vom Donner gerührt

Derweil versuchen Marconi und Fleming in England, die Sendestärke immer weiter zu erhöhen, um immer größere Entfernungen überbrücken zu können. Dazu brauchen sie riesige Induktoren/Kondensatoren. Die erzeugen bei der Ent*ladung gewaltige Funken, 30 cm lang und dick wie ein Männerarm.* Und jedes Mal knallt das gewaltig, wie bei einem Gewitter. Schließlich lässt sich auch der Stromfluss kaum noch bändigen. Die Regenrinnen einiger Häuser in der Nähe sprühen manchmal Funken, blaue Blitze zucken durch die Luft. Kemp lässt Warnschilder aufstellen. *Caution. Very Dangerous. Stand Clear* steht da drauf. (Vorsicht! Sehr gefährlich! Abstand halten!). Am 9. August 1901 notiert Kemp in sein Tagebuch: „Ein elektrisches Phänomen – es klang wie ein schrecklicher Donnerschlag über den Mastspitzen, als von jeder ein Funken trotz der eingebauten Isolatoren zur Erde raste. Die Pferde wurden wild und die Männer verließen das zehn Morgen große Areal in größter Eile." Aber die Schäden werden behoben, die Station Poldhu „unterhält" sich weiter mit anderen Marconi-Stationen in England und auf See. Kemp hat eine weitere Anlage in der Nähe aufgebaut. Man experimentiert mit verschiedenen Wellenlängen, und kommt sich dabei nicht mehr in die Quere.

Für die Bewohner der Region, meist einfache Menschen, sind die Knallfunksender ziemlich furchterregend. Die blauen Blitze des Funkengenerators sind noch von Weitem zu sehen. Und das Knallen der Funken hört sich an wie Schüsse oder wie Kanonendonner. Niemand traut sich in die Nähe des Geländes, vor allem nicht nachts. Die Anlage wird im Volksmund bald die „Donner-Fabrik" genannt! Böse Zungen behaupteten gar, die akustische Reichweite der Sender sei größer als die elektromagnetische!

Auch in South Wellfleet berichten Augen- und Ohrenzeugen in ihren Erinnerungen: nachts sei der Funkenschein am Strand noch in über 6 km Entfernung zu sehen gewesen, bis nach Eastham und Truro. Und wenn man sich in der Nähe der Sendeanlage befand, klangen die Funken „wie Pistolenschüsse". Man musste sich die Ohren zuhalten. Außerdem sei die Elektrizität lebensgefährlich gewesen. In alle Haltedrähte hatte Vyvyan Schäkel aus Hartholz einbauen lassen. Die sollten verhindern, dass Elektrizität nicht dorthin ging, wohin sie nicht sollte. Trotzdem kroch sie überall hin. Angeblich wurden Ofenrohre und Regenrinnen aufgeladen. Eine Wirtschafterin erhielt sogar leichte Stromschläge, als sie Wäsche aufhing. Es war ein Wunder, dass die Dorfbewohner die Marconi-Leute nicht vertrieben. Allen Anwohnern, die wissen wollen, wozu das alles gut sein soll wird gesagt: „Wir wollen Kontakt zu Schiffen auf See haben, falls diese in Not geraten."

Im August gelingt Marconi ein weiterer Coup. Der Verleger Bennet vereinbart mit ihm, von der an das Landkabel angeschlossenen Sendestation Glace Bay täglich eine Sendung mit den aktuellsten Nachrichten an den Schnelldampfer *Lucania* der britischen *Cunard* Reederei auszustrahlen, solange dieser in Reichweite der Sendesignale ist. Es ist die erste Seefunkzeitung. Bis Jahresende rüstet *Cunard* auch die Dampfer *Carmania*, *Umbria* und *Etruria* mit Marconi-Anlagen aus. So können sie über Marconi-Landstationen auf der Insel Nantucket oder dem Feuerschiff Nantucket der Redaktion des *Herald* ihre voraussichtliche Ankunftszeit mitteilen, schon 12 Stunden ehe sie andocken Ein Service für Leser und *Cunard*-Agenten.

Wenige Wochen später, am 17. September kommt es beim ersten, schweren Nordost-Herbststurm in Poldhu zu einer Katastrophe. Die 20 je 80 m hohen Masten splittern wie Streichhölzer oder liegen umgerissen wirr durcheinander wie die Stäbe des Mikado Spiels eines Riesen. Was bleibt, ist nur noch ein Gewirr von Drahtschlingen und Trägern. In nur 10 Tagen lässt Kemp eine provisorische neue Antenne errichten. Um Zeit zu sparen, werden diesmal nur zwei Masten aufgestellt, im Abstand von 61 m. Jeder ist etwa 49 m hoch und 48 Drähte von je 65 m Länge führen im Abstand von je einem Meter senkrecht nach unten. Als Kabelbündel enden sie in der Sendestation. Damit können die Testsendungen zunächst fortgesetzt werden. Auf Flemings Vorschlag soll auf der 500 m Welle gesendet werden. Im Gegensatz zu früheren Anlagen wird die Senderstärke von 200 Watt auf 20 kW erhöht, ist also hundertmal höher. Die Aufladung der hausgroßen Kondensatoren geschieht mittels Generatoren. In einem in *McClure's Magazine* von 1902 erschienen Bericht heißt es: „Der Boden zitterte und ächzte vor Energie. „Kein Mensch konnte neben der riesigen Spule stehen, die diesen ungeheuren Blitz erzeugte."

In England hat Marconi einen weiteren dicken Fisch an Land gezogen: *Lloyd's of London,* dem schon damals bedeutendsten Schiffsversicherer der Welt. Am 26. September 1901 wird der Vertrag mit einer Laufzeit von 14 Jahren unterschrieben. Auch dieser enthält die Klausel, die sich bald als verhängnisvoll erweisen wird: Bei Lloyds zu versichernde Schiffe dürfen nur mit „geliehenen" Marconisten besetzt werden. Weiter wird festgelegt, dass Lloyds nur Marconi-Anlagen anschaffen darf, und dass seine etwa 1.000 Agenten in den Häfen der Welt Schiffsbewegungen nur an Marconisten weitergeben dürfen. Das heißt, sie dürfen – außer in Notfällen – nur mit anderen Marconisten kommunizieren. Das gilt auch für den Funkverkehr auf See. Das alles ist zwar ein fabelhafter geschäftlicher Erfolg für Marconi – jedoch mit schlimmen Folgen.

Im Oktober 1901 ist Marconi wieder in den USA. Er hofft, als einziger seine Anlage beim *America's Cup Race* einsetzen zu können. Doch diesmal ist der Amerikaner Lee DeForest auch dabei. Er soll für die *Publisher's Press Association* „live" über das Rennen berichten. Dabei kommt es u peinlichen Pannen. Da über beide Systeme berichtet wird, gibt es wieder „Wellensalat", bis die Kontrahenten übereinkommen, nach jeweils fünf Minuten dem „Gegner" die Sendezeit zu überlassen.

Die Not-Antenne in Poldhu kann keine Dauerlösung sein. Am 22. Oktober 1901 genehmigt Marconi den Bau einer zukünftigen, permanenten Anlage. Diesmal sind es vier 60 m hohe Masten in denen, wie eine auf den Kopf gestellte Pyramide, die Antennendrähte verspannt werden. Von der tiefliegenden Spitze führt ein Kabel zum eigentlichen Sender. Am 1. November wird mit dem Bau begonnen. Und Marconi schickt über das Seekabel schon die nächste Anweisung an Kemp: Der soll ihn am 16. November nach Neufundland begleiten. Denn Marconi meint, Cape Cod würde mit 4.800 km zu weit von Poldhu entfernt liegen. Deshalb habe er sich entschlossen, im „nur" 3.800 km von Poldhu entfernten neufundländischen St. John's einen drahtlosen Empfang von Signalen aus Cornwall zu versuchen.

In Liverpool treffen die beiden Männer zusammen, sowie ein weiterer Ingenieur der Marconi Company namens Percy Paget. Dann starten sie am 26. November auf dem kanadischen „Auswanderer"-Dampfer *SS Sardinian* in Richtung Neue Welt. Kemp hat alle Geräte dabei, die für Empfang und Sendungen gebraucht würden. Kurz vor dem Auslaufen erhält er ein Telegramm, in dem Vyvyan ihm über das Transatlantikkabel mitteilt: ein heftiger Sturm habe tags zuvor die Antenne auf Cape Cod schwer beschädigt. Einer der Masten hätte Vyvyan fast erschlagen, der andere sei in die „Funkerbude" gestürzt. Umgehend beginnen die Reparaturarbeiten. Die neue Antenne besteht diesmal, um die Bauzeit zu verkürzen, nur noch aus vier 45 m hohen Masten. Von deren Spitze führen insgesamt 50 Kupferdrähte zu dem Sendehaus, das mitten zwischen den Türmen steht. Innerhalb von knapp zwei Monaten wird alles wieder betriebsbereit.

> „Die drahtlose Telegraphie ist nicht schwer zu verstehen. Sehen Sie, der Telegraph ist wie eine sehr, sehr lange Katze. Man zieht in New York an ihrem Schwanz, und sie miaut in Los Angeles. Drahtlos geht es genauso, nur ohne Katze."
>
> *Albert Einstein (1879-1955)*
> *Bei Edison (1847-1931) war es „ein sehr, sehr langer Dackel von London bis Edinburgh."*

Am 6. Dezember läuft die *S.S. Sardinian* in den Hafen von St. John's ein. Das Deck ist vereist, das Wetter schlecht und es ist hundekalt. Am folgenden Tag besucht Marconi als erstes den Gouverneur von Neufundland, Sir Cavendish Boyle. Neufundland ist damals noch britische Kolonie. Er teilt ihm mit, dass er drahtlose Nachrichtenübermittlungen zu und von Schiffen auf See vornehmen wolle, als Teil der Seenotrettung. Wie schon in England verrät er nichts von seinem eigentlichen Ziel. An der *Glace Bay* auf dem *Signal Hill* am Stadtrand von St. John's, 46°17' Nord stellt ihm der Bürgermeister als „Labor" ein leerstehendes Krankenhausgebäude zur Verfügung. Man ist ja froh, dass sich in dieser abgelegenen Stadt etwas zu tun scheint. Marconi: „Es gab einen Raum in diesem Gebäude, in dem ich meine Apparate aufstellte und meine Vorbereitungen für das große Experiment traf. " Auf einem historischen Foto ist die Einrichtung zu sehen: ein einfacher Kanonenofen, der etwas Wärme verbreitet, an der Wand ein leeres Regal, ein Stuhl und in der Mitte des Raumes ein grober Holztisch. Auf dem stehen ein Morseapparat mit Sende- und Empfangseinrichtung, und dazu – fast wie Kinderspielzeug – einige Instrumente. Marconi: „Am Montag, den 9. Dezember, knapp drei Tage nach meiner Ankunft, begann ich zusammen mit meinen Assistenten die Arbeit auf Signal Hill."

Dieser 12. Dezember 1901 ist ein eisig-kalter und stürmischer Tag. Dennoch machen sich Marconis Mitarbeiter auf dem *Signal Hill* im Freien zu schaffen. Der etwa 50 m hohe Hügel liegt an der Einfahrt zum Hafen von St. John's, und diente früher am Rande dieser ältesten Stadt Nordamerikas als Beobachtungsposten. Von hier sah man frühzeitig fast jedes Schiff, das sich, von Europa kommend, dem Kontinent näherte. Zwei Jahre zuvor war zum Andenken an den venezianischen Seefahrer Sebastian Caboto (1472-1557), der bereits 1497 im Auftrag der Britischen Krone hier gelandet war, ein nach ihm benannter Turm errichtet worden. Dieser Cabot Tower diente nun als Flaggenmast für den Hafen der Stadt.

Trotz des überaus starken Windes versuchen die Männer, einen Drachen steigen zu lassen. Es ist ein *Levitor*, mit einer Fläche von etwa 11 m², ursprünglich entwickelt, um einen Passagier als Beobachter in die Luft zu heben. Doch in diesem Fall soll er einen 180 m langen Antennendraht im Gesamtgewicht von rund fünf Kilo in die Höhe ziehen. Die letzten drei Tage hatten Marconis Männer das mit mächtigen Wasserstoffballons versucht, doch die hatte der Sturm davongetragen. Ihr Durchmesser von 5 m bot eine zu große Angriffsfläche.

Mit dem *Levitor* jedoch klappt das Vorhaben. Er trägt das Drahtende auf eine Höhe von fast 120 m. Das andere Ende des Drahtes führt durch ein Fenster in Marconis „Labor". Mit angespanntem Gesicht hält dieser die Muschel eines Kopfhörers ans Ohr gepresst. Der ist mit dem Ende des Drahtes verbunden, der vom Drachen ins Gebäude führt. Aus dem Kopfhörer dringt nur ein Knistern und Rauschen. „Atmosphärische Störungen" wird man das später nennen. Doch plötzlich zuckt Marconi zusammen. Ganz schwach, so meint er, ist hinter dem Rauschen ein Signal zu hören: „Dit...Dit...Dit...", die drei Punkte des Morsealphabets, die den Buchstaben „S" darstellen. Ein Irrtum scheint ausgeschlossen. Denn es ist genau 12.30 Uhr, die für dieses Signal vereinbarte Sendezeit für den ersten, drahtlosen Telegrafieversuch über den Atlantik aus Poldhu. Marconi in seinen Memoiren: „Plötzlich, etwa 12.30 Uhr, erklang der scharfe Klicklaut des Klopfers, als er auf den Kohärer traf und das zeigte mir, dass etwas geschehen werde. Ich horchte angestrengt [...] Zweifellos, drei scharfe Klicks ertönten in meinem Ohr." Dann hört er sie noch einmal. Er will aber ganz sicher sein, keiner Täuschung zu unterliegen. So reicht er den Kopfhörer an den neben ihm sitzenden Kemp.

„Mr. Kemp, hören Sie etwas?"

Der schließt die Augen, lauscht angestrengt. Dann nickt er mehrmals heftig mit dem Kopf. Auch er hat schwach, aber ganz deutlich im Hintergrund des Rauschens das Morsezeichen für den Buchstaben „S" gehört.

Marconi weiß, dass er sich auf das Urteil des 17 Jahre älteren Kemp hundertprozentig verlassen kann. Sein zweiter Assistent, P.W. Paget, ebenfalls im Raum, ist ein wenig schwerhörig, deswegen kann er nichts bestätigen. Doch am Abend dieses Tages schreibt Marconi in sein Notizbuch: „Weitere Signale um 1:10 Uhr und 2:20 Uhr." Insgesamt werden sie etwa 25 Mal empfangen, ohne Hilfe einer Leitung oder eines Unterwasserkabels, sondern „einfach so", durch die Atmosphäre bzw. den „Äther", wie man damals noch sagte. Trotzdem wollen Marconi und Kemp noch einen Tag abwarten, um ganz sicher zu gehen, ehe sie ihren Erfolg bekanntgeben. Die Gefahr, sich zu blamieren, wäre zu groß. Ohnehin hatten sie sowohl den Gouverneur wie auch die Presse glauben lassen, dass sie lediglich Kontaktversuche zu anderen Schiffen vor der Küste unternehmen wollten. Eine Funkbrücke über den Atlantik schlagen zu wollen hätte man ihnen ohnehin nicht abgenommen.

Der nächste Tag – ausgerechnet Freitag der 13. – erweist sich dennoch als Glückstag. Denn auch an diesem Tag hören Marconi und Kemp um die Mittagszeit die vereinbarten Morsesignale aus England. Als Marconi am folgenden Tag seine Empfangsversuche fortsetzen will, ist das Wetter noch schlechter geworden. Aber auch so ist er sich seines Erfolges sicher. Seine Investition von 50.000 Britischen Pfund in das Experiment war nicht umsonst. „Ich wusste, dass der Tag, an dem ich komplette Nachrichten ohne Drähte und Kabel quer über den Atlantik würde senden können, nicht mehr allzu fern war [...] Nur noch eine weitere Entwicklung von Sende- und Empfangsgeräten würde notwendig sein." Und so schickt er über den Landtelegrafen ein vorbereitetes Telegramm nach England, adressiert an Major Flood-Page, den Geschäftsführer seiner *Marconi Company*. Ebenso benachrichtigt er seine Mutter und Sir Cavendish Boyle. Dieser wiederum informiert über das Transatlantikkabel die Britische Regierung und König Edward VII. Am Abend verständigt Marconi dann auch die Presse in St. John's. Und die Nachricht der atlantischen Funkbrücke geht über Land- und Transatlantikkabel in die Welt.

Die Sensation ist perfekt, als ab Sonntag die ersten Zeitungsberichte erscheinen. „St. John's, 14. Dezember", meldet die *New York Times*: Guglielmo Marconi gab heute Nacht die wundervollste wissenschaftliche Entwicklung des modernen Zeitalters bekannt." Dann folgen Einzelheiten und die Leser erfahren: Über das Transatlantikkabel habe Marconi vor Beginn seines Experiments seinen Mitarbeitern in Poldhu die Anweisung gegeben, ab dem 12. Dezember täglich drei Stunden lang, im Abstand von jeweils zehn Minuten, den Buchstaben „S" zu funken. Das sei die Aufgabe seines 25 Jahre älteren, technischen Beraters John Ambrose Fleming gewesen, seines Zeichens Professor für Elektrotechnik am University College in London.

Noch während Marconi, Kemp und die übrigen Mitarbeiter feiern, kommen die ersten Bürger von St. John's zum Signal Hill, um zu gratulieren. Kleine Mädchen überreichen winterliche Blumensträuße. Der Gouverneur gibt kurz danach ein Festessen. Aber noch gibt es viele Zweifler. So bezeichnet die *Commercial Cable Company* den angeblichen Erfolg als „Irrtum". „Herr Marconi hat Erdströme oder Blitze für Signale gehalten." Auch andere Kabelgesellschaften (inzwischen gibt es sieben Transatlantik-Kabel) sprechen von einer Fehlinterpretation. Allenfalls habe Marconi Signale anderer Schiffe aufgefangen. Man zweifelte nicht unbedingt oder offen an Marconis Aufrichtigkeit. Er glaube zwar, was er sagt, so hieß es, aber sein Gehör habe ihn getäuscht! Selbst der große Erfinder Edison ist skeptisch, hält die drahtlose Überbrückung des Atlantik für unmöglich. Und der New Yorker Korrespondent des *London Daily Telegraph* meint mit leicht ironischem Unterton: „Signor Marconi hat das hochgradige Selbstvertrauen der Genies, dass die Signale, die er vergangenen […] Donnerstag

in St. John's auf Neufundland empfing, von der Station für drahtlose Telegraphie in Lizard, Cornwall, stammten. In welchem Ausmaß die gegenwärtigen Experimente erfolgreich waren, ist noch
nicht bekannt, aber es ist offensichtlich, dass Signor Marconi
glaubt, alle Schwierigkeiten hinsichtlich der drahtlosen, transoze-
anischen Telegraphie überwunden zu haben, und dass dies nun
einen lebendigen Faktor im industriellen und wirtschaftlichen Leben der Welt darstellt..."

Die erste vollständige Nachricht, die Marconi von Glace Bay
nach Poldhu schickt, umfasst 29 Worte. Die Durchgabe erfordert
zwei Minuten. Doch sofort gibt es Gerüchte und Vermutungen, ob
das alles mit rechten Dingen zugegangen ist. Einige britische Ma-
rine-Vertreter meinen, die Nachricht über eine erfolgreiche Funkbrücke sei in Wirklichkeit gefälscht und von jüdischen Finanzkrei-
sen lanciert worden, um den Kurs der Marconi-Aktie hochzutrei-
ben, die sie zuvor billig gekauft hätten.

Sicher, Marconi hatte gezeigt, dass man drahtlos über be-
achtliche Entfernungen telegrafieren konnte, auf dem Festland
und auf See. Anfang 1901 hatte er Signale vom französischen
Festland zur Insel Korsika geschickt. Doch das waren nur lächerliche 159 Kilometer. Aber Signale über den riesigen Atlantik? Das
hielt man nach allen bekannten Gesetzen der Physik einfach für
unmöglich, aus einem einfachen Grund: Wegen der Erdkrümmung würden die sich geradlinig fortpflanzenden Signale einfach
über den Horizont hinwegschießen und im Weltraum verschwinden. Auch Marconi selbst wusste das. So hatte er einmal seinem
Freund Solari sagte gesagt: „Was die Frage der Antennenhöhe
betrifft, so werden Sie vielleicht an die berühmte Formel von einigen hohen Professoren denken, wonach ich in Anbetracht der
großen Entfernung, die zu überwinden ist, Antennen in Höhe von
einigen tausend Metern anlegen müsste. Aber ich habe mir eine
besondere Vorstellung von der Verbreitung der elektrischen Wellen gebildet, und nach meinen Vermutungen, ohne Berechnungen
anzustellen, nehme ich an, dass eine Höhe von 60 m genügen
wird."

Die Kabelkompanien allerdings zeigen sich bereits besorgt.
Wenn die Nachricht wirklich stimmen sollte – was würde dann aus

den Telegrammeinnahmen? Schon spricht man davon, dass die Funkgebühren für ein Telegramm nur 60 Prozent der Kabelgebühren betragen dürften. Man würde also die Preise um die Hälfte senken müssen, um konkurrenzfähig zu bleiben. Die Aktien der Betreibergesellschaften beginnen zu fallen, denn die Aktionäre glauben eher den Erfolgsmeldungen als den zweifelnder Wissenschaftlern. Vor allem, als der Chefredakteur des Evening Herald in St. Johns vorrechnet: Die Verlegung eines Transatlantikkabels koste etwa drei Millionen Dollar. Danach müsse es gewartet und bei einem Defekt mit Suchankern hochgehievt und repariert werden. Eine Marconi-Station könne dagegen für nur 60.000 Dollar errichtet werden. Und das *Century Magazin* (41/1902) veröffentlicht ein Interview mit Marconi, in dem es u.a. heisst: Die Kosten für eine Funkverbindung über den Atlantik betragen ca. 1 000 Dollar pro Meile, dagegen kostet ein Kabel 100.000 Dollar pro Meile und dazu kommen noch die Reparaturschiffe.

Besuch vom Gerichtsvollzieher

Am 15. Dezember 1901 beschließt Marconi, weitere Versuche mit Ballons und Drachen zu unterbrechen, und stattdessen eine große Antenne zu bauen. Davon erhofft er sich eine verbesserte Empfangsqualität. In England will er das notwendige Material einkaufen. Doch dann erhält er unwillkommenen Besuch. Ein Gerichtsvollzieher erscheint und überreicht ihm eine Mitteilung von Anwälten der *Anglo-American Telegraph Company*. Diese drohen mit gerichtlichen Schritten, sollte Marconi seine weiteren Versuche auf Neufundland nicht sofort einstellen. Sie berufen sich dabei auf die ihrem Mandanten für 50 Jahre gewährten Exklusivrechte, Telegrafiestationen auf Neufundland zu betreiben. Marconi bleibt nichts anderes übrig, als das Feld zu räumen. Am 24. Dezember bricht er seine Zelte ab. Alexander Graham Bell hat ihm großzügig angeboten, seine Telegrafieversuche auf Bell's 10 Hektar großem Gelände in Bedeck fortzuführen – Marconi fährt also nicht ins Ungewisse. Im Gegenteil, ein freundlicher Empfang ist ihm sicher. Als er im Zug *Terra Nova* in dem ihm zur Verfügung gestellten Salonwagen nach *Port-aux-Basques* unterwegs ist, um vor dort auf dem Dampfer *Bruce* nach *Cape Breton* zu fahren, stehen Farmerfamilien an den einzelnen Stationen, um den Wunderknaben zu bestaunen. Bei jedem Stopp drängen sich Menschen um die Fenster seines Waggons, um einen Blick von ihm zu erhaschen.

Zwei Tage nach Weihnachten, am 26. Dezember 1901, treffen Marconi und Kemp in *North Sydney* in Neuschottland ein. Es gibt die bereits üblichen Ehrenempfänge und Festveranstaltungen. Darüber, was dann geschieht, gibt es verschiedene Versionen. Nach einer trifft Marconi auf der Charlotte Street in North Sidney zufällig den Finanzminister von Neuschottland, W.S. Fielding, der ihm die Unterstützung Kanadas in Aussicht stellt. Wahrscheinlicher ist jedoch diese: Auf einem Willkommens-Empfang für Marconi ist auch der Ministerpräsident George Murray unter den Gratulanten. Er sagt verbindlich seine Hilfe zu. Danach stellt die Dominion-Regierung die für damalige Begriffe beträchtliche Summe von 80.000 Dollar zum Bau der Antennenanlage zur Verfügung, ebenso das Gelände.

Bei Sturm und Schneetreiben wird die Stelle für die neue Sendeanlage ausgesucht. Marconi hat sich für Glace Bay entschieden, die Kohlebergwerks-Stadt. Dort erhält er ein zwei Hektar großes Areal auf Table Head, einer tafelbergähnlichen Küstenstelle am Atlantik im hohen Norden an der Ostküste von *Cape Breton*. Die Sicht ist weit und unverbaut, tief unten liegt das Meer. Die Insel gehört zu Neuschottland, und dort hat die *Anglo-American Cable Company* keinerlei Rechte.

Die Gegenleistungen, die von Marconi erwartet werden: Telegrammtarife, halb so teuer wie die der Kabelgesellschaften, und ein Festpreis von 5 Cent pro Wort für den shore-to-ship Verkehr, also für funkentelegrafische Botschaften an Schiffe vor der Küste. In Halifax, Neuschottlands Hauptstadt, bezeichnet der *Herald* den Italiener enthusiastisch als den „berühmtesten jungen Mann der Welt". Denn mittlerweile drängen Zeitungsverleger, Nachrichtenagenturen, Versicherungen und Reedereien danach, Verträge mit den Marconi-Firmen abzuschließen. Und er muss zahlreiche Ehrungen über sich ergehen lassen. Am 12. Januar 1902 trifft er mit seinem Getreuen Kemp am *Grand Central* Bahnhof in New York ein, denn am nächsten Tag findet ihm zu Ehren im *Waldorf Astoria*

Hotel, dem „besten Haus am Platze", ein riesiges Bankett statt. Gastgeber ist das *American Institute of Electrical Engineers.*

An einer Seitenwand des Saales leuchten Glühbirnen-Gestecke und bilden in riesigen Buchstaben den Namen M-A-R-C-O-N-I. An den Stirnseiten sind weitere Leuchtbuchstaben angebracht, mit den Ortsnamen POLDHU und ST. JOHN'S. Dazwischen spannt sich ein Kabel, auf dem in rascher Folge der Morsebuchstabe „S" aufblinkt, so wie er vor wenigen Tagen erstmals drahtlos aus der Alten in die Neue Welt lief. Es gibt Gratulanten zuhauf. Einer von ihnen ist der Elektrotechniker und Erfinder Nicola Tesla, (1856-1943), zu Lebzeiten „das betrogene Genie" genannt. Erst im 21. Jahrhundert wird man ihn als „genialsten Erfinder aller Zeiten" bezeichnen.

Tesla befasste sich parallel zu Marconi ebenfalls mit den Möglichkeiten einer drahtlosen Telegrafie. Schon 1893 hatte er prophezeit: „Der Zeitpunkt ist nicht weit entfernt, wenn die praktischen Ergebnisse meiner Arbeiten der Welt vorliegen werden und man ihren Einfluss überall verspüren wird. Eines der unmittelbaren Ergebnisse wird es sein, Nachrichten drahtlos verschicken zu können, über Meer oder Land, über gewaltige Entfernungen." Auch Edison ist inzwischen überzeugt und schickt ein Glückwunsch-Telegramm. Alexander Bell sitzt unter den Gästen. Wohl nie zuvor ist ein so junger Erfinder wie Marconi so geehrt worden. Der ist fassungslos. Er muss Menuekarten signieren, immer wieder Hände schütteln. Zu diesem Zeitpunkt sind bereits 70 Schiffe mit Marconi-Geräten ausgestattet. Die meisten sind britische und italienische Kriegsschiffe. Aber es gibt auch schon mehr als ein Dutzend Passagierdampfer mit Marconi-Anlagen, sowie in England und den USA zahlreiche Küstenstationen.

Wenige Tage nach dem Bankett wird bekannt, dass die Verlobung zwischen Marconi und seiner Verlobten gelöst worden sei. Die genauen Gründe werden nie genannt. Berichten zufolge sei ihre amerikanische Familie gegen die Ehe mit einem Italiener gewesen. Doch wahrscheinlich fühlte sie sich vernachlässigt. Denn Marconi ist ständig zwischen den USA und Europa unterwegs, widmet sich fast nur seiner Arbeit. Am 22. Januar 1902 bricht er schon wieder an Bord der *Philadelphia* nach London auf, wo er acht Tage später eintrifft. Meist wohnt er in einem *gentlemen's club* oder im *Hotel Garland.* Aber nie bleibt er lange an einem Ort.

Im Februar 1902 ist die neue Antennenanlage auf Cape Cod fertiggestellt. Es sind vier aus Baumstämmen zusammengefügte Masten, jeder etwa 63 Meter hoch. Sie stehen auf vier im Rechteck angeordneten 1,2 m dicken Zementblöcken, die tief in den Sandboden eingelassen sind. Die Masten sind durch Querhölzer verstärkt, und werden zusätzlich durch 25 mm starke Stahlkabel gesichert. Die Enden der Kabel sind mit dicken, 30 x 30 cm starken Holzbohlen versehen, die wie Anker drei Meter tief im Sand liegen. Ähnlich wie bei den Antennen von Poldhu und Glace Bay laufen von den Spitzen der Antennenmasten 200 Drahtkabel nach unten zusammen zu einer einzigen Leitung, die in die „Funkerbude" führt. Das ganze Gebilde ähnelt einem riesigen Trichter.

Am 22. Februar 1902 startet Marconi von Southampton schon wieder Richtung USA, auch seine Getreuen Vyvyan und Franklin sind dabei. Weil er 1899 an Bord der *St. P*aul die Top-Manager der *Cunard*-Reederei kennengelernt hatte, darf er jetzt in Absprache mit ihnen an Bord der *Philadelphi*a eine Verlängerung seiner Antenne am Hauptmast anbringen. Die Spitze liegt trotzdem nur 45 m über dem Meeresspiegel, ein Drittel weniger als die Ballon- und Drachenantennen von *St. John's!* Er hat mit seinem Team vier Kabinen auf dem Oberdeck gemietet. In einer davon haben die Männer auf einem Tisch ihre Sende- und Empfangsanlage aufgebaut, wie sie auch auf anderen Schiffen bereits installiert ist. Dank der Antennenabstimmung ist die Frequenz auf diejenige der Station *Poldhu* eingestellt. Es kann also niemand abhören oder dazwischenfunken, sofern er die Frequenz nicht kennt. Durch das Bullauge führt ein Draht nach draußen an den Schiffsrumpf und sorgt so für die „Erdung". Vier Drähte führen zur verlängerten Mastspitze des Schiffes.

Voller Spannung warten nun die Männer an Bord der *Philadelphia* und in *Poldhu* auf die ersten Nachrichten. Drei Dinge will Marconi herausfinden: Wie wirkt Sonneneinstrahlung auf drahtlose Funksprüche? Wie wirken sich elektrische Störungen aus? Und könnten große Erhebungen wie etwa Inseln den Funkverkehr zwischen Kontinenten beeinträchtigen oder gar blockieren? Seine Mitarbeiter in *Poldhu* hat er wie immer vor solchen Tests instruiert, zu festgesetzten Zeitpunkten Funksprüche abzusetzen. In dem Interview, das er dem Herausgeber von *McClure's Magazine* nach der Überfahrt gibt, heißt es: „Ich beauftragte meine Funker in *Poldhu*, dass sie während meiner einwöchigen Fahrt Funksignale zu bestimmten Uhrzeiten absetzen sollten." Marconi will all diese Funksprüche aufzeichnen und mit Angabe von Bordzeit und Position von Kapitän A.R. Mills bzw. dem Ersten Offizier C. Marsden per Unterschrift bestätigen lassen.

Gleich nach dem Auslaufen hat die *Philadelphia* Kontakt mit der *Alum Bay* Station auf der Insel Wight aufgenommen. Mit dem normalen Funkgerät gelingt das bis zu einer Entfernung von 112 km. Dann wird umgeschaltet, und die Verbindung zu Poldhu hergestellt.

Die beiden ersten Tage ist der Empfang gut, und die Aufzeichnungen belegen: Die erste Nachricht trifft zur abgesprochenen Zeit an, als die *Philadelphia* 400 km von Poldhu entfernt ist. Sie dampft dabei mit einer Geschwindigkeit von 20 Knoten pro Stunde (etwa 37 km/h) westwärts in Richtung USA. Am 24. Februar, das Schiff ist inzwischen 800 km von Poldhu entfernt, befindet sich zufällig der Erste Offizier Marsden in der Empfangs- und Sendekabine, als der Funkempfänger zu ticken beginnt und Morsezeichen auf den durchlaufenden Papierstreifen schreibt: „Alles in Ordnung. V.E." [das bedeutet: Haben Sie verstanden?] Marsden traut seinen Augen und Ohren nicht. Dann stürmt er aus dem Raum und erzählt seinen Kameraden, was er da gerade gesehen und gehört hat. Die wollen ihm zunächst nicht glauben.

Doch so geht es die nächsten Tage weiter, und jedes empfangene Signal wird auf den Papierstreifen protokolliert. Verleger-Reporter McClure: „Volle zwei Meilen [3,2 km] waren die Papierstreifen lang, mit tausenden von Signalen und Botschaften. Sie sind Zeuge dieses letzten Triumphs. Schriftlich beglaubigt von Kapitän und Erstem Offizier mit der Angabe der jeweiligen Schiffsposition." So verzeichnet ein Bandabschnitt 1.120 km Abstand zu Poldhu, ein weiterer 1.600 Kilometer. Am vierten Tag ist der Empfang tagsüber schlecht, nachts aber zufriedenstellend. In diesen „ruhigeren" „Nachtstunden empfängt Marconi aus *Poldhu* eine

Botschaft nach der anderen. Erst ab 2.500 Kilometer werden die Signale langsam schwächer. Auch auf dem letzten Bandabschnitt ist über den Morsezeichen die Position angegeben: 47.23° West [...] Entfernung von Poldhu: 3.358 km. Das entspricht etwa der Entfernung zwischen *Poldhu* und dem *Signal Hill.* Und wieder McClure: „Damit ist der Rekord von Neufundland gebrochen, und der Beweis für Marconis Leistung nicht mehr in Frage gestellt. Niemand konnte daran zweifeln, dass die Signale wirklich empfangen worden waren, und die Tatsache, dass der Dampfer *Umbria,* der [ebenfalls] mit einer Marconi-Anlage ausgestattet war, sich nur wenige Stunden entfernt von der *Philadelphia* befand, nicht ein einziges Signal aus *Poldhu* empfing, beweist eindeutig Marconis Behauptung, dass er seine Instrumente so regulieren kann, dass nur die dafür bestimmte Station die für sie bestimmten Nachrichten erhält."

In New York warten am Pier schon die Reporter, als die *Philadelphia* einläuft. Denn der *Herald* und auch andere Zeitungen sind schon tags zuvor telegrafisch von der bevorstehenden Ankunft des Schiffs informiert worden. Siegessicher zeigt Marconi ihnen die Funkprotokolle und sagt: „Das alles bestätigt nur, was ich vorher in Neufundland gemacht habe. Es gibt keine Zweifel mehr über die Fähigkeit der drahtlosen Telegrafie, Nachrichten über den Atlantik zu schicken." Der Zufall will es, dass sich – vom 22. Februar bis zum 11. März 1902 –auch Prinz Albert Wilhelm Heinrich von Preußen, der jüngere Bruder von Kaiser Wilhelm II, auf seinem zweiten „Freundschaftsbesuch" in den USA befindet. Der Vierzigjährige war vom Kaiser zum Admiral und Befehlshaber eines Ostseegeschwaders ernannt worden. Nun soll er in den USA der Taufe der neuen kaiserlichen Schonerjacht „Meteor III beiwohnen. Sie soll auf dem Gelände der *Townsend & Downey Shipbuilding Company* auf Shooters Island nahe New York durch Präsident Theodore Roosevelts Tochter Alice vorgenommen werden.

Prinz Heinrich reist mit der *Kronprinz Wilhelm,* dem erst ein Jahr zuvor fertiggestellten Schnellpostdampfer des *Norddeutschen Lloyd.* Höchster maritimer Luxus und höchste Geschwindigkeit sind die wesentlichsten Merkmale des Doppelschraubenschiffs, das noch im gleichen Jahr das „Blaue Band" gewinnen wird. Natürlich besitzt es bereits eine Funkanlage – von Marconi. Marconisten nehmen von New York aus Kontakt mit dem Schnelldampfer auf, als dieser etwa die halbe Strecke über den Atlantik hinter sich hat. So erfahren sie, dass das Schiff in einen schweren Sturm geraten ist. Mit zwei Tagen Verspätung, jedoch wohlbehalten trifft Prinz Heinrich am 24. Februar wohlbehalten in der Hudsonmündung ein. Der Informationsaustausch zwischen Land und See hat ihn sehr beeindruckt.

Als Prinz Heinrich einige Wochen später an Bord der *Deutschland* nach Europa zurückkehrt, klappt es mit dem Telegrafieren jedoch nicht so recht. Der Grund: Die *Deutschland* war mit einer Telefunken-Anlage ausgerüstet. Die Britische Marconi Gesellschaft hatte jedoch alle mit Marconi-Geräten ausgerüsteten Funkstationen vertraglich an die Kandare gelegt. Sie durften nur Telegramme von Schiffen und Stationen entgegennehmen oder weitergeben, wenn diese ebenfalls mit Marconi-Geräten ausgerüstet waren, außer im Seenotfall.

Vor diesem Hintergrund, so schildert es Hans Bredow, erste Direktor der *Telefunken*in seinen Memoiren, soll sich auch folgende Episode abgespielt haben: Kaiser Wilhelm II, Gast auf dem Hapagdampfer *Hamburg*, wollte ein Telegramm über die Station Borkum Riff weiterleiten lassen. Die *Hamburg* verwendete jedoch ebenfalls eine Telefunkenanlage. Borkum Riff dagegen war mit Marconi-Geräten ausgerüstet. Deshalb wurde die Depesche nicht angenommen. Bredow: „Dieser Geschichte zufolge ordnete Wilhelm II wutentbrannt – in einer Bremer Tageszeitung fand ich das Wort „Tobsuchtsanfall" – den Bau einer eigenen Küstenfunkstelle an [...] Wie dem auch sei: Das Reichspostamt erwirbt hinter dem Deich bei der Stadt Norden in Holstein am 15. August 1905 für 16.422,60 Mark ein Sumpfgelände. Darauf wird in den folgenden Monaten ein zweistöckiges Gebäude mit vier Sendemasten errichtet. Am 1. Juni 1907 nimmt die „Funktelegraphenstation Norddeich" als damals weltweit größte Küstenfunkstation den Betrieb auf. Die Reichweite mit Schreibempfang beträgt am Tag 1.200 km, der Hörempfang nachts bei 1.600 km.

Die Wellen werden hörbar

Schon eine Woche nach seiner Ankunft in New York reist Marconi weiter nach Kanada. Dort unterzeichnet er Verträge für den Betrieb seiner Anlage in Neufundland – und brütet weiter über Verbesserungen. Denn Slaby/Arco und Lee DeForest werden ihm als Konkurrenten allmählich gefährlich. Diesem Wettbewerb ist es zuzuschreiben, dass die Frühgeschichte des Rundfunks ähnlich ablief wie diejenige von Telegrafie und Telefonie: Streit um Erstrechte, Betrügereien, Prozesse, Ideendiebstähle und verkannte Neuerungen.

DeForest, dessen Funksender beim *America's Cup Race* den Wellensalat mit verursacht hatte, meldete im Lauf seines Lebens – die Angaben schwanken – zwischen 180 und 300 Patente an. Er selbst bezeichnete sich als „Vater des Radios". Sein Ingenieurdiplom erwarb der Sohn eines Gemeindepfarrers der *Con-gressional Church* mit einer Arbeit über die Hertz'schen Wellen. Aber zu Lebzeiten erging es ihm wie so manch anderem Erfinder: Da auch er auf bestehenden Erfindungen aufbaute, die er veränderte oder verbesserte, wird er immer wieder wegen Patentrechtsverletzungen verklagt. In einem Fall prozessierte er zwölf Jahre lang. Das kostete ihn viel Zeit und Geld. „Ich machte und verlor vier Mal ein großes Vermögen", klagt er in seiner Autobiographie. Drei seiner vier Ehen gehen in der Zeit zu Bruch, sein Leben endet in Armut und Vergessenheit.

Wie Marconi war auch DeForest davon überzeugt, dass man Sprache und Musik über größere Entfernungen übermitteln bzw. empfangen kann. Nicht über das Telefon wie bei Bell, sondern drahtlos. Zu dieser Zeit entsteht der Begriff Radio-Telegrafie. DeForest bewirbt sich nach seinem Studium bei Nicola Tesla und auch bei Marconi um eine Anstellung – aber vergeblich. Er findet schließlich eine Anstellung als Abendschul-Lehrer, so dass er sich tagsüber mit Problemen der Radio-Telegrafie beschäftigen kann. 1900 gelingt ihm mit Hilfe eines Funken-Induktors und eines von ihm modifizierten Empfängers eine drahtlose Sendereichweite von sieben Kilometern. Dieser Erfolg bringt ihn dazu, nach New York zu gehen, um 1901 – als Marconis Konkurrent – über die

International Yacht Races zu berichten. Wie schon geschildert scheitert das Unternehmen im Wellensalat.

DeForest beschließt, in New York zu bleiben und nach Geldgebern für seine Arbeiten zu suchen. Im Januar 1902 trifft er auf Abraham White, einen Börsen- und Aktien-Promoter, der DeForest und investitionswilligen Interessenten in den nächsten Jahren das Blaue vom Himmel verspricht. Mit seinen Überredungskünsten zieht er vielen das Geld aus der Nase. Das steckt er in die von ihm gegründeten *American DeForest Wireless Telegraph Company,* ernennt sich zum Direktor und DeForest zum wissenschaftlichen Direktor. Firmenziel sei ein weltumspannendes, drahtloses Nachrichtennetz. Das Geschäft blüht – scheinbar. Schon im Gründungsjahr hat das Unternehmen 1902 bereits einen Wert von 3 Millionen Dollar - (was 100 Jahre später 200 Mio. Dollar entspräche.) 1904 wird der Marktwert der Firma bereits um das Fünffache gestiegen sein.

Geschickt rührt White die Werbetrommel. So stellt er ein „Drahtlos-Auto No. 1" vor der New Yorker Börse auf und funkt mit lautem Knallen die aktuellen Aktienkurse. Der Lärm soll weitere Investoren anlocken; Im Frühjahr 1904 lässt er einen Sender in Wie-hai-Wie an der chinesischen Küste errichten und einen weiteren an Bord des chinesischen Frachters *SS Haimun.* Lionel James, Militärkorrespondent der Londoner *Times,* berichtet von Bord über den sich abzeichnenden Russisch-Japanischen Krieg; auch andere aktuelle Großereignisse werden vermeldet. Es ist der Beginn der aktuellen Radio-Berichterstattung. In den Jahren 1905 und 1906 baut das Unternehmen für die US-Navy fünf Sendestationen an der amerikanischen Ostküste, unter anderem auf Guantanamo.

Am 17. Februar 1906 heiratet DeForest im New Yorker *St. Regis Hotel* die New Yorkerin Lucille Sheardown. Den Höhepunkt einer „drahtlosen Romanze" nennen seine Freunde die Verbindung. Aber die Ehe wird noch vor Ablauf des Jahres wieder geschieden. Schuld an ihrem Scheitern hat wahrscheinlich DeForests bis dahin größte Erfindung: das *Audion.* Ihm hat er mehr Aufmerksamkeit gewidmet als seiner Ehefrau. Das Audion, bekannt geworden als Triode, gilt heute als erster Schritt auf dem Weg zur späteren Wissenschaft der Elektronik oder gar als „Urknall des Internet". Es handelt sich um eine Kathodenröhre, nicht viel größer als eine Glühbirne. Doch sie kann schwache Ströme, also ausgehende oder eintreffende Signale, bis zu zehntausendfach verstärken. Plötzlich sind die gewaltigen Antennen, wie sie Marconi auf seinen Stationen verwendet, überholt. Auch die gewaltigen Kondensatoren für die Funkenerzeugung sind nicht mehr nötig. Tatsächlich ist das Audion eine Weiterentwicklung der von John Ambrose Fleming, dem einstigen technischen Berater Marconis erfundenen Diode. Fleming bezichtigt DeForest prompt der Nachahmung.

Marconi stellt sich alsbald auf die neue Entwicklung ein. Auf der Station Marconi Towers installiert er große Regale mit Trioden-Röhren. Sie lösen den lautstarken und großen Funkengenerator ab. Das Generatorhaus mit der Sendeanlage kann von 208 m auf 78 m verkürzt werden.

DeForest aber hat die Nase voll. Nach einer Lesart scheidet er aus der Firma *De Forest Wireless* freiwillig aus, nach einer anderen wird er von White gefeuert, weil es ihm nicht gelingt, die Probleme der Interferenz zu lösen beziehungsweise dem Unternehmen viele Klagen wegen Patentrechtsverletzungen eingebracht hat. Jedenfalls gibt er seine Anteile an der Firma auf. Die sind aber so gut wie nichts wert, und zudem geht die Hälfte für Anwaltskosten drauf.

Unter Whites Ägide wird die *American DeForest* Co. am 28. November 1906 umbenannt und heißt fortan *United Wireless Telegraph Company.* Doch schon im Sommer 1907 wird White in einer Art Palastrevolution gestürzt. Neuer Präsident ist Christopher Columbus Wilson, und der ist ein noch größerer Blender als White: falsche Versprechungen, Anlegerbetrug und Aktienschwindel gehören gewissermaßen zum Geschäftsprinzip. Aber eine riesige Sende- und Empfangsanlage auf dem Dach des *Waldorf Astoria* Gebäudes in New York überzeugt viele Investoren Anleger von der Seriosität des Unternehmens.

In den USA sind inzwischen die finanziellen Manipulationen Whites aufgedeckt worden. Die Zeitungen sprechen von einem der größten Finanzskandale der damaligen Zeit. Im Juni 1910 werden Wilson und führende Mitarbeiter verhaftet, ein Jahr später zu Haftstrafen verurteilt. Wilson erhält mit drei Jahren die Höchststrafe, stirbt aber schon im August 1912 in Atlanta, US-Staat Georgia im Gefängnis. Die *United Wireless,* bis dahin die größte Radio-Telefoniegesellschaft der USA, geht in Konkurs. Nach kurzen Verhandlungen erfolgt ihre Übernahme durch den einstigen Konkurrenten: Die *American Marconi* Gesellschaft! In den USA sind inzwischen die finanziellen Manipulationen Whites aufgedeckt worden. Die Zeitungen sprechen von einem der größten Finanzskandale der damaligen Zeit. Im Juni 1910 werden Wilson und führende Mitarbeiter verhaftet, ein Jahr später zu Haftstrafen verurteilt. Wilson erhält mit drei Jahren die Höchststrafe, stirbt aber schon im August 1912 in Atlanta, US-Staat Georgia im Gefängnis. Die *United Wireless,* bis dahin die größte Radio-Telefoniegesellschaft der USA, geht in Konkurs. Nach kurzen Verhandlungen erfolgt ihre Übernahme durch den einstigen Konkurrenten: Die *American Marconi* Gesellschaft!

Die *United Wireless,* bis dahin die größte Radio-Telefoniegesellschaft der USA, geht in Konkurs. Nach kurzen Verhandlungen erfolgt ihre Übernahme durch den einstigen Konkurrenten: Die *American Marconi* Gesellschaft!

Der Vater des Radios

DeForest macht derweil einen Neuanfang: Als am 18. Juli 1907 auf dem Erie See an der amerikanisch-kanadischen Grenze die jährliche Regatta der *Inter-Lakes Yachting Association* stattfindet, ist auch DeForest präsent. Von Bord der Motoryacht *Thelma* werden die aktuellen Positionen der Boote per Radiofunk an DeForests Assistenten auf der Insel *South Bass* weitergegeben.

Im Oktober 1907 lädt er als „Dr. Lee DeForest" einige Prominente und einflussreiche New Yorker in sein Labor. Sie sollen einem Test seines „Lichtbogen-Radiotelefons" beiwohnen. Die damals prominente Sopranistin Ada Eugenia von Bocs-Farrar (1873-1966) singt den populären Song „I love you truly". Kurz darauf kommt telefonisch eine Bestätigung von einem Oliver Adams Wyckhof von Bord der *USS Dolphin,* die im Marinehafen in

Brooklyn liegt. Er habe gerade „die Stimme eines Engels gehört". Für viele gilt dies Ereignis als die erste Übertragung einer Frauenstimme im Äther.

Anfang 1908 heiratet DeForest abermals. Diesmal ist seine Assistentin die (Un)-glückliche. Er ist jetzt 34, seine Braut Nora Stanton Blatch ist 23. Sie ist die erste, graduierte Bauingenieurin der USA. Auch diese Ehe wird nur drei Jahre halten, bis 1911. Die Hochzeitsreise geht nach Europa. Vom Eiffelturm sendet DeForest ein Musikprogramm, untermalt mit Werbung für seinen „Rundfunk". Die Signale sollen sogar in Marseille zu hören gewesen sein – bei den wenigen, die über eine Empfangsmöglichkeit verfügten.

Im folgenden Jahr 1909 gibt es den vermutlich ersten, per Radio übertragenen *Round-Table Talk* der Geschichte: eine Diskussionsrunde mit Harriet Stanton Blatch. Es ist Noras Mutter, also DeForests Schwiegermutter. Sie ist eine damals sehr bekannte Suffragette, und das Diskussionsthema ist natürlich die Frauenrechtsbewegung. Nora, die Bauingenieurin, steht ihr bei, und das passt DeForest überhaupt nicht. Er will, dass seine Frau ihren Beruf aufgibt und nur noch Hausfrau ist. Das Ehepaar trennt sich noch im gleichen Jahr. Nach der Geburt einer Tochter folgt 1911 die Scheidung. Da kann DeForest wahrscheinlich auch nicht trösten, dass sein ehemaliger Promoter Wilson endlich seine gerechte Strafe erhalten hat. Im Juni 1910 waren Wilson und führende Mitarbeiter wegen Betruges zu Haftstrafen verurteilt worden. Zeitungen sprachen von einem „der gigantischsten Betrugsskandale die je in diesem Land aufgedeckt wurden." Wilson, 64 Jahre alt, heiratet noch schnell seine 18-jährige Sekretärin, dann muss seine dreijährige Haftstrafe antreten. Er wird im August 1912 in einem Gefängnis in Atlanta im US-Staat Georgia sterben. Die *United Wireless,* bis dahin die größte Radio-Telefoniegesellschaft der USA, geht in Konkurs. Nach kurzen Verhandlungen erfolgt ihre Übernahme durch den einstigen Konkurrenten – Die *American Marconi* Gesellschaft!

Wie hatte der große, britische Physiker Lord Kelvin noch gesagt? „Das Radio hat absolut keine Zukunft!". 1909, zwei Jahre nach Kelvins Tod, nimmt der erste Nachrichtensender der Welt im kalifornischen San José seinen Betrieb auf, mit einem regelmäßigen Sendeprogramm. Betrieben wird er vom Physiker Charles Herold und seinen Studenten. DeForest dagegen ist ein Fan klassischer, und liebt vor allem Oper. Aus dem Verkauf seiner Anteile an der *United Wireless* hat er sich ein Labor eingerichtet, im 12., dem obersten Stockwerk des New Yorker *Parker Building* (Ecke 4. Avenue und 19. Straße). Da in Europa für den Sprechfunk bereits der Begriff RADIO verwendet wird nennt er sein Unternehmen *Radio Telephone Company.* Um dafür zu werben strahlt er von dort regelmäßig Versuchssendungen aus. Meist sind es Schallplatten mit Kompositionen von Johann Sebastian Bach. Aber er mit seiner Erfindung auch anderen Opernfreunden „seine" Lieblingsstücke ins Haus bringen. Am 12. Januar 1910 überträgt er aus der New Yorker *Metropolitan Opera* Puccinis *Tosca*, und am folgenden Tag einen Gesangsauftritt von Enrico Caruso. Am 24. Februar (1910) ist es die französische Sopranistin Mariette Mazarin, Star der *New York Manhattan Opera Company"*, die im Radio mit Arien aus *Carmen zu hören ist.*

Aber was nützen seine Sendungen, wenn nur wenige sie hören können? Die Welt braucht Empfangsgeräte. Und so macht DeForest in seinen Werbespots auch Reklame für die von ihm entworfenen Rundfunkempfänger. Seine *Radio Telephone Company* firmiert seit dem Mai 1910 als *North American Wireless Corporation*. Der Gründer aber ist so gut wie bankrott. Er zieht nach Kalifornien und bekommt 1911 einen Job als Forschungsingenieur bei einem staatlichen Telegrafieunternehmen.

Im Dezember 1912 heiratet DeForest abermals. Seine Braut ist Mary Mayo, eine Schauspielerin. Kaum sind die Flitterwochen vorüber, da fällt DeForest den Sünden seiner früheren Mitarbeiter zum Opfer. Im März 1913 wird er zusammen mit anderen Managern der *Radio Telephone Company* verhaftet. Vorwurf: Missbrauch der US-Post zu betrügerischen Zwecken. Bei der Verhandlung Ende 1913 wird er freigesprochen. Er nennt seine Firma nun *DeForest Radio Telephone Company,* mit Sitz im New Yorker Stadtteil Brooklyn. Geld hat die Firma noch immer nicht. So verkauft er sieben seiner Audion Patente im Oktober 1914 an die *AT&T* – für 90.000 Dollar, was im Jahr 2020 einem Betrag von rund 2,331 Mio. US-Dollar entspräche. Zu wenig, wie er meint. Aber handeln kann er nicht, er braucht das Geld.

Für eine Weile ist der „Vater des Radios" nun seine finanziellen Sorgen los. Und muss miterleben, wie es 1919 Technikern der US-Navy und der AT&T gelingt, mit Hilfe seiner Erfindungen Sprechfunk-Verbindungen von Arlington im US-Staat Virginia bis nach Honolulu und – erstmals in der Geschichte der Nachrichtentechnik – über den Atlantik nach Paris zu ermöglichen. Die drei Sendetürme, bei der Bevölkerung „die drei Schwestern" genannt, waren 137 bzw. 183 m hoch,

Beim Verkauf seiner Audion-Patente hatte DeForest sich allerdings das Recht vorbehalten, weiterhin Geräte für Funkamateure zu bauen. Doch zunächst nützt ihm das wenig: mit Eintritt der USA in den Ersten Weltkrieg wird der Betrieb aller Privat- und Amateurfunksender in den USA aus Gründen der Nationalen Sicherheit verboten. Damit versiegt DeForests wichtigste Einnahmequelle, denn kaum ein Mensch kauft einen Funksender den er nicht benutzen darf.

Erst nach Kriegsende wird das Verbot aufgehoben. Landesweit entstehen nun Amateur- und Privatfunksender. Inzwischen hat DeForest jedoch seine Versuche zur Verbesserung der Radio-Telephonie aufgegeben. Stattdessen beschäftigt ihn die Frage, ob man nicht Bild und Ton verbinden könne. Denn noch sind die Kinofilme stumm. Bei ihrer Vorführung werden sie oft von einem Klavierspieler im Kinosaal musikalisch begleitet. Da auch in Europa und vor allem in Deutschland nach einer Tonfilm-Lösung gesucht wird, geht DeForest mit seiner Frau nach Berlin. Vom 12. Oktober 1921 bis zum 22. September 1922 lebt er dort, trifft sich mit deutschen Tontechnikern. Wieder in New York gründet er im November 1922 seine *Phonofilm Company*. Seine Gegner meinen, er habe deutsche Entwicklungen geklaut. Aber Hollywood ist am Tonfilm (noch) nicht interessiert. Die in wenigen Tagen abgedrehten Slapstick-Filme laufen auch so. DeForests *Phonofilm* geht im September 1926 in Konkurs. 1923 wird auch seine Ehe mit Mary Mayo geschieden.

1930 heiratet DeForest erneut, die 31jährige Stummfilm-Schauspielerin Marie Mosquini. Sein Tod im Jahr 1961 kommt einer weiteren Scheidung möglicherweise zuvor. Ehrungen für seine Leistungen auf dem Gebiet der Ton- und Bildkommunikation kommen spät oder zu spät. In der amerikanischen Fernsehsendung *This is your Life* wird er dem Publikum als „Vater des Radios und Großvater des Fernsehens" vorgestellt. Und das, obwohl er selbst nicht an eine kommerziell lohnende Entwicklung des Fernsehens glaubte. 1926 hatte er noch gesagt: „So wiederhole ich, dass, obwohl theoretisch und technisch das Fernsehen möglich erscheint, ich es vom kommerziellen und finanziellen Blickwinkel aus betrachtet für eine Unmöglichkeit halte. Wir sollten von einer solchen Entwicklung zu träumen aufhören – darauf sollten wir keine Zeit verschwenden." So können sich auch große Erfinder und Visionäre irren. Erst 1959/1960 erhält DeForest auf Hollywoods berühmtem *Boulevard of Fame* einen Stern im Bürgersteig und einen Oscar für „seine bahnbrechende Erfindung, die den Ton in die bewegten Bilder brachte". Ein Jahr später stirbt er (1961) in Hollywood im Alter von 87 Jahren in relativer Armut. Sein Bankkonto weist einen Betrag von gerade mal 1.250 Dollar auf. Das reicht damals für fünf Monatsmieten eines angemessenen Appartements.

Table Head

Aber zurück in das Jahr 1902! Nach den Funkversuchen in Kronstadt beschließt Marconi, nicht nur Funkgeräte zu bauen und samt Funkern zu vermieten, sondern ein weltumspannendes Funknetz zu errichten. Immer mit der Auflage: Die Funker dürfen mit der Konkurrenz nicht kommunizieren bzw. deren Nachrichten weiterleiten. Ausnahme sind Notrufsignale. Dazu muss er jedoch ein perfektes System anbieten. Denn trotz seiner jüngsten Erfolge ist er noch ein gutes Stück davon entfernt, einen fehlerlosen und zuverlässigen transatlantischen Funkdienst anbieten zu können. Mal funktionieren die Übermittlungen, mal nicht. Viele Nachrichten müssen so lange wiederholt werden, bis endlich der vollständige Text bei der Empfangsstation vorliegt. Einige Marconisti sind der

Verzweiflung nahe. Wie Marconi schon selbst festgestellt hatte, ist die Reichweite an klaren, sonnigen Tagen viel geringer als nachts. Erst zwanzig Jahre später wird er herausfinden, dass mit immer kürzeren Wellen dieser „Tageseffekt" besser überwunden werden kann. Zunächst aber glaubt er, dies nur mit immer stärkeren Sendern und immer höheren Antennen erreichen zu können.

Die Anlage auf Table Head wird erstaunlich schnell errichtet. Sie ist vom gleichen Typ wie diejenige in Poldhu und South Wellfleet: Von vier je 60 m hohen hölzernen und durch Verstrebungen verstärkte Masten führen zahllose Drähte in Form einer auf dem Kopf stehenden Pyramide erdwärts. Die Spitze dieser Pyramide mündet auf dem Dach der Sende- und Empfangsstation. Die Masten stehen auf einer viereckigen Grundfläche von je 60 m Seitenlänge. Aus Sorge, dass eventuelle elektrische Entladungen einer nahegelegenen Straßenbahn-Oberleitung Marconis Versuche stören könnten, darf diese nicht näher als etwa 600 m an der Anlage vorbeiführen. Stationsleiter auf Table Head ist Richard Vyvyan sein. Er baut für seine Frau und sich ein Haus nach eigenem Geschmack mit Blick auf den Atlantik – und Marconi hat darin seine eigenen Räume. Darin steht auch ein Klavier, wie auch überall dort, wo Marconi sich längere Zeit aufhält. Marconi aber ist schon wieder in Europa. Sein Traum ist es, auf einem italienischen Schiff einen Teil seiner Versuche durchführen zu können. Und tatsächlich soll er dazu Gelegenheit erhalten.

Italiens König Emanuele III will nach England, wo am 26. Juni 1902 der Prinz of Wales gekrönt werden soll. Auf Emanueles Veranlassung ergeht eine Einladung an Marconi, dieser möge doch nach den Krönungsfeierlichkeiten an Bord des italienischen Panzerkreuzers *Carlo Alberto* kommen. Das Schiff, mit 600 Mann Besatzung, ist am 10. Juni unter dem Kommando von Admiral Mirabello aus Neapel ausgelaufen. Doch unterwegs erfährt Mirabello, dass die Krönung verschoben worden ist, weil Eduard an einer Blinddarmentzündung erkrankt sei. Der Kreuzer geht vor Pool im Ärmelkanal vor Anker und am 27. Juni kommt Marconi kurz an Bord, dann fährt er wieder nach London. Doch Mirabello hat schon wieder neue Befehle. Sein König hat beschlossen, Zar Nikolaus II in der russischen Festung Kronstadt zu besuchen. Die *Carlo Alberto* soll an einer Schiffsparade teilnehmen – und Marconi soll mitkommen. Kemp und die Marconi-Apparate sind bereits an Bord. Auf der Fahrt von Pool nach Dover baut Kemp eine Antenne aus zahllosen von den Masten hängenden Drähten zusammen, deren Anschluss in eine improvisierte Funkerkabine führt. In Dover kommt am 8. Juli auch Marconi wieder an Bord und am folgenden Morgen, es ist ein Mittwoch, geht es weiter, Richtung Kronstadt. Wieder hat Marconi mit Poldhu feste Sendezeiten verabredet. Sie treffen pünktlich ein, dazu die neuesten Nachrichten. Aber als die Entfernung die 800 km Marke übersteigt, sind Signale nur noch nachts zu empfangen.

Am 12. Juli wirft die *Carlo Alberto* vor Kronstadt Anker. Die Entfernung zu Poldhu beträgt 2.560 km, und selbst nachts kommt eine Funkverbindung nicht zustande. Sollten die Skeptiker doch recht haben und hohe Landmassen, wie sie ja auch zwischen Kronstadt und Poldhu liegen, für Funksignale unüberwindbar sein? Frustriert nehmen Kemp und Marconi allerlei Veränderungen an der Antennenanlage vor, arbeiten fast pausenlos. Da endlich erreichen sie am Abend des 15. Juli wieder Signale aus Poldhu. Auf dem Festland beginnen die Festlichkeiten, doch Marconi und Kemp haben keine Zeit, daran teilzunehmen, schauen sich auch die Militärparade nicht an. Denn König Emanuele und der Zar haben ihren Besuch angesagt. Es wäre ein großer Prestigeverlust für Marconi, wenn er keinen erfolgreichen Empfang demonstrieren kann.

Während eine Schiffsparade stattfindet, kommen Zar und König mit der russischen Yacht *Alexandra* längsseits. Wenig später lassen sich die Majestäten in der Funkerbude von Marconi die Anlage erklären. Aus dem Empfangsgerät tickert eine von Marconi und einem italienischen Funkoffizier verfasste Ergebenheitsadresse. In den Erinnerungen an ihren Vater schreibt Degna Marconi, der Zar habe wissen wollen, woher der Funkspruch käme. Und Marconi gesteht, dass der Sender sich an Bord des Schiffes befinde. Tatsächlich hatte Marconi ihn dort installiert, um überhaupt einen Empfang demonstrieren zu können. Der Zar verleiht ihm trotzdem einen hohen Orden. Noch größer ist die Ehrung, die

Marconi einige Tage später widerfährt. Alexander Stepanowitsch Popow kommt an Bord und schenkt Marconi ein Foto mit der Widmung: „Für Guglielmo Marconi, den Vater der drahtlosen Telegraphie". Eine noble Geste. Denn Popow gilt damals wie heute in Russland als der wahre Erfinder.

König Eduard ist inzwischen von seiner Blinddarmentzündung genesen. Die Krönung soll nun am 9. August stattfinden. So verlässt die *Carlo Alberto* am 21. Juli Kronstadt in Richtung Westen. Unterwegs erprobt Marconi den von ihm verbesserten Fritter. Sein Funkwellendetektor ist zuverlässiger und vor allem unempfindlich für Vibrationen, die ja auf Schiffen unvermeidlich sind. *Maggi*, wie die Funker das Gerät bald nennen, ermöglicht ein schnelleres Arbeiten mit Geschwindigkeiten von bis zu 30 Worten pro Minute. Das ist drei Mal höher als mit dem Vorgänger-Modell.

In Kiel macht Marconi noch einmal Station, um über den Einbau einer Funkanlage auf der *Deutschland* zu verhandeln. Am 1. August ist er wieder in London, bleibt noch einige Tage in Pool und geht am 26. August wieder von Poldhu aus an Bord des Panzerkreuzers. Denn der steht ihm weiterhin zur Verfügung. Diesmal geht die funktechnische Reise an der Westküste Spaniens und Portugals entlang bis nach Gibraltar und weiter in Richtung zum italienischen Marinehafen La Spezia. Auf dieser Route will Marconi herausfinden, ob Gebirge wie die spanische Sierra oder die Alpen eine Kommunikation behindern oder womöglich verhindern würden. U.a. soll die Funkstation Poldhu einen Glückwunsch des italienischen Botschafters in London an den italienischen König senden – die Marconi diesem dann zustellen möchte. Es wäre das erste drahtlose Trans-Europatelegramm, ausgestrahlt über eine Entfernung von rund 1.450 km.

Einem zeitgenössischen Bericht zufolge soll es zwischen dem 6. September 15 Uhr bis zum 9. September 04:00 Uhr, also fast über 55 Stunden hinweg, beinahe ununterbrochen gesendet worden sein – bis Marconi merkte, dass der „Telegrafist" am anderen Ende, in Poldhu, das Morsealphabet nicht zu beherrschen schien. Da bekommt er einen seiner zwar seltenen, aber gefürchteten Wutausbrüche. Er fegt seine Apparate vom Tisch, schreit, zerbricht mehrere Leydener Flaschen und beruhigt sich nur sehr langsam. Dann baut er alles wieder zusammen und schickt einen Funkspruch nach Poldhu, man möge doch gefälligst einen ausgebildeten Telegrafisten einsetzen. Und diesmal klappt die Kommunikation. Berge, selbst hohe Gebirge sind also kein Hindernis für die Hertz'schen Wellen. Warum, das ist aber immer noch nicht klar. Admiral Mirabello wird jedoch kurze Zeit später in einem Brief an den italienischen Marineminister über „unseren großen Landsmann" berichten, [...] „den jungen Wissenschaftler, der so bescheiden wie groß ist". Es gibt wohl damals einige Verantwortliche in Italien, die sich inzwischen fragen, warum man den Teenager Marconi vor vielen Jahren nicht ernst genommen hatte.

Als die *Carlo Alberto* am 10. September wieder im italienischen Kriegsmarinehafen La Spezia eintrifft, ist einer der ersten Besucher an Bord der japanische Marine Attaché, angereist aus Rom. Sein Angebot: Die japanische Marine möchte Marconis beste Geräte kaufen, und Japaner in deren Gebrauch unterrichten. Ob das Geschäft zustande kommt, ist nicht bekannt. Vielleicht aber verdanken die Japaner ihren Sieg von 1905 über die russische Flotte in der Seeschlacht von Tschuschima dem Einsatz von Marconi-Geräten. Marconi selbst reist nach Turin, wo ihn der König empfängt – und wo Marconi die erfreuliche Nachricht erhält, dass die *Carlo Alberto* eine weitere „Telegraphie-Reise" unternehmen soll. Diesmal nach Kanada zu einer Feier anlässlich der erfolgreichen transatlantischen Nachrichtenübermittlung. Am 20. Oktober gehen Marconi und Kemp im englischen Plymouth an Bord des Panzerkreuzers. Elf Tage später, am 31. Oktober, passiert das Schiff bei starkem Schneetreiben die Station *Table Head* und ankert im Hafen von Sydney in Neu Schottland.

Gedanklich beschäftigt sich Marconi in dieser Zeit fast nur noch mit seiner neuen Station. Zwei harte Wintermonate wird er auf *Table Head* verbringen, bei eisiger Kälte und heftigem Schneetreiben. Ab Dezember 1902 gehen die ersten Funkzeichen nach Poldhu und ihr Empfang dort wird über das Unterwasserkabel und den nordamerikanischen Landtelegrafen bestätigt. Anfangs gibt es immer noch zahllose technische Schwierigkeiten. Doch schließlich wird es Zeit, die Erfolge bekannt zu geben. Marconi lädt den in Ottawa stationierten Korrespondenten der *London*

Times ein, einen Dr. George Parkin. Frühmorgens am 15. Dezember 1902 soll dieser als Zeuge bei der Übermittlung der Transatlantik-Kommunikation zusehen und zuhören. In seinem Bericht schreibt er: „Es war eine wunderschöne Nacht – der Mond schien hell auf die schneebedeckte Landschaft. Der Wind, der den ganzen Tag schwere Brecher ans Ufer getrieben hatte, war abgeklungen. Die Luft war kalt und klar. Alle Bedingungen schienen günstig." Und weiter: „Man notiert mit einem Gefühl grenzenlosen Erstaunens, dass nur der 19. Teil einer Sekunde zwischen dem entstehenden Funken und dem Moment verstreicht, in dem das Signal in Poldhu aufgezeichnet wird."

Parkin lässt einen 27 Worte umfassenden Gruß an die Chefredaktion der *Times* übermitteln. Drei Mal wird der Text gesendet: um 1:00 Uhr nachts, um 3:00 Uhr morgens und noch einmal um 19:00 Uhr. Einer kommt durch: *Times London. Being present at transmission in Marconi's Canadian Station. Have honor to send toTimes inventor's first wireless transatlantic message of greeting to England and Italy. Parkin. Times London.* Bin anwesend während Übermittlung in Marconis kanadischer Station. Habe die Ehre an die *Times* die erste drahtlose transatlantische Grußbotschaft nach England und Italien zu schicken. Parkin. *Times London.*" Es ist das erste „offizielle" Funk-Telegramm über den Atlantik.

Die Funkengeneratoren arbeiteten nach dem von Hertz beschriebenen Verfahren, waren aber von gewaltiger Abmessung. Eine Art Trommel, in regelmäßigem Abstand mit Metallzapfen bestückt, drehte sich mit hoher Geschwindigkeit zwischen zwei Elektroden. Jedes Mal – mehrere Hundert Mal pro Sekunde — wenn ein Zapfenpaar zwischen den Elektroden durchmarschierte, sprang ein Starkstromfunken über die Lücke. Der dabei ausgelöste elektrische Impuls, also die Radiowelle, wurde hoch hinaus zum Sendemast geschickt und dort ausgestrahlt. Die Funksignale wurden also maschinell erzeugt. Deshalb sprach man auch von Maschinensendern. Parkin beschreibt eindrucksvoll den Lärm der 75 kw-Funkengeneratoren: „Alle steckten sich Baumwolle in die Ohren, um den Krach der elektrischen Entladungen zu dämpfen, die den fortlaufenden Explosionen eines Maxim-Maschinengewehrs nicht unähnlich waren".

In den folgenden Nächten schicken Marconi und der Gouverneur Kanadas Grußbotschaften an den englischen und den italienischen König. Andere US-amerikanische Telegramme laufen über Cape Cod nach Glace Bay und von dort nach Poldhu. Aber von einem regelmäßigen, transatlantischen Funkverkehr kann noch nicht die Rede sein. Selbst kurze Telegramme brauchen noch Stunden zur vollständigen Übermittlung oder zum kompletten Empfang. Immer wieder müssen sie wiederholt werden. Noch ist niemandem bewusst, dass dies auf natürliche Schwankungen der Ionosphäre zurückzuführen ist, von deren Existenz man noch keine Ahnung hat. Erst 1924 wird man erkennen, dass die Hertzschen Wellen zwischen Erdoberfläche und Ionosphäre hin- und hergeworfen, also reflektiert werden, und auf diese Weise ungeachtet der Erdkrümmung größte Entfernungen überbrücken können. Der Zahnarzt Loomis hatte also 1866 recht mit seiner Vermutung, dass „da in der Atmosphäre etwas ist".

Da das Telegrafieren aus diesen Gründen nachts besser funktioniert als tagsüber, wird bald nur noch nachts gesendet. In den nächsten beiden Jahren führt Marconi an seinen Anlagen zahlreiche Verbesserungen durch. Fast alle beruhen auf seiner „Learning by doing"-Methode. Zum Beispiel erhöht er die Leistung der Generatoren von 75 auf 150 kw, und vergrößert und erhöht die Antennen. Er erhöht die Wellenlänge durch verringern der Frequenz, also weniger Funkengenerierung pro Sekunde, probiert und experimentiert bis er die richtigen Kombinationen gefunden hat.

Als das Jahr 1903 anbricht, geht am 3. Januar auch der erste Anzeigentext drahtlos über den Atlantik. Adressiert ist er an *Times, London by transatlantic wireless:* „Bitte einsetzen in Geburten-Kolumne: Jan. 3. Frau von R.N. Vyvyan, Chefingenieur von Marconi Station, eine Tochter. Marconi." Ironie: Die Meldung kommt etwas verstümmelt an – und wird wegen des Datums (3. Januar) so interpretiert: „Vyvyans dritte Frau..."

Einigen Berichten des Heimatmuseums Wellfleet zufolge gelingt es Marconi, Präsident Theodore „Teddy" Roosevelt zu überzeugen, ein Telegramm an Edward VII von England zu schicken. Ob das stimmt, ist nicht sicher. Aber ein solches Telegramm wird am 18. Januar 1903 tatsächlich über Wellfleet nach *Table Head* und von da nach Poldhu geschickt. Der Telegrafist ist angeblich Marconi persönlich. Die Morsezeichen und deren Übertragung in Klarschrift sind – einschließlich der Fehler – auf einer Plakette eingraviert, die an einem Gedenkstein neben den Überresten der South Wellfleet Station angebracht ist. *His Majesty Edward VII/ London England/ In Taking Advantage / of the wonderful/ triumph of scienti-/ fic reasearch and ing/ enuity which has be/ en achieved in perf/ecting a system of/ wireless telegraph/ y I extend on behal/ f of the American/ people most cor/ dia/l greetings and/ good wishes to you/ and all the Pe/ople of the British Empire Theodore / Roosevelt / Wellfleet Mass Jan / 19 , 1903. - (*An) Seine Majestät, Edward VII/ London/ England/ Unter Inanspruchnahme / des wunderbaren/ Triumphs wissen/schaftlicher Forschung und Gen/ialität die dazu bei/trugen ein System/ drahtloser Telegraphie/zu vervollkommnen/ übersende ich im Namen/ des amerikanischen / Volkes herzlichste/ Grüße und/ gute Wünsche Ihnen/ und allen Völkern / des Britischen Empire Theodore/ Roosevelt. Wellfleet Mass 19. Januar 1903)

Neben dieser Plakette steht die Erklärung, in der es unter anderem heißt: Von hier aus wurde „das erste drahtlose Transatlantik-Telegramm der USA verschickt, adressiert an Edward VII von England vom Präsidenten der USA Theodore Roosevelt. *Site of the first United States Transatlantic Wireless Telegraph Station... Marconi Wireless Company of America, Predecessor of RCA, Transmitted January 19th, 1903 the first U.S. Transatlantic Wireless Telegram adressed to Edward VII, King of England, by Theodore Roosevelt, President of the United States of America.*
In England ist es bereits der 19. Januar. Einigen Berichten zufolge stürzt Marconi Kurz nach der Übermittlung in heller Aufregung aus der Funkerbude in Wellfleet. Er hat einen Papierstreifen in der Hand mit der Bestätigung dafür, dass seine Nachricht angekommen ist. Die Botschaft:

Sandringham, January 19, 1903:
The President
White House, Washington, America

I thank you most sincerely for the kind message which I have just received from you, through Marconi's trans-Atlantic wireless telegraphy. I sincerely reciprocate in the name of the British Empire the cordial greeting and friendly sentiment expressed by you on behalf of the American Nation, I heartily wish you and your country every possible prosperity.
EDWARD - R. And I.

Sandringham, 19. Januar 1903
[An] den Präsidenten
Weißes Haus, Washington, Amerika
Ich danke Ihnen aufrichtig für die freundliche Nachricht die ich soeben von Ihnen erhalten habe mittels Marconis transatlantischer drahtloser Telegraphie. Im Namen des Britischen Empires erwidere ich die herzlichen Grüße und Ihre freundliche Anteilnahme im Namen der amerikanischen Nation und wünsche Ihnen und Ihrem Land jeden nur möglichen Erfolg.
Edward, R. und I. [Rex und Imperator]

Aber liefen die Gratulationen wirklich so ab? Einige Historiker und Freunde von Verschwörungstheorien meinen, es habe in Poldhu wegen der noch in Reparatur befindlichen Antenne Probleme gegeben. Das Telegramm des Königs sei von England über das Seekabel nach Wellfleet gelaufen, Marconi habe einen drahtlosen Empfang vorgetäuscht. Wie dem auch sei, verbürgt ist: Seinem Kutscher Charly Payne befiehlt Marconi, „wie der Wind" nach Wellfleet zu fahren. Telefonisch werden von dort die Bestätigungen aus Poldhu nach Provincetown an den Landtelegrafen durchgegeben. Von dort geht der Text an die *New York Times* und nach Washington, und erreicht innerhalb von Minuten fast die gesamten USA. Wenig später gratuliert auch Italiens König Emanuele mit einem halbseitigen Telegramm, allerdings über eines der Transatlantik-Kabel. Die Bewohner der Fischerdörfer Wellfleet und South Wellfleet sind in hellster Aufregung, fühlen sich für eine Weile als Mittelpunkt der Welt. Der Lärm der Funkengeneratoren lässt sich da schon ertragen.

Krieg im Äther

Noch machen die Kabel-Telegrafisten ihre Witzchen über Marconi und seine angebliche Erfindung. In einem „Beileidstelegramm", zwei Wochen nach dem geglückten Neufundland-Experiment, schicken die Funker der Telegrafenstation Sidney Harbor, Neuschottland, folgende Zeilen an die Funker der Kabelstation in Liverpool, England.

SPOTTGEDICHT der TELEGRAFISTEN

Best Christmas greetings from North Sydney,
Hope you are sound in heart and kidney,
Next year will find us quite unable,
To send exchanges o'r the cable
Marconi will our finish see
The cable co's have ceased to be.

Etwas frei übersetzt liest sich das so:

Aus Nord Sydney wollen wir grüßen,
Hoffen Ihr seid gesund an Nieren und Füßen
Im nächsten Jahre schon wird es enden
Depeschen über das Kabel zu senden.
Marconi wird unser Ende sehen
Denn unsere Firmen werden zu Grunde gehen.

Prompt kommt aus Liverpool telegrafisch Antwort:

Don't be alarmed, the cable co's
will not be dead as you suppose
Marconi may have been deceived
in what he firmly has believed.
Seid unbesorgt im Zeichengeben,
die Kabelfirmen werden überleben.
Marconi irrt sich doch vielleicht
woran er glaubt scheint doch zu seicht.

Aber den Funkern bereitet die Interferenz – der Wellensalat – immer mehr Ärger. Denn immer mehr funkentelegrafische Nachrichten schwirren durch den Äther, immer mehr Sender der verschiedensten Systeme beginnen zu arbeiten. Leichtsinnigerweise versteigt sich Marconi in einem Artikel zu der Behauptung, er habe das Problem gelöst. Seine Anlagen seien so präzise eingestellt, dass er sogar Geheimnachrichten übermitteln könne. Niemand anderem werde es gelingen, die gleiche Frequenz zu finden und sich darauf einzuschalten. Der Artikel erscheint im Februar 1903 in der Londoner *St. James Gazette*. Die *Eastern Telegraph Company Ltd.*, die ebenfalls mit der drahtlosen Telegrafie experimentiert, nutzt diese Behauptung, um Marconi zu diskreditieren. Schließlich lebt die Gesellschaft ja von den Einnahmen ihrer Kabeltelegrafie. In ihrem Dienst steht der damals sehr populäre Zauberkünstler Nevil Maskelyne (1863-1924), der sich ebenfalls mit der Telegrafie beschäftigt. Im Juni soll nun Professor Fleming vor den Mitgliedern der *Royal Institution*, so ist es zwischen ihm und Marconi abgemacht, einen Vortrag über die Vorzüge des für Unbefugte angeblich nicht angreifbaren Marconischen Funkverfahrens halten. Dazu soll Marconi eine Grußbotschaft aus dem 50 km entfernten Chelmsford schicken. Doch wenige Minuten, bevor das geschieht, rattert eine andere Nachricht aus dem Empfänger: Es sind gegen Marconi gerichtete Beschimpfungen. Das Wort „Ratte" ist noch das harmloseste. Also „Hacker" schon damals. Der Schimpfkanonade folgt ein Limmerick, in dem Marconi auf die Schippe genommen wird:

"There was a young fellow from Italy,
who diddled the public quite prettily..."

Da gab's aus Italien ‚nen jungen Mann,
der verschaukelt sein Publikum wo er nur kann...

Fairerweise stoppt Maskelyne dann seine Störversuche, so dass Fleming die Grußbotschaft schließlich empfangen kann. Aber Maskelynes Auftraggeber sorgen dafür, dass die Presse von dem Vorfall Wind bekommt und darüber berichtet. Erst nach eini–

gen Tagen wird bekannt, dass die *Eastern Telegraph Company* und Maskelyne hinter dem „Sabotageakt" steckten. Maskelyne hatte seine Schmähtexte von einem Sender geschickt, den er auf dem Dach der *West End Music Hall* montiert hatte, einem Varieté-Gebäude, das seinem Vater gehörte. Marconi bleibt gelassen, Fleming tobt – aber Maskelyne hat bewiesen, dass die Funksprüche Marconis gestört und auch abgehört werden können.

Wie schon erwähnt, dürfen Marconisten laut Arbeitsvertrag nur mit anderen Marconisten zusammenarbeiten, Notruf-Signale ausgenommen. Doch selbst dann wird darüber gefeilscht, was als Notruf einzustufen sei. Häufig verschweigen Schiffs-Marconisten dem Kapitän auch einen aufgefangenen Notruf, wenn sie der Meinung sind, dieser stamme nicht von einem Marconi-Gerät. Es gibt auch Vorwürfe, dass Telegrafisten konkurrierender Gesellschaften sich gegenseitig durch Störfunk blockieren. So kommt es zu einem regelrechten Krieg im Äther.

Schärfste Konkurrenten des Marconi-Systems sind mittlerweile Georg Graf von Arco und Adolph Slaby. Bei der AEG entwickeln sie Funkentelegrafie-Anlagen für die Kaiserliche Marine. 1902 sind bereits 30 Kriegsschiffe mit den 30 m hohen Mastantennen ausgerüstet. Und an den Nord- und Ostseeküsten gibt es rund ein Dutzend Seefunkstationen. Bei normaler Witterung beträgt die Reichweite für Sendung und Empfang etwa 30 km. Für das Deutsche Heer ist unter Karl Ferdinand Braun ein Team bei Siemens & Halske zuständig. Am 27. Mai 1903 schließt sich das Arco/Slaby-Team auf Drängen von Kaiser Wilhelm II mit dem Braun/Siemens-Team zur *Deutsche Telefunken Gesellschaft* zusammen. An der Spitze steht als Erster technischer Direktor Slabys ehemaliger Assistent, Graf von Arco. Braun war einer der Gäste, die Marconi eingeladen hatte, seinen Funkversuchen über den Bristol Channel beizuwohnen. Ihm gelang es, die Sendeleistung zu verbessern und weit größere Entfernungen drahtlos zu überbrücken. So gelangen ab 1898 Verbindungen zwischen Cuxhaven und Helgoland (62 km) und Rügen-Köslin (75 km). Noch im Herbst des gleichen Jahres 1898 wurde der Braun`sche *Sender* zum Patent angemeldet. Die Funkgeräte lieferte ab 1901 die *Telegraphenbauanstalt Siemens & Halske*. Es ist auch der deutsche Kaiser, auf dessen Drängen hin vom 4. bis 13. August 1903 in Berlin die erste Konferenz – eigentlich eine Vorkonferenz – für drahtlose Telegrafie stattfindet. Teilnehmer sind neben den Vereinigten Staaten all jene europäischen Länder, die das drahtlose Funkverfahren zur See und zu Lande bereits nutzen. Unter anderem will man vermeiden, dass Unternehmen wie dasjenige Marconis oder die englische *Wireless Company* ihre Stellungen zu einer Art Weltmonopol ausbauen. Vor allem aber: „Funkentelegramme" von und zu Schiffen sollten ohne Unterschied des jeweiligen Systems angenommen und weiterbefördert werden.

Marconis System gilt mittlerweile als das beste von allen, und hat sich infolgedessen bereits an den Küsten vieler Nationen etabliert. Damit macht Marconi sich nicht nur Freunde. Bei einem Mittagessen zu Ehren des Italieners geht Wilhelm II sogar kurz auf die Rivalität unter den verschiedenen Systemen ein. Er versucht, sich für die kühle Haltung einiger Gäste gegenüber Marconi zu entschuldigen und sagt: „Sie dürfen nicht denken, dass ich Ihnen gegenüber irgendwelche Animositäten hege. Es ist lediglich die Politik Ihrer Firma, mit der ich nicht übereinstimme." Marconi bleibt gelassen: „Majestät, ich bin es, der die Politik meiner Firma bestimmt!"

Mit aller Energie widmet sich Marconi der weiteren Verbesserung und Vergrößerung seiner Anlagen in Nordamerika. Denn noch gibt es mancherlei Probleme. In der Zeitschrift *The Electrician* erklärt Fessenden, Marconis Funksendungen würden nicht so gut funktionieren wie dieser behaupte. Manchmal müssten die Nachrichten bis zu sechs Mal wiederholt werden, ehe sie endlich klar vorliegen. Umgerechnet kämen auf diese Weise pro Minute nur drei Worte an, „wohingegen die Firma Marconi doch immer behauptet, bis zu 20 Worte pro Minute übermitteln zu können..." Tatsächlich werden viele Depeschen verstümmelt oder müssen bis zu 24 Mal wiederholt werden, ehe ihr Empfang als „vollständig erhalten" bestätigt wird. Andere werden bei der Übermittlung einfach verschluckt, wie Strümpfe in einer Waschmaschine Marconis Manager versuchen diese Pannen zu verschleiern indem sie behaupten, daran seien die landgestützten Telegrafiestationen nach New York und London schuld. Während aller Sendungen spielt sich auch in South Wellfleet ein ähnlich lautstarkes Funkengewitter ab wie in Poldhu. Ein 45 PS starker Petroleummotor erzeugt mit Hilfe eines Generators Wechselstrom von 2.200 Volt, der über einen Transformator auf 20.000 Volt erhöht wird. Der Knall der Funken ist windabwärts noch in fast 7 km Entfernung zu hören. Noch 1960 erinnerten sich einige Ohrenzeugen: „Züngelnde Flammen erhellten den Himmel und das Knistern und Krachen der elektrischen Funken und die züngelnden blauen Stromschlangen verursachten vielen der älteren, abergläubischen Cape Coddern eine Gänsehaut." Eine Mrs. Barker: „Nachts beobachteten wir die vielfarbigen Blitze auf den hohen Türmen, ein Zeichen dafür, dass weitere Botschaften irgendwohin verschickt wurden. [Inzwischen waren die Holzgerüste vier mächtigen Eisenkonstruktionen gewichen]. Sie waren ein Wahrzeichen und meilenweit aus der Umgebung zu sehen. Auch von der Fähre aus Boston, noch ehe die Küste von Provincetown in Sicht kam, konnten die Passagiere die vier majestätisch aufsteigenden Türme erblicken..."

Die Arbeit in solch einer „spannungsgeladenen" Umgebung ist gefährlich, sogar lebensgefährlich. 1907 kommt es in South Wellfleet zu einem schweren Unfall: Arthur Dakin, ein Telegrafist, wird durch einen Stromschlag tödlich verletzt. Eine Untersuchung ergibt, dass er angeblich „eigene Versuche" durchführte. Und 1909 wird das Sendergebäude abbrennen, möglicherweise ebenfalls durch einen Stromschlag. Es gibt Berichte aus jenen Jahren, wonach im Winter unter den Sendetürmen von Table Head gelegentlich Dampf aufstieg, weil die Sendeenergie den Boden erhitzte.

Sechs Mann wohnen und arbeiten auf dem Cape Cod-Gelände: Der Stationsleiter, zwei Ingenieure und drei Marconisten.15 Jahre lang wird der Sender/Empfänger arbeiten, mit dem Erkennungszeichen "CC" for Cape Cod; danach mit "MCC" for Marconi Cape Cod; und schließlich unter "WCC", als alle Ostküstenstationen den Buchstaben "W" zu ihrem Ruf- oder Kennzeichen voranstellten. Erst nach Ende des II Weltkriegs wird die Station überflüssig. Zudem ist sie im Lauf der Jahre auch ein Opfer der jeden Winter um ein Stück zurückweichenden Küstenlinie geworden.

2019 erinnert nur noch ein Betonfundament eines ehemaligen Antennenmasts daran, wo einst Geschichte geschrieben wurde.

In der kleinen Bibliothek der *Historical Society of Wellfleet* werden einige zeitgenössische Dokumente aufbewahrt. Manager der Funkstation war damals der 1884 geborene Oscar Christianson. Der 1882 aus England eingewanderte Samuel Campbell fungierte als Maschinist. Die New Yorker Richard Coffin (Jahrgang 1885) und John Simpson (1884 in Irland geboren) waren Telegrafisten. Und der Deutsche Adolph Brunner, geboren 1885, war – Koch! Einige der Männer wohnten teils bei einheimischen Familien, teils im Hotel in Wellfleet. Wein und Lebensmittel kamen per Eisenbahn. Lokale Beigaben waren Austern und Hummer. Letzterer galt bei den Kabeljau (= Cod)-Fischern als Schädling und wurde als „nutzloser Beifang" in den sandigen Gärten der Fischer vergraben – als Dünger. Die Bahn fuhr damals noch bis Provincetown zu den Kabeljau-Fischern und wurde erst in den 1960er Jahren demontiert.

Marconi plant, die Leistung seiner Antennen durch deren Erhöhung und Erweiterung zu verstärken. Zusätzliche Masten, eine Verdoppelung der Sendestärke von 75 auf 150 Kilowatt – und eine Senkung der Sendefrequenz sollen die Wellenlänge der Funksignale erhöhen. Anfang des Jahres 1904 treffen zwei Marconi-Ingenieure in South Wellfleet ein. Es sind die Herren Paget und Taylor. Die Station wird bereits kommerziell genutzt, für die Übermittlung von Pressenachrichten und privaten Depeschen an Schiffe auf dem Atlantik. Die „Marconigramme" – den Ausdruck benutzte erstmals der britische *Daily Chronicle* – werden von einem Telegrafisten in Lochstreifen gestanzt, und ab zehn Uhr abends bis zwei Uhr morgens wird gesendet, mit bis zu 17 Worten pro Minute. Jede Sendung wird dreimal wiederholt, im Abstand von je einer Viertelstunde, um sicher zu gehen, dass auch „drüben" alles ankommt.

Tatsächlich gelingen Marconi entscheidende Verbesserungen und er wähnt sich auf dem richtigen Weg. Trotz der immensen Kosten beschließt er im Jahr 1904, zwei weitere Anlagen zu bauen. Sie sollen noch größer und noch stärker werden als diejenige in Poldhu und auf Table Head, und diese ersetzen. Als

Standorte wählt er Clifden an der irischen Westküste und einen Platz südlich von Glace Bay, der später als *Marconi Towers* bezeichnet wird. 1905 wird er vollendet, die Anlage in Clifden zwei Jahre später.

Die vier *Marconi Towers* stehen im Geviert etwa je 600 Meter voneinander entfernt. Von ihren Spitzen führen zahllose Drähte nach unten in die Sendestation. Das Ganze ähnelt einer Art auf dem Kopf stehenden Pyramide oder einem umgedrehten Regenschirm. Um die Station zu erreichen, wird eigens eine Schmalspurbahn gebaut. Das Hauptgebäude ist 100 Meter lang – und enthält riesige Batterieanlagen. Darin wird die von den Generatoren erzeugte Hochspannung kurz gespeichert, ehe sie sich über den Antennensender entlädt. Die Kessel für die dampfgetriebenen Generatoren mit einer Leistung von mehreren hundert kW werden mit örtlich abgebauter Kohle geheizt

Bei aller Arbeit nimmt sich Marconi doch noch etwas Zeit für das schöne Geschlecht. Für einige Zeitgenossen hatte er sogar den Ruf eines „womanizers". Zu seinen „Eroberungen" gehört auch die Tochter eines irischen Barons, Beatrice Inchiquin O'Brien (1882-1976). Marconi will die 23jährige heiraten. Dass der zukünftige Schwiegersohn bürgerlich und Ausländer ist, wenn auch nur „ein halber", stört ihren Vater sehr. Immerhin soll er gesagt haben: „Zum Glück ist Marconi nicht katholisch". Am 16. März 1905 wird geheiratet. Und im Lauf ihrer Ehe wird Beatrice ihrem Mann drei Kinder schenken: Degna (1908), Vittorio Giovanni Giulio (1910) und Gioia (1916).

Ein Antennenturm als Hochzeitsgeschenk

Die neue Station, etwa 9 km westlich von *Glace Bay gelegen,* ist gewissermaßen Marconis Hochzeitsgeschenk an seine Braut. Ihr offizieller Name: *Marconi Station.* Sie liegt, ebenfalls mit Blick aufs Meer, auf einem etwa 200 Hektar großen Areal. Neben den vier Antennentürmen entstehen die kohlebeheizten Kraftwerksanlage für die Funkenerzeugung sowie weitere Gebäude für den Stationsleiter Vyvyan und dessen Frau, dazu Behausungen für das Bedienungspersonal.

Als es Winter wird, besucht Marconi mit seiner „Bea" Glace Bay, um sich alles anzusehen. Er bringt seine junge Braut im Stationsleiter-Haus unter, in dem er ja private Räumlichkeiten besitzt. Es ist bitterkalt, es liegt Schnee als die Arbeiten für die Antennen beginnen. Gebaut wird ein schirmförmiges Antennendach von 615 m Durchmesser - mit einer Erweiterungsmöglichkeit auf 885 m. Die Seefunkverbindung funktioniert nur neun Tage, weil ein Sturm mit Eisbildung die Antenne in Glace Bay zum Einsturz bringt. Marconi fährt wieder nach England und lässt die schwangere Beatrice für die nächsten drei Monate allein. Erst dann holt er sie nach Poldhu. Das Kind, im Februar 1905 geboren, ist ein Mädchen. Doch es stirbt schon nach wenigen Wochen. Marconis Assistent Vyvyan nimmt den Vater in seinen Aufzeichnungen in Schutz: „Nur diejenigen, die mit Marconi in diesen [vergangenen] vier Jahren zusammengearbeitet haben, verstehen den bewundernswerten Mut, den er bei häufigen Enttäuschungen bewies, die außerordentliche Schöpferkraft seines Geistes neue Methoden zu erfinden um andere, die sich nicht bewährt hatten, zu ersetzen, und seine Bereitschaft, zu arbeiten, oft 16 Stunden am Stück, wenn eine interessante Neuentwicklung erprobt wurde."

Die Empfangsanlage besteht lediglich aus einer sehr großen Antenne und den notwendigen Instrumenten, um sie auf die Frequenz der Sendeanlage – in diesem Fall diejenige von Clifden – einzustellen. Später wird noch ein Gerät zur Aufzeichnung der empfangenen Morsesignale hinzugefügt. Am 18/19. April 1906 wird ein Großteil von San Francisco durch ein gewaltiges Erdbeben und die anschließende Feuersbrunst zerstört. Per Kabeltelegraf geht die Nachricht um die Welt. Im gleichen Jahr gelingt es Marconi, die Wellenlängen seiner Sendungen zu regulieren. Immer noch hat er nicht genügend Geld für seine Versuche, die immense Kosten verursachen. Wegen immer neuer Investitionen herrscht ständig Ebbe in den Kassen der Marconi-Firmer, und einer seiner Manager klagt: „Ich bin extrem beschäftigt. Die Hälfte meiner Zeit vergeht in fruchtlosem Bemühen, Geld zu beschaffen – und ein Großteil der Zeit, die übrigbleibt, vergeht damit, herauszufinden, wie wir ohne Geld auskommen können..." Marconis Reaktion: Er setzt seine Angestellten auf Sparlohn. Seinen Assistenten Vyvyan schickt er nach Südafrika, dort soll dieser neue Aufträge hereinholen. Ohne Aufträge müsse Vyvyan aber die Reisekosten selber tragen. Ein anderer Angestellter, ein gewisser H.J. Round, klagt seinen Eltern, dass er sie nicht besuchen könne, weil er leider keinen Lohn erhalten habe. Schließlich muss Marconi 150 Arbeiter seiner Fabrik für Telegrafenapparate entlassen. Das Werk kann sich nur am Leben erhalten, indem er eigenes Geld hineinpumpt. Sein geschäftsführender Direktor resigniert schließlich und kündigt. Marconi übernimmt für eine Weile selber die Geschäftsführung.

Im Sommer 1907 ist die Anlage fertiggestellt. Im Spätherbst, in Kanada ist es der 15. Oktober, wird der kommerzielle funkentelegrafische Verkehr zwischen den beiden damals größten Funkstationen der Welt aufgenommen. Von den vier Antennentürmen wehen stolz die Fahnen von Italien, England, Kanada und den USA. Schon am ersten Tag werden 10.000 Worte ausgetauscht. Natürlich ist die Konkurrenz, also die Betreiber der Transatlantikkabel, besorgt, ja erbost über Marconis Erfolge. Ihre Aktienkurse sinken.

Beide Marconi-Stationen arbeiten mit Ultralangwellen im Bereich von mehreren tausend Metern. Da aber Sende- und Empfangsstation nahe beieinanderliegen, kann nicht gleichzeitig gesendet und empfangen werden, selbst, wenn das auf unterschiedlichen Frequenzen geschieht. Denn die ausgehenden Funksignale sind stärker als die eintreffenden und übertönen diese. Ein sauberer Empfang ist nicht möglich. Das Problem lösen die Marconisti zunächst dadurch, dass sie unterschiedliche Empfangs- und Sendezeiten vereinbaren. Ähnlich lag das Problem damals bei der Landtelegrafie. Das Simplex genannte Verfahren verlangsamte die Kommunikation erheblich. Die Leitungen begannen gewissermaßen zu verstopfen. Siemens schuf schließlich eine Vorrichtung, die es ermöglichte, beide Richtungen gleichzeitig zu benutzten, also gleichzeitig zu senden und zu empfangen. Dieses Duplex-Verfahren wird es ab 1913 geben.

Wieder einmal kommt den finanzgeplagten Marconi-Unternehmen das Schicksal zu Hilfe: Am 25. April 1908 rammt der Britische Kreuzer *HMS Gladiator* vor der Isle of Wight den amerikanische Dampfer *St. Paul.* Noch am gleichen Abend erfahren das alle anderen, mit Marconi-Geräten ausgerüsteten Schiffe in 2.400 km Umkreis, und natürlich auch der Schiffsversicherer *Lloyd's of England.* Die Schiffe sinken zwar nicht, aber der Kurs der Marconi-Aktien macht einen weiteren Sprung nach oben. Bis Ende des Jahres 1909 steigt die Zahl der Schiffe auf See, die Marconi-Geräte verwenden, auf 250. Allerdings sind sie immer noch nicht in der Lage, per Funk weit entfernte Küstenstationen zu erreichen. Sie können bis zu einer gewissen Entfernung nur untereinander kommunizieren, oder sich gegenseitig als Relaisstationen benutzen, um eine Nachricht über größere Strecken weiterzugeben. Da kommt es abermals zu einer Katastrophe auf See. Am frühen Morgen des 23. Januar 1909 kracht 32 Kilometer südlich der nordamerikanischen Insel Nantucket in dichtem Nebel der Dampfer *Florida* der *Lloyd Italiano Line* in voller Fahrt in die Steuerbordseite der 15.000 BRT großen *RMS Republic* der Britischen *White Star Line.* Die *Republic,* ein Luxusliner, ist von New York aus zu einer Kreuzfahrt ins Mittelmeer gestartet. Die meisten Passagiere sind Urlauber. Einschließlich der Besatzung sind 742 Menschen an Bord. Das Schiff ist mit einer Marconi-Anlage ausgestattet, täglich gibt es eine Funk-Zeitung, alle schwärmen über diesen Luxus. Dass es als Notrufgerät dienen könnte, daran denkt keiner.

In seiner Kammer ist der Marconist John „Jack" Robinson Binns (1884-1959) kurz vor dem Zusammenprall der Schiffe durch das laute Tuten des Nebelhorns wach geworden. Bei dem Zusammenstoß werden zwei Passagiere der *Republic* getötet, ein weiterer stirbt an seinen Verletzungen. Auf der *Florida* kommen vier Matrosen ums Leben. Binns stellt fest, dass seine Funkerbude aufgeschlitzt wurde und der Boden schon unter Wasser steht. Auf Anweisung von Kapitän Sealby beginnt er, den damals weitgehend noch üblichen Notruf CQD auszusenden. Es ist der erste Seenotruf in der Geschichte der drahtlosen Telegrafie.

Die CQD-Signale mit der Positionsangabe werden von der Marconi-Station Siasconsett aufgefangen. Deren Marconist Jack

Irwin gibt sie, vielfach verstärkt, erneut auf die Reise. Nur eine halbe Stunde nach dem Zusammenstoß sind mehrere Schiffe auf der dicht befahrenen Nordatlantik-Route informiert. Eines davon ist die *Baltic*, die ebenfalls der *White Star Line* gehört. Sie befindet sich etwa 130 km von der Unglücksstelle entfernt, und ihr Marconist Jack Tattersaal kann bereits direkt mit Binns kommunizieren. Als die *Baltic* endlich längsseits geht, übernimmt sie alle Passagiere und einen Großteil der Besatzungen. Die *Florida* schleppt sich nach New York, die *Republic* wird aufgegeben und sinkt vor Nantucket. Unter der Schlagzeile „Dank des Marconi-Funks wundersame Rettung" berichtet eine Zeitung über den Funker Binns. Er wird als Held gefeiert und ist bald ein wohlhabender Mann. Und die *Times* schreibt: „...ohne die drahtlose Telegraphie hätte das Unglück Ausmaße annehmen können, die im Moment noch gar nicht absehbar wären. Wir hätten vielleicht noch auf unbestimmte Zeit nichts davon erfahren, dass es sich überhaupt ereignete..."

Nach weiteren ähnlichen Schiffsunglücken, die Dank Marconi-Geräten glimpflicher ablaufen als es ohne sie der Fall gewesen wäre, gratuliert der Londoner *Punch* Marconi mit den Worten: „Viele Herzen segnen Sie heute, Sir. Die Schuld der Welt Ihnen gegenüber wächst schnell." Auch Thomas Edison, der große Erfinder, gratuliert. Doch weil immer nur relativ wenig Opfer zu beklagen sind, findet Binns Empfehlung, für alle Seefunk-Anlagen einen „Stand-by"-Dienst einzuführen, bei den Reedereien kein Gehör. Das soll sich bitter rächen.

Am 10. Dezember 1909 erhält Marconi, gerade mal 35 Jahre alt, zusammen mit Ferdinand Braun „als Anerkennung ihrer Verdienste um die Entwicklung der drahtlosen Telegrafie" den Nobelpreis für Physik. Marconi will nun auch Poldhu „verbessern", denn die Station ist ihm für den transatlantischen Funkverkehr zu klein, zu sendeschwach. Außerdem glaubt er immer noch: Je größer und je höher die Antennen, desto größer auch die Sende- und Empfangsreichweite. Davon zeugt auch die neue Anlage in Clifden am der Westküste Irlands. Um die Station zu errichten, wird eigens eine Schmalspurbahn gebaut, die auch den Torf für den Betrieb der Generatoren heranschaffen wird. Das Hauptgebäude ist 100 Meter lang. Darin hängen von der Decke 288 gewaltige, galvanisierte Blechplatten herab, jede davon 18 m hoch und 6 m breit. Zwischen Ihnen konnte der Raum bis auf 80.000 Volt aufgeladen werden. Das Ganze bildet einen einen riesigen Plattenkondensator, also eine Superbatterie zur Speicherung elektrischer Energie.

Für die neuen Stationen wählt Marconi den Ort Letterfrack in Irland, noch weiter an der der Westküste um „noch näher" an seine Station in Neuschottland heranzurücken. Dort ist es die alte Festungsstadt Louisbourg, südlich von Table Head. Es ist Marconis dritte Station auf kanadischem Boden. Die Neubauten verursachen abermals enorme Kosten. In Louisbourg werden gleich mehrere Gebäude errichtet: Die eigentliche Empfangsstation, ein Wohnhaus für den Stationsleiter und seine Familie sowie ein Doppelhaus für verheiratete Telegrafisten. Und schließlich entsteht auch noch das „Hotel", ein dreistöckiger Bau für die restliche Mannschaft, dazu eine Werkstatt und ein Pferdestall. So sind auf jeder Station etwa 20 Personen beschäftigt.

Da es noch keine Möglichkeit zur Verstärkung eintreffender Funksignale gab, waren die Empfangsantennen gewaltig. Die sechs stählernen Masten in Louisbourg sind 90 m hoch, und tragen an der Spitze einen weiteren Holzmast von ca. 9 m, besitzen also eine Gesamthöhe von rund 100 m. Nach ihrem Konstrukteur Andrew Gray werden sie Gray Towers genannt, die „Grauen Türme". Zwischen ihnen werden rund eintausend Meter Draht verspannt. Im Funk-Empfangsraum geht es schon etwas „moderner" zu: Die eintreffenden Signale werden auf Wachszylindern aufgezeichnet und dann automatisch in Lochstreifen gestanzt. Mit deren Hilfe werden die Nachrichten in das nordamerikan sche Inland-Telegrafennetz eingespeist. Das ging schneller als selbst der fingerfertigste Marconist es vermocht hätte. Über die Festlandleitung konnten für Europa bestimmte Nachrichten auch zu den Marconi Türmen auf Table Head gesendet werden. So kamen sich Sender und Empfänger nicht mehr in die Quere. Man konnte jetzt gleichzeitig senden und empfangen. Auch in Louisbourg sind die Funken der Induktoren bis zu 30 cm lang und dick wie ein Männerarm. In den folgenden Jahren werden die Stationer Louis–

Bourg und Letterfrack laufend verbessert und nach den neuesten Erfahrungen umgebaut.

Marconi muss wohl gespürt oder gefürchtet haben, dass andere Erfinder dabei sind, ihm den Rang abzulaufen. Jedenfalls heuert er noch im Jahr 1910 einen Mann als Geschäftsführer an, der endlich auch die finanzielle Situation der Marconi-Firmen verbessern soll. Godfrey Isaacs. Isaacs ist eines von neun Kindern eines jüdischen Obsthändlers aus dem Londoner Eastend. Innerhalb von zwei Jahren wird er Marconis Patente absichern, Nachahmer verfolgen, den Konflikt mit Telefunken zum Vorteil beider Firmen regeln. Er kauft Sir Oliver Lodge, dessen Tuning-Patent das Patent der „vier Sieben" von Marconi bedroht, für 18.000 Pfund alle Rechte ab – und stellt Lodge als Berater in die Firma ein. Und nun endlich – im zehnten Jahr ihres Bestehens, können die Marconi-Gesellschaften ihren Aktionären erstmals eine Dividende zahlen.

Als König Eduard VII am 6. Mai 1910 stirbt, ist jedes mit einer Marconi-Anlage ausgerüstete Schiff innerhalb von zwei Stunden nach Bekanntgabe der Todesnachricht in London darüber informiert: Land-Telegrafen haben die Botschaft an die Seefunkstationen weitergeleitet, von wo aus sie an die Schiffe ausgestrahlt werden. Wieder, wie stets nach Katastrophenmeldungen, klettert der Kurs der Marconi-Aktien. Als Marconis Sohn Giulio am 21. Mai 1910 geboren wird, lässt die Mutter die Nachricht einfach in die Welt telegrafieren, adressiert an „Marconi - Atlantik". Sie wird von einem Marconisten zum nächsten gefunkt, bis sie den glücklichen Vater erreicht.

Wunderröhre Triode

Fessenden war zwar als Erstem eine Radioübertagung gelungen, doch dann hatte er seine Versuche eingestellt. Aber Marconi und andere machen weiter. Im Jahr 1915 gelingt eine Sprachübertragung von Arlington im US-Staat Virginia nach Paris. Der Sender arbeitete knallfrei, aber wegen seiner 300 Röhren immer noch mit großem Raumbedarf. Noch im selben Jahr lässt Lee DeForest seine neueste Erfindung patentieren:

Die Triode. Nach anderen Quellen war das bereits am 25. Oktober 1906 geschehen. Und es gab Unstimmigkeiten mit Ambrose Fleming wegen der Erstrechte an der Erfindung. Die von den Trioden erzeugten „elektromagnetischen kontinuierlichen Wellen („continuous waves", also Wellen gleichbleibender Frequenz) ermöglichten die drahtlose Übertragung von Sprache und Musik.

Die Triode war in der Lage aufgefangene Funk-, also Radiosignale um das Vieltausendfache zu verstärker. Damit wurde ein klarer Empfang von Sprache und Musik möglich. Und sie war platzsparend. Bei Empfangsanlagen kann auf hohe Türme verzichtet werden. In den Marconi Towers glühen nun Röhren statt knallende Funken. Alles schrumpft. Das Empfangsgebäude in Louisbourg kann von 48 m Länge auf 18 m verkürzt werden.

Mit Hilfe einer Trioden-Anlage erfolgt 1919 die erste Ost-West Sprachübertragung über den Atlantik von der Marconi-Station Ballybunion in Irland nach Louisbourg. Hatte man bei dem Versuch in Arlington noch 300 kleinere Röhren benötigt, so sind es jetzt nur noch drei Hochleistungsröhren.

Bei seinen Experimenten auf See hatte Marconi in Zusammenarbeit mit Funkamateuren in aller Welt herausgefuncen, dass mit Kurzwellen viel größere Entfernungen überbrückt werden konnten als mit Langwellen. Sein Vorschlag, ein weltumspannendes Funknetz zwischen allen Teilen des Britischen Weltreichs aufzubauen war von der britischen Regierung bei Ausbruch des Ersten Weltkriegs ad acta gelegt worden. Nun wiederhot er auf Grund der technischen Fortschritte seinen Vorschlag, plädiert aber für Kurzwellen- statt Langwellensender. Die britische Regierung stimmte zu. 1926 wurde die erste Kurzwellenverbindung zwischen London und Montreal mit Erfolg eröffnet. Weitere Verbindungen waren erfolgreich, und Marconis Traum von einem weltumspannenden Radio-Netzwerk verwirklicht.

Die lautstarken Funkengewitter, die sich bei jedem Funkverkehr entluden, waren vor allem den Reedern der Passagierdampfer ein Stachel im Gehör, verscheuchten sie doch die erholungssuchenden Reisenden aus ihren Deckchairs. Der Mann, dem es gelingen sollte, das Gewitter zu löschen, hieß Max Karl Werner Wien (1866 - 1938), geboren in Königsberg. Nach einem Studium der Physik hatte er sich ab 1902 den Problemen der drahtlosen Telegrafie gewidmet. 1904 war es ihm in Zusammenarbeit mit der *Telefunken*, aus dem Knallfunksendern den Löschfunksender zu entwickeln. Der summte nur noch und löste nun allmählich den Knallfunk ab. Eines der ersten damit ausgerüsteten Schiffe war die *Titanic*. Ohne die elektrische Leistung zu erhöhen werden bei 80 Kilowatt Sendereichweiten von bis zu 10.000 Kilometer erzielt. Sie liegen damit dreimal höher als die Reichweite der Knallfunksender. In den 1920er Jahren wurde der Einsatz von Knallfunksendern verboten. Nicht nur des Lärms wegen, sondern weil die große Bandbreite des erzeugten Signals oft den Frequenzen anderer Sender in die Quere kam.

„Mr. Robinson and Son"

Ähnlich wie der Kabel-Telegraf von Whitehouse bei der Verbrecher-Jagd so erlebt auch der Marconi-Telegraf seine Sternstunde. Im Juli 1910 ist der Passagierdampfer der *Canadian Pacific* Reederei *SS Montrose* unterwegs von Antwerpen nach Montreal. Schon zwei Stunden nach dem Auslaufen am 20. Juli beobachtet Kapitän Henry George Kendall misstrauisch das seltsame Verhalten von zwei Fahrgästen. Sie stehen als „Mr. John Philo Robinson und Sohn" in der Passagierliste. Aber die beiden benehmen sich nicht wie Vater und Sohn, sondern vielmehr wie ein verliebtes Paar: sie „halten Händchen". In den folgenden Tagen wiederholt sich das eigenartige Schauspiel. Kendall kommt ein Verdacht. Er weiß, dass es in Holloway in England im Januar einen spektakulären Mordfall gegeben hat. Cora Turner, eine unter dem Namen „Belle Elmore" auftretende Künstlerin war nach einer Party in ihrem Londoner Haus *Hilldrop Crescent 39* spurlos verschwunden. Ihr Mann, der 48jährige Arzt Hawley Harvey Crippen behauptete, sie sei in ihre Heimat Kalifornien zurückgekehrt. Er hatte sich in Widersprüche verwickelt, vor allem, als eine andere Frau in das Haus zog – Ethel „Le Neve" – schlank, hübsch und 27 Jahre jung. Die Polizei wird misstrauisch. Unter dem Kellerboden findet man

Leichenteile. Doch Crippen und seine Geliebte sind verschwunden. *Scotland Yard* schreibt sie zur Fahndung aus. Möglicherweise auch schon per Bildfunk. Denn das erste Bildtelegramm – das Foto eines flüchtigen Juwelenräubers – wurde bereits am 17. März 1908 innerhalb von 12 Minuten von Paris nach London übertragen – allerdings per Landtelegraf– und im *Daily Mirror* veröffentlicht.

Den Verdacht, das Paar könne von Dover aus mit der *SS Kroonland* nach New York entwischt sein, kann die New Yorker Polizei nicht bestätigen. Stattdessen lässt Kapitän Kendalls per Funktelegraf an seine Reederei in Liverpool durchgegebene Personenbeschreibung vermuten, dass die Gesuchten sich an Bord der *Montrose* befinden. In seinem Marconigramm heißt es: *Have strong suspicions that Crippen London cellar murderer and accomplice are among saloon passengers. Mustache taken off, growing beard. Accomplice dressed as boy. Manner and build undoubtedly a girl.* "Habe starken Verdacht, dass Crippen Londoner Kellermörder und Komplizin unter den Salon-Passagieren sind. Schnurrbart fehlt, wachsender Bart. Komplizin als Junge verkleidet. Nach Verhaltensweise und Körperbau zweifelsfrei ein Mädchen."

Später berichtet er: „Sie scheint völlig unter seiner [Crippens] Kontrolle zu stehen, und er lässt sie keinen Augenblick allein. Ihr Anzug ist alles andere als von gutem Sitz. Ihre Hosen sind um die Hüften herum sehr eng, und am Rücken etwas aufgeplatzt und werden durch einige große Sicherheitsnadeln zusammengehalten [...] Er rasiert ständig seine Oberlippe und sein Bart wächst ganz ordentlich [...] Die Kerbe auf seinem Nasenrücken, die durch das Brillentragen entstanden ist, ist noch nicht verschwunden [...] Die Manieren des ‚Jungen‘ bei Tisch sind damenhaft [...] Oft sitzt er an Deck, schaut hinauf auf die Antenne, und horcht, wie die knisternden elektrischen Funkentelegramme vom Marconi-Telegrafisten ausgesandt werden." „Was für eine wundervolle Erfindung das doch ist..." soll Crippen gesagt haben. Sie sollte ihn das Leben kosten. Denn kaum ist Kenndals Funktelegramm bei der Reederei eingetroffen, reicht diese es an Scotland Yard weiter. Sofort schreitet Chief Inspector Walter Dew von der Mordkommis–

sion zur Tat. Am 23. Juli ist er unterwegs an Bord des schnellen Cunard Liners *SS Laurentic* in Richtung Kanada. Und schreibt in seinen Erinnerungen: „Ich traf am 29. Juli [in Quebec], zwei Tage VOR der *Montrose* ein." Als diese am 31. Juli ihren Pier in Quebec anläuft, lässt sich Dew in Begleitung von zwei kanadischen Beamten als angeblicher Lotse an Bord bringen. Der Kapitän macht ihn mit Crippen bekannt. Woraufhin Dew seine Lotsenmütze abnimmt und Crippen und dessen Geliebte verhaftet. Letztere fällt dabei in Ohnmacht. Crippen soll nur gesagt haben: „Thank God, it's over". Es ist das erste Mal in der Kriminalgeschichte, dass eine funktelegrafische Depesche zur Verhaftung eines Verbrechers führte. Noch im gleichen Jahr wird Crippen in England gehenkt. Seine Geliebte wird freigesprochen.

Auch das reisende Publikum benutzt in steigendem Maße die neue und schnelle Kommunikationstechnik. Am 22. Juni 1911 soll Georg V in der *Westminster Abbey* gekrönt werden. Die Feierlichkeiten werden im *Crystal Palace* stattfinden. Passagiere, die auf hoher See aus der jeweiligen Bordzeitung die Nachricht erfahren, buchen drahtlos einen Platz. Zuversichtlich erklärt Marconi im gleichen Jahr auf einem seiner Vorträge: „Jene, die große Seereisen unternehmen, sind nicht mehr länger vom Rest der Welt abgeschnitten. Geschäftsleute können ihre Korrespondenz zwischen ihren Büros in Amerika und Europa zu vernünftigen Gebühren weiterführen; und gewöhnliche Grußbotschaften können zwischen Passagieren und ihren Freunden an der Küste ausgetauscht werden. Eine tägliche Zeitung wird inzwischen an Bord der wichtigsten Oceanliner veröffentlicht, mit den wichtigsten Nachrichten des Tages. Der Haupt-Vorteil der Radio-Telegrafie jedoch liegt in der Chance, dass sie Schiffe in Notsituationen die Chance bietet, mit benachbarten Schiffen oder mit Küstenstationen Kontakt aufzunehmen."

Auch in Deutschland bemüht man sich um eine Steigerung der Funkreichweiten. Vor allem möchte man direkten Kontakt zu seinen Kolonien herstellen. Der geht noch über die englische Seekabelleitung nach Kapstadt und Deutsch-Südwest „hing" einfach dran, konnte also von den Engländern nach Belieben abgeschnitten werden. Deshalb wollte man eine eigene, unabhängige Ver–

bindung zwischen Deutschland und seinen afrikanischen Kolonien schaffen. Die *Kolonialtechnische Kommission des Deutschen Reichs* befasste sich mit allen relevanten Fragen, denn es gab genügend Skeptiker, die eine solche Verbindung für technisch unmöglich hielten. Zwar sei es gelungen, telegrafisch mit Kamerun zu kommunizieren – eine Strecke von 6.000 km – aber die Verbindung sei völlig unzuverlässig. Ein gewisser Herr Goldschmid, Mitglied der Kommission, äußerte1911 dazu n einem Vortrag: „In neuerer Zeit sind nun, wie gerade aus der letzten Nummer der *Elektrotechnischen Zeitschrift* hervorgeht. Vermutungen dahin ausgesprochen, dass überhaupt nicht nach Afrika telegraphiert werden kann, weil über dem Mittelländischen Meere eine Art Scheidewand lagere, die Afrika von Europa elektrisch trenne, dass also die elektrischen Wellen, wenn sie an das Mittelländische Meer kämen, elektrisch aufgesaugt würden. Man hat aber tatsächlich schon über diesen Gürtel hinüber telegraphiert, und ich glaube nicht, dass dort große Schwierigkeiten entstehen werden, wenn nur eben die Kräfte, die man verwendet, groß genug sind."

SOS oder CQD?

Marconi und seine Frau können endlich ausspannen, weil die finanziellen Sorgen überwunden scheinen. 1912, im Jahr nach Goldschmids Vortrag, machen sie Urlaub in Italien, besuchen in La Spezia unter anderem eine Funkstation, die den Nachrichtenverkehr mit der 4.000 km entfernten Kolonie Eritrea (dem heutigen Äthiopien) aufrechterhält. Auf dem Rückweg am 25. September 1912 per Automobil kommt es unweit des Ortes Borghetto zu einem Frontalzusammenstoß mit einem anderen Fahrzeug. Marconi fliegt mit dem Kopf durch die Scheibe, verliert das rechte Augenlicht und erblindet für eine Zeitlang auf dem anderen. Bedeutet dies das Ende für seine Arbeit? Mitnichten! Er hat ja noch so viel vor, unter anderem seine weitere Zusammenarbeit mit der *New York Times*. Das Blatt gehört seit mehreren Jahren zu seinen eifrigsten Förderern. Es besteht mit Marconi angeblich sogar eine Art Geheimabkommen. Dafür, dass die Zeitung seine Arbeiten publizistisch unterstützt und veröffentlichte Meldungen den Hinweis „*via Marconi-Telegraph*" tragen, bevorzugt die Marconigesellschaft das Blatt bei der Belieferung mit wichtigen transatlantischen Nachrichten. Der Verlag verfügt bereits über eine eigene Empfangsstation. Diese liegt im 18. Stock des 22-stöckigen New Yorker Verlagsgebäudes. Tag und Nacht hocken hier junge Funker, lauschen auf interessante Meldungen im Äther und nehmen Funkberichte eigener Korrespondenten auf. Die Funkzettel stecken sie in hölzerne Schiffchen und lassen diese an einer Schnur durch einen blechverkleideten Schacht hinunter in die Redaktionsräume plumpsen. Diese Routine wird nur durchbrochen, wenn einem der Funker eine aufgefangene Meldung besonders wichtig erscheint. Für einen solchen Fall hat er die Anweisung, sein Schiffchen gegen die Blechwände donnern zu lassen. Der Lärm, der dabei entsteht, soll eventuell schlafmützige Redakteure dazu veranlassen, die Nachricht sofort in Empfang zu nehmen.

Am Montag, den 15. April 1912 kurz nach Mitternacht ist die erste Ausgabe der *New York Times* bereits „im Bett" – das heißt, sie ist druckbereit. Der wichtigste Artikel auf Seite eins besagt, dass Theodore Roosevelt bei den Vorwahlen der republikanischen Präsidentschaftskandidaten im Staat Pennsylvania den amtierenden US-Präsidenten Robert Taft geschlagen hat. Der Schlussredakteur des Blattes gähnt, und denkt wohl: Was soll nun noch viel geschehen? Doch um 1:20 Uhr morgens beginnt es im Schacht zu rattern. Ein „copy boy" (ein Praktikant) fischt den Funkerzettel aus dem Holzschiffchen und läuft damit zum amtierenden Chefredakteur Carr Van Anda. Der liest mit wachsender Erregung den in Cape Race in Neuschottland abgesetzten Funkspruch der Nachrichtenagentur *Associated Press:*

„Sonntagnacht, 14. April, Associated Press: 10:25 Uhr

Heute Nacht gab der White-Star-Liner *Titanic* ein CQD an die hiesige Marconi-Station durch und meldete Kollision mit einem Eisberg. Der Dampfer fordert sofortige Hilfe an." Die Originalnachricht lautete: „Have struck an iceberg 41.46 north, 50.14 west; are badly damaged; rush aid."

Was dann folgte, ist in unzähligen Protokollen, Tatsachenberichten, Filmen und Romanen hinreichend geschildert worden.

Hier nur kurz: Die als unsinkbar geltende 47.000 BRT große *Titanic* sinkt 2 Stunden und 45 Minuten nach der Kollision. ´.563 von 2.224 Menschen an Bord kommen in den eisigen Fluten ums Leben. Es ist die bis dahin größte Katastrophe eines einzelnen Schiffes.

Weniger bekannt ist dies: Auch Marconi und seine Frau Beatrice waren, wie viele andere Prominente, zu der Jungfernfahrt eingeladen worden. Doch der Erfinder hatte der Einladung der *White Star Line* nicht Folge leisten können – weil er aus geschäftlichen Gründen früher in den USA sein musste. Vielleicht rettete ihm diese Absage das Leben. Denn er war bereits drei Tage früher an Bord der *Lusitania* abgereist, seine Frau sollte a leine reisen. Doch da erkrankte der zweijährige Sohn Giulio, und auch Beatrice sagte ihre Teilnahme an der Jungfernfahrt der *Titanic* ab.

In der Redaktion der *New York Times* lässt Nachtredakteur Carr Van Anda sofort einen Funkspruch an die *Titanic* senden. Aber es kommt keine Antwort. Das Schiff verfügt bereits, ebenso wie ihr Schwesterschiff *Olympic* über den stärksten damals lieferbaren Marconi-Schiffssender. Tagsüber beträgt seine Reichweite 250 bis 400 Meilen, (ca. 400 bis 640 km), nachts wesentlich mehr. Und bei günstigen atmosphärischen Bedingungen überbrücken die Signale sogar bis zu 2.000 Meilen (3.200 km). Die Antenne für die Funkanlage ist auf dem Oberdeck der *Titanic* in etwa 50 m Höhe zwischen zwei T-förmigen Masten verspannt. Die Erdleitung besteht aus einem isolierten Kabel, dessen blankes Ende mit dem Schiffsrumpf verbunden ist. Der 5 kw-Sender erhält seinen Strom über einen Generator der Schiffsbeleuchtungsanlage. Außerdem gibt es einen Hilfsmotor an Deck und Akkumulatoren für den Notfall. Die Funkerbude besteht aus drei Räumen: im ersten Raum stehen Empfänger, Arbeitstisch und Messgeräte, im zweiten befindet sich der Sender, der dritte dient als Koje für die beiden Marconisten: Jack Phillips und seinen 22jährigen Stellvertreter Harold Bride. Phillips, blass, jugendlich, stets korrekt, genießt das absolute Vertrauen der Marconi-Gesellschaft. Er wird als einer der Letzten auf dem sinkenden Schiff ausharren und seine Notsignale verschicken. Anfangs noch CQD. Dann schlägt Bride ihm vor, auch den neuen Notruf SOS zu senden.

Marconist auf einem Schiff zu sein ist damals ein sehr begehrter Beruf. Ausgebildet wurden die meist sehr jungen Männer im *Tin Tabernacle*, dem Blech-Gehäuse, wie sie die Ausbildungsstätte in Liverpool scherzhaft nennen. Aber diese Marconisten waren meist unterbezahlt. Die *British Marconi Co.* warb um Nachwuchsfunker mit dem Versprechen, im ersten Jahr würden 30 Shilling die Woche bezahlt. Das war jedoch nur die Hälfte dessen, was Telegrafisten in den USA verdienten. Bei ihrer Tätigkeit waren die Marconisten oft überlastet – vor allem, wenn es an Bord keinen zweiten Funker gab, wie der Funker Binns es nach dem *Republic*-Unglück gefordert hatte. Außerdem dienten sie gewissermaßen zwei Herren: der Marconi-Gesellschaft und dem Kapitän, auf dessen Schiff sie tätig waren. Auch diese Umstände mögen dazu beigetragen haben, dass die *Titanic*-Katastrophe solche Dimensionen erreichte.

Bei der späteren Untersuchung des Unglücks gehört Bride zu den wichtigsten Zeugen. Seinen Aussagen zufolge schickte Phillips seinen ersten Notruf „CQD" 35 Minuten nach der Kollision mit dem Eisberg ab. Darauf, so Bride, habe er selbst seinem Vorgesetzten gesagt: „Sende lieber SOS, das ist das neue Zeichen". Und im Spaß habe er hinzugefügt: „Vielleicht ist es Deine letzte Chance, es zu funken." Phillips befolgt den Rat. Es ist das erste Mal, dass das Notrufzeichen ... – – – ... im Zusammenhang mit einem Ernstfall gefunkt wird.

Doch die Funker der Schiffe, die nahe genug sind, um rechtzeitig der *Titanic zu* Hilfe zu eilen, hören das SOS des nur 30 km entfernten Havaristen nicht. Ein Grund: Sie schlafen. Auch der Funker der *California* hat nach rund 16 Stunden Dienst seine Geräte abgeschaltet und schläft. Immerhin werden die Hilferufe auf der *Frankfurt empfangen*, einem Schiff des *Norddeutschen Lloyd*. Doch die ist mit einer Telefunken-Anlage ausgestattet. Obwohl sich die Funker der beiden Gesellschaften spinnefeind sind, fragt der Funker der *Frankfurt*, ob man helfen könne, und was denn los sei. Unwirsch antwortet Phillips: „Du Idiot! Bleib auf Empfang und halte Dich raus!" Fragen von Marconisten anderer Schiffe dagegen beantwortet Phillips jedoch so gut er kann. So morst er der *Olympic:* „Wir bringen die Passagiere in die Rettungsboote..."

Auch der Marconist der weit entfernten *Carpathia* will gerade schlafen gehen, als er noch einmal seinen Empfänger einschaltet. Als er die Notrufe der *Titanic* auffängt und dem Kapitän meldet, lässt dieser sofort Kurs auf die Unglücksstelle nehmen. Auch andere, noch weiter entfernte Schiffe haben den Funkspruch aufgefangen und den Kurs gewechselt. Phillips bleibt am Funkgerät, bis das Deck der *Titanic* bereits von Wasser umspült wird. Erst als das Schiff kopfüber in den Abgrund rauscht, läuft er zum Heck. Bride: „Das war das letzte, was ich von ihm sah...“

Vom „Sparky“ zum Weltfunker

Der erste, der die Notrufe der *Titanic* an Land auffängt, ist der 21jährige Funker David Sarnoff. Er sitzt in seiner Station auf dem Dach des Kaufhauses *Wanamakers* in New York. Im Jahr 1900 ist er mit seinen Eltern aus Russland eingewandert und schon seit seinem 15. Lebensjahr ist er Marconist. 1916 wird er die *Radio Corporation of America* gründen – und als RCA zur größten Rundfunkgesellschaft des Landes machen. Als er am 14. April 1912 die Nachricht hört: „*SOS - SS Titanic ran into iceberg, sinking fast*“, bleibt er für die nächsten 72 Stunden an seinem Platz und unterrichtet die Öffentlichkeit fortlaufend über den Verlauf der Rettungsarbeiten. In New York hat Carr Van Anda längst die erste Seite der Zeitung „geschmissen“, also neugestaltet. Und als einziges Morgenblatt meldet die *New York Times* aufgrund der vorliegenden Informationen den Totalverlust des Luxusdampfers. Die *White Star Line* dementiert heftig. Doch wer über Funk wirklich Auskunft geben könnte, nämlich die *Carpathia*, hüllt sich in Schweigen. Nachdem sie an der Unglücksstelle eingetroffen war, war die *Titanic schon* gesunken, die meisten Passagiere ertrunken oder erfroren. Die Mehrzahl der wenigen Überlebenden befindet sich nun an Bord der *Carpathia* auf dem Wege nach New York. Der Funker gibt lediglich die Namen der aufgenommenen Überlebenden durch und einige „Wir sind gerettet“-Botschaften. Aber kein Wort über die Katastrophe und den Verlauf der Rettungsarbeiten. Ein möglicher Grund, so wird bald spekuliert: Der

Carpathia-Funker Harold Cottam ist physisch total erschöpft, obwohl der gerettete Marconist Bride ihn inzwischen unterstützt. Aber noch nie zuvor gingen so viele Marconigramme über den Atlantik, ohne dass etwas über Unglücksursache und Rettungsarbeiten bekannt wird. Ein anderer Verdacht wiegt viel schwerer: sie WOLLEN nichts sagen, um ihre Informationen an den höchsten Bieter zu verkaufen! Und die *Carpathia* wird noch gut drei Tage brauchen, um New York zu erreichen...

Dort hat sich James Gordon Bennett jr., der umtriebige Herausgeber des *New York Herald,* die Passagierliste der *Carpathia* geben lassen. Er entdeckt darauf den Namen von May R. Birkhead, einer jungen Frau, über die seine Zeitung vor einem Jahr berichtet hatte. Nun lässt er ihr folgende Botschaft funken: *Wireless all operator can take on Titanic"* – nicht weniger heißt als: „Funken Sie alles über die *Titanic* was der Funker bewältigen kann..."

May Birkhead gelingt es tatsächlich, ihre Berichte abzusetzen. So erfahren die Leser des *Herald* als erste Einzelheiten der Katastrophe. Bei den Verhandlungen kommen weitere Details über das seltsame Verhalten der Funker zu Tage. So wird bekannt: Von Bord der *Carpathia* hat Lord Ismay, der gerettete Chef der *White Star Line,* dem New Yorker Büro der Reederei mitgeteilt, dass die *Titanic* einen Eisberg gerammt habe. Doch der Funkspruch erreicht New York erst zwei Tage später– denn er wird erst am 17. April weitergegeben, als die *Carpathia* in den Empfangsbereich der südlich von Neuschottland befindlichen Marconi-Station *Sable Island* gelangt. Ein Zufall? Die beiden Marconi-Funker Cottam und Bride, so heißt es bei der Seeamtsverhandlung, „ignorierten nicht nur die Nachfrage nach mehr Informationen durch ihre Firma, sondern auch Nachfragen der US-Navy, der *White Star Line,* der *Associated Press,* dem Präsidenten der USA. Sie hatten es auch abgelehnt, den Anweisungen des Kapitäns ihres Schiffes, der *Carpathia,* zu befolgen. Untereinander kontrollierte dieses Paar den Zugang der Außenwelt zu Nachrichten über das Unglück; sie hatten sie für sich behalten."

So geht das Stunden und Tage. Das britische *Northern Echo* in einem Bericht seines New Yorker Korrespondenten: „Mehr als

---

36 Stunden sind seit dem größten Desaster in der Geschichte des Atlantischen Ozeans verstrichen, und New York hat noch keine einzige Nachricht von irgendeinem Augenzeugen erhalten oder von irgendeinem Journalisten innerhalb der tausend Meilen vor der Spitze der Neufundland Bank, wo die *Titanic* unterging. " Die Zeitungen toben. „Zuschauer [mehr als 30.000 haben sich zeitweilig am Pier 45 versammelt] sind verärgert über das Schweigen der *Carpathia*. „*Watcher's Angered by Carpathia's Silence*", schreibt die *New York Evening News*. „Vier Tage schrecklicher Spannung führen zu wilden Gerüchten", steht siebenspaltig über einem Artikel der *Springfield Sunday Union*. Die Nachrichten stammen fast alle aus zweiter Hand, von Schiffen wie der *Olympic*, der *Parisian*, der *Baltic* und der *Virginian*.

Als die *Carpathia* endlich den Hudson hinauf dampft, wird sie von zahllosen Booten voller Reporter begleitet, unter ihren allein 15 von der *New York Times*. Nur 2.000 Schaulustige und Angehörige von *Titanic*-Passagieren haben Pässe für den Pier. Einer von ihnen: Marconi. Er will an Bord, um seine Marconisten Cottam und Bride aufzusuchen. Dazu nimmt er einen Reporter mit, Jim Speers. Auch der arbeitet für die *New York Times*. Er ist der einzige Zeitungsmann, der an Bord gelangt. Das Geheimabkommen zwischen Zeitung und Marconi zahlt sich also aus. Am nächsten Tag erscheint die *New York Times* als einziges Blatt mit einem ausführlichen Erlebnisbericht von Funker Bride und allen schrecklichen Details der Katastrophe.

Später gibt es vor einem Untersuchungsausschuss des US-Senats in Washington eine Anhörung über die Ursachen der Katastrophe. Eine ähnliche Anhörung findet in London statt. Dabei wird unter anderem der Vorwurf erhoben, der Marconist Bride habe mit Absicht geschwiegen, um ausschließlich der *New York Times* seine Geschichte zu erzählen. Auch zwei Funksprüche der von der *New York Times* eingeschalteten Station *Seagate* an die *Carpathia* werden bekannt. Sie wurden am Vormittag des 18. April von einem Schiff der US-Marine aufgefangen. Aus denen scheint hervorzugehen, dass Bride Marconis Anweisung übermittelt wurde, seine Geschichte nur der *New York Times* zu erzählen. Das würde ihm viel Geld einbringen. Wörtlich: *Say old man, Mar–*

coni Company taking good care of you. Keep your mouth shut and hold your story. It is fixed for you so you will get big money..." und weiter: *"...arranged for your exclusive story for dollars in four figures. Mr. Marconi agreeing."* Zu Deutsch etwa: Hör mal, alter Junge, die Firma Marconi sorgt gut für Dich. Also halt' den Mund und halt' die Tinte. Alles ist für Dich geregelt, so dass Du einen schönen Batzen Geld bekommen wirst... Für Deine Exklusivstory wird es eine vierstellige Dollarsumme geben. Mr. Marconi ist einverstanden." Bei der "vierstelligen Dollarsumme" soll es sich um 1.000 Dollar gehandelt haben, dem vierfachen Jahresgehalt von Bride. Cottam bekam angeblich ein Honorar von 750 Dollar.

Bride verteidigt sich damit, er habe sich nur deshalb geweigert, Anfragen der Presse zu beantworten, weil die Zahl der Telegramme, die zwischen Überlebenden der *Titanic* und Angehörigen gewechselt wurde, so groß gewesen sei. *„I positively refused to send [answer] press dispatches because the bulk of personal messages with touching words of grief was so large."* Und er schimpft über die Telegrafisten anderer Schiffe, die NICHT Marconisten waren. „Die Funker der *Chester* (einem amerikanischen Kriegsschiff) [...] waren miserable Funker (wretched operators) [...] sie hätten zwar „den amerikanischen Morse-Code, aber nur völlig unzureichend den europäischen beherrscht. Sie trieben unsere Ausdauer bis zum äußersten. Ich musste sie schließlich rauswerfen, sie waren so unsagbar langsam, um damit fortfahren zu können unsere Trauerbotschaften für die Angehörigen (der Opfer) zu übermitteln." *(They knew American Morse but not Continental Morse sufficiently to be worth while. They taxed our endurance to the limit. I had to cut them out at last, they were so insufferably slow, and go ahead with our messages of grief to relatives.)* Konteradmiral Hutch von der *US Navy* weist die Vorwürfe zurück: Alle seine Funker würden mit dem europäischen Morsecode arbeiten „und allzeit mit Erfolg".

Marconis Behauptung, nichts davon gewusst zu haben, dass die *New York Times* ein Honorar für die Exklusivrechte der story zahlen werde, nehmen ihm nur wenige ab. Fast 70 Jahre später schreibt dazu der britische Journalist Michael Davie in einem Buch über die Folgen der *Titanic*-Tragödie: „Marconi log den Untersuchungsausschuss des Senats an, als er sagte, es sei n cht seine Absicht gewesen, der *Times* das Interview [mit Bride] exklusiv zu geben." (*Marconi lied to the Senate committee when he said he did not intend the interview to be exclusive...*) Marconi meinte jedenfalls bei Anhörungen, man habe es den Funkern gönnen wollen, „die in ihrem Besitz befindlichen Informationen in ein bisschen Geld umzuwandeln..." Tatsächlich verdiente der Funker Cottam, obwohl er sich bereits im dritten Anstellungsjahr befand, nur 4 Pfund 10 Shilling im Monat. Und der 22jährige Bride, Stellvertreter des *Titanic*-Funkers Phillips, brachte es gerade auf 4 Pfund bzw. 20 Dollar. Phillips selbst hatte laut Marconis Tochter Degna 30 Dollar im Monat verdient. Da waren vierstellige Dollarbeträge schon eine ganz schöne Summe.

SOS statt CQD

Marconi soll es gewesen sein, der 1901 die Formulierung CQ als Abkürzung für „An alle" einführte. Im Januar 1904 sagt er seinen Marconisten, im Fall einer Notsituation ein „D" hinzuzufügen. Der Volksmund interpretiert das als „come quickly, distress!" „Kommt schnell, Notfall!" Nach einer anderen Version steht das „D" für „Drowning", also ertrinken. Die deutsche Kaiserliche Marine führt im gleichen Jahr (1904) einen anderen Notruf ein: Das SOS. Entweder, um sich vom Marconi-Notruf zu unterscheiden, oder weil auch der unbegabteste Funker sich die Morsezeichen leicht merken kann: Drei Punkte, drei Striche, drei Punkte. Selbst Laien wissen sie zu deuten, wenn sie zum Beispiel mit

einem Nebelhorn oder Lichtsignal gesendet würden. Auch für das SOS werden unterschiedliche Interpretationen gefunden: „Save our Souls" etwa, also „Rettet unsere Seelen" oder „Save our Ship". Auf der Internationalen Funkkonferenz von 1906 , die am 3. Oktober in Berlin stattfindet, einigen sich die 27 Teilnehmerstaaten darauf, das einfachere SOS ab dem 1. Juli 1908 international zu übernehmen. Aber einige Jahre noch sind sowohl CQD wie SOS im Gebrauch.

Trotz der Streitereien und der Vorwürfe über Marconis Rolle und die der Marconisten während und nach der *Titanic*-Katastrophe – der Untergang des Ozeanriesen bringt den endgültigen Durchbruch für das Marconi-System. Frank Harris Hitchcock, der damalige Generalpostmeister der USA: „Diejenigen [Passagiere und Besatzungsmitglieder] der *Titanic*, die gerettet wurden, sind durch einen einzigen Mann gerettet worden: Mr. Marconi!" Wahrscheinlich hätten aber mehr Menschen überlebt, wenn seine Funker auch mit Kollegen anderer Systeme hätten kommunizieren dürfen. Doch Marconi bleibt der Mann, dem es gelang, „ein unsichtbares Neues Universum zum Leben zu erwecken" wie es der amerikanische Ökonom Henry Carter Adams ausdrückte. Und Londons *The Times* kommentierte: „Ohne drahtlose Telegraphie hätte das Desaster Proportionen angenommen, wie wir sie uns gegenwärtig nicht vorstellen können..." Jeder, der es gewagt hätte, Marconi vor dem Senatsausschuss anzugreifen, hätte nur sich selbst geschadet. An der Wall Street springt der Kurs der Marconi-Aktie von 55 auf 225 Dollar.

Die Marconi Company ist inzwischen eine der größten Aktiengesellschaften im Britischen Königreich. Es kommt zu Aktienspekulationen, Insider-Wissen von Politikern, und zum sogenannten Marconi-Skandal – von dem er selbst jedoch nicht betroffen wird.

Als Reaktion auf „die größte Schiffskatastrophe aller Zeiten" wird am 13. November 1913 auf der sogenannten *Titanic*-Konferenz in London beschlossen, die Sicherheit für die Passagiere an Bord von Schiffen auf hoher See wesentlich zu erhöhen. Das Vorhaben ist leicht durchzusetzen. Denn immer mehr Reedereien wollen Funkanlagen auf ihren Schiffen installieren. Alte Statistiken zeigen: 1911 gibt es weltweit bereits rund 1.700 Stationen für drahtlose Telegrafie. Davon arbeiteten 1.124 auf Kriegs- und Handelsschiffen. Britische Schiffe sind meist mit Marconi-Geräten ausgestattet, deutsche Schiffe mit dem System Telefunken. Ein wesentlicher Punkt der Beschlüsse: Seenot-Hilferufe müssen unbedingt weitergegeben und akzeptiert werden, egal von welchem System sie aufgegeben oder aufgefangen werden.

Bald wird auch beschlossen: Jedes Schiff mit mehr als 50 Passagieren an Bord muss über einen Sender von mindestens 100 Seemeilen Reichweite verfügen. Entsprechend wächst der Bedarf an gut ausgebildeten Funkern. Immer mehr Funkerschulen werden eröffnet. Bald kann man auch Kurzwellensender im größten New Yorker Kaufhaus erstehen. Die Firmen Marconis werden zum Giganten unter den Nachrichtenübermittlern. Sie kontrollieren fast weltweit den Funkverkehr. Denn auch die Britische Regierung hat Marconi den Auftrag erteilt, praktisch das gesamte Empire funktelegrafisch zu erfassen. Auch auf dem zivilen Sektor erobern Marconi-Geräte immer mehr Marktanteile. Im Sommer 1913 stattet die britische *Hellyer's Steam Fishing Co.* aus Hull ihre Dampftrawler *Othello* und den schnellen Carrier *Caesar* als erste mit Marconi-Geräten aus. Dabei geht es allerdings nicht um die Fürsorge für das Wohlergehen der Besatzungen, sondern um eine frühzeitige Durchgabe der Fangergebnisse an die Zentrale, sowie um die Bekanntgabe aktueller, guter Fanggründe. Die Anlagen waren noch äußerst sperrig. Die Masten der *Caesar* wurden durch zwei je 30 Meter (!) hohe Antennen ersetzt. Das wiederum beeinträchtigte die Balance. Die Funker waren keine Fischer, sondern ebenfalls Angestellte der Marconi Co. Man hoffte, Funkzeichen der *Othello* würden noch in 290 bis 320 km Entfernung zu empfangen sein. Tatsächlich empfing die 430 km entfernte Küstenfunkstation *Cullercoats Radio* noch die Signale.

„Elettra" - das schwimmende Labor

Das Schicksal meint es gut mit Marconi. Dem Untergang der *Titanic* ist er entkommen. Im April 1915 ist er wieder einmal Passagier auf der *Lusitania*. Es ist deren vorletzte Atlantiküberquerung. Auf der folgenden Überfahrt wird sie vom deutschen U-Boot *SM U20* vor der irischen Küste versenkt. Da auch amerikanische Passagiere an Bord des Schiffes waren, treten die USA an der Seite Englands in den Krieg ein. Den verbringt Marconi in Italien, und ist im Rang eines Kapitänleutnants Berater der italienischen Marine für das Seefunkwesen. Nach Kriegsende kauft er sich im Jahr 1919 eine 700 BRT große, 66 m lange, schnittige Yacht. Ursprünglich war sie in Schottland für die Erzherzogin Marie Therese von Österreich-Este gebaut worden. Bei Kriegsausbruch hatten die Behörden sie jedoch beschlagnahmt und die Royal *Navy* verwandelte sie zum Minenräumboot. Marconi macht aus ihr ein schwimmendes Labor. Das nun wieder luxuriös ausgestattete Schiff mit 31 Mann Besatzung wird auf den Namen *Elettra getauft*. Es wird zu seinem mobilen Wohnsitz. Oft reist er darauf durch das Mittelmeer und den Süd- und Nordatlantik. Wenn er in New York eintrifft wird er von Schiffssirenen im Hafen begrüßt wie später die ersten Einhand-Weltumsegler. „Die Yacht macht mich nicht nur unabhängig, sondern führt mich auch fort von neugierigen Blicken und Ablenkungen," sagt er einmal. Der Dichter Gabriele D'Annunzio nennt die *Elettra* „das glänzende Schiff, welches das Wunder vollbringt, das Schweigen der Luft zu durchdringen." Und Marconis Tochter Gioia: „Die *Elettra* war mehr als nur ein Spaßobjekt für meinen Vater. Sie war zuvorderst und vor allem sein Labor. Und die Art seiner Arbeit machte es notwendig für ihn, über bewegliche Ziele zu verfügen, um die Signale, mit denen er experimentierte, zu senden oder zu empfangen."

Von Bord der *Elettra* erforscht Marconi weiterdie Geheimnisse der Hertz'schen Wellen und ihrer Ausbreitung. Er entwickelt den Nachrichtenverkehr im Kurzwellenbereich, schafft die Grundvoraussetzungen für die Radartechnik. Er beschäftigt sich mit den Erfolgen von Funkamateuren, denen nachts Funkverbindungen zwischen England und Neuseeland gelingen, oder über 12.000 km zwischen Berlin und Buenos Aires. 1923 verfolgt er mit seiner Yacht Funksignale, die von Poldhu auf der 97-Meterwelle ausgestrahlt werden. Dabei entdeckt und vermerkt er, dass die Intensität der Signale zunächst stark abnimmt, dann jedoch wieder zunimmt, je weiter er sich vom Sender entfernt. Schließlich ist er auf den Kap Verdischen Inseln, rund 4.000 km von Poldhu entfernt, und die Signale werden deutlicher empfangen als diejenigen englischer Langwellensender.

Steigen Marconi seine Erfolge zu Kopf? Einzelne Episoden könnten darauf schließen lassen. Im heutigen *Marconi Wing*, dem 7- stöckigen, aus weißen Quadern erbauten Gebäude mit der Hausnummer 335 am Londoner *Strand* soll er sich angeblich geweigert haben, den gleichen Lift zusammen mit anderen Personen zu benutzen, wenn er diese nicht persönlich kannte. In dem Jahr, in dem Marconi in den Stand eines *Marchese* erhoben wird, geht auch seine Ehe mit Beatrice nach 22 gemeinsam verbrachten Jahren in die Brüche. Zu viel Arbeit, zu viele Affären. Drei Jahre nach der Scheidung, am 12. Juni 1927, heiratet er die Italienerin Maria Christina Bezzi-Scali.

Immer noch ist Marconi der große Showman, der es versteht, seine Erfolge publikumswirksam zu demonstrieren: Im Jahr 1930 schickt er von Bord seiner Yacht im Hafen von Genua ein Funksignal ins australische Sydney, 16.600 Kilometer entfernt – und schaltete damit die elektrische Festbeleuchtung des dortigen Rathauses ein. Nicht minder spektakulär ist die nächste „Fernzündung": aus dem Haus seines neuen Schwiegervaters in der Via Condotti in Rom schickt er im Februar 1933 ein Funksignal nach Rio de Janeiro. Im nächsten Augenblick tauchen dort Scheinwerferbatterien die monumentale Christusstatue in strahlendes Licht. Marconi ist es auch, der erstmals öffentlich eine Art Richtstrahl-

Navigation vorführt: alle Fenster seiner Yacht *Elettra* hat er verdunkeln lassen, dennoch läuft sie mit normaler Fahrgeschwindigkeit zielsicher in den Hafen von La Spezia ein. Der Rudergänger tastet sich gewissermaßen an einem UHF-Signal (Ultra-Hochfrequenzsignal) entlang. Es ist der Vorläufer für spätere Funkfeuer auf See und den Leitstrahl für landende Flugzeuge.

Marconis letzte Forschungen gelten dem Verhalten von Ultra-Kurzwellen. In Zusammenarbeit mit seinem ehemaligen Funker Franklin sendet ihm dieser von Poldhu aus Kurzwellensignale an die *Elettra* im Südatlantik. Marconi verbessert auch den Sprechfunk. Zunächst funktioniert der allerdings nur in Sichtweite. Doch am 11. Februar 1933 entsteht dann für Papst Pius XI eine solche Verbindung zwischen dem Vatikan und dem Castel Gandolfo, dem 24 km weit vom Vatikan entfernten Sommersitz des Papstes. Es ist die erste drahtlose Telefonverbindung dieser Art. Marconi glaubt, noch größere Entfernungen im Sprechfunk überwinden zu können. Und er hält es auch für möglich, dass man eines Tages auch bewegte Bilder übertragen können wird. Im gleichen Jahr sendet die 1900 auf Poldhu gebaute Station ihre letzten Nachrichten. Denn inzwischen ist das Ultra-Kurzwellenzeitalter angebrochen. Statt wie einst auf Lang- und Längstwellen zu senden, geschieht dies jetzt mit 10 cm bis 1 m langen Wellen: der Bereich der Zentimeterwellen wird erschlossen.

Das große Schweigen

1935 reist Marconi noch einmal nach England. Im Auftrag Mussolinis hat er die unangenehme Aufgabe, die Haltung seines Landes im Krieg gegen Abessinien zu erklären. Das soll er in London tun – über die BBC, den Sender, der praktisch mit seiner Hilfe ins Leben gerufen wurde. Doch der Generaldirektor Sir John Reith verbietet die Rede. Diese Aufregungen der letzten Jahre sind zu viel. Am 19. Juli 1937, er ist inzwischen 63 Jahre alt, erleidet Marconi in Rom einen Schlaganfall. Er stirbt am folgenden Morgen um 3.45 Uhr in Anwesenheit seines Arztes, Professor Frugoni. Als sein Tod bekannt wird, hält die Welt für zwei Minuten buchstäblich den Atem an: im gesamten Britischen Empire, das Marconi durch seine Erfindung nachrichtentechnisch verbunden hat, werden um 6 Uhr morgens Londoner Zeit für zwei Minuten alle Rundfunk- und Telegrafenapparate abgeschaltet. Im Hauptpostamt stehen die Funker neben ihren Geräten. Im Äther herrscht plötzlich eine fast unheimliche Stille. In Hunderttausenden von Kopfhörern ist nur ein leises Knistern zu hören. Es sind atmosphärische Störungen wie damals, bevor der Teenager Guglielmo Marconi seine ersten Funksignale in der *Villa Grifone* durch sein Dach-Labor schickte. Dieses „Große Schweigen" ist die wohl größte Reverenz, die man dem Erfinder der drahtlosen Telegrafie erweist. Mit einem Staatsakt wird Marconi zunächst in Rom beigesetzt. Im Oktober 1941 wird er dann in ein im Park der Villa *Grifone* errichtetes Mausoleum übergeführt. Die meisten von Marconi entworfenen und benutzten Sende- und Empfangsgeräte sowie zahlreiche Dokumente befinden sich in der *Marconi Collection* in der zum Museum ausgebauten Villa *Grifone* und im *Science Museum* in London. Die *Elettra* wird 1943 von der deutschen Kriegsmarine beschlagnahmt und als Patrouillenschiff in der Adria eingesetzt. Im Januar des folgenden Jahres wird sie in der Nähe von Zadar an der jugoslawischen Küste von US-Bombern schwer beschädigt und läuft auf Grund. 1977 wird sie abgewrackt. Doch Marconis Arbeiten setzen andere fort.

In Deutschland hatte man zum Glück die Versuche einer Funkverbindung zu seinen Kolonien trotz der Skeptiker nicht aufgegeben. Im Frühjahr 1914 wurden von Windhuk, der Hauptstadt Deutsch-Südwestafrikas, die ersten Versuchssendungen zum Reichssender hergestellt. Wie befürchtet, ließen die Engländer bald keine Nachrichten mehr von- und nach Südwest durch. Telegramme gingen zunächst an die Küstenfunkstationen in Lüderitzbucht und Swakopmund. Die konnten mit ihren schwächeren Sendern zumindest nachts Kontakt mit der Reichsfunkstation in Togo halten. Am 4. August jedoch war die Station Windhuk sende- und empfangsbereit. Die erste Nachricht war diejenige über den Ausbruch des Krieges.

Am 16. August nimmt auch die etwa 37 km westlich von Berlin gelegene *Großfunkstelle Nauen* der Telefunken AG auf einem 40 ha großen Gelände den Probebetrieb auf. Sie gilt damals als größte und leistungsfähigste Knallfunk-Anlage der Welt. Ziel ist die Funkverbindung mit Nordamerika. Die beiden Antennentürme sind anfangs 100 m hoch, werden aber 1911 auf 260 m „aufgestockt". Jeder Turm wiegt 800 Tonnen und steht auf dicken Porzellanplatten. Das soll ihn gegen die Erde elektrisch isolieren.

Im Lauf der Jahre gibt es weitere Veränderungen. Im deutschen Sprachraum beginnt man zu unterscheiden zwischen Funkentelefonie und Radiotelefonie, und später zwischen Hörfunk und Sprechfunk. Auch die Leistungsfähigkeit der Sender wird gesteigert. 1911 gelingt erstmals eine Funkverbindung mit der Funkstation Kamina in der damaligen deutschen Kolonie Togo. So wird am 10. Februar 1914, also kurz vor Kriegsausbruch, eine 1.037 m lange Antenne installiert, getragen von einem 260 m hohen und zwei je 120 m hohen Masten. Es ist diese Antenne, mit der die Verbindung nach Windhuk aufgenommen werden kann. Im August wird die dortige Station vom Kriegsausbruch informiert und alarmiert ihrerseits alle deutschen Handelsschiffe, sofern diese über Antennen verfügen. 1920 wird die Hauptantenne auf 2.484 m verlängert. Auch in Nauen wird der Knallfunksender durch Maschinensender abgelöst.

Jahrzehnte später werden deutsche Techniker herausfinden, dass man mit Längstwellen von 28.000 m sogar die Meeresoberfläche bis zu etwa 14 m Tiefe durchdringen kann, je nach dem Salzgehalt des Wassers. So ist man in der Lage, auch getauchten deutschen U-Booten Nachrichten zukommen zu lassen. Zu bestimmten Zeiten steigen diese auf eine so genannte „Pro-grammtiefe". Der Sender – Baubeginn 1941 und nach 27 Monaten in Betrieb genommen – heißt GOLIATH und entsteht in Calbe an der Milde in Sachsen-Anhalt. Drei riesige Schirmantennen sind strahlenförmig zu drei je 210 m hohe Stahlrohrmasten gespannt. Nach Kriegsende wird die Anlage von der US-Armee als Lager für bis zu 85.000 Kriegsgefangene genutzt und Ende Juni der verbündeten Sowjetunion übergeben. Noch im gleichen Jahr wird sie demontiert und in die Sowjetunion gebracht, Die Masten werden gesprengt. In der Nähe von Nischni Nowgorod bauen die Sowjets die Anlage wieder auf – zur Kommunikation mit Über- und Unterwasserschiffen der Roten Flotte. In den USA entsteht auf Long

Island eine noch größere Anlage: 72 eiserne Türme, darüber laufen zwölf jeweils mehrere Kilometer lange Sendedrähte.

Die Gebäude in Nauen dienen zeitweilig als Kartoffellager einer ostdeutschen Landwirtschaftlichen Produktionsgesellschaft als Kartoffellager. Erst 1955 beginnt der Wiederaufbau, dieses Mal für Kurzwellensender. Ausgestrahlt wird bis zum 3. Oktober 1990 das Auslandsprogramm von Radio Berlin International dem Pendant zur Deutschen Welle. Nach der Wende wurden alle Sender und Antennen abgebaut, sofern sie nicht dem Kurzwellenrundfunk dienten.

Bei all diesen Erfolgen und Fortschritten der drahtlosen Telegrafie ist es kein Wunder, dass auch das Militär brennend für die Neuentwicklungen interessierte. Siemens hatte im Deutsch-Dänischen Krieg mit der Fernzündung von Seeminen Erfolg erzielt, und später auch Bell, DeForest und auch Marconi. Und schon 1923 untersuchten deutsche Funkpioniere den Einsatz elektromagnetischer Strahlen als Möglichkeit der Luftabwehr. Von „Todesstrahlen" war die Rede. 1923 wurden Journalisten auf das Gelände des Senders Nauen zu einer Besichtigung der Anlage mit dem Hinweis eingeladen, sich nicht zu wundern, wenn die Motoren ihrer Autos in der Nähe des Sendegeländes plötzlich den Dienst versagen sollten. Was auch tatsächlich geschah. Die Demonstration war eine Fortführung der Arbeiten von Nicola Tesla. Der hatte behauptet, man könne Funkwellen stark genug machen, um Flugzeuge bis zu einer Entfernung von 400 km zum Absturz zu bringen – durch „Ausschaltung der Zündkerzen. Amerikanische Zeitungen wie etwa die *Washington Post* vom 4. September 1944 berichteten von Todesstrahlen, und in einer Anfang 1945 vom Reichssender Berlin verbreiteten Meldung wurde – allerdings nur ein einziges Mal – von einer neuen Vergeltungswaffe berichtet: Sie würde mittels Funkstrahlen die Motoren alliierter Bomber zum Stillstand bringen, so dass diese abstürzen oder notlanden müssten.

Vor internationalen Ehrungen kann Marconi sich kaum noch retten. Englands König Georg V hatte 1914 dem damals 40-jährigen das *Knight Grand Cross of the Royal Victorian Order* verliehen. Damit wird er in den Ritterstand erhoben, darf sich allerdings nicht SIR nennen, weil er nicht Untertan der Krone ist. Orden erhält er auch von Russland und Spanien. 1924 erhebt ihn Italiens König Victor Emanuel II zum 1. Marchese von Marconi. Er wird Senator und Präsident der Akademie der Wissenschaften in Rom. Wohl nie zuvor ist einem so jungen Mann, noch dazu einem Autodidakten, ein solcher Erfolg beschieden gewesen.

FESSENDEN, DEFOREST ODER MARCONI?

Eine Welt ohne Radio ist
eine taube Welt

Unbekannt

Die Zeilen lesen sich wie eine Vision: „Wie so mancher, der einsam in entlegener Gegend, der auf einem Gutshof, in einem Dorf oder in einer kleinen Stadt lebt, wie mancher Kranke, der an seinem Lager gefesselt ist oder seit Jahren das Krankenbett nicht verlassen hat, fühlt Sehnsucht nach guter Musik [...] Und ein kleiner Kasten an der Wand, mit einem Hörer versehen, wird Musik übertragen. Auch Tagesneuigkeiten, Parlamentsreden, Börsenkurse usw. wird man durch einfaches Abnehmen seines Hörers erfahren, und was im gleichen Augenblick in der Welt vorgeht...“ Eine solche Prophezeiung erschien im Jahr 1925 in der Buchreihe „*Siegeslauf der Technik*“. Bells Telefon, Marconis drahtlose Telegrafie – früher oder später musste ja der Gedanke auftauchen, ob es nicht möglich wäre, auch das gesprochene Wort, Musik und alle möglichen anderen Geräusche drahtlos zu übertragen.

Die Geschichte des Hörfunks ist, ähnlich wie die Geschichte der Telegrafie und des Telefons eine Geschichte der Rivalitäten, der Vorwürfe von Patentrechtsverletzungen, Intrigen und Schmähungen. Und wer das Radio tatsächlich erfunden hat, ist noch heute selbst unter Fachleuten eine Streitfrage. Denn auch das Radio hat viele Väter, die alle ihren Beitrag bei seiner Entwicklung leisteten.

Zu den ersten, die sich mit der Verwirklichung eines Hörfunks befassten, gehört William Du Bois Duddell (1872-1917) In London geboren, in Frankreich aufgewachsen beschäftigte er sich schon von Kindheit an mit Mechanik und Elektrophysik. Unter anderem konstruierte er Messinstrumente, doch einen größeren Bekanntheitsgrad erreichte er mit seiner „singing arc lamp‘, seiner singenden Bogenlampe. Elektrische Bogenlampen waren damals die Vorläufer der modernen Straßenbeleuchtung. Ein zwischen zwei Kohlestiften entstehender elektrischer Lichtbogen verbreitete in seinem Umkreis eine relativ starke Helligkeit. Doch mit einem störenden Zischen oder Brummen als „Begleitmusik".

Bei seinen Versuchen, diese Geräusche zu unterbinden stellte Duddel fest, dass sich die Tonlage der Brumm- oder Zischtöne variieren ließ, wenn die Frequenz der Stromquelle auch nur um ein Tausendstel verändert wurde. Als nächstes baute er eine klavierähnliche Tastatur zur Steuerung der im Hörbereich des menschlichen Ohrs liegenden Frequenzen. So gelang es ihm, mit Hilfe des Lichtbogens verschiedene Melodien zu spielen. Doch die große Entdeckung sollte noch kommen. Als Duddel mit seiner *Singing Arc Lamp* im *London Institute of Electrical Engineers* seinen Zuhörern „drahtlos" ein paar einfache Melodien vorspielte, geschah 300 m weiter in einem anderen Labor etwas Merkwürdiges. Dort experimentierten der Astronom und Chemiker Sir William de Wiveleslie Abney (1843-1920) sowie der Astronom Sir Norman Lockyer (1836-1920) unabhängig voneinander ebenfalls mit Lichtbogengeräten. Statt des gewohnten Brummens oder Zischens erklang plötzlich so etwas wie eine Melodie. Eine Erklärung für das Phänomen fanden die beiden Wissenschaftler erst einige Zeit später, als sie Einzelheiten von Duddels Vorführung erfuhren. Ihnen fiel auf, dass diese zum gleichen Zeitpunkt stattgefunden hatte wie die melodischen Geräusche ihrer eigenen singenden Lampen. Als das Experiment – diesmal gemeinsam - wiederholt wurde, stellten die drei Wissenschaftler fest, dass sie ihren Strom von der gleichen Straßenlaterne bezogen hatten. Die Sendefrequenz war also die gleiche. Das konnte nur eines bedeuten: Die von Duddel gespielten Melodien waren drahtlos empfangen worden. Und so heißt es auch in einem Bericht der *New York Times* vom 18. April 1901: „Das bedeutete ganz klar, dass, wenn man auf einer entsprechend eingerichteten Tastatur spielte, man Töne in einer bestimmten Zahl von Lichtbogen in einer gewissen Entfernung vom Musikanten spielen konnte."

In der Folgezeit reiste Duddle im Lande umher und führte seine Erfindung mehr oder weniger als Kuriosum vor. Patentieren ließ er sie nicht. Doch der Däne Valdemar Poulsen setzte die Entwicklung fort. Zusammen mit seinem Kollegen Peder Pedersen modifizierte er 1902 Duddels „singende Lampe" zu einem primitiven Radiosender. Sie schafften es durch Steigerung des Frequenzbereichs Sprache und Musik drahtlos zu übertragen. Der Deutschen Telefunken AG gelang es 1902 mit einem solchen Poulsen-Sender eine Reichweite von 40 km zu erzielen.

Und dann ist da auch noch Nicola Tesla, das zu Lebzeiten verkannte Genie. Dem Kroaten war es Anfang des Jahres 1895 gelungen, eine gesprochene Nachricht etwa 80 Kilometer weit zu übermitteln. 1897 meldete er seine Entwicklung zum Patent an, drei Jahre später wurde es ihm erteilt. (*Tesla patent numbers 645,576 and 649,621*). Doch ein mysteriöses Feuer in seinem Labor vernichtete wenig später alle Unterlagen und Geräte. Neue Gerüchte entstanden, als bekannt wurde, dass auch Marconi am 10. November 1900 ein Patent für eine drahtlose Sprachübermittlung anmelden wollte. Man wies den Antrag jedoch ab, ebenso wie seine modifizierten Anträge während der nächsten drei Jahre. Die Begründung lautete jedesmal: Tesla und andere hätten alles schon vorher entwickelt. Doch dann vollzog das US-Patentamt plötzlich eine Kehrtwendung. Im Jahr 1904 erkannte es Marconi als den Erfinder des Radios an. Tesla-Anhänger behaupten, die Gründe für diese Entscheidung seien nie genannt worden. Sie vermuten stattdessen „finanzielle Hintergründe". Irgendjemand müsse diese Entscheidung unterstützt haben. Die Mitglieder der verschiedenen Tesla-Gesellschaften sind sich seitdem mehr oder weniger darin einig: Tesla, und nicht Marconi war der erste, der das Radio erfand. Marconi kombinierte, kopierte, adaptierte zahlreiche Patente von Tesla und anderen und machte sie als sein eigenes Patent zu Geld. Während Marconi in Ruhm und Reichtum starb, endete Teslas Leben in Armut und Elend in einem New Yorker Hotelzimmer.

Nur wenige Monate nach Teslas Tod im Jahr 1943 bestätigter der Oberste Gerichtshof der USA, dass Tesla der Erfinder des Radios sei. Diese Entscheidung empörte nun wiederum Marconi-Anhänger. Sie vermuteten dahinter wirtschaftspolitische Gründe. Die Firma Marconi hatte nämlich die US-Regierung beschuldigt, diese habe während des Ersten Weltkriegs Patentrechte Marconis verletzt. Wenn nun Tesla zum Erfinder des Sprechfunks erklärt würde, so lag keine Verletzung von Marconi-Patenten vor, und somit wären auch Schadenersatzforderungen wirkungslos.

Auch Reginald Fessenden gilt vielen Fans, darunter auch Fachleuten, als der eigentliche Erfinder des Radios. Am 23. Dezember 1900 war ihm ja, damals Angestellter des US-Wetterdienstes, eine drahtlose Sprachübertragung gelungen. Fessenden geht bei seinen Sendeversuchen anders vor als Marconi. Der benutzte zum Senden einen Funkengenerator, arbeitete also mit dem Knallfunk. Die erzeugten Radiowellen breiten sich bei dieser Sendeweise unmoduliert, also ungeregelt über ein breites Frequenzspektrum aus. Erst beim Betätigen der Morsetaste werden sie moduliert, sozusagen gezähmt. Ihre Frequenz schwankt dadurch nur noch geringfügig. Das reichte zwar zur Übertragung von Morsezeichen aus. Aber für die Übertragung von Sprache oder gar Musik war das zu „unsauber". Ein weiterer Nachteil war die schon erwähnte Gefahr der Interferenz: wenn zwei oder gar mehrere nahe beieinanderliegende Sender arbeiten, überlagerten sich ihre Signale. Was empfangen wurde, war manchmal nicht zu gebrauchen.

Fessenden verwendet statt Knallfunk-Geräten Wechselstrommotoren. Denn er hat herausgefunden: Wenn man einen Wechselstrom zu sehr hohen Frequenzen beschleunigt (bis zu 10.000 Funken pro Sekunde), dann entstehen „saubere" elektromagnetische Wellen, also Radiowellen. Da es sich um dauerhaft konstante Wellen handelte, konnten sie mit Hilfe eines Audiosignals moduliert werden. So gelingt es, sie als Träger für die menschliche Stimme oder für Musik einzusetzen. Sie sind selbst in großer Entfernung leicht aufzuspüren, wenn man ihre Frequenz (d. h. ihre Wellenlänge) kennt oder beim Sendersuchlauf findet.

1902 gründet Fessenden mit Unterstützung zweier Pittsburgher Unternehmer die *National Electric Signaling Company* (NESO). Ziel ist eine Funkverbindung zwischen Brant Rock und verschiedenen Punkten in den USA für das U.S. Weather Bureau einzurichten. Brant Rock im Bundesstaat Massachusetts ist damals ein kleines Dorf etwa 50 km. von Boston entfernt. Ein Jahr späterer, er ist jetzt 40 Jahre alt, gibt Fessenden bei General

Electric den Bau eines Längstwellensenders in Auftrag. Ein Jahr später bestellt er eine tausendfach stärkere Anlage. Nach damaligem Verständnis soll sie eine noch größere Reichweite haben. In Machrihanish an der schottischen Westküste hat er bereits eine Anlage mit einem 120 m hohen Antennenmast bauen lassen.

Ab Juni 1906 beginnt Fessenden mit Sprechfunk-Versuchen zwischen Brant Rock und einer kleinen Testanlage der von ihm mitgegründeten *National Electric Signaling Company (NESCO)* im Staat Massachusetts. Diese liegt 16 km entfernt in der Kleinstadt Plymouth. Man kommuniziert erfolgreich funktelefonisch. Dann, eines Tages Anfang November gegen Mitternacht spricht einer von Fessendens Mitarbeitern, ein Mr. Stein, mit Plymouth. Er instruiert seinen Gesprächspartner funktelefonisch, wie der Dynamo zu bedienen sei. Wenig später erhält Fessenden eine Mitteilung aus Machrihanish, verfasst von seinem dortigen Assistenten. Darin teilt dieser mit, man habe ganz deutlich das vollständige Gespräch zwischen „Mr. Stein und dem Diensthabender in Brant Rock gehört, in dem diesem erklärt wurde, wie der Dynamo zu bedienen ist“. Was nichts anderes bedeutet als: Die erste menschliche Stimme, die den Atlantik überquerte, war diejenige des Mr. Stein – über eine Entfernung von 4.800 km. Das Jahr 1906 gilt deshalb für Fessenden-Anhänger als das Jahr der ersten, radio-telefonischen Überquerung des Atlantik. Aber diese Darstellung wird später auch immer wieder bezweifelt. Fessendens Assistent in Machrihanish heißt mal James C. Armor, mal Armont oder Armort. Und die Daten des angeblich ersten Transatlantik-Telefonats variieren um Monate.

Fest steht, dass ein Wintersturm Fessendens Antenne in Machrihanish am 5. Dezember 1906 zerstört. Sie wird nicht wieder aufgebaut – und Fessenden beschließt, seine ganze Aufmerksamkeit der Radiotelefonie zu widmen. Er will zwar noch keine Erfolgsmeldungen abgeben, aber zumindest gibt er aus seiner Station Brant Rock am 24. Dezember 1906 eine mehr oder weniger öffentliche Demonstration der Radio-Telefonie: die erste Rundfunksendung der Welt! In einem seiner Briefe schildert er Jahre später das Ereignis. „Am Beginn stand eine kurze Ankündigung dessen, was jetzt folgen würde. Dann wurde Händels Largo auf dem Phonographen gegeben [...] Ich spielte *Oh Holy Night* [von Adolphe Adam] auf der Geige und sang die letzte Strophe mit; der Gesang war allerdings nicht besonders gut. Dann kam der Bibelvers „Ehre sei Gott in der Höhe und Frieden auf Erden und den Menschen ein Wohlgefallen", und zum Schluss wünschten wir Frohe Weihnachten und sagten, dass wir uns am Silvesterabend wieder hören würden." In dem Buch „Stimmen aus dem Äther" von Gordon Bathgate heißt es noch, eigentlich sollten Fessendens Frau und seine Sekretärin, eine Miss Bent, aus der Bibel lesen. Sie schafften es aber vor Lampenfieber nicht. Schiffe der US-Navy und der *United Fruit Company,* die mit Fessenden-Empfängern ausgerüstet sind, empfangen die Sendung im Süd- und Nordatlantik und sogar in der Karibik. Am Silvesterabend wird die „Sendung" noch einmal wiederholt.

Auch in Europa befassen sich Funkingenieure mit den Fragen einer drahtlosen Sprach- und Musikübertragung. Ernst Walter Ruhmer (1878-1913) experimentiert in seinem Berliner Labor in der Friedrichstraße mit Duddels „singender" Kohlebogenlampe, mit Lichttelegrafie und Lichttelefonie. Dabei gelingt es ihm, die Reichweite von Bells Photophon auf 10 Kilometer zu erhöhen. 1906 spricht Ruhmer mit einem drei Kilometer weit entfernten Partner. Und auf der Weltausstellung in Brüssel führt er erfolgreich sein „Telegraphon" vor. 1907 gibt es beim Militär Vorläufermodelle des Sprechfunks. Transatlantiksignale konnten schließlich so verstärkt werden, dass sie für das bloße Ohr hörbar und verständlich wurden.

Mit Ausbruch des Ersten Weltkriegs wird die technische Weiterentwicklung des Hörfunks zunächst unterbrochen. Auf deutscher Seite werden jedoch erste Radiosendungen zur „Unterhaltung" der Soldaten in die Schützengräben übertragen. Im Jahr 1915 – die USA werden erst im April 1917 in den Krieg eintreten – errichtet die US-Navy einen Rundfunksender in Arlington, Virginia. Radio-Telefonate gelingen 4.000 km weit bis Kalifornien und sogar 7,500 km bis Pearl Harbour auf Hawaii. Am 21. Oktober 1915 erreicht eine radiotelefonische Nachricht sogar die eigens dazu errichtete Station auf dem Eiffelturm in Paris. Diese kann aber nur empfangen, denn eine Gegensprech-Telefonie ist noch nicht möglich. So geht, wie auch zuvor von Pearl Harbour, eine Bestätigung über den Erhalt per Marconi-Funk zurück nach Arlington.

Viele der Verbesserungen wären ohne Fessenden nicht möglich gewesen. Im Lauf seines Lebens meldet er rund 500 Patente an. Zu seinen Erfindungen gehören unter anderem der Radio-"Beeper", das Sonar, der erste Kreiselkompass, der Entfernungsmesser, der erste Fernsehempfänger, die Leuchtspurmunition und verschiedene Methoden der Ultraschall-Messung. Immer wieder muss er Verletzungen seiner Patente durch andere feststellen und reichte entsprechende Klagen ein. In einem Fall erhielt er eine Entschädigung von 400.000 Dollar. Aber er starb verarmt und wurde – zumindest außerhalb der USA – bald vergessen. Im Kampf der Funksysteme aber blieb er siegreich. Der Knallfunk Marconis musste allmählich den Hochfrequenz-Wechselstromgeneratoren weichen.

Bei Kriegsende ist der Nachholbedarf auf dem Rundfunksektor gewaltig. 1912 war auch bei Radio Norddeich der Sprechfunk eingerichtet worden, mehr oder weniger zu Testzwecken. Die Vorläufer des Radios, also des Empfangsgeräts, werden anfangs nur für militärische Zwecke entwickelt und verwendet. Es sind zunächst Radioamateure, die mit Hörfunksendungen beginnen. Einer von ihnen ist der Niederländer Hanso Henricus Schotanus à Steringa Idzerda (1885-1944). Während des ersten Weltkriegs hatte er im Pfarrhaus seiner Eltern mit Radiosendungen experimentiert. Nach Kriegsende zog er in eine eigene Wohnung in der Beech Street im Haag und erwarb am 14. August 1919 eine Sendelizenz für experimentelle Radiosendungen zwischen seiner Wohnung und Eindhoven. Dann schaltete er eine Anzeige in einer Zeitung, in der er eine RADIO- musikalische Soiree abkündigte, für „Donnerstag, 6. November 1919 von 8 bis 11 Uhr." Es war das erste regelmäßige Radioprogramm in Europa. Rufzeichen: PCGG. Natürlich tat Schotanus dies alles nicht ohne geschäftliche Interessen. Er war nämlich Eigentümer einer Firma namens *Nederlandsche Radioindustrie*, die Empfangsgeräte herstellte und diese auch verkaufen wollte. Die „Soiree" beginnt mit einem flotten Marsch, dann folgen Opernarien „und andere Nummern"

Die Sendungen, ausgestrahlt an vier Abenden pro Woche, erfreuen sich großer Beliebtheit. Die Zahl der Hörer wächst, so dass Schotanus auch Sponsoren gewinnt. Bis zum Jahr 1924 strahlt seine Rundfunkstation PCGG Hunderte von Sendungen aus. Gelegentlich arbeitet Schotanus auch mit der Londoner *Daily Mail* zusammen, denn seine Programme können auch in England empfangen werden. Doch die Konkurrenz schläft nicht. Immer mehr private Rundfunksender entstehen. Als die Lizenz für PCGG ausläuft, fehlt das Geld für die Erneuerung, Schotanus muss Konkurs anmelden. Er versuchte es mit einer neuen Firma noch einmal, aber vergeblich. Im November 1944 beobachtet der technisch interessierte Niederländer, inzwischen 59 Jahre alt, wie eine V2 Rakete beim Start explodiert. Er sammelt einige Trümmerstücke ein. Dabei wird er von einer deutschen Patrouille erwischt und kurz darauf als Spion erschossen. Fast ein Jahr später, am 28. September 1945, findet man seine sterblichen Überreste.

In den USA war 1920 der erste kommerzielle Radiosender in Pittsburgh durch den ehemaligen Marineoffizier Dr. Frank Conrad ins Leben gerufen worden. Sein Arbeitgeber, die Firma Westinghouse, lieferte die Empfangsgeräte. Es waren billige Kaufhaus-Apparate, die auch von Laien bedient werden konnten. Anfangs spielte Conrad jeden Samstagabend lediglich Grammophonplatten ab. Dazu bat er Hörer um Rückmeldungen zur Sende- und Empfangsqualität. Die Reaktionen waren so positiv, dass Conrad auf die Idee kam, seine Sendungen durch Werbespots zu finanzieren. Zunächst gab es auf seinem Sender KDKA nur Musik, doch am 2. November 1920 auch eine aktuelle Übertragung der Ergebnisse der amerikanischen Präsidentschaftswahlen. (Der Republikaner Warren G. Harding machte das Rennen). Es war der Beginn allabendlicher Nachrichtensendungen. Danach entstanden schon innerhalb weniger Monate im Land weitere Sender verschiedener Betreiber.

Thomas Alva Edison hatte schon für die ersten Zugstrecken eine Art Mobil-Telegrafie vorgeschlagen. „Abgreifer" entlang der Bahnstrecken sollten es ermöglichen, vom fahrenden Zug aus Telegramme über die parallel zur Strecke laufenden Telegrafenlinien zu schicken. Der Vorschlag kam nicht zur

Ausführung. Doch 1918 wurde auf der Militärbahnstrecke zwischen Berlin und Zossen die Zug-Telefonie erprobt und schließlich ab 1926 in allen D-Zügen auf der Strecke Hamburg-Berlin eingeführt. Bald waren auch Telefonate von Schiff zu Land und von Bord eines Flugzeugs zu einer Bodenstation möglich.

Drei Jahre zuvor, ein anderer Meilenstein – in Australien. Der Polizist Frederick William Downie, Senior Constable der Polizei des Bundesstaates Victoria soll als erster bei einer Verfolgungsjagd davon Gebrauch gemacht haben. Statt, wie bis dahin üblich, alle 30 Minuten von einer öffentlichen Telefonzelle aus die Zentrale anzurufen um die aktuelle Lage zu erfragen oder Anweisungen zu erhalten, war das jetzt aus dem fahrenden Einsatz möglich. Allerdings war die Anlage so groß, dass sie den gesamten Platz im Fond des Fahrzeugs benötigte, (Typ Lancia Iricappa Tourer, Cabrio). Ein Festgenommener hätte keinen Platz mehr gefunden. Man brauchte also größere Fahrzeuge oder kleinere Sprechfunkgeräte.

In Eberswalde bei Berlin hatte die Firma Conrad Lorenz 1919 die ersten Hörfunksendungen aufgenommen. Am 8. Juni folgte die erste „live" Übertragung aus der Berliner Staatsoper. Zu hören war *Madame Butterfly*. Ein Jahr später, ab April 1920, gibt es weitere Testsendungen: sogenannte Rundspruchdienste verbreiten in mehreren deutschen Städten Wirtschaftsnachrichter, Sport-, Wetterberichte und Zeitansagen. Wer das alles empfangen wollte, musste sich bei der *Lorenz AG* ein *Audion* kaufen. Der Sender stand auf dem Funkerberg in Königs Wusterhausen bei Berlin und unterstand der Deutschen Reichspost. Gearbeitet wurde mit bis zu 210 m hohen Antennen. In einem moderierten Programm werden Sprache und Musik gesendet und Postbeamte spielten Weihnachtsmusik auf eigenen Instrumenten.

Als offizieller Geburtstag des öffentlichen deutschen Rundfunks gilt jedoch der 29. Oktober 1923. Am Abend dieses mit Spannung erwarteten Ereignisses meldet sich um Punkt 20 Uhr die *Funk-Stunde Berlin*. Friedrich Georg Knöpfke von der *Deutschen Gesellschaft für drahtlose Unterhaltung und Belehrung,* die eigens für die zukünftige Programmgestaltung gegründet wurde, mit den Worten: „Achtung, Achtung, hier ist die Sendestelle Berlin

Vox-Haus auf Welle 400 Meter. Meine Damen und Herren, wir machen Ihnen davon Mitteilung, dass am heutigen Tage der Unterhaltungsrundfunkdienst mit Verbreitung von Musikvorführungen auf drahtlos-telefonischem Wege beginnt. Als erstes bringen wir..." Und dann folgen eine Stunde lang musikalische Darbietungen, beginnend mit „Andantino", einem Cello-Solo von Fritz Kreisler, gespielt vom „Herrn Kapellmeister Otto Urak, mit Herrn Fritz Goldschmidt am Klavier".

Diese Sendestelle ist eine Dachkammer im Haus Potsdamer Straße 4. Das „Aufnahmestudio" liegt einen Stock tiefer und besteht aus einem Zimmer, welches durch Pferdedecken in zwei Hälften unterteilt ist. In der einen Hälfte befindet sich die Technik, in der anderen das „Tonstudio". Das ist gerade mal 3,5 m x 3,7 m groß. Weitere Decken, Seidenpapier und Scheuertücher sollen eine gute Akustik gewährleisten. Zur Schallplattenabspielung rücken die Mitarbeiter das auf Adressbüchern postierte Mikrofon vor den Schalltrichter des Grammophons.

Die Sendung endet um 21 Uhr mit einem freundlich-mahnenden „Gute Nacht! Vergessen Sie bitte nicht, die Antenne zu erden!" Von da an wird regelmäßig einstündig gesendet: Fox–trott-Melodien live aus dem „Studio", Claire Waldoff singt ihre Berliner Schlager. Die Sendungen sind teilweise auch über die Grenzen Deutschlands hinweg zu empfangen. Zeitweilig ist der Radioempfang allerdings wegen der Nachkriegsunruhen sogar verboten. Das Verbot wird erst 1923 wieder aufgehoben

780 Milliarden Mark für eine Rundfunkgebühr

Der erste offizielle Rundfunkteilnehmer in Deutschland, das ist verbrieft, ist der Zigarettenhändler Wilhelm Kollhoff in Berlin-Moabit, Turmstraße 47. Im Jahr 1923 erwirbt er seine Genehmigung zum Rundfunkempfang, denn dieser ist - wie bis heute - gebührenpflichtig. Kollhoff muss dafür die absurd klingende Summe von 780 Milliarden Papiermark bezahlen - der Inflationspreis, Er entspricht dem damaligen Preis von 7 ½ Roggenbroten. 4,8 Billionen kostete damals ein Kilo Rindfleisch. Anderen Quellen zufolge war die Rundfunkgebühr nur halb so hoch, etwa 350 Milliarden pro

Jahr. Kollhoff erklärte jedenfalls in einem Interview im Jahr 1953: Er habe sich ein Röhrengerät der Marke *Telefunken* gekauft, konnte es aber noch nicht mitnehmen, denn die Produktion sei gerade erst angelaufen. Erst zwei Wochen später habe er das Gerät erhalten, zusammen mit der „Rundfunkempfänger - Lizenz Nr 1." Abends kamen Freunde und Nachbarn, um dem Programm aus dem VOX-Haus zu lauschen.

Bis Ende 1923 sind in Deutschland 467 Rundfunkhörer angemeldet. Das ist die offizielle Zahl. Denn natürlich gibt es auch Schwarzhörer. Sie werden „Schleichhörer" genannt. Nach damaligen Schätzungen liegt ihre Zahl im Reichsgebiet bei etwa 10.000. Erst Ende der 20er Jahre werden „Radios" oder „Rundfunkempfänger" preiswerter. Ein Radioapparat, auch Presseempfänger genannt, kostete 1927 etwa 39 RM. Er verfügte über drei Wellenbereiche und war mit einer Verstärkerröhre und einem Kopfhörer ausgestattet. Bei der Post wurde das Gerät auf die entsprechende Sender-Wellenlänge abgestimmt und plombiert. Schleichhörer bastelten stattdessen ihre Detektoren oder Röhrenapparate aus Einzelteilen oder Kaufhaus-Baukästen selbst zusammen Bei den ersten Geräten brauchte man noch Kopfhörer. Und oft musste der Hörer nachjustieren, wenn die eingestellte Frequenz verloren ging.

Reichs-Rundfunk-Kommissar Hans Bredow erklärt in einer Rede, das Radio sei eine Erfindung ähnlich bedeutungsvoll wie die Erfindung des Buchdrucks. Und tatsächlich setzt ähnlich wie nach der Einführung des Telefons ein wahrer Boom bei der Nachfrage nach Empfangsgeräten ein. Und nach Baukästen, mit denen man sie selber basteln kann. 1923 gibt es in Deutschland etwa 10.000 Radiogeräte, Anfang 1928 gibt es zwei Millionen registrierte Rundfunkhörer und 1933 werden es mehr als 5 Millionensein. Im gleichen Jahr wird auf der 10. Internationalen Funkausstellung (IFA) in Berlin der „Volksempfänger" vorgestellt. Den Auftrag für die Entwicklung dieses „Jedermann"-Radios hat der Reichsminister für Volksaufklärung und Propaganda Joseph Goebbels gegeben - und das offiziell als VE301 bezeichnete Gerät erhält im Volksmund bald den Namen „Goebbels-Schnauze'. Mit einem Preis von 76 Reichsmark ist es ein für viele erschwinglicher Röhrenempfänger. Noch während der Messetage – vom 12. bis

27. August – werden über 100.000 Stück verkauft. Insgesamt werden es in den folgenden Jahren 700.000 sein. Dass nur deutsche Stationen damit empfangen werden konnten, ist ein Gerücht. VE301 (die Zahl sollte an den 30. Januar, den „Tag der Machtergreifung erinnern) ermöglichte einen Empfang im Mittel- und Langwellenbereich. Damit konnten bei guten atmosphärischen Bedingungen, aber vor allem nachts auch ausländische Sender empfangen werden – womit Hörer sich aber nach Beginn des Zweiten Weltkriegs strafbar machten, ja sogar mit der Todesstrafe rechnen mussten.

„*W*ir leben in einer Welt, die durch eine elektronische Vernetzung zu einem Dorf zusamenwächst."

Marshall McLuhan, kanadischer Philosoph und Geisteswissenschaftler (1911-1980)

Mit Fortschreiten der Sende- und Empfangstechnik, vor allem der Langwellentelegrafie, werden die meisten Riesen-Anlagen umgerüstet oder verschwinden. An Marconis frühe Stationen erinnern an den einstigen Standort oft nur noch Gedenkplatten. Die Station Clifden wird 1922 von irischen Rebellen zerstört. Die obsolet gewordenen Eisenmasten der Station South Wellfleet werden während des Zweiten Weltkriegs verschrottet, die Fundamente, von der Brandung der vielen Winterstürme unterspült, sind längst im Meer versunken. Die Cape Breton Station wird 1926 geschlossen, Louisbourg wird im Lauf der Jahre ausgeschlachtet die Gebäude abgerissen oder umgesetzt. Nach Ende des Zweiten Weltkriegs wird auch die Station *Marconi Towers* aufgegeben, die Gebäude an einen Einheimischen namens Russel Cunningham verkauft. 1965 wird die Kabelstation auf *Valentia Island* aufgegeben und beginnt zu verwahrlosen. 1987 richtet sich ein Kunststoff-Betrieb in den Gebäuden ein. Im Haus daneben befindet sich *Lavelle's Guest House*. Man wartet auf Touristen, aber selten verirrt sich ein Besucher dorthin. Radio Norddeich stellt 1986 seinen Betrieb ein, denn eine neue Ära hat begonnen: Das Zeitalter der Nachrichtensatelliten.

Der britische Physiker und Sciencefiction Autor Arthur C. Clarke schieb damals: „„Vor 100 Jahren ermöglichte die elektrische Telegrafie – unvermeidlich – die Erschaffung der Vereinigten Staaten. Die Nachrichtensatelliten werden ebenfalls unvermeidlich die Vereinigten Staaten der Erde schaffen." Und noch ein Zitat: „Wir leben in einer Welt, die durch eine elektronische Vernetzung zu einem Dorf zusammenwächst. Weltweit werden Menschen sekundenschnell miteinander kommunizieren können, zum Guten und zum Bösen." Es stammt aus dem Jahr 1962. Prophezeit hat diese Entwicklung moderner Kommunikation der kanadische Philosoph und Geisteswissenschaftler Herbert Marshall McLuhan (1911-1980) in seinem Buch *The Gutenberg Galaxy.* Er prägte auch den Begriff vom *Global Village,* von der Welt, die zum Dorf wird, in dem jeder über jeden alles weiß. Denn am 10. Juli desselben Jahres (1962) startete die US-Weltraumbehörde NASA für die *American Telegraph & Tele-phone Company* auf Floridas Cape Canaveral den ersten, zivilen Nachrichtensatelliten. Er hieß *Telstar 1* und kreiste auf einer elliptischen Bahn zwischen 957 km und 5.600 km Höhe um die Erde. Als eine Art himmlische Relaisstation übertrug er Fernsehbilder, Nachrichten, Telefongespräche und andere Informationen aus den USA nach Europa. Länger als 20 Minuten konnte eine Verbindung allerdings nicht aufrechterhalten werden. Erst nach weiteren zweieinhalb Stunden, wenn der Satellit wieder in den Empfangsbereich der Bodenstation eintrat, wurde eine weitere Übertragung möglich.

Zu *Telstars* erster Live-Übertragung zwischen den USA und Europa gehört eine Pressekonferenz im Weißen Haus. US-Präsident John F. Kennedy erwähnt, dass sie Dank *Telstar*-Satellit auch in Europa zu sehen sei. Dabei drückt er die Hoffnung aus, dass dieser technische Fortschritt zu Völkerverständigung und zum Frieden in der Welt beitragen werde. In der *New York Times* kommentiert der Wissenschaftsredakteur William L. Laurence, dies Ereignis sei gleichbedeutend „mit der Übermittlung des ersten Telegramms durch Samuel F. B. Morse im Jahr 1844, der Einrichtung des ersten Transatlantikkabels im Jahr 1858 und der Übermittlung des ersten Radiosignals über den Atlantik im Jahr 1901."

Pläne bestehen, mehrere *Telstar*-Satelliten einzusetzen, um eine permanente Verbindung zwischen den Kontinenten zu schaffen. Dann entscheidet man sich aber für einen sogenannten geostationären Nachrichtensatelliten. Dieser umkreist die Erde über dem Äquator in 35.786 km Höhe. Dort hat er die gleiche Umlaufgeschwindigkeit wie die Erdrotation, steht also immer über ein und

demselben Punkt der Erdoberfläche. Mehrere solcher Satelliten
können so nachrichtentechnisch die ganze Erde abdecken. Tragik
der Geschichte: Es ist *Telstar 1*, der ein Jahr nach Kennedys
Rede auch die Bilder seiner Ermordung nach Europa übertragen
wird.

McLuhan behält recht mit seiner Prognose des globalen Dorfes: Am 5. Mai 1965 schickt die US-amerikanische Weltraumbehörde NASA mit einer „*Thor-Delta*-Rakete von Cape Kennedy aus
einen 77 Pfund schweren Satelliten namens *Early Bird* (Früher
Vogel) auf eine geostationäre Umlaufbahn. Das Magazin TIME
schreibt: „Eine neue Epoche des Nachrichtenwesens hat begonnen. Zum ersten Mal in der Geschichte wird es für jedes Volk möglich sein, unmittelbaren Kontakt zu jedem bewohnten Platz der
Erde aufzunehmen…" Eine der ersten Bildübertragungen ist eine
Operation, die der berühmte Chirurg Michael DeBakey im texani-
schen Houston an einem Mädchen vornimmt. Sie wird „live" von
einer Chirurgenversammlung in Genf auf Fernsehbildschirmen
verfolgt.

Seit *Early Bird* seinen Betrieb aufnahm, sind tausende von
Satelliten in Erdumlaufbahnen befördert worden, mit den verschiedensten Aufgaben. Fernsehsatelliten übertragen simultan
Aufnahmen von Sport- und anderen Großereignissen an Millionen
Zuschauer in aller Welt; Nachrichtensatelliten ermöglichen drahtlose Telefongespräche von einem Erdenpol zum anderen; Navi-
gationssatelliten erlauben eine genaue Positionsbestimmung
weltweit. Gesprächspartner können sich und ihre Umgebung zeigen, während sie miteinander telefonieren – und es ist dabei
gleichgültig, ob der eine im australischen Sydney und der andere
in New York sitzt. Wären die Radiowellen, die jede Sekunde von
einem Punkt zum anderen wandern, schwarz eingefärbt – der
Himmel wäre vermutlich nicht mehr zu sehen. Im Jahr 2010 über-
sprang die Datenmenge, die zwischen Großrechnern, PCs, Handys und anderen Kommunikationsgeräten ausgetauscht wurden,
erstmals die sogenannte Zettabyte-Marke. Ein Zettabyte entspricht einer Zahl mit 21 Nullen. Andre Fuetsch, Chefingenieur
und Präsident des AT&T Forschungslabors, sagte in diesem Zusammenhang, seit 2007 habe die mobile Datenübermittlung um

150.000 Prozent zugenommen, und man erwarte, dass sie bis 2020 um das Zehnfache wachsen werde. Sechzig Prozent des gesamten Datenverkehrs im Netz bestehe aus Video-Material. Demzufolge sind das Datenmengen in unseren Netzwerken, die täglich etwa dem Volumen von 130 Millionen Video-Stunden entsprechen.

Die digitale Sintflut

Werden wir eines Tages in der Datenflut ertrinken? Experten glauben: Nein. Denn immer wieder gibt es Verbesserungen, um den wachsenden Datenfluss zu bewältigen, seine Verbreitung zu beschleunigen und immer größere Mengen zu speichern.

Eine der vielen Erfindungen auf diesen Gebieten ist das Glasfaserkabel – mit einer recht merkwürdigen Entstehungsgeschichte. Thüringer Glasbläsern war es im 18. Jahrhundert gelungen, aus Glasschmelze haardünnes Gespinst herzustellen. Es wurde bald zu Schmuck- und Dekorationszwecken produziert. Als so genanntes Engelshaar diente es vor allem als Weihnachtsbaum-Schmuck.

Unabhängig davon versuchte der britische Physiker Charles Vernon Boys (1855-1944), für eines seiner Mess-Instrumente aus geschmolzenem Quarz einen dünnen Glasfaden zu ziehen. Unter anderem sprengte er kleine Mengen von flüssigem Glas in die Luft, in der Hoffnung, es werde gläserne Fäden ziehen. Schließlich tauchte Boys den Bolzen einer Armbrust in die Schmelze und schoss ihn auf eine weit entfernte Zielscheibe ab. Tatsächlich zog der fliegende Bolzen dabei einen langen Glasfaden hinter sich her. Boys hatte, was er brauchte, führte aber noch einige Experimente durch. Dabei stellte er zwar fest, dass Glasfasern einige ungewöhnliche Fähigkeiten besitzen. Aber auf die Idee, dass sie Lichtwellen leiten könnten, kam er nicht.

Bell war es gelungen, mit seinem *Photophone* Informationen über einen Lichtstrahl zu übertragen. Das funktionierte, solange kein Hindernis als „Lichtblocker" im Weg stand. Anderen Forschern gelang es, mit Informationen „gefütterte" Lichtstrahlen über Leitungen aus Glas zu verschicken. Doch die maximale

---

Übertragungsweite lag bei nur 20 m. Warum das so war, findet 1966 der Physiker Sir Charles Kuen Kao (*1933) heraus. Es waren Verunreinigungen im Material, die das verhinderten. Kao war überzeugt, dass es mit „sauberen" Glasfasern gelingen müsste, die Kupferdraht-Leitungen abzulösen. Doch er wird ausgelacht, von Kollegen verspottet. Als es 1970 den Corning *Glass Works* in Corning bei New York gelingt, die erste „saubere" Glasfaser herzustellen, erweist sich diese als hervorragender Lichtwellenleiter. Mit modernen Glasfaserkabeln lassen sich in der gleichen Zeit viel größere Datenmengen übertragen als über Kupferkabel. Ohne Glasfaser wäre ein gut funktionierendes Internet nicht möglich. 2009 erhält Kao als „Vater der Breitbandtechnologie" den Nobelpreis für Physik. Sieben Jahre später sind nach Angaben der *Corning Glas Inc.* weltweit mehr als 2 Milliarden Kilometer Glasfaserkabel verlegt. Würde man sie zusammenknüpfen so ließe sich damit die Erde 50.000-mal umspinnen wie ein Seidenkokon.

Vom „Knochen" zum „Fickaphon"

In der Buchreihe *Erfinder und Erfindungen* des Ullstein Verlags erschien 1925 ein Ausblick auf die zukünftige Entwicklung des Telefons. Da heißt es: „In einer späteren Generation wird man imstande sein, einem Freund per Telefon zuzurufen: „Wo in aller Welt bist Du?" Das klingt wie eine Vision des Mobiltelefons. Dessen Ära begann tatsächlich im Zweiten Weltkrieg, als der 1928 gegründete amerikanische Kommunikations-Konzern *Motorola* das *Walkie-Talkie SCR-300* entwickelte. Das war ein militärisches Funkgerät, noch so groß und schwer, dass damit ausgerüstete Soldaten es auf dem Rücken tragen mussten. Ein Jahr nach Kriegsende, am 17. Juni 1946, bot die *Bell Telephone Company* in St. Louis im US-Staat Minnesota die ersten Autotelefone an, zunächst jedoch nur für lokale Gespräche. Ab dem 2. Oktober gab es diesen Service dann auch in Chicago. Die Geräte waren im Vergleich zu heute alles andere als handlich. Mobil bezog sich eher auf das Auto als auf das Telefongerät. Denn Sende- und Empfangsanlage waren im Kofferraum fest eingebaut und wogen 16 kg. Zum Telefonieren stoppte man meist am Straßenrand. Denn gelangte man beim Telefonieren von einem Sende- bzw. Empfangsbereich in den nächsten, so musste eine Verbindung neu aufgebaut werden. Der Preis des „mobile phone": Etwa halb so viel wie damals ein Volkswagen. Die ersten deutschlandweit verwendbaren Autotelefone gab es 1958. Gespräche wurden vom „Fräulein vom Amt" handvermittelt.

Als „Vater der ersten echten Mobiltelefone gilt Dr. Martin Cooper (*1928), Sohn ukrainischer Einwanderer, der es bis zum Vizepräsidenten von Motorola brachte. Zu seinem Gerät *Dyna TAC 8000X* hatte ihn angeblich die Fernsehserie *Star Trek* inspiriert. Der so genannte Knochen von der Länge fast einer DIN-A-4-Seite wog so viel wie eine volle Ein-Liter-Wasserflasche. Im Juni 1983 kam er in den USA auf den Markt. Cooper damals: „Er hat zwar nur eine Batterielaufzeit von 20 Minuten, was aber auch nicht weiter tragisch war, denn länger konnte man *the bone* sowieso nicht hochhalten." Und in einem alten Testbericht heißt es: „Man tippt etwas ein, guckt dann ins mickrige Display, nimmt zögernd das Gerät an die Wange, hört absolut nichts und erschrickt nur, weil man inzwischen fast in den Graben gefahren ist."

„Nichts ist so klein wie der Speicherplatz von gestern" lautet ein Kalauer der Informatiker. Was so viel bedeuten soll wie: Der Speicherplatz für elektronische Daten lässt sich durch Verbesserungen immer noch erhöhen beziehungsweise Flächenmäßig verkleinern. Tatsächlich werden in den folgenden Jahren nach Vorstellung des ersten „Knochen" die Mobiltelefone immer kleiner – und wirklich mobil. 1987 stellt der finnische Konzern *Nokia* das erste Handtelefon vor. Es heißt *Mobira Cityman 900*, wiegt 760 Gramm und kostet umgerechnet 4.560 Euro. Seine Maße: 183x43x79 mm. Spitzname in Finnland: „Gorba", weil Michael Gorbatschow es während eines Staatsbesuchs für ein Telefonat mit Moskau benutzte.

NOKIA – Der Name dieses Elektronik-Konzerns hat nichts mit moderner Informationstechnik zu tun. Vielmehr geht er zurück auf das Jahr 1867. Damals eröffnete der finnische Bergbauingenieur Knut Frederik Idestam (1838-1916) eine Papierfabrik in der Nähe des Flusses Nokiavirta. Daraus entstand dann durch Fusionen mit anderen Firmen das heutige NOKIA, den meisten Handy-Nutzern wohlbekannt. Rasante Fortschritte in der Miniaturisierung ermöglichen immer kleinere, leichtere und leistungsfähigere Geräte – bis zu dem bekannten „Handy". Das erste Mobiltelefon, das in Deutschland diesen Begriff im Namen führte, war das 1992 von der Firma *Loewe* vorgestellte *HandyTel 100*.

Anfangs waren Handys noch ein Statussymbol. Die ersten Nutzer nannte man denn auch *Dandys mit Handys*. Wer es sich nicht leisten konnte, erwarb eine Attrappe, aber auch die kostete immerhin noch 800 DM. Seltsamerweise heißt das Handy nur in Deutschland so – obwohl die Bezeichnung doch so „griffig" ist. Denn im Englischen bedeutet das Wort ja genau das: „handlich" oder „griffbereit". Die Amerikaner sprechen stattdessen vom Cell Phone, die Engländer nennen es *mobile phone* oder einfach *mobile*, und die Schweizer meinen das Handy, wenn sie vom *Natel* (= Nationales Autotelefon) sprechen. In Malaysia heißt das Handy *sau kei* = Handmaschine. Und im Türkischen *cep telefonu* = Hosentaschen-Telefon. Und nur Fremde erröten vielleicht in Schweden, wenn sie von Einheimischen gefragt werden, ob man mal ihr *Fickaphon* ausleihen dürfe. *Ficka* heißt nämlich Hosen-Tasche.

Längst schon werden statt Attrappen auch goldene oder vergoldete Handys angeboten, Protz-Handys, besonders in Russland. Sie sind verziert mit Gravuren von Präsident Putin, oder beschriftet mit Lobeshymnen auf die Annektion der Ukraine oder dem Text der russischen Nationalhymne. Der russische Fußballstar Shirokov von *Spartak Moskau* präsentierte sich stolz der Presse mit einem iPhone, das ihn 2.663 Euro gekostet hatte. So ein protzig-teures Gerät zu verlieren, wäre schon ein herber Verlust. Im Verlieren von Handys sind angeblich Engländer die Meister. Laut Statistik sind es etwa 4,5 Millionen Briten, denen das jährlich passiert. 800.000 Handys werden in Pubs vergessen, 315.000 in Taxis.

„Das Telephon der kommenden Generation", so sagte in den 1970er Jahren Gary Handler, Vizepräsident für Netzausbau bei der Bell Forschungsabteilung, „wird fast alles tun können, was die Menschen wollen. Die Frage ist nur: ist das Publikum, dafür bereit?" Es war bereit - für den Siegeszug des Mobil-Telefons, des

Handys, des iPhones, des Smart-Phones und wie die Entwicklungen alle heißen sollten.

So wie der Telegraf zu Beginn des 20. Jahrhunderts vom Telefon verdrängt wurde, so wird auch das Mobil-Telefon früher oder später dem Festnetz-Telefon den Garaus machen. 2016 verfügten laut einer Umfrage 83 Prozent der Deutschen ab 14 Jahre über mindestens ein Handy. Immer weniger wird über das Festnetz telefoniert. 2015 gab es bereits 50 Milliarden Minuten weniger Festnetz-Gespräche als im Jahr 2010. Mobil jedoch wurde bereits 112 Milliarden Minuten telefoniert. Laut einer Berechnung des Informationsdienstes *Marketer* war die Handy- und Smartphone-Nutzung bis zum Jahr 2018 auf über fünf Milliarden Mobiltelefonierer gestiegen. Längst kann man mit seiner Waschmaschine oder seinem Eisschrank oder auch der Hausüberwachung länderübergreifend drahtlos in Kontakt treten und zum Beispiel erfahren, was an Lebensmitteln fehlt, man kann Waschprogramme starten oder auch abfragen, ob im Haus alles in Ordnung ist. Es ist nur noch eine Frage der Zeit, bis in den ersten Ländern das Festnetz komplett stillgelegt wird.

Eine Zahl mit 72 Nullen

Im November 1846 staunte Europa darüber, dass die Übermittlung der 965 Worte umfassenden *Queen's Speech* anlässlich der Parlamentseröffnung von London zu den wichtigsten Städten des Landes und des Kontinents nur 31 Minuten gedauert hatte. Heute würde die Welt darüber lachen. Dazu muss man sich noch einmal klarmachen: Das Morse-Alphabet besteht nur aus Punkten und Strichen. Mit einer Kombination aus maximal fünf dieser Zeichen lassen sich alle Buchstaben des Alphabets darstellen und verarbeiten, Computer kennen aber nur zwei Ziffern: Null und eins. Auch in diesem sogenannten binären System lassen sich alle Informationen darstellen, speichern oder versenden. Allerdings sind das dann wahre Bandwurm-Kombinationen von Nullen und Einsen. Je schneller das geht, desto mehr Daten pro Sekunde lassen sich bewältigen. Im Jahr 1943 gab die *US Army* grünes Licht für den Bau eines Super-Rechners namens ENIAC (von *Electronic*

Numerical integrator and Computer). Mit seiner Hilfe sollten die komplizierten Kalkulationen bei der Entwicklung der Atombombe und später der Wasserstoffbombe durchgeführt werden. ENIAC war ein Ungetüm von 27 Tonnen, benötigte eine Grundfläche von 170 m² und arbeitete mit Hilfe von 17.000 (siebzehntausend) Elektronenröhren. Die Wärmeentwicklung war dementsprechend hoch, der Stromverbrauch lag bei 174 Kw. Doch im Rechnen war ENIAC damals nicht zu schlagen. Zum Erstaunen der Fachwelt konnte das Ungetüm 5.000 Rechenvorgänge pro Sekunde durchführen.

In der Folge von ENIAC wurden immer kleinere, zugleich aber auch immer leistungsfähigere Großrechner entwickelt. Die Zeit, die der Mitarbeiter von Philipp Reis benötigte, um den Satz „Ein Pferd frisst keinen Gurkensalat" auszusprechen, reicht heute aus, um den Inhalt mehrerer Tausend Lexikonbände annähernd mit Lichtgeschwindigkeit zu verarbeiten beziehungsweise zu versenden.

Um die Menge der Daten nicht in Ziffern ausdrücken zu müssen, schuf man Zahlworte wie etwa Exabyte, Megabyte, Gigabyte oder Terabyte. Ein Terabyte zum Beispiel wäre eine 1 mit 9 Nullen. Ein Exabyte ist eine 1 mit 18 Nullen, und ein Sophobyte hat 72 Nullen. Bestimmt kommen bald weitere Bezeichnungen für noch größere Datenmengen hinzu.

Mit den wachsenden Datenmengen wurden auch immer leistungsfähigere Speicher notwendig. Die ersten Speicher, die in den 1950er Jahren entwickelt wurden, waren allerdings noch wahre Monster von der Größe eines Kleiderschranks. Unter dem Foto eines der ersten Modelle stand die optimistische Prophezeiung: „Der Heimcomputer von Morgen". Um ein Terabyte (eine Zahl mit 12 Nullen) abzuspeichern, wären 1956 noch 200.000 Großrechner notwendig gewesen, jeder mit einer Speicherkapazität von 5 Megabyte. Zur Aufstellung hätte man eine Fläche in der Größe von 3.000 Fußballfeldern benötigt.

In den 1980 Jahren konnte man ein Terabyte bereits auf „nur" 400 kühlschrank-großen Speichern ablegen. Jeder dieser Speicher wog 250 kg, zusammen waren sie also rund 110 Tonnen schwer. Die Statik der meisten Büros hätte das Gewicht nicht ausgehalten. Doch die Miniaturisierung machte rasante Fortschritte. Auf die ersten Disketten oder „floppy discs", dünne Kunststoffscheiben von 8 Zoll Durchmesser, die 1969 von der amerikanischen Firma IBM auf den Markt gebracht worden waren, passsten etwa 80 Kilobyte. Das entspricht wenigen DIN-A4-Seiten Text. Auf die ersten CDs der Neunziger Jahre, die mit Hilfe von Laserstrahlen „beschrieben" wurden, passten bereits 650 Megabyte. Es folgte die DVD mit zunächst 4,7 und schließlich mit 8,5 Gigabyte Speicherkapazität. Seitdem ist alles noch einmal kleiner bzw. „aufnahmefähiger" geworden. Entwickelt wurden Speicherkarten, die nicht größer sind als eine Briefmarke, nur einen Millimeter dick und nicht schwerer als fünf Gramm. Zwei davon genügen zur Speicherung von 1 Terabyte. Und ein normales Smartphone hat eine 120 millionenmal größere Rechenleistung als sie in den 1960er Jahren der Steuercomputer des Apollo-Mondprogramms besaß. 1995, also 52 Jahre nach ENIAC wird ein sieben mal fünf Millimeter großer Mikrochip vorgestellt, mit der gleichen Rechenleistung wie ENIAC und um ein Vielfaches schneller. Und nach noch einmal 21 Jahren schafft ein nur noch krümelgroßer Mikrochip das Gleiche.

Paradox: Mögen die einzelnen Speicherelemente auch noch so klein sein – die Unmengen an Daten, die heutzutage geschaffen und verarbeitet werden, erfordern in den Computerzentren den Einsatz von immer mehr Speicherschränken. Im Jahr 2004 betrug die im www (World Wide Web) veröffentlichte Menge an Informationen von Texten, Bildern und Videos 10 Petabyte. Das entspricht laut des in Dortmund ansässigen ECIN (*Electronic Commerce InfoNet*) dem gemeinsamen Datenbestand von etwa 200 Großunternehmen. Die Datenmenge wäre etwa zehn Mal so groß wie die Daten sämtlicher bis dahin erfolgten Raumfahrtmissionen. Ein anderes Beispiel: Eine beschriebene DIN-A4-Seite umfasst eine Datenmenge von vier Kilobyte. Ein Terabyte umfasst jedoch 250 Millionen (!) solcher Seiten. Aufeinander gelegt würden sie einen Papierstapel von 25 km Höhe ergeben. 230 Terabyte entsprächen ausgedruckt einem DIN-A4 Turm von rund 5.750 km Höhe. Noch ein Beispiel: In den Jahren 2015/16 wurden weltweit zwei Exabyte an Daten produziert, gespeichert bzw. versendet. In Ziffern ausgedrückt entspricht das einer 2 mit 18 Nullen: 2.000.000.000.000.000.000. Zwei Exabyte entsprechen zwei Milliarden Gigabyte – was laut ECIN wiederum 250 Jahren Fernsehen Non-Stop entspräche. Würde man die Informationen, auf DIN-A-4-Seiten ausgedruckt, aufeinanderstapeln, so ergäbe das elf Türme mit einer Höhe von der Erde bis zum Mond, oder zusammen einen Papierstapel von rund 4,2 Millionen Kilometern Höhe. Solche Vergleiche lassen sich beliebig fortführen. Noch im Juni 2011 galt ein japanischer Rechner namens *„K"* als der schnellste der Welt – mit 10 Quadrillionen Additionen oder Multiplikationen pro Sekunde, sogenannten Flops. Im August 2017 gaben japanische Wissenschaftler die Fertigstellung eines Rechners bekannt, „der eine Million Mal schneller ist als heutige Personalcomputer." Großrechner wie „K" oder der IBM-Rechner *Sequoia* benötigen allerdings wegen der Datenfülle immer noch Dutzende von großen Speicherschränken. Satoshi Sekiguchi, Leitender Direktor von Japans *Institute of Advanced Science and Technology* sagte zu den Leistungen von „K": „Für das, was er an einem Tag ausrechnen kann, bräuchten normale Rechner 3.000 (dreitausend) Jahre. Allerdings braucht er so viel Platz wie ein Parkplatz für 30 bis 40 Autos." Eine weitere Rechenanlage war 2020 in Vorbereitung. Sie wird 40 bis 120-mal schneller arbeiten können als „K". Ihr Name: *Fugaku*.

„Zahlen" des Exascale-Zeitalters

(Quelle: Centrum für Büroautomation,
Informationstechnologie und Telekommunikation)

Kilo	3 Nullen
Mega	6 Nullen
Giga	9 Nullen
Tera	12 Nullen
Peta	15 Nullen
Exa	18 Nullen
Zetta	21 Nullen
Yotta	24 Nullen
Xona	27 Nullen
Weka	30 Nullen
Vunda	33 Nullen
Uda	36 Nullen
Treda	39 Nullen
Sopho	72 Nullen

Im Jahr 2002 wird erstmals zwischen Stuttgart und Berlin eine Datenmenge von 1,2 Terabyte in einer Sekunde übertragen. Sie entspricht etwa dem Inhalt von 300 Millionen DIN-A-4-Schreibmaschinenseiten! Weltweit betrug 2015 laut Schätzungen der *School of Information* der *University of California* in Berkeley der Bestand an gespeicherten bzw. über das Internet verbreiteten oder von Person zu Person verschickten Daten – also Texte, Zahlen, Bilder, stehende und bewegte Bilder – zehn Exabyte. Schon fünf Exabyte umfassen etwa dem 37-fach digitalisierten Inhalt aller 17 Millionen Bände der amerikanischen Kongressbibliothek.

Das im Jahr 2020 leistungsfähigste transatlantische Unterwasserkabel ist *Marea,* (Spanisch für „Gezeiten").Es ist etwa 6.600 km lang, nur anderthalbmal dicker als ein Gartenschlauch und verbindet Virginia Beach im gleichnamigen US-Bundesstaat mit dem spanischen Bilbao. Gelegt wurde es im Auftrag der Firmen *Facebook* und *Microsoft.* Geradezu atemberaubend ist seine Kapazität: *Marea* würde es schaffen, pro Sekunde den Inhalt von 71 Millionen HD-Videos zu übertragen. Ein Funksignal via Satellit von London nach New York bräuchte achtmal mehr Zeit. Da das menschliche Gehirn angeblich zwei Petabyte an Daten aufnehmen kann, klingt es nicht mehr so unwahrscheinlich, dass eines Tages selbstständig denkende und handelnde Roboter miteinander kommunizieren dürften.

Der entscheidende Schritt zur Miniaturisierung und Mikro-Miniaturisierung von Elektronik-Bauteilen war die Erfindung des Transistors. Dieses Bauelement zur Steuerung elektrischer Spannungen und Ströme löste die stromfressende, Platz beanspruchende und Wärme erzeugende Elektronenröhre als Schalter und Verstärker ab. Die ersten, etwa erbsengroßen Transistoren wurden ab 1947 zu einem der wichtigsten Bausteine der modernen Elektronik- und Nachrichtentechnik. Die weitere Entwicklung führte in den folgenden Jahren zu integrierten Schaltkreisen, zu Mikrochips und schließlich zur sogenannten Nano-Elektronik, also in Größenbereiche von Milliardstel eines Meters. Bildlich ausgedrückt: Auf den ersten Werbefotos sieht man einen Transistor auf einer Briefmarke normaler Größe. Er verdeckt etwa ein Viertel ihrer Oberfläche. Rund 60 Jahre nach seiner Erfindung passen auf die gleiche Fläche mehrere Milliarden Transistoren. Ein modernes *Smartphone* kann 200.000 Mal mehr Informationen speichern als die „*Voyager*"-Weltraumsonden der NASA aus den 1970er Jahren. Bis 2016 gelingt es, einen elektrischen Schalter herzustellen, dessen kleinste Struktur nur noch einen Nanometer, also ein Millionstel Millimeter misst. Anders ausgedrückt: Ein Nanoteilchen ist so klein wie ein Fußball im Vergleich zur Weltkugel. Damit nähern sich die Abmessungen von Elektronik-Bauteilen der Winzigkeit von Atomen.

Offiziell gelten als Erfinder des Transistors die amerikanischen Physiker William Shockley (1910-1989) und seine Mitarbeiter John Bardeen und Walter Brattain. Alle drei erhielten 1956 den Nobelpreis für Physik, obwohl der österreichisch-ungarische Physiker Julius Edgar Lilienfeld schon im Jahr 1925 die ersten Patente zum Prinzip des Transistors angemeldet hatte. Im Oktober 1954 kommt in den USA das erste Transistorradio auf den Markt. Unglaublich schnell erobert der Transistor fast alle Segmente der Nachrichtentechnik und der Elektroindustrie. Im Jahr 2014 liegt die Produktionsmenge bei 250 Trillionen Stück. Das ist eine Zahl von 250 Milliarden Milliarden. „Das ist, grob geschätzt", so der *Tagesspiegel Berlin,* „das 6.000-fache der in diesem Jahr geernteten Reiskörner. Zum Preis eines Reiskorns bekommt man mehrere hunderttausend Transistoren." Denn der Rohstoff ist – gleich nach der Luft – im Übermaß vorhanden, und äußerst preiswert. Es ist Quarzsand.

Inzwischen ist man, was die Verkleinerung von Speichern anbetrifft, im atomaren Bereich angelangt. Die Bauelemente von Rechnern liegen im Größenbereich von Millionstel Millimetern. Im Vergleich zu einem Nanometer wirkt ein menschliches Haar wie der Schiffsmast eines Windjammers. Auf einem Speicher von wenigen Quadratmillimetern Größe haben inzwischen mehrere Milliarden Transistoren Platz. Forscher der Technischen Universität von Delft begannen schließlich, mit Hilfe von Chloratomen eine Speicherdichte zu ermöglichen, die 500-fach besser werden soll als diejenige aller anderen, verfügbaren Datenspeicher. Studienleiter Sander Otte: „Theoretisch würde es diese Speicherdichte erlauben, alle Bücher, die Menschen je geschaffen haben, auf eine einzelne Briefmarke zu schreiben." Und – natürlich – mit der Schnelle eines Wimpernschlags auch per Funk oder Glasfaserkabel zu versenden.

> „Bewohner anderer Planeten anzunehmen, ist eine Sache der Meinung; denn, wenn wir diesen näherkommen könnten, welches an sich möglich ist, würden wir, ob sie sind oder nicht sind, durch Erfahrung ausmachen; aber wir werden ihnen nie so nahekommen, und so bleibt es beim Meinen."
>
> Der Philosoph Immanuel Kant (1724-1804)

Die moderne Astronomie ist anderer Meinung als Kant "Es gibt unzählige Welten im Kosmos, zahllos wie die Sandkörner an den Stränden der Erde. Jede dieser Welten ist so real wie unsere Welt, hervorgegangen aus einer Verkettung von Zufällen, Ereignissen, Prozessen, die auch ihre Zukunft bestimmen." Das sagte rund 200 Jahre nach Kant der amerikanische Astrophysiker Carl Sagan (1934-1966). Und das tat er mit viel größerer Zuversicht als Kant. Denn seit dem Ende des 18. Jahrhunderts hatte die Wissenschaft, und da wiederum die Nachrichtentechnik solche Fortschritte gemacht, dass man sich kurz nach Ende des Zweiten Weltkriegs ernsthaft mit der Frage zu beschäftigen begann, ob es nicht auch anderswo intelligente Zivilisationen geben könnte. Es begann, bildlich gesprochen, die Suche nach *E.T.*, dem Exoterrestrier.

Der italienische Astronom Giovannni Virginio Schiaparelli (1835-1910) war einer der ersten, der – unbeabsichtigt – Spekulationen über intelligente Wesen im Universum ausgelöst hatte. Bei seiner Beobachtung des Mars waren ihm lange Linien aufgefallen, die sich wie überlange Gräben über die Oberflächen des Roten Planeten hinzogen. Schiaparelli hielt sie für natürliche Senken und nannte sie *canali*. Doch bei der Übersetzung ins Englische wurde daraus *canals* – (statt *trenches*). Woraus die Presse spekulierend ableitete, Schiaparelli meine von Lebewesen geschaffene Kunstbauten. Erst die moderne Weltraumtechnik beendete mit Nahaufnahmen der Marsoberfläche endgültig solche Spekulationen. Schiaparelli galt als scharfäugigster Astronom seiner Zeit. Hätten ihm heutige Teleskope zur Verfügung gestanden,

hätte er die *canali* wohl auch genauer beschreiben können, nämlich als das, was sie sind.

Im *Optikpark Rathenow* westlich von Berlin steht zum Beispiel
seit 1991 ein sogenanntes Brachymedial-Fernrohr: 13 Tonnen
schwer, Brennweite 20,80 Meter. In einem Informationsblatt dazu
heißt es unter anderem:

*Von einem 300 m hohen Berg könnte ein Mensch mit bloßem
Auge einen Zug in 17 Kilometern Entfernung erkennen,*

*Mit einem guten Feldstecher erkennt er den Schaffner in der
Waggon-Tür*

*Mit einem modernen Teleskop erkennt er die Kelle des
Schaffners*

*Mit einem Hubbleteleskop erkennt er den Zangenabdruck auf
der Fahrkarte*

*Mit einem Interferometer-Teleskop sieht er, wie ein Floh auf
der Fahrkarte ein Ei legt.*

Das alles ist zwar eindrucksvoll, aber für einen möglichen
Kontakt mit E.T. lächerlich wenig. Doch seit Schiaparelli ist die
Neugier geweckt, ob es nicht doch möglich wäre.

Interstellare Flaschenpost

Man stelle sich einmal vor, Columbus oder Vasco da Gama, James Cook oder andere frühe Entdecker fremder Welten und Zivilisationen hätten die Möglichkeit gehabt, ihre Beobachtungen per
Tonbildfunk an ihre jeweiligen Regierungen zu senden. Dann
sähe die politische Weltkarte heute wahrscheinlich anders aus.
Die Forscher und Entdecker unserer Zeit – also die Astronomen,
Astrophysiker und Raketentechniker – schicken auf der Suche
nach neuen Lebensräumen keine Fregatten und Galeonen in die
Welt, sondern entsenden Landeroboter zu Kometen, Asteroiden
und zu den Planeten unseres Sonnensystems. Von dort funken
diese dann gestochen scharfe Bilder und geophysikalische Daten
ihrer Umgebung zur Erde.

Freilich dauert die Datenübermittlung trotz Lichtgeschwindigkeit wegen der Übertragungsentfernung eine gewisse Zeit. Vom

Mars, zu dem der bemannte Flug bereits vorbereitet wird, benötigt ein Funksignal zu irdischen Empfangsantennen etwa fünf Minuten. Das ist für die Entfernung verhältnismäßig wenig. Die Raumsonde *Rosetta* prallte, wie geplant, nach 12 Flugjahren (Jahren!) am 30. September 2016 auf dem Kometen *Tschuri* auf. Zuvor schickte sie aus 720 Millionen km Entfernung ihre letzten Signale zur Erde. Diese brauchten bereits 40 Minuten, um die Bodenstationen zu erreichen. Die Weltraumsonde *Dawn* (Morgendämmerung) funkte im Jahr 2015 Nahaufnahmen vom Zwergplaneten Pluto zur Erde – über eine Entfernung von 4,9 Milliarden (Milliarden!!) Kilometer. Das sind Nachrichten-Brücken, von denen Marconi nicht einmal zu träumen gewagt hätte.

Als Columbus nach seiner Entdeckung der Neuen Welt auf dem Rückweg nach Europa in einen schweren Sturm geriet, warf er eine Flaschenpost mit einer Schilderung seiner Entdeckung über Bord. Er hoffte, irgendjemand würde sie irgendwann finden, falls ihm und seiner Mannschaft vor Erreichen Europas noch etwas geschehen sollte. Eine ähnliche Flaschenpost brachte die US-Weltraumbehörde NASA am 2./3. März 1972 auf den Weg, allerdings interstellar: Die Raketensonde *Pioneer 10* trug sie ins All, und ihre Nutzlast war auch im Jahr 2020 noch immer unterwegs. Neben den üblichen Messgeräten führt sie eine 15 mal 23 Zentimeter große, vergoldete Aluminiumplakette mit sich. Eingraviert darauf sind einige Piktogramme. Sie zeigen unter anderem Konturen eines Mannes und einer Frau, dahinter zum Größenvergleich die Silhouette von *Pioneer 10.* Eine weitere Abbildung symbolisiert durch in mehrere Himmelsrichtungen verlaufende Striche unterschiedlicher Länge 14 sogenannte Pulsare in unserer Milchstraße. Pulsare sind gleichmäßig strahlende Neutronensterne im All. Der Schnittpunkt der Striche auf der Plakette stellt die Position unserer Erde in Relation zu den Pulsaren dar. Außerdem ist als schematische Zeichnung auch unser Sonnensystem dargestellt.

Entworfen hat die Plakette Carl Sagan als Grußbotschaft der Erdenmenschen an intelligente Lebewesen, die vielleicht eines fernen Tages in den Besitz der Sonde gelangen könnten. Da Sagans Ansicht nach im All die gleichen, physikalischen Gesetze herrschen müssen wie in unserem Sonnensystem, hat er seiner

Botschaft noch ein weiteres, wichtiges Piktogramm hinzugefügt: es symbolisiert die Strahlung des Wasserstoffatoms als eine universelle Einheit für Zeit und Länge. Zu der Plakette, die auf Anregung des Wissenschaftsjournalisten Eric Burgess entstand, meint die amerikanische Weltraumbehörde NASA: „Jeder aus einer wissenschaftlich gebildeten Zivilisation, die genug über Wasserstoff weiß, könnte diese Botschaft übersetzen."

Pioneer 10 ist der erste von Menschen gebaute Flugkörper, der den Planeten Jupiter erreichte. 25 Jahre nach dem Start verlässt er mit einer Geschwindigkeit von 54.000 km/h unser Sonnensystem in Richtung *Aldebaran.* Das ist ein Stern im Sternbild Stier, rund 68 Lichtjahre entfernt. Mehr als 30 Jahre nach dem Start, am 23. Januar 2003, wird das letzte, schon sehr schwache Funksignal von *Pioneer 10* empfangen, aus einer Entfernung von etwa 13 Milliarden Kilometern.

Ein Lichtjahr = Lj - ist die Strecke, die eine elektro- magnetische Welle wie das Licht in einem Jahr zurück- legt, nämlich
9.460.730.472 .580,8 km,
kurz: 9,461 Billionen km..

Beim Start der Raumsonde *Voyager* 2 am 20. August 1977 und von *Voyager 1* am 5. September des gleichen Jahres rechnete die NASA mit einer Lebensdauer von drei bis fünf Jahren. Beide Sonden haben inzwischen längst den interstellaren Raum verlassen, doch die Funksignale von *Voyager 1* wurden im Jahr 2020 immer noch empfangen. Dabei befand sich die Sonde am 20. März bereits 122,24 Milliarden Kilometer entfernt. Bei einer Fluggeschwindigkeit von rund 61.000 km/h legt sie jährlich weitere 540 Millionen Kilometer zurück. Aufgrund dieser gewaltigen Entfernungen sind die Signale zur Erde bereits 20 Stunden unterwegs. Sollten sie irgendwann verstummen, dann soll der Sender von *Voyager II* aktiviert werden.

Auch *Voyager 1 und Voyager 2* tragen als Zuladung interstellare Flaschenposten an Bord. Es sind goldene CDs mit Klängen der Erde, mit Musik von Bach und Beethoven, Bildern von Männern und Frauen verschiedener Rassen und Aufnahmen von irdischen Pflanzen und Tieren. Auch andere Forschungssonden führen Piktogramm-Botschaften mit sich, wie etwa die Sonde *Pionier 11*, die in vier Millionen Jahren die Sternenkonstellation *Aquila* (Adler) erreichen wird.

Die Hoffnung ist natürlich, dass eine andere Zivilisation eine der Sonden empfangen und die Botschaften entschlüsseln wird. Aber wie lange wird ihre Reise dauern? Wie schnell eine Raumsonde fliegt, hängt unter anderem von ihrer jeweiligen Position zur Sonne beziehungsweise deren auf sie einwirkende Anziehungskraft ab. *Voyager 1* erreichte im April 2020 etwa 6.200 km/h Den Geschwindigkeitsrekord hielt damals jedoch, weil sonnennäher, die Sonde *Helios A* mit 238.000 km/h. Aber auch ein solches Tempo würde nicht ausreichen, um sich in einem angemessenen Zeitfenster einem anderen Stern zu nähern. Im Februar 2020 war *Voyager 1* mit einer Sonnenentfernung von 22 Milliarden Kilometern zwar das am weitesten in den Weltraum vorgestoßene Flugobjekt – doch das waren gerade mal 0,002 Lichtjahre.

„Hallo – ist da jemand?“

Der amerikanische Astrophysiker Philip Lubin von der angesehenen *University of California* entwickelte jedoch einen Plan, wie der interstellare Raum noch schneller erforscht werden könne als mit der „alten“ Raketentechnik. Im Jahr 2015 wurde sein Projekt von der NASA als förderungswürdig ausgewählt, und im April des folgenden Jahres als *Project Breakthrough Starshot* („Durchbruch Sternenschuss“) der Öffentlichkeit vorgestellt. Hier, in wenigen Sätzen: Schon in den 1920er Jahren hatte der aus Siebenbürgen stammende Physiker und Raketenpionier Hermann Oberth (1894-1989) vorgeschlagen, den Strahlungsdruck des Sonnenlichts zum Antrieb von Raumflugkörpern zu nutzen. Lubin schlägt nun vor, statt des Sonnenlichts energiestarke Laser einzusetzen. Damit könnte man die Mini-Raumschiffe schon innerhalb weniger Minuten auf eine Reisegeschwindigkeit von einem Viertel der Lichtgeschwindigkeit beschleunigen, also auf etwa 75.000 km/s. Das wären rund eine Viertelmilliarde Kilometer pro Stunde. Die Strecke zum Mars könnten diese so genannten Nano-Raumschiffe innerhalb einer Stunde zurücklegen. Oder sie könnten in einem Tag den Planeten Pluto erreichen, zu dem die NASA-Sonde *Horizons* über neun Jahre unterwegs war! Die Strecke zu *Alpha Centauri,* die mit 4,37 Lichtjahren (ca. 41,3 Billionen Km) erdnächste Sternenkonstellation, wäre mit derzeitigen Raumsonden in 30.000 Jahren zu bewältigen. Nach Lubins Konzept wäre das jedoch schon in einer Zeitspanne von 20 Jahren möglich.

Wäre Lubin nicht Forscher an einer der bedeutendsten raumphysikalischen Forschungseinrichtungen, und hätten nicht der renommierte Astrophysiker Stephen Hawking (1942-2018) und die NASA Lubins Projekt für realisierbar gehalten, dann hätte es in Fachkreisen vermutlich keine Aufmerksamkeit gefunden. Der in Russland und Los Angeles lebende russische Multimilliardär Jurji Borrisowitsch Milner (1961-   ) jedenfalls, der auch andere Projekte zur Suche nach extraterrestrischem Leben unterstützt, investierte sofort 100 Millionen Dollar in Lubins Arbeiten. Einzige Auflage: Sie müssen öffentlich sein. Und so hatte Milner, gemeinsam mit Hawking in New York auf dem Dach des neuen *World Trade Center* im Rahmen einer Pressekonferenz erste Einzelheiten über das DEEP-IN Projekt (*Directed Energy Propulsion for Interstellar Exploration*) bekannt gegeben: Die Nano-Raumschiffe seien schnell und billig zu produzieren. Die Technik für ihre Herstellung und Montage existiert bereits oder wird es in naher Zukunft geben. Alle wichtigen Bestandteile für eine Erkundungsmission, also Kameras, die Energieversorgung sowie alle benötigten Navigations- und Kommunikations-Instrumente haben auf einer Mini-Plattform von der Größe eines Handys Platz, einem so genannten Wafer. Jedes „Raumschiff" hängt an einem Sonnen- bzw. Photonensegel von etwa einem Meter Durchmesser, das aber nur wenige Atomschichten dick ist. Das Segel wird mit äußerst energiereichen Laserstrahlen – die Rede ist von 50 bis 70 Gigawatt – von der Erde oder von einer Erdumlaufbahn „beschossen". Lubin in einem clip des Nachrichtenmagazins TIME: „Das System ist vollständig skalierbar, das heißt ausbaufähig von winzig klein bis gigantisch". Auch bemannte Raumschiffe, so Lubin, könnten eines Tages so angetrieben werden.

Belebte Exoplaneten?

Im Zusammenhang mit Lubins Projekt berichteten US-Astronomen in der Zeitschrift *Nature* Einzelheiten über einen Stern, der etwa 40 Lichtjahre von der Erde entfernt ist. *Trappist-1*, so wurde er benannt, entspricht an Größe etwa dem Jupiter. Er wird von drei Planeten umkreist, die zu den erdähnlichsten Himmelskörpern gehören, die bis dahin außerhalb unseres Sonnensystems entdeckt wurden. Bei ihrem schnellen Vorbeiflug an diesen und anderen Planetensystemen könnten die interstellaren Segelboote Lubins aus etwa 150 Millionen Kilometern Abstand das was sie dort „sehen", als scharfe Bilder an jene Teleskope schicken, die zuvor, ebenfalls mit Hilfe der DEEP-IN Technik auf die Reise geschickt wurden. Es wäre eine Art Anfrage wie „Hallo, ist da jemand?". Würde man das von der Erde versuchen, so wäre dafür ein Teleskop mit einem Durchmesser von 300 km notwendig sagt Lubin. Aus einer Erdumlaufbahn genüge hingegen ein normalgroßes Gerät.

Trappist 1 ist kein Einzelfall. Schon in den 1980er Jahren entstand die Wissenschaft der *Exobiologie,* die Suche nach Lebensformen im All. Daraus entwickelte sich seit Mitte der 1990er Jahre die gezielte Suche nach so genannten Exoplaneten. Das sind erdähnliche Planeten, die nicht zu unserem Sonnensystem gehören, sondern andere Sterne umkreisen. Hawking in seinem Bestseller „Kurze Antworten auf große Fragen": „Jeder fünfte Stern, so schätzt man, hat einen erdähnlichen Planeten, der ihn in einer solchen Entfernung umkreist, dass er für Leben, wie wir es kennen, kompatibel ist." Schon 2016 waren rund 3.500 solcher Exoplaneten registriert. Am 18. April 2018 startete die NASA von Cape Canaveral die Forschungssonde *TESS (Transiting Exoplanet Survey Satellit).* Knapp einen Monat später zog der Späher-Satellit am Mond vorbei zu seiner eigentlichen Mission: der weiteren Planetensuche im All. „Wir sind begeistert, dass *TESS* jetzt auf dem Weg ist, uns dabei zu helfen, Welten zu entdecken, die wir uns jetzt noch gar nicht vorstellen können. Welten die möglicherweise bewohnbar sind oder Leben in sich haben“, sagte Thomas Zurbuchen, einer der NASA-Manager.

Noch präziser formulierte es Anfang 2020 der Astrophysiker Christopher Conselice von der britischen Universität Nottingham: „In unserer Galaxis sollte es mindestens ein paar Dutzend aktive Zivilisationen geben, wenn man davon ausgeht, dass es [wie auch auf unserem eigenen Planeten] fünf Milliarden Jahre dauert, bis sich intelligentes Leben auf anderen Planeten bildet.“ In der Zeitschrift „The Astrophysical Journal“ meinen er und sein Team auf Grund ihrer Berechnungen, dass sich in unserer Galaxis 36 intelligente, kommunizierende Zivilisationen befinden könnten. Allerdings beträgt die durchschnittliche Entfernung zu diesen Zivilisationen etwa 17.000 Lichtjahre – was wiederum bedeutet, dass Funksignale 17.000 Lichtjahre benötigen würden, um diese Strecke in nur einer Richtung zu überwinden. Und eine Antwort würde ebenso lange brauchen, um die Erde zu erreichen. So scheint es also zunächst ausgeschlossen, dass es gelingen könnte, Kontakt mit anderen Zivilisationen aufzunehmen – sofern es sie gibt. Denn, sollte es diese tatsächlich geben und würden sie antworten, dann müssten unsere Astrophysiker ebenfalls Jahrhunderte auf diese Antwort warten, obwohl diese Kommunikation mit Lichtgeschwindigkeit vonstatten ginge.

Der große Lauschangriff

Warum also nicht anders herum? Warum nicht in den Weltraum hineinhorchen, ob mögliche andere Zivilisationen ihrerseits versuchen, intelligentes Leben im Universum und damit auch uns aufzuspüren? Vielleicht lassen sich deren „Flaschenposten“, also deren Signale orten? Das hoffen zumindest die Wissenschaftler jener Forschungsprojekte, die seit Beginn der 1960er Jahre unter dem Sammelbegriff SETI laufen. SETI steht für *Search for Extra-*

terrestrial Intelligence – also die Suche nach außerirdischer Intelligenz. Tatsächlich ist es, bildlich gesprochen, die Suche nach E.T., dem Extraterrestrier. Seit gut 50 Jahren ist sie n vollem Gange. Der Grundgedanke dabei: Vielleicht gibt es ja Zivilisationen irgendwo im All, weit älter, weit intelligenter und technologisch weit fortgeschrittener als die irdische? Schon Marconi und Tesla glaubten daran, behaupteten zeitweilig sogar, Signale aus dem All empfangen zu haben. Vielleicht haben exterrestrische Zivilisationen schon vor tausenden von Jahren begonnen, nach intelligentem Leben im All zu suchen, so wie wir es heute versuchen? Nathalie Cabrol, eine der SETI-Forscherinnen: „Wir erwarten keine digitalen Postkarten von Aliens, sondern ganz einfach winzige Signale, die künstlichen Ursprungs sein könnten." John Grunsfeld, ein ehemaliger Astronaut: „Wenn Aliens da draußen sind, wissen sie schon, dass wir existieren [...] Wir haben ja Zeichen in der Atmosphäre gesetzt. Die garantieren, dass uns jemand mit einem großen Teleskop aus 20 Lichtjahren entfernt aufspüren könnte."

Bei SETI geht es also nicht darum, Botschaften ins All zu schicken, sondern ins Universum hineinzuhorchen, ob da jemand ist, der UNS sucht! Die erste Konferenz für diesen inzwischen weltumspannenden Lauschangriff fand im November 1961 am Green-Bank-Observatorium in West Virginia statt, dem mit 110 m Durchmesser damals größten beweglichen Radioteleskop der Welt. Viele internationale SETI-Projekte haben seitdem die Arbeit aufgenommen oder sind geplant. Der russische Multimlliardär Milner, von dem bereits die Rede war, unterstützt finanziell seit 2015 die SETI-Initiative *Breakthrough Listen*, (Durchbruch Lauschen). Es ist das bis dahin größte Forschungsvorhaben aller Zeiten, um Beweise für Zivilisationen jenseits unseres Sonnensystems zu finden. Parallel dazu läuft *Breakthrough Message,* ein internationaler Wettbewerb zur Abfassung von Botschaften, die von einer Hochkultur gelesen werden können. Eine führende Rolle bei beiden Projekten spielte auch Stephen Hawking.

Zusätzlich zu den bereits existierenden größten Radioteleskopen entsteht seit 2016 in der Karoo-Wüste Südafrikas und im australischen Outback, fernab von allen störenden Funksendern, das *Square Kilometer Array* (SKA). Es handelt sich um Hunderte von Empfangsantennen. Miteinander verlinkt werden sie eines Tages das größte Radioteleskop der Welt bilden, mit einer Gesamtsammelfläche für Funksignale von etwa einem Quadratkilometer. Die weitesten Geräte werden 3.000 km entfernt vom Zentrum stehen. Aber alle sind miteinander verbunden. Mit SKA soll es möglich sein, in den tiefsten Tiefen des Weltraums nach elektromagnetischen Wellen zu suchen. Auf der Pressekonferenz erklärten die Verantwortlichen: Die Anlage werde 50-mal stärker sein als jede andere, und so sensibel, dass sie ein Flughafenradar in mehreren Dutzend Lichtjahren Entfernung aufspüren könne – sollte es dort eins geben. Und: mit dem SKA werde es möglich sein, den Himmel zehntausendfach schneller abzusuchen als zuvor. Zu ihrer Auswertung wird man Rechner mit einer Leistung benötigen, die den heutigen weltweiten Internetverkehr weit übertreffen dürfte. Aber auch daran wird bereits gearbeitet

Stephen Hawkings Gefühle hinsichtlich der Suche nach Exoterrestriern waren allerdings recht zwiespältiger Natur. In einer seiner Fernsehsendungen warnte er vor einem möglichen Kontakt, denn der könnte gefährlich werden. „Das Treffen auf eine fortgeschrittene Zivilisation könnte ähnliche Auswirkungen auf die Menschheit haben wie das Treffen der Ureinwohner Amerikas auf Christopher Columbus. Es ging nicht wirklich gut für sie aus." Man solle also nicht versuchen, mögliche andere Zivilisationen auf uns Irdische aufmerksam zu machen. Aber wer weiß: vielleicht werden unsere Astrophysiker eines Tages aus den Tiefen des Universums ähnliche Signale empfangen, wie Marconi sie am 12. Dezember 1901 auf dem Signal Hill in Neufundland aus dem 3.800 km weit entfernten englischen Poldhu erhielt.

ENDE

Quellenangaben:

Zeitgenössische Tageszeitungen und Journale

Robert Sobel and David Sicilia: "The Entrepreneurs - an American Adventure". Houghton Mifflin Co. Boston 1986

Stephen Hawking: „Kurze Antworten auf große Fragen" Klett-Cotta 2018

Gavin Weightman: "Signor Marconi's Magic Box", Harper Collins Publishers 2003

Friedrich Engels „Die Lage der arbeitenden Klasse in England". Herausgegeben vom Institut für Marxismus-Leninismus beim ZK der SED Berliner Ausgabe 2017

Klaus Bergmann (Hg) „Schwarze Reportagen". Rowohlt 1984

Tom Standage: "The Victorian Internet", Walker and Co. New York 1998

Werner von Siemens: "Lebenserinnerungen,", Julius Springer Verlag Berlin 1908

Siegfried von Weiher: „Werner Siemens, ein Leben für Wissenschaft, Technik und Wirtschaft". Verlag Göttingen1974

Morse, Samuel F. B. and Edward Lind Morse, „Samuel F,B. Morse – His Letters and Journals, Houghton Mifflin, Boston, 1914

Christian Brauner (Hg) „Samuel F.B. Morse, eine Biographie" Birkhäuser Verlag Basel 1991

David Bogue: „Anecdotes of the Telegraph", London 1849

Brian Bowers: "Sir Charles Wheatstone" London HMSO 1975

Charles Briggs and A. Maverick: "The Story of the Telegraph", New York 1858

Hubbard, G: „Cooke and Wheatstone and the Invention of the Electric Telegraph." London, Routledge and Kegan Paul, 1965

Werner Bühling: „Die Post in Weimar" Weimarer Schriften, Stadtmuseum Weimar,1995

Christian Holtorf : „Der erste Draht zur neuen Welt" Wallstein Verlag

Hans Henning Frh. Grote, (Hg): „Vorsicht, Feind hört mit"; Neufeeld &Henius, Berlin 1930

O. Veredarius. „Das Buch von der Weltpost": Verlag Herm. Meidinger, Berlin 1885,

R.F. Pock und G. Garratt: "The Origins of Maritime Radio"; Science Museum London, , Her Majesty's Stationary Office , 1972

Kenneth W. Gastland: "The inhabited Universe"; Fawcett Publications New York, 1959

Margit Knapp: „Die Überwindung der Langsamkeit"; Mare Verlag Hamburg ,2012

Walter Sullivan:"We are not alone", McGraw Hill Book Co. New York 1964

Rolf Oberliessen: „Daten und Signale" Rowohlt Sachbuch, 1982

Stefan Zweig: „Sternstunden der Menschheit", Insel Verlag Leipzig, 1919

George Emmerson: "Great Eastern – The Greatest Iron Ship", David&Charles, London 1980